State Estimation for Discrete Neural Networks under Multiple Indices

离散神经网络多指标状态估计

胡 军　于 浍　贾朝清　著

哈爾濱工業大學出版社
HARBIN INSTITUTE OF TECHNOLOGY PRESS

内 容 简 介

本书系统地阐述了不完全信息和通信能力受限情形下几类离散神经网络的多指标状态估计方法。全书共11章，主要涉及方差约束、H_∞ 性能、椭球约束等指标。具体包括：第1章绪论；基于状态增广方法，第2章至第4章给出了几类离散时变神经网络的方差约束 H_∞ 状态估计方法，揭示了随机发生非线性、测量丢失、传感器饱和、测量衰减以及事件触发通信协议对状态估计算法设计带来的影响；第5章至第7章考虑了信号量化、传感器故障和网络攻击等诱导的不完全信息现象，基于非增广方法给出了几类离散时变神经网络的方差约束 H_∞ 状态估计方法；第8章考虑了测量丢失和随机时滞影响下的一类忆阻神经网络，给出了有限时有界 H_∞ 状态估计方法；第9章至第11章分别考虑了RR协议、MEF协议和WTOD协议，解决了几类离散时滞忆阻神经网络的弹性集员状态估计问题，并给出了相关集员状态估计方法。

本书可作为高等院校自动化、数学、计算机科学与技术、人工智能及其相关专业的高年级本科生、研究生和教师的教材或参考书，也可供对控制理论感兴趣的非专业人士学习参考。

图书在版编目(CIP)数据

离散神经网络多指标状态估计/胡军，于浍，贾朝清著. —哈尔滨：哈尔滨工业大学出版社，2024.3

ISBN 978-7-5767-1089-2

Ⅰ.①离… Ⅱ.①胡… ②于… ③贾… Ⅲ.①人工神经网络 Ⅳ.①TP183

中国国家版本馆CIP数据核字(2023)第219898号

LISAN SHENJING WANGLUO DUO ZHIBIAO ZHUANGTAI GUJI

策划编辑 刘培杰 张永芹
责任编辑 王勇钢
封面设计 孙茵艾
出版发行 哈尔滨工业大学出版社
社 址 哈尔滨市南岗区复华四道街10号 邮编150006
传 真 0451-86414749
网 址 http://hitpress.hit.edu.cn
印 刷 黑龙江艺德印刷有限责任公司
开 本 787 mm×1 092 mm 1/16 印张14 字数305千字
版 次 2024年3月第1版 2024年3月第1次印刷
书 号 ISBN 978-7-5767-1089-2
定 价 98.00元

前　言

众所周知，人工神经网络是一种通过人脑中细胞复杂结构和功能模拟出来的信息处理系统，它能够高效地解决信号处理、模式识别、医疗图像诊断、自动驾驶等领域中的诸多实际问题。此外，人工神经网络也可以由电路系统来实现，随着忆阻器的提出，基于忆阻器的人工神经网络也受到了极大的关注，相关研究成果被广泛地应用在医学、军事和农学等领域。然而，由于受到现实环境中外部噪声干扰以及设备能力欠缺等因素的影响，状态估计算法易出现精度受损甚至估计发散的情况。因此，在状态估计算法设计时，需要考虑多重指标（例如：H_∞ 性能、有限时有界、弹性、方差约束和椭球约束等）来保证状态估计算法的抗干扰能力。虽然网络信道的部署和应用极大地提高了网络传输效率，但是会导致相关信息并不完全可测，可能出现时滞、测量丢失、信号量化、传感器故障、传感器饱和以及网络攻击等现象。为了减轻网络信道的传送量和降低网络资源的损耗，可以引入通信协议来调节各个元件之间有序传输信息，避免不必要的网络资源占用和浪费现象。因此，综合考虑不完全信息和通信协议影响，给出适用于解决离散神经网络的多指标状态估计问题的相关算法具有重要的研究意义和应用价值。

基于以上背景，本书综合考虑一些不完全信息（包括随机发生非线性、时滞、测量丢失、传感器故障、传感器饱和、信号量化以及网络攻击等）和通信协议[如事件触发通信协议、RR（轮询）协议、MEF（最大误差优先）协议和 WTOD（加权尝试一次丢弃）协议]的影响，深入研究几类离散神经网络的多指标状态估计算法设计问题并给出一些研究成果。

第一，研究了随机发生非线性影响下离散时变神经网络的方差约束 H_∞ 状态估计问题。通过引入 Bernoulli（伯努利）随机变量，分别描述了随机发生非线性和测量丢失现象。基于状态增广方法，得到了紧式动态系统，给出了保证 H_∞ 性能指标成立且状态估计误差协方差有界的判别依据。

第二，研究了一类具有随机发生饱和的离散时变神经网络的弹性 H_∞ 状态估计问题。通过引入 Bernoulli 随机变量，给出了随机发生传感器饱和的数学刻画。利用饱和测量构造了弹性 H_∞ 状态估计器，并提出了保证增广状态估计误差协方差上界存在性与具有满意 H_∞ 性能要求的充分条件。

第三，针对一类具有测量衰减的离散时变神经网络，探讨了事件触发机制下方差约束 H_∞ 状态估计问题。基于状态增广方法，兼顾了方差约束和 H_∞ 性能指标，利用递推线性矩阵不等式技术得到了估计器增益矩阵的求解方法。

第四，针对几类离散时变神经网络，探讨了时滞、均匀量化、传感器故障等因素的影响，提出了非增广方差约束弹性 H_∞ 状态估计方法。基于随机分析技术，设计了弹性状态估计器，给出了保证误差系统同时满足方差约束与 H_∞ 性能指标的充分条件。

第五，研究了混合攻击下离散时变神经网络的方差约束弹性 H_∞ 状态估计问题，得到了保证误差系统满足 H_∞ 性能指标和方差约束的充分条件，设计了非增广状态估计策略。

第六，探讨了随机时滞和测量丢失影响下离散忆阻递归神经网络的有限时有界 H_∞ 状态估计问题，揭示了随机时滞和测量丢失对状态估计性能的影响，给出了保证误差动态满足有限时有界且具有满意 H_∞ 性能的充分条件，并得到了状态估计器增益矩阵的求解方法。

第七，基于 RR 协议调度，分别研究了受衰减测量与网络攻击影响的时滞忆阻神经网络的弹性集员状态估计问题。以椭球约束为指标，通过求解线性矩阵不等式以及利用最优化理论，给出了包含神经元状态最优椭球的存在条件。

第八，基于 MEF 协议调度，研究了一类混合时滞和对数量化影响下忆阻神经网络的弹性集员状态估计问题，揭示了混合时滞、对数量化和 MEF 协议对估计性能的影响，给出了约束神经元状态的最优椭球集存在的充分条件。

第九，基于 WTOD 协议调度，研究了一类混合时滞与传感器饱和影响下忆阻神经网络的弹性集员状态估计问题，揭示了混合时滞、传感器饱和与 WTOD 协议对估计性能的影响，给出了约束神经元状态的最优椭球集存在的充分条件。

本书得到了教育部课程思政示范项目（研-2021-0038）、国家自然科学基金面上项目（12171124）、黑龙江省自然科学基金重点项目（ZD2022F003）的支持。作者由衷感谢哈尔滨理工大学陈东彦教授等人在本书写作过程中给予的大力帮助。感谢黑龙江省复杂系统优化控制与智能分析重点实验室、先进制造智能化技术教育部重点实验室、哈尔滨理工大学应用数学系、哈尔滨理工大学自动化学院的相关同事给予的支持。感谢哈尔滨理工大学产业学院合作单位汇川技术有限公司、国家级一流本科专业建设点“信息与计算科学”对本书出版提供的支持。高岩、宋越、杨昱、孙宝艳等研究生承担了书稿中部分文字录入与校验工作，在此深表谢意。在编写过程中，作者查阅和参考了大量的国内外文献和书籍，对其原作者表示真挚的感谢！

由于作者水平有限，疏漏之处在所难免，敬请广大读者予以批评和指正。

作者

2023 年 10 月

目　　录

第 1 章　绪　论

1.1　研究背景

众所周知，神经网络一般分为两大类：其一是生物神经网络；其二是人工神经网络[1-4]。本书主要研究的是人工神经网络，在后文简称其为神经网络。神经网络是根据人脑中神经细胞结构和功能模拟出来的信息处理系统，具有较强的容错能力、泛化能力、联想能力，且具有自适应性、自组织性等独特优势。这些优势使得其在数学、生物、计算机等学科中得到了广泛应用，诸如人工智能、车辆工程、电力系统、信号处理、工业故障检测等方面。随着学者们的深入研究，根据神经网络不同的拓扑结构一般可将其分为：前馈神经网络和递归（反馈）神经网络。前馈神经网络中的信号逐层传递，不存在反馈现象，进而通常不能建立动态关系。递归神经网络中的神经元相互连接，每一个神经元既接受其他神经元的信号也对其他神经元输出信号，构成具有反馈的动态关系[5]。相对于人工神经网络中的前馈神经网络，递归神经网络的非线性动力行为分析与设计研究更具有现实意义，因此本书关注后者。

在人类的大脑中，神经元间的突触起到了至关重要的连接作用。它会根据外部电位的刺激使得联系强度增强或减弱。神经网络可以选用传统电子元件（电阻、电容和电感器）构成的电路来实现对突触的模拟。由于这种电路的规模复杂且体积庞大，故而在模拟人脑功能时存在一定局限性。需要指出的是，加利福尼亚大学的蔡少棠教授于 1971 年首次提出了第四种基础电路元件：忆阻[6]。忆阻的阻值根据流经它的电流量多少而改变，当电流在外界干扰下意外断开时，其阻值始终保留关闭瞬时的值，直至下一次连通电路。正是因为忆阻的这种记忆特性与突触的学习功能具有极大的相似性，所以在神经网络中选取忆阻来模拟突触的研究备受学者们的关注，例如复合电路和自组织计算[7-9]。但是，由于当时技术的不成熟以及基于忆阻的非线性系统的复杂性，关于忆阻神经网络动力学行为分析的讨论较少。近几年，基于忆阻的系统模型得到重视，相应的分析与设计方法也不断涌现。

在实际应用中，由于噪声及设备自身等因素的影响，很难获取神经网络中各个神经元的全部状态。为了研究神经网络的内部运行机制并可靠地掌握神经网络的状态信息，进而对该类系统进行有效的分析与设计，探讨神经网络的状态估计问题是一个重要的研究课题，建立新型状态估计方法具有重要的理论价值和现实意义。依据实际需求，目前状态估计算法的性能指标主要包括 H_∞ 性能、有限时有界、非脆弱性、方差约束和椭球约束等，这在一定程度上拓宽了状态估计算法的实际应用范围。另一方面，在网络环境下，神经网络中的各网络节点以通信网络为媒介进行实时传输信息。然而，实际上单位时间内传输的信息量与传输介质的带宽均可能具有一定的限制。当全部网络节点一同传输信息时，通信信道将面临超负荷的传输量。在这种情况下，信道出现拥挤和堵塞风险的概率大大提高，可能导致不完全信息现象（如时滞、测量丢失、测量衰减、信号量化、数据包错序以及网络攻击等）的频繁发生，这极度提升了神经网络状态估计算法设计的难度。与此同时，不必要的信息传输将消耗大量的网络资源。因此，从避免信道堵塞和合理利用网络资源的角度出发，有必要引入通信协议来确保各节点有序地传输信息，进而避免传输信息被错传或缺失。在具体执行过程中，通信协议依照特定的准则分配网络资源权限，目前得到了广泛关注并被应用在实际的通信系统中。因此，综合考虑不完全信息和不同通信协议，研究几类离散神经网络的多指标状态估计算法设计问题具有重要的理论价值和实际意义。

1.2 神经网络及多指标状态估计

1.2.1 神经网络状态估计

随着广大学者和工程师对信息科学、生物学以及计算机科学等领域的深入探索，神经网络得到了快速的发展。它在诸如故障检测、通信工程、生物医学、多目标识别与跟踪、人脸识别等领域都得到了成功的应用。由于神经网络中神经元连接的多样性和复杂性，很难利用物理元件有效捕捉神经元的状态信息，这不利于神经网络的进一步拓展和应用。因此，状态估计算法作为一种获取状态信息的有效手段，在神经网络的前沿研究中起到至关重要的作用[10-20]。本节从离散神经网络、离散时滞神经网络和离散忆阻神经网络三个方面开展状态估计方法的研究现状介绍。

1. 离散神经网络研究现状

近年来，神经网络的动力学行为研究吸引了学者们的大量关注，相关文献给出了解决神经网络稳定性及状态估计等问题的方法。例如，针对具有混合时滞的Markov（马尔科夫）神经网络，文献[21]探讨了该类神经网络的稳定性问题并给出了保证系统稳定性的判别条件。文献[22]针对具有时滞和非线性扰动的连续神经网络，基于 Lyapunov（李雅普诺夫）稳定性理论和矩阵不等式技术，讨论了估计误差动态方程渐近收敛到平衡点的问题，得到了保证状态估计器增益矩阵存在的充分条件。通过对比目前研究成果，关于连续系统的成果较多，而对于离散系统的研究相对较少。在实际情况中，离散神经网络在双向联想记忆、非线性输出调节和自适应跟踪等方面都有着非常广泛的应用。文献[23]考虑了具有随机发生时滞的离散神经网络，通过构造新型 Lyapunov 泛函并利用不等式技术，得到了保证该类神经网络均方稳定性的充分条件。文献[24]利用 Lyapunov 稳定性理论解决了具有混合模态依赖的离散神经网络的稳定性和同步问题，利用线性矩阵不等式技术给出了满足某些特定性能要求的充分性判别条件。

2. 离散时滞神经网络研究现状

在实际中，由于神经元之间频繁完成信号的发送和接收等任务，时滞现象的发生难以避免。因此，探究离散时滞神经网络的分析与设计问题更有现实意义。

文献[25]探讨了受时滞影响的神经网络的指数稳定性分析问题，所考虑的时滞是具有已知上下界的时变时滞。基于时滞上下界信息构造了新型泛函，通过判断线性矩阵不等式的可行性，给出了确保该类时滞神经网络全局指数稳定性的判别条件。随后，文献[26]采取了相同的处理方法得到了具有多重时变时滞的神经网络全局渐近稳定性的判别依据。随着研究的深入，学者们发现系统的变化不一定仅受单一类型时滞的影响，具有混合时滞的神经网络模型也开始引起了学者的关注。文献[27]和[28]分别探讨了具有混合时滞的离散神经网络的稳定性分析问题和状态估计问题，这里讨论的混合时滞包括了分布式时滞和离散时变时滞，通过构造新型的 Lyapunov-Krasovskii（克拉索夫斯基）泛函，以线性矩阵不等式的形式给出了保证系统全局稳定性及状态估计方法可行性的充分条件。进一步地，在实际系统中，时滞现象可能是随机发生的，随机时滞也成了学者们的关注焦点。例如，文献[23]考虑了具有随机时滞离散神经网络的均方稳定性问题，随机时滞由在两个给定的时滞区域中跳跃取值且具有已知概率信息的变量刻画，得到的结果不仅降低了保守性而且在时滞范围的基础上进一步考虑了时滞概率分布问题。随后，文献[29]描述了时变时滞发生的随机性，充分利用已知概率信息，解决了具有随机时滞神经网络的均方渐近稳定性问题。受现有文献启发，本书着重探讨在定常时滞、随机发生时滞和分布式传感器时滞影响下离散神经网络的分析与综合问题，研究上述现象对状态估计性能的影响。

3. 离散忆阻神经网络研究现状

近些年，随着科技水平的进步以及计算机处理能力的提高，基于忆阻的非线性系统分析与设计工作逐渐展开。文献[30]首次构建了一类基于忆阻的时滞神经网络，通过结合 Lyapunov 稳定性理论和右端不连续微分方程理论，提出了该类忆阻时滞神经网络的解满足全局指数稳定条件的判别准则。随后，文献[31]在文献[30]的基础上深入探究了忆阻神经网络的同步问题并给出了相应的判别条件。自此，基于忆阻神经网络的研究全面展开。与传统的神经网络不同，忆阻神经网络的系数矩阵依赖于状态，这一特点直接导致传统估计方法不再适用，并且基于忆阻的神经网络极易产生难以预估的非线性行为，这一系列难题导致针对忆阻神经网络的研究较少。文献[31]通过构造分段 Lyapunov 函数，得到了保证离散忆阻神经网络指数同步的充分条件，基于自由权矩阵和时滞分割方法得到的结果保守性更小。针对具有随机时变时滞的离散忆阻神经网络，文献[32]通过 Lyapunov 稳定性理论得到了保证误差系统均方指数稳定性判据以及 H_∞ 状态估计增益矩阵的显式表达式。紧接着，文献[33]提出了关于切换忆阻神经网络的事件触发状态估计方法，并利用 Lyapunov 泛函理论和随机分析，给出了保证增广系统随机稳定性的充分条件。值得一提的是，关于时滞忆阻神经网络的分析与设计方法相对较少，如何揭示时滞对整体估计性能的影响仍值得深入研究。

1.2.2　多指标状态估计

由于真实存在的噪声扰动和参数摄动等因素，状态估计算法面临精度降低、性能下降等问题。本节结合目前状态估计评价指标存在的问题，考虑影响状态估计算法精度的重要因素，分别从 H_∞ 性能、有限时有界、弹性或非脆弱性、方差约束和椭球约束五个方面介绍多指标状态估计的研究现状。

1. H_∞ 性能

H_∞ 性能指标由于其描述抑制外部扰动的能力而被引入到复杂系统的动态分析问题中[34-37]。文献[38]针对基于事件触发通信的切换线性系统，利用平均驻留时间技术，得到了保证滤波误差系统指数渐近稳定性和具有 H_∞ 性能的充分条件。针对一类受量化影响的离散非线性网络化系统，文献[39]给出了方差受限 H_∞ 滤波算法。文献[40]探讨了具有时滞和测量丢失现象的离散神经网络的 H_∞ 状态估计问题，建立了保证估计误差动态系统稳定性的判别依据，还给出了 H_∞ 状态估计器增益矩阵的显式表达式，并深入揭示了时滞、随机发生量化及测量丢失现象对估计算法精度的影响。此外，针对随机时滞现象下的离散忆阻神经网络，利用差分包含理论和 Lyapunov 稳定性理论，文献[32]给出了保证误差系统均方指数稳定性的判据，进一步借助线性矩阵不等式给出了满足所期望性能指标的状态估计器增益矩阵的表达式。

2. 有限时有界

近年来，除了 H_∞ 状态估计问题，有限时间内对不完全可测的神经网络进行有效地状态估计也受到了部分学者的关注[41]。学者们普遍认为系统在实际情形中保留某一状态的时间不会持续太久，所以如何在有限时间内使系统达到稳定或者在有限时间内基于可获得的测量信息掌握系统内部真实状态成为热点研究问题之一。在和神经网络相关的研究工作中，对有限时稳定、有限时控制、有限时同步等问题讨论较多[42,43]。文献[42]针对一类具有时变时滞的离散 Markov 跳跃系统，通过构造 Lyapunov-Krasovskii 泛函，得到了保证误差系统随机有限时稳定的充分条件，并给出所需要的状态估计器增益矩阵的具体表达式。针对离散忆阻神经网络，文献[43]通过结合传统有限时稳定性理论和 Lyapunov 稳定性理论得到了两类新型控制器，即不连续状态反馈控制器和不连续自适应控制器。随着研究的深入，因系统受到不同类型扰动的影响，有限时有界概念引起了学者们的高度关注。目前，已经有部分文献探讨了系统有限时有界的相关问题[44-48]。例如，文献[44]通过构造适当的 Lyapunov 泛函解决了一类带有部分转换概率未知的时滞 Markov 跳跃神经网络的有限时有界问题。同样地，针对具有时变时滞的神经网络，文献[47]结合凸多面体建模方法，得到了保证有限时有界性的判别依据并设计了状态估计器。随后，文献[48]针对具有时变时滞的忆阻神经网络，得到了保证有限时有界性的充分条件。目前，有限时有界这一概念还很少在离散忆阻神经网络的状态估计问题中讨论，有必要进一步深入研究。

3. 弹性或非脆弱性

脆弱是指估计器或者控制器在实现过程中由于数值舍入误差、模数转换精度等原因使执行的参数与所期望数据有所偏差，而一个微小的波动误差就会使动态系统性能下降，出现发散甚至不稳定等不可控现象，也就是说系统对参数变化或者不确定性非常敏感，这样的控制器或者状态估计器是“脆弱的”或者“无弹性的”[49]。因此，为了减弱增益摄动对状态估计性能的影响，学者们希望所设计的状态估计器是非脆弱的，也称为弹性的。这样的要求更具有现实意义，也更能克服实际操作中的不可控因素。弹性这一概念在控制、估计等问题中得到了学者们的关注[50-52]，相比较而言，离散神经网络的弹性状态估计问题还未得到全面的探讨[53-56]。在文献[57]和[58]中，采用范数有界不确定性描述了状态估计器增益矩阵的摄动情形，分别针对 Markov 跳跃系统和具有参数不确定性的离散时滞神经网络，通过构造新型 Lyapunov-Krasovskii 泛函得到保证误差系统稳定性的判据，进一步以线性矩阵不等式形式得到弹性状态估计器增益矩阵的显式表达式。文献[59]通过结合 Lyapunov 理论和凸优化方法解决了具有分布式时变时滞的神经网络有限时 H_∞ 弹性状态估计问题，建立了误差系统有限时有界的充分条件。文献[60]针对具有随机发生非线性和事件触发的时滞神经网络，给出了保证误差系统渐近稳定性的充分条件以及弹性状态估计器增益矩阵的参数形式。

4. 方差约束

在状态估计理论中，估计误差协方差上界约束是一种常见的性能指标之一。方差约束状态估计就是依据实际需求预先设定出状态估计误差协方差上界而提出的一种估计方法[61]。通常可将方差约束从最小值放宽到可接受值，直接用于实现其他预期的性能要求。因此，相对于最小化估计误差协方差而言，该方法更具有实用性和灵活性。目前来看，神经网络的方差约束状态估计问题已经受到了充分的关注。具体地，文献[62]和[63]考虑了测量丢失对估计性能的影响，针对离散时变系统给出了有限时方差约束 H_∞ 滤波算法设计方案，分别采用统计特性已知的 Bernoulli（伯努利）随机序列和确定区间内的随机变量刻画测量丢失现象，并基于递推线性矩阵不等式技术给出了保证方差约束指标和 H_∞ 性能指标同时存在的充分条件。需要指出的是，尽管方差约束估计理论发展相对成熟，但在不完全信息和通信协议下针对离散神经网络的方差约束状态估计研究需要进一步探索和突破。

5. 椭球约束

在目标定位、远程监控、导弹制导以及组合导航系统等实际应用中，人们通常希望捕捉到目标系统的全部状态信息。在未知但有界噪声假设条件下，集员状态估计方法能够估计出任意时刻状态的可行集，既便于计算机实时处理，又可以通过不断的优化寻找包含真实状态的最小区域[64]。集员状态估计问题的关键是选取怎样的复杂形状来描述包含系统状态的可行集。现有成果中主要采用椭球集和全对称多胞形等几何体来近似描述可行集，并提出了相应的全对称多胞形集员估计算法和椭球集员估计算法等技术。文献[65]和[66]针对具有传感器饱和的动态系统分别研究了集员状态估计问题和分布式集员状态估计问题，得到了集员状态估计器存在的充分条件，并使用线性矩阵不等式技术确定了估计器增益矩阵的显式形式。基于现有成果，文献[67]则是通过构造一个参数化的交点确定估计值和测量值的一致状态集，同时还提出了使相交集面积减小的策略。

1.3 不完全信息下神经网络的状态估计

在网络化系统的状态估计算法设计中，不完全信息现象是普遍存在的，比如时滞、测量丢失、信号量化、传感器故障、传感器饱和、网络攻击以及随机发生非线性等[68]。在神经网络框架下，不完全信息现象通常包括测量数据丢失、延迟、波动、偏离等，进而降低神经元状态的估计效果。本节综述不完全信息下神经网络状态估计问题的研究现状。

1.3.1 时滞

信息在传递时出现的时间延迟现象被称作时滞。以神经网络模型为例，如果神经元当前时刻的状态不仅依赖于前一时刻的状态，还与以往某一时刻或某一时段的状态相关联，那么我们就称这类神经网络模型为时滞神经网络模型。在工程实践中，时滞的普遍存在影响了网络系统的整体性能，而且无法通过外界技术手段将其完全消除，故而学者们提出了许多关于处理时滞的方法[69-85]。随着研究的不断深入，人们关注了时变时滞[86]、分布式时滞[87-90]、多重时滞[91]、混合时滞[92-94]和随机发生时滞[95,96]。例如，文献[97]研究了具有时滞的离散随机系统的最优滤波问题，选取了服从 Bernoulli 分布且概率已知的随机变量来描述随机发生时滞现象，并基于增广系统和已观测的序列，得到了最优递推滤波算法。文献[48]和[98]针对具有时变时滞的忆阻神经网络分别进行了有界性分析和无源性分析，并给出了相关判别条件。文献[99]研究了一类具有分布式时滞的复值神经网络的鲁棒镇定问题，系数矩阵被拆分为两部分：一部分是已知的常数矩阵，另一部分是满足范数有界不确定性的未知矩阵，通过引入自由权矩阵，给出了原系统是鲁棒均方渐近稳定的充分条件。随后，文献[100]和文献[101]分别探讨了具有多重时滞的脉冲切换神经网络和具有混合时滞的不确定基因调控网络的鲁棒稳定性问题。

1.3.2 测量丢失

在实际工程中，由于传感器的持续故障、信道带宽受限等原因，系统测量出现数据丢失或部分丢失的现象在所难免[102-116]。测量丢失现象在神经网络中通常是以两种形式进行描述的。其一是利用概率分布信息进行描述，采用服从 Bernoulli 分布或其他分布的随机变量描述测量丢失现象。例如，文献[117]和[118]均利用服从 Bernoulli 分布的随机变量刻画了动态方程中所考虑的测量丢失现象。相应地，文献[117]针对量化耦合复杂网络提出了放大−转发中继器状态估计算法，其中充分分析了测量丢失和量化参数对系统性能的影响，在最小均方误差意义下优化设计了估计器参数，并给出了最小估计误差协方差上界迹关于丢失概率的单调性条件。文献[118]则是利用类 Riccati（黎卡提）差分方程方法得到了滤波器增益矩阵的表达式，基于随机分析理论证明了估计误差的有界性。针对具有多重测量丢失的离散时滞神经网络，文献[119]得到了保证增广系统全局均方稳定性的判别条件，并给出了状态估计器增益矩阵的具体表达式。该文献考虑的多重测量丢失，即通过采用一列定义在给定区间上满足一定概率分布且相互独立的随机变量，描述了每个传感器的测量丢失现象可能具有各自的丢失概率。其二是利用 Markov 链描述测量丢失现象。文献[120]针对具有模态依赖时滞和测量丢失的线性不确定系统，解决了该类系统的鲁棒随机稳定性问题并给出了相应的判别准则。在此基础上，文献[121]利用随机对角矩阵刻画相互独立的传感器具有各自丢失概率的模型，通过线性矩阵不等式方法得到了保证滤波误差均方指数稳定性的充分条件。

1.3.3　信号量化

众所周知，只有将传输信号量化为有限位的二进制数字信号以后，计算机才能够识别并储存所传递来的信号[122-131]。常用的量化方法有均匀量化和对数量化两大类。均匀量化是将输入信号的取值域进行等距分割，每个量化区间上的量化信号是相同的，并且量化信号的取值域在由传感器类型决定的有限区间内。在某种程度上，我们可以把对数量化理解为一个非均匀量化，其量化区间是根据输入信号的不同区间来确定的，即小信号在小的量化区间内，大信号在大的量化区间内。相较于均匀量化，对数量化反映了初始信号在整个区间内的映射。在均匀量化误差的影响下，文献[132]给出了具有连续丢包的混沌神经网络的同步控制方案。文献[133]和[134]分别针对在均匀量化和对数量化影响下的随机系统和非线性系统提出了全新的递推滤波算法，其中，文献[134]巧妙地将有界的量化误差等价转换为范数有界不确定性来处理。文献[135]和文献[136]分别讨论了网络控制系统和混沌 Lurie（卢里）系统的故障检测和状态估计问题，给出了相关估计方法并减少了对数量化误差对系统估计性能的影响。文献[137]通过设计两种不同的控制策略，讨论了具有对数量化和无对数量化的时变时滞忆阻神经网络的随机指数同步问题。

1.3.4　传感器故障

现实系统所处环境中的很多条件（例如温度、大气压和流量等）都会直接影响系统稳定性。当这些条件急剧变化时，往往会导致传感器测量精度下降甚至失灵。在控制系统中，由于传感器的老化、传感器功能的限制以及使用年限等因素，经常会发生传感器故障。因此，如何在估计器或控制器设计方面解决传感器故障带来的影响成为许多专家和学者热议的问题。值得注意的是，目前有多种方法来讨论传感器故障问题[138-143]。例如，区间对角矩阵方法和多面体不确定方法等。于是，研究人员建立了随机模型、区间矩阵模型以及范数有界不确定模型等来刻画传感器故障现象。目前，已经有文献提出了对应的方法来处理上述模型[144]。在文献[145]中，针对具有传感器故障的 Markov 跳跃神经网络，研究了该类神经网络的非脆弱状态估计问题，得到了保证增广系统满足均方指数稳定的判别条件。文献[146]探讨了具有 Markov 跳跃神经网络的状态估计问题，并基于

Lyapunov-Krasovskii 理论和线性矩阵不等式技术给出了 H_∞ 性能指标成立的充分条件。文献[147]考虑随机发生传感器非线性，研究了神经网络的有限域非脆弱状态估计问题，并基于增广技术将该系统建模为随机时滞系统，得到了确保奇异动态误差系统是正则的和有限时间稳定的条件。在文献[148]中，重点针对具有传感器故障和能量约束的系统，探讨了有限时域下离散神经网络的状态估计问题，并基于随机分析技术和线性矩阵不等式方法，得到了增广系统在有限时域条件下满足 L_2-L_∞ 性能的充分条件。传感器故障已成为网络系统中的重要研究内容之一，如何在复杂的条件下进一步研究尚需关注。研究具有传感器故障的离散神经网络状态估计问题具有一定的理论价值。

1.3.5 传感器饱和

网络化控制系统的信息传输是通过物理组件来实现的，如传感器和执行器。由于传感器和执行器自身特性和技术的限制，使其仅能接收到一定强度范围内的测量信息，若超出这个可测的范围，则会导致饱和现象的发生[149-158]。因此，考虑饱和影响下各类神经网络状态估计问题具有一定的现实意义。目前，对饱和效应的研究已经取得了非常可观的成果，例如传感器饱和与执行器饱和。文献[159]研究了多智能体系统的均方一致控制问题，其中在拓扑结构已知的基础上，设计了一个时变输出反馈控制器，给出了闭环系统均方一致性在任意时刻均满足指定上界约束的判别条件。针对事件触发机制下具有测量衰减和传感器饱和的离散忆阻神经网络，文献[160]假设非线性神经激励函数与饱和函数分别满足类 Lipschitz（李普希兹）条件和扇形条件，从合理利用网络资源的角度，给出了估计椭球集存在性的充分条件。文献[161]和[162]分别研究了具有执行器饱和的忆阻神经网络的 H_∞ 控制问题和指数耗散性分析问题。

1.3.6 网络攻击

网络安全需求在现代社会中的被关注程度日益提升，激发了广大学者对其的研究热情。网络安全一般是指在网络硬件和软件正常运行的前提下，网络系统能够保证数据信息传递和交换的准确性。尤其是在完成共享网络的数据传输任务时，大量数据会暴露在开放的网络环境中，此时采样数据容易受到敌对者的恶意攻击，此类现象被称为网络攻击[163-176]。因此，研究者们在不同应用环境下提出了不同的防范措施。文献[177]研究了欺骗攻击下离散随机非线性系统的安全控制问题，利用随机分析方法，同时得到了保证期望安全性的充分条件和所提出的二次成本准则的一个上界。针对未知的线性和非线性有界攻击，假设恶意攻击者通过一个附加噪声的攻击函数来对估计器进行干扰，文献[178]提出了一种新颖的集员估计方法。此外，从攻击者的角度出发，为了保证攻击效益最大化，往往采用复杂的攻击模式[179,180]。因而针对遭受混合攻击情形，需要给出有效的神经网络 H_∞ 状态估计方法。例如，在时间和事件混合触发的通信策略下，文献[181]针对遭受网络攻击的连续时间神经网络讨论了量化状态估计问题，利用线性矩阵不等式技术和 Lyapunov 稳定性理论，给出了保证估计误差系统稳定性的充分条件。

1.3.7　随机发生非线性

在网络环境中，系统本身通常会具有一定的非线性特征，包括死区特性、间隙特性、饱和特性等。目前，在状态估计理论范畴内，非线性系统的算法设计和评价研究已经取得了一定的成果。综合现有文献，非线性的刻画方式主要包括统计特性已知的非线性函数、连续可微的非线性函数以及扇形有界非线性函数等。具体来说，文献[102]和[117]研究了动态耦合复杂网络的方差约束状态估计算法设计问题，其中利用 Taylor（泰勒）展开将非线性函数进行线性逼近处理，得到了状态估计误差协方差上界的精确表达式，并进一步在最小均方误差意义下优化设计了估计器参数。文献[182]和[183]针对非线性随机复杂系统给出了递推状态估计策略，其中引入扇形有界非线性函数刻画复杂系统的动态特征，并得到了依赖于扇形有界参数的最小状态估计误差协方差的上界形式。考虑网络环境的多样性和复杂性，非线性可能会以随机方式发生。文献[184]借助 Bernoulli 随机变量刻画随机发生非线性现象，针对一类神经网络解决了 H_∞ 状态估计算法设计问题，给出了误差系统满足 H_∞ 性能指标和全局随机稳定的判定条件。

1.4　通信协议下神经网络的状态估计

面对网络资源受限与传输数据庞大之间的矛盾，在保证网络传输高效的同时如何合理利用网络资源一直是众多学者的研究焦点。目前，引入通信协议是分配资源访问权限的主要手段之一，可以在一定程度上保证数据有序传输，避免错传、冲突、延迟或缺失等现象的发生[185]。众所周知，在网络化控制系统中常见的通信协议主要包括事件触发通信协议、RR（轮询）协议、MEF（最大误差优先）协议和 WTOD（加权尝试一次丢弃）协议等。其中，RR 协议是一种静态型通信协议，事件触发通信协议、MEF 协议和 WTOD 协议则是依赖于预先定义的动态条件，通常可以认为属于动态型通信协议。

1.4.1　事件触发通信协议

在信号通过网络传输的过程中，面对有限的带宽等制约因素，需要考虑如何提高传输效率、如何节约资源等一系列问题，从而事件触发机制被引入到网络化系统的研究中[186-195]。人们根据网络通信情形，制定一定的通信准则。当规定的准则成立时，测量数据则会被传送给估计器端，否则估计器端的数据将不会更新，继续保持上一个时刻的数据。事件触发机制不仅节约了网络信道资源，也避免了一些传输时滞、测量丢失等不完全信息现象的发生。近些年来，广大学者们提出了多种基于不同判别条件的事件触发准则，比如：静态事件触发准则、动态事件触发准则以及自适应事件触发准则等。相应地，基于事件触发机制的神经网络状态估计问题成了当前热点研究课题之一。例如，为了减轻网络信道传输负担和保证数据传输效率，文献[196]基于事件触发机制，重点研究了具有分布式时滞的离散随机神经网络的有限时间状态估计问题，利用随机分析技术，建立了保证估计性能的充分条件，并提出了均方有限时间有界性准则。基于当前研究情形，本书将着重探讨事件触发机制对时变神经网络多指标状态估计问题带来的影响，提出相应的解决思路与估计策略。

1.4.2 RR 协议

在静态 RR 协议的约束下，所有网络节点依照时间顺序遵循轮流使用共享网络的原则执行数据传输任务。换句话说，在具有一定周期的环形结构上，当每个网络节点在属于自己的传输时刻将信息传输完成以后，紧接着下一个网络节点拥有下次访问网络信道的权限，直至最后一个网络节点传输完成以后，会把网络的使用权限重新交给第一个网络节点[197-201]。RR 协议体现了所有网络节点平均共享网络资源的原则，目前已有一些相关成果发表。具体来说，文献[202]和[203]分别研究了人工神经网络和基因调控网络在 RR 协议下的状态估计问题。针对一类离散时变非线性系统，文献[204]研究了该类系统的集员状态估计问题，设计了一种递推算法使得所有可能的真实状态在 RR 协议约束下存在于椭球集中。另外，针对一类时变复杂网络，文献[205]考虑了乘性噪声和随机耦合参数的影响，通过设计一组估计器参数在有限域内保证了给定的 H_∞ 性能指标。

1.4.3 MEF 协议

MEF 协议是一种动态协议，其调度机制是通过比较每个网络节点当前时刻测量值和最新传输值之间的误差，选择误差最大的网络节点优先传输信息。当多个网络节点的误差相同时，将信道访问权限交给指标最小的网络节点[206]。此外，在每一时刻未更新信息的节点通过零阶保持器进行补偿。不难发现，MEF 协议保证了数据传输的实时性能。文献[207]介绍了关于网络化控制系统的 MEF 协议模型描述，并给出了网络化控制系统在 MEF 协议下全局指数稳定的判定依据。文献[208]研究了离散时变系统在均匀量化和 MEF 协议下的集员状态估计问题，将未知但有界的过程噪声和测量噪声限定在了给定的椭球集中，并应用 S-过程引理和 Schur 补引理得到了估计器增益的求解方法。

1.4.4 WTOD 协议

与事件触发通信协议和 MEF 协议相似，WTOD 协议也是一种动态协议，充分体现了“按需分配”的思想[209-217]。WTOD 协议不仅考虑每个网络节点最新接收的数据与上一时刻数据的差值，还按照实际需求为每个网络节点设置权重系数。例如，文献[218]对具有混合时滞的系统分别探讨了在 RR 协议和 WTOD 协议下的集员状态估计问题，通过所提出的递推算法得到了保证状态估计器存在的充分条件。在 WTOD 协议的约束下，文献[219]和[220]分别探讨了状态饱和复杂网络和时滞系统的 H_∞ 有限域滤波和集员滤波问题，其中，文献[220]通过设计一组集员滤波器以确保误差动态系统存在于指定的椭球集内。

1.5　章节安排

基于上述研究现状分析，可见神经网络已经在诸如人脸识别、信号处理等方面取得了成功的应用，神经网络的分析和综合问题也成了当前的研究热点。尤其是神经网络的状态估计算法设计是获取神经元状态信息的常用手段，是掌握神经网络动态特征的重要技术和方法。因此，从状态估计评价指标角度出发，考虑 H_∞ 性能、有限时有界、弹性、方差约束和椭球约束等多重指标，探讨神经网络的状态估计问题具有一定的研究价值。此外，不完全信息和通信协议是影响神经网络多指标状态估计效果的主要因素，目前仍未受到足够的研究关注。基于当前研究现状，本书主要以离散神经网络、离散时滞神经网络和离散忆阻神经网络为主要研究对象，考虑不完全信息现象和通信协议的综合影响，研究几类离散神经网络的多指标状态估计问题。主要研究内容及章节安排简述如下：

第 1 章概述本书的研究背景，神经网络多指标状态估计研究现状以及不完全信息和通信协议下神经网络的状态估计研究现状。

第 2 章针对具有随机发生非线性的离散时变神经网络解决了方差约束 H_∞ 状态估计问题。其中，引入两个 Bernoulli 随机序列刻画随机发生非线性现象，并采用范数有界不确定性刻画系统建模误差。采用随机分析和增广技术，给出增广系统在满足特定 H_∞ 性能指标且状态估计误差协方差上界存在的充分条件。紧接着，将所得到的结果进一步推广，给出测量丢失下离散时变神经网络的方差约束 H_∞ 状态估计方法。利用两个 Bernoulli 随机变量分别刻画测量丢失和非线性动态，得到保证增广系统同时满足方差约束和给定的 H_∞ 性能要求的判别准则。

第 3 章解决随机发生传感器饱和测量影响下离散时变神经网络的弹性方差约束 H_∞ 状态估计问题。为了符合实际工程背景，引入 Bernoulli 随机变量和有界参数刻画不确定发生概率下的随机发生传感器饱和现象。基于随机分析技术，给出估计误差协方差上界以及满足特定 H_∞ 性能指标的条件。

第 4 章研究事件触发机制下离散时变神经网络的方差约束 H_∞ 状态估计问题。通过构造新型的事件触发 H_∞ 状态估计器，并利用矩阵增广技术和随机分析技术，给出保证满意 H_∞ 性能与估计误差协方差上界的存在性的判别条件。

第 5 章解决不确定时滞神经网络的方差约束 H_∞ 状态估计问题。其中，信道传输的数据被均匀量化器量化处理。通过设计一个时变状态估计器，给出误差系统满足 H_∞ 性能指标和方差约束的判据，并提出一种新颖的非增广方差约束 H_∞ 状态估计算法。

第 6 章针对一类离散不确定时变神经网络，提出传感器故障影响下的非增广弹性方差约束 H_∞ 状态估计方法。基于随机分析技术，设计新颖的弹性状态估计器，并且给出保证误差系统同时满足 H_∞ 性能要求和方差约束的充分条件。

第 7 章解决具有恶意攻击的离散时变神经网络的非增广弹性方差约束 H_∞ 状态估计问题。设计弹性状态估计器，并得到保证误差系统满足 H_∞ 性能指标和方差约束的充分条件。

第 8 章针对具有随机发生定常时滞和测量丢失现象的离散忆阻神经网络，解决该类神经网络的有限时有界 H_∞ 状态估计问题。基于随机变量的已知概率信息和 Lyapunov 稳定性理论，给出估计误差系统满足有限时有界和 H_∞ 性能要求的充分条件。

第 9 章分别针对定常时滞忆阻神经网络和混合时滞忆阻神经网络，提出不完全信息下基于 RR 协议的弹性集员状态估计方法。全面分析衰减测量和网络攻击的有效信息，设计新型的弹性集员状态估计器。基于最优化理论和线性矩阵不等式方法，得到保证一步预测误差存在于最优椭球集中的充分条件。

第 10 章异于第 9 章中采用的静态型通信协议，本章在动态 MEF 协议下研究一类具有混合时滞和对数量化的忆阻神经网络的弹性集员状态估计问题，并充分揭示混合时滞、对数量化和 MEF 协议对估计性能的影响，同时给出包含神经元状态最优椭球集存在的充分条件。

第 11 章针对具有传感器饱和的离散时滞忆阻神经网络，在 WTOD 协议下提出弹性集员状态估计方法，并给出确保一步预测神经状态约束在最优椭球集内的判别条件。

第2章 具有随机发生非线性的神经网络的方差约束 H_∞ 状态估计

本章研究具有随机发生非线性的离散时变神经网络方差约束 H_∞ 状态估计问题，采用服从 Bernoulli 分布的随机变量分别描述了随机发生非线性和测量丢失现象。基于可获得的测量信息与概率信息，设计时变状态估计器，得到增广系统同时满足估计误差协方差有上界和给定的 H_∞ 性能约束的充分条件。利用仿真算例验证所提出的方差受限 H_∞ 状态估计算法的优越性与可适用性。

2.1 具有随机发生非线性的时变神经网络 H_∞ 状态估计

2.1.1 问题描述

考虑如下一类具有随机发生非线性的离散时变神经网络

$$
\begin{cases}
\boldsymbol{x}_{k+1} = (\boldsymbol{A}_k + \Delta\boldsymbol{A}_k)\boldsymbol{x}_k + \alpha_k \boldsymbol{B}_{1,k}\boldsymbol{f}(\boldsymbol{x}_k) + \boldsymbol{D}_k\boldsymbol{v}_{1,k} \\
\boldsymbol{y}_k = \boldsymbol{C}_k\boldsymbol{x}_k + \beta_k\boldsymbol{B}_{2,k}\boldsymbol{g}(\boldsymbol{x}_k) + \boldsymbol{v}_{2,k} \\
\boldsymbol{z}_k = \boldsymbol{M}_k\boldsymbol{x}_k
\end{cases}
\tag{2-1}
$$

其中，$\boldsymbol{x}_k \in \mathbb{R}^n$ 是神经网络的状态向量，其初值 $\boldsymbol{x}_0$ 的均值为 $\bar{\boldsymbol{x}}_0$，$\boldsymbol{y}_k \in \mathbb{R}^m$ 是测量输出，$\boldsymbol{z}_k \in \mathbb{R}^r$ 是被控输出。$\boldsymbol{A}_k = \mathrm{diag}\{a_1, a_2, \dots, a_n\}$ 是自反馈对角矩阵，$\boldsymbol{f}(\boldsymbol{x}_k)$ 和 $\boldsymbol{g}(\boldsymbol{x}_k)$ 是非线性激励函数，$\boldsymbol{B}_{1,k} = \left[b_{ij}^1(k)\right]_{n\times n}$ 和 $\boldsymbol{B}_{2,k} = \left[b_{ij}^2(k)\right]_{m\times n}$ 是连接权矩阵，$\boldsymbol{D}_k$，$\boldsymbol{C}_k$ 和 $\boldsymbol{M}_k$ 是具有适当维数的已知实矩阵。$\boldsymbol{v}_{1,k}$ 和 $\boldsymbol{v}_{2,k}$ 是均值为零并且协方差分别为 $\boldsymbol{V}_{1,k} > \boldsymbol{0}$ ① 和 $\boldsymbol{V}_{2,k} > \boldsymbol{0}$ 的高斯白噪声序列。$\Delta\boldsymbol{A}_k$ 描述参数不确定性且满足

$$
\Delta\boldsymbol{A}_k = \boldsymbol{H}_k\boldsymbol{F}_k\boldsymbol{N}_k
$$

这里 $\boldsymbol{H}_k$ 和 $\boldsymbol{N}_k$ 是已知适当维数的实矩阵，且未知矩阵 $\boldsymbol{F}_k$ 满足 $\boldsymbol{F}_k^{\mathrm{T}}\boldsymbol{F}_k \le \boldsymbol{I}$。

采用服从 Bernoulli 分布的随机变量 α_k 和 β_k 来刻画随机发生非线性现象，且随机变量 α_k 和 β_k 满足

$$
\begin{aligned}
&\mathrm{Prob}\{\alpha_k = 1\} = \bar{\alpha}, \quad \mathrm{Prob}\{\alpha_k = 0\} = 1 - \bar{\alpha} \\
&\mathrm{Prob}\{\beta_k = 1\} = \bar{\beta}, \quad \mathrm{Prob}\{\beta_k = 0\} = 1 - \bar{\beta}
\end{aligned}
\tag{2-2}
$$

其中，$\bar{\alpha} \in [0,1]$ 和 $\bar{\beta} \in [0,1]$ 是已知的常数。

假设非线性激励函数 $\boldsymbol{f}(\boldsymbol{x}_k) = \begin{bmatrix} f_1(x_{1,k}) & f_2(x_{2,k}) & \cdots & f_n(x_{n,k}) \end{bmatrix}^{\mathrm{T}}$ 和 $\boldsymbol{g}(\boldsymbol{x}_k) = \begin{bmatrix} g_1(x_{1,k}) & g_2(x_{2,k}) & \cdots & g_n(x_{n,k}) \end{bmatrix}^{\mathrm{T}}$ 满足 $\boldsymbol{f}(\boldsymbol{0}) = \boldsymbol{0}$ 和 $\boldsymbol{g}(\boldsymbol{0}) = \boldsymbol{0}$ 及下述条件

$$
\lambda_i^- \le \frac{f_i(s_1) - f_i(s_2)}{s_1 - s_2} \le \lambda_i^+
$$

---

① 本书中矩阵大于零，表示该矩阵为对称正定矩阵。

$$\sigma_i^- \le \frac{g_i(s_1)-g_i(s_2)}{s_1-s_2} \le \sigma_i^+ \quad (s_1,s_2\in\mathbb{R}\text{ 且 }s_1\ne s_2) \tag{2-3}$$

其中，λ_i^-，λ_i^+，σ_i^-和σ_i^+ $(i=1,2,\ldots,n)$是已知常量，$f_i(\cdot)$和$g_i(\cdot)$分别是非线性激励函数$\boldsymbol{f}(\cdot)$和$\boldsymbol{g}(\cdot)$的第i个元素。此外，假设$\boldsymbol{v}_{1,k}$，$\boldsymbol{v}_{2,k}$，α_k和β_k是相互独立的。

基于可获得的测量信息，设计如下形式的状态估计器

$$\begin{cases}\hat{\boldsymbol{x}}_{k+1}=\boldsymbol{A}_k\hat{\boldsymbol{x}}_k+\bar{\alpha}\boldsymbol{B}_{1,k}\boldsymbol{f}(\hat{\boldsymbol{x}}_k)+\boldsymbol{K}_k\left(\boldsymbol{y}_k-\boldsymbol{C}_k\hat{\boldsymbol{x}}_k-\bar{\beta}\boldsymbol{B}_{2,k}\boldsymbol{g}(\hat{\boldsymbol{x}}_k)\right)\\ \hat{\boldsymbol{z}}_k=\boldsymbol{M}_k\hat{\boldsymbol{x}}_k\end{cases} \tag{2-4}$$

其中，$\hat{\boldsymbol{x}}_k$是$\boldsymbol{x}_k$的状态估计，$\hat{\boldsymbol{z}}_k$是$\boldsymbol{z}_k$的估计，$\boldsymbol{K}_k$是待设计的估计器增益矩阵。

为方便后续推导，记状态估计误差为$\boldsymbol{e}_k=\boldsymbol{x}_k-\hat{\boldsymbol{x}}_k$，被控输出估计误差为$\tilde{\boldsymbol{z}}_k=\boldsymbol{z}_k-\hat{\boldsymbol{z}}_k$。根据式（2-1）和（2-4），得到如下估计误差动态系统

$$\begin{cases}\boldsymbol{e}_{k+1}=(\boldsymbol{A}_k-\boldsymbol{K}_k\boldsymbol{C}_k)\boldsymbol{e}_k+\Delta\boldsymbol{A}_k\boldsymbol{x}_k+\tilde{\alpha}_k\boldsymbol{B}_{1,k}\boldsymbol{f}(\boldsymbol{x}_k)+\bar{\alpha}\boldsymbol{B}_{1,k}\bar{\boldsymbol{f}}(\boldsymbol{e}_k)\\ \qquad -\tilde{\beta}_k\boldsymbol{K}_k\boldsymbol{B}_{2,k}\boldsymbol{g}(\boldsymbol{x}_k)-\bar{\beta}\boldsymbol{K}_k\boldsymbol{B}_{2,k}\bar{\boldsymbol{g}}(\boldsymbol{e}_k)-\boldsymbol{K}_k\boldsymbol{v}_{2,k}+\boldsymbol{D}_k\boldsymbol{v}_{1,k}\\ \tilde{\boldsymbol{z}}_k=\boldsymbol{M}_k\boldsymbol{e}_k\end{cases} \tag{2-5}$$

其中，$\bar{\boldsymbol{f}}(\boldsymbol{e}_k)=\boldsymbol{f}(\boldsymbol{x}_k)-\boldsymbol{f}(\hat{\boldsymbol{x}}_k)$，$\bar{\boldsymbol{g}}(\boldsymbol{e}_k)=\boldsymbol{g}(\boldsymbol{x}_k)-\boldsymbol{g}(\hat{\boldsymbol{x}}_k)$，$\tilde{\alpha}_k=\alpha_k-\bar{\alpha}$和$\tilde{\beta}_k=\beta_k-\bar{\beta}$。

接下来，记

$$\boldsymbol{\eta}_k=\begin{bmatrix}\boldsymbol{x}_k^{\mathrm{T}} & \boldsymbol{e}_k^{\mathrm{T}}\end{bmatrix}^{\mathrm{T}},\quad \boldsymbol{v}_k=\begin{bmatrix}\boldsymbol{v}_{1,k}^{\mathrm{T}} & \boldsymbol{v}_{2,k}^{\mathrm{T}}\end{bmatrix}^{\mathrm{T}}$$

$$\boldsymbol{f}(\boldsymbol{\eta}_k)=\begin{bmatrix}\boldsymbol{f}^{\mathrm{T}}(\boldsymbol{x}_k) & \bar{\boldsymbol{f}}^{\mathrm{T}}(\boldsymbol{e}_k)\end{bmatrix}^{\mathrm{T}},\quad \boldsymbol{g}(\boldsymbol{\eta}_k)=\begin{bmatrix}\boldsymbol{g}^{\mathrm{T}}(\boldsymbol{x}_k) & \bar{\boldsymbol{g}}^{\mathrm{T}}(\boldsymbol{e}_k)\end{bmatrix}^{\mathrm{T}}$$

结合式（2-1）和（2-5），得到如下增广系统

$$\begin{cases}\boldsymbol{\eta}_{k+1}=\mathcal{A}_k\boldsymbol{\eta}_k+(\tilde{\alpha}_k\mathcal{D}_{1,k}+\mathcal{D}_{2,k})\boldsymbol{f}(\boldsymbol{\eta}_k)+(\tilde{\beta}_k\mathcal{B}_{1,k}+\mathcal{B}_{2,k})\boldsymbol{g}(\boldsymbol{\eta}_k)+\mathcal{C}_k\boldsymbol{v}_k\\ \tilde{\boldsymbol{z}}_k=\mathcal{M}_k\boldsymbol{\eta}_k\end{cases} \tag{2-6}$$

其中

$$\mathcal{A}_k=\begin{bmatrix}\boldsymbol{A}_k+\Delta\boldsymbol{A}_k & \boldsymbol{0}\\ \Delta\boldsymbol{A}_k & \boldsymbol{A}_k-\boldsymbol{K}_k\boldsymbol{C}_k\end{bmatrix},\quad \mathcal{D}_{1,k}=\begin{bmatrix}\boldsymbol{B}_{1,k} & \boldsymbol{0}\\ \boldsymbol{B}_{1,k} & \boldsymbol{0}\end{bmatrix}$$

$$\mathcal{D}_{2,k}=\begin{bmatrix}\bar{\alpha}\boldsymbol{B}_{1,k} & \boldsymbol{0}\\ \boldsymbol{0} & \bar{\alpha}\boldsymbol{B}_{1,k}\end{bmatrix},\quad \mathcal{B}_{1,k}=\begin{bmatrix}\boldsymbol{0} & \boldsymbol{0}\\ -\boldsymbol{K}_k\boldsymbol{B}_{2,k} & \boldsymbol{0}\end{bmatrix}$$

$$\mathcal{B}_{2,k}=\begin{bmatrix}\boldsymbol{0} & \boldsymbol{0}\\ \boldsymbol{0} & -\bar{\beta}\boldsymbol{K}_k\boldsymbol{B}_{2,k}\end{bmatrix},\quad \mathcal{C}_k=\begin{bmatrix}\boldsymbol{D}_k & \boldsymbol{0}\\ \boldsymbol{D}_k & -\boldsymbol{K}_k\end{bmatrix},\quad \mathcal{M}_k=\begin{bmatrix}\boldsymbol{0} & \boldsymbol{M}_k\end{bmatrix}$$

定义增广系统的状态协方差矩阵为

$$\boldsymbol{X}_k=\mathbb{E}\{\boldsymbol{\eta}_k\boldsymbol{\eta}_k^{\mathrm{T}}\}=\mathbb{E}\left\{\begin{bmatrix}\boldsymbol{x}_k\\ \boldsymbol{e}_k\end{bmatrix}\begin{bmatrix}\boldsymbol{x}_k\\ \boldsymbol{e}_k\end{bmatrix}^{\mathrm{T}}\right\} \tag{2-7}$$

小节2.1的主要目的是设计形如式（2-4）的状态估计器，并给出判别条件保证增广系统同时满足以下两个性能约束。

（1）考虑扰动衰减水平$\gamma>0$，正定矩阵$\boldsymbol{U}_v$和$\boldsymbol{U}_\phi$，以及初始状态为$\boldsymbol{\eta}_0$，被控输出估计误差$\tilde{\boldsymbol{z}}_k$满足如下H_∞性能约束

$$J_1 = \mathbb{E}\left\{ \sum_{k=0}^{N-1} \left(\|\tilde{z}_k\|^2 - \gamma^2 \|\boldsymbol{v}_k\|_{\boldsymbol{U}_v}^2 \right) \right\} - \gamma^2 \mathbb{E}\left\{ \boldsymbol{\eta}_0^{\mathrm{T}} \boldsymbol{U}_\phi \boldsymbol{\eta}_0 \right\} < 0 \tag{2-8}$$

其中，$\|\boldsymbol{v}_k\|_{\boldsymbol{U}_v}^2 = \boldsymbol{v}_k^{\mathrm{T}} \boldsymbol{U}_v \boldsymbol{v}_k$。

（2）估计误差协方差满足如下上界约束

$$\boldsymbol{J}_2 = \mathbb{E}\left\{ \boldsymbol{e}_k \boldsymbol{e}_k^{\mathrm{T}} \right\} \le \boldsymbol{\Psi}_k \tag{2-9}$$

其中，$\boldsymbol{\Psi}_k (0 \le k \le N)$ 是一系列预先给定的容许估计精度矩阵。

下面给出本章使用的主要引理。

引理 2.1[221]　设 $\boldsymbol{\Omega} = \mathrm{diag}\{\omega_1, \omega_2, \ldots, \omega_n\}$ $(\omega_i \ge 0,\ i = 1,2,\ldots,n)$ 是对角矩阵，令 $\boldsymbol{x} = \begin{bmatrix} x_1 & x_2 & \ldots & x_n \end{bmatrix}^{\mathrm{T}} \in \mathbb{R}^n$，非线性函数 $\boldsymbol{f}(\boldsymbol{x}) = \begin{bmatrix} f_1(x_1) & f_2(x_2) & \ldots & f_n(x_n) \end{bmatrix}^{\mathrm{T}}$ 满足 $\boldsymbol{f}(\boldsymbol{0}) = \boldsymbol{0}$ 及如下条件

$$l_i^- \le \frac{f_i(s_1) - f_i(s_2)}{s_1 - s_2} \le l_i^+ \qquad (s_1,\ s_2 \in \mathbb{R},\ s \ne 0)$$

其中，l_i^+ 和 l_i^- $(i = 1,2,\ldots,n)$ 均为已知常量，令 $\boldsymbol{e} = \boldsymbol{s}_1 - \boldsymbol{s}_2$ 和 $\bar{\boldsymbol{f}}(\boldsymbol{e}) = \boldsymbol{f}(\boldsymbol{s}_1) - \boldsymbol{f}(\boldsymbol{s}_2)$，则有

$$\begin{bmatrix} \boldsymbol{e} \\ \bar{\boldsymbol{f}}(\boldsymbol{e}) \end{bmatrix}^{\mathrm{T}} \begin{bmatrix} \boldsymbol{\Omega L}_1 & -\boldsymbol{\Omega L}_2 \\ -\boldsymbol{\Omega L}_2 & \boldsymbol{\Omega} \end{bmatrix} \begin{bmatrix} \boldsymbol{e} \\ \bar{\boldsymbol{f}}(\boldsymbol{e}) \end{bmatrix} \le 0$$

特殊地，当 $\boldsymbol{s}_2 = \boldsymbol{0}$ 时，有

$$\begin{bmatrix} \boldsymbol{s}_1 \\ \boldsymbol{f}(\boldsymbol{s}_1) \end{bmatrix}^{\mathrm{T}} \begin{bmatrix} \boldsymbol{\Omega L}_1 & -\boldsymbol{\Omega L}_2 \\ -\boldsymbol{\Omega L}_2 & \boldsymbol{\Omega} \end{bmatrix} \begin{bmatrix} \boldsymbol{s}_1 \\ \boldsymbol{f}(\boldsymbol{s}_1) \end{bmatrix} \le 0$$

其中

$$\boldsymbol{L}_1 = \mathrm{diag}\{l_1^+ l_1^-, l_2^+ l_2^-, \ldots, l_n^+ l_n^-\},\quad \boldsymbol{L}_2 = \mathrm{diag}\left\{ \frac{l_1^+ + l_1^-}{2}, \frac{l_2^+ + l_2^-}{2}, \ldots, \frac{l_n^+ + l_n^-}{2} \right\}$$

引理 2.2　如果激励函数 $\boldsymbol{f}(\cdot)$ 和 $\boldsymbol{g}(\cdot)$ 满足式（2-3），那么下述不等式成立

$$\boldsymbol{f}(\boldsymbol{s})\boldsymbol{f}^{\mathrm{T}}(\boldsymbol{s}) \le \left\{ \frac{\mu + \dfrac{1}{\mu}}{2(1-\mu)} (\boldsymbol{\Lambda}_2 + \boldsymbol{\Lambda}_0)^2 + \frac{1}{\mu(1-\mu)} (\boldsymbol{\Lambda}_2 - \boldsymbol{\Lambda}_0)^2 \right\} \|\boldsymbol{s}\|^2$$

$$\boldsymbol{g}(\boldsymbol{s})\boldsymbol{g}^{\mathrm{T}}(\boldsymbol{s}) \le \left\{ \frac{\mu + \dfrac{1}{\mu}}{2(1-\mu)} (\boldsymbol{\Sigma}_2 + \boldsymbol{\Sigma}_0)^2 + \frac{1}{\mu(1-\mu)} (\boldsymbol{\Sigma}_2 - \boldsymbol{\Sigma}_0)^2 \right\} \|\boldsymbol{s}\|^2$$

其中

$$\mu \in (0,1)$$

$$\boldsymbol{\Lambda}_2 = \mathrm{diag}\left\{ \frac{\lambda_1^+ + \lambda_1^-}{2}, \ldots, \frac{\lambda_n^+ + \lambda_n^-}{2} \right\},\quad \boldsymbol{\Lambda}_0 = \mathrm{diag}\left\{ \frac{\lambda_1^+ - \lambda_1^-}{2}, \ldots, \frac{\lambda_n^+ - \lambda_n^-}{2} \right\}$$

$$\boldsymbol{\Sigma}_2 = \mathrm{diag}\left\{ \frac{\sigma_1^+ + \sigma_1^-}{2}, \ldots, \frac{\sigma_n^+ + \sigma_n^-}{2} \right\},\quad \boldsymbol{\Sigma}_0 = \mathrm{diag}\left\{ \frac{\sigma_1^+ - \sigma_1^-}{2}, \ldots, \frac{\sigma_n^+ - \sigma_n^-}{2} \right\}$$

引理 2.3[222] 假设$\boldsymbol{R}$，$\boldsymbol{F}$，$\boldsymbol{H}$和$\boldsymbol{Q}$是适当维数的实数矩阵，$\boldsymbol{Q}$和$\boldsymbol{F}$满足$\boldsymbol{Q}=\boldsymbol{Q}^{\mathrm{T}}$和$\boldsymbol{F}\boldsymbol{F}^{\mathrm{T}}\le\boldsymbol{I}$，则$\boldsymbol{Q}+\boldsymbol{R}\boldsymbol{F}\boldsymbol{H}+\boldsymbol{H}^{\mathrm{T}}\boldsymbol{F}^{\mathrm{T}}\boldsymbol{R}^{\mathrm{T}}<\boldsymbol{0}$成立当且仅当

$$\boldsymbol{Q}+\epsilon\boldsymbol{R}\boldsymbol{R}^{\mathrm{T}}+\epsilon^{-1}\boldsymbol{H}^{\mathrm{T}}\boldsymbol{H}<\boldsymbol{0}$$

其中，$\epsilon>0$为标量。

引理 2.4[223] 给定常值矩阵$\boldsymbol{S}_1$，$\boldsymbol{S}_2$和$\boldsymbol{S}_3$，其中$\boldsymbol{S}_1=\boldsymbol{S}_1^{\mathrm{T}}$，$\boldsymbol{0}<\boldsymbol{S}_2=\boldsymbol{S}_2^{\mathrm{T}}$，则不等式$\boldsymbol{S}_1+\boldsymbol{S}_3^{\mathrm{T}}\boldsymbol{S}_2^{-1}\boldsymbol{S}_3<\boldsymbol{0}$等价于

$$\begin{bmatrix}\boldsymbol{S}_1 & \boldsymbol{S}_3^{\mathrm{T}}\\ \boldsymbol{S}_3 & -\boldsymbol{S}_2\end{bmatrix}<\boldsymbol{0}\ \text{或}\ \begin{bmatrix}-\boldsymbol{S}_2 & \boldsymbol{S}_3\\ \boldsymbol{S}_3^{\mathrm{T}} & \boldsymbol{S}_1\end{bmatrix}<\boldsymbol{0}$$

2.1.2 方差约束 H_∞ 状态估计方法设计

在本节中，结合不等式处理技术和随机分析方法，我们得到保证增广系统（2-6）同时满足估计误差协方差有上界和给定的 H_∞ 性能要求的充分条件。此外，我们通过求解递推线性矩阵不等式，还可以得到估计器增益矩阵的值。

下面，我们基于线性矩阵不等式方法，研究 H_∞ 性能分析问题并给出易于求解的判别条件。

定理 2.1 考虑具有随机发生非线性的离散时变神经网络，给定状态估计器增益矩阵$\boldsymbol{K}_k$，扰动衰减水平$\gamma>0$，矩阵$\boldsymbol{U}_\nu>\boldsymbol{0}$和$\boldsymbol{U}_\phi>\boldsymbol{0}$，在初始条件$\boldsymbol{Q}_0\le\gamma^2\boldsymbol{U}_\phi$下，如果存在一系列正定矩阵$\{\boldsymbol{Q}_k\}_{1\le k\le N+1}$满足如下的递推矩阵不等式

$$\boldsymbol{\varSigma}=\begin{bmatrix}\boldsymbol{\varSigma}_{11} & \boldsymbol{\varSigma}_{12} & \boldsymbol{\varGamma}_{22} & \boldsymbol{0}\\ * & \boldsymbol{\varSigma}_{22} & \boldsymbol{0} & \boldsymbol{0}\\ * & * & \boldsymbol{\varSigma}_{33} & \boldsymbol{0}\\ * & * & * & \boldsymbol{\varSigma}_{44}\end{bmatrix}<\boldsymbol{0} \tag{2-10}$$

其中

$$\boldsymbol{\varSigma}_{11}=2\boldsymbol{\mathcal{A}}_k^{\mathrm{T}}\boldsymbol{Q}_{k+1}\boldsymbol{\mathcal{A}}_k+\boldsymbol{\mathcal{M}}_k^{\mathrm{T}}\boldsymbol{\mathcal{M}}_k-\boldsymbol{Q}_k-\boldsymbol{\varLambda}_{11}-\boldsymbol{\varGamma}_{12},\quad \boldsymbol{\varSigma}_{12}=\boldsymbol{\mathcal{A}}_k^{\mathrm{T}}\boldsymbol{Q}_{k+1}\boldsymbol{\mathcal{D}}_{2,k}+\boldsymbol{\varLambda}_{21}$$

$$\boldsymbol{\varSigma}_{22}=\bar{\alpha}(1-\bar{\alpha})\boldsymbol{\mathcal{D}}_{1,k}^{\mathrm{T}}\boldsymbol{Q}_{k+1}\boldsymbol{\mathcal{D}}_{1,k}+2\boldsymbol{\mathcal{D}}_{2,k}^{\mathrm{T}}\boldsymbol{Q}_{k+1}\boldsymbol{\mathcal{D}}_{2,k}-\bar{\boldsymbol{\mathcal{F}}}$$

$$\boldsymbol{\varSigma}_{33}=\bar{\beta}(1-\bar{\beta})\boldsymbol{\mathcal{B}}_{1,k}^{\mathrm{T}}\boldsymbol{Q}_{k+1}\boldsymbol{\mathcal{B}}_{1,k}+3\boldsymbol{\mathcal{B}}_{2,k}^{\mathrm{T}}\boldsymbol{Q}_{k+1}\boldsymbol{\mathcal{B}}_{2,k}-\bar{\boldsymbol{\mathcal{H}}},\quad \boldsymbol{\varSigma}_{44}=\boldsymbol{\mathcal{C}}_k^{\mathrm{T}}\boldsymbol{Q}_{k+1}\boldsymbol{\mathcal{C}}_k-\gamma^2\boldsymbol{U}_\nu$$

$$\boldsymbol{\varLambda}_{11}=\begin{bmatrix}\boldsymbol{\varOmega}_1\boldsymbol{\varLambda}_1 & \boldsymbol{0}\\ \boldsymbol{0} & \boldsymbol{\varOmega}_2\boldsymbol{\varLambda}_1\end{bmatrix},\quad \boldsymbol{\varLambda}_{21}=\begin{bmatrix}\boldsymbol{\varOmega}_1\boldsymbol{\varLambda}_2 & \boldsymbol{0}\\ \boldsymbol{0} & \boldsymbol{\varOmega}_2\boldsymbol{\varLambda}_2\end{bmatrix},\quad \bar{\boldsymbol{\mathcal{F}}}=\begin{bmatrix}\boldsymbol{\varOmega}_1 & \boldsymbol{0}\\ \boldsymbol{0} & \boldsymbol{\varOmega}_2\end{bmatrix}$$

$$\boldsymbol{\varGamma}_{12}=\begin{bmatrix}\boldsymbol{\varOmega}_3\boldsymbol{\varGamma}_1 & \boldsymbol{0}\\ \boldsymbol{0} & \boldsymbol{\varOmega}_4\boldsymbol{\varGamma}_1\end{bmatrix},\quad \boldsymbol{\varGamma}_{22}=\begin{bmatrix}\boldsymbol{\varOmega}_3\boldsymbol{\varGamma}_2 & \boldsymbol{0}\\ \boldsymbol{0} & \boldsymbol{\varOmega}_4\boldsymbol{\varGamma}_2\end{bmatrix},\quad \bar{\boldsymbol{\mathcal{H}}}=\begin{bmatrix}\boldsymbol{\varOmega}_3 & \boldsymbol{0}\\ \boldsymbol{0} & \boldsymbol{\varOmega}_4\end{bmatrix}$$

$$\boldsymbol{\varOmega}_1=\mathrm{diag}\{\omega_{11},\dots,\omega_{1n}\},\quad \boldsymbol{\varOmega}_2=\mathrm{diag}\{\omega_{21},\dots,\omega_{2n}\}$$

$$\boldsymbol{\varOmega}_3=\mathrm{diag}\{\omega_{31},\dots,\omega_{3n}\},\quad \boldsymbol{\varOmega}_4=\mathrm{diag}\{\omega_{41},\dots,\omega_{4n}\}$$

$$\boldsymbol{\varLambda}_1=\mathrm{diag}\{\lambda_1^+\lambda_1^-,\lambda_2^+\lambda_2^-,\dots,\lambda_n^+\lambda_n^-\},\quad \boldsymbol{\varOmega}_j\ge\boldsymbol{0}\ (j=1,2,3,4)$$

$$\boldsymbol{\varGamma}_1=\mathrm{diag}\{\sigma_1^+\sigma_1^-,\sigma_2^+\sigma_2^-,\dots,\sigma_n^+\sigma_n^-\},\quad \boldsymbol{\varGamma}_2=\mathrm{diag}\left\{\frac{\sigma_1^++\sigma_1^-}{2},\dots,\frac{\sigma_n^++\sigma_n^-}{2}\right\}$$

那么增广系统（2-6）满足 H_∞ 性能约束条件。

证 定义

$$P_k=\eta_{k+1}^{\mathrm{T}}Q_{k+1}\eta_{k+1}-\eta_k^{\mathrm{T}}Q_k\eta_k \tag{2-11}$$

则有

$$\begin{aligned}\mathbb{E}\{P_k\}=\mathbb{E}\Big\{&\eta_k^{\mathrm{T}}\mathcal{A}_k^{\mathrm{T}}Q_{k+1}\mathcal{A}_k\eta_k+\bar{\alpha}(1-\bar{\alpha})f^{\mathrm{T}}(\eta_k)\mathcal{D}_{1,k}^{\mathrm{T}}Q_{k+1}\mathcal{D}_{1,k}f(\eta_k)+f^{\mathrm{T}}(\eta_k)\mathcal{D}_{2,k}^{\mathrm{T}}Q_{k+1}\\&\times\mathcal{D}_{2,k}f(\eta_k)+\bar{\beta}(1-\bar{\beta})g^{\mathrm{T}}(\eta_k)\mathcal{B}_{1,k}^{\mathrm{T}}Q_{k+1}\mathcal{B}_{1,k}g(\eta_k)+g^{\mathrm{T}}(\eta_k)\mathcal{B}_{2,k}^{\mathrm{T}}Q_{k+1}\mathcal{B}_{2,k}g(\eta_k)\\&+2\eta_k^{\mathrm{T}}\mathcal{A}_k^{\mathrm{T}}Q_{k+1}\mathcal{D}_{2,k}f(\eta_k)+2\eta_k^{\mathrm{T}}\mathcal{A}_k^{\mathrm{T}}Q_{k+1}\mathcal{B}_{2,k}g(\eta_k)+2f^{\mathrm{T}}(\eta_k)\mathcal{D}_{2,k}^{\mathrm{T}}Q_{k+1}\mathcal{B}_{2,k}g(\eta_k)\\&+v_k^{\mathrm{T}}\mathcal{C}_k^{\mathrm{T}}Q_{k+1}\mathcal{C}_kv_k-\eta_k^{\mathrm{T}}Q_k\eta_k\Big\}\end{aligned}$$

根据不等式 $2x^{\mathrm{T}}Py\le x^{\mathrm{T}}Px+y^{\mathrm{T}}Py$ $(P>0)$，得到如下结果

$$\begin{aligned}&\mathbb{E}\{2\eta_k^{\mathrm{T}}\mathcal{A}_k^{\mathrm{T}}Q_{k+1}\mathcal{B}_{2,k}g(\eta_k)\}\\&\le\mathbb{E}\{\eta_k^{\mathrm{T}}\mathcal{A}_k^{\mathrm{T}}Q_{k+1}\mathcal{A}_k\eta_k+g^{\mathrm{T}}(\eta_k)\mathcal{B}_{2,k}^{\mathrm{T}}Q_{k+1}\mathcal{B}_{2,k}g(\eta_k)\}\\&\mathbb{E}\{2f^{\mathrm{T}}(\eta_k)\mathcal{D}_{2,k}^{\mathrm{T}}Q_{k+1}\mathcal{B}_{2,k}g(\eta_k)\}\\&\le\mathbb{E}\{f^{\mathrm{T}}(\eta_k)\mathcal{D}_{2,k}^{\mathrm{T}}Q_{k+1}\mathcal{D}_{2,k}f(\eta_k)+g^{\mathrm{T}}(\eta_k)\mathcal{B}_{2,k}^{\mathrm{T}}Q_{k+1}\mathcal{B}_{2,k}g(\eta_k)\}\end{aligned}$$

因此，整理可以得到如下形式

$$\begin{aligned}\mathbb{E}\{P_k\}\le\mathbb{E}\Big\{&2\eta_k^{\mathrm{T}}\mathcal{A}_k^{\mathrm{T}}Q_{k+1}\mathcal{A}_k\eta_k+\bar{\alpha}(1-\bar{\alpha})f^{\mathrm{T}}(\eta_k)\mathcal{D}_{1,k}^{\mathrm{T}}Q_{k+1}\mathcal{D}_{1,k}f(\eta_k)+2f^{\mathrm{T}}(\eta_k)\mathcal{D}_{2,k}^{\mathrm{T}}Q_{k+1}\\&\times\mathcal{D}_{2,k}f(\eta_k)+\bar{\beta}(1-\bar{\beta})g^{\mathrm{T}}(\eta_k)\mathcal{B}_{1,k}^{\mathrm{T}}Q_{k+1}\mathcal{B}_{1,k}g(\eta_k)+3g^{\mathrm{T}}(\eta_k)\mathcal{B}_{2,k}^{\mathrm{T}}Q_{k+1}\mathcal{B}_{2,k}g(\eta_k)\\&+2\eta_k^{\mathrm{T}}\mathcal{A}_k^{\mathrm{T}}Q_{k+1}\mathcal{D}_{2,k}f(\eta_k)+v_k^{\mathrm{T}}\mathcal{C}_k^{\mathrm{T}}Q_{k+1}\mathcal{C}_kv_k-\eta_k^{\mathrm{T}}Q_k\eta_k\Big\}\end{aligned}$$

接下来，将零项 $\tilde{z}_k^{\mathrm{T}}\tilde{z}_k-\gamma^2v_k^{\mathrm{T}}U_vv_k-\tilde{z}_k^{\mathrm{T}}\tilde{z}_k+\gamma^2v_k^{\mathrm{T}}U_vv_k$ 加入到 $\mathbb{E}\{P_k\}$ 中，可得到

$$\mathbb{E}\{P_k\}\le\mathbb{E}\left\{\begin{bmatrix}\zeta_k^{\mathrm{T}} & v_k^{\mathrm{T}}\end{bmatrix}\tilde{\Sigma}\begin{bmatrix}\zeta_k\\ v_k\end{bmatrix}-\tilde{z}_k^{\mathrm{T}}\tilde{z}_k+\gamma^2v_k^{\mathrm{T}}U_vv_k\right\} \tag{2-12}$$

其中

$$\zeta_k=\begin{bmatrix}\eta_k^{\mathrm{T}} & f^{\mathrm{T}}(\eta_k) & g^{\mathrm{T}}(\eta_k)\end{bmatrix}^{\mathrm{T}}$$

$$\tilde{\Sigma}=\begin{bmatrix}\tilde{\Sigma}_{11} & \mathcal{A}_k^{\mathrm{T}}Q_{k+1}\mathcal{D}_{2,k} & 0 & 0\\ * & \tilde{\Sigma}_{22} & 0 & 0\\ * & * & \tilde{\Sigma}_{33} & 0\\ * & * & * & \Sigma_{44}\end{bmatrix}$$

$$\tilde{\Sigma}_{11}=2\mathcal{A}_k^{\mathrm{T}}Q_{k+1}\mathcal{A}_k+\mathcal{M}_k^{\mathrm{T}}\mathcal{M}_k-Q_k$$

$$\tilde{\Sigma}_{22}=\bar{\alpha}(1-\bar{\alpha})\mathcal{D}_{1,k}^{\mathrm{T}}Q_{k+1}\mathcal{D}_{1,k}+2\mathcal{D}_{2,k}^{\mathrm{T}}Q_{k+1}\mathcal{D}_{2,k}$$

$$\tilde{\Sigma}_{33}=\bar{\beta}(1-\bar{\beta})\mathcal{B}_{1,k}^{\mathrm{T}}Q_{k+1}\mathcal{B}_{1,k}+3\mathcal{B}_{2,k}^{\mathrm{T}}Q_{k+1}\mathcal{B}_{2,k}$$

且 Σ_{44} 在式（2-10）中定义。

根据引理 2.1，不难得到

$$\begin{aligned}&\begin{bmatrix}\eta_k\\ f(\eta_k)\end{bmatrix}^{\mathrm{T}}\begin{bmatrix}\Lambda_{11} & -\Lambda_{21}\\ -\Lambda_{21} & \bar{\mathcal{F}}\end{bmatrix}\begin{bmatrix}\eta_k\\ f(\eta_k)\end{bmatrix}\le 0\\&\begin{bmatrix}\eta_k\\ g(\eta_k)\end{bmatrix}^{\mathrm{T}}\begin{bmatrix}\Gamma_{12} & -\Gamma_{22}\\ -\Gamma_{22} & \bar{\mathcal{H}}\end{bmatrix}\begin{bmatrix}\eta_k\\ g(\eta_k)\end{bmatrix}\le 0\end{aligned} \tag{2-13}$$

其中，$\boldsymbol{\Lambda}_{11}$，$\boldsymbol{\Lambda}_{21}$，$\boldsymbol{\Gamma}_{12}$，$\boldsymbol{\Gamma}_{22}$，$\bar{\mathcal{H}}$ 和 $\bar{\mathcal{F}}$ 已在式（2-10）中定义。接下来，结合式（2-12），进一步可以得到如下不等式

$$\begin{aligned}\mathbb{E}\{P_k\} &\le \mathbb{E}\left\{\begin{bmatrix}\boldsymbol{\zeta}_k^{\mathrm{T}} & \boldsymbol{v}_k^{\mathrm{T}}\end{bmatrix}\tilde{\boldsymbol{\Sigma}}\begin{bmatrix}\boldsymbol{\zeta}_k \\ \boldsymbol{v}_k\end{bmatrix} - \tilde{\boldsymbol{z}}_k^{\mathrm{T}}\tilde{\boldsymbol{z}}_k + \gamma^2\boldsymbol{v}_k^{\mathrm{T}}\boldsymbol{U}_v\boldsymbol{v}_k\right. \\ &\quad -\left[\boldsymbol{\eta}_k^{\mathrm{T}}\boldsymbol{\Lambda}_{11}\boldsymbol{\eta}_k - 2\boldsymbol{\eta}_k^{\mathrm{T}}\boldsymbol{\Lambda}_{21}\boldsymbol{f}(\boldsymbol{\eta}_k) + \boldsymbol{f}^{\mathrm{T}}(\boldsymbol{\eta}_k)\bar{\mathcal{F}}\boldsymbol{f}(\boldsymbol{\eta}_k)\right] \\ &\quad \left.-\left[\boldsymbol{\eta}_k^{\mathrm{T}}\boldsymbol{\Gamma}_{11}\boldsymbol{\eta}_k - 2\boldsymbol{\eta}_k^{\mathrm{T}}\boldsymbol{\Gamma}_{21}\boldsymbol{g}(\boldsymbol{\eta}_k) + \boldsymbol{g}^{\mathrm{T}}(\boldsymbol{\eta}_k)\bar{\mathcal{H}}\boldsymbol{g}(\boldsymbol{\eta}_k)\right]\right\} \\ &= \mathbb{E}\left\{\begin{bmatrix}\boldsymbol{\zeta}_k^{\mathrm{T}} & \boldsymbol{v}_k^{\mathrm{T}}\end{bmatrix}\boldsymbol{\Sigma}\begin{bmatrix}\boldsymbol{\zeta}_k \\ \boldsymbol{v}_k\end{bmatrix} - \tilde{\boldsymbol{z}}_k^{\mathrm{T}}\tilde{\boldsymbol{z}}_k + \gamma^2\boldsymbol{v}_k^{\mathrm{T}}\boldsymbol{U}_v\boldsymbol{v}_k\right\}\end{aligned} \tag{2-14}$$

其中，$\boldsymbol{\Sigma}$ 在式（2-10）中定义。

对式（2-14）两边关于 k 从 0 到 $N-1$ 进行求和，显然有

$$\sum_{k=0}^{N-1}\mathbb{E}\{P_k\} \le \mathbb{E}\left\{\sum_{k=0}^{N-1}\begin{bmatrix}\boldsymbol{\zeta}_k^{\mathrm{T}} & \boldsymbol{v}_k^{\mathrm{T}}\end{bmatrix}\boldsymbol{\Sigma}\begin{bmatrix}\boldsymbol{\zeta}_k \\ \boldsymbol{v}_k\end{bmatrix}\right\} - \mathbb{E}\left\{\sum_{k=0}^{N-1}\left(\tilde{\boldsymbol{z}}_k^{\mathrm{T}}\tilde{\boldsymbol{z}}_k - \gamma^2\boldsymbol{v}_k^{\mathrm{T}}\boldsymbol{U}_v\boldsymbol{v}_k\right)\right\}$$

因此，可以得到如下结果

$$J_1 \le \mathbb{E}\left\{\sum_{k=0}^{N-1}\begin{bmatrix}\boldsymbol{\zeta}_k^{\mathrm{T}} & \boldsymbol{v}_k^{\mathrm{T}}\end{bmatrix}\boldsymbol{\Sigma}\begin{bmatrix}\boldsymbol{\zeta}_k \\ \boldsymbol{v}_k\end{bmatrix} + \boldsymbol{\eta}_0^{\mathrm{T}}\left(\boldsymbol{Q}_0 - \gamma^2\boldsymbol{U}_\phi\right)\boldsymbol{\eta}_0\right\} - \mathbb{E}\left\{\boldsymbol{\eta}_N^{\mathrm{T}}\boldsymbol{Q}_N\boldsymbol{\eta}_N\right\} \tag{2-15}$$

结合 $\boldsymbol{\Sigma} < \boldsymbol{0}$，$\boldsymbol{Q}_N > \boldsymbol{0}$ 和初始条件 $\boldsymbol{Q}_0 \le \gamma^2\boldsymbol{U}_\phi$，可证 $J_1 < 0$。

下面，基于数学归纳法，给出估计误差协方差有上界的充分条件。

定理 2.2 考虑具有随机发生非线性的离散时变神经网络（2-1），给定状态估计器增益矩阵 $\boldsymbol{K}_k$，在初始条件 $\boldsymbol{G}_0 = \boldsymbol{X}_0$ 下，如果存在一系列正定矩阵 $\{\boldsymbol{G}_k\}_{1\le k\le N+1}$ 满足如下递推矩阵不等式

$$\boldsymbol{G}_{k+1} \ge \boldsymbol{\Psi}(\boldsymbol{G}_k) \tag{2-16}$$

其中

$$\begin{aligned}\boldsymbol{\Psi}(\boldsymbol{G}_k) &= 3\mathcal{A}_k\boldsymbol{G}_k\mathcal{A}_k^{\mathrm{T}} + \bar{\alpha}(1-\bar{\alpha})\mathrm{tr}(\boldsymbol{G}_k)\mathcal{D}_{1,k}\bar{\boldsymbol{Y}}_1\mathcal{D}_{1,k}^{\mathrm{T}} \\ &\quad + 3\mathrm{tr}(\boldsymbol{G}_k)\mathcal{D}_{2,k}\bar{\boldsymbol{Y}}_1\mathcal{D}_{2,k}^{\mathrm{T}} + \bar{\beta}(1-\bar{\beta})\mathrm{tr}(\boldsymbol{G}_k)\mathcal{B}_{1,k}\bar{\boldsymbol{Y}}_2\mathcal{B}_{1,k}^{\mathrm{T}} \\ &\quad + 3\mathrm{tr}(\boldsymbol{G}_k)\mathcal{B}_{2,k}\bar{\boldsymbol{Y}}_2\mathcal{B}_{2,k}^{\mathrm{T}} + \mathcal{C}_k\boldsymbol{V}\mathcal{C}_k^{\mathrm{T}} \\ \boldsymbol{V} &= \mathrm{diag}\{\boldsymbol{V}_{1,k}, \boldsymbol{V}_{2,k}\} \\ \bar{\boldsymbol{Y}}_1 &= \mathrm{diag}\{\boldsymbol{Y}_1, \boldsymbol{Y}_1\}, \bar{\boldsymbol{Y}}_2 = \mathrm{diag}\{\boldsymbol{Y}_2, \boldsymbol{Y}_2\}\end{aligned} \tag{2-17}$$

$$\boldsymbol{Y}_1 = \frac{\mu + \frac{1}{\mu}}{2(1-\mu)}(\boldsymbol{\Lambda}_2 + \boldsymbol{\Lambda}_0)^2 + \frac{1}{\mu(1-\mu)}(\boldsymbol{\Lambda}_2 - \boldsymbol{\Lambda}_0)^2 \quad (\mu \in (0,1))$$

$$\boldsymbol{Y}_2 = \frac{\mu + \frac{1}{\mu}}{2(1-\mu)}(\boldsymbol{\Sigma}_2 + \boldsymbol{\Sigma}_0)^2 + \frac{1}{\mu(1-\mu)}(\boldsymbol{\Sigma}_2 - \boldsymbol{\Sigma}_0)^2$$

那么 $\boldsymbol{G}_k \ge \boldsymbol{X}_k$ $(k \in \{1,2,\ldots,N+1\})$。

证　根据状态协方差 $\boldsymbol{X}_k$ 的定义，有

$$\begin{aligned}\boldsymbol{X}_{k+1}=\mathbb{E}\{&\mathcal{A}_k\boldsymbol{\eta}_k\boldsymbol{\eta}_k^{\mathrm{T}}\mathcal{A}_k^{\mathrm{T}}+\bar{\alpha}(1-\bar{\alpha})\mathcal{D}_{1,k}\boldsymbol{f}(\boldsymbol{\eta}_k)\boldsymbol{f}^{\mathrm{T}}(\boldsymbol{\eta}_k)\mathcal{D}_{1,k}^{\mathrm{T}}\\&+\mathcal{D}_{2,k}\boldsymbol{f}(\boldsymbol{\eta}_k)\boldsymbol{f}^{\mathrm{T}}(\boldsymbol{\eta}_k)\mathcal{D}_{2,k}^{\mathrm{T}}+\bar{\beta}(1-\bar{\beta})\mathcal{B}_{1,k}\boldsymbol{g}(\boldsymbol{\eta}_k)\boldsymbol{g}^{\mathrm{T}}(\boldsymbol{\eta}_k)\mathcal{B}_{1,k}^{\mathrm{T}}\\&+\mathcal{B}_{2,k}\boldsymbol{g}(\boldsymbol{\eta}_k)\boldsymbol{g}^{\mathrm{T}}(\boldsymbol{\eta}_k)\mathcal{B}_{2,k}^{\mathrm{T}}+\mathcal{A}_k\boldsymbol{\eta}_k\boldsymbol{f}^{\mathrm{T}}(\boldsymbol{\eta}_k)\mathcal{D}_{2,k}^{\mathrm{T}}\\&+\mathcal{D}_{2,k}\boldsymbol{f}(\boldsymbol{\eta}_k)\boldsymbol{\eta}_k^{\mathrm{T}}\mathcal{A}_k^{\mathrm{T}}+\mathcal{A}_k\boldsymbol{\eta}_k\boldsymbol{g}^{\mathrm{T}}(\boldsymbol{\eta}_k)\mathcal{B}_{2,k}^{\mathrm{T}}+\mathcal{B}_{2,k}\boldsymbol{g}(\boldsymbol{\eta}_k)\boldsymbol{\eta}_k^{\mathrm{T}}\mathcal{A}_k^{\mathrm{T}}\\&+\mathcal{B}_{2,k}\boldsymbol{g}(\boldsymbol{\eta}_k)\boldsymbol{f}^{\mathrm{T}}(\boldsymbol{\eta}_k)\mathcal{D}_{2,k}^{\mathrm{T}}+\mathcal{D}_{2,k}\boldsymbol{f}(\boldsymbol{\eta}_k)\boldsymbol{g}^{\mathrm{T}}(\boldsymbol{\eta}_k)\mathcal{B}_{2,k}^{\mathrm{T}}+\mathcal{C}_k\boldsymbol{v}_k\boldsymbol{v}_k^{\mathrm{T}}\mathcal{C}_k^{\mathrm{T}}\}\end{aligned}$$

运用基本不等式 $\boldsymbol{x}\boldsymbol{y}^{\mathrm{T}}+\boldsymbol{y}\boldsymbol{x}^{\mathrm{T}}\le\boldsymbol{x}\boldsymbol{x}^{\mathrm{T}}+\boldsymbol{y}\boldsymbol{y}^{\mathrm{T}}$，可以得到

$$\begin{aligned}&\mathbb{E}\{\mathcal{A}_k\boldsymbol{\eta}_k\boldsymbol{f}^{\mathrm{T}}(\boldsymbol{\eta}_k)\mathcal{D}_{2,k}^{\mathrm{T}}+\mathcal{D}_{2,k}\boldsymbol{f}(\boldsymbol{\eta}_k)\boldsymbol{\eta}_k^{\mathrm{T}}\mathcal{A}_k^{\mathrm{T}}\}\\&\le\mathbb{E}\{\mathcal{A}_k\boldsymbol{\eta}_k\boldsymbol{\eta}_k^{\mathrm{T}}\mathcal{A}_k^{\mathrm{T}}+\mathcal{D}_{2,k}\boldsymbol{f}(\boldsymbol{\eta}_k)\boldsymbol{f}^{\mathrm{T}}(\boldsymbol{\eta}_k)\mathcal{D}_{2,k}^{\mathrm{T}}\}\\&\mathbb{E}\{\mathcal{A}_k\boldsymbol{\eta}_k\boldsymbol{g}^{\mathrm{T}}(\boldsymbol{\eta}_k)\mathcal{B}_{2,k}^{\mathrm{T}}+\mathcal{B}_{2,k}\boldsymbol{g}(\boldsymbol{\eta}_k)\boldsymbol{\eta}_k^{\mathrm{T}}\mathcal{A}_k^{\mathrm{T}}\}\\&\le\mathbb{E}\{\mathcal{A}_k\boldsymbol{\eta}_k\boldsymbol{\eta}_k^{\mathrm{T}}\mathcal{A}_k^{\mathrm{T}}+\mathcal{B}_{2,k}\boldsymbol{g}(\boldsymbol{\eta}_k)\boldsymbol{g}^{\mathrm{T}}(\boldsymbol{\eta}_k)\mathcal{B}_{2,k}^{\mathrm{T}}\}\\&\mathbb{E}\{\mathcal{B}_{2,k}\boldsymbol{g}(\boldsymbol{\eta}_k)\boldsymbol{f}^{\mathrm{T}}(\boldsymbol{\eta}_k)\mathcal{D}_{2,k}^{\mathrm{T}}+\mathcal{D}_{2,k}\boldsymbol{f}(\boldsymbol{\eta}_k)\boldsymbol{g}^{\mathrm{T}}(\boldsymbol{\eta}_k)\mathcal{B}_{2,k}^{\mathrm{T}}\}\\&\le\mathbb{E}\{\mathcal{B}_{2,k}\boldsymbol{g}(\boldsymbol{\eta}_k)\boldsymbol{g}^{\mathrm{T}}(\boldsymbol{\eta}_k)\mathcal{B}_{2,k}^{\mathrm{T}}+\mathcal{D}_{2,k}\boldsymbol{f}(\boldsymbol{\eta}_k)\boldsymbol{f}^{\mathrm{T}}(\boldsymbol{\eta}_k)\mathcal{D}_{2,k}^{\mathrm{T}}\}\end{aligned}$$

此外，由引理 2.2 可以得出

$$\mathbb{E}\{\boldsymbol{f}(\boldsymbol{\eta}_k)\boldsymbol{f}^{\mathrm{T}}(\boldsymbol{\eta}_k)\}\le\mathbb{E}\{(\bar{\boldsymbol{Y}}_1\|\boldsymbol{\eta}_k\|^2)\}=\mathbb{E}\{\bar{\boldsymbol{Y}}_1\boldsymbol{\eta}_k^{\mathrm{T}}\boldsymbol{\eta}_k\}$$

$$\mathbb{E}\{\boldsymbol{g}(\boldsymbol{\eta}_k)\boldsymbol{g}^{\mathrm{T}}(\boldsymbol{\eta}_k)\}\le\mathbb{E}\{(\bar{\boldsymbol{Y}}_2\|\boldsymbol{\eta}_k\|^2)\}=\mathbb{E}\{\bar{\boldsymbol{Y}}_2\boldsymbol{\eta}_k^{\mathrm{T}}\boldsymbol{\eta}_k\}$$

其中，$\bar{\boldsymbol{Y}}_1$ 和 $\bar{\boldsymbol{Y}}_2$ 在式（2-17）中定义。整理可得

$$\begin{aligned}\boldsymbol{X}_{k+1}\le\mathbb{E}\{&3\mathcal{A}_k\boldsymbol{\eta}_k\boldsymbol{\eta}_k^{\mathrm{T}}\mathcal{A}_k^{\mathrm{T}}+\bar{\alpha}(1-\bar{\alpha})\mathcal{D}_{1,k}\bar{\boldsymbol{Y}}_1\boldsymbol{\eta}_k^{\mathrm{T}}\boldsymbol{\eta}_k\mathcal{D}_{1,k}^{\mathrm{T}}+3\mathcal{D}_{2,k}\bar{\boldsymbol{Y}}_1\boldsymbol{\eta}_k^{\mathrm{T}}\boldsymbol{\eta}_k\mathcal{D}_{2,k}^{\mathrm{T}}\\&+\bar{\beta}(1-\bar{\beta})\mathcal{B}_{1,k}\bar{\boldsymbol{Y}}_2\boldsymbol{\eta}_k^{\mathrm{T}}\boldsymbol{\eta}_k\mathcal{B}_{1,k}^{\mathrm{T}}+3\mathcal{B}_{2,k}\bar{\boldsymbol{Y}}_2\boldsymbol{\eta}_k^{\mathrm{T}}\boldsymbol{\eta}_k\mathcal{B}_{2,k}^{\mathrm{T}}+\mathcal{C}_k\boldsymbol{V}\mathcal{C}_k^{\mathrm{T}}\}\end{aligned}\tag{2-18}$$

根据迹的性质，可以推导出

$$\mathbb{E}\{\boldsymbol{\eta}_k^{\mathrm{T}}\boldsymbol{\eta}_k\}=\mathbb{E}\{\mathrm{tr}(\boldsymbol{\eta}_k\boldsymbol{\eta}_k^{\mathrm{T}})\}=\mathrm{tr}(\boldsymbol{X}_k)\tag{2-19}$$

考虑式（2-18）和（2-19），进一步有

$$\begin{aligned}\boldsymbol{X}_{k+1}\le{}&3\mathcal{A}_k\boldsymbol{X}_k\mathcal{A}_k^{\mathrm{T}}+\bar{\alpha}(1-\bar{\alpha})\mathrm{tr}(\boldsymbol{X}_k)\mathcal{D}_{1,k}\bar{\boldsymbol{Y}}_1\mathcal{D}_{1,k}^{\mathrm{T}}+3\mathrm{tr}(\boldsymbol{X}_k)\mathcal{D}_{2,k}\bar{\boldsymbol{Y}}_1\mathcal{D}_{2,k}^{\mathrm{T}}\\&+\bar{\beta}(1-\bar{\beta})\mathrm{tr}(\boldsymbol{X}_k)\mathcal{B}_{1,k}\bar{\boldsymbol{Y}}_2\mathcal{B}_{1,k}^{\mathrm{T}}+3\mathrm{tr}(\boldsymbol{X}_k)\mathcal{B}_{2,k}\bar{\boldsymbol{Y}}_2\mathcal{B}_{2,k}^{\mathrm{T}}+\mathcal{C}_k\boldsymbol{V}\mathcal{C}_k^{\mathrm{T}}\end{aligned}$$

注意 $\boldsymbol{G}_0\ge\boldsymbol{X}_0$，不妨假设 $\boldsymbol{G}_k\ge\boldsymbol{X}_k$，可得

$$\boldsymbol{G}_{k+1}\ge\boldsymbol{\Psi}(\boldsymbol{G}_k)\ge\boldsymbol{\Psi}(\boldsymbol{X}_k)\ge\boldsymbol{X}_{k+1}$$

由数学归纳法知定理 2.2 证毕。

基于上述定理，下面给出保证增广系统满足 H_∞ 性能约束和方差约束的充分性判据。

定理 2.3　考虑具有随机发生非线性的离散时变随机神经网络（2-1），给定状态估计器增益矩阵 $\boldsymbol{K}_k$，对于扰动衰减水平 $\gamma>0$，矩阵 $\boldsymbol{U}_v>\boldsymbol{0}$ 和 $\boldsymbol{U}_\phi>\boldsymbol{0}$，在初始条件 $\boldsymbol{Q}_0\le\gamma^2\boldsymbol{U}_\phi$ 和 $\boldsymbol{G}_0$=$\boldsymbol{X}_0$ 下，如果有正定实值矩阵 $\{\boldsymbol{Q}_k\}_{1\le k\le N+1}$ 和 $\{\boldsymbol{G}_k\}_{1\le k\le N+1}$ 满足下列递推矩阵不等式

$$\begin{bmatrix} \boldsymbol{Y}_{11} & \boldsymbol{Y}_{12} & \boldsymbol{Y}_{13} & \boldsymbol{Y}_{14} & \boldsymbol{0} & \boldsymbol{0} \\ * & \boldsymbol{Y}_{22} & \boldsymbol{Y}_{23} & \boldsymbol{0} & \boldsymbol{Y}_{25} & \boldsymbol{Y}_{26} \\ * & * & \boldsymbol{Y}_{33} & \boldsymbol{0} & \boldsymbol{0} & \boldsymbol{Y}_{36} \\ * & * & * & \boldsymbol{Y}_{44} & \boldsymbol{0} & \boldsymbol{0} \\ * & * & * & * & \boldsymbol{Y}_{55} & \boldsymbol{0} \\ * & * & * & * & * & \boldsymbol{Y}_{66} \end{bmatrix} < \boldsymbol{0} \tag{2-20}$$

$$\begin{bmatrix} \boldsymbol{\Phi}_{11} & \boldsymbol{\Phi}_{12} & \boldsymbol{\Phi}_{13} \\ * & \boldsymbol{\Phi}_{22} & \boldsymbol{0} \\ * & * & \boldsymbol{\Phi}_{33} \end{bmatrix} < \boldsymbol{0} \tag{2-21}$$

其中

$$\boldsymbol{Y}_{11} = -\boldsymbol{Q}_k - \boldsymbol{\Lambda}_{11} - \boldsymbol{\Gamma}_{12}, \quad \boldsymbol{Y}_{12} = \begin{bmatrix} \boldsymbol{\Lambda}_{21} & \boldsymbol{\Gamma}_{22} \end{bmatrix}, \quad \boldsymbol{Y}_{13} = \begin{bmatrix} \boldsymbol{0} & \boldsymbol{\mathcal{A}}_k^{\mathrm{T}} \end{bmatrix}$$

$$\boldsymbol{Y}_{14} = \begin{bmatrix} \boldsymbol{\mathcal{A}}_k^{\mathrm{T}} & \boldsymbol{\mathcal{M}}_k^{\mathrm{T}} \end{bmatrix}, \quad \boldsymbol{Y}_{22} = \operatorname{diag}\left\{-\bar{\boldsymbol{\mathcal{F}}}, -\bar{\boldsymbol{\mathcal{H}}}\right\}, \quad \boldsymbol{Y}_{23} = \begin{bmatrix} \boldsymbol{0} & \boldsymbol{\mathcal{D}}_{2,k}^{\mathrm{T}} \\ \boldsymbol{0} & \boldsymbol{0} \end{bmatrix}$$

$$\boldsymbol{Y}_{25} = \begin{bmatrix} \rho_1 \boldsymbol{\mathcal{D}}_{1,k}^{\mathrm{T}} & \boldsymbol{\mathcal{D}}_{2,k}^{\mathrm{T}} \\ \boldsymbol{0} & \boldsymbol{0} \end{bmatrix}, \quad \boldsymbol{Y}_{26} = \begin{bmatrix} \boldsymbol{0} & \boldsymbol{0} & \boldsymbol{0} \\ \rho_2 \boldsymbol{\mathcal{B}}_{1,k}^{\mathrm{T}} & \sqrt{3}\boldsymbol{\mathcal{B}}_{2,k}^{\mathrm{T}} & \boldsymbol{0} \end{bmatrix}$$

$$\boldsymbol{Y}_{36} = \begin{bmatrix} \boldsymbol{0} & \boldsymbol{0} & \boldsymbol{\mathcal{C}}_k^{\mathrm{T}} \\ \boldsymbol{0} & \boldsymbol{0} & \boldsymbol{0} \end{bmatrix}, \quad \boldsymbol{Y}_{33} = \operatorname{diag}\left\{-\gamma^2 \boldsymbol{U}_v, -\boldsymbol{Q}_{k+1}^{-1}\right\}$$

$$\boldsymbol{Y}_{44} = \operatorname{diag}\left\{-\boldsymbol{Q}_{k+1}^{-1}, -\boldsymbol{I}\right\}, \quad \boldsymbol{Y}_{55} = \operatorname{diag}\left\{-\boldsymbol{Q}_{k+1}^{-1}, -\boldsymbol{Q}_{k+1}^{-1}\right\}$$

$$\boldsymbol{Y}_{66} = \operatorname{diag}\left\{-\boldsymbol{Q}_{k+1}^{-1}, -\boldsymbol{Q}_{k+1}^{-1}, -\boldsymbol{Q}_{k+1}^{-1}\right\}$$

$$\boldsymbol{\Phi}_{11} = -\boldsymbol{G}_{k+1} + \rho_1^2 \operatorname{tr}(\boldsymbol{G}_k) \boldsymbol{\mathcal{D}}_{1,k} \bar{\boldsymbol{Y}}_1 \boldsymbol{\mathcal{D}}_{1,k}^{\mathrm{T}} + 3\operatorname{tr}(\boldsymbol{G}_k) \boldsymbol{\mathcal{D}}_{2,k} \bar{\boldsymbol{Y}}_1 \boldsymbol{\mathcal{D}}_{2,k}^{\mathrm{T}}$$

$$\boldsymbol{\Phi}_{12} = \begin{bmatrix} \sqrt{3}\boldsymbol{\mathcal{A}}_k \boldsymbol{G}_k & \rho_2 \operatorname{tr}(\boldsymbol{G}_k) \boldsymbol{\mathcal{B}}_{1,k} \bar{\boldsymbol{Y}}_2^{\frac{1}{2}} \end{bmatrix}, \quad \boldsymbol{\Phi}_{13} = \begin{bmatrix} \sqrt{3}\operatorname{tr}(\boldsymbol{G}_k) \boldsymbol{\mathcal{B}}_{2,k} \bar{\boldsymbol{Y}}_2^{\frac{1}{2}} & \boldsymbol{\mathcal{C}}_k \boldsymbol{V} \end{bmatrix}$$

$$\boldsymbol{\Phi}_{22} = \operatorname{diag}\left\{-\boldsymbol{G}_k, -\operatorname{tr}(\boldsymbol{G}_k)\boldsymbol{I}\right\}, \quad \boldsymbol{\Phi}_{33} = \operatorname{diag}\left\{-\operatorname{tr}(\boldsymbol{G}_k)\boldsymbol{I}, -\boldsymbol{V}\right\}$$

$$\rho_1 = \sqrt{\bar{\alpha}(1-\bar{\alpha})}, \quad \rho_2 = \sqrt{\bar{\beta}(1-\bar{\beta})}$$

那么增广系统同时满足 H_∞ 性能约束和方差约束。

证 在给定初始条件下，注意到式（2-20）等价于式（2-10），式（2-21）可保证式（2-16）成立，则可以确保增广系统同时满足 H_∞ 性能约束和方差约束。至此，定理 2.3 证毕。

下述定理给出状态估计器增益的求解方法。

定理 2.4 给定扰动衰减水平 $\gamma > 0$，矩阵 $\boldsymbol{U}_v > \boldsymbol{0}$，$\boldsymbol{U}_\phi = \begin{bmatrix} \boldsymbol{U}_{\phi 1} & \boldsymbol{U}_{\phi 2} \\ \boldsymbol{U}_{\phi 2}^{\mathrm{T}} & \boldsymbol{U}_{\phi 4} \end{bmatrix} > \boldsymbol{0}$ 和一系列预先给定的上界矩阵 $\{\boldsymbol{\Psi}_k\}_{0 \le k \le N+1}$，在初始条件下

$$\begin{cases} \begin{bmatrix} \boldsymbol{S}_0 - \gamma^2 \boldsymbol{U}_{\phi 1} & -\gamma^2 \boldsymbol{U}_{\phi 2} \\ -\gamma^2 \boldsymbol{U}_{\phi 2}^{\mathrm{T}} & \boldsymbol{Z}_0 - \gamma^2 \boldsymbol{U}_{\phi 4} \end{bmatrix} \le \boldsymbol{0} \\ \mathbb{E}\left\{\boldsymbol{e}_0 \boldsymbol{e}_0^{\mathrm{T}}\right\} = \boldsymbol{G}_{2,0} \le \boldsymbol{\Psi}_0 \end{cases} \tag{2-22}$$

如果存在正定对称矩阵$\{\boldsymbol{S}_k\}_{1\le k\le N+1}$，$\{\boldsymbol{Z}_k\}_{1\le k\le N+1}$，$\{\boldsymbol{G}_{1,k}\}_{1\le k\le N+1}$和$\{\boldsymbol{G}_{2,k}\}_{1\le k\le N+1}$，正常数$\{\epsilon_{1,k}\}_{0\le k\le N+1}$和$\{\epsilon_{2,k}\}_{0\le k\le N+1}$，矩阵$\{\boldsymbol{K}_k\}_{0\le k\le N+1}$和$\{\boldsymbol{G}_{3,k}\}_{1\le k\le N+1}$满足以下条件

$$\begin{bmatrix} \boldsymbol{\Theta}_{11} & \boldsymbol{\Theta}_{12} & \boldsymbol{\Theta}_{13} & \boldsymbol{\Theta}_{14} & \boldsymbol{0} & \boldsymbol{0} & \boldsymbol{0} & \boldsymbol{0} \\ * & \boldsymbol{\Theta}_{22} & \boldsymbol{\Theta}_{23} & \boldsymbol{0} & \boldsymbol{\Theta}_{25} & \boldsymbol{\Theta}_{26} & \boldsymbol{0} & \boldsymbol{0} \\ * & * & \boldsymbol{\Theta}_{33} & \boldsymbol{0} & \boldsymbol{0} & \boldsymbol{0} & \boldsymbol{\Theta}_{37} & \boldsymbol{\mathcal{Y}}_k^{\mathrm{T}} \\ * & * & * & \boldsymbol{\Theta}_{44} & \boldsymbol{0} & \boldsymbol{0} & \boldsymbol{0} & \boldsymbol{\mathcal{W}}_k^{\mathrm{T}} \\ * & * & * & * & \boldsymbol{\Theta}_{55} & \boldsymbol{0} & \boldsymbol{0} & \boldsymbol{0} \\ * & * & * & * & * & \boldsymbol{\Theta}_{66} & \boldsymbol{0} & \boldsymbol{0} \\ * & * & * & * & * & * & \boldsymbol{\Theta}_{77} & \boldsymbol{0} \\ * & * & * & * & * & * & * & -\epsilon_{1,k}\boldsymbol{I} \end{bmatrix} < \boldsymbol{0} \tag{2-23}$$

$$\begin{bmatrix} \boldsymbol{\Pi}_{11} & \boldsymbol{\Pi}_{12} & \boldsymbol{\Pi}_{13} & \boldsymbol{0} \\ * & \boldsymbol{\Pi}_{22} & \boldsymbol{0} & \boldsymbol{\mathcal{R}}_k^{\mathrm{T}} \\ * & * & \boldsymbol{\Pi}_{33} & \boldsymbol{0} \\ * & * & * & -\epsilon_{2,k}\boldsymbol{I} \end{bmatrix} < \boldsymbol{0} \tag{2-24}$$

$$\boldsymbol{G}_{2,k+1} - \boldsymbol{\Psi}_{k+1} \le \boldsymbol{0} \tag{2-25}$$

且更新规则为

$$\bar{\boldsymbol{S}}_{k+1} = \boldsymbol{S}_{k+1}^{-1},\quad \bar{\boldsymbol{Z}}_{k+1} = \boldsymbol{Z}_{k+1}^{-1}$$

其中

$$\boldsymbol{\Theta}_{11} = \begin{bmatrix} \boldsymbol{\mathcal{X}}_1 & \boldsymbol{0} \\ \boldsymbol{0} & -\boldsymbol{\Omega}_2\boldsymbol{\Lambda}_1 - \boldsymbol{\Omega}_4\boldsymbol{\Gamma}_1 - \boldsymbol{Z}_k \end{bmatrix},\quad \boldsymbol{\Theta}_{12} = \begin{bmatrix} \boldsymbol{\Omega}_1\boldsymbol{\Lambda}_2 & \boldsymbol{0} & \boldsymbol{\Omega}_3\boldsymbol{\Gamma}_2 & \boldsymbol{0} \\ \boldsymbol{0} & \boldsymbol{\Omega}_2\boldsymbol{\Lambda}_2 & \boldsymbol{0} & \boldsymbol{\Omega}_4\boldsymbol{\Gamma}_2 \end{bmatrix}$$

$$\boldsymbol{\Theta}_{13} = \begin{bmatrix} \boldsymbol{0} & \boldsymbol{0} & \boldsymbol{A}_k^{\mathrm{T}} & \boldsymbol{0} \\ \boldsymbol{0} & \boldsymbol{0} & \boldsymbol{0} & \boldsymbol{A}_k^{\mathrm{T}} - \boldsymbol{C}_k^{\mathrm{T}}\boldsymbol{K}_k^{\mathrm{T}} \end{bmatrix},\quad \boldsymbol{\Theta}_{14} = \begin{bmatrix} \boldsymbol{A}_k^{\mathrm{T}} & \boldsymbol{0} & \boldsymbol{0} \\ \boldsymbol{0} & \boldsymbol{A}_k^{\mathrm{T}} - \boldsymbol{C}_k^{\mathrm{T}}\boldsymbol{K}_k^{\mathrm{T}} & \boldsymbol{M}_k^{\mathrm{T}} \end{bmatrix}$$

$$\boldsymbol{\Theta}_{23} = \begin{bmatrix} \boldsymbol{0} & \boldsymbol{0} & \bar{\alpha}\boldsymbol{B}_{1,k}^{\mathrm{T}} & \boldsymbol{0} \\ \boldsymbol{0} & \boldsymbol{0} & \boldsymbol{0} & \bar{\alpha}\boldsymbol{B}_{1,k}^{\mathrm{T}} \\ \boldsymbol{0} & \boldsymbol{0} & \boldsymbol{0} & \boldsymbol{0} \\ \boldsymbol{0} & \boldsymbol{0} & \boldsymbol{0} & \boldsymbol{0} \end{bmatrix},\quad \boldsymbol{\Theta}_{25} = \begin{bmatrix} \rho_1\boldsymbol{B}_{1,k}^{\mathrm{T}} & \rho_1\boldsymbol{B}_{1,k}^{\mathrm{T}} & \bar{\alpha}\boldsymbol{B}_{1,k}^{\mathrm{T}} & \boldsymbol{0} \\ \boldsymbol{0} & \boldsymbol{0} & \boldsymbol{0} & \bar{\alpha}\boldsymbol{B}_{1,k}^{\mathrm{T}} \\ \boldsymbol{0} & \boldsymbol{0} & \boldsymbol{0} & \boldsymbol{0} \\ \boldsymbol{0} & \boldsymbol{0} & \boldsymbol{0} & \boldsymbol{0} \end{bmatrix}$$

$$\boldsymbol{\Theta}_{22} = \mathrm{diag}\{-\boldsymbol{\Omega}_1, -\boldsymbol{\Omega}_2, -\boldsymbol{\Omega}_3, -\boldsymbol{\Omega}_4\}$$

$$\boldsymbol{\Theta}_{33} = \mathrm{diag}\{-\gamma^2\bar{\boldsymbol{U}}_v, -\gamma^2\bar{\boldsymbol{U}}_v, -\bar{\boldsymbol{S}}_{k+1}, -\bar{\boldsymbol{Z}}_{k+1}\}$$

$$\boldsymbol{\Theta}_{44} = \mathrm{diag}\{-\bar{\boldsymbol{S}}_{k+1}, -\bar{\boldsymbol{Z}}_{k+1}, -\boldsymbol{I}\},\quad \boldsymbol{\Theta}_{55} = \mathrm{diag}\{-\bar{\boldsymbol{S}}_{k+1}, -\bar{\boldsymbol{Z}}_{k+1}, -\bar{\boldsymbol{S}}_{k+1}, -\bar{\boldsymbol{Z}}_{k+1}\}$$

$$\boldsymbol{\Theta}_{66} = \mathrm{diag}\{-\bar{\boldsymbol{S}}_{k+1}, -\bar{\boldsymbol{Z}}_{k+1}, -\bar{\boldsymbol{S}}_{k+1}, -\bar{\boldsymbol{Z}}_{k+1}\},\quad \boldsymbol{\Theta}_{77} = \mathrm{diag}\{-\bar{\boldsymbol{S}}_{k+1}, -\bar{\boldsymbol{Z}}_{k+1}\}$$

$$\boldsymbol{\Theta}_{26} = \begin{bmatrix} \boldsymbol{0} & \boldsymbol{0} & \boldsymbol{0} & \boldsymbol{0} \\ \boldsymbol{0} & \boldsymbol{0} & \boldsymbol{0} & \boldsymbol{0} \\ \boldsymbol{0} & -\rho_2\boldsymbol{B}_{2,k}^{\mathrm{T}}\boldsymbol{K}_k^{\mathrm{T}} & \boldsymbol{0} & \boldsymbol{0} \\ \boldsymbol{0} & \boldsymbol{0} & \boldsymbol{0} & -\sqrt{3}\bar{\beta}\boldsymbol{B}_{2,k}^{\mathrm{T}}\boldsymbol{K}_k^{\mathrm{T}} \end{bmatrix},\quad \boldsymbol{\Theta}_{37} = \begin{bmatrix} \boldsymbol{D}_k^{\mathrm{T}} & \boldsymbol{D}_k^{\mathrm{T}} \\ \boldsymbol{0} & -\boldsymbol{K}_k^{\mathrm{T}} \\ \boldsymbol{0} & \boldsymbol{0} \\ \boldsymbol{0} & \boldsymbol{0} \end{bmatrix}$$

$$\boldsymbol{\Pi}_{11}=\begin{bmatrix}\mathcal{X}_2 & \mathcal{X}_3\\ * & \mathcal{X}_4\end{bmatrix},\quad \boldsymbol{\Pi}_{12}=\begin{bmatrix}\sqrt{3}\boldsymbol{A}_k\boldsymbol{G}_{1,k} & \sqrt{3}\boldsymbol{A}_k\boldsymbol{G}_{3,k}^{\mathrm{T}} & \boldsymbol{0} & \boldsymbol{0}\\ \mathcal{X}_5 & \sqrt{3}\boldsymbol{A}_k\boldsymbol{G}_{2,k}-\sqrt{3}\boldsymbol{K}_k\boldsymbol{C}_k\boldsymbol{G}_{2,k} & \mathcal{X}_6 & \boldsymbol{0}\end{bmatrix}$$

$$\boldsymbol{\Pi}_{13}=\begin{bmatrix}\boldsymbol{0} & \boldsymbol{0} & \boldsymbol{D}_k\boldsymbol{V}_{1,k} & \boldsymbol{0}\\ \boldsymbol{0} & -\sqrt{3}\bar{\beta}\operatorname{tr}(\boldsymbol{G}_k)\boldsymbol{K}_k\boldsymbol{B}_{2,k}\boldsymbol{Y}_2^{\frac{1}{2}} & \boldsymbol{D}_k\boldsymbol{V}_{1,k} & -\boldsymbol{K}_k\boldsymbol{V}_{2,k}\end{bmatrix}$$

$$\boldsymbol{U}_v=\operatorname{diag}\{\bar{\boldsymbol{U}}_v,\bar{\boldsymbol{U}}_v\},\quad \boldsymbol{\Pi}_{22}=\operatorname{diag}\{\mathcal{X}_7,-\operatorname{tr}(\boldsymbol{G}_k)\boldsymbol{I}\}$$

$$\boldsymbol{\Pi}_{33}=\operatorname{diag}\{-\operatorname{tr}(\boldsymbol{G}_k)\boldsymbol{I},-\operatorname{tr}(\boldsymbol{G}_k)\boldsymbol{I},-\boldsymbol{V}_{1,k},-\boldsymbol{V}_{2,k}\}$$

$$\mathcal{X}_1=-\boldsymbol{S}_k-\boldsymbol{\Omega}_1\boldsymbol{\Lambda}_1-\boldsymbol{\Omega}_3\boldsymbol{\Gamma}_1+\epsilon_{1,k}\boldsymbol{N}_k^{\mathrm{T}}\boldsymbol{N}_k$$

$$\mathcal{X}_2=-\boldsymbol{G}_{1,k+1}+\rho_1^2\operatorname{tr}(\boldsymbol{G}_k)\boldsymbol{B}_{1,k}\boldsymbol{Y}_1\boldsymbol{B}_{1,k}^{\mathrm{T}}+3\bar{\alpha}^2\operatorname{tr}(\boldsymbol{G}_k)\boldsymbol{B}_{1,k}\boldsymbol{Y}_1\boldsymbol{B}_{1,k}^{\mathrm{T}}+\epsilon_{2,k}\boldsymbol{H}_k\boldsymbol{H}_k^{\mathrm{T}}$$

$$\mathcal{X}_3=-\boldsymbol{G}_{3,k+1}^{\mathrm{T}}+\rho_1^2\operatorname{tr}(\boldsymbol{G}_k)\boldsymbol{B}_{1,k}\boldsymbol{Y}_1\boldsymbol{B}_{1,k}^{\mathrm{T}}+\epsilon_{2,k}\boldsymbol{H}_k\boldsymbol{H}_k^{\mathrm{T}}$$

$$\mathcal{X}_4=-\boldsymbol{G}_{2,k+1}+\rho_1^2\operatorname{tr}(\boldsymbol{G}_k)\boldsymbol{B}_{1,k}\boldsymbol{Y}_1\boldsymbol{B}_{1,k}^{\mathrm{T}}+3\bar{\alpha}^{\mathrm{T}}\operatorname{tr}(\boldsymbol{G}_k)\boldsymbol{B}_{1,k}\boldsymbol{Y}_1\boldsymbol{B}_{1,k}^{\mathrm{T}}+\epsilon_{2,k}\boldsymbol{H}_k\boldsymbol{H}_k^{\mathrm{T}}$$

$$\mathcal{X}_5=\sqrt{3}\boldsymbol{A}_k\boldsymbol{G}_{3,k}-\sqrt{3}\boldsymbol{K}_k\boldsymbol{C}_k\boldsymbol{G}_{3,k},\quad \mathcal{X}_6=-\rho_2\operatorname{tr}(\boldsymbol{G}_k)\boldsymbol{K}_k\boldsymbol{B}_{2,k}\boldsymbol{Y}_2^{\frac{1}{2}}$$

$$\mathcal{X}_7=\begin{bmatrix}-\boldsymbol{G}_{1,k} & -\boldsymbol{G}_{3,k}^{\mathrm{T}}\\ * & -\boldsymbol{G}_{2,k}\end{bmatrix}$$

$$\mathcal{N}_{1,k}^{\mathrm{T}}=\begin{bmatrix}\boldsymbol{N}_k & \boldsymbol{0}\end{bmatrix},\quad \mathcal{Y}_k=\begin{bmatrix}\boldsymbol{0} & \boldsymbol{0} & \boldsymbol{H}_k^{\mathrm{T}} & \boldsymbol{H}_k^{\mathrm{T}}\end{bmatrix},$$

$$\mathcal{W}_k=\begin{bmatrix}\boldsymbol{H}_k^{\mathrm{T}} & \boldsymbol{H}_k^{\mathrm{T}} & \boldsymbol{0}\end{bmatrix},\quad \mathcal{N}_{2,k}^{\mathrm{T}}=\begin{bmatrix}\boldsymbol{H}_k^{\mathrm{T}} & \boldsymbol{H}_k^{\mathrm{T}}\end{bmatrix}$$

$$\mathcal{R}_k=\begin{bmatrix}\sqrt{3}\boldsymbol{N}_k\boldsymbol{G}_{1,k} & \sqrt{3}\boldsymbol{N}_k\boldsymbol{G}_{3,k}^{\mathrm{T}} & \boldsymbol{0} & \boldsymbol{0}\end{bmatrix}$$

那么所研究的状态估计器设计问题可解。

证 矩阵$\boldsymbol{Q}_k$和$\boldsymbol{G}_k$可以分解成

$$\boldsymbol{Q}_k=\begin{bmatrix}\boldsymbol{S}_k & \boldsymbol{0}\\ * & \boldsymbol{Z}_k\end{bmatrix},\quad \boldsymbol{G}_k=\begin{bmatrix}\boldsymbol{G}_{1,k} & \boldsymbol{G}_{3,k}^{\mathrm{T}}\\ * & \boldsymbol{G}_{2,k}\end{bmatrix}$$

为了处理参数不确定性，把式（2-20）重新写成如下形式

$$\begin{bmatrix}\boldsymbol{Y}_{11} & \boldsymbol{Y}_{12} & \boldsymbol{Y}_{13}^0 & \boldsymbol{Y}_{14}^0 & \boldsymbol{0} & \boldsymbol{0}\\ * & \boldsymbol{Y}_{22} & \boldsymbol{Y}_{23} & \boldsymbol{0} & \boldsymbol{Y}_{25} & \boldsymbol{Y}_{26}\\ * & * & \boldsymbol{Y}_{33} & \boldsymbol{0} & \boldsymbol{0} & \boldsymbol{Y}_{36}\\ * & * & * & \boldsymbol{Y}_{44} & \boldsymbol{0} & \boldsymbol{0}\\ * & * & * & * & \boldsymbol{Y}_{55} & \boldsymbol{0}\\ * & * & * & * & * & \boldsymbol{Y}_{66}\end{bmatrix}+\bar{\boldsymbol{N}}_k\boldsymbol{F}_k^{\mathrm{T}}\bar{\boldsymbol{H}}_k+\bar{\boldsymbol{H}}_k^{\mathrm{T}}\boldsymbol{F}_k\bar{\boldsymbol{N}}_k^{\mathrm{T}}<\boldsymbol{0}$$

其中

$$\boldsymbol{Y}_{13}^0=\begin{bmatrix}\boldsymbol{0} & \boldsymbol{0} & \boldsymbol{A}_k^{\mathrm{T}} & \boldsymbol{0}\\ \boldsymbol{0} & \boldsymbol{0} & \boldsymbol{0} & \boldsymbol{A}_k^{\mathrm{T}}-\boldsymbol{C}_k^{\mathrm{T}}\boldsymbol{K}_k^{\mathrm{T}}\end{bmatrix}$$

$$\boldsymbol{Y}_{14}^0=\begin{bmatrix}\boldsymbol{A}_k^{\mathrm{T}} & \boldsymbol{0} & \boldsymbol{0}\\ \boldsymbol{0} & \boldsymbol{A}_k^{\mathrm{T}}-\boldsymbol{C}_k^{\mathrm{T}}\boldsymbol{K}_k^{\mathrm{T}} & \boldsymbol{M}_k^{\mathrm{T}}\end{bmatrix}$$

$$\bar{\boldsymbol{N}}_k^{\mathrm{T}}=\begin{bmatrix}\mathcal{N}_{1,k}^{\mathrm{T}} & \boldsymbol{0} & \boldsymbol{0} & \boldsymbol{0} & \boldsymbol{0} & \boldsymbol{0}\end{bmatrix}$$

$$\bar{\boldsymbol{H}}_k=\begin{bmatrix}\boldsymbol{0} & \boldsymbol{0} & \mathcal{Y}_k & \mathcal{W}_k & \boldsymbol{0} & \boldsymbol{0}\end{bmatrix}$$

再根据引理 2.3，我们可以得到

$$\begin{bmatrix} \boldsymbol{Y}_{11} & \boldsymbol{Y}_{12} & \boldsymbol{Y}_{13}^0 & \boldsymbol{Y}_{14}^0 & \mathbf{0} & \mathbf{0} \\ * & \boldsymbol{Y}_{22} & \boldsymbol{Y}_{23} & \mathbf{0} & \boldsymbol{Y}_{25} & \boldsymbol{Y}_{26} \\ * & * & \boldsymbol{Y}_{33} & \mathbf{0} & \mathbf{0} & \boldsymbol{Y}_{36} \\ * & * & * & \boldsymbol{Y}_{44} & \mathbf{0} & \mathbf{0} \\ * & * & * & * & \boldsymbol{Y}_{55} & \mathbf{0} \\ * & * & * & * & * & \boldsymbol{Y}_{66} \end{bmatrix} + \epsilon_{1,k}\bar{\boldsymbol{N}}_k\bar{\boldsymbol{N}}_k^{\mathrm{T}} + \epsilon_{1,k}^{-1}\bar{\boldsymbol{H}}_k^{\mathrm{T}}\bar{\boldsymbol{H}}_k < \mathbf{0}$$

同理，式（2-21）可以写成

$$\begin{bmatrix} \boldsymbol{\Phi}_{11} & \boldsymbol{\Phi}_{12}^0 & \boldsymbol{\Phi}_{13} \\ * & \boldsymbol{\Phi}_{22} & \mathbf{0} \\ * & * & \boldsymbol{\Phi}_{33} \end{bmatrix} + \tilde{\boldsymbol{N}}_k\boldsymbol{F}_k\tilde{\boldsymbol{H}}_k + \tilde{\boldsymbol{H}}_k^{\mathrm{T}}\boldsymbol{F}_k^{\mathrm{T}}\tilde{\boldsymbol{N}}_k^{\mathrm{T}} < \mathbf{0}$$

其中

$$\boldsymbol{\Phi}_{12}^0 = \begin{bmatrix} \sqrt{3}\boldsymbol{A}_k\boldsymbol{G}_{1,k} & \sqrt{3}\boldsymbol{A}_k\boldsymbol{G}_{3,k}^{\mathrm{T}} & \mathbf{0} & \mathbf{0} \\ \boldsymbol{\mathcal{X}}_5 & \sqrt{3}\boldsymbol{A}_k\boldsymbol{G}_{2,k} - \sqrt{3}\boldsymbol{K}_k\boldsymbol{C}_k\boldsymbol{G}_{2,k} & \boldsymbol{\mathcal{X}}_6 & \mathbf{0} \end{bmatrix}$$

$$\boldsymbol{\mathcal{X}}_5 = \sqrt{3}\boldsymbol{A}_k\boldsymbol{G}_{3,k} - \sqrt{3}\boldsymbol{K}_k\boldsymbol{C}_k\boldsymbol{G}_{3,k}\,,\ \boldsymbol{\mathcal{X}}_6 = -\rho_2\mathrm{tr}(\boldsymbol{G}_k)\boldsymbol{K}_k\boldsymbol{B}_{2,k}\boldsymbol{Y}_2^{\frac{1}{2}}$$

$$\tilde{\boldsymbol{N}}_k^{\mathrm{T}} = \begin{bmatrix} \boldsymbol{\mathcal{N}}_{2,k}^{\mathrm{T}} & \mathbf{0} & \mathbf{0} \end{bmatrix},\ \tilde{\boldsymbol{H}}_k = \begin{bmatrix} \mathbf{0} & \boldsymbol{\mathcal{R}}_k & \mathbf{0} \end{bmatrix}$$

根据引理 2.3 得出

$$\begin{bmatrix} \boldsymbol{\Phi}_{11} & \boldsymbol{\Phi}_{12}^0 & \boldsymbol{\Phi}_{13} \\ * & \boldsymbol{\Phi}_{22} & \mathbf{0} \\ * & * & \boldsymbol{\Phi}_{33} \end{bmatrix} + \epsilon_{2,k}\tilde{\boldsymbol{N}}_k\tilde{\boldsymbol{N}}_k^{\mathrm{T}} + \epsilon_{2,k}^{-1}\tilde{\boldsymbol{H}}_k^{\mathrm{T}}\tilde{\boldsymbol{H}}_k < \mathbf{0}$$

至此，由引理 2.4 可知式（2-23）等价于式（2-20），式（2-24）等价于式（2-21）。因此，可以得出增广系统同时满足 H_∞ 性能约束和方差约束，则所研究的状态估计器设计问题可解。定理 2.4 证毕。

2.1.3　数值仿真

本节通过一个算例来验证所提出的方差约束状态估计方法的可行性。

考虑神经网络（2-1），其相关参数如下

$$\boldsymbol{A}_k = \begin{bmatrix} -0.46 & 0 \\ 0 & -0.2\sin(k) \end{bmatrix},\ \boldsymbol{B}_{1,k} = \begin{bmatrix} -0.1\sin(2k) & -0.1 \\ -0.2 & 0.05 \end{bmatrix},\ \boldsymbol{B}_{2,k} = \begin{bmatrix} -0.2\sin(k) & 0.1 \end{bmatrix}$$

$$\boldsymbol{D}_k = \begin{bmatrix} -0.1\sin(k) & -0.2 \end{bmatrix}^{\mathrm{T}},\ \boldsymbol{C}_k = \begin{bmatrix} -0.2 & -0.3\sin(2k) \end{bmatrix},\ \boldsymbol{N}_k = \begin{bmatrix} -0.1 & -0.2 \end{bmatrix}^{\mathrm{T}}$$

$$\boldsymbol{M}_k = \begin{bmatrix} -0.1 & -0.06\sin(2k) \end{bmatrix},\ \boldsymbol{H}_k = \begin{bmatrix} -0.3\sin(k) & 0.5 \end{bmatrix}^{\mathrm{T}},\ \boldsymbol{F}_k = \sin(0.5k)$$

$$\boldsymbol{\Omega}_1 = \begin{bmatrix} 0.8 & 0 \\ 0 & 0.8 \end{bmatrix},\ \boldsymbol{\Omega}_2 = \begin{bmatrix} 1 & 0 \\ 0 & 1 \end{bmatrix},\ \boldsymbol{\Omega}_3 = \begin{bmatrix} 1.2 & 0 \\ 0 & 1.2 \end{bmatrix},\ \boldsymbol{\Omega}_4 = \begin{bmatrix} 1.3 & 0 \\ 0 & 1.3 \end{bmatrix}$$

$$\boldsymbol{\Gamma}_2 = \begin{bmatrix} 0.5 & 0 \\ 0 & 0.5 \end{bmatrix},\ \boldsymbol{\Gamma}_0 = \begin{bmatrix} 0.3 & 0 \\ 0 & 0.3 \end{bmatrix},\ \boldsymbol{\Gamma}_1 = \begin{bmatrix} 0.2 & 0 \\ 0 & 0.2 \end{bmatrix}$$

$$\bar{\alpha} = 0.1,\ \bar{\beta} = 0.2,\ \mu = 0.1$$

激励函数取为如下形式

$$f(\boldsymbol{x}_k)=g(\boldsymbol{x}_k)=\begin{bmatrix}0.5x_{1,k}+\tanh(0.2x_{1,k})\\ \tanh(0.4x_{2,k})+0.2x_{2,k}\end{bmatrix}$$

其中，$\boldsymbol{x}_k=\begin{bmatrix}x_{1,k} & x_{2,k}\end{bmatrix}^{\mathrm{T}}$ 是状态向量。初始状态 $\bar{\boldsymbol{x}}_0=\begin{bmatrix}0.26 & -0.2\end{bmatrix}^{\mathrm{T}}$ 和 $\hat{\boldsymbol{x}}_0=\begin{bmatrix}1.4 & -0.5\end{bmatrix}^{\mathrm{T}}$。其余参数为 $N=90$（N 为仿真时刻长度），$\boldsymbol{\Lambda}_0=\mathrm{diag}\{0.1,0.2\}$，$\boldsymbol{\Lambda}_1=\mathrm{diag}\{0.35,0.12\}$，$\boldsymbol{\Lambda}_2=\mathrm{diag}\{0.6,0.4\}$，扰动衰减水平 $\gamma=0.8$，权重矩阵 $\boldsymbol{U}_v=\mathrm{diag}\{1,1\}$，上界矩阵 $\{\boldsymbol{\Psi}_k\}_{0\le k\le N+1}=\mathrm{diag}\{0.3,0.3\}$，协方差 $\boldsymbol{V}_{1,k}=\boldsymbol{V}_{2,k}=\boldsymbol{I}$。

求解不等式（2-23）~（2-25），可得相关的估计器增益矩阵，部分数值及仿真图如下

$$\boldsymbol{K}_1=\begin{bmatrix}0.485\,8 & 0.270\,5\end{bmatrix}^{\mathrm{T}}$$

$$\boldsymbol{K}_2=\begin{bmatrix}0.571\,1 & -0.281\,0\end{bmatrix}^{\mathrm{T}}$$

$$\boldsymbol{K}_3=\begin{bmatrix}1.115\,0 & -0.004\,7\end{bmatrix}^{\mathrm{T}}$$

$$\boldsymbol{K}_4=\begin{bmatrix}-0.392\,3 & -0.227\,9\end{bmatrix}^{\mathrm{T}}$$

采用 Matlab 软件进行数值仿真，结果如图 2-1~2-3 所示。其中，图 2-1 描述了被控输出 z_k 及其估计 $\hat{z}_k$ 的轨迹图，图 2-2 描述了被控输出估计误差 $\tilde{z}_k$ 的轨迹图，图 2-3 反映了误差协方差和实际误差协方差的上界轨迹图。从仿真图可以看出，估计误差相对较小，这也进一步验证了本节所提出的方差约束状态估计方法的可行性和有效性。

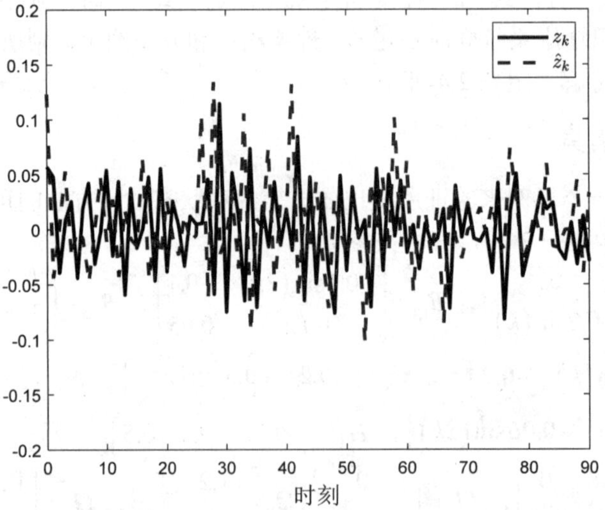

图 2-1 被控输出 z_k 及其估计 $\hat{z}_k$

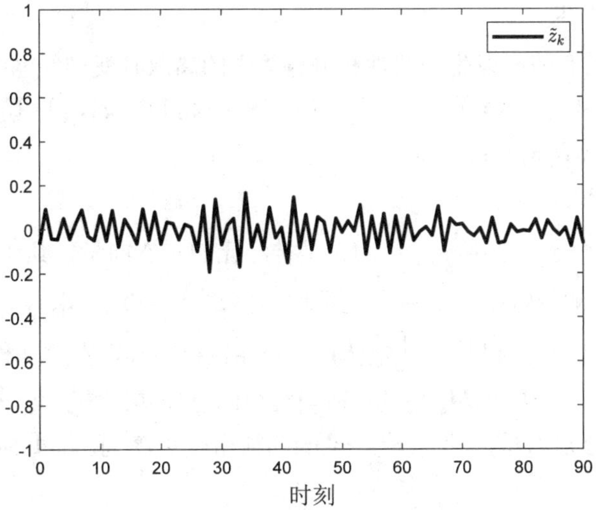

图 2-2　被控输出估计误差 $\tilde{z}_k$

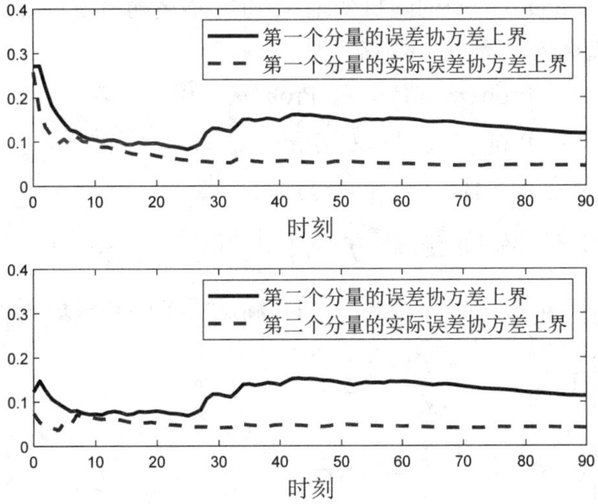

图 2-3　误差协方差和实际误差协方差的上界

2.2　测量丢失下时变神经网络的弹性 H_∞ 状态估计

基于 2.1 小节的研究方法，本节进一步研究一类具有随机发生非线性和测量丢失的离散时变神经网络的弹性方差约束 H_∞ 状态估计问题。其中，采用服从 Bernoulli 分布的随机变量描述随机发生非线性和测量丢失现象，且本节考虑的随机发生非线性现象以切换形式发生。基于已知的测量信息与概率信息，设计弹性状态估计器，并给出增广系统同时满足估计误差协方差有上界和给定 H_∞ 性能约束的充分条件。通过仿真算例演示所提出的弹性方差约束 H_∞ 状态估计算法的可行性。

2.2.1 问题描述

考虑如下具有随机发生非线性和测量丢失的离散时变神经网络

$$\begin{cases} \boldsymbol{x}_{k+1} = (\boldsymbol{A}_k + \Delta\boldsymbol{A}_k)\boldsymbol{x}_k + \alpha_k \boldsymbol{B}_{1,k}\boldsymbol{f}(\boldsymbol{x}_k) + (1-\alpha_k)\boldsymbol{B}_{2,k}\boldsymbol{g}(\boldsymbol{x}_k) + \boldsymbol{C}_k\boldsymbol{v}_{1,k} \\ \boldsymbol{y}_k = \lambda_k \boldsymbol{D}_k \boldsymbol{x}_k + \boldsymbol{v}_{2,k} \\ \boldsymbol{z}_k = \boldsymbol{M}_k \boldsymbol{x}_k \end{cases} \tag{2-26}$$

其中，$\boldsymbol{x}_k = \begin{bmatrix} x_{1,k} & x_{2,k} & \cdots & x_{n,k} \end{bmatrix}^{\mathrm{T}} \in \mathbb{R}^n$是神经元的状态向量，其初值$\boldsymbol{x}_0$的均值为$\bar{\boldsymbol{x}}_0$，$\boldsymbol{y}_k \in \mathbb{R}^m$是测量输出，$\boldsymbol{z}_k \in \mathbb{R}^r$是被控输出，$\boldsymbol{A}_k = \mathrm{diag}\{a_1, a_2, \ldots, a_n\}$是自反馈矩阵，$\boldsymbol{B}_{1,k} = \left[b_{ij}^1(k)\right]_{n\times n}$和$\boldsymbol{B}_{2,k} = \left[b_{ij}^2(k)\right]_{n\times n}$是连接权矩阵，$\boldsymbol{f}(\boldsymbol{x}_k)$和$\boldsymbol{g}(\boldsymbol{x}_k)$是非线性激励函数，$\boldsymbol{C}_k$，$\boldsymbol{D}_k$和$\boldsymbol{M}_k$是具有适当维数的已知实矩阵。$\boldsymbol{v}_{1,k}$和$\boldsymbol{v}_{2,k}$是均值为零并且协方差分别为$\boldsymbol{V}_{1,k} > \boldsymbol{0}$和$\boldsymbol{V}_{2,k} > \boldsymbol{0}$的高斯白噪声序列。$\Delta\boldsymbol{A}_k$描述参数不确定性且满足

$$\Delta\boldsymbol{A}_k = \boldsymbol{H}_k \boldsymbol{F}_k \boldsymbol{N}_k$$

其中，$\boldsymbol{H}_k$和$\boldsymbol{N}_k$是已知适当维数的实矩阵，$\boldsymbol{F}_k$满足$\boldsymbol{F}_k^{\mathrm{T}}\boldsymbol{F}_k \le \boldsymbol{I}$。

采用服从Bernoulli分布的随机变量α_k和λ_k描述随机发生非线性和测量丢失现象，随机变量α_k和λ_k满足如下统计特性

$$\mathrm{Prob}\{\alpha_k = 1\} = \bar{\alpha}，\mathrm{Prob}\{\alpha_k = 0\} = 1 - \bar{\alpha}$$
$$\mathrm{Prob}\{\lambda_k = 1\} = \bar{\lambda}，\mathrm{Prob}\{\lambda_k = 0\} = 1 - \bar{\lambda}$$

其中，$\bar{\alpha} \in [0,1]$和$\bar{\lambda} \in [0,1]$是已知的常数。

假设非线性激励函数$\boldsymbol{f}(\boldsymbol{x}_k) = \begin{bmatrix} f_1(x_{1,k}) & f_2(x_{2,k}) & \ldots & f_n(x_{n,k}) \end{bmatrix}^{\mathrm{T}}$和$\boldsymbol{g}(\boldsymbol{x}_k) = \begin{bmatrix} g_1(x_{1,k}) & g_2(x_{2,k}) & \ldots & g_n(x_{n,k}) \end{bmatrix}^{\mathrm{T}}$满足$\boldsymbol{f}(\boldsymbol{0}) = \boldsymbol{0}$和$\boldsymbol{g}(\boldsymbol{0}) = \boldsymbol{0}$及下述条件

$$\begin{cases} \lambda_i^- \le \dfrac{f_i(s_1) - f_i(s_2)}{s_1 - s_2} \le \lambda_i^+ \\ \sigma_i^- \le \dfrac{g_i(s_1) - g_i(s_2)}{s_1 - s_2} \le \sigma_i^+ \end{cases} \quad (s_1, s_2 \in \mathbb{R} \text{ 且 } s_1 \ne s_2)$$

其中，λ_i^-，λ_i^+，σ_i^-和$\sigma_i^+ (i = 1,2,\ldots,n)$是已知常量，$f_i(\cdot)$和$g_i(\cdot)$分别是非线性激励函数$\boldsymbol{f}(\cdot)$和$\boldsymbol{g}(\cdot)$的第$\boldsymbol{i}$个元素。

基于可获得的测量信息与概率信息，设计如下弹性状态估计器

$$\begin{cases} \hat{\boldsymbol{x}}_{k+1} = \boldsymbol{A}_k\hat{\boldsymbol{x}}_k + \bar{\alpha}\boldsymbol{B}_{1,k}\boldsymbol{f}(\hat{\boldsymbol{x}}_k) + (1-\bar{\alpha})\boldsymbol{B}_{2,k}\boldsymbol{g}(\hat{\boldsymbol{x}}_k) + (\boldsymbol{K}_k + \delta_k\bar{\boldsymbol{K}}_k)(\boldsymbol{y}_k - \bar{\lambda}\boldsymbol{D}_k\hat{\boldsymbol{x}}_k) \\ \hat{\boldsymbol{z}}_k = \boldsymbol{M}_k\hat{\boldsymbol{x}}_k \end{cases} \tag{2-27}$$

其中，$\hat{\boldsymbol{x}}_k$是$\boldsymbol{x}_k$的状态估计，$\hat{\boldsymbol{z}}_k$是$\boldsymbol{z}_k$的估计，δ_k是均值为0并且方差为1的随机变量，$\bar{\boldsymbol{K}}_k$是一个具有适当维数的已知实矩阵，$\boldsymbol{K}_k$是待设计的估计器增益矩阵。此外，后续假设$\boldsymbol{v}_{1,k}$，$\boldsymbol{v}_{2,k}$，α_k，δ_k和λ_k是相互独立的。

令状态估计误差为$\boldsymbol{e}_k = \boldsymbol{x}_k - \hat{\boldsymbol{x}}_k$，被控输出的估计误差为$\tilde{\boldsymbol{z}}_k = \boldsymbol{z}_k - \hat{\boldsymbol{z}}_k$，根据式（2-26）和（2-27），可以得到如下估计误差动态系统

$$\begin{cases} \boldsymbol{e}_{k+1} = \left[\boldsymbol{A}_k - \bar{\lambda}\left(\boldsymbol{K}_k + \delta_k \bar{\boldsymbol{K}}_k\right)\boldsymbol{D}_k\right]\boldsymbol{e}_k + \Delta\boldsymbol{A}_k\boldsymbol{x}_k + \tilde{\alpha}_k\boldsymbol{B}_{1,k}\boldsymbol{f}\left(\boldsymbol{x}_k\right) \\ \qquad +\bar{\alpha}\boldsymbol{B}_{1,k}\bar{\boldsymbol{f}}\left(\boldsymbol{e}_k\right) - \tilde{\alpha}_k\boldsymbol{B}_{2,k}\boldsymbol{g}\left(\boldsymbol{x}_k\right) + \left(1-\bar{\alpha}\right)\boldsymbol{B}_{2,k}\bar{\boldsymbol{g}}\left(\boldsymbol{e}_k\right) \\ \qquad -\left(\boldsymbol{K}_k + \delta_k\bar{\boldsymbol{K}}_k\right)\left(\tilde{\lambda}_k\boldsymbol{D}_k\boldsymbol{x}_k + \boldsymbol{v}_{2,k}\right) + \boldsymbol{C}_k\boldsymbol{v}_{1,k} \\ \tilde{\boldsymbol{z}}_k = \boldsymbol{M}_k\boldsymbol{e}_k \end{cases} \tag{2-28}$$

其中，$\bar{\boldsymbol{f}}\left(\boldsymbol{e}_k\right) = \boldsymbol{f}\left(\boldsymbol{x}_k\right) - \boldsymbol{f}\left(\hat{\boldsymbol{x}}_k\right)$，$\bar{\boldsymbol{g}}\left(\boldsymbol{e}_k\right) = \boldsymbol{g}\left(\boldsymbol{x}_k\right) - \boldsymbol{g}\left(\hat{\boldsymbol{x}}_k\right)$，$\tilde{\alpha}_k = \alpha_k - \bar{\alpha}$ 和 $\tilde{\lambda}_k = \lambda_k - \bar{\lambda}$。

接下来，为了后续推导方便，定义

$$\boldsymbol{\eta}_k = \begin{bmatrix} \boldsymbol{x}_k^{\mathrm{T}} & \boldsymbol{e}_k^{\mathrm{T}} \end{bmatrix}^{\mathrm{T}},\quad \boldsymbol{v}_k = \begin{bmatrix} \boldsymbol{v}_{1,k}^{\mathrm{T}} & \boldsymbol{v}_{2,k}^{\mathrm{T}} \end{bmatrix}^{\mathrm{T}}$$

$$\boldsymbol{f}\left(\boldsymbol{\eta}_k\right) = \begin{bmatrix} \boldsymbol{f}^{\mathrm{T}}\left(\boldsymbol{x}_k\right) & \bar{\boldsymbol{f}}^{\mathrm{T}}\left(\boldsymbol{e}_k\right) \end{bmatrix}^{\mathrm{T}},\quad \boldsymbol{g}\left(\boldsymbol{\eta}_k\right) = \begin{bmatrix} \boldsymbol{g}^{\mathrm{T}}\left(\boldsymbol{x}_k\right) & \bar{\boldsymbol{g}}^{\mathrm{T}}\left(\boldsymbol{e}_k\right) \end{bmatrix}^{\mathrm{T}}$$

结合式（2-26）和（2-28），得到如下增广系统

$$\begin{aligned} \boldsymbol{\eta}_{k+1} &= \left(\mathcal{A}_k + \tilde{\lambda}_k\mathcal{D}_{1,k} + \tilde{\lambda}_k\delta_k\mathcal{D}_{2,k} + \delta_k\mathcal{A}_{2,k}\right)\boldsymbol{\eta}_k + \left(\mathcal{B}_{1,k} + \tilde{\alpha}_k\mathcal{B}_k\right)\boldsymbol{f}\left(\boldsymbol{\eta}_k\right) \\ &\quad + \left(\mathcal{B}_{2,k} - \tilde{\alpha}_k\breve{\mathcal{B}}_k\right)\boldsymbol{g}\left(\boldsymbol{\eta}_k\right) + \left(\mathcal{C}_{1,k} + \delta_k\mathcal{C}_{2,k}\right)\boldsymbol{v}_k \\ \tilde{\boldsymbol{z}}_k &= \mathcal{M}_k\boldsymbol{\eta}_k \end{aligned} \tag{2-29}$$

其中

$$\mathcal{A}_k = \begin{bmatrix} \boldsymbol{A}_k + \Delta\boldsymbol{A}_k & \boldsymbol{0} \\ \Delta\boldsymbol{A}_k & \boldsymbol{A}_k - \bar{\lambda}\boldsymbol{K}_k\boldsymbol{D}_k \end{bmatrix},\quad \mathcal{D}_{1,k} = \begin{bmatrix} \boldsymbol{0} & \boldsymbol{0} \\ -\boldsymbol{K}_k\boldsymbol{D}_k & \boldsymbol{0} \end{bmatrix},\quad \mathcal{D}_{2,k} = \begin{bmatrix} \boldsymbol{0} & \boldsymbol{0} \\ -\bar{\boldsymbol{K}}_k\boldsymbol{D}_k & \boldsymbol{0} \end{bmatrix}$$

$$\mathcal{A}_{2,k} = \begin{bmatrix} \boldsymbol{0} & \boldsymbol{0} \\ \boldsymbol{0} & -\bar{\lambda}\bar{\boldsymbol{K}}_k\boldsymbol{D}_k \end{bmatrix},\quad \mathcal{B}_{1,k} = \begin{bmatrix} \bar{\alpha}\boldsymbol{B}_{1,k} & \boldsymbol{0} \\ \boldsymbol{0} & \bar{\alpha}\boldsymbol{B}_{1,k} \end{bmatrix},\quad \mathcal{B}_k = \begin{bmatrix} \boldsymbol{B}_{1,k} & \boldsymbol{0} \\ \boldsymbol{B}_{1,k} & \boldsymbol{0} \end{bmatrix}$$

$$\mathcal{B}_{2,k} = \begin{bmatrix} \left(1-\bar{\alpha}\right)\boldsymbol{B}_{2,k} & \boldsymbol{0} \\ \boldsymbol{0} & \left(1-\bar{\alpha}\right)\boldsymbol{B}_{2,k} \end{bmatrix},\quad \breve{\mathcal{B}}_k = \begin{bmatrix} \boldsymbol{B}_{2,k} & \boldsymbol{0} \\ \boldsymbol{B}_{2,k} & \boldsymbol{0} \end{bmatrix},\quad \mathcal{C}_{1,k} = \begin{bmatrix} \boldsymbol{C}_k & \boldsymbol{0} \\ \boldsymbol{C}_k & -\boldsymbol{K}_k \end{bmatrix}$$

$$\mathcal{C}_{2,k} = \begin{bmatrix} \boldsymbol{0} & \boldsymbol{0} \\ \boldsymbol{0} & -\bar{\boldsymbol{K}}_k \end{bmatrix},\quad \mathcal{M}_k = \begin{bmatrix} \boldsymbol{0} & \boldsymbol{M}_k \end{bmatrix}$$

此外，定义如下状态协方差矩阵

$$\boldsymbol{X}_k = \mathbb{E}\left\{\boldsymbol{\eta}_k\boldsymbol{\eta}_k^{\mathrm{T}}\right\} = \mathbb{E}\left\{\begin{bmatrix} \boldsymbol{x}_k \\ \boldsymbol{e}_k \end{bmatrix}\begin{bmatrix} \boldsymbol{x}_k \\ \boldsymbol{e}_k \end{bmatrix}^{\mathrm{T}}\right\} \tag{2-30}$$

小节 2.2 的主要目的是设计状态估计器（2-27），使得增广系统同时满足以下两个性能约束。

（1）针对给定的扰动衰减水平 $\gamma > 0$，矩阵 $\boldsymbol{W}_\varphi > \boldsymbol{0}$ 和 $\boldsymbol{W}_\phi > \boldsymbol{0}$，以及初始状态 $\boldsymbol{\eta}_0$，被控输出估计误差 $\tilde{\boldsymbol{z}}_k$ 满足如下 H_∞ 性能约束

$$J_1 = \mathbb{E}\left\{\sum_{k=0}^{N-1}\left(\left\|\tilde{\boldsymbol{z}}_k\right\|^2 - \gamma^2\left\|\boldsymbol{v}_k\right\|_{\boldsymbol{W}_\varphi}^2\right)\right\} - \gamma^2\mathbb{E}\left\{\boldsymbol{\eta}_0^{\mathrm{T}}\boldsymbol{W}_\phi\boldsymbol{\eta}_0\right\} < 0 \tag{2-31}$$

其中，$\left\|\boldsymbol{v}_k\right\|_{\boldsymbol{W}_\varphi}^2 = \boldsymbol{v}_k^{\mathrm{T}}\boldsymbol{W}_\varphi\boldsymbol{v}_k$。

（2）估计误差协方差满足如下上界约束

$$\boldsymbol{J}_2 = \mathbb{E}\left\{\boldsymbol{e}_k\boldsymbol{e}_k^{\mathrm{T}}\right\} \leq \boldsymbol{\varPsi}_k \tag{2-32}$$

其中，$\boldsymbol{\varPsi}_k\left(0 \leq k \leq N\right)$ 是一系列预先给定的容许估计精度矩阵。

2.2.2 弹性方差约束 H_∞ 状态估计算法设计

在本节中，结合递推矩阵不等式技术和随机分析方法，得到增广系统（2-29）同时满足估计误差协方差有上界和 H_∞ 性能要求的充分条件。此外，通过求解线性矩阵不等式，得到估计器增益矩阵的值。

下述定理给出保证增广系统满足给定的 H_∞ 性能指标的充分条件。

定理 2.5 考虑具有随机发生非线性和测量丢失的离散时变神经网络，给定状态估计器增益矩阵 $\boldsymbol{K}_k$，对于扰动衰减水平 $\gamma>0$，$\bar{\alpha}>0$ 和 $\bar{\lambda}>0$，矩阵 $\boldsymbol{W}_\varphi>\mathbf{0}$ 和 $\boldsymbol{W}_\phi>\mathbf{0}$，在初始条件 $\boldsymbol{Q}_0\le\gamma^2\boldsymbol{W}_\phi$ 下，如果存在一系列正定矩阵 $\{\boldsymbol{Q}_k\}_{1\le k\le N+1}$ 满足如下的递推矩阵不等式

$$\boldsymbol{\Phi}=\begin{bmatrix}\boldsymbol{\Phi}_{11} & \boldsymbol{\Lambda}_{21}+\boldsymbol{\mathcal{A}}_k^{\mathrm{T}}\boldsymbol{Q}_{k+1}\boldsymbol{\mathcal{B}}_{1,k} & \boldsymbol{\Sigma}_{22} & \mathbf{0}\\ * & \boldsymbol{\Phi}_{22} & \mathbf{0} & \mathbf{0}\\ * & * & \boldsymbol{\Phi}_{33} & \mathbf{0}\\ * & * & * & \boldsymbol{\Phi}_{44}\end{bmatrix}<\mathbf{0} \tag{2-33}$$

其中

$$\begin{aligned}\boldsymbol{\Phi}_{11}=&2\boldsymbol{\mathcal{A}}_k^{\mathrm{T}}\boldsymbol{Q}_{k+1}\boldsymbol{\mathcal{A}}_k+\bar{\lambda}(1-\bar{\lambda})\boldsymbol{\mathcal{D}}_{1,k}^{\mathrm{T}}\boldsymbol{Q}_{k+1}\boldsymbol{\mathcal{D}}_{1,k}+\bar{\lambda}(1-\bar{\lambda})\boldsymbol{\mathcal{D}}_{2,k}^{\mathrm{T}}\boldsymbol{Q}_{k+1}\boldsymbol{\mathcal{D}}_{2,k}\\&+\boldsymbol{A}_{2,k}^{\mathrm{T}}\boldsymbol{Q}_{k+1}\boldsymbol{A}_{2,k}+\boldsymbol{\mathcal{M}}_k^{\mathrm{T}}\boldsymbol{\mathcal{M}}_k-\boldsymbol{Q}_k-\boldsymbol{\Lambda}_{11}-\boldsymbol{\Sigma}_{12}\end{aligned}$$

$$\boldsymbol{\Phi}_{22}=2\boldsymbol{\mathcal{B}}_{1,k}^{\mathrm{T}}\boldsymbol{Q}_{k+1}\boldsymbol{\mathcal{B}}_{1,k}+2\bar{\alpha}(1-\bar{\alpha})\boldsymbol{B}_k^{\mathrm{T}}\boldsymbol{Q}_{k+1}\boldsymbol{B}_k-\bar{\boldsymbol{F}}$$

$$\boldsymbol{\Phi}_{33}=3\boldsymbol{\mathcal{B}}_{2,k}^{\mathrm{T}}\boldsymbol{Q}_{k+1}\boldsymbol{\mathcal{B}}_{2,k}+2\bar{\alpha}(1-\bar{\alpha})\breve{\boldsymbol{B}}_k^{\mathrm{T}}\boldsymbol{Q}_{k+1}\breve{\boldsymbol{B}}_k-\bar{\boldsymbol{H}}$$

$$\boldsymbol{\Phi}_{44}=\boldsymbol{\mathcal{C}}_{1,k}^{\mathrm{T}}\boldsymbol{Q}_{k+1}\boldsymbol{\mathcal{C}}_{1,k}+\boldsymbol{\mathcal{C}}_{2,k}^{\mathrm{T}}\boldsymbol{Q}_{k+1}\boldsymbol{\mathcal{C}}_{2,k}-\gamma^2\boldsymbol{W}_\varphi$$

$$\boldsymbol{\Lambda}_{11}=\begin{bmatrix}\boldsymbol{\Gamma}_1\boldsymbol{\Lambda}_1 & \mathbf{0}\\ \mathbf{0} & \boldsymbol{\Gamma}_2\boldsymbol{\Lambda}_1\end{bmatrix},\quad \boldsymbol{\Lambda}_{21}=\begin{bmatrix}\boldsymbol{\Gamma}_1\boldsymbol{\Lambda}_2 & \mathbf{0}\\ \mathbf{0} & \boldsymbol{\Gamma}_2\boldsymbol{\Lambda}_2\end{bmatrix}$$

$$\boldsymbol{\Sigma}_{12}=\begin{bmatrix}\boldsymbol{\Gamma}_3\boldsymbol{\Sigma}_1 & \mathbf{0}\\ \mathbf{0} & \boldsymbol{\Gamma}_4\boldsymbol{\Sigma}_1\end{bmatrix},\quad \boldsymbol{\Sigma}_{22}=\begin{bmatrix}\boldsymbol{\Gamma}_3\boldsymbol{\Sigma}_2 & \mathbf{0}\\ \mathbf{0} & \boldsymbol{\Gamma}_4\boldsymbol{\Sigma}_2\end{bmatrix}$$

$$\bar{\boldsymbol{F}}=\begin{bmatrix}\boldsymbol{\Gamma}_1 & \mathbf{0}\\ \mathbf{0} & \boldsymbol{\Gamma}_2\end{bmatrix},\quad \bar{\boldsymbol{H}}=\begin{bmatrix}\boldsymbol{\Gamma}_3 & \mathbf{0}\\ \mathbf{0} & \boldsymbol{\Gamma}_4\end{bmatrix}$$

$$\boldsymbol{\Gamma}_1=\operatorname{diag}\{\mu_{11},\mu_{12},\ldots,\mu_{1n}\},\quad \boldsymbol{\Gamma}_2=\operatorname{diag}\{\mu_{21},\mu_{22},\ldots,\mu_{2n}\}$$

$$\boldsymbol{\Gamma}_3=\operatorname{diag}\{\mu_{31},\mu_{32},\ldots,\mu_{3n}\},\quad \boldsymbol{\Gamma}_4=\operatorname{diag}\{\mu_{41},\mu_{42},\ldots,\mu_{4n}\},\quad \boldsymbol{\Gamma}_j\ge 0\quad (j=1,2,3,4)$$

$$\boldsymbol{\Lambda}_1=\operatorname{diag}\{\lambda_1^+\lambda_1^-,\lambda_2^+\lambda_2^-,\ldots,\lambda_n^+\lambda_n^-\}$$

$$\boldsymbol{\Sigma}_1=\operatorname{diag}\{\sigma_1^+\sigma_1^-,\sigma_2^+\sigma_2^-,\ldots,\sigma_n^+\sigma_n^-\}$$

$$\boldsymbol{\Lambda}_2=\operatorname{diag}\left\{\frac{\lambda_1^++\lambda_1^-}{2},\ldots,\frac{\lambda_n^++\lambda_n^-}{2}\right\}$$

$$\boldsymbol{\Sigma}_2=\operatorname{diag}\left\{\frac{\sigma_1^++\sigma_1^-}{2},\ldots,\frac{\sigma_n^++\sigma_n^-}{2}\right\}$$

那么增广系统（2-29）满足 H_∞ 性能约束条件。

证 首先，定义

$$V_k=\boldsymbol{\eta}_{k+1}^{\mathrm{T}}\boldsymbol{Q}_{k+1}\boldsymbol{\eta}_{k+1}-\boldsymbol{\eta}_k^{\mathrm{T}}\boldsymbol{Q}_k\boldsymbol{\eta}_k \tag{2-34}$$

则有

$$\begin{aligned}\mathbb{E}\{V_k\}=\mathbb{E}\Big\{&\boldsymbol{\eta}_k^{\mathrm{T}}\mathcal{A}_k^{\mathrm{T}}\boldsymbol{Q}_{k+1}\mathcal{A}_k\boldsymbol{\eta}_k+\bar{\lambda}\left(1-\bar{\lambda}\right)\boldsymbol{\eta}_k^{\mathrm{T}}\mathcal{D}_{1,k}^{\mathrm{T}}\boldsymbol{Q}_{k+1}\mathcal{D}_{1,k}\boldsymbol{\eta}_k\\&+\bar{\lambda}\left(1-\bar{\lambda}\right)\boldsymbol{\eta}_k^{\mathrm{T}}\mathcal{D}_{2,k}^{\mathrm{T}}\boldsymbol{Q}_{k+1}\mathcal{D}_{2,k}\boldsymbol{\eta}_k+\boldsymbol{\eta}_k^{\mathrm{T}}\boldsymbol{A}_{2,k}^{\mathrm{T}}\boldsymbol{Q}_{k+1}\boldsymbol{A}_{2,k}\boldsymbol{\eta}_k\\&+\boldsymbol{f}^{\mathrm{T}}(\boldsymbol{\eta}_k)\mathcal{B}_{1,k}^{\mathrm{T}}\boldsymbol{Q}_{k+1}\mathcal{B}_{1,k}\boldsymbol{f}(\boldsymbol{\eta}_k)+\bar{\alpha}(1-\bar{\alpha})\boldsymbol{f}^{\mathrm{T}}(\boldsymbol{\eta}_k)\boldsymbol{B}_k^{\mathrm{T}}\boldsymbol{Q}_{k+1}\boldsymbol{B}_k\boldsymbol{f}(\boldsymbol{\eta}_k)\\&+\boldsymbol{g}^{\mathrm{T}}(\boldsymbol{\eta}_k)\mathcal{B}_{2,k}^{\mathrm{T}}\boldsymbol{Q}_{k+1}\mathcal{B}_{2,k}\boldsymbol{g}(\boldsymbol{\eta}_k)+\bar{\alpha}(1-\bar{\alpha})\boldsymbol{g}^{\mathrm{T}}(\boldsymbol{\eta}_k)\breve{\boldsymbol{B}}_k^{\mathrm{T}}\boldsymbol{Q}_{k+1}\breve{\boldsymbol{B}}_k\boldsymbol{g}(\boldsymbol{\eta}_k)\\&+2\boldsymbol{\eta}_k^{\mathrm{T}}\mathcal{A}_k^{\mathrm{T}}\boldsymbol{Q}_{k+1}\mathcal{B}_{1,k}\boldsymbol{f}(\boldsymbol{\eta}_k)+2\boldsymbol{\eta}_k^{\mathrm{T}}\mathcal{A}_k^{\mathrm{T}}\boldsymbol{Q}_{k+1}\mathcal{B}_{2,k}\boldsymbol{g}(\boldsymbol{\eta}_k)\\&+2\boldsymbol{f}^{\mathrm{T}}(\boldsymbol{\eta}_k)\mathcal{B}_{1,k}^{\mathrm{T}}\boldsymbol{Q}_{k+1}\mathcal{B}_{2,k}\boldsymbol{g}(\boldsymbol{\eta}_k)-2\bar{\alpha}(1-\bar{\alpha})\boldsymbol{f}^{\mathrm{T}}(\boldsymbol{\eta}_k)\boldsymbol{B}_k^{\mathrm{T}}\boldsymbol{Q}_{k+1}\breve{\boldsymbol{B}}_k\boldsymbol{g}(\boldsymbol{\eta}_k)\\&+\boldsymbol{v}_k^{\mathrm{T}}\mathcal{C}_{1,k}^{\mathrm{T}}\boldsymbol{Q}_{k+1}\mathcal{C}_{1,k}\boldsymbol{v}_k+\boldsymbol{v}_k^{\mathrm{T}}\mathcal{C}_{2,k}^{\mathrm{T}}\boldsymbol{Q}_{k+1}\mathcal{C}_{2,k}\boldsymbol{v}_k-\boldsymbol{\eta}_k^{\mathrm{T}}\boldsymbol{Q}_k\boldsymbol{\eta}_k\Big\}\end{aligned}$$

根据不等式 $2\boldsymbol{x}^{\mathrm{T}}\boldsymbol{P}\boldsymbol{y}\le\boldsymbol{x}^{\mathrm{T}}\boldsymbol{P}\boldsymbol{x}+\boldsymbol{y}^{\mathrm{T}}\boldsymbol{P}\boldsymbol{y}\ (\boldsymbol{P}>\boldsymbol{0})$，可以得到如下结果

$$\begin{aligned}&\mathbb{E}\left\{2\boldsymbol{\eta}_k^{\mathrm{T}}\mathcal{A}_k^{\mathrm{T}}\boldsymbol{Q}_{k+1}\mathcal{B}_{2,k}\boldsymbol{g}(\boldsymbol{\eta}_k)\right\}\\&\le\mathbb{E}\left\{\boldsymbol{\eta}_k^{\mathrm{T}}\mathcal{A}_k^{\mathrm{T}}\boldsymbol{Q}_{k+1}\mathcal{A}_k\boldsymbol{\eta}_k+\boldsymbol{g}^{\mathrm{T}}(\boldsymbol{\eta}_k)\mathcal{B}_{2,k}^{\mathrm{T}}\boldsymbol{Q}_{k+1}\mathcal{B}_{2,k}\boldsymbol{g}(\boldsymbol{\eta}_k)\right\}\end{aligned}$$

$$\begin{aligned}&\mathbb{E}\left\{2\boldsymbol{f}^{\mathrm{T}}(\boldsymbol{\eta}_k)\mathcal{B}_{1,k}^{\mathrm{T}}\boldsymbol{Q}_{k+1}\mathcal{B}_{2,k}\boldsymbol{g}(\boldsymbol{\eta}_k)\right\}\\&\le\mathbb{E}\left\{\boldsymbol{f}^{\mathrm{T}}(\boldsymbol{\eta}_k)\mathcal{B}_{1,k}^{\mathrm{T}}\boldsymbol{Q}_{k+1}\mathcal{B}_{1,k}\boldsymbol{f}(\boldsymbol{\eta}_k)+\boldsymbol{g}^{\mathrm{T}}(\boldsymbol{\eta}_k)\mathcal{B}_{2,k}^{\mathrm{T}}\boldsymbol{Q}_{k+1}\mathcal{B}_{2,k}\boldsymbol{g}(\boldsymbol{\eta}_k)\right\}\end{aligned}$$

以及

$$\begin{aligned}&\mathbb{E}\left\{-2\bar{\alpha}(1-\bar{\alpha})\boldsymbol{f}^{\mathrm{T}}(\boldsymbol{\eta}_k)\boldsymbol{B}_k^{\mathrm{T}}\boldsymbol{Q}_{k+1}\breve{\boldsymbol{B}}_k\boldsymbol{g}(\boldsymbol{\eta}_k)\right\}\\&\le\mathbb{E}\left\{\bar{\alpha}(1-\bar{\alpha})\boldsymbol{f}^{\mathrm{T}}(\boldsymbol{\eta}_k)\boldsymbol{B}_k^{\mathrm{T}}\boldsymbol{Q}_{k+1}\boldsymbol{B}_k\boldsymbol{f}(\boldsymbol{\eta}_k)+\bar{\alpha}(1-\bar{\alpha})\boldsymbol{g}^{\mathrm{T}}(\boldsymbol{\eta}_k)\breve{\boldsymbol{B}}_k^{\mathrm{T}}\boldsymbol{Q}_{k+1}\breve{\boldsymbol{B}}_k\boldsymbol{g}(\boldsymbol{\eta}_k)\right\}\end{aligned}$$

因此，整理可以得到如下形式

$$\begin{aligned}\mathbb{E}\{V_k\}\le\mathbb{E}\Big\{&2\boldsymbol{\eta}_k^{\mathrm{T}}\mathcal{A}_k^{\mathrm{T}}\boldsymbol{Q}_{k+1}\mathcal{A}_k\boldsymbol{\eta}_k+\bar{\lambda}\left(1-\bar{\lambda}\right)\boldsymbol{\eta}_k^{\mathrm{T}}\mathcal{D}_{1,k}^{\mathrm{T}}\boldsymbol{Q}_{k+1}\mathcal{D}_{1,k}\boldsymbol{\eta}_k+\bar{\lambda}\left(1-\bar{\lambda}\right)\boldsymbol{\eta}_k^{\mathrm{T}}\mathcal{D}_{2,k}^{\mathrm{T}}\boldsymbol{Q}_{k+1}\mathcal{D}_{2,k}\boldsymbol{\eta}_k\\&+\boldsymbol{\eta}_k^{\mathrm{T}}\boldsymbol{A}_{2,k}^{\mathrm{T}}\boldsymbol{Q}_{k+1}\boldsymbol{A}_{2,k}\boldsymbol{\eta}_k+2\boldsymbol{f}^{\mathrm{T}}(\boldsymbol{\eta}_k)\mathcal{B}_{1,k}^{\mathrm{T}}\boldsymbol{Q}_{k+1}\mathcal{B}_{1,k}\boldsymbol{f}(\boldsymbol{\eta}_k)+2\bar{\alpha}(1-\bar{\alpha})\boldsymbol{f}^{\mathrm{T}}(\boldsymbol{\eta}_k)\boldsymbol{B}_k^{\mathrm{T}}\boldsymbol{Q}_{k+1}\\&\times\boldsymbol{B}_k\boldsymbol{f}(\boldsymbol{\eta}_k)+3\boldsymbol{g}^{\mathrm{T}}(\boldsymbol{\eta}_k)\mathcal{B}_{2,k}^{\mathrm{T}}\boldsymbol{Q}_{k+1}\mathcal{B}_{2,k}\boldsymbol{g}(\boldsymbol{\eta}_k)+2\bar{\alpha}(1-\bar{\alpha})\boldsymbol{g}^{\mathrm{T}}(\boldsymbol{\eta}_k)\breve{\boldsymbol{B}}_k^{\mathrm{T}}\boldsymbol{Q}_{k+1}\breve{\boldsymbol{B}}_k\boldsymbol{g}(\boldsymbol{\eta}_k)\\&+2\boldsymbol{\eta}_k^{\mathrm{T}}\mathcal{A}_k^{\mathrm{T}}\boldsymbol{Q}_{k+1}\mathcal{B}_{1,k}\boldsymbol{f}(\boldsymbol{\eta}_k)+\boldsymbol{v}_k^{\mathrm{T}}\mathcal{C}_{1,k}^{\mathrm{T}}\boldsymbol{Q}_{k+1}\mathcal{C}_{1,k}\boldsymbol{v}_k+\boldsymbol{v}_k^{\mathrm{T}}\mathcal{C}_{2,k}^{\mathrm{T}}\boldsymbol{Q}_{k+1}\mathcal{C}_{2,k}\boldsymbol{v}_k-\boldsymbol{\eta}_k^{\mathrm{T}}\boldsymbol{Q}_k\boldsymbol{\eta}_k\Big\}\end{aligned}$$

其次，将零项 $\tilde{\boldsymbol{z}}_k^{\mathrm{T}}\tilde{\boldsymbol{z}}_k-\gamma^2\boldsymbol{v}_k^{\mathrm{T}}\boldsymbol{W}_\varphi\boldsymbol{v}_k-\tilde{\boldsymbol{z}}_k^{\mathrm{T}}\tilde{\boldsymbol{z}}_k+\gamma^2\boldsymbol{v}_k^{\mathrm{T}}\boldsymbol{W}_\varphi\boldsymbol{v}_k$ 加入到 $\mathbb{E}\{V_k\}$ 中，可以得到

$$\mathbb{E}\{V_k\}\le\mathbb{E}\left\{\begin{bmatrix}\bar{\boldsymbol{\eta}}_k^{\mathrm{T}} & \boldsymbol{v}_k^{\mathrm{T}}\end{bmatrix}\tilde{\boldsymbol{\Phi}}\begin{bmatrix}\bar{\boldsymbol{\eta}}_k\\ \boldsymbol{v}_k\end{bmatrix}-\tilde{\boldsymbol{z}}_k^{\mathrm{T}}\tilde{\boldsymbol{z}}_k+\gamma^2\boldsymbol{v}_k^{\mathrm{T}}\boldsymbol{W}_\varphi\boldsymbol{v}_k\right\}\tag{2-35}$$

其中

$$\bar{\boldsymbol{\eta}}_k=\begin{bmatrix}\boldsymbol{\eta}_k^{\mathrm{T}} & \boldsymbol{f}^{\mathrm{T}}(\boldsymbol{\eta}_k) & \boldsymbol{g}^{\mathrm{T}}(\boldsymbol{\eta}_k)\end{bmatrix}^{\mathrm{T}}$$

$$\tilde{\boldsymbol{\Phi}}=\begin{bmatrix}\tilde{\boldsymbol{\Phi}}_{11} & \mathcal{A}_k^{\mathrm{T}}\boldsymbol{Q}_{k+1}\mathcal{B}_{1,k} & \boldsymbol{0} & \boldsymbol{0}\\ * & \tilde{\boldsymbol{\Phi}}_{22} & \boldsymbol{0} & \boldsymbol{0}\\ * & * & \tilde{\boldsymbol{\Phi}}_{33} & \boldsymbol{0}\\ * & * & * & \boldsymbol{\Phi}_{44}\end{bmatrix}$$

$$\begin{aligned}\tilde{\boldsymbol{\Phi}}_{11}=&2\mathcal{A}_k^{\mathrm{T}}\boldsymbol{Q}_{k+1}\mathcal{A}_k+\bar{\lambda}\left(1-\bar{\lambda}\right)\mathcal{D}_{1,k}^{\mathrm{T}}\boldsymbol{Q}_{k+1}\mathcal{D}_{1,k}+\bar{\lambda}\left(1-\bar{\lambda}\right)\mathcal{D}_{2,k}^{\mathrm{T}}\boldsymbol{Q}_{k+1}\mathcal{D}_{2,k}\\&+\boldsymbol{A}_{2,k}^{\mathrm{T}}\boldsymbol{Q}_{k+1}\boldsymbol{A}_{2,k}+\mathcal{M}_k^{\mathrm{T}}\mathcal{M}_k-\boldsymbol{Q}_k\end{aligned}$$

$$\tilde{\boldsymbol{\Phi}}_{22}=2\boldsymbol{\mathcal{B}}_{1,k}^{\mathrm{T}}\boldsymbol{Q}_{k+1}\boldsymbol{\mathcal{B}}_{1,k}+2\bar{\alpha}\left(1-\bar{\alpha}\right)\boldsymbol{B}_k^{\mathrm{T}}\boldsymbol{Q}_{k+1}\boldsymbol{B}_k$$
$$\tilde{\boldsymbol{\Phi}}_{33}=3\boldsymbol{\mathcal{B}}_{2,k}^{\mathrm{T}}\boldsymbol{Q}_{k+1}\boldsymbol{\mathcal{B}}_{2,k}+2\bar{\alpha}\left(1-\bar{\alpha}\right)\breve{\boldsymbol{B}}_k^{\mathrm{T}}\boldsymbol{Q}_{k+1}\breve{\boldsymbol{B}}_k$$

且$\boldsymbol{\Phi}_{44}$在式（2-33）中定义。

根据引理 2.1，可以推导出

$$\begin{aligned}
&\begin{bmatrix}\boldsymbol{x}_k\\ \boldsymbol{f}(\boldsymbol{x}_k)\end{bmatrix}^{\mathrm{T}}\begin{bmatrix}\boldsymbol{\Gamma}_1\boldsymbol{\Lambda}_1 & -\boldsymbol{\Gamma}_1\boldsymbol{\Lambda}_2\\ -\boldsymbol{\Gamma}_1\boldsymbol{\Lambda}_2 & \boldsymbol{\Gamma}_1\end{bmatrix}\begin{bmatrix}\boldsymbol{x}_k\\ \boldsymbol{f}(\boldsymbol{x}_k)\end{bmatrix}\le\mathbf{0}\\
&\begin{bmatrix}\boldsymbol{e}_k\\ \bar{\boldsymbol{f}}(\boldsymbol{e}_k)\end{bmatrix}^{\mathrm{T}}\begin{bmatrix}\boldsymbol{\Gamma}_2\boldsymbol{\Lambda}_1 & -\boldsymbol{\Gamma}_2\boldsymbol{\Lambda}_2\\ -\boldsymbol{\Gamma}_2\boldsymbol{\Lambda}_2 & \boldsymbol{\Gamma}_2\end{bmatrix}\begin{bmatrix}\boldsymbol{e}_k\\ \bar{\boldsymbol{f}}(\boldsymbol{e}_k)\end{bmatrix}\le\mathbf{0}\\
&\begin{bmatrix}\boldsymbol{x}_k\\ \boldsymbol{g}(\boldsymbol{x}_k)\end{bmatrix}^{\mathrm{T}}\begin{bmatrix}\boldsymbol{\Gamma}_3\boldsymbol{\Sigma}_1 & -\boldsymbol{\Gamma}_3\boldsymbol{\Sigma}_2\\ -\boldsymbol{\Gamma}_3\boldsymbol{\Sigma}_2 & \boldsymbol{\Gamma}_3\end{bmatrix}\begin{bmatrix}\boldsymbol{x}_k\\ \boldsymbol{g}(\boldsymbol{x}_k)\end{bmatrix}\le\mathbf{0}\\
&\begin{bmatrix}\boldsymbol{e}_k\\ \bar{\boldsymbol{g}}(\boldsymbol{e}_k)\end{bmatrix}^{\mathrm{T}}\begin{bmatrix}\boldsymbol{\Gamma}_4\boldsymbol{\Sigma}_1 & -\boldsymbol{\Gamma}_4\boldsymbol{\Sigma}_2\\ -\boldsymbol{\Gamma}_4\boldsymbol{\Sigma}_2 & \boldsymbol{\Gamma}_4\end{bmatrix}\begin{bmatrix}\boldsymbol{e}_k\\ \bar{\boldsymbol{g}}(\boldsymbol{e}_k)\end{bmatrix}\le\mathbf{0}
\end{aligned}\tag{2-36}$$

其中，$\boldsymbol{\Lambda}_1$，$\boldsymbol{\Lambda}_2$，$\boldsymbol{\Sigma}_1$，$\boldsymbol{\Sigma}_2$，$\boldsymbol{\Gamma}_1$，$\boldsymbol{\Gamma}_2$，$\boldsymbol{\Gamma}_3$和$\boldsymbol{\Gamma}_4$在式（2-33）中定义。接下来，易证

$$\begin{bmatrix}\boldsymbol{\eta}_k\\ \boldsymbol{f}(\boldsymbol{\eta}_k)\end{bmatrix}^{\mathrm{T}}\begin{bmatrix}\boldsymbol{\Lambda}_{11} & -\boldsymbol{\Lambda}_{21}\\ -\boldsymbol{\Lambda}_{21} & \bar{\boldsymbol{F}}\end{bmatrix}\begin{bmatrix}\boldsymbol{\eta}_k\\ \boldsymbol{f}(\boldsymbol{\eta}_k)\end{bmatrix}\le\mathbf{0}$$
$$\begin{bmatrix}\boldsymbol{\eta}_k\\ \boldsymbol{g}(\boldsymbol{\eta}_k)\end{bmatrix}^{\mathrm{T}}\begin{bmatrix}\boldsymbol{\Sigma}_{12} & -\boldsymbol{\Sigma}_{22}\\ -\boldsymbol{\Sigma}_{22} & \bar{\boldsymbol{H}}\end{bmatrix}\begin{bmatrix}\boldsymbol{\eta}_k\\ \boldsymbol{g}(\boldsymbol{\eta}_k)\end{bmatrix}\le\mathbf{0}$$

其中，$\boldsymbol{\Lambda}_{11}$，$\boldsymbol{\Lambda}_{21}$，$\boldsymbol{\Sigma}_{12}$和$\boldsymbol{\Sigma}_{22}$在式（2-33）中定义。然后，考虑式（2-33）~（2-36），容易得出

$$\begin{aligned}
\mathbb{E}\{V_k\}\le{}&\mathbb{E}\left\{\begin{bmatrix}\bar{\boldsymbol{\eta}}_k^{\mathrm{T}} & \boldsymbol{v}_k^{\mathrm{T}}\end{bmatrix}\tilde{\boldsymbol{\Phi}}\begin{bmatrix}\bar{\boldsymbol{\eta}}_k\\ \boldsymbol{v}_k\end{bmatrix}-\tilde{\boldsymbol{z}}_k^{\mathrm{T}}\tilde{\boldsymbol{z}}_k+\gamma^2\boldsymbol{v}_k^{\mathrm{T}}\boldsymbol{W}_{\varphi}\boldsymbol{v}_k\right.\\
&-\left[\boldsymbol{\eta}_k^{\mathrm{T}}\boldsymbol{\Lambda}_{11}\boldsymbol{\eta}_k-2\boldsymbol{\eta}_k^{\mathrm{T}}\boldsymbol{\Lambda}_{21}\boldsymbol{f}(\boldsymbol{\eta}_k)+\boldsymbol{f}^{\mathrm{T}}(\boldsymbol{\eta}_k)\bar{\boldsymbol{F}}\boldsymbol{f}(\boldsymbol{\eta}_k)\right]\\
&\left.-\left[\boldsymbol{\eta}_k^{\mathrm{T}}\boldsymbol{\Sigma}_{12}\boldsymbol{\eta}_k-2\boldsymbol{\eta}_k^{\mathrm{T}}\boldsymbol{\Sigma}_{22}\boldsymbol{g}(\boldsymbol{\eta}_k)+\boldsymbol{g}^{\mathrm{T}}(\boldsymbol{\eta}_k)\bar{\boldsymbol{H}}\boldsymbol{g}(\boldsymbol{\eta}_k)\right]\right\}\\
={}&\mathbb{E}\left\{\begin{bmatrix}\bar{\boldsymbol{\eta}}_k^{\mathrm{T}} & \boldsymbol{v}_k^{\mathrm{T}}\end{bmatrix}\boldsymbol{\Phi}\begin{bmatrix}\bar{\boldsymbol{\eta}}_k\\ \boldsymbol{v}_k\end{bmatrix}-\tilde{\boldsymbol{z}}_k^{\mathrm{T}}\tilde{\boldsymbol{z}}_k+\gamma^2\boldsymbol{v}_k^{\mathrm{T}}\boldsymbol{W}_{\varphi}\boldsymbol{v}_k\right\}
\end{aligned}\tag{2-37}$$

其中，矩阵$\boldsymbol{\Phi}$已在式（2-33）中定义。

对式（2-37）两边关于k从 0 到$N-1$进行求和，有

$$\begin{aligned}
\sum_{k=0}^{N-1}\mathbb{E}\{V_k\}&=\mathbb{E}\left\{\boldsymbol{\eta}_N^{\mathrm{T}}\boldsymbol{Q}_N\boldsymbol{\eta}_N-\boldsymbol{\eta}_0^{\mathrm{T}}\boldsymbol{Q}_0\boldsymbol{\eta}_0\right\}\\
&\le\mathbb{E}\left\{\sum_{k=0}^{N-1}\begin{bmatrix}\bar{\boldsymbol{\eta}}_k^{\mathrm{T}} & \boldsymbol{v}_k^{\mathrm{T}}\end{bmatrix}\boldsymbol{\Phi}\begin{bmatrix}\bar{\boldsymbol{\eta}}_k\\ \boldsymbol{v}_k\end{bmatrix}\right\}-\mathbb{E}\left\{\sum_{k=0}^{N-1}\left(\tilde{\boldsymbol{z}}_k^{\mathrm{T}}\tilde{\boldsymbol{z}}_k-\gamma^2\boldsymbol{v}_k^{\mathrm{T}}\boldsymbol{W}_{\varphi}\boldsymbol{v}_k\right)\right\}
\end{aligned}\tag{2-38}$$

因此，易证

$$J_1\le\mathbb{E}\left\{\sum_{k=0}^{N-1}\begin{bmatrix}\bar{\boldsymbol{\eta}}_k^{\mathrm{T}} & \boldsymbol{v}_k^{\mathrm{T}}\end{bmatrix}\boldsymbol{\Phi}\begin{bmatrix}\bar{\boldsymbol{\eta}}_k\\ \boldsymbol{v}_k\end{bmatrix}+\boldsymbol{\eta}_0^{\mathrm{T}}\left(\boldsymbol{Q}_0-\gamma^2\boldsymbol{W}_{\phi}\right)\boldsymbol{\eta}_0\right\}-\mathbb{E}\left\{\boldsymbol{\eta}_N^{\mathrm{T}}\boldsymbol{Q}_N\boldsymbol{\eta}_N\right\}\tag{2-39}$$

由条件 $\boldsymbol{\Phi}<\mathbf{0}$，$\boldsymbol{Q}_N>\mathbf{0}$ 和初始条件 $\boldsymbol{Q}_0\le\gamma^2\boldsymbol{W}_\phi$，可得 $J_1<0$。

接下来，基于数学归纳法，给出估计误差协方差有上界的充分条件。

定理 2.6　考虑具有随机发生非线性和测量丢失的离散时变神经网络（2-26），给定状态估计器增益矩阵 $\boldsymbol{K}_k$，在初始条件 $\boldsymbol{G}_0=\boldsymbol{X}_0$ 下，如果存在一系列正定矩阵 $\{\boldsymbol{G}_k\}_{1\le k\le N+1}$ 满足如下递推矩阵不等式

$$\boldsymbol{G}_{k+1}\ge\boldsymbol{\Psi}(\boldsymbol{G}_k) \tag{2-40}$$

其中

$$\begin{aligned}\boldsymbol{\Psi}(\boldsymbol{G}_k)=&3\boldsymbol{\mathcal{A}}_k\boldsymbol{G}_k\boldsymbol{\mathcal{A}}_k^{\mathrm{T}}+\bar{\lambda}(1-\bar{\lambda})\boldsymbol{\mathcal{D}}_{1,k}\boldsymbol{G}_k\boldsymbol{\mathcal{D}}_{1,k}^{\mathrm{T}}+\bar{\lambda}(1-\bar{\lambda})\boldsymbol{\mathcal{D}}_{2,k}\boldsymbol{G}_k\boldsymbol{\mathcal{D}}_{2,k}^{\mathrm{T}}\\&+\boldsymbol{A}_{2,k}\boldsymbol{G}_k\boldsymbol{A}_{2,k}^{\mathrm{T}}+2\bar{\alpha}(1-\bar{\alpha})\operatorname{tr}(\boldsymbol{G}_k)\boldsymbol{B}_k\bar{\boldsymbol{Y}}_1\boldsymbol{B}_k^{\mathrm{T}}+3\operatorname{tr}(\boldsymbol{G}_k)\boldsymbol{\mathcal{B}}_{1,k}\bar{\boldsymbol{Y}}_1\boldsymbol{\mathcal{B}}_{1,k}^{\mathrm{T}}\\&+3\operatorname{tr}(\boldsymbol{G}_k)\boldsymbol{\mathcal{B}}_{2,k}\bar{\boldsymbol{Y}}_2\boldsymbol{\mathcal{B}}_{2,k}^{\mathrm{T}}+2\bar{\alpha}(1-\bar{\alpha})\operatorname{tr}(\boldsymbol{G}_k)\breve{\boldsymbol{B}}_k\bar{\boldsymbol{Y}}_2\breve{\boldsymbol{B}}_k^{\mathrm{T}}+\boldsymbol{\mathcal{C}}_{1,k}\boldsymbol{V}\boldsymbol{\mathcal{C}}_{1,k}^{\mathrm{T}}\\&+\boldsymbol{\mathcal{C}}_{2,k}\boldsymbol{V}\boldsymbol{\mathcal{C}}_{2,k}^{\mathrm{T}}\\&\boldsymbol{V}=\operatorname{diag}\{\boldsymbol{V}_{1,k},\boldsymbol{V}_{2,k}\},\ \rho\in(0,1),\ \bar{\boldsymbol{Y}}_1=\operatorname{diag}\{\boldsymbol{Y}_1,\boldsymbol{Y}_1\}\\&\qquad\bar{\boldsymbol{Y}}_2=\operatorname{diag}\{\boldsymbol{Y}_2,\boldsymbol{Y}_2\}\end{aligned} \tag{2-41}$$

$$\boldsymbol{Y}_1=\frac{\rho+\frac{1}{\rho}}{2(1-\rho)}(\boldsymbol{\Lambda}_2+\boldsymbol{\Lambda}_0)^2+\frac{1}{\rho(1-\rho)}(\boldsymbol{\Lambda}_2-\boldsymbol{\Lambda}_0)^2$$

$$\boldsymbol{Y}_2=\frac{\rho+\frac{1}{\rho}}{2(1-\rho)}(\boldsymbol{\Sigma}_2+\boldsymbol{\Sigma}_0)^2+\frac{1}{\rho(1-\rho)}(\boldsymbol{\Sigma}_2-\boldsymbol{\Sigma}_0)^2$$

那么 $\boldsymbol{G}_k\ge\boldsymbol{X}_k\ (k\in\{1,2,\dots,N+1\})$。

证　根据状态协方差 $\boldsymbol{X}_k$ 的定义，不难得到

$$\begin{aligned}\boldsymbol{X}_{k+1}=&\mathbb{E}\{\boldsymbol{\eta}_{k+1}\boldsymbol{\eta}_{k+1}^{\mathrm{T}}\}\\=&\mathbb{E}\{\boldsymbol{\mathcal{A}}_k\boldsymbol{\eta}_k\boldsymbol{\eta}_k^{\mathrm{T}}\boldsymbol{\mathcal{A}}_k^{\mathrm{T}}+\bar{\lambda}(1-\bar{\lambda})\boldsymbol{\mathcal{D}}_{1,k}\boldsymbol{\eta}_k\boldsymbol{\eta}_k^{\mathrm{T}}\boldsymbol{\mathcal{D}}_{1,k}^{\mathrm{T}}+\bar{\lambda}(1-\bar{\lambda})\boldsymbol{\mathcal{D}}_{2,k}\boldsymbol{\eta}_k\boldsymbol{\eta}_k^{\mathrm{T}}\boldsymbol{\mathcal{D}}_{2,k}^{\mathrm{T}}\\&+\boldsymbol{A}_{2,k}\boldsymbol{\eta}_k\boldsymbol{\eta}_k^{\mathrm{T}}\boldsymbol{A}_{2,k}^{\mathrm{T}}+\bar{\alpha}(1-\bar{\alpha})\boldsymbol{B}_k\boldsymbol{f}(\boldsymbol{\eta}_k)\boldsymbol{f}^{\mathrm{T}}(\boldsymbol{\eta}_k)\boldsymbol{B}_k^{\mathrm{T}}+\boldsymbol{\mathcal{B}}_{1,k}\boldsymbol{f}(\boldsymbol{\eta}_k)\boldsymbol{f}^{\mathrm{T}}(\boldsymbol{\eta}_k)\boldsymbol{\mathcal{B}}_{1,k}^{\mathrm{T}}\\&+\boldsymbol{\mathcal{B}}_{2,k}\boldsymbol{g}(\boldsymbol{\eta}_k)\boldsymbol{g}^{\mathrm{T}}(\boldsymbol{\eta}_k)\boldsymbol{\mathcal{B}}_{2,k}^{\mathrm{T}}+\bar{\alpha}(1-\bar{\alpha})\breve{\boldsymbol{B}}_k\boldsymbol{g}(\boldsymbol{\eta}_k)\boldsymbol{g}^{\mathrm{T}}(\boldsymbol{\eta}_k)\breve{\boldsymbol{B}}_k^{\mathrm{T}}\\&+\boldsymbol{\mathcal{B}}_{1,k}\boldsymbol{f}(\boldsymbol{\eta}_k)\boldsymbol{\eta}_k^{\mathrm{T}}\boldsymbol{\mathcal{A}}_k^{\mathrm{T}}+\boldsymbol{\mathcal{A}}_k\boldsymbol{\eta}_k\boldsymbol{f}^{\mathrm{T}}(\boldsymbol{\eta}_k)\boldsymbol{\mathcal{B}}_{1,k}^{T}+\boldsymbol{\mathcal{B}}_{2,k}\boldsymbol{g}(\boldsymbol{\eta}_k)\boldsymbol{\eta}_k^{\mathrm{T}}\boldsymbol{\mathcal{A}}_k^{\mathrm{T}}\\&+\boldsymbol{\mathcal{A}}_k\boldsymbol{\eta}_k\boldsymbol{g}^{\mathrm{T}}(\boldsymbol{\eta}_k)\boldsymbol{\mathcal{B}}_{2,k}^{\mathrm{T}}+\boldsymbol{\mathcal{B}}_{2,k}\boldsymbol{g}(\boldsymbol{\eta}_k)\boldsymbol{f}^{\mathrm{T}}(\boldsymbol{\eta}_k)\boldsymbol{\mathcal{B}}_{1,k}^{\mathrm{T}}+\boldsymbol{\mathcal{B}}_{1,k}\boldsymbol{f}(\boldsymbol{\eta}_k)\boldsymbol{g}^{\mathrm{T}}(\boldsymbol{\eta}_k)\boldsymbol{\mathcal{B}}_{2,k}^{\mathrm{T}}\\&-\bar{\alpha}(1-\bar{\alpha})\boldsymbol{B}_k\boldsymbol{f}(\boldsymbol{\eta}_k)\boldsymbol{g}^{\mathrm{T}}(\boldsymbol{\eta}_k)\breve{\boldsymbol{B}}_k^{\mathrm{T}}-\bar{\alpha}(1-\bar{\alpha})\breve{\boldsymbol{B}}_k\boldsymbol{g}(\boldsymbol{\eta}_k)\boldsymbol{f}^{\mathrm{T}}(\boldsymbol{\eta}_k)\boldsymbol{B}_k^{\mathrm{T}}\\&+\boldsymbol{\mathcal{C}}_{1,k}\boldsymbol{V}\boldsymbol{\mathcal{C}}_{1,k}^{\mathrm{T}}+\boldsymbol{\mathcal{C}}_{2,k}\boldsymbol{V}\boldsymbol{\mathcal{C}}_{2,k}^{\mathrm{T}}\}\end{aligned}$$

根据基本不等式 $\boldsymbol{ab}^{\mathrm{T}}+\boldsymbol{ba}^{\mathrm{T}}\le\boldsymbol{aa}^{\mathrm{T}}+\boldsymbol{bb}^{\mathrm{T}}$，可得下述不等式

$$\begin{aligned}&\mathbb{E}\{\boldsymbol{\mathcal{B}}_{1,k}\boldsymbol{f}(\boldsymbol{\eta}_k)\boldsymbol{g}^{\mathrm{T}}(\boldsymbol{\eta}_k)\boldsymbol{\mathcal{B}}_{2,k}^{\mathrm{T}}+\boldsymbol{\mathcal{B}}_{2,k}\boldsymbol{g}(\boldsymbol{\eta}_k)\boldsymbol{f}^{\mathrm{T}}(\boldsymbol{\eta}_k)\boldsymbol{\mathcal{B}}_{1,k}^{\mathrm{T}}\}\\&\le\mathbb{E}\{\boldsymbol{\mathcal{B}}_{1,k}\boldsymbol{f}(\boldsymbol{\eta}_k)\boldsymbol{f}^{\mathrm{T}}(\boldsymbol{\eta}_k)\boldsymbol{\mathcal{B}}_{1,k}^{\mathrm{T}}+\boldsymbol{\mathcal{B}}_{2,k}\boldsymbol{g}(\boldsymbol{\eta}_k)\boldsymbol{g}^{\mathrm{T}}(\boldsymbol{\eta}_k)\boldsymbol{\mathcal{B}}_{2,k}^{\mathrm{T}}\}\end{aligned}$$

$$\begin{aligned}&\mathbb{E}\{-\bar{\alpha}(1-\bar{\alpha})\boldsymbol{B}_k\boldsymbol{f}(\boldsymbol{\eta}_k)\boldsymbol{g}^{\mathrm{T}}(\boldsymbol{\eta}_k)\breve{\boldsymbol{B}}_k^{\mathrm{T}}-\bar{\alpha}(1-\bar{\alpha})\breve{\boldsymbol{B}}_k\boldsymbol{g}(\boldsymbol{\eta}_k)\boldsymbol{f}^{\mathrm{T}}(\boldsymbol{\eta}_k)\boldsymbol{B}_k^{\mathrm{T}}\}\\&\le\mathbb{E}\{\bar{\alpha}(1-\bar{\alpha})\boldsymbol{B}_k\boldsymbol{f}(\boldsymbol{\eta}_k)\boldsymbol{f}^{\mathrm{T}}(\boldsymbol{\eta}_k)\boldsymbol{B}_k^{\mathrm{T}}+\bar{\alpha}(1-\bar{\alpha})\breve{\boldsymbol{B}}_k\boldsymbol{g}(\boldsymbol{\eta}_k)\boldsymbol{g}^{\mathrm{T}}(\boldsymbol{\eta}_k)\breve{\boldsymbol{B}}_k^{\mathrm{T}}\}\end{aligned}$$

$$\mathbb{E}\left\{\mathcal{A}_k\eta_k f^{\mathrm{T}}(\eta_k)\mathcal{B}_{1,k}^{\mathrm{T}}+\mathcal{B}_{1,k}f(\eta_k)\eta_k^{\mathrm{T}}\mathcal{A}_k^{\mathrm{T}}\right\}$$
$$\le\mathbb{E}\left\{\mathcal{A}_k\eta_k\eta_k^{\mathrm{T}}\mathcal{A}_k^{\mathrm{T}}+\mathcal{B}_{1,k}f(\eta_k)f^{\mathrm{T}}(\eta_k)\mathcal{B}_{1,k}^{\mathrm{T}}\right\}$$
$$\mathbb{E}\left\{\mathcal{A}_k\eta_k g^{\mathrm{T}}(\eta_k)\mathcal{B}_{2,k}^{\mathrm{T}}+\mathcal{B}_{2,k}g(\eta_k)\eta_k^{\mathrm{T}}\mathcal{A}_k^{\mathrm{T}}\right\}$$
$$\le\mathbb{E}\left\{\mathcal{A}_k\eta_k\eta_k^{\mathrm{T}}\mathcal{A}_k^{\mathrm{T}}+\mathcal{B}_{2,k}g(\eta_k)g^{\mathrm{T}}(\eta_k)\mathcal{B}_{2,k}^{\mathrm{T}}\right\}$$

通过整理，可以得出

$$\begin{aligned}X_{k+1}\le\mathbb{E}\Big\{&3\mathcal{A}_k\eta_k\eta_k^{\mathrm{T}}\mathcal{A}_k^{\mathrm{T}}+\bar{\lambda}(1-\bar{\lambda})\mathcal{D}_{1,k}\eta_k\eta_k^{\mathrm{T}}\mathcal{D}_{1,k}^{\mathrm{T}}+\bar{\lambda}(1-\bar{\lambda})\mathcal{D}_{2,k}\eta_k\eta_k^{\mathrm{T}}\mathcal{D}_{2,k}^{\mathrm{T}}\\&+A_{2,k}\eta_k\eta_k^{\mathrm{T}}A_{2,k}^{\mathrm{T}}+2\bar{\alpha}(1-\bar{\alpha})B_k f(\eta_k)f^{\mathrm{T}}(\eta_k)B_k^{\mathrm{T}}+3\mathcal{B}_{1,k}f(\eta_k)f^{\mathrm{T}}(\eta_k)\mathcal{B}_{1,k}^{\mathrm{T}}\\&+3\mathcal{B}_{2,k}g(\eta_k)g^{\mathrm{T}}(\eta_k)\mathcal{B}_{2,k}^{\mathrm{T}}+2\bar{\alpha}(1-\bar{\alpha})\breve{B}_k g(\eta_k)g^{\mathrm{T}}(\eta_k)\breve{B}_k^{\mathrm{T}}+\mathcal{C}_{1,k}V\mathcal{C}_{1,k}^{\mathrm{T}}+\mathcal{C}_{2,k}V\mathcal{C}_{2,k}^{\mathrm{T}}\Big\}\end{aligned}$$

由引理 2.2 可以得到

$$\mathbb{E}\left\{f(\eta_k)f^{\mathrm{T}}(\eta_k)\right\}\le\mathbb{E}\left\{\bar{Y}_1\|\eta_k\|^2\right\}=\mathbb{E}\left\{\bar{Y}_1\eta_k^{\mathrm{T}}\eta_k\right\}$$
$$\mathbb{E}\left\{g(\eta_k)g^{\mathrm{T}}(\eta_k)\right\}\le\mathbb{E}\left\{\bar{Y}_2\|\eta_k\|^2\right\}=\mathbb{E}\left\{\bar{Y}_2\eta_k^{\mathrm{T}}\eta_k\right\}$$

其中，$\bar{Y}_1$和$\bar{Y}_2$在式（2-41）中定义。整理可以得出

$$\begin{aligned}X_{k+1}\le\mathbb{E}\Big\{&3\mathcal{A}_k\eta_k\eta_k^{\mathrm{T}}\mathcal{A}_k^{\mathrm{T}}+\bar{\lambda}(1-\bar{\lambda})\mathcal{D}_{1,k}\eta_k\eta_k^{\mathrm{T}}\mathcal{D}_{1,k}^{\mathrm{T}}\\&+\bar{\lambda}(1-\bar{\lambda})\mathcal{D}_{2,k}\eta_k\eta_k^{\mathrm{T}}\mathcal{D}_{2,k}^{\mathrm{T}}+A_{2,k}\eta_k\eta_k^{\mathrm{T}}A_{2,k}^{\mathrm{T}}\\&+2\bar{\alpha}(1-\bar{\alpha})B_k\bar{Y}_1\eta_k^{\mathrm{T}}\eta_k B_k^{\mathrm{T}}+3\mathcal{B}_{1,k}\bar{Y}_1\eta_k^{\mathrm{T}}\eta_k\mathcal{B}_{1,k}^{\mathrm{T}}\\&+3\mathcal{B}_{2,k}\bar{Y}_2\eta_k^{\mathrm{T}}\eta_k\mathcal{B}_{2,k}^{\mathrm{T}}+2\bar{\alpha}(1-\bar{\alpha})\breve{B}_k\bar{Y}_2\eta_k^{\mathrm{T}}\eta_k\breve{B}_k^{\mathrm{T}}\\&+\mathcal{C}_{1,k}V\mathcal{C}_{1,k}^{\mathrm{T}}+\mathcal{C}_{2,k}V\mathcal{C}_{2,k}^{\mathrm{T}}\Big\}\end{aligned}\tag{2-42}$$

根据迹的性质，可知

$$\mathbb{E}\left\{\eta_k^{\mathrm{T}}\eta_k\right\}=\mathbb{E}\left\{\mathrm{tr}\left(\eta_k\eta_k^{\mathrm{T}}\right)\right\}=\mathrm{tr}(X_k)\tag{2-43}$$

考虑式（2-42）和（2-43），进一步有

$$\begin{aligned}X_{k+1}\le&3\mathcal{A}_kX_k\mathcal{A}_k^{\mathrm{T}}+\bar{\lambda}(1-\bar{\lambda})\mathcal{D}_{1,k}X_k\mathcal{D}_{1,k}^{\mathrm{T}}+\bar{\lambda}(1-\bar{\lambda})\mathcal{D}_{2,k}X_k\mathcal{D}_{2,k}^{\mathrm{T}}+A_{2,k}X_kA_{2,k}^{\mathrm{T}}\\&+2\bar{\alpha}(1-\bar{\alpha})\mathrm{tr}(X_k)B_k\bar{Y}_1B_k^{\mathrm{T}}+3\mathrm{tr}(X_k)\mathcal{B}_{1,k}\bar{Y}_1\mathcal{B}_{1,k}^{\mathrm{T}}+3\mathrm{tr}(X_k)\mathcal{B}_{2,k}\bar{Y}_2\mathcal{B}_{2,k}^{\mathrm{T}}\\&+2\bar{\alpha}(1-\bar{\alpha})\mathrm{tr}(X_k)\breve{B}_k\bar{Y}_2\breve{B}_k^{\mathrm{T}}+\mathcal{C}_{1,k}V\mathcal{C}_{1,k}^{\mathrm{T}}+\mathcal{C}_{2,k}V\mathcal{C}_{2,k}^{\mathrm{T}}\\=&\Psi(X_k)\end{aligned}$$

注意$G_0\ge X_0$，不妨假设$G_k\ge X_k$，易证

$$\Psi(G_k)\ge\Psi(X_k)\ge X_{k+1}\tag{2-44}$$

然后，根据式（2-40）和（2-44），我们可以得到

$$G_{k+1}\ge\Psi(G_k)\ge\Psi(X_k)\ge X_{k+1}\tag{2-45}$$

由数学归纳法，定理 2.6 证毕。

基于上述定理，下面给出保证增广系统同时满足 H_∞ 性能约束和方差约束的充分性判据。

定理 2.7　考虑具有随机发生非线性和测量丢失的离散时变神经网络（2-26），给定估计器增益矩阵K_k，对于扰动衰减水平$\gamma>0$，矩阵$W_\varphi>0$和$W_\phi>0$，在初始条件$Q_0\le\gamma^2W_\phi$和$G_0=X_0$下，如果有正定实值矩阵$\{Q_k\}_{1\le k\le N+1}$和$\{G_k\}_{1\le k\le N+1}$满足

下列递推矩阵不等式

$$\begin{bmatrix} \boldsymbol{\Xi}_{11} & \boldsymbol{\Xi}_{12} & \boldsymbol{\Xi}_{13} & \boldsymbol{\Xi}_{14} & \boldsymbol{\Xi}_{15} & \mathbf{0} & \mathbf{0} & \mathbf{0} \\ * & \boldsymbol{\Xi}_{22} & \boldsymbol{\Xi}_{23} & \mathbf{0} & \mathbf{0} & \boldsymbol{\Xi}_{26} & \boldsymbol{\Xi}_{27} & \mathbf{0} \\ * & * & \boldsymbol{\Xi}_{33} & \mathbf{0} & \mathbf{0} & \mathbf{0} & \mathbf{0} & \boldsymbol{\Xi}_{38} \\ * & * & * & \boldsymbol{\Xi}_{44} & \mathbf{0} & \mathbf{0} & \mathbf{0} & \mathbf{0} \\ * & * & * & * & \boldsymbol{\Xi}_{55} & \mathbf{0} & \mathbf{0} & \mathbf{0} \\ * & * & * & * & * & \boldsymbol{\Xi}_{66} & \mathbf{0} & \mathbf{0} \\ * & * & * & * & * & * & \boldsymbol{\Xi}_{77} & \mathbf{0} \\ * & * & * & * & * & * & * & \boldsymbol{\Xi}_{88} \end{bmatrix} < \mathbf{0} \tag{2-46}$$

$$\begin{bmatrix} \boldsymbol{Y}_{11} & \boldsymbol{Y}_{12} & \boldsymbol{Y}_{13} & \boldsymbol{Y}_{14} \\ * & \boldsymbol{Y}_{22} & \mathbf{0} & \mathbf{0} \\ * & * & \boldsymbol{Y}_{33} & \mathbf{0} \\ * & * & * & \boldsymbol{Y}_{44} \end{bmatrix} < \mathbf{0} \tag{2-47}$$

其中

$$\boldsymbol{\Xi}_{11} = -\boldsymbol{\Lambda}_{11} - \boldsymbol{\Sigma}_{12} - \boldsymbol{Q}_k,\quad \boldsymbol{\Xi}_{12} = \begin{bmatrix} \boldsymbol{\Lambda}_{21} & \boldsymbol{\Sigma}_{22} \end{bmatrix},\quad \boldsymbol{\Xi}_{13} = \begin{bmatrix} \mathbf{0} & \boldsymbol{\mathcal{A}}_k^{\mathrm{T}} \end{bmatrix}$$

$$\boldsymbol{\Xi}_{14} = \begin{bmatrix} \boldsymbol{\mathcal{A}}_k^{\mathrm{T}} & \varrho_2 \boldsymbol{\mathcal{D}}_{1,k}^{\mathrm{T}} & \varrho_2 \boldsymbol{\mathcal{D}}_{2,k}^{\mathrm{T}} \end{bmatrix},\quad \boldsymbol{\Xi}_{15} = \begin{bmatrix} \boldsymbol{A}_{2,k}^{\mathrm{T}} & \boldsymbol{\mathcal{M}}_k^{\mathrm{T}} \end{bmatrix},\quad \boldsymbol{\Xi}_{22} = \mathrm{diag}\left\{-\bar{\boldsymbol{F}}, -\bar{\boldsymbol{H}}\right\}$$

$$\boldsymbol{\Xi}_{33} = \mathrm{diag}\left\{-\gamma^2 \boldsymbol{W}_\varphi, -\boldsymbol{Q}_{k+1}^{-1}\right\},\quad \boldsymbol{\Xi}_{23} = \begin{bmatrix} \mathbf{0} & \boldsymbol{\mathcal{B}}_{1,k}^{\mathrm{T}} \\ \mathbf{0} & \mathbf{0} \end{bmatrix},\quad \boldsymbol{\Xi}_{26} = \begin{bmatrix} \varrho_1 \boldsymbol{B}_k^{\mathrm{T}} & \boldsymbol{\mathcal{B}}_{1,k}^{\mathrm{T}} \\ \mathbf{0} & \mathbf{0} \end{bmatrix}$$

$$\boldsymbol{\Xi}_{27} = \begin{bmatrix} \mathbf{0} & \mathbf{0} \\ \sqrt{3}\boldsymbol{\mathcal{B}}_{2,k}^{\mathrm{T}} & \varrho_1 \breve{\boldsymbol{B}}_k^{\mathrm{T}} \end{bmatrix},\quad \boldsymbol{\Xi}_{38} = \begin{bmatrix} \boldsymbol{\mathcal{C}}_{1,k}^{\mathrm{T}} & \boldsymbol{\mathcal{C}}_{2,k}^{\mathrm{T}} \\ \mathbf{0} & \mathbf{0} \end{bmatrix},\quad \boldsymbol{\Xi}_{55} = \mathrm{diag}\left\{-\boldsymbol{Q}_{k+1}^{-1}, -\boldsymbol{I}\right\}$$

$$\boldsymbol{\Xi}_{44} = \mathrm{diag}\left\{-\boldsymbol{Q}_{k+1}^{-1}, -\boldsymbol{Q}_{k+1}^{-1}, -\boldsymbol{Q}_{k+1}^{-1}\right\},\quad \boldsymbol{\Xi}_{66} = \mathrm{diag}\left\{-\boldsymbol{Q}_{k+1}^{-1}, -\boldsymbol{Q}_{k+1}^{-1}\right\}$$

$$\boldsymbol{\Xi}_{77} = \mathrm{diag}\left\{-\boldsymbol{Q}_{k+1}^{-1}, -\boldsymbol{Q}_{k+1}^{-1}\right\},\quad \boldsymbol{\Xi}_{88} = \mathrm{diag}\left\{-\boldsymbol{Q}_{k+1}^{-1}, -\boldsymbol{Q}_{k+1}^{-1}\right\}$$

$$\begin{aligned} \boldsymbol{Y}_{11} = & -\boldsymbol{G}_{k+1} + 3\mathrm{tr}(\boldsymbol{G}_k)\boldsymbol{\mathcal{B}}_{1,k}\bar{\boldsymbol{Y}}_1\boldsymbol{\mathcal{B}}_{1,k}^{\mathrm{T}} + \varrho_1^2 \mathrm{tr}(\boldsymbol{G}_k)\boldsymbol{B}_k\bar{\boldsymbol{Y}}_1\boldsymbol{B}_k^{\mathrm{T}} + 3\mathrm{tr}(\boldsymbol{G}_k)\boldsymbol{\mathcal{B}}_{2,k}\bar{\boldsymbol{Y}}_2\boldsymbol{\mathcal{B}}_{2,k}^{\mathrm{T}} \\ & + \varrho_1^2 \mathrm{tr}(\boldsymbol{G}_k)\breve{\boldsymbol{B}}_k\bar{\boldsymbol{Y}}_2\breve{\boldsymbol{B}}_k^{\mathrm{T}} \end{aligned}$$

$$\boldsymbol{Y}_{12} = \begin{bmatrix} \sqrt{3}\boldsymbol{\mathcal{A}}_k\boldsymbol{G}_k & \varrho_2 \boldsymbol{\mathcal{D}}_{1,k}\boldsymbol{G}_k \end{bmatrix},\quad \boldsymbol{Y}_{13} = \begin{bmatrix} \varrho_2 \boldsymbol{\mathcal{D}}_{2,k}\boldsymbol{G}_k & \boldsymbol{A}_{2,k}\boldsymbol{G}_k \end{bmatrix}$$

$$\boldsymbol{Y}_{14} = \begin{bmatrix} \boldsymbol{\mathcal{C}}_{1,k}\boldsymbol{V} & \boldsymbol{\mathcal{C}}_{2,k}\boldsymbol{V} \end{bmatrix},\quad \boldsymbol{Y}_{22} = \mathrm{diag}\left\{-\boldsymbol{G}_k, -\boldsymbol{G}_k\right\}$$

$$\boldsymbol{Y}_{33} = \mathrm{diag}\left\{-\boldsymbol{G}_k, -\boldsymbol{G}_k\right\},\quad \boldsymbol{Y}_{44} = \mathrm{diag}\left\{-\boldsymbol{V}, -\boldsymbol{V}\right\},\quad \varrho_1 = \sqrt{2\bar{\alpha}(1-\bar{\alpha})},\quad \varrho_2 = \sqrt{\bar{\lambda}(1-\bar{\lambda})}$$

那么增广系统同时满足 H_∞ 性能约束和方差约束。

证　在给定初始条件下，易证式（2-46）等价于式（2-33），式（2-47）可保证式（2-40）成立，故增广系统满足 H_∞ 性能约束和方差约束。至此，定理 2.7 证毕。

进一步地，下述定理给出同时保证增广系统（2-29）满足估计误差协方差有上界和 H_∞ 性能约束的充分条件，并给出状态估计器增益矩阵的求解方法。

定理 2.8　给定扰动衰减水平 $\gamma > 0$，矩阵 $\boldsymbol{W}_\varphi > \mathbf{0}$，$\boldsymbol{W}_\phi = \begin{bmatrix} \boldsymbol{W}_{\phi 1} & \boldsymbol{W}_{\phi 2} \\ \boldsymbol{W}_{\phi 2}^{\mathrm{T}} & \boldsymbol{W}_{\phi 4} \end{bmatrix} > \mathbf{0}$ 和一

系列预先给定的上界矩阵$\{\boldsymbol{\Psi}_k\}_{0\le k\le N+1}$，在下述初始条件下

$$\begin{cases}\begin{bmatrix}\boldsymbol{L}_0-\gamma^2\boldsymbol{W}_{\phi1} & -\gamma^2\boldsymbol{W}_{\phi2}\\ -\gamma^2\boldsymbol{W}_{\phi2}^{\mathrm{T}} & \boldsymbol{Z}_0-\gamma^2\boldsymbol{W}_{\phi4}\end{bmatrix}\le\boldsymbol{0}\\ \mathbb{E}\left\{\boldsymbol{e}_0\boldsymbol{e}_0^{\mathrm{T}}\right\}=\boldsymbol{G}_{2,0}\le\boldsymbol{\Psi}_0\end{cases}\tag{2-48}$$

如果存在正定对称矩阵$\{\boldsymbol{L}_k\}_{1\le k\le N+1}$，$\{\boldsymbol{Z}_k\}_{1\le k\le N+1}$，$\{\boldsymbol{G}_{1,k}\}_{1\le k\le N+1}$，$\{\boldsymbol{G}_{2,k}\}_{1\le k\le N+1}$，以及正常数$\{\epsilon_{1,k}\}_{0\le k\le N+1}$和$\{\epsilon_{2,k}\}_{0\le k\le N+1}$，矩阵$\{\boldsymbol{K}_k\}_{0\le k\le N+1}$和$\{\boldsymbol{G}_{3,k}\}_{1\le k\le N+1}$满足以下条件

$$\begin{bmatrix}\boldsymbol{\Theta}_{11} & \boldsymbol{\Theta}_{12} & \boldsymbol{\Theta}_{13} & \boldsymbol{\Theta}_{14} & \boldsymbol{\Theta}_{15} & \boldsymbol{0} & \boldsymbol{0} & \boldsymbol{0} & \boldsymbol{0}\\ * & \boldsymbol{\Theta}_{22} & \boldsymbol{\Theta}_{23} & \boldsymbol{0} & \boldsymbol{0} & \boldsymbol{\Theta}_{26} & \boldsymbol{\Theta}_{27} & \boldsymbol{0} & \boldsymbol{0}\\ * & * & \boldsymbol{\Theta}_{33} & \boldsymbol{0} & \boldsymbol{0} & \boldsymbol{0} & \boldsymbol{0} & \boldsymbol{\Theta}_{38} & \boldsymbol{\mathcal{W}}_k^{\mathrm{T}}\\ * & * & * & \boldsymbol{\Theta}_{44} & \boldsymbol{0} & \boldsymbol{0} & \boldsymbol{0} & \boldsymbol{0} & \boldsymbol{\mathcal{Y}}_k^{\mathrm{T}}\\ * & * & * & * & \boldsymbol{\Theta}_{55} & \boldsymbol{0} & \boldsymbol{0} & \boldsymbol{0} & \boldsymbol{0}\\ * & * & * & * & * & \boldsymbol{\Theta}_{66} & \boldsymbol{0} & \boldsymbol{0} & \boldsymbol{0}\\ * & * & * & * & * & * & \boldsymbol{\Theta}_{77} & \boldsymbol{0} & \boldsymbol{0}\\ * & * & * & * & * & * & * & \boldsymbol{\Theta}_{88} & \boldsymbol{0}\\ * & * & * & * & * & * & * & * & -\epsilon_{1,k}\boldsymbol{I}\end{bmatrix}<\boldsymbol{0}\tag{2-49}$$

$$\begin{bmatrix}\boldsymbol{\Pi}_{11} & \boldsymbol{\Pi}_{12} & \boldsymbol{\Pi}_{13} & \boldsymbol{\Pi}_{14} & \boldsymbol{0}\\ * & \boldsymbol{\Pi}_{22} & \boldsymbol{0} & \boldsymbol{0} & \boldsymbol{\mathcal{X}}_k^{\mathrm{T}}\\ * & * & \boldsymbol{\Pi}_{33} & \boldsymbol{0} & \boldsymbol{0}\\ * & * & * & \boldsymbol{\Pi}_{44} & \boldsymbol{0}\\ * & * & * & * & -\epsilon_{2,k}\boldsymbol{I}\end{bmatrix}<\boldsymbol{0}\tag{2-50}$$

$$\boldsymbol{G}_{2,k+1}-\boldsymbol{\Psi}_{k+1}\le\boldsymbol{0}\tag{2-51}$$

更新规则为

$$\bar{\boldsymbol{L}}_{k+1}=\boldsymbol{L}_{k+1}^{-1},\quad \bar{\boldsymbol{Z}}_{k+1}=\boldsymbol{Z}_{k+1}^{-1}$$

其中

$$\boldsymbol{\Theta}_{11}=\begin{bmatrix}-\boldsymbol{\Gamma}_1\boldsymbol{\Lambda}_1-\boldsymbol{\Gamma}_3\boldsymbol{\Sigma}_1+\epsilon_{1,k}\boldsymbol{N}_k^{\mathrm{T}}\boldsymbol{N}_k-\boldsymbol{L}_k & \boldsymbol{0}\\ \boldsymbol{0} & -\boldsymbol{\Gamma}_2\boldsymbol{\Lambda}_1-\boldsymbol{\Gamma}_4\boldsymbol{\Sigma}_1-\boldsymbol{Z}_k\end{bmatrix}$$

$$\boldsymbol{\Theta}_{12}=\begin{bmatrix}\boldsymbol{\Gamma}_1\boldsymbol{\Lambda}_2 & \boldsymbol{0} & \boldsymbol{\Gamma}_3\boldsymbol{\Sigma}_2 & \boldsymbol{0}\\ \boldsymbol{0} & \boldsymbol{\Gamma}_2\boldsymbol{\Lambda}_2 & \boldsymbol{0} & \boldsymbol{\Gamma}_4\boldsymbol{\Sigma}_2\end{bmatrix},\quad \boldsymbol{\Theta}_{13}=\begin{bmatrix}\boldsymbol{0} & \boldsymbol{0} & \boldsymbol{A}_k^{\mathrm{T}} & \boldsymbol{0}\\ \boldsymbol{0} & \boldsymbol{0} & \boldsymbol{0} & \boldsymbol{A}_k^{\mathrm{T}}-\bar{\lambda}\boldsymbol{D}_k^{\mathrm{T}}\boldsymbol{K}_k^{\mathrm{T}}\end{bmatrix}$$

$$\boldsymbol{\Theta}_{14}=\begin{bmatrix}\boldsymbol{A}_k^{\mathrm{T}} & \boldsymbol{0} & \boldsymbol{0} & -\varrho_2\boldsymbol{D}_k^{\mathrm{T}}\boldsymbol{K}_k^{\mathrm{T}} & \boldsymbol{0} & -\varrho_2\boldsymbol{D}_k^{\mathrm{T}}\bar{\boldsymbol{K}}_k^{\mathrm{T}}\\ \boldsymbol{0} & \boldsymbol{A}_k^{\mathrm{T}}-\bar{\lambda}\boldsymbol{D}_k^{\mathrm{T}}\boldsymbol{K}_k^{\mathrm{T}} & \boldsymbol{0} & \boldsymbol{0} & \boldsymbol{0} & \boldsymbol{0}\end{bmatrix}$$

$$\boldsymbol{\Theta}_{15}=\begin{bmatrix}\boldsymbol{0} & \boldsymbol{0} & \boldsymbol{0}\\ \boldsymbol{0} & -\bar{\lambda}\boldsymbol{D}_k^{\mathrm{T}}\bar{\boldsymbol{K}}_k^{\mathrm{T}} & \boldsymbol{M}_k^{\mathrm{T}}\end{bmatrix},\quad \boldsymbol{\Theta}_{23}=\begin{bmatrix}\boldsymbol{0} & \boldsymbol{0} & \bar{\alpha}\boldsymbol{B}_{1,k}^{\mathrm{T}} & \boldsymbol{0}\\ \boldsymbol{0} & \boldsymbol{0} & \boldsymbol{0} & \bar{\alpha}\boldsymbol{B}_{1,k}^{\mathrm{T}}\\ \boldsymbol{0} & \boldsymbol{0} & \boldsymbol{0} & \boldsymbol{0}\\ \boldsymbol{0} & \boldsymbol{0} & \boldsymbol{0} & \boldsymbol{0}\end{bmatrix}$$

$$\boldsymbol{\Theta}_{22}=\mathrm{diag}\left\{-\boldsymbol{\Gamma}_1,-\boldsymbol{\Gamma}_2,-\boldsymbol{\Gamma}_3,-\boldsymbol{\Gamma}_4\right\}$$

$$\boldsymbol{\Theta}_{33}=\mathrm{diag}\left\{-\gamma^2\bar{\boldsymbol{W}}_{\varphi},-\gamma^2\bar{\boldsymbol{W}}_{\varphi},-\bar{\boldsymbol{L}}_{k+1},-\bar{\boldsymbol{Z}}_{k+1}\right\}$$

$$\boldsymbol{\Theta}_{44}=\operatorname{diag}\left\{-\bar{\boldsymbol{L}}_{k+1},-\bar{\boldsymbol{Z}}_{k+1},-\bar{\boldsymbol{L}}_{k+1},-\bar{\boldsymbol{Z}}_{k+1},-\bar{\boldsymbol{L}}_{k+1},-\bar{\boldsymbol{Z}}_{k+1}\right\}$$

$$\boldsymbol{\Theta}_{26}=\begin{bmatrix}\varrho_1\boldsymbol{B}_{1,k}^{\mathrm{T}} & \varrho_1\boldsymbol{B}_{1,k}^{\mathrm{T}} & \bar{\alpha}\boldsymbol{B}_{1,k}^{\mathrm{T}} & \boldsymbol{0}\\ \boldsymbol{0} & \boldsymbol{0} & \boldsymbol{0} & \bar{\alpha}\boldsymbol{B}_{1,k}^{\mathrm{T}}\\ \boldsymbol{0} & \boldsymbol{0} & \boldsymbol{0} & \boldsymbol{0}\\ \boldsymbol{0} & \boldsymbol{0} & \boldsymbol{0} & \boldsymbol{0}\end{bmatrix},\quad \boldsymbol{\Theta}_{39}=\begin{bmatrix}\boldsymbol{C}_k^{\mathrm{T}} & \boldsymbol{C}_k^{\mathrm{T}} & \boldsymbol{0} & \boldsymbol{0}\\ \boldsymbol{0} & -\boldsymbol{K}_k^{\mathrm{T}} & \boldsymbol{0} & -\bar{\boldsymbol{K}}_k^{\mathrm{T}}\\ \boldsymbol{0} & \boldsymbol{0} & \boldsymbol{0} & \boldsymbol{0}\\ \boldsymbol{0} & \boldsymbol{0} & \boldsymbol{0} & \boldsymbol{0}\end{bmatrix}$$

$$\boldsymbol{\Theta}_{27}=\begin{bmatrix}\boldsymbol{0} & \boldsymbol{0} & \boldsymbol{0} & \boldsymbol{0}\\ \boldsymbol{0} & \boldsymbol{0} & \boldsymbol{0} & \boldsymbol{0}\\ \sqrt{3}(1-\bar{\alpha})\boldsymbol{B}_{2,k}^{\mathrm{T}} & \boldsymbol{0} & \varrho_1\boldsymbol{B}_{2,k}^{\mathrm{T}} & \varrho_1\boldsymbol{B}_{2,k}^{\mathrm{T}}\\ \boldsymbol{0} & \sqrt{3}(1-\bar{\alpha})\boldsymbol{B}_{2,k}^{\mathrm{T}} & \boldsymbol{0} & \boldsymbol{0}\end{bmatrix}$$

$$\boldsymbol{\Theta}_{55}=\operatorname{diag}\left\{-\bar{\boldsymbol{L}}_{k+1},-\bar{\boldsymbol{Z}}_{k+1},-\boldsymbol{I}\right\}$$

$$\boldsymbol{\Theta}_{66}=\operatorname{diag}\left\{-\bar{\boldsymbol{L}}_{k+1},-\bar{\boldsymbol{Z}}_{k+1},-\bar{\boldsymbol{L}}_{k+1},-\bar{\boldsymbol{Z}}_{k+1}\right\}$$

$$\boldsymbol{\Theta}_{77}=\operatorname{diag}\left\{-\bar{\boldsymbol{L}}_{k+1},-\bar{\boldsymbol{Z}}_{k+1},-\bar{\boldsymbol{L}}_{k+1},-\bar{\boldsymbol{Z}}_{k+1}\right\}$$

$$\boldsymbol{\Theta}_{88}=\operatorname{diag}\left\{-\bar{\boldsymbol{L}}_{k+1},-\bar{\boldsymbol{Z}}_{k+1},-\bar{\boldsymbol{L}}_{k+1},-\bar{\boldsymbol{Z}}_{k+1}\right\},\quad \boldsymbol{W}_{\varphi}=\operatorname{diag}\left\{\bar{\boldsymbol{W}}_{\varphi},\bar{\boldsymbol{W}}_{\varphi}\right\}$$

$$\boldsymbol{\Pi}_{11}=\begin{bmatrix}\boldsymbol{\Omega}_1 & \boldsymbol{\Omega}_2\\ * & \boldsymbol{\Omega}_3\end{bmatrix},\quad \boldsymbol{\Pi}_{13}=\begin{bmatrix}\boldsymbol{0} & \boldsymbol{0}\\ -\varrho_2\bar{\boldsymbol{K}}_k\boldsymbol{D}_k\boldsymbol{G}_{1,k} & -\varrho_2\bar{\boldsymbol{K}}_k\boldsymbol{D}_k\boldsymbol{G}_{3,k}^{\mathrm{T}}\end{bmatrix}$$

$$\boldsymbol{\Pi}_{12}=\begin{bmatrix}\sqrt{3}\boldsymbol{A}_k\boldsymbol{G}_{1,k} & \sqrt{3}\boldsymbol{A}_k\boldsymbol{G}_{3,k}^{\mathrm{T}} & \boldsymbol{0} & \boldsymbol{0}\\ \sqrt{3}\left(\boldsymbol{A}_k-\bar{\lambda}\boldsymbol{K}_k\boldsymbol{D}_k\right)\boldsymbol{G}_{3,k} & \sqrt{3}\left(\boldsymbol{A}_k-\bar{\lambda}\boldsymbol{K}_k\boldsymbol{D}_k\right)\boldsymbol{G}_{2,k} & -\varrho_2\boldsymbol{K}_k\boldsymbol{D}_k\boldsymbol{G}_{1,k} & -\varrho_2\boldsymbol{K}_k\boldsymbol{D}_k\boldsymbol{G}_{3,k}^{\mathrm{T}}\end{bmatrix}$$

$$\boldsymbol{\Pi}_{14}=\begin{bmatrix}\boldsymbol{0} & \boldsymbol{0} & \boldsymbol{C}_k\boldsymbol{V}_{1,k} & \boldsymbol{0} & \boldsymbol{0} & \boldsymbol{0}\\ -\bar{\lambda}\bar{\boldsymbol{K}}_k\boldsymbol{D}_k\boldsymbol{G}_{3,k} & -\bar{\lambda}\bar{\boldsymbol{K}}_k\boldsymbol{D}_k\boldsymbol{G}_{2,k} & \boldsymbol{C}_k\boldsymbol{V}_{1,k} & -\boldsymbol{K}_k\boldsymbol{V}_{2,k} & \boldsymbol{0} & -\bar{\boldsymbol{K}}_k\boldsymbol{V}_{2,k}\end{bmatrix}$$

$$\boldsymbol{\Pi}_{33}=\begin{bmatrix}-\boldsymbol{G}_{1,k} & -\boldsymbol{G}_{3,k}^{\mathrm{T}}\\ * & -\boldsymbol{G}_{2,k}\end{bmatrix},\quad \boldsymbol{\Pi}_{22}=\operatorname{diag}\left\{\boldsymbol{\Pi}_{33},\boldsymbol{\Pi}_{33}\right\}$$

$$\boldsymbol{\Pi}_{44}=\operatorname{diag}\left\{\boldsymbol{\Pi}_{33},-\boldsymbol{V}_{1,k},-\boldsymbol{V}_{2,k},-\boldsymbol{V}_{1,k},-\boldsymbol{V}_{2,k}\right\}$$

$$\begin{aligned}\boldsymbol{\Omega}_1=&-\boldsymbol{G}_{1,k+1}+3\bar{\alpha}^2\operatorname{tr}\left(\boldsymbol{G}_k\right)\boldsymbol{B}_{1,k}\boldsymbol{Y}_1\boldsymbol{B}_{1,k}^{\mathrm{T}}+\varrho_1^2\operatorname{tr}\left(\boldsymbol{G}_k\right)\boldsymbol{B}_{1,k}\boldsymbol{Y}_1\boldsymbol{B}_{1,k}^{\mathrm{T}}+3(1-\bar{\alpha})^2\operatorname{tr}\left(\boldsymbol{G}_k\right)\boldsymbol{B}_{2,k}\boldsymbol{Y}_2\boldsymbol{B}_{2,k}^{\mathrm{T}}\\&+\varrho_1^2\operatorname{tr}\left(\boldsymbol{G}_k\right)\boldsymbol{B}_{2,k}\boldsymbol{Y}_2\boldsymbol{B}_{2,k}^{\mathrm{T}}+\epsilon_{2,k}\boldsymbol{H}_k\boldsymbol{H}_k^{\mathrm{T}}\end{aligned}$$

$$\boldsymbol{\Omega}_2=-\boldsymbol{G}_{3,k+1}^{\mathrm{T}}+\varrho_1^2\operatorname{tr}\left(\boldsymbol{G}_k\right)\boldsymbol{B}_{1,k}\boldsymbol{Y}_1\boldsymbol{B}_{1,k}^{\mathrm{T}}+\varrho_1^2\operatorname{tr}\left(\boldsymbol{G}_k\right)\boldsymbol{B}_{2,k}\boldsymbol{Y}_2\boldsymbol{B}_{2,k}^{\mathrm{T}}+\epsilon_{2,k}\boldsymbol{H}_k\boldsymbol{H}_k^{\mathrm{T}}$$

$$\begin{aligned}\boldsymbol{\Omega}_3=&-\boldsymbol{G}_{2,k+1}+3\bar{\alpha}^2\operatorname{tr}\left(\boldsymbol{G}_k\right)\boldsymbol{B}_{1,k}\boldsymbol{Y}_1\boldsymbol{B}_{1,k}^{\mathrm{T}}+\varrho_1^2\operatorname{tr}\left(\boldsymbol{G}_k\right)\boldsymbol{B}_{1,k}\boldsymbol{Y}_1\boldsymbol{B}_{1,k}^{\mathrm{T}}+3(1-\bar{\alpha})^2\operatorname{tr}\left(\boldsymbol{G}_k\right)\boldsymbol{B}_{2,k}\boldsymbol{Y}_2\boldsymbol{B}_{2,k}^{\mathrm{T}}\\&+\varrho_1^2\operatorname{tr}\left(\boldsymbol{G}_k\right)\boldsymbol{B}_{2,k}\boldsymbol{Y}_2\boldsymbol{B}_{2,k}^{\mathrm{T}}+\epsilon_{2,k}\boldsymbol{H}_k\boldsymbol{H}_k^{\mathrm{T}}\end{aligned}$$

$$\mathcal{W}_k=\begin{bmatrix}\boldsymbol{0} & \boldsymbol{0} & \boldsymbol{H}_k^{\mathrm{T}} & \boldsymbol{H}_k^{\mathrm{T}}\end{bmatrix},\quad \mathcal{Y}_k=\begin{bmatrix}\boldsymbol{H}_k^{\mathrm{T}} & \boldsymbol{H}_k^{\mathrm{T}} & \boldsymbol{0} & \boldsymbol{0} & \boldsymbol{0} & \boldsymbol{0}\end{bmatrix}$$

$$\mathcal{N}_k^{\mathrm{T}}=\begin{bmatrix}\boldsymbol{N}_k & \boldsymbol{0}\end{bmatrix},\quad \mathcal{X}_k=\begin{bmatrix}\sqrt{3}\boldsymbol{N}_k\boldsymbol{G}_{1,k} & \sqrt{3}\boldsymbol{N}_k\boldsymbol{G}_{3,k}^{\mathrm{T}} & \boldsymbol{0} & \boldsymbol{0}\end{bmatrix},\quad \mathcal{F}_k^{\mathrm{T}}=\begin{bmatrix}\boldsymbol{H}_k^{\mathrm{T}} & \boldsymbol{H}_k^{\mathrm{T}}\end{bmatrix}$$

那么待求的弹性方差约束 H_∞ 状态估计问题可解。

证 首先，将矩阵 $\boldsymbol{Q}_k$ 和 $\boldsymbol{G}_k$ 分解成

$$\boldsymbol{Q}_k=\begin{bmatrix}\boldsymbol{L}_k & \boldsymbol{0}\\ * & \boldsymbol{Z}_k\end{bmatrix},\quad \boldsymbol{G}_k=\begin{bmatrix}\boldsymbol{G}_{1,k} & \boldsymbol{G}_{3,k}^{\mathrm{T}}\\ * & \boldsymbol{G}_{2,k}\end{bmatrix}$$

其次，为了处理参数不确定性，可以把式（2-46）重新写成

$$\begin{bmatrix} \Xi_{11} & \Xi_{12} & \Xi_{13}^0 & \Xi_{14}^0 & \Xi_{15} & \mathbf{0} & \mathbf{0} & \mathbf{0} \\ * & \Xi_{22} & \Xi_{23} & \mathbf{0} & \mathbf{0} & \Xi_{26} & \Xi_{27} & \mathbf{0} \\ * & * & \Xi_{33} & \mathbf{0} & \mathbf{0} & \mathbf{0} & \mathbf{0} & \Xi_{38} \\ * & * & * & \Xi_{44} & \mathbf{0} & \mathbf{0} & \mathbf{0} & \mathbf{0} \\ * & * & * & * & \Xi_{55} & \mathbf{0} & \mathbf{0} & \mathbf{0} \\ * & * & * & * & * & \Xi_{66} & \mathbf{0} & \mathbf{0} \\ * & * & * & * & * & * & \Xi_{77} & \mathbf{0} \\ * & * & * & * & * & * & * & \Xi_{88} \end{bmatrix} + \bar{\boldsymbol{N}}_k \boldsymbol{F}_k^{\mathrm{T}} \bar{\boldsymbol{H}}_k + \bar{\boldsymbol{H}}_k^{\mathrm{T}} \boldsymbol{F}_k \bar{\boldsymbol{N}}_k^{\mathrm{T}} < \mathbf{0}$$

其中

$$\Xi_{13}^0 = \begin{bmatrix} \mathbf{0} & \mathbf{0} & \boldsymbol{A}_k^{\mathrm{T}} & \mathbf{0} \\ \mathbf{0} & \mathbf{0} & \mathbf{0} & \boldsymbol{A}_k^{\mathrm{T}} - \bar{\lambda} \boldsymbol{D}_k^{\mathrm{T}} \boldsymbol{K}_k^{\mathrm{T}} \end{bmatrix}$$

$$\Xi_{14}^0 = \begin{bmatrix} \boldsymbol{A}_k^{\mathrm{T}} & \mathbf{0} & \mathbf{0} & -\varrho_2 \boldsymbol{D}_k^{\mathrm{T}} \boldsymbol{K}_k^{\mathrm{T}} & \mathbf{0} & -\varrho_2 \boldsymbol{D}_k^{\mathrm{T}} \bar{\boldsymbol{K}}_k^{\mathrm{T}} \\ \mathbf{0} & \boldsymbol{A}_k^{\mathrm{T}} - \bar{\lambda} \boldsymbol{D}_k^{\mathrm{T}} \boldsymbol{K}_k^{\mathrm{T}} & \mathbf{0} & \mathbf{0} & \mathbf{0} & \mathbf{0} \end{bmatrix}$$

$$\bar{\boldsymbol{N}}_k^{\mathrm{T}} = \begin{bmatrix} \mathcal{N}_{\mathrm{k}}^{\mathrm{T}} & \mathbf{0} & \mathbf{0} & \mathbf{0} & \mathbf{0} & \mathbf{0} & \mathbf{0} & \mathbf{0} \end{bmatrix}$$

$$\bar{\boldsymbol{H}}_k = \begin{bmatrix} \mathbf{0} & \mathbf{0} & \mathcal{W}_k & \mathcal{Y}_k & \mathbf{0} & \mathbf{0} & \mathbf{0} & \mathbf{0} \end{bmatrix}$$

根据引理 2.3，不难得出

$$\begin{bmatrix} \Xi_{11} & \Xi_{12} & \Xi_{13}^0 & \Xi_{14}^0 & \Xi_{15} & \mathbf{0} & \mathbf{0} & \mathbf{0} \\ * & \Xi_{22} & \Xi_{23} & \mathbf{0} & \mathbf{0} & \Xi_{26} & \Xi_{27} & \mathbf{0} \\ * & * & \Xi_{33} & \mathbf{0} & \mathbf{0} & \mathbf{0} & \mathbf{0} & \Xi_{38} \\ * & * & * & \Xi_{44} & \mathbf{0} & \mathbf{0} & \mathbf{0} & \mathbf{0} \\ * & * & * & * & \Xi_{55} & \mathbf{0} & \mathbf{0} & \mathbf{0} \\ * & * & * & * & * & \Xi_{66} & \mathbf{0} & \mathbf{0} \\ * & * & * & * & * & * & \Xi_{77} & \mathbf{0} \\ * & * & * & * & * & * & * & \Xi_{88} \end{bmatrix} + \epsilon_{1,k} \bar{\boldsymbol{N}}_k \bar{\boldsymbol{N}}_k^{\mathrm{T}} + \epsilon_{1,k}^{-1} \bar{\boldsymbol{H}}_k^{\mathrm{T}} \bar{\boldsymbol{H}}_k < \mathbf{0}$$

同理，式（2-47）可以被写成

$$\begin{bmatrix} \boldsymbol{Y}_{11} & \boldsymbol{Y}_{12}^0 & \boldsymbol{Y}_{13} & \boldsymbol{Y}_{14} \\ * & \boldsymbol{Y}_{22} & \mathbf{0} & \mathbf{0} \\ * & * & \boldsymbol{Y}_{33} & \mathbf{0} \\ * & * & * & \boldsymbol{Y}_{44} \end{bmatrix} + \tilde{\boldsymbol{N}}_k \boldsymbol{F}_k \tilde{\boldsymbol{H}}_k + \tilde{\boldsymbol{H}}_k^{\mathrm{T}} \boldsymbol{F}_k^{\mathrm{T}} \tilde{\boldsymbol{N}}_k^{\mathrm{T}} < \mathbf{0}$$

其中

$$\tilde{\boldsymbol{N}}_k^{\mathrm{T}} = \begin{bmatrix} \mathcal{F}_k^{\mathrm{T}} & \mathbf{0} & \mathbf{0} & \mathbf{0} \end{bmatrix}$$

$$\tilde{\boldsymbol{H}}_k = \begin{bmatrix} \mathbf{0} & \mathcal{X}_k & \mathbf{0} & \mathbf{0} \end{bmatrix}$$

$$\boldsymbol{Y}_{12}^0 = \begin{bmatrix} \sqrt{3} \boldsymbol{A}_k \boldsymbol{G}_{1,k} & \sqrt{3} \boldsymbol{A}_k \boldsymbol{G}_{3,k}^{\mathrm{T}} & \mathbf{0} & \mathbf{0} \\ \sqrt{3}\left(\boldsymbol{A}_k - \bar{\lambda} \boldsymbol{K}_k \boldsymbol{D}_k\right) \boldsymbol{G}_{3,k} & \sqrt{3}\left(\boldsymbol{A}_k - \bar{\lambda} \boldsymbol{K}_k \boldsymbol{D}_k\right) \boldsymbol{G}_{2,k} & -\varrho_2 \boldsymbol{K}_k \boldsymbol{D}_k \boldsymbol{G}_{1,k} & -\varrho_2 \boldsymbol{K}_k \boldsymbol{D}_k \boldsymbol{G}_{3,k}^{\mathrm{T}} \end{bmatrix}$$

根据引理 2.3，可以得到

$$\begin{bmatrix} \boldsymbol{Y}_{11} & \boldsymbol{Y}_{12}^0 & \boldsymbol{Y}_{13} & \boldsymbol{Y}_{14} \\ * & \boldsymbol{Y}_{22} & \boldsymbol{0} & \boldsymbol{0} \\ * & * & \boldsymbol{Y}_{33} & \boldsymbol{0} \\ * & * & * & \boldsymbol{Y}_{44} \end{bmatrix} + \epsilon_{2,k}\tilde{\boldsymbol{N}}_k\tilde{\boldsymbol{N}}_k^{\mathrm{T}} + \epsilon_{2,k}^{-1}\tilde{\boldsymbol{H}}_k^{\mathrm{T}}\tilde{\boldsymbol{H}}_k < \boldsymbol{0}$$

因此，由引理 2.4 易证式（2-49）等价于式（2-46），式（2-50）等价于式（2-47），故增广系统同时满足 H_∞ 性能约束和方差约束。至此，定理 2.8 证毕。

在本小节中，我们重点关注了随机发生非线性与测量丢失对状态估计算法设计带来的困难。基于小节 2.1 中的主要结果，综合考虑两类现象的相关信息，给出了新颖的弹性方差约束 H_∞ 状态估计方法，为后续解决时变神经网络方差约束 H_∞ 状态估计问题提供了理论参考与借鉴。

2.2.3 数值仿真

考虑具有随机发生非线性和测量丢失的离散时变神经网络（2-26），相关参数如下

$$\boldsymbol{A}_k = \begin{bmatrix} -0.2 & 0 \\ 0 & -0.1\sin(2k) \end{bmatrix}, \quad \boldsymbol{B}_{1,k} = \begin{bmatrix} -\sin(2k) & 0.5 \\ -0.2 & 0.5 \end{bmatrix}$$

$$\boldsymbol{B}_{2,k} = \begin{bmatrix} -0.27\sin(k) & 0.2 \\ -0.1 & -0.14 \end{bmatrix}, \quad \boldsymbol{C}_k = \begin{bmatrix} -0.1 & -0.3\sin(2k) \end{bmatrix}^{\mathrm{T}}$$

$$\boldsymbol{D}_k = \begin{bmatrix} -0.55\sin(k) & 1.5 \end{bmatrix}, \quad \bar{\boldsymbol{K}}_k = \begin{bmatrix} -0.27\sin(2k) & 0.15 \end{bmatrix}^{\mathrm{T}}$$

$$\boldsymbol{M}_k = \begin{bmatrix} -0.15 & -0.2\sin(3k) \end{bmatrix}, \quad \boldsymbol{H}_k = \begin{bmatrix} 0.1 & 0.15 \end{bmatrix}^{\mathrm{T}}, \quad \boldsymbol{N}_k = \begin{bmatrix} 0.2 & 0.1 \end{bmatrix},$$

$$\boldsymbol{\Gamma}_1 = \begin{bmatrix} 0.9 & 0 \\ 0 & 0.9 \end{bmatrix}, \quad \boldsymbol{\Gamma}_2 = \begin{bmatrix} 1 & 0 \\ 0 & 1 \end{bmatrix}, \quad \boldsymbol{\Gamma}_3 = \begin{bmatrix} 1.1 & 0 \\ 0 & 1.1 \end{bmatrix}, \quad \boldsymbol{\Gamma}_4 = \begin{bmatrix} 1.3 & 0 \\ 0 & 1.3 \end{bmatrix}$$

$$\bar{\lambda} = 0.34, \quad \bar{\alpha} = 0.1, \quad \rho = 0.5, \quad \boldsymbol{F}_k = \sin(0.6k)$$

激励函数取为

$$\boldsymbol{f}(\boldsymbol{x}_k) = \boldsymbol{g}(\boldsymbol{x}_k) = \begin{bmatrix} 0.7x_{1,k} + \tanh(0.1x_{1,k}) \\ 0.4x_{2,k} + \tanh(0.2x_{2,k}) \end{bmatrix}$$

其中，$\boldsymbol{x}_k = \begin{bmatrix} x_{1,k} & x_{2,k} \end{bmatrix}^{\mathrm{T}}$ 是神经元的状态向量

$N = 90$，$\boldsymbol{\Lambda}_0 = \mathrm{diag}\{0.05, 0.1\}$，$\boldsymbol{\Lambda}_1 = \mathrm{diag}\{0.56, 0.24\}$ 和 $\boldsymbol{\Lambda}_2 = \mathrm{diag}\{0.75, 0.5\}$ 扰动衰减水平 $\gamma = 0.9$，权重矩阵 $\boldsymbol{W}_\varphi = \mathrm{diag}\{1,1\}$，上界矩阵 $\{\boldsymbol{\Psi}_k\}_{1\le k\le N+1} = \mathrm{diag}\{0.3, 0.3\}$ 和协方差 $\boldsymbol{V}_{1,k} = \boldsymbol{V}_{2,k} = \boldsymbol{I}$。初始状态为

$$\boldsymbol{x}_0 = \begin{bmatrix} -1.5 & 0.3 \end{bmatrix}^{\mathrm{T}}, \quad \hat{\boldsymbol{x}}_0 = \begin{bmatrix} -1.2 & 0.3 \end{bmatrix}^{\mathrm{T}}$$

利用 Matlab 工具箱，求解递推线性矩阵不等式（2-49）~（2-51），可得估计器增益矩阵的数值，部分数值如下

$$\boldsymbol{K}_1 = \begin{bmatrix} 0.047\,1 & -0.075\,2 \end{bmatrix}^{\mathrm{T}}$$

$$K_2 = [0.056\,2 \quad 0.058\,8]^{\mathrm{T}}$$

$$K_3 = [0.010\,4 \quad 0.025\,6]^{\mathrm{T}}$$

相应地，仿真结果如图 2-4~2-6 所示，其中图 2-4 描述了被控输出 z_k 及其估计 $\hat{z}_k$ 的轨迹图，图 2-5 刻画了被控输出估计误差 $\tilde{z}_k$ 的轨迹图。图 2-6 反映了误差协方差和实际误差协方差的上界轨迹图。通过仿真算例演示了所提出的弹性方差约束 H_∞ 状态估计方法的有效性和可行性。

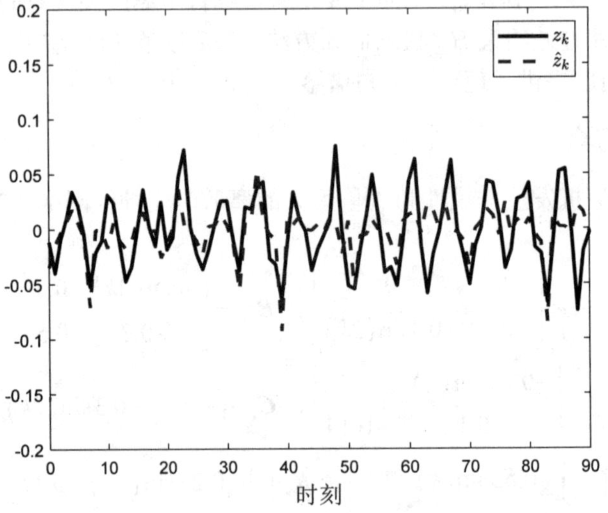

图 2-4　被控输出 z_k 及其估计 $\hat{z}_k$

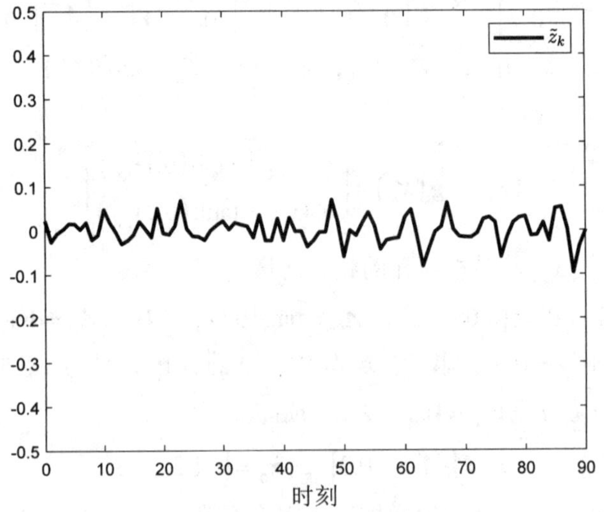

图 2-5　被控输出估计误差 $\tilde{z}_k$

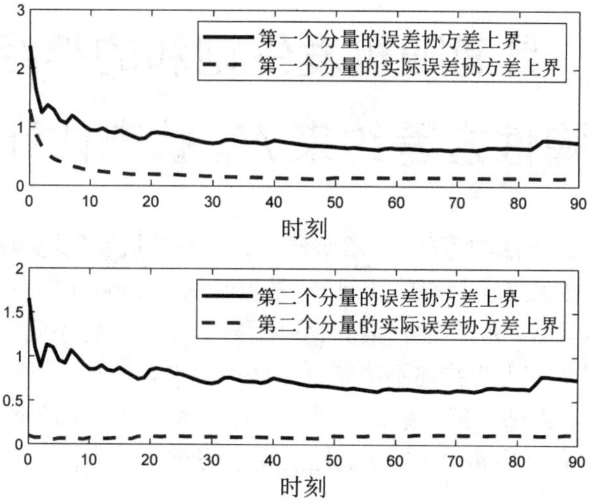

图 2-6　误差协方差和实际误差协方差的上界

2.3　本章小结

本章研究了具有随机发生非线性的两类离散时变神经网络的方差约束 H_∞ 状态估计问题。采用服从 Bernoulli 分布的随机变量描述随机发生非线性和测量丢失现象。基于可获得的测量信息，设计了新的弹性状态估计器，并得到了保证增广系统同时满足估计误差协方差有上界和给定的 H_∞ 性能约束的判别准则。最后，通过仿真算例演示了所提出的方差约束 H_∞ 状态估计方法的可行性和有效性。

第 3 章　具有随机发生饱和的神经网络的弹性方差约束 H_∞ 状态估计

基于第 2 章的方法与思路，本章研究一类具有随机发生饱和的离散时变神经网络的弹性方差约束 H_∞ 状态估计问题。采用服从 Bernoulli 分布的随机变量来描述随机发生饱和现象。为了更好地符合实际需求，本章考虑不确定发生概率情形，采用名义均值及误差上界描述不确定发生概率现象。基于已知的测量信息，设计新型的弹性 H_∞ 状态估计器。结合不等式处理技术，得到保证增广系统同时满足估计误差协方差有上界和给定的 H_∞ 性能要求的充分条件。

3.1　问题描述

考虑如下一类具有随机发生饱和的离散时变神经网络

$$\begin{cases} \boldsymbol{x}_{k+1} = \left(\boldsymbol{A}_k + \Delta\boldsymbol{A}_k\right)\boldsymbol{x}_k + \boldsymbol{B}_k\boldsymbol{f}\left(\boldsymbol{x}_k\right) + \boldsymbol{E}_k\boldsymbol{v}_{1,k} \\ \boldsymbol{y}_k = \beta_k\boldsymbol{C}_k\boldsymbol{x}_k + \left(1-\beta_k\right)\boldsymbol{\sigma}\left(\boldsymbol{C}_k\boldsymbol{x}_k\right) + \boldsymbol{v}_{2,k} \\ \boldsymbol{z}_k = \boldsymbol{M}_k\boldsymbol{x}_k \end{cases} \tag{3-1}$$

其中，$\boldsymbol{x}_k \in \mathbb{R}^n$ 是神经元的状态向量，其初值 $\boldsymbol{x}_0$ 的均值为 $\bar{\boldsymbol{x}}_0$，$\boldsymbol{y}_k \in \mathbb{R}^m$ 是系统的测量输出，$\boldsymbol{z}_k \in \mathbb{R}^r$ 是系统的被控输出，$\boldsymbol{A}_k = \mathrm{diag}\{a_1, a_2, \ldots, a_n\}$ 是自反馈矩阵，$\boldsymbol{f}\left(\boldsymbol{x}_k\right)$ 是非线性激励函数，$\boldsymbol{B}_k = \left[b_{ij}(k)\right]_{n\times n}$ 是连接权矩阵，$\boldsymbol{E}_k$，$\boldsymbol{C}_k$ 和 $\boldsymbol{M}_k$ 是已知的适当维数实矩阵，$\boldsymbol{\sigma}(\cdot)$ 是饱和函数。$\boldsymbol{v}_{1,k}$ 和 $\boldsymbol{v}_{2,k}$ 是均值为零且协方差分别为 $\boldsymbol{V}_{1,k} > \boldsymbol{0}$ 和 $\boldsymbol{V}_{2,k} > \boldsymbol{0}$ 的高斯白噪声序列。$\Delta\boldsymbol{A}_k$ 描述参数不确定性且满足

$$\Delta\boldsymbol{A}_k = \boldsymbol{H}_k\boldsymbol{F}_k\boldsymbol{N}_k$$

其中，$\boldsymbol{H}_k$ 和 $\boldsymbol{N}_k$ 是已知的适当维数实矩阵，$\boldsymbol{F}_k$ 满足 $\boldsymbol{F}_k^{\mathrm{T}}\boldsymbol{F}_k \le \boldsymbol{I}$。

采用服从 Bernoulli 分布的随机变量 β_k 描述随机发生饱和现象，且随机变量 β_k 满足

$$\mathrm{Prob}\{\beta_k = 1\} = \mathbb{E}\{\beta_k\} = \bar{\beta} + \Delta\beta$$

$$\mathrm{Prob}\{\beta_k = 0\} = 1 - \left(\bar{\beta} + \Delta\beta\right)$$

其中，$|\Delta\beta| \le \iota_0$，$\bar{\beta} + \Delta\beta \in [0,1]$，$\bar{\beta}$ 和 ι_0 是已知常数。

非线性激励函数 $\boldsymbol{f}\left(\boldsymbol{x}_k\right) = \left[f_1\left(x_{1,k}\right) \quad f_2\left(x_{2,k}\right) \quad \cdots \quad f_n\left(x_{n,k}\right)\right]^{\mathrm{T}}$ 满足 $\boldsymbol{f}(\boldsymbol{0}) = \boldsymbol{0}$ 及下述扇形有界条件

$$\lambda_i^- \le \frac{f_i(s_1) - f_i(s_2)}{s_1 - s_2} \le \lambda_i^+ \qquad (s_1, s_2 \in \mathbb{R} \text{ 且 } s_1 \ne s_2)$$

其中，λ_i^- 和 λ_i^+ $(i = 1, 2, \ldots, n)$ 是已知常量，$f_i(\cdot)$ 是非线性激励函数 $\boldsymbol{f}(\cdot)$ 的第 i 个元素。

饱和函数$\boldsymbol{\sigma}(\cdot)$具有如下形式

$$\boldsymbol{\sigma}(\boldsymbol{\vartheta})=\begin{bmatrix}\sigma(\vartheta_1) & \sigma(\vartheta_2) & \dots & \sigma(\vartheta_m)\end{bmatrix}^{\mathrm{T}} \quad (\forall \boldsymbol{\vartheta}\in\mathbb{R}^m)$$

其中，对于每个$i\in\{1,2,\dots,m\}$，$\sigma(\vartheta_i)=\operatorname{sign}(\vartheta_i)\min\{\vartheta_{i,\max},|\vartheta_i|\}$，$\vartheta_{i,\max}$是饱和水平。对于一个给定的标量$\tau$，有下式成立

$$[\sigma(\tau)-\bar{g}\tau][\sigma(\tau)-\tau]\le 0 \tag{3-2}$$

其中，$\bar{g}$满足$0\le\bar{g}<1$。

基于已知的测量信息，设计如下弹性状态估计器

$$\begin{cases}\hat{\boldsymbol{x}}_{k+1}=\boldsymbol{A}_k\hat{\boldsymbol{x}}_k+\boldsymbol{B}_k\boldsymbol{f}(\hat{\boldsymbol{x}}_k)+(\boldsymbol{K}_k+\xi_k\bar{\boldsymbol{K}}_k)(\boldsymbol{y}_k-\bar{\beta}\boldsymbol{C}_k\hat{\boldsymbol{x}}_k)\\ \hat{\boldsymbol{z}}_k=\boldsymbol{M}_k\hat{\boldsymbol{x}}_k\end{cases} \tag{3-3}$$

其中，$\hat{\boldsymbol{x}}_k$是$\boldsymbol{x}_k$的状态估计，$\hat{\boldsymbol{z}}_k$是$\boldsymbol{z}_k$的估计，ξ_k是均值为 0 并且方差为 1 的随机变量，$\bar{\boldsymbol{K}}_k$是一个已知的适当维数实矩阵，$\boldsymbol{K}_k$是待设计的估计器增益矩阵。此外，假设$\boldsymbol{v}_{1,k}$，$\boldsymbol{v}_{2,k}$和β_k是相互独立的。

令状态估计误差为$\boldsymbol{e}_k=\boldsymbol{x}_k-\hat{\boldsymbol{x}}_k$，被控输出的估计误差为$\tilde{\boldsymbol{z}}_k=\boldsymbol{z}_k-\hat{\boldsymbol{z}}_k$，根据式（3-1）和（3-3)，得到如下估计误差动态系统

$$\begin{cases}\boldsymbol{e}_{k+1}=[\boldsymbol{A}_k-\bar{\beta}(\boldsymbol{K}_k+\xi_k\bar{\boldsymbol{K}}_k)\boldsymbol{C}_k]\boldsymbol{e}_k+\boldsymbol{B}_k\bar{\boldsymbol{f}}(\boldsymbol{e}_k)+\Delta\boldsymbol{A}_k\boldsymbol{x}_k-(\boldsymbol{K}_k+\xi_k\bar{\boldsymbol{K}}_k)\boldsymbol{v}_{2,k}\\ \qquad -(\tilde{\beta}_k+\Delta\beta)(\boldsymbol{K}_k+\xi_k\bar{\boldsymbol{K}}_k)\boldsymbol{C}_k\boldsymbol{x}_k-(1-\bar{\beta}-\Delta\beta-\tilde{\beta}_k)(\boldsymbol{K}_k+\xi_k\bar{\boldsymbol{K}}_k)\\ \qquad \times\boldsymbol{\sigma}(\boldsymbol{C}_k\boldsymbol{x}_k)+\boldsymbol{E}_k\boldsymbol{v}_{1,k}\\ \tilde{\boldsymbol{z}}_k=\boldsymbol{M}_k\boldsymbol{e}_k\end{cases} \tag{3-4}$$

其中，$\bar{\boldsymbol{f}}(\boldsymbol{e}_k)=\boldsymbol{f}(\boldsymbol{x}_k)-\boldsymbol{f}(\hat{\boldsymbol{x}}_k)$和$\tilde{\beta}_k=\beta_k-(\bar{\beta}+\Delta\beta)$。

接下来，记

$$\boldsymbol{\eta}_k=\begin{bmatrix}\boldsymbol{x}_k^{\mathrm{T}} & \boldsymbol{e}_k^{\mathrm{T}}\end{bmatrix}^{\mathrm{T}}$$

$$\boldsymbol{v}_k=\begin{bmatrix}\boldsymbol{v}_{1,k}^{\mathrm{T}} & \boldsymbol{v}_{2,k}^{\mathrm{T}}\end{bmatrix}^{\mathrm{T}}$$

$$\boldsymbol{f}(\boldsymbol{\eta}_k)=\begin{bmatrix}\boldsymbol{f}^{\mathrm{T}}(\boldsymbol{x}_k) & \bar{\boldsymbol{f}}^{\mathrm{T}}(\boldsymbol{e}_k)\end{bmatrix}^{\mathrm{T}}$$

$$\boldsymbol{\sigma}(\boldsymbol{C}_k\boldsymbol{x}_k)=\bar{\boldsymbol{\sigma}}_k$$

结合式（3-1）和（3-4)，不难得出增广系统

$$\begin{cases}\boldsymbol{\eta}_{k+1}=(\mathcal{A}_{1,k}+\xi_k\mathcal{A}_{2,k})\boldsymbol{\eta}_k+\mathcal{B}_k\boldsymbol{f}(\boldsymbol{\eta}_k)-(\tilde{\beta}_k+\Delta\beta)\boldsymbol{L}_1\boldsymbol{K}_k\boldsymbol{C}_k\boldsymbol{L}_2\boldsymbol{\eta}_k\\ \qquad -(\tilde{\beta}_k+\Delta\beta)\xi_k\boldsymbol{L}_1\bar{\boldsymbol{K}}_k\boldsymbol{C}_k\boldsymbol{L}_2\boldsymbol{\eta}_k-(1-\bar{\beta}-\Delta\beta-\tilde{\beta}_k)\xi_k\boldsymbol{L}_1\bar{\boldsymbol{K}}_k\bar{\boldsymbol{\sigma}}_k\\ \qquad -(1-\bar{\beta}-\Delta\beta-\tilde{\beta}_k)\boldsymbol{L}_1\boldsymbol{K}_k\bar{\boldsymbol{\sigma}}_k+(\mathcal{C}_{1,k}+\xi_k\mathcal{C}_{2,k})\boldsymbol{v}_k\\ \tilde{\boldsymbol{z}}_k=\mathcal{M}_k\boldsymbol{\eta}_k\end{cases} \tag{3-5}$$

其中

$$\mathcal{A}_{1,k}=\begin{bmatrix}\boldsymbol{A}_k+\Delta\boldsymbol{A}_k & \boldsymbol{0}\\ \Delta\boldsymbol{A}_k & \boldsymbol{A}_k-\bar{\beta}\boldsymbol{K}_k\boldsymbol{C}_k\end{bmatrix},\quad \mathcal{A}_{2,k}=\begin{bmatrix}\boldsymbol{0} & \boldsymbol{0}\\ \boldsymbol{0} & -\bar{\beta}\bar{\boldsymbol{K}}_k\boldsymbol{C}_k\end{bmatrix}$$

$$\mathcal{B}_k=\begin{bmatrix}\boldsymbol{B}_k & \boldsymbol{0}\\ \boldsymbol{0} & \boldsymbol{B}_k\end{bmatrix},\quad \boldsymbol{L}_1=\begin{bmatrix}\boldsymbol{0}\\ \boldsymbol{I}\end{bmatrix},\quad \boldsymbol{L}_2=\begin{bmatrix}\boldsymbol{I} & \boldsymbol{0}\end{bmatrix},\quad \mathcal{C}_{1,k}=\begin{bmatrix}\boldsymbol{E}_k & \boldsymbol{0}\\ \boldsymbol{E}_k & -\boldsymbol{K}_k\end{bmatrix}$$

$$\mathcal{C}_{2,k}=\begin{bmatrix}\mathbf{0} & \mathbf{0}\\ \mathbf{0} & -\bar{\boldsymbol{K}}_k\end{bmatrix},\quad \boldsymbol{\mathcal{M}}_k=\begin{bmatrix}\mathbf{0} & \boldsymbol{M}_k\end{bmatrix}$$

接下来，定义增广系统的状态协方差矩阵为

$$\boldsymbol{X}_k=\mathbb{E}\left\{\boldsymbol{\eta}_k\boldsymbol{\eta}_k^{\mathrm{T}}\right\}=\mathbb{E}\left\{\begin{bmatrix}\boldsymbol{x}_k\\ \boldsymbol{e}_k\end{bmatrix}\begin{bmatrix}\boldsymbol{x}_k\\ \boldsymbol{e}_k\end{bmatrix}^{\mathrm{T}}\right\} \tag{3-6}$$

本章的主要目的是设计形如式（3-3）的弹性状态估计器，使得增广系统同时满足以下两个性能约束。

（1）对于给定的扰动衰减水平$\gamma>0$，矩阵$\boldsymbol{U}_\nu>\mathbf{0}$和$\boldsymbol{U}_\phi>\mathbf{0}$，以及初始状态$\boldsymbol{\eta}_0$，被控输出估计误差$\tilde{\boldsymbol{z}}_k$满足下面$H_\infty$性能约束

$$J_1=\mathbb{E}\left\{\sum_{k=0}^{N-1}\left(\left\|\tilde{\boldsymbol{z}}_k\right\|^2-\gamma^2\left\|\boldsymbol{v}_k\right\|_{U_\nu}^2\right)\right\}-\gamma^2\mathbb{E}\left\{\boldsymbol{\eta}_0^{\mathrm{T}}\boldsymbol{U}_\phi\boldsymbol{\eta}_0\right\}<0 \tag{3-7}$$

其中，$\left\|\boldsymbol{v}_k\right\|_{U_\nu}^2=\boldsymbol{v}_k^{\mathrm{T}}\boldsymbol{U}_\nu\boldsymbol{v}_k$。

（2）估计误差协方差满足以下上界约束

$$\boldsymbol{J}_2=\mathbb{E}\left\{\boldsymbol{e}_k\boldsymbol{e}_k^{\mathrm{T}}\right\}\le\boldsymbol{Y}_k \tag{3-8}$$

其中，$\boldsymbol{Y}_k\left(0\le k\le N\right)$是一系列预先给定的容许估计精度矩阵。

根据式（3-2）中的条件，可以得到引理 3.1。

引理 3.1　存在参数$\varpi>1$使得饱和函数$\bar{\boldsymbol{\sigma}}_k$满足下式

$$\bar{\boldsymbol{\sigma}}_k^{\mathrm{T}}\bar{\boldsymbol{\sigma}}_k\le\left\{\frac{\varpi^2}{\varpi-1}\mathrm{tr}\left(\boldsymbol{L}_2^{\mathrm{T}}\boldsymbol{C}_k^{\mathrm{T}}\boldsymbol{G}^{\mathrm{T}}\boldsymbol{G}\boldsymbol{C}_k\boldsymbol{L}_2\right)+\frac{\varpi^2+1}{2(\varpi-1)}\mathrm{tr}\left(\boldsymbol{L}_2^{\mathrm{T}}\boldsymbol{C}_k^{\mathrm{T}}\boldsymbol{C}_k\boldsymbol{L}_2\right)\right\}\boldsymbol{\eta}_k^{\mathrm{T}}\boldsymbol{\eta}_k$$

其中，$\boldsymbol{G}=\mathrm{diag}_m\left\{\bar{g}\right\}\left(0\le\bar{g}<1\right)$。

证　根据式（3-2），很容易推导出

$$\bar{\boldsymbol{\sigma}}_k^{\mathrm{T}}\bar{\boldsymbol{\sigma}}_k-\boldsymbol{\eta}_k^{\mathrm{T}}\boldsymbol{L}_2^{\mathrm{T}}\boldsymbol{C}_k^{\mathrm{T}}\left(\boldsymbol{G}^{\mathrm{T}}+\boldsymbol{I}\right)\bar{\boldsymbol{\sigma}}_k+\boldsymbol{\eta}_k^{\mathrm{T}}\boldsymbol{L}_2^{\mathrm{T}}\boldsymbol{C}_k^{\mathrm{T}}\boldsymbol{G}^{\mathrm{T}}\boldsymbol{C}_k\boldsymbol{L}_2\boldsymbol{\eta}_k\le0$$

注意$\boldsymbol{x}^{\mathrm{T}}\boldsymbol{y}+\boldsymbol{y}^{\mathrm{T}}\boldsymbol{x}<\varpi\boldsymbol{x}^{\mathrm{T}}\boldsymbol{x}+\dfrac{1}{\varpi}\boldsymbol{y}^{\mathrm{T}}\boldsymbol{y}\ (\varpi>1)$，易证

$$\begin{aligned}
&\bar{\boldsymbol{\sigma}}_k^{\mathrm{T}}\bar{\boldsymbol{\sigma}}_k\\
&\le\boldsymbol{\eta}_k^{\mathrm{T}}\boldsymbol{L}_2^{\mathrm{T}}\boldsymbol{C}_k^{\mathrm{T}}\boldsymbol{G}^{\mathrm{T}}\bar{\boldsymbol{\sigma}}_k+\boldsymbol{\eta}_k^{\mathrm{T}}\boldsymbol{L}_2^{\mathrm{T}}\boldsymbol{C}_k^{\mathrm{T}}\bar{\boldsymbol{\sigma}}_k-\boldsymbol{\eta}_k^{\mathrm{T}}\boldsymbol{L}_2^{\mathrm{T}}\boldsymbol{C}_k^{\mathrm{T}}\boldsymbol{G}^{\mathrm{T}}\boldsymbol{C}_k\boldsymbol{L}_2\boldsymbol{\eta}_k\\
&\le\frac{\varpi}{2}\boldsymbol{\eta}_k^{\mathrm{T}}\boldsymbol{L}_2^{\mathrm{T}}\boldsymbol{C}_k^{\mathrm{T}}\boldsymbol{G}^{\mathrm{T}}\boldsymbol{G}\boldsymbol{C}_k\boldsymbol{L}_2\boldsymbol{\eta}_k+\frac{1}{2\varpi}\bar{\boldsymbol{\sigma}}_k^{\mathrm{T}}\bar{\boldsymbol{\sigma}}_k+\frac{\varpi}{2}\boldsymbol{\eta}_k^{\mathrm{T}}\boldsymbol{L}_2^{\mathrm{T}}\boldsymbol{C}_k^{\mathrm{T}}\boldsymbol{C}_k\boldsymbol{L}_2\boldsymbol{\eta}_k\\
&\quad+\frac{1}{2\varpi}\bar{\boldsymbol{\sigma}}_k^{\mathrm{T}}\bar{\boldsymbol{\sigma}}_k+\frac{\varpi}{2}\boldsymbol{\eta}_k^{\mathrm{T}}\boldsymbol{L}_2^{\mathrm{T}}\boldsymbol{C}_k^{\mathrm{T}}\boldsymbol{G}^{\mathrm{T}}\boldsymbol{G}\boldsymbol{C}_k\boldsymbol{L}_2\boldsymbol{\eta}_k+\frac{1}{2\varpi}\boldsymbol{\eta}_k^{\mathrm{T}}\boldsymbol{L}_2^{\mathrm{T}}\boldsymbol{C}_k^{\mathrm{T}}\boldsymbol{C}_k\boldsymbol{L}_2\boldsymbol{\eta}_k\\
&\le\frac{1}{\varpi}\bar{\boldsymbol{\sigma}}_k^{\mathrm{T}}\bar{\boldsymbol{\sigma}}_k+\varpi\boldsymbol{\eta}_k^{\mathrm{T}}\boldsymbol{L}_2^{\mathrm{T}}\boldsymbol{C}_k^{\mathrm{T}}\boldsymbol{G}^{\mathrm{T}}\boldsymbol{G}\boldsymbol{C}_k\boldsymbol{L}_2\boldsymbol{\eta}_k+\frac{1}{2}\left(\varpi+\frac{1}{\varpi}\right)\boldsymbol{\eta}_k^{\mathrm{T}}\boldsymbol{L}_2^{\mathrm{T}}\boldsymbol{C}_k^{\mathrm{T}}\boldsymbol{C}_k\boldsymbol{L}_2\boldsymbol{\eta}_k\\
&\le\frac{1}{\varpi}\bar{\boldsymbol{\sigma}}_k^{\mathrm{T}}\bar{\boldsymbol{\sigma}}_k+\varpi\,\mathrm{tr}\left(\boldsymbol{L}_2^{\mathrm{T}}\boldsymbol{C}_k^{\mathrm{T}}\boldsymbol{G}^{\mathrm{T}}\boldsymbol{G}\boldsymbol{C}_k\boldsymbol{L}_2\right)\boldsymbol{\eta}_k^{\mathrm{T}}\boldsymbol{\eta}_k+\frac{1}{2}\left(\varpi+\frac{1}{\varpi}\right)\mathrm{tr}\left(\boldsymbol{L}_2^{\mathrm{T}}\boldsymbol{C}_k^{\mathrm{T}}\boldsymbol{C}_k\boldsymbol{L}_2\right)\boldsymbol{\eta}_k^{\mathrm{T}}\boldsymbol{\eta}_k
\end{aligned}$$

进一步，我们可以得到

$$\bar{\boldsymbol{\sigma}}_k^{\mathrm{T}}\bar{\boldsymbol{\sigma}}_k\le\left\{\frac{\varpi^2}{\varpi-1}\mathrm{tr}\left(\boldsymbol{L}_2^{\mathrm{T}}\boldsymbol{C}_k^{\mathrm{T}}\boldsymbol{G}^{\mathrm{T}}\boldsymbol{G}\boldsymbol{C}_k\boldsymbol{L}_2\right)+\frac{\varpi^2+1}{2(\varpi-1)}\mathrm{tr}\left(\boldsymbol{L}_2^{\mathrm{T}}\boldsymbol{C}_k^{\mathrm{T}}\boldsymbol{C}_k\boldsymbol{L}_2\right)\right\}\boldsymbol{\eta}_k^{\mathrm{T}}\boldsymbol{\eta}_k$$

则引理得证。

3.2　方差约束 H_∞ 状态估计算法设计

在本节中，结合递推矩阵不等式技术和随机分析方法，给出确保增广系统（3-5）同时满足估计误差协方差有上界和 H_∞ 性能要求的充分条件。此外，在此基础上，提出求解估计器增益矩阵的方法。

先来研究 H_∞ 性能分析问题。在具体求解过程中，全面考虑不确定发生概率对估计性能的影响，给出相应的充分条件。

定理 3.1　考虑具有随机发生饱和的离散时变神经网络，给定状态估计器增益矩阵 $\boldsymbol{K}_k$，扰动衰减水平 $\gamma>0$，矩阵 $\boldsymbol{U}_v>\mathbf{0}$ 和 $\boldsymbol{U}_\phi>\mathbf{0}$，在初始条件 $\boldsymbol{Q}_0\le\gamma^2\boldsymbol{U}_\phi$ 下，如果存在一系列正定矩阵 $\{\boldsymbol{Q}_k\}_{1\le k\le N+1}$ 和标量 $\lambda>0$ 满足如下递推矩阵不等式

$$\boldsymbol{\varXi}=\begin{bmatrix}\boldsymbol{\varXi}_{11} & \boldsymbol{\varXi}_{12} & \boldsymbol{\varXi}_{13} & \mathbf{0}\\ * & \boldsymbol{\varXi}_{22} & \mathbf{0} & \mathbf{0}\\ * & * & \boldsymbol{\varXi}_{33} & \mathbf{0}\\ * & * & * & \boldsymbol{\varXi}_{44}\end{bmatrix}<\mathbf{0} \tag{3-9}$$

其中

$$\begin{aligned}\boldsymbol{\varXi}_{11}=&\varrho_5\boldsymbol{\mathcal{A}}_{1,k}^{\mathrm{T}}\boldsymbol{Q}_{k+1}\boldsymbol{\mathcal{A}}_{1,k}+\varrho_5\boldsymbol{\mathcal{A}}_{2,k}^{\mathrm{T}}\boldsymbol{Q}_{k+1}\boldsymbol{\mathcal{A}}_{2,k}+\varrho_6\boldsymbol{L}_2^{\mathrm{T}}\boldsymbol{C}_k^{\mathrm{T}}\boldsymbol{K}_k^{\mathrm{T}}\boldsymbol{L}_1^{\mathrm{T}}\boldsymbol{Q}_{k+1}\boldsymbol{L}_1\boldsymbol{K}_k\boldsymbol{C}_k\boldsymbol{L}_2\\&+\varrho_7\boldsymbol{L}_2^{\mathrm{T}}\boldsymbol{C}_k^{\mathrm{T}}\bar{\boldsymbol{K}}_k^{\mathrm{T}}\boldsymbol{L}_1^{\mathrm{T}}\boldsymbol{Q}_{k+1}\boldsymbol{L}_1\bar{\boldsymbol{K}}_k\boldsymbol{C}_k\boldsymbol{L}_2-\lambda\boldsymbol{L}_2^{\mathrm{T}}\boldsymbol{C}_k^{\mathrm{T}}\boldsymbol{G}^{\mathrm{T}}\boldsymbol{C}_k\boldsymbol{L}_2+\boldsymbol{\mathcal{M}}_k^{\mathrm{T}}\boldsymbol{\mathcal{M}}_k-\boldsymbol{Q}_k-\boldsymbol{\varGamma}_{11}\end{aligned}$$

$$\boldsymbol{\varXi}_{12}=\boldsymbol{\mathcal{A}}_{1,k}^{\mathrm{T}}\boldsymbol{Q}_{k+1}\boldsymbol{\mathcal{B}}_k+\boldsymbol{\varGamma}_{21},\quad \boldsymbol{\varXi}_{13}=\frac{\lambda}{2}\boldsymbol{L}_2^{\mathrm{T}}\boldsymbol{C}_k^{\mathrm{T}}(\boldsymbol{G}+\boldsymbol{I})$$

$$\boldsymbol{\varXi}_{22}=\varrho_5\boldsymbol{\mathcal{B}}_k^{\mathrm{T}}\boldsymbol{Q}_{k+1}\boldsymbol{\mathcal{B}}_k-\bar{\boldsymbol{\mathcal{F}}}$$

$$\boldsymbol{\varXi}_{33}=\varrho_3\boldsymbol{K}_k^{\mathrm{T}}\boldsymbol{L}_1^{\mathrm{T}}\boldsymbol{Q}_{k+1}\boldsymbol{L}_1\boldsymbol{K}_k+\varrho_4\bar{\boldsymbol{K}}_k^{\mathrm{T}}\boldsymbol{L}_1^{\mathrm{T}}\boldsymbol{Q}_{k+1}\boldsymbol{L}_1\bar{\boldsymbol{K}}_k-\lambda\boldsymbol{I}$$

$$\boldsymbol{\varXi}_{44}=\boldsymbol{\mathcal{C}}_{1,k}^{\mathrm{T}}\boldsymbol{Q}_{k+1}\boldsymbol{\mathcal{C}}_{1,k}+\boldsymbol{\mathcal{C}}_{2,k}^{\mathrm{T}}\boldsymbol{Q}_{k+1}\boldsymbol{\mathcal{C}}_{2,k}-\gamma^2\boldsymbol{U}_v$$

$$\boldsymbol{\varGamma}_{11}=\begin{bmatrix}\boldsymbol{\varOmega}_1\boldsymbol{\varLambda}_1 & \mathbf{0}\\ \mathbf{0} & \boldsymbol{\varOmega}_2\boldsymbol{\varLambda}_1\end{bmatrix},\quad \boldsymbol{\varGamma}_{21}=\begin{bmatrix}\boldsymbol{\varOmega}_1\boldsymbol{\varLambda}_2 & \mathbf{0}\\ \mathbf{0} & \boldsymbol{\varOmega}_2\boldsymbol{\varLambda}_2\end{bmatrix},\quad \bar{\boldsymbol{\mathcal{F}}}=\begin{bmatrix}\boldsymbol{\varOmega}_1 & \mathbf{0}\\ \mathbf{0} & \boldsymbol{\varOmega}_2\end{bmatrix}$$

$$\boldsymbol{\varOmega}_1=\mathrm{diag}\{\omega_{11},\omega_{12},\ldots,\omega_{1n}\},\quad \boldsymbol{\varOmega}_2=\mathrm{diag}\{\omega_{21},\omega_{22},\ldots,\omega_{2n}\},\quad \boldsymbol{\varOmega}_j\ge\mathbf{0}\ (j=1,2)$$

$$\boldsymbol{\varLambda}_1=\mathrm{diag}\{\lambda_1^+\lambda_1^-,\lambda_2^+\lambda_2^-,\ldots,\lambda_n^+\lambda_n^-\},\quad \boldsymbol{\varLambda}_2=\mathrm{diag}\left\{\frac{\lambda_1^++\lambda_1^-}{2},\ldots,\frac{\lambda_n^++\lambda_n^-}{2}\right\}$$

$$\varrho_1=(\bar{\beta}+\iota_0)(1-\bar{\beta}+\iota_0)+\iota_0^2,\quad \varrho_2=(\bar{\beta}+\iota_0)(1-\bar{\beta}+\iota_0)+\iota_0(1-\bar{\beta}+\iota_0)$$

$$\varrho_3=\varrho_2+(1-\bar{\beta}+\iota_0)^2+(\bar{\beta}+\iota_0)(1-\bar{\beta}+\iota_0)+2(1-\bar{\beta}+\iota_0)$$

$$\varrho_4=\varrho_2+(1-\bar{\beta}+\iota_0)^2+(\bar{\beta}+\iota_0)(1-\bar{\beta}+\iota_0)+(1-\bar{\beta}+\iota_0)$$

$$\varrho_5=2-\bar{\beta}+2\iota_0,\quad \varrho_6=\varrho_1+\varrho_2+2\iota_0,\quad \varrho_7=\varrho_1+\varrho_2+\iota_0$$

那么被控输出估计误差 $\tilde{z}_k$ 满足 H_∞ 性能约束条件。

证　先定义

$$\bar{G}_k=\boldsymbol{\eta}_{k+1}^{\mathrm{T}}\boldsymbol{Q}_{k+1}\boldsymbol{\eta}_{k+1}-\boldsymbol{\eta}_k^{\mathrm{T}}\boldsymbol{Q}_k\boldsymbol{\eta}_k \tag{3-10}$$

那么易得

$$
\begin{aligned}
\mathbb{E}\{\bar{G}_k\}=&\mathbb{E}\{\boldsymbol{\eta}_k^{\mathrm{T}}\boldsymbol{\mathcal{A}}_{1,k}^{\mathrm{T}}\boldsymbol{Q}_{k+1}\boldsymbol{\mathcal{A}}_{1,k}\boldsymbol{\eta}_k+\boldsymbol{\eta}_k^{\mathrm{T}}\boldsymbol{\mathcal{A}}_{2,k}^{\mathrm{T}}\boldsymbol{Q}_{k+1}\boldsymbol{\mathcal{A}}_{2,k}\boldsymbol{\eta}_k+\boldsymbol{f}^{\mathrm{T}}(\boldsymbol{\eta}_k)\boldsymbol{\mathcal{B}}_k^{\mathrm{T}}\boldsymbol{Q}_{k+1}\boldsymbol{\mathcal{B}}_k\boldsymbol{f}(\boldsymbol{\eta}_k)\\
&+\left[(\bar{\beta}+\Delta\beta)(1-\bar{\beta}-\Delta\beta)+\Delta\beta^2\right]\boldsymbol{\eta}_k^{\mathrm{T}}\boldsymbol{L}_2^{\mathrm{T}}\boldsymbol{C}_k^{\mathrm{T}}\boldsymbol{K}_k^{\mathrm{T}}\boldsymbol{L}_1^{\mathrm{T}}\boldsymbol{Q}_{k+1}\boldsymbol{L}_1\boldsymbol{K}_k\boldsymbol{C}_k\boldsymbol{L}_2\boldsymbol{\eta}_k\\
&+\left[(\bar{\beta}+\Delta\beta)(1-\bar{\beta}-\Delta\beta)+\Delta\beta^2\right]\boldsymbol{\eta}_k^{\mathrm{T}}\boldsymbol{L}_2^{\mathrm{T}}\boldsymbol{C}_k^{\mathrm{T}}\bar{\boldsymbol{K}}_k^{\mathrm{T}}\boldsymbol{L}_1^{\mathrm{T}}\boldsymbol{Q}_{k+1}\boldsymbol{L}_1\bar{\boldsymbol{K}}_k\boldsymbol{C}_k\boldsymbol{L}_2\boldsymbol{\eta}_k\\
&+(1-\bar{\beta}-\Delta\beta)^2\bar{\boldsymbol{\sigma}}_k^{\mathrm{T}}\boldsymbol{K}_k^{\mathrm{T}}\boldsymbol{L}_1^{\mathrm{T}}\boldsymbol{Q}_{k+1}\boldsymbol{L}_1\boldsymbol{K}_k\bar{\boldsymbol{\sigma}}_k+(1-\bar{\beta}-\Delta\beta)^2\bar{\boldsymbol{\sigma}}_k^{\mathrm{T}}\bar{\boldsymbol{K}}_k^{\mathrm{T}}\boldsymbol{L}_1^{\mathrm{T}}\boldsymbol{Q}_{k+1}\\
&\times\boldsymbol{L}_1\bar{\boldsymbol{K}}_k\bar{\boldsymbol{\sigma}}_k+\left[(\bar{\beta}+\Delta\beta)(1-\bar{\beta}-\Delta\beta)\right]\bar{\boldsymbol{\sigma}}_k^{\mathrm{T}}\boldsymbol{K}_k^{\mathrm{T}}\boldsymbol{L}_1^{\mathrm{T}}\boldsymbol{Q}_{k+1}\boldsymbol{L}_1\boldsymbol{K}_k\bar{\boldsymbol{\sigma}}_k\\
&+\left[(\bar{\beta}+\Delta\beta)(1-\bar{\beta}-\Delta\beta)\right]\bar{\boldsymbol{\sigma}}_k^{\mathrm{T}}\bar{\boldsymbol{K}}_k^{\mathrm{T}}\boldsymbol{L}_1^{\mathrm{T}}\boldsymbol{Q}_{k+1}\boldsymbol{L}_1\bar{\boldsymbol{K}}_k\bar{\boldsymbol{\sigma}}_k+2\boldsymbol{\eta}_k^{\mathrm{T}}\boldsymbol{\mathcal{A}}_{1,k}^{\mathrm{T}}\boldsymbol{Q}_{k+1}\boldsymbol{\mathcal{B}}_k\boldsymbol{f}(\boldsymbol{\eta}_k)\\
&-2(1-\bar{\beta}-\Delta\beta)\boldsymbol{\eta}_k^{\mathrm{T}}\boldsymbol{\mathcal{A}}_{1,k}^{\mathrm{T}}\boldsymbol{Q}_{k+1}\boldsymbol{L}_1\boldsymbol{K}_k\bar{\boldsymbol{\sigma}}_k-2\Delta\beta\boldsymbol{\eta}_k^{\mathrm{T}}\boldsymbol{\mathcal{A}}_{1,k}^{\mathrm{T}}\boldsymbol{Q}_{k+1}\boldsymbol{L}_1\boldsymbol{K}_k\boldsymbol{C}_k\boldsymbol{L}_2\boldsymbol{\eta}_k\\
&-2\Delta\beta\boldsymbol{f}^{\mathrm{T}}(\boldsymbol{\eta}_k)\boldsymbol{\mathcal{B}}_k^{\mathrm{T}}\boldsymbol{Q}_{k+1}\boldsymbol{L}_1\boldsymbol{K}_k\boldsymbol{C}_k\boldsymbol{L}_2\boldsymbol{\eta}_k-2(1-\bar{\beta}-\Delta\beta)\boldsymbol{f}^{\mathrm{T}}(\boldsymbol{\eta}_k)\boldsymbol{\mathcal{B}}_k^{\mathrm{T}}\boldsymbol{Q}_{k+1}\boldsymbol{L}_1\boldsymbol{K}_k\bar{\boldsymbol{\sigma}}_k\\
&-2(1-\bar{\beta}-\Delta\beta)\boldsymbol{\eta}_k^{\mathrm{T}}\boldsymbol{\mathcal{A}}_{2,k}^{\mathrm{T}}\boldsymbol{Q}_{k+1}\boldsymbol{L}_1\bar{\boldsymbol{K}}_k\bar{\boldsymbol{\sigma}}_k\\
&-2\left[(\bar{\beta}+\Delta\beta)(1-\bar{\beta}-\Delta\beta)-\Delta\beta(1-\bar{\beta}-\Delta\beta)\right]\boldsymbol{\eta}_k^{\mathrm{T}}\boldsymbol{L}_2^{\mathrm{T}}\boldsymbol{C}_k^{\mathrm{T}}\boldsymbol{K}_k^{\mathrm{T}}\boldsymbol{L}_1^{\mathrm{T}}\boldsymbol{Q}_{k+1}\boldsymbol{L}_1\boldsymbol{K}_k\bar{\boldsymbol{\sigma}}_k\\
&-2\left[(\bar{\beta}+\Delta\beta)(1-\bar{\beta}-\Delta\beta)-\Delta\beta(1-\bar{\beta}-\Delta\beta)\right]\boldsymbol{\eta}_k^{\mathrm{T}}\boldsymbol{L}_2^{\mathrm{T}}\boldsymbol{C}_k^{\mathrm{T}}\bar{\boldsymbol{K}}_k^{\mathrm{T}}\boldsymbol{L}_1^{\mathrm{T}}\boldsymbol{Q}_{k+1}\boldsymbol{L}_1\bar{\boldsymbol{K}}_k\bar{\boldsymbol{\sigma}}_k\\
&-2\Delta\beta\boldsymbol{\eta}_k^{\mathrm{T}}\boldsymbol{\mathcal{A}}_{2,k}^{\mathrm{T}}\boldsymbol{Q}_{k+1}\boldsymbol{L}_1\bar{\boldsymbol{K}}_k\boldsymbol{C}_k\boldsymbol{L}_2\boldsymbol{\eta}_k+\boldsymbol{v}_k^{\mathrm{T}}\boldsymbol{\mathcal{C}}_{1,k}^{\mathrm{T}}\boldsymbol{Q}_{k+1}\boldsymbol{\mathcal{C}}_{1,k}\boldsymbol{v}_k+\boldsymbol{v}_k^{\mathrm{T}}\boldsymbol{\mathcal{C}}_{2,k}^{\mathrm{T}}\boldsymbol{Q}_{k+1}\boldsymbol{\mathcal{C}}_{2,k}\boldsymbol{v}_k-\boldsymbol{\eta}_k^{\mathrm{T}}\boldsymbol{Q}_k\boldsymbol{\eta}_k\}
\end{aligned}
$$

接下来，根据不等式$2\boldsymbol{x}^{\mathrm{T}}\boldsymbol{P}\boldsymbol{y}\le\boldsymbol{x}^{\mathrm{T}}\boldsymbol{P}\boldsymbol{x}+\boldsymbol{y}^{\mathrm{T}}\boldsymbol{P}\boldsymbol{y}$（$\boldsymbol{P}>\mathbf{0}$），不难得到

$$
\begin{aligned}
&\mathbb{E}\left\{\left[(\bar{\beta}+\Delta\beta)(1-\bar{\beta}-\Delta\beta)+\Delta\beta^2\right]\boldsymbol{\eta}_k^{\mathrm{T}}\boldsymbol{L}_2^{\mathrm{T}}\boldsymbol{C}_k^{\mathrm{T}}\boldsymbol{K}_k^{\mathrm{T}}\boldsymbol{L}_1^{\mathrm{T}}\boldsymbol{Q}_{k+1}\boldsymbol{L}_1\boldsymbol{K}_k\boldsymbol{C}_k\boldsymbol{L}_2\boldsymbol{\eta}_k\right\}\\
&\le\mathbb{E}\left\{\varrho_1\boldsymbol{\eta}_k^{\mathrm{T}}\boldsymbol{L}_2^{\mathrm{T}}\boldsymbol{C}_k^{\mathrm{T}}\boldsymbol{K}_k^{\mathrm{T}}\boldsymbol{L}_1^{\mathrm{T}}\boldsymbol{Q}_{k+1}\boldsymbol{L}_1\boldsymbol{K}_k\boldsymbol{C}_k\boldsymbol{L}_2\boldsymbol{\eta}_k\right\}
\end{aligned}
$$

$$
\begin{aligned}
&\mathbb{E}\left\{\left[(\bar{\beta}+\Delta\beta)(1-\bar{\beta}-\Delta\beta)+\Delta\beta^2\right]\boldsymbol{\eta}_k^{\mathrm{T}}\boldsymbol{L}_2^{\mathrm{T}}\boldsymbol{C}_k^{\mathrm{T}}\bar{\boldsymbol{K}}_k^{\mathrm{T}}\boldsymbol{L}_1^{\mathrm{T}}\boldsymbol{Q}_{k+1}\boldsymbol{L}_1\bar{\boldsymbol{K}}_k\boldsymbol{C}_k\boldsymbol{L}_2\boldsymbol{\eta}_k\right\}\\
&\le\mathbb{E}\left\{\varrho_1\boldsymbol{\eta}_k^{\mathrm{T}}\boldsymbol{L}_2^{\mathrm{T}}\boldsymbol{C}_k^{\mathrm{T}}\bar{\boldsymbol{K}}_k^{\mathrm{T}}\boldsymbol{L}_1^{\mathrm{T}}\boldsymbol{Q}_{k+1}\boldsymbol{L}_1\bar{\boldsymbol{K}}_k\boldsymbol{C}_k\boldsymbol{L}_2\boldsymbol{\eta}_k\right\}
\end{aligned}
$$

$$
\mathbb{E}\left\{(1-\bar{\beta}-\Delta\beta)^2\bar{\boldsymbol{\sigma}}_k^{\mathrm{T}}\boldsymbol{K}_k^{\mathrm{T}}\boldsymbol{L}_1^{\mathrm{T}}\boldsymbol{Q}_{k+1}\boldsymbol{L}_1\boldsymbol{K}_k\bar{\boldsymbol{\sigma}}_k\right\}\le\mathbb{E}\left\{(1-\bar{\beta}+\iota_0)^2\bar{\boldsymbol{\sigma}}_k^{\mathrm{T}}\boldsymbol{K}_k^{\mathrm{T}}\boldsymbol{L}_1^{\mathrm{T}}\boldsymbol{Q}_{k+1}\boldsymbol{L}_1\boldsymbol{K}_k\bar{\boldsymbol{\sigma}}_k\right\}
$$

$$
\mathbb{E}\left\{(1-\bar{\beta}-\Delta\beta)^2\bar{\boldsymbol{\sigma}}_k^{\mathrm{T}}\bar{\boldsymbol{K}}_k^{\mathrm{T}}\boldsymbol{L}_1^{\mathrm{T}}\boldsymbol{Q}_{k+1}\boldsymbol{L}_1\bar{\boldsymbol{K}}_k\bar{\boldsymbol{\sigma}}_k\right\}\le\mathbb{E}\left\{(1-\bar{\beta}+\iota_0)^2\bar{\boldsymbol{\sigma}}_k^{\mathrm{T}}\bar{\boldsymbol{K}}_k^{\mathrm{T}}\boldsymbol{L}_1^{\mathrm{T}}\boldsymbol{Q}_{k+1}\boldsymbol{L}_1\bar{\boldsymbol{K}}_k\bar{\boldsymbol{\sigma}}_k\right\}
$$

$$
\begin{aligned}
&\mathbb{E}\left\{\left[(\bar{\beta}+\Delta\beta)(1-\bar{\beta}-\Delta\beta)\right]\bar{\boldsymbol{\sigma}}_k^{\mathrm{T}}\boldsymbol{K}_k^{\mathrm{T}}\boldsymbol{L}_1^{\mathrm{T}}\boldsymbol{Q}_{k+1}\boldsymbol{L}_1\boldsymbol{K}_k\bar{\boldsymbol{\sigma}}_k\right\}\\
&\le\mathbb{E}\left\{\left[(\bar{\beta}+\iota_0)(1-\bar{\beta}+\iota_0)\right]\bar{\boldsymbol{\sigma}}_k^{\mathrm{T}}\boldsymbol{K}_k^{\mathrm{T}}\boldsymbol{L}_1^{\mathrm{T}}\boldsymbol{Q}_{k+1}\boldsymbol{L}_1\boldsymbol{K}_k\bar{\boldsymbol{\sigma}}_k\right\}
\end{aligned}
$$

$$
\begin{aligned}
&\mathbb{E}\left\{\left[(\bar{\beta}+\Delta\beta)(1-\bar{\beta}-\Delta\beta)\right]\bar{\boldsymbol{\sigma}}_k^{\mathrm{T}}\bar{\boldsymbol{K}}_k^{\mathrm{T}}\boldsymbol{L}_1^{\mathrm{T}}\boldsymbol{Q}_{k+1}\boldsymbol{L}_1\bar{\boldsymbol{K}}_k\bar{\boldsymbol{\sigma}}_k\right\}\\
&\le\mathbb{E}\left\{\left[(\bar{\beta}+\iota_0)(1-\bar{\beta}+\iota_0)\right]\bar{\boldsymbol{\sigma}}_k^{\mathrm{T}}\bar{\boldsymbol{K}}_k^{\mathrm{T}}\boldsymbol{L}_1^{\mathrm{T}}\boldsymbol{Q}_{k+1}\boldsymbol{L}_1\bar{\boldsymbol{K}}_k\bar{\boldsymbol{\sigma}}_k\right\}
\end{aligned}
$$

$$
\begin{aligned}
&\mathbb{E}\left\{-2(1-\bar{\beta}-\Delta\beta)\boldsymbol{\eta}_k^{\mathrm{T}}\boldsymbol{\mathcal{A}}_{1,k}^{\mathrm{T}}\boldsymbol{Q}_{k+1}\boldsymbol{L}_1\boldsymbol{K}_k\bar{\boldsymbol{\sigma}}_k\right\}\\
&\le\mathbb{E}\left\{(1-\bar{\beta}+\iota_0)\boldsymbol{\eta}_k^{\mathrm{T}}\boldsymbol{\mathcal{A}}_{1,k}^{\mathrm{T}}\boldsymbol{Q}_{k+1}\boldsymbol{\mathcal{A}}_{1,k}\boldsymbol{\eta}_k+(1-\bar{\beta}+\iota_0)\bar{\boldsymbol{\sigma}}_k^{\mathrm{T}}\boldsymbol{K}_k^{\mathrm{T}}\boldsymbol{L}_1^{\mathrm{T}}\boldsymbol{Q}_{k+1}\boldsymbol{L}_1\boldsymbol{K}_k\bar{\boldsymbol{\sigma}}_k\right\}
\end{aligned}
$$

$$\mathbb{E}\left\{-2\left(1-\bar{\beta}-\Delta\beta\right)f^{\mathrm{T}}\left(\eta_k\right)\mathcal{B}_k^{\mathrm{T}}Q_{k+1}L_1K_k\bar{\sigma}_k\right\}$$
$$\leq\mathbb{E}\left\{\left(1-\bar{\beta}+\iota_0\right)f^{\mathrm{T}}\left(\eta_k\right)\mathcal{B}_k^{\mathrm{T}}Q_{k+1}\mathcal{B}_kf\left(\eta_k\right)+\left(1-\bar{\beta}+\iota_0\right)\bar{\sigma}_k^{\mathrm{T}}K_k^{\mathrm{T}}L_1^{\mathrm{T}}Q_{k+1}L_1K_k\bar{\sigma}_k\right\}$$

$$\mathbb{E}\left\{-2\left(1-\bar{\beta}-\Delta\beta\right)\eta_k^{\mathrm{T}}\mathcal{A}_{2,k}^{\mathrm{T}}Q_{k+1}L_1\bar{K}_k\bar{\sigma}_k\right\}$$
$$\leq\mathbb{E}\left\{\left(1-\bar{\beta}+\iota_0\right)\eta_k^{\mathrm{T}}\mathcal{A}_{2,k}^{\mathrm{T}}Q_{k+1}\mathcal{A}_{2,k}\eta_k+\left(1-\bar{\beta}+\iota_0\right)\bar{\sigma}_k^{\mathrm{T}}\bar{K}_k^{\mathrm{T}}L_1^{\mathrm{T}}Q_{k+1}L_1\bar{K}_k\bar{\sigma}_k\right\}$$

$$\mathbb{E}\left\{-2\Delta\beta\eta_k^{\mathrm{T}}\mathcal{A}_{1,k}^{\mathrm{T}}Q_{k+1}L_1K_kC_kL_2\eta_k\right\}$$
$$\leq\mathbb{E}\left\{\iota_0\eta_k^{\mathrm{T}}\mathcal{A}_{1,k}^{\mathrm{T}}Q_{k+1}\mathcal{A}_{1,k}\eta_k+\iota_0\eta_k^{\mathrm{T}}L_2^{\mathrm{T}}C_k^{\mathrm{T}}K_k^{\mathrm{T}}L_1^{\mathrm{T}}Q_{k+1}L_1K_kC_kL_2\eta_k\right\}$$

$$\mathbb{E}\left\{-2\Delta\beta f^{\mathrm{T}}\left(\eta_k\right)\mathcal{B}_k^{\mathrm{T}}Q_{k+1}L_1K_kC_kL_2\eta_k\right\}$$
$$\leq\mathbb{E}\left\{\iota_0f^{\mathrm{T}}\left(\eta_k\right)\mathcal{B}_k^{\mathrm{T}}Q_{k+1}\mathcal{B}_kf\left(\eta_k\right)+\iota_0\eta_k^{\mathrm{T}}L_2^{\mathrm{T}}C_k^{\mathrm{T}}K_k^{\mathrm{T}}L_1^{\mathrm{T}}Q_{k+1}L_1K_kC_kL_2\eta_k\right\}$$

$$\mathbb{E}\left\{-2\left[\left(\bar{\beta}+\Delta\beta\right)\left(1-\bar{\beta}-\Delta\beta\right)-\Delta\beta\left(1-\bar{\beta}-\Delta\beta\right)\right]\eta_k^{\mathrm{T}}L_2^{\mathrm{T}}C_k^{\mathrm{T}}K_k^{\mathrm{T}}L_1^{\mathrm{T}}Q_{k+1}L_1K_k\bar{\sigma}_k\right\}$$
$$\leq\mathbb{E}\left\{\varrho_2\eta_k^{\mathrm{T}}L_2^{\mathrm{T}}C_k^{\mathrm{T}}K_k^{\mathrm{T}}L_1^{\mathrm{T}}Q_{k+1}L_1K_kC_kL_2\eta_k+\varrho_2\bar{\sigma}_k^{\mathrm{T}}K_k^{\mathrm{T}}L_1^{\mathrm{T}}Q_{k+1}L_1K_k\bar{\sigma}_k\right\}$$

$$\mathbb{E}\left\{-2\Delta\beta\eta_k^{\mathrm{T}}\mathcal{A}_{2,k}^{\mathrm{T}}Q_{k+1}L_1\bar{K}_kC_kL_2\eta_k\right\}$$
$$\leq\mathbb{E}\left\{\iota_0\eta_k^{\mathrm{T}}\mathcal{A}_{2,k}^{\mathrm{T}}Q_{k+1}\mathcal{A}_{2,k}\eta_k+\iota_0\eta_k^{\mathrm{T}}L_2^{\mathrm{T}}C_k^{\mathrm{T}}\bar{K}_k^{\mathrm{T}}L_1^{\mathrm{T}}Q_{k+1}L_1\bar{K}_kC_kL_2\eta_k\right\}$$

$$\mathbb{E}\left\{-2\left[\left(\bar{\beta}+\Delta\beta\right)\left(1-\bar{\beta}-\Delta\beta\right)-\Delta\beta\left(1-\bar{\beta}-\Delta\beta\right)\right]\eta_k^{\mathrm{T}}L_2^{\mathrm{T}}C_k^{\mathrm{T}}\bar{K}_k^{\mathrm{T}}L_1^{\mathrm{T}}Q_{k+1}L_1\bar{K}_k\bar{\sigma}_k\right\}$$
$$\leq\mathbb{E}\left\{\varrho_2\eta_k^{\mathrm{T}}L_2^{\mathrm{T}}C_k^{\mathrm{T}}\bar{K}_k^{\mathrm{T}}L_1^{\mathrm{T}}Q_{k+1}L_1\bar{K}_kC_kL_2\eta_k+\varrho_2\bar{\sigma}_k^{\mathrm{T}}\bar{K}_k^{\mathrm{T}}L_1^{\mathrm{T}}Q_{k+1}L_1\bar{K}_k\bar{\sigma}_k\right\}$$

根据上式，可以得到

$$\begin{aligned}\mathbb{E}\left\{\bar{G}_k\right\}\leq\mathbb{E}\Big\{&\varrho_5\eta_k^{\mathrm{T}}\mathcal{A}_{1,k}^{\mathrm{T}}Q_{k+1}\mathcal{A}_{1,k}\eta_k+\varrho_5\eta_k^{\mathrm{T}}\mathcal{A}_{2,k}^{\mathrm{T}}Q_{k+1}\mathcal{A}_{2,k}\eta_k+\varrho_5f^{\mathrm{T}}\left(\eta_k\right)\mathcal{B}_k^{\mathrm{T}}Q_{k+1}\mathcal{B}_kf\left(\eta_k\right)\\&+\varrho_6\eta_k^{\mathrm{T}}L_2^{\mathrm{T}}C_k^{\mathrm{T}}K_k^{\mathrm{T}}L_1^{\mathrm{T}}Q_{k+1}L_1K_kC_kL_2\eta_k+\varrho_7\eta_k^{\mathrm{T}}L_2^{\mathrm{T}}C_k^{\mathrm{T}}\bar{K}_k^{\mathrm{T}}L_1^{\mathrm{T}}Q_{k+1}L_1\bar{K}_kC_kL_2\eta_k\\&+\varrho_3\bar{\sigma}_k^{\mathrm{T}}K_k^{\mathrm{T}}L_1^{\mathrm{T}}Q_{k+1}L_1K_k\bar{\sigma}_k+\varrho_4\bar{\sigma}_k^{\mathrm{T}}\bar{K}_k^{\mathrm{T}}L_1^{\mathrm{T}}Q_{k+1}L_1\bar{K}_k\bar{\sigma}_k+2\eta_k^{\mathrm{T}}\mathcal{A}_{1,k}^{\mathrm{T}}Q_{k+1}\mathcal{B}_kf\left(\eta_k\right)\\&+v_k^{\mathrm{T}}\mathcal{C}_{1,k}^{\mathrm{T}}Q_{k+1}\mathcal{C}_{1,k}v_k+v_k^{\mathrm{T}}\mathcal{C}_{2,k}^{\mathrm{T}}Q_{k+1}\mathcal{C}_{2,k}v_k-\eta_k^{\mathrm{T}}Q_k\eta_k\Big\}\end{aligned}$$

进一步，将零项 $\tilde{z}_k^{\mathrm{T}}\tilde{z}_k-\gamma^2v_k^{\mathrm{T}}U_vv_k-\tilde{z}_k^{\mathrm{T}}\tilde{z}_k+\gamma^2v_k^{\mathrm{T}}U_vv_k$ 加入到 $\mathbb{E}\left\{\bar{G}_k\right\}$ 中，可得如下结果

$$\mathbb{E}\left\{\bar{G}_k\right\}\leq\mathbb{E}\left\{\begin{bmatrix}\psi_k^{\mathrm{T}} & v_k^{\mathrm{T}}\end{bmatrix}\tilde{\Xi}\begin{bmatrix}\psi_k\\ v_k\end{bmatrix}-\tilde{z}_k^{\mathrm{T}}\tilde{z}_k+\gamma^2v_k^{\mathrm{T}}U_vv_k\right\}\tag{3-11}$$

其中

$$\psi_k=\begin{bmatrix}\eta_k^{\mathrm{T}} & f^{\mathrm{T}}\left(\eta_k\right) & \bar{\sigma}_k^{\mathrm{T}}\end{bmatrix}^{\mathrm{T}},\quad \tilde{\Xi}=\begin{bmatrix}\tilde{\Xi}_{11} & \mathcal{A}_{1,k}^{\mathrm{T}}Q_{k+1}\mathcal{B}_k & 0 & 0\\ * & \varrho_5\mathcal{B}_k^{\mathrm{T}}Q_{k+1}\mathcal{B}_k & 0 & 0\\ * & * & \tilde{\Xi}_{33} & 0\\ * & * & * & \Xi_{44}\end{bmatrix}$$

$$\tilde{\Xi}_{11}=\varrho_5\mathcal{A}_{1,k}^{\mathrm{T}}\boldsymbol{Q}_{k+1}\mathcal{A}_{1,k}+\varrho_5\mathcal{A}_{2,k}^{\mathrm{T}}\boldsymbol{Q}_{k+1}\mathcal{A}_{2,k}+\varrho_6\boldsymbol{L}_2^{\mathrm{T}}\boldsymbol{C}_k^{\mathrm{T}}K_k^{\mathrm{T}}\boldsymbol{L}_1^{\mathrm{T}}\boldsymbol{Q}_{k+1}\boldsymbol{L}_1\boldsymbol{K}_k\boldsymbol{C}_k\boldsymbol{L}_2$$
$$+\varrho_7\boldsymbol{L}_2^{\mathrm{T}}\boldsymbol{C}_k^{\mathrm{T}}\bar{\boldsymbol{K}}_k^{\mathrm{T}}\boldsymbol{L}_1^{\mathrm{T}}\boldsymbol{Q}_{k+1}\boldsymbol{L}_1\bar{\boldsymbol{K}}_k\boldsymbol{C}_k\boldsymbol{L}_2+\mathcal{M}_k^{\mathrm{T}}\mathcal{M}_k-\boldsymbol{Q}_k$$
$$\tilde{\Xi}_{33}=\varrho_3\boldsymbol{K}_k^{\mathrm{T}}\boldsymbol{L}_1^{\mathrm{T}}\boldsymbol{Q}_{k+1}\boldsymbol{L}_1\boldsymbol{K}_k+\varrho_4\bar{\boldsymbol{K}}_k^{\mathrm{T}}\boldsymbol{L}_1^{\mathrm{T}}\boldsymbol{Q}_{k+1}\boldsymbol{L}_1\bar{\boldsymbol{K}}_k$$

且$\boldsymbol{\Xi}_{44}$在式（3-9）中定义。

根据引理 2.1，可以推导出

$$\begin{bmatrix}\boldsymbol{x}_k\\ \boldsymbol{f}(\boldsymbol{x}_k)\end{bmatrix}^{\mathrm{T}}\begin{bmatrix}\boldsymbol{\Omega}_1\boldsymbol{\Lambda}_1 & -\boldsymbol{\Omega}_1\boldsymbol{\Lambda}_2\\ -\boldsymbol{\Omega}_1\boldsymbol{\Lambda}_2 & \boldsymbol{\Omega}_1\end{bmatrix}\begin{bmatrix}\boldsymbol{x}_k\\ \boldsymbol{f}(\boldsymbol{x}_k)\end{bmatrix}\le 0$$
$$\begin{bmatrix}\boldsymbol{e}_k\\ \bar{\boldsymbol{f}}(\boldsymbol{e}_k)\end{bmatrix}^{\mathrm{T}}\begin{bmatrix}\boldsymbol{\Omega}_2\boldsymbol{\Lambda}_1 & -\boldsymbol{\Omega}_2\boldsymbol{\Lambda}_2\\ -\boldsymbol{\Omega}_2\boldsymbol{\Lambda}_2 & \boldsymbol{\Omega}_2\end{bmatrix}\begin{bmatrix}\boldsymbol{e}_k\\ \bar{\boldsymbol{f}}(\boldsymbol{e}_k)\end{bmatrix}\le 0$$

其中，$\boldsymbol{\Lambda}_1$，$\boldsymbol{\Lambda}_2$，$\boldsymbol{\Omega}_1$和$\boldsymbol{\Omega}_2$在式（3-9）中定义。从而，可推导出

$$\begin{bmatrix}\boldsymbol{\eta}_k\\ \boldsymbol{f}(\boldsymbol{\eta}_k)\end{bmatrix}^{\mathrm{T}}\begin{bmatrix}\boldsymbol{\Gamma}_{11} & -\boldsymbol{\Gamma}_{21}\\ -\boldsymbol{\Gamma}_{21} & \bar{\mathcal{F}}\end{bmatrix}\begin{bmatrix}\boldsymbol{\eta}_k\\ \boldsymbol{f}(\boldsymbol{\eta}_k)\end{bmatrix}\le 0 \tag{3-12}$$

其中，$\boldsymbol{\Gamma}_{11}$，$\boldsymbol{\Gamma}_{21}$和$\bar{\mathcal{F}}$在式（3-9）中定义。然后，考虑式（3-2）和（3-11），可得

$$\begin{aligned}\mathbb{E}\{\bar{G}_k\}\le\mathbb{E}\Bigg\{&\begin{bmatrix}\boldsymbol{\psi}_k^{\mathrm{T}} & \boldsymbol{v}_k^{\mathrm{T}}\end{bmatrix}\tilde{\boldsymbol{\Xi}}\begin{bmatrix}\boldsymbol{\psi}_k\\ \boldsymbol{v}_k\end{bmatrix}-\tilde{\boldsymbol{z}}_k^{\mathrm{T}}\tilde{\boldsymbol{z}}_k+\gamma^2\boldsymbol{v}_k^{\mathrm{T}}\boldsymbol{U}_v\boldsymbol{v}_k\\
&-\left[\boldsymbol{\eta}_k^{\mathrm{T}}\boldsymbol{\Gamma}_{11}\boldsymbol{\eta}_k-2\boldsymbol{\eta}_k^{\mathrm{T}}\boldsymbol{\Gamma}_{21}\boldsymbol{f}(\boldsymbol{\eta}_k)+\boldsymbol{f}^{\mathrm{T}}(\boldsymbol{\eta}_k)\bar{\mathcal{F}}\boldsymbol{f}(\boldsymbol{\eta}_k)\right]\\
&-\lambda\left[\bar{\boldsymbol{\sigma}}_k^{\mathrm{T}}\bar{\boldsymbol{\sigma}}_k-\boldsymbol{\eta}_k^{\mathrm{T}}\boldsymbol{L}_2^{\mathrm{T}}\boldsymbol{C}_k^{\mathrm{T}}\left(\boldsymbol{G}^{\mathrm{T}}+\boldsymbol{I}\right)\bar{\boldsymbol{\sigma}}_k+\boldsymbol{\eta}_k^{\mathrm{T}}\boldsymbol{L}_2^{\mathrm{T}}\boldsymbol{C}_k^{\mathrm{T}}\boldsymbol{G}^{\mathrm{T}}\boldsymbol{C}_k\boldsymbol{L}_2\boldsymbol{\eta}_k\right]\Bigg\}\\
=\mathbb{E}\Bigg\{&\begin{bmatrix}\boldsymbol{\psi}_k^{\mathrm{T}} & \boldsymbol{v}_k^{\mathrm{T}}\end{bmatrix}\boldsymbol{\Xi}\begin{bmatrix}\boldsymbol{\psi}_k\\ \boldsymbol{v}_k\end{bmatrix}-\tilde{\boldsymbol{z}}_k^{\mathrm{T}}\tilde{\boldsymbol{z}}_k+\gamma^2\boldsymbol{v}_k^{\mathrm{T}}\boldsymbol{U}_v\boldsymbol{v}_k\Bigg\}\end{aligned} \tag{3-13}$$

其中，$\boldsymbol{\Xi}$在式（3-9）中定义。

对式（3-13）两边关于k从 0 到$N-1$进行求和，有

$$\begin{aligned}\sum_{k=0}^{N-1}\mathbb{E}\{\bar{G}_k\}&=\mathbb{E}\{\boldsymbol{\eta}_N^{\mathrm{T}}\boldsymbol{Q}_N\boldsymbol{\eta}_N-\boldsymbol{\eta}_0^{\mathrm{T}}\boldsymbol{Q}_0\boldsymbol{\eta}_0\}\\
&\le\mathbb{E}\left\{\sum_{k=0}^{N-1}\begin{bmatrix}\boldsymbol{\psi}_k^{\mathrm{T}} & \boldsymbol{v}_k^{\mathrm{T}}\end{bmatrix}\boldsymbol{\Xi}\begin{bmatrix}\boldsymbol{\psi}_k\\ \boldsymbol{v}_k\end{bmatrix}\right\}-\mathbb{E}\left\{\sum_{k=0}^{N-1}\left(\tilde{\boldsymbol{z}}_k^{\mathrm{T}}\tilde{\boldsymbol{z}}_k-\gamma^2\boldsymbol{v}_k^{\mathrm{T}}\boldsymbol{U}_v\boldsymbol{v}_k\right)\right\}\end{aligned} \tag{3-14}$$

因此，性能指标J_1满足下式

$$J_1\le\mathbb{E}\left\{\sum_{k=0}^{N-1}\begin{bmatrix}\boldsymbol{\psi}_k^{\mathrm{T}} & \boldsymbol{v}_k^{\mathrm{T}}\end{bmatrix}\boldsymbol{\Xi}\begin{bmatrix}\boldsymbol{\psi}_k\\ \boldsymbol{v}_k\end{bmatrix}\right\}+\boldsymbol{\eta}_0^{\mathrm{T}}\left(\boldsymbol{Q}_0-\gamma^2\boldsymbol{U}_\phi\right)\boldsymbol{\eta}_0-\mathbb{E}\{\boldsymbol{\eta}_N^{\mathrm{T}}\boldsymbol{Q}_N\boldsymbol{\eta}_N\} \tag{3-15}$$

从条件$\boldsymbol{\Xi}<\boldsymbol{0}$，$\boldsymbol{Q}_N>\boldsymbol{0}$和初始条件$\boldsymbol{Q}_0\le\gamma^2\boldsymbol{U}_\phi$，可知$J_1<0$。

接下来，基于数学归纳法，给出估计误差协方差有上界的充分条件。

定理 3.2 考虑具有随机发生饱和的离散时变神经网络（3-1），给定状态估计器增益矩阵$\boldsymbol{K}_k$，在初始条件为$\boldsymbol{P}_0=\boldsymbol{X}_0$下，如果存在一系列正定矩阵$\{\boldsymbol{P}_k\}_{1\le k\le N+1}$满足如下递推矩阵不等式

$$\boldsymbol{P}_{k+1}\ge\boldsymbol{Y}(\boldsymbol{P}_k) \tag{3-16}$$

其中

$$\begin{aligned}\boldsymbol{Y}(\boldsymbol{P}_k)=&\varrho_8\boldsymbol{\mathcal{A}}_{1,k}\boldsymbol{P}_k\boldsymbol{\mathcal{A}}_{1,k}^{\mathrm{T}}+\varrho_5\boldsymbol{\mathcal{A}}_{2,k}\boldsymbol{P}_k\boldsymbol{\mathcal{A}}_{2,k}^{\mathrm{T}}+\varrho_8\mathrm{tr}(\boldsymbol{P}_k)\boldsymbol{\mathcal{B}}_k\bar{\boldsymbol{Y}}\boldsymbol{\mathcal{B}}_k^{\mathrm{T}}\\&+\varrho_6\boldsymbol{L}_1\boldsymbol{K}_k\boldsymbol{C}_k\boldsymbol{L}_2\boldsymbol{P}_k\boldsymbol{L}_2^{\mathrm{T}}\boldsymbol{C}_k^{\mathrm{T}}\boldsymbol{K}_k^{\mathrm{T}}\boldsymbol{L}_1^{\mathrm{T}}+\varrho_7\boldsymbol{L}_1\bar{\boldsymbol{K}}_k\boldsymbol{C}_k\boldsymbol{L}_2\boldsymbol{P}_k\boldsymbol{L}_2^{\mathrm{T}}\boldsymbol{C}_k^{\mathrm{T}}\bar{\boldsymbol{K}}_k^{\mathrm{T}}\boldsymbol{L}_1^{\mathrm{T}}\\&+\varrho_3\pi\mathrm{tr}(\boldsymbol{P}_k)\boldsymbol{L}_1\boldsymbol{K}_k\boldsymbol{K}_k^{\mathrm{T}}\boldsymbol{L}_1^{\mathrm{T}}+\varrho_4\pi\mathrm{tr}(\boldsymbol{P}_k)\boldsymbol{L}_1\bar{\boldsymbol{K}}_k\bar{\boldsymbol{K}}_k^{\mathrm{T}}\boldsymbol{L}_1^{\mathrm{T}}\\&+\boldsymbol{\mathcal{C}}_{1,k}\boldsymbol{V}\boldsymbol{\mathcal{C}}_{1,k}^{\mathrm{T}}+\boldsymbol{\mathcal{C}}_{2,k}\boldsymbol{V}\boldsymbol{\mathcal{C}}_{2,k}^{\mathrm{T}}\\&\boldsymbol{V}=\mathrm{diag}\{\boldsymbol{V}_{1,k},\boldsymbol{V}_{2,k}\},\varrho_8=3-\bar{\beta}+2\iota_0,\rho\in(0,1)\\&\boldsymbol{Y}=\frac{\rho+\frac{1}{\rho}}{2(1-\rho)}(\boldsymbol{\Lambda}_2+\boldsymbol{\Lambda}_0)^2+\frac{1}{\rho(1-\rho)}(\boldsymbol{\Lambda}_2-\boldsymbol{\Lambda}_0)^2\\&\boldsymbol{\Lambda}_0=\mathrm{diag}\left\{\frac{\lambda_1^+-\lambda_1^-}{2},\ldots,\frac{\lambda_n^+-\lambda_n^-}{2}\right\},\bar{\boldsymbol{Y}}=\mathrm{diag}\{\boldsymbol{Y},\boldsymbol{Y}\}\\&\pi=\frac{\varpi^2}{\varpi-1}\mathrm{tr}(\boldsymbol{L}_2^{\mathrm{T}}\boldsymbol{C}_k^{\mathrm{T}}\boldsymbol{G}^{\mathrm{T}}\boldsymbol{G}\boldsymbol{C}_k\boldsymbol{L}_2)+\frac{\varpi^2+1}{2(\varpi-1)}\mathrm{tr}(\boldsymbol{L}_2^{\mathrm{T}}\boldsymbol{C}_k^{\mathrm{T}}\boldsymbol{C}_k\boldsymbol{L}_2)\end{aligned}\tag{3-17}$$

其他参数均如定理 3.1 所示，那么 $\boldsymbol{P}_k\geq\boldsymbol{X}_k\ (k\in\{1,2,\ldots,N+1\})$。

证 根据式（3-6）中的状态协方差定义，有

$$\begin{aligned}\boldsymbol{X}_{k+1}=&\mathbb{E}\{\boldsymbol{\eta}_{k+1}\boldsymbol{\eta}_{k+1}^{\mathrm{T}}\}\\=&\mathbb{E}\{\boldsymbol{\mathcal{A}}_{1,k}\boldsymbol{\eta}_k\boldsymbol{\eta}_k^{\mathrm{T}}\boldsymbol{\mathcal{A}}_{1,k}^{\mathrm{T}}+\boldsymbol{\mathcal{A}}_{2,k}\boldsymbol{\eta}_k\boldsymbol{\eta}_k^{\mathrm{T}}\boldsymbol{\mathcal{A}}_{2,k}^{\mathrm{T}}+\boldsymbol{\mathcal{B}}_k\boldsymbol{f}(\boldsymbol{\eta}_k)\boldsymbol{f}^{\mathrm{T}}(\boldsymbol{\eta}_k)\boldsymbol{\mathcal{B}}_k^{\mathrm{T}}\\&+[(\bar{\beta}+\Delta\beta)(1-\bar{\beta}-\Delta\beta)+\Delta\beta^2]\boldsymbol{L}_1\boldsymbol{K}_k\boldsymbol{C}_k\boldsymbol{L}_2\boldsymbol{\eta}_k\boldsymbol{\eta}_k^{\mathrm{T}}\boldsymbol{L}_2^{\mathrm{T}}\boldsymbol{C}_k^{\mathrm{T}}\boldsymbol{K}_k^{\mathrm{T}}\boldsymbol{L}_1^{\mathrm{T}}\\&+[(\bar{\beta}+\Delta\beta)(1-\bar{\beta}-\Delta\beta)+\Delta\beta^2]\boldsymbol{L}_1\bar{\boldsymbol{K}}_k\boldsymbol{C}_k\boldsymbol{L}_2\boldsymbol{\eta}_k\boldsymbol{\eta}_k^{\mathrm{T}}\boldsymbol{L}_2^{\mathrm{T}}\boldsymbol{C}_k^{\mathrm{T}}\bar{\boldsymbol{K}}_k^{\mathrm{T}}\boldsymbol{L}_1^{\mathrm{T}}\\&+(1-\bar{\beta}-\Delta\beta)^2\boldsymbol{L}_1\boldsymbol{K}_k\bar{\boldsymbol{\varpi}}_k\bar{\boldsymbol{\varpi}}_k^{\mathrm{T}}\boldsymbol{K}_k^{\mathrm{T}}\boldsymbol{L}_1^{\mathrm{T}}+(1-\bar{\beta}-\Delta\beta)^2\boldsymbol{L}_1\bar{\boldsymbol{K}}_k\bar{\boldsymbol{\varpi}}_k\bar{\boldsymbol{\varpi}}_k^{\mathrm{T}}\bar{\boldsymbol{K}}_k^{\mathrm{T}}\boldsymbol{L}_1^{\mathrm{T}}\\&+[(\bar{\beta}+\Delta\beta)(1-\bar{\beta}-\Delta\beta)]\boldsymbol{L}_1\boldsymbol{K}_k\bar{\boldsymbol{\varpi}}_k\bar{\boldsymbol{\varpi}}_k^{\mathrm{T}}\boldsymbol{K}_k^{\mathrm{T}}\boldsymbol{L}_1^{\mathrm{T}}+[(\bar{\beta}+\Delta\beta)(1-\bar{\beta}-\Delta\beta)]\\&\times\boldsymbol{L}_1\bar{\boldsymbol{K}}_k\bar{\boldsymbol{\varpi}}_k\bar{\boldsymbol{\varpi}}_k^{\mathrm{T}}\bar{\boldsymbol{K}}_k^{\mathrm{T}}\boldsymbol{L}_1^{\mathrm{T}}+\boldsymbol{\mathcal{B}}_k\boldsymbol{f}(\boldsymbol{\eta}_k)\boldsymbol{\eta}_k^{\mathrm{T}}\boldsymbol{\mathcal{A}}_{1,k}^{\mathrm{T}}+\boldsymbol{\mathcal{A}}_{1,k}\boldsymbol{\eta}_k\boldsymbol{\eta}_k^{\mathrm{T}}\boldsymbol{\mathcal{B}}_k^{\mathrm{T}}-\Delta\beta\boldsymbol{\mathcal{A}}_{1,k}\boldsymbol{\eta}_k\boldsymbol{\eta}_k^{\mathrm{T}}\boldsymbol{L}_2^{\mathrm{T}}\boldsymbol{C}_k^{\mathrm{T}}\boldsymbol{K}_k^{\mathrm{T}}\boldsymbol{L}_1^{\mathrm{T}}\\&-\Delta\beta\boldsymbol{L}_1\boldsymbol{K}_k\boldsymbol{C}_k\boldsymbol{L}_2\boldsymbol{\eta}_k\boldsymbol{\eta}_k^{\mathrm{T}}\boldsymbol{\mathcal{A}}_{1,k}^{\mathrm{T}}-\Delta\beta\boldsymbol{\mathcal{B}}_k\boldsymbol{f}(\boldsymbol{\eta}_k)\boldsymbol{\eta}_k^{\mathrm{T}}\boldsymbol{L}_2^{\mathrm{T}}\boldsymbol{C}_k^{\mathrm{T}}\boldsymbol{K}_k^{\mathrm{T}}\boldsymbol{L}_1^{\mathrm{T}}\\&-\Delta\beta\boldsymbol{L}_1\boldsymbol{K}_k\boldsymbol{C}_k\boldsymbol{L}_2\boldsymbol{\eta}_k\boldsymbol{f}^{\mathrm{T}}(\boldsymbol{\eta}_k)\boldsymbol{\mathcal{B}}_k^{\mathrm{T}}-(1-\bar{\beta}-\Delta\beta)\boldsymbol{L}_1\boldsymbol{K}_k\bar{\boldsymbol{\varpi}}_k\boldsymbol{\eta}_k^{\mathrm{T}}\boldsymbol{\mathcal{A}}_{1,k}^{\mathrm{T}}\\&-(1-\bar{\beta}-\Delta\beta)\boldsymbol{\mathcal{A}}_{1,k}\boldsymbol{\eta}_k\bar{\boldsymbol{\varpi}}_k^{\mathrm{T}}\boldsymbol{K}_k^{\mathrm{T}}\boldsymbol{L}_1^{\mathrm{T}}-(1-\bar{\beta}-\Delta\beta)\boldsymbol{L}_1\boldsymbol{K}_k\bar{\boldsymbol{\varpi}}_k\boldsymbol{f}^{\mathrm{T}}(\boldsymbol{\eta}_k)\boldsymbol{\mathcal{B}}_k^{\mathrm{T}}\\&-(1-\bar{\beta}-\Delta\beta)\boldsymbol{\mathcal{B}}_k\boldsymbol{f}(\boldsymbol{\eta}_k)\bar{\boldsymbol{\varpi}}_k^{\mathrm{T}}\boldsymbol{K}_k^{\mathrm{T}}\boldsymbol{L}_1^{\mathrm{T}}-(1-\bar{\beta}-\Delta\beta)\boldsymbol{L}_1\bar{\boldsymbol{K}}_k\bar{\boldsymbol{\varpi}}_k\boldsymbol{\eta}_k^{\mathrm{T}}\boldsymbol{\mathcal{A}}_{2,k}^{\mathrm{T}}\\&-(1-\bar{\beta}-\Delta\beta)\boldsymbol{\mathcal{A}}_{2,k}\boldsymbol{\eta}_k\bar{\boldsymbol{\varpi}}_k^{\mathrm{T}}\bar{\boldsymbol{K}}_k^{\mathrm{T}}\boldsymbol{L}_1^{\mathrm{T}}-[(\bar{\beta}+\Delta\beta)(1-\bar{\beta}-\Delta\beta)-\Delta\beta(1-\bar{\beta}-\Delta\beta)]\\&\times\boldsymbol{L}_1\boldsymbol{K}_k\bar{\boldsymbol{\varpi}}_k\boldsymbol{\eta}_k^{\mathrm{T}}\boldsymbol{L}_2^{\mathrm{T}}\boldsymbol{C}_k^{\mathrm{T}}\boldsymbol{K}_k^{\mathrm{T}}\boldsymbol{L}_1^{\mathrm{T}}-[(\bar{\beta}+\Delta\beta)(1-\bar{\beta}-\Delta\beta)-\Delta\beta(1-\bar{\beta}-\Delta\beta)]\boldsymbol{L}_1\boldsymbol{K}_k\boldsymbol{C}_k\boldsymbol{L}_2\\&\times\boldsymbol{\eta}_k\bar{\boldsymbol{\varpi}}_k^{\mathrm{T}}\boldsymbol{K}_k^{\mathrm{T}}\boldsymbol{L}_1^{\mathrm{T}}-[(\bar{\beta}+\Delta\beta)(1-\bar{\beta}-\Delta\beta)-\Delta\beta(1-\bar{\beta}-\Delta\beta)]\boldsymbol{L}_1\bar{\boldsymbol{K}}_k\bar{\boldsymbol{\varpi}}_k\boldsymbol{\eta}_k^{\mathrm{T}}\boldsymbol{L}_2^{\mathrm{T}}\boldsymbol{C}_k^{\mathrm{T}}\bar{\boldsymbol{K}}_k^{\mathrm{T}}\boldsymbol{L}_1^{\mathrm{T}}\\&-[(\bar{\beta}+\Delta\beta)(1-\bar{\beta}-\Delta\beta)-\Delta\beta(1-\bar{\beta}-\Delta\beta)]\boldsymbol{L}_1\bar{\boldsymbol{K}}_k\boldsymbol{C}_k\boldsymbol{L}_2\boldsymbol{\eta}_k\bar{\boldsymbol{\varpi}}_k^{\mathrm{T}}\bar{\boldsymbol{K}}_k^{\mathrm{T}}\boldsymbol{L}_1^{\mathrm{T}}\\&-\Delta\beta\boldsymbol{L}_1\bar{\boldsymbol{K}}_k\boldsymbol{C}_k\boldsymbol{L}_2\boldsymbol{\eta}_k\boldsymbol{\eta}_k^{\mathrm{T}}\boldsymbol{\mathcal{A}}_{2,k}^{\mathrm{T}}-\Delta\beta\boldsymbol{\mathcal{A}}_{2,k}\boldsymbol{\eta}_k\boldsymbol{\eta}_k^{\mathrm{T}}\boldsymbol{L}_2^{\mathrm{T}}\boldsymbol{C}_k^{\mathrm{T}}\bar{\boldsymbol{K}}_k^{\mathrm{T}}\boldsymbol{L}_1^{\mathrm{T}}+\boldsymbol{\mathcal{C}}_{1,k}\boldsymbol{v}_k\boldsymbol{v}_k^{\mathrm{T}}\boldsymbol{\mathcal{C}}_{1,k}^{\mathrm{T}}+\boldsymbol{\mathcal{C}}_{2,k}\boldsymbol{v}_k\boldsymbol{v}_k^{\mathrm{T}}\boldsymbol{\mathcal{C}}_{2,k}^{\mathrm{T}}\}\end{aligned}$$

接下来，不难得到

$$\mathbb{E}\left\{\left[\left(\bar{\beta}+\Delta\beta\right)\left(1-\bar{\beta}-\Delta\beta\right)+\Delta\beta^{2}\right]\boldsymbol{L}_{1}\boldsymbol{K}_{k}\boldsymbol{C}_{k}\boldsymbol{L}_{2}\boldsymbol{\eta}_{k}\boldsymbol{\eta}_{k}^{\mathrm{T}}\boldsymbol{L}_{2}^{\mathrm{T}}\boldsymbol{C}_{k}^{\mathrm{T}}\boldsymbol{K}_{k}^{\mathrm{T}}\boldsymbol{L}_{1}^{\mathrm{T}}\right\}$$
$$\leq\mathbb{E}\left\{\varrho_{1}\boldsymbol{L}_{1}\boldsymbol{K}_{k}\boldsymbol{C}_{k}\boldsymbol{L}_{2}\boldsymbol{\eta}_{k}\boldsymbol{\eta}_{k}^{\mathrm{T}}\boldsymbol{L}_{2}^{\mathrm{T}}\boldsymbol{C}_{k}^{\mathrm{T}}\boldsymbol{K}_{k}^{\mathrm{T}}\boldsymbol{L}_{1}^{\mathrm{T}}\right\}$$

$$\mathbb{E}\left\{\left[\left(\bar{\beta}+\Delta\beta\right)\left(1-\bar{\beta}-\Delta\beta\right)+\Delta\beta^{2}\right]\boldsymbol{L}_{1}\bar{\boldsymbol{K}}_{k}\boldsymbol{C}_{k}\boldsymbol{L}_{2}\boldsymbol{\eta}_{k}\boldsymbol{\eta}_{k}^{\mathrm{T}}\boldsymbol{L}_{2}^{\mathrm{T}}\boldsymbol{C}_{k}^{\mathrm{T}}\bar{\boldsymbol{K}}_{k}^{\mathrm{T}}\boldsymbol{L}_{1}^{\mathrm{T}}\right\}$$
$$\leq\mathbb{E}\left\{\varrho_{1}\boldsymbol{L}_{1}\bar{\boldsymbol{K}}_{k}\boldsymbol{C}_{k}\boldsymbol{L}_{2}\boldsymbol{\eta}_{k}\boldsymbol{\eta}_{k}^{\mathrm{T}}\boldsymbol{L}_{2}^{\mathrm{T}}\boldsymbol{C}_{k}^{\mathrm{T}}\bar{\boldsymbol{K}}_{k}^{\mathrm{T}}\boldsymbol{L}_{1}^{\mathrm{T}}\right\}$$

$$\mathbb{E}\left\{\left(1-\bar{\beta}-\Delta\beta\right)^{2}\boldsymbol{L}_{1}\boldsymbol{K}_{k}\bar{\boldsymbol{\sigma}}_{k}\bar{\boldsymbol{\sigma}}_{k}^{\mathrm{T}}\boldsymbol{K}_{k}^{\mathrm{T}}\boldsymbol{L}_{1}^{\mathrm{T}}\right\}\leq\mathbb{E}\left\{\left(1-\bar{\beta}+\iota_{0}\right)^{2}\boldsymbol{L}_{1}\boldsymbol{K}_{k}\bar{\boldsymbol{\sigma}}_{k}\bar{\boldsymbol{\sigma}}_{k}^{\mathrm{T}}\boldsymbol{K}_{k}^{\mathrm{T}}\boldsymbol{L}_{1}^{\mathrm{T}}\right\}$$

$$\mathbb{E}\left\{\left(1-\bar{\beta}-\Delta\beta\right)^{2}\boldsymbol{L}_{1}\boldsymbol{K}_{k}\bar{\boldsymbol{\sigma}}_{k}\bar{\boldsymbol{\sigma}}_{k}^{\mathrm{T}}\bar{\boldsymbol{K}}_{k}^{\mathrm{T}}\boldsymbol{L}_{1}^{\mathrm{T}}\right\}\leq\mathbb{E}\left\{\left(1-\bar{\beta}+\iota_{0}\right)^{2}\boldsymbol{L}_{1}\boldsymbol{K}_{k}\bar{\boldsymbol{\sigma}}_{k}\bar{\boldsymbol{\sigma}}_{k}^{\mathrm{T}}\bar{\boldsymbol{K}}_{k}^{\mathrm{T}}\boldsymbol{L}_{1}^{\mathrm{T}}\right\}$$

$$\mathbb{E}\left\{\left[\left(\bar{\beta}+\Delta\beta\right)\left(1-\bar{\beta}-\Delta\beta\right)\right]\boldsymbol{L}_{1}\boldsymbol{K}_{k}\bar{\boldsymbol{\sigma}}_{k}\bar{\boldsymbol{\sigma}}_{k}^{\mathrm{T}}\boldsymbol{K}_{k}^{\mathrm{T}}\boldsymbol{L}_{1}^{\mathrm{T}}\right\}$$
$$\leq\mathbb{E}\left\{\left[\left(\bar{\beta}+\iota_{0}\right)\left(1-\bar{\beta}+\iota_{0}\right)\right]\boldsymbol{L}_{1}\boldsymbol{K}_{k}\bar{\boldsymbol{\sigma}}_{k}\bar{\boldsymbol{\sigma}}_{k}^{\mathrm{T}}\boldsymbol{K}_{k}^{\mathrm{T}}\boldsymbol{L}_{1}^{\mathrm{T}}\right\}$$

$$\mathbb{E}\left\{\left[\left(\bar{\beta}+\Delta\beta\right)\left(1-\bar{\beta}-\Delta\beta\right)\right]\boldsymbol{L}_{1}\bar{\boldsymbol{K}}_{k}\bar{\boldsymbol{\sigma}}_{k}\bar{\boldsymbol{\sigma}}_{k}^{\mathrm{T}}\bar{\boldsymbol{K}}_{k}^{\mathrm{T}}\boldsymbol{L}_{1}^{\mathrm{T}}\right\}$$
$$\leq\mathbb{E}\left\{\left[\left(\bar{\beta}+\iota_{0}\right)\left(1-\bar{\beta}+\iota_{0}\right)\right]\boldsymbol{L}_{1}\bar{\boldsymbol{K}}_{k}\bar{\boldsymbol{\sigma}}_{k}\bar{\boldsymbol{\sigma}}_{k}^{\mathrm{T}}\bar{\boldsymbol{K}}_{k}^{\mathrm{T}}\boldsymbol{L}_{1}^{\mathrm{T}}\right\}$$

$$\mathbb{E}\left\{\boldsymbol{\mathcal{B}}_{k}\boldsymbol{f}\left(\boldsymbol{\eta}_{k}\right)\boldsymbol{\eta}_{k}^{\mathrm{T}}\boldsymbol{\mathcal{A}}_{1,k}^{\mathrm{T}}+\boldsymbol{\mathcal{A}}_{1,k}\boldsymbol{\eta}_{k}\boldsymbol{f}^{\mathrm{T}}\left(\boldsymbol{\eta}_{k}\right)\boldsymbol{\mathcal{B}}_{k}^{\mathrm{T}}\right\}$$
$$\leq\mathbb{E}\left\{\boldsymbol{\mathcal{A}}_{1,k}\boldsymbol{\eta}_{k}\boldsymbol{\eta}_{k}^{\mathrm{T}}\boldsymbol{\mathcal{A}}_{1,k}^{\mathrm{T}}+\boldsymbol{\mathcal{B}}_{k}\boldsymbol{f}\left(\boldsymbol{\eta}_{k}\right)\boldsymbol{f}^{\mathrm{T}}\left(\boldsymbol{\eta}_{k}\right)\boldsymbol{\mathcal{B}}_{k}^{\mathrm{T}}\right\}$$

$$\mathbb{E}\left\{-\left(1-\bar{\beta}-\Delta\beta\right)\boldsymbol{L}_{1}\boldsymbol{K}_{k}\bar{\boldsymbol{\sigma}}_{k}\boldsymbol{\eta}_{k}^{\mathrm{T}}\boldsymbol{\mathcal{A}}_{1,k}^{\mathrm{T}}-\left(1-\bar{\beta}-\Delta\beta\right)\boldsymbol{\mathcal{A}}_{1,k}\boldsymbol{\eta}_{k}\bar{\boldsymbol{\sigma}}_{k}^{\mathrm{T}}\boldsymbol{K}_{k}^{\mathrm{T}}\boldsymbol{L}_{1}^{\mathrm{T}}\right\}$$
$$\leq\mathbb{E}\left\{\left(1-\bar{\beta}+\iota_{0}\right)\boldsymbol{\mathcal{A}}_{1,k}\boldsymbol{\eta}_{k}\boldsymbol{\eta}_{k}^{\mathrm{T}}\boldsymbol{\mathcal{A}}_{1,k}^{\mathrm{T}}+\left(1-\bar{\beta}+\iota_{0}\right)\boldsymbol{L}_{1}\boldsymbol{K}_{k}\bar{\boldsymbol{\sigma}}_{k}\bar{\boldsymbol{\sigma}}_{k}^{\mathrm{T}}\boldsymbol{K}_{k}^{\mathrm{T}}\boldsymbol{L}_{1}^{\mathrm{T}}\right\}$$

$$\mathbb{E}\left\{-\left(1-\bar{\beta}-\Delta\beta\right)\boldsymbol{L}_{1}\boldsymbol{K}_{k}\bar{\boldsymbol{\sigma}}_{k}\boldsymbol{f}^{\mathrm{T}}\left(\boldsymbol{\eta}_{k}\right)\boldsymbol{\mathcal{B}}_{k}^{\mathrm{T}}-\left(1-\bar{\beta}-\Delta\beta\right)\boldsymbol{\mathcal{B}}_{k}\boldsymbol{f}\left(\boldsymbol{\eta}_{k}\right)\bar{\boldsymbol{\sigma}}_{k}^{\mathrm{T}}\boldsymbol{K}_{k}^{\mathrm{T}}\boldsymbol{L}_{1}^{\mathrm{T}}\right\}$$
$$\leq\mathbb{E}\left\{\left(1-\bar{\beta}+\iota_{0}\right)\boldsymbol{\mathcal{B}}_{k}\boldsymbol{f}\left(\boldsymbol{\eta}_{k}\right)\boldsymbol{f}^{\mathrm{T}}\left(\boldsymbol{\eta}_{k}\right)\boldsymbol{\mathcal{B}}_{k}^{\mathrm{T}}+\left(1-\bar{\beta}+\iota_{0}\right)\boldsymbol{L}_{1}\boldsymbol{K}_{k}\bar{\boldsymbol{\sigma}}_{k}\bar{\boldsymbol{\sigma}}_{k}^{\mathrm{T}}\boldsymbol{K}_{k}^{\mathrm{T}}\boldsymbol{L}_{1}^{\mathrm{T}}\right\}$$

$$\mathbb{E}\left\{-\left(1-\bar{\beta}-\Delta\beta\right)\boldsymbol{L}_{1}\bar{\boldsymbol{K}}_{k}\bar{\boldsymbol{\sigma}}_{k}\boldsymbol{\eta}_{k}^{\mathrm{T}}\boldsymbol{\mathcal{A}}_{2,k}^{\mathrm{T}}-\left(1-\bar{\beta}-\Delta\beta\right)\boldsymbol{\mathcal{A}}_{2,k}\boldsymbol{\eta}_{k}\bar{\boldsymbol{\sigma}}_{k}^{\mathrm{T}}\bar{\boldsymbol{K}}_{k}^{\mathrm{T}}\boldsymbol{L}_{1}^{\mathrm{T}}\right\}$$
$$\leq\mathbb{E}\left\{\left(1-\bar{\beta}+\iota_{0}\right)\boldsymbol{\mathcal{A}}_{2,k}\boldsymbol{\eta}_{k}\boldsymbol{\eta}_{k}^{\mathrm{T}}\boldsymbol{\mathcal{A}}_{2,k}^{\mathrm{T}}+\left(1-\bar{\beta}+\iota_{0}\right)\boldsymbol{L}_{1}\bar{\boldsymbol{K}}_{k}\bar{\boldsymbol{\sigma}}_{k}\bar{\boldsymbol{\sigma}}_{k}^{\mathrm{T}}\bar{\boldsymbol{K}}_{k}^{\mathrm{T}}\boldsymbol{L}_{1}^{\mathrm{T}}\right\}$$

$$\mathbb{E}\left\{-\left[\left(\bar{\beta}+\Delta\beta\right)\left(1-\bar{\beta}-\Delta\beta\right)-\Delta\beta\left(1-\bar{\beta}-\Delta\beta\right)\right]\boldsymbol{L}_{1}\boldsymbol{K}_{k}\bar{\boldsymbol{\sigma}}_{k}\boldsymbol{\eta}_{k}^{\mathrm{T}}\boldsymbol{L}_{2}^{\mathrm{T}}\boldsymbol{C}_{k}^{\mathrm{T}}\boldsymbol{K}_{k}^{\mathrm{T}}\boldsymbol{L}_{1}^{\mathrm{T}}\right.$$
$$\left.-\left[\left(\bar{\beta}+\Delta\beta\right)\left(1-\bar{\beta}-\Delta\beta\right)-\Delta\beta\left(1-\bar{\beta}-\Delta\beta\right)\right]\boldsymbol{L}_{1}\boldsymbol{K}_{k}\boldsymbol{C}_{k}\boldsymbol{L}_{2}\boldsymbol{\eta}_{k}\bar{\boldsymbol{\sigma}}_{k}^{\mathrm{T}}\boldsymbol{K}_{k}^{\mathrm{T}}\boldsymbol{L}_{1}^{\mathrm{T}}\right\}$$
$$\leq\mathbb{E}\left\{\varrho_{2}\boldsymbol{L}_{1}\boldsymbol{K}_{k}\boldsymbol{C}_{k}\boldsymbol{L}_{2}\boldsymbol{\eta}_{k}\boldsymbol{\eta}_{k}^{\mathrm{T}}\boldsymbol{L}_{2}^{\mathrm{T}}\boldsymbol{C}_{k}^{\mathrm{T}}\boldsymbol{K}_{k}^{\mathrm{T}}\boldsymbol{L}_{1}^{\mathrm{T}}+\varrho_{2}\boldsymbol{L}_{1}\boldsymbol{K}_{k}\bar{\boldsymbol{\sigma}}_{k}\bar{\boldsymbol{\sigma}}_{k}^{\mathrm{T}}\boldsymbol{K}_{k}^{\mathrm{T}}\boldsymbol{L}_{1}^{\mathrm{T}}\right\}$$

$$\mathbb{E}\left\{-\left[\left(\bar{\beta}+\Delta\beta\right)\left(1-\bar{\beta}-\Delta\beta\right)+\Delta\beta\left(1-\bar{\beta}-\Delta\beta\right)\right]\boldsymbol{L}_{1}\bar{\boldsymbol{K}}_{k}\bar{\boldsymbol{\sigma}}_{k}\boldsymbol{\eta}_{k}^{\mathrm{T}}\boldsymbol{L}_{2}^{\mathrm{T}}\boldsymbol{C}_{k}^{\mathrm{T}}\bar{\boldsymbol{K}}_{k}^{\mathrm{T}}\boldsymbol{L}_{1}^{\mathrm{T}}\right.$$
$$\left.-\left[\left(\bar{\beta}+\Delta\beta\right)\left(1-\bar{\beta}-\Delta\beta\right)+\Delta\beta\left(1-\bar{\beta}-\Delta\beta\right)\right]\boldsymbol{L}_{1}\bar{\boldsymbol{K}}_{k}\boldsymbol{C}_{k}\boldsymbol{L}_{2}\boldsymbol{\eta}_{k}\bar{\boldsymbol{\sigma}}_{k}^{\mathrm{T}}\bar{\boldsymbol{K}}_{k}^{\mathrm{T}}\boldsymbol{L}_{1}^{\mathrm{T}}\right\}$$
$$\leq\mathbb{E}\left\{\varrho_{2}\boldsymbol{L}_{1}\bar{\boldsymbol{K}}_{k}\boldsymbol{C}_{k}\boldsymbol{L}_{2}\boldsymbol{\eta}_{k}\boldsymbol{\eta}_{k}^{\mathrm{T}}\boldsymbol{L}_{2}^{\mathrm{T}}\boldsymbol{C}_{k}^{\mathrm{T}}\bar{\boldsymbol{K}}_{k}^{\mathrm{T}}\boldsymbol{L}_{1}^{\mathrm{T}}+\varrho_{2}\boldsymbol{L}_{1}\bar{\boldsymbol{K}}_{k}\bar{\boldsymbol{\sigma}}_{k}\bar{\boldsymbol{\sigma}}_{k}^{\mathrm{T}}\bar{\boldsymbol{K}}_{k}^{\mathrm{T}}\boldsymbol{L}_{1}^{\mathrm{T}}\right\}$$

$$\mathbb{E}\left\{-\Delta\beta\boldsymbol{\mathcal{A}}_{1,k}\boldsymbol{\eta}_{k}\boldsymbol{\eta}_{k}^{\mathrm{T}}\boldsymbol{L}_{2}^{\mathrm{T}}\boldsymbol{C}_{k}^{\mathrm{T}}\boldsymbol{K}_{k}^{\mathrm{T}}\boldsymbol{L}_{1}^{\mathrm{T}}-\Delta\beta\boldsymbol{L}_{1}\boldsymbol{K}_{k}\boldsymbol{C}_{k}\boldsymbol{L}_{2}\boldsymbol{\eta}_{k}\boldsymbol{\eta}_{k}^{\mathrm{T}}\boldsymbol{\mathcal{A}}_{1,k}^{\mathrm{T}}\right\}$$
$$\leq\mathbb{E}\left\{\iota_{0}\boldsymbol{\mathcal{A}}_{1,k}\boldsymbol{\eta}_{k}\boldsymbol{\eta}_{k}^{\mathrm{T}}\boldsymbol{\mathcal{A}}_{1,k}^{\mathrm{T}}+\iota_{0}\boldsymbol{L}_{1}\boldsymbol{K}_{k}\boldsymbol{C}_{k}\boldsymbol{L}_{2}\boldsymbol{\eta}_{k}\boldsymbol{\eta}_{k}^{\mathrm{T}}\boldsymbol{L}_{2}^{\mathrm{T}}\boldsymbol{C}_{k}^{\mathrm{T}}\boldsymbol{K}_{k}^{\mathrm{T}}\boldsymbol{L}_{1}^{\mathrm{T}}\right\}$$

$$\mathbb{E}\left\{-\Delta\beta\boldsymbol{\mathcal{B}}_{k}\boldsymbol{f}\left(\boldsymbol{\eta}_{k}\right)\boldsymbol{\eta}_{k}^{\mathrm{T}}\boldsymbol{L}_{2}^{\mathrm{T}}\boldsymbol{C}_{k}^{\mathrm{T}}\boldsymbol{K}_{k}^{\mathrm{T}}\boldsymbol{L}_{1}^{\mathrm{T}}-\Delta\beta\boldsymbol{L}_{1}\boldsymbol{K}_{k}\boldsymbol{C}_{k}\boldsymbol{L}_{2}\boldsymbol{\eta}_{k}\boldsymbol{f}^{\mathrm{T}}\left(\boldsymbol{\eta}_{k}\right)\boldsymbol{\mathcal{B}}_{k}^{\mathrm{T}}\right\}$$
$$\leq\mathbb{E}\left\{\iota_{0}\boldsymbol{\mathcal{B}}_{k}\boldsymbol{f}\left(\boldsymbol{\eta}_{k}\right)\boldsymbol{f}^{\mathrm{T}}\left(\boldsymbol{\eta}_{k}\right)\boldsymbol{\mathcal{B}}_{k}^{\mathrm{T}}+\iota_{0}\boldsymbol{L}_{1}\boldsymbol{K}_{k}\boldsymbol{C}_{k}\boldsymbol{L}_{2}\boldsymbol{\eta}_{k}\boldsymbol{\eta}_{k}^{\mathrm{T}}\boldsymbol{L}_{2}^{\mathrm{T}}\boldsymbol{C}_{k}^{\mathrm{T}}\boldsymbol{K}_{k}^{\mathrm{T}}\boldsymbol{L}_{1}^{\mathrm{T}}\right\}$$

$$\mathbb{E}\left\{-\Delta\beta\mathcal{A}_{2,k}\boldsymbol{\eta}_k\boldsymbol{\eta}_k^{\mathrm{T}}\boldsymbol{L}_2^{\mathrm{T}}\boldsymbol{C}_k^{\mathrm{T}}\bar{\boldsymbol{K}}_k^{\mathrm{T}}\boldsymbol{L}_1^{\mathrm{T}}-\Delta\beta\boldsymbol{L}_1\bar{\boldsymbol{K}}_k\boldsymbol{C}_k\boldsymbol{L}_2\boldsymbol{\eta}_k\boldsymbol{\eta}_k^{\mathrm{T}}\mathcal{A}_{2,k}^{\mathrm{T}}\right\}$$
$$\le\mathbb{E}\left\{\iota_0\mathcal{A}_{2,k}\boldsymbol{\eta}_k\boldsymbol{\eta}_k^{\mathrm{T}}\mathcal{A}_{2,k}^{\mathrm{T}}+\iota_0\boldsymbol{L}_1\bar{\boldsymbol{K}}_k\boldsymbol{C}_k\boldsymbol{L}_2\boldsymbol{\eta}_k\boldsymbol{\eta}_k^{\mathrm{T}}\boldsymbol{L}_2^{\mathrm{T}}\boldsymbol{C}_k^{\mathrm{T}}\bar{\boldsymbol{K}}_k^{\mathrm{T}}\boldsymbol{L}_1^{\mathrm{T}}\right\}$$

结合上述不等式，可以推导出

$$\begin{aligned}\boldsymbol{X}_{k+1}\le\mathbb{E}\Big\{&\varrho_8\mathcal{A}_{1,k}\boldsymbol{\eta}_k\boldsymbol{\eta}_k^{\mathrm{T}}\mathcal{A}_{1,k}^{\mathrm{T}}+\varrho_5\mathcal{A}_{2,k}\boldsymbol{\eta}_k\boldsymbol{\eta}_k^{\mathrm{T}}\mathcal{A}_{2,k}^{\mathrm{T}}+\varrho_8\mathcal{B}_k\boldsymbol{f}(\boldsymbol{\eta}_k)\boldsymbol{f}^{\mathrm{T}}(\boldsymbol{\eta}_k)\mathcal{B}_k^{\mathrm{T}}\\&+\varrho_6\boldsymbol{L}_1\boldsymbol{K}_k\boldsymbol{C}_k\boldsymbol{L}_2\boldsymbol{\eta}_k\boldsymbol{\eta}_k^{\mathrm{T}}\boldsymbol{L}_2^{\mathrm{T}}\boldsymbol{C}_k^{\mathrm{T}}\boldsymbol{K}_k^{\mathrm{T}}\boldsymbol{L}_1^{\mathrm{T}}+\varrho_7\boldsymbol{L}_1\bar{\boldsymbol{K}}_k\boldsymbol{C}_k\boldsymbol{L}_2\boldsymbol{\eta}_k\boldsymbol{\eta}_k^{\mathrm{T}}\boldsymbol{L}_2^{\mathrm{T}}\boldsymbol{C}_k^{\mathrm{T}}\bar{\boldsymbol{K}}_k^{\mathrm{T}}\boldsymbol{L}_1^{\mathrm{T}}\\&+\varrho_3\boldsymbol{L}_1\boldsymbol{K}_k\bar{\boldsymbol{\sigma}}_k\bar{\boldsymbol{\sigma}}_k^{\mathrm{T}}\boldsymbol{K}_k^{\mathrm{T}}\boldsymbol{L}_1^{\mathrm{T}}+\varrho_4\boldsymbol{L}_1\bar{\boldsymbol{K}}_k\bar{\boldsymbol{\sigma}}_k\bar{\boldsymbol{\sigma}}_k^{\mathrm{T}}\bar{\boldsymbol{K}}_k^{\mathrm{T}}\boldsymbol{L}_1^{\mathrm{T}}+\mathcal{C}_{1,k}\boldsymbol{V}\mathcal{C}_{1,k}^{\mathrm{T}}+\mathcal{C}_{2,k}\boldsymbol{V}\mathcal{C}_{2,k}^{\mathrm{T}}\Big\}\end{aligned}$$

由引理 2.2 和引理 3.1，可以得到

$$\mathbb{E}\left\{\boldsymbol{f}(\boldsymbol{\eta}_k)\boldsymbol{f}^{\mathrm{T}}(\boldsymbol{\eta}_k)\right\}\le\mathbb{E}\left\{\bar{\boldsymbol{Y}}\|\boldsymbol{\eta}_k\|^2\right\}=\mathbb{E}\left\{\bar{\boldsymbol{Y}}\boldsymbol{\eta}_k^{\mathrm{T}}\boldsymbol{\eta}_k\right\}$$
$$\mathbb{E}\left\{\bar{\boldsymbol{\sigma}}_k\bar{\boldsymbol{\sigma}}_k^{\mathrm{T}}\right\}\le\mathbb{E}\left\{\mathrm{tr}\left(\bar{\boldsymbol{\sigma}}_k\bar{\boldsymbol{\sigma}}_k^{\mathrm{T}}\right)\right\}\boldsymbol{I}=\mathbb{E}\left\{\left(\bar{\boldsymbol{\sigma}}_k^{\mathrm{T}}\bar{\boldsymbol{\sigma}}_k\right)\boldsymbol{I}\right\}\le\pi\mathbb{E}\left\{\left(\boldsymbol{\eta}_k^{\mathrm{T}}\boldsymbol{\eta}_k\right)\boldsymbol{I}\right\}$$

其中，$\bar{\boldsymbol{Y}}$ 和 π 已在式（3-17）中定义。整理后可以得到

$$\begin{aligned}\boldsymbol{X}_{k+1}\le\mathbb{E}\Big\{&\varrho_8\mathcal{A}_{1,k}\boldsymbol{\eta}_k\boldsymbol{\eta}_k^{\mathrm{T}}\mathcal{A}_{1,k}^{\mathrm{T}}+\varrho_5\mathcal{A}_{2,k}\boldsymbol{\eta}_k\boldsymbol{\eta}_k^{\mathrm{T}}\mathcal{A}_{2,k}^{\mathrm{T}}+\varrho_8\mathcal{B}_k\boldsymbol{Y}\boldsymbol{\eta}_k^{\mathrm{T}}\boldsymbol{\eta}_k\mathcal{B}_k^{\mathrm{T}}\\&+\varrho_6\boldsymbol{L}_1\boldsymbol{K}_k\boldsymbol{C}_k\boldsymbol{L}_2\boldsymbol{\eta}_k\boldsymbol{\eta}_k^{\mathrm{T}}\boldsymbol{L}_2^{\mathrm{T}}\boldsymbol{C}_k^{\mathrm{T}}\boldsymbol{K}_k^{\mathrm{T}}\boldsymbol{L}_1^{\mathrm{T}}+\varrho_7\boldsymbol{L}_1\bar{\boldsymbol{K}}_k\boldsymbol{C}_k\boldsymbol{L}_2\boldsymbol{\eta}_k\boldsymbol{\eta}_k^{\mathrm{T}}\\&\times\boldsymbol{L}_2^{\mathrm{T}}\boldsymbol{C}_k^{\mathrm{T}}\bar{\boldsymbol{K}}_k^{\mathrm{T}}\boldsymbol{L}_1^{\mathrm{T}}+\varrho_3\pi\boldsymbol{L}_1\boldsymbol{K}_k\boldsymbol{\eta}_k^{\mathrm{T}}\boldsymbol{\eta}_k\boldsymbol{K}_k^{\mathrm{T}}\boldsymbol{L}_1^{\mathrm{T}}\\&+\varrho_4\pi\boldsymbol{L}_1\bar{\boldsymbol{K}}_k\boldsymbol{\eta}_k^{\mathrm{T}}\boldsymbol{\eta}_k\bar{\boldsymbol{K}}_k^{\mathrm{T}}\boldsymbol{L}_1^{\mathrm{T}}+\mathcal{C}_{1,k}\boldsymbol{V}\mathcal{C}_{1,k}^{\mathrm{T}}+\mathcal{C}_{2,k}\boldsymbol{V}\mathcal{C}_{2,k}^{\mathrm{T}}\Big\}\end{aligned}\tag{3-18}$$

进一步地，根据迹的性质，可以获得

$$\mathbb{E}\left\{\boldsymbol{\eta}_k^{\mathrm{T}}\boldsymbol{\eta}_k\right\}=\mathbb{E}\left\{\mathrm{tr}\left(\boldsymbol{\eta}_k\boldsymbol{\eta}_k^{\mathrm{T}}\right)\right\}=\mathrm{tr}\left(\boldsymbol{X}_k\right)\tag{3-19}$$

考虑式（3-18）和（3-19），有

$$\begin{aligned}\boldsymbol{X}_{k+1}\le\mathbb{E}\Big\{&\varrho_8\mathcal{A}_{1,k}\boldsymbol{X}_k\mathcal{A}_{1,k}^{\mathrm{T}}+\varrho_5\mathcal{A}_{2,k}\boldsymbol{X}_k\mathcal{A}_{2,k}^{\mathrm{T}}+\varrho_8\mathrm{tr}(\boldsymbol{X}_k)\mathcal{B}_k\bar{\boldsymbol{Y}}\mathcal{B}_k^{\mathrm{T}}\\&+\varrho_6\boldsymbol{L}_1\boldsymbol{K}_k\boldsymbol{C}_k\boldsymbol{L}_2\boldsymbol{X}_k\boldsymbol{L}_2^{\mathrm{T}}\boldsymbol{C}_k^{\mathrm{T}}\boldsymbol{K}_k^{\mathrm{T}}\boldsymbol{L}_1^{\mathrm{T}}+\varrho_7\boldsymbol{L}_1\bar{\boldsymbol{K}}_k\boldsymbol{C}_k\boldsymbol{L}_2\boldsymbol{X}_k\boldsymbol{L}_2^{\mathrm{T}}\boldsymbol{C}_k^{\mathrm{T}}\bar{\boldsymbol{K}}_k^{\mathrm{T}}\boldsymbol{L}_1^{\mathrm{T}}\\&+\varrho_3\pi\mathrm{tr}(\boldsymbol{X}_k)\boldsymbol{L}_1\boldsymbol{K}_k\boldsymbol{K}_k^{\mathrm{T}}\boldsymbol{L}_1^{\mathrm{T}}+\varrho_4\pi\mathrm{tr}(\boldsymbol{X}_k)\boldsymbol{L}_1\bar{\boldsymbol{K}}_k\bar{\boldsymbol{K}}_k^{\mathrm{T}}\boldsymbol{L}_1^{\mathrm{T}}\\&+\mathcal{C}_{1,k}\boldsymbol{V}\mathcal{C}_{1,k}^{\mathrm{T}}+\mathcal{C}_{2,k}\boldsymbol{V}\mathcal{C}_{2,k}^{\mathrm{T}}\Big\}\\=\boldsymbol{Y}&(\boldsymbol{X}_k)\end{aligned}$$

注意 $\boldsymbol{P}_0\ge\boldsymbol{X}_0$，不妨假设 $\boldsymbol{P}_k\ge\boldsymbol{X}_k$，不难得出

$$\boldsymbol{Y}(\boldsymbol{P}_k)\ge\boldsymbol{Y}(\boldsymbol{X}_k)\ge\boldsymbol{X}_{k+1}\tag{3-20}$$

根据式（3-16）和（3-20），易证

$$\boldsymbol{P}_{k+1}\ge\boldsymbol{Y}(\boldsymbol{P}_k)\ge\boldsymbol{Y}(\boldsymbol{X}_k)\ge\boldsymbol{X}_{k+1}\tag{3-21}$$

由数学归纳法，定理 3.2 证毕。

基于上述定理，下述定理给出增广系统同时满足 H_∞ 性能约束和方差约束的充分判据。

定理 3.3　考虑具有随机发生饱和的离散时变神经网络（3-1），给定估计器增益矩阵 $\boldsymbol{K}_k$，对于扰动衰减水平 $\gamma>0$，矩阵 $\boldsymbol{U}_\nu>\boldsymbol{0}$ 和 $\boldsymbol{U}_\phi>\boldsymbol{0}$，在初始条件 $\boldsymbol{Q}_0\le\gamma^2\boldsymbol{U}_\phi$ 和 $\boldsymbol{P}_0=\boldsymbol{X}_0$ 下，如果有正定实值矩阵 $\{\boldsymbol{Q}_k\}_{1\le k\le N+1}$，$\{\boldsymbol{P}_k\}_{1\le k\le N+1}$ 和标量 $\lambda>0$ 满足下列矩阵不等式

$$\begin{bmatrix} \boldsymbol{\Phi}_{11} & \boldsymbol{\Phi}_{12} & \boldsymbol{\Phi}_{13} & \boldsymbol{\Phi}_{14} & \boldsymbol{\Phi}_{15} & \mathbf{0} & \mathbf{0} \\ * & \boldsymbol{\Phi}_{22} & \boldsymbol{\Phi}_{23} & \mathbf{0} & \mathbf{0} & \boldsymbol{\Phi}_{26} & \mathbf{0} \\ * & * & \boldsymbol{\Phi}_{33} & \mathbf{0} & \mathbf{0} & \mathbf{0} & \boldsymbol{\Phi}_{37} \\ * & * & * & \boldsymbol{\Phi}_{44} & \mathbf{0} & \mathbf{0} & \mathbf{0} \\ * & * & * & * & \boldsymbol{\Phi}_{55} & \mathbf{0} & \mathbf{0} \\ * & * & * & * & * & \boldsymbol{\Phi}_{66} & \mathbf{0} \\ * & * & * & * & * & * & \boldsymbol{\Phi}_{77} \end{bmatrix} < \mathbf{0} \tag{3-22}$$

$$\begin{bmatrix} \boldsymbol{\Theta}_{11} & \boldsymbol{\Theta}_{12} & \boldsymbol{\Theta}_{13} & \boldsymbol{\Theta}_{14} \\ * & -\boldsymbol{P}_k & \mathbf{0} & \mathbf{0} \\ * & * & \boldsymbol{\Theta}_{33} & \mathbf{0} \\ * & * & * & \boldsymbol{\Theta}_{44} \end{bmatrix} < \mathbf{0} \tag{3-23}$$

其中

$$\boldsymbol{\Phi}_{11} = -\lambda \boldsymbol{L}_2^{\mathrm{T}} \boldsymbol{C}_k^{\mathrm{T}} \boldsymbol{G}^{\mathrm{T}} \boldsymbol{C}_k \boldsymbol{L}_2 - \boldsymbol{\Gamma}_{11} - \boldsymbol{Q}_k$$

$$\boldsymbol{\Phi}_{12} = \begin{bmatrix} \boldsymbol{\Gamma}_{21} & \dfrac{1}{2}\lambda \boldsymbol{L}_2^{\mathrm{T}} \boldsymbol{C}_k^{\mathrm{T}} \left(\boldsymbol{G}^{\mathrm{T}} + \boldsymbol{I}\right) \end{bmatrix}, \quad \boldsymbol{\Phi}_{13} = \begin{bmatrix} \mathbf{0} & \boldsymbol{\mathcal{A}}_{1,k}^{\mathrm{T}} \end{bmatrix}$$

$$\boldsymbol{\Phi}_{14} = \begin{bmatrix} \sqrt{1-\bar{\beta}+2\iota_0}\boldsymbol{\mathcal{A}}_{1,k}^{\mathrm{T}} & \sqrt{\varrho_5}\boldsymbol{\mathcal{A}}_{2,k}^{\mathrm{T}} \end{bmatrix}$$

$$\boldsymbol{\Phi}_{15} = \begin{bmatrix} \sqrt{\varrho_6}\boldsymbol{L}_2^{\mathrm{T}} \boldsymbol{C}_k^{\mathrm{T}} \boldsymbol{K}_k^{\mathrm{T}} \boldsymbol{L}_1^{\mathrm{T}} & \sqrt{\varrho_7}\boldsymbol{L}_2^{\mathrm{T}} \boldsymbol{C}_k^{\mathrm{T}} \bar{\boldsymbol{K}}_k^{\mathrm{T}} \boldsymbol{L}_1^{\mathrm{T}} & \boldsymbol{\mathcal{M}}_k^{\mathrm{T}} \end{bmatrix}$$

$$\boldsymbol{\Phi}_{22} = \mathrm{diag}\left\{-\bar{\boldsymbol{\mathcal{F}}}, -\lambda \boldsymbol{I}\right\}, \quad \boldsymbol{\Phi}_{23} = \begin{bmatrix} \mathbf{0} & \boldsymbol{\mathcal{B}}_k^{\mathrm{T}} \\ \mathbf{0} & \mathbf{0} \end{bmatrix}$$

$$\boldsymbol{\Phi}_{26} = \begin{bmatrix} \sqrt{1-\bar{\beta}+2\iota_0}\boldsymbol{\mathcal{B}}_k^{\mathrm{T}} & \mathbf{0} & \mathbf{0} \\ \mathbf{0} & \sqrt{\varrho_3}\boldsymbol{K}_k^{\mathrm{T}} \boldsymbol{L}_1^{\mathrm{T}} & \sqrt{\varrho_4}\bar{\boldsymbol{K}}_k^{\mathrm{T}} \boldsymbol{L}_1^{\mathrm{T}} \end{bmatrix}$$

$$\boldsymbol{\Phi}_{37} = \begin{bmatrix} \boldsymbol{\mathcal{C}}_{1,k}^{\mathrm{T}} & \boldsymbol{\mathcal{C}}_{2,k}^{\mathrm{T}} \\ \mathbf{0} & \mathbf{0} \end{bmatrix}, \quad \boldsymbol{\Phi}_{33} = \mathrm{diag}\left\{-\gamma^2 \boldsymbol{U}_v, -\boldsymbol{Q}_{k+1}^{-1}\right\}$$

$$\boldsymbol{\Phi}_{44} = \mathrm{diag}\left\{-\boldsymbol{Q}_{k+1}^{-1}, -\boldsymbol{Q}_{k+1}^{-1}\right\}, \quad \boldsymbol{\Phi}_{55} = \mathrm{diag}\left\{-\boldsymbol{Q}_{k+1}^{-1}, -\boldsymbol{Q}_{k+1}^{-1}, -\boldsymbol{I}\right\}$$

$$\boldsymbol{\Phi}_{66} = \mathrm{diag}\left\{-\boldsymbol{Q}_{k+1}^{-1}, -\boldsymbol{Q}_{k+1}^{-1}, -\boldsymbol{Q}_{k+1}^{-1}\right\}$$

$$\boldsymbol{\Phi}_{77} = \mathrm{diag}\left\{-\boldsymbol{Q}_{k+1}^{-1}, -\boldsymbol{Q}_{k+1}^{-1}\right\}$$

$$\boldsymbol{\Theta}_{11} = -\boldsymbol{P}_{k+1} + \varrho_8 \mathrm{tr}\left(\boldsymbol{P}_k\right) \boldsymbol{\mathcal{B}}_k \bar{\boldsymbol{Y}} \boldsymbol{\mathcal{B}}_k^{\mathrm{T}}, \quad \boldsymbol{\Theta}_{12} = \sqrt{\varrho_8}\boldsymbol{\mathcal{A}}_{1,k} \boldsymbol{P}_k$$

$$\boldsymbol{\Theta}_{13} = \begin{bmatrix} \sqrt{\varrho_5}\boldsymbol{\mathcal{A}}_{2,k} \boldsymbol{P}_k & \sqrt{\varrho_6}\boldsymbol{L}_1 \boldsymbol{K}_k \boldsymbol{C}_k \boldsymbol{L}_2 \boldsymbol{P}_k & \sqrt{\varrho_7}\boldsymbol{L}_1 \bar{\boldsymbol{K}}_k \boldsymbol{C}_k \boldsymbol{L}_2 \boldsymbol{P}_k \end{bmatrix}$$

$$\boldsymbol{\Theta}_{14} = \begin{bmatrix} \sqrt{\varrho_3 \pi}\mathrm{tr}\left(\boldsymbol{P}_k\right) \boldsymbol{L}_1 \boldsymbol{K}_k & \sqrt{\varrho_4 \pi}\mathrm{tr}\left(\boldsymbol{P}_k\right) \boldsymbol{L}_1 \bar{\boldsymbol{K}}_k & \boldsymbol{\mathcal{C}}_{1,k} \boldsymbol{V} & \boldsymbol{\mathcal{C}}_{2,k} \boldsymbol{V} \end{bmatrix}$$

$$\boldsymbol{\Theta}_{33} = \mathrm{diag}\left\{-\boldsymbol{P}_k, -\boldsymbol{P}_k, -\boldsymbol{P}_k\right\}$$

$$\boldsymbol{\Theta}_{44} = \mathrm{diag}\left\{-\mathrm{tr}\left(\boldsymbol{P}_k\right)\boldsymbol{I}, -\mathrm{tr}\left(\boldsymbol{P}_k\right)\boldsymbol{I}, -\boldsymbol{V}, -\boldsymbol{V}\right\}$$

其他参数均如定理 3.1 所示，那么增广系统同时满足 H_∞ 性能约束和方差约束。

证 给定初始条件下，依据引理 2.4 易证式(3-22)等价于式(3-9)，式(3-23)可保证式（3-16）成立，故增广系统同时满足 H_∞ 性能约束和方差约束。至此，定理 3.3 证毕。

接下来，我们探讨状态估计器增益矩阵的求解问题。下述定理给出增广系统满足估计误差协方差上界约束和给定 H_∞ 性能的判别准则，同时给出状态估计器增益矩阵的求解方法。

定理 3.4　给定扰动衰减水平 $\gamma>0$，矩阵 $\boldsymbol{U}_\nu>\boldsymbol{0}$，$\boldsymbol{U}_\phi=\begin{bmatrix}\boldsymbol{U}_{\phi1} & \boldsymbol{U}_{\phi2}\\ \boldsymbol{U}_{\phi2}^{\mathrm{T}} & \boldsymbol{U}_{\phi4}\end{bmatrix}>\boldsymbol{0}$ 和一系列预先给定的上界矩阵 $\{\boldsymbol{Y}_k\}_{0\le k\le N+1}$，在初始条件下

$$\begin{cases}\begin{bmatrix}\boldsymbol{S}_0-\gamma^2\boldsymbol{U}_{\phi1} & -\gamma^2\boldsymbol{U}_{\phi2}\\ -\gamma^2\boldsymbol{U}_{\phi2}^{\mathrm{T}} & \boldsymbol{Z}_0-\gamma^2\boldsymbol{U}_{\phi4}\end{bmatrix}\le\boldsymbol{0}\\ \mathbb{E}\left\{\boldsymbol{e}_0\boldsymbol{e}_0^{\mathrm{T}}\right\}=\boldsymbol{P}_{2,0}\le\boldsymbol{Y}_0\end{cases}\tag{3-24}$$

如果存在正定对称矩阵 $\{\boldsymbol{S}_k\}_{1\le k\le N+1}$，$\{\boldsymbol{Z}_k\}_{1\le k\le N+1}$，$\{\boldsymbol{P}_{1,k}\}_{1\le k\le N+1}$ 和 $\{\boldsymbol{P}_{2,k}\}_{1\le k\le N+1}$，正常数 $\{\epsilon_{1,k}\}_{0\le k\le N+1}$ 和 $\{\epsilon_{2,k}\}_{0\le k\le N+1}$，矩阵 $\{\boldsymbol{K}_k\}_{0\le k\le N+1}$ 和 $\{\boldsymbol{P}_{3,k}\}_{1\le k\le N+1}$ 满足以下条件

$$\begin{bmatrix}\boldsymbol{\Psi}_{11} & \boldsymbol{\Psi}_{12} & \boldsymbol{\Psi}_{13} & \boldsymbol{\Psi}_{14} & \boldsymbol{\Psi}_{15} & \boldsymbol{0} & \boldsymbol{0} & \boldsymbol{0}\\ * & \boldsymbol{\Psi}_{22} & \boldsymbol{\Psi}_{23} & \boldsymbol{0} & \boldsymbol{0} & \boldsymbol{\Psi}_{26} & \boldsymbol{0} & \boldsymbol{0}\\ * & * & \boldsymbol{\Psi}_{33} & \boldsymbol{0} & \boldsymbol{0} & \boldsymbol{0} & \boldsymbol{\Psi}_{37} & \boldsymbol{\mathcal{X}}_k^{\mathrm{T}}\\ * & * & * & \boldsymbol{\Psi}_{44} & \boldsymbol{0} & \boldsymbol{0} & \boldsymbol{0} & \boldsymbol{\mathcal{W}}_k^{\mathrm{T}}\\ * & * & * & * & \boldsymbol{\Psi}_{55} & \boldsymbol{0} & \boldsymbol{0} & \boldsymbol{0}\\ * & * & * & * & * & \boldsymbol{\Psi}_{66} & \boldsymbol{0} & \boldsymbol{0}\\ * & * & * & * & * & * & \boldsymbol{\Psi}_{77} & \boldsymbol{0}\\ * & * & * & * & * & * & * & -\epsilon_{1,k}\boldsymbol{I}\end{bmatrix}<\boldsymbol{0}\tag{3-25}$$

$$\begin{bmatrix}\boldsymbol{\Pi}_{11} & \boldsymbol{\Pi}_{12} & \boldsymbol{\Pi}_{13} & \boldsymbol{\Pi}_{14} & \boldsymbol{\Pi}_{15} & \boldsymbol{0}\\ * & \boldsymbol{\Pi}_{22} & \boldsymbol{0} & \boldsymbol{0} & \boldsymbol{0} & \boldsymbol{\mathcal{Y}}_k^{\mathrm{T}}\\ * & * & \boldsymbol{\Pi}_{33} & \boldsymbol{0} & \boldsymbol{0} & \boldsymbol{0}\\ * & * & * & \boldsymbol{\Pi}_{44} & \boldsymbol{0} & \boldsymbol{0}\\ * & * & * & * & \boldsymbol{\Pi}_{55} & \boldsymbol{0}\\ * & * & * & * & * & -\epsilon_{2,k}\boldsymbol{I}\end{bmatrix}<\boldsymbol{0}\tag{3-26}$$

$$\boldsymbol{P}_{2,k+1}-\boldsymbol{Y}_{k+1}\le\boldsymbol{0}\tag{3-27}$$

更新规则为

$$\bar{\boldsymbol{S}}_{k+1}=\boldsymbol{S}_{k+1}^{-1},\quad \bar{\boldsymbol{Z}}_{k+1}=\boldsymbol{Z}_{k+1}^{-1}$$

其中

$$\boldsymbol{\Psi}_{11}=\begin{bmatrix}-\lambda\boldsymbol{C}_k^{\mathrm{T}}\boldsymbol{G}^{\mathrm{T}}\boldsymbol{C}_k-\boldsymbol{\Omega}_1\boldsymbol{\Lambda}_1+\epsilon_{1,k}\boldsymbol{N}_k^{\mathrm{T}}\boldsymbol{N}_k-\boldsymbol{S}_k & \boldsymbol{0}\\ \boldsymbol{0} & -\boldsymbol{\Omega}_2\boldsymbol{\Lambda}_1-\boldsymbol{Z}_k\end{bmatrix}$$

$$\boldsymbol{\Psi}_{12}=\begin{bmatrix}\boldsymbol{\Omega}_1\boldsymbol{\Lambda}_2 & \boldsymbol{0} & \frac{1}{2}\lambda\boldsymbol{C}_k^{\mathrm{T}}\boldsymbol{G}^{\mathrm{T}}+\frac{1}{2}\lambda\boldsymbol{C}_k^{\mathrm{T}}\\ \boldsymbol{0} & \boldsymbol{\Omega}_2\boldsymbol{\Lambda}_2 & \boldsymbol{0}\end{bmatrix}$$

$$\boldsymbol{\Psi}_{13}=\begin{bmatrix}\boldsymbol{0} & \boldsymbol{0} & \boldsymbol{A}_k^{\mathrm{T}} & \boldsymbol{0}\\ \boldsymbol{0} & \boldsymbol{0} & \boldsymbol{0} & \boldsymbol{A}_k^{\mathrm{T}}-\bar{\beta}\boldsymbol{C}_k^{\mathrm{T}}\boldsymbol{K}_k^{\mathrm{T}}\end{bmatrix}$$

$$\boldsymbol{\Psi}_{14}=\begin{bmatrix}\sqrt{1-\bar{\beta}+2\iota_0}\boldsymbol{A}_k^{\mathrm{T}} & \boldsymbol{0} & \boldsymbol{0} & \boldsymbol{0}\\ \boldsymbol{0} & \sqrt{1-\bar{\beta}+2\iota_0}\boldsymbol{A}_k^{\mathrm{T}}-\sqrt{1-\bar{\beta}+2\iota_0}\bar{\beta}\boldsymbol{C}_k^{\mathrm{T}}\boldsymbol{K}_k^{\mathrm{T}} & \boldsymbol{0} & -\sqrt{\varrho_5}\bar{\beta}\boldsymbol{C}_k^{\mathrm{T}}\bar{\boldsymbol{K}}_k^{\mathrm{T}}\end{bmatrix}$$

$$\boldsymbol{\Psi}_{15}=\begin{bmatrix}\boldsymbol{0} & \sqrt{\varrho_6}\boldsymbol{C}_k^{\mathrm{T}}\boldsymbol{K}_k^{\mathrm{T}} & \boldsymbol{0} & \sqrt{\varrho_7}\boldsymbol{C}_k^{\mathrm{T}}\bar{\boldsymbol{K}}_k^{\mathrm{T}} & \boldsymbol{0}\\ \boldsymbol{0} & \boldsymbol{0} & \boldsymbol{0} & \boldsymbol{0} & \boldsymbol{M}_k^{\mathrm{T}}\end{bmatrix}$$

$$\boldsymbol{\Psi}_{22}=\mathrm{diag}\left\{-\boldsymbol{\Omega}_1,-\boldsymbol{\Omega}_2,-\lambda\boldsymbol{I}\right\}$$

$$\boldsymbol{\Psi}_{23}=\begin{bmatrix}\boldsymbol{0} & \boldsymbol{0} & \boldsymbol{B}_k^{\mathrm{T}} & \boldsymbol{0}\\ \boldsymbol{0} & \boldsymbol{0} & \boldsymbol{0} & \boldsymbol{B}_k^{\mathrm{T}}\\ \boldsymbol{0} & \boldsymbol{0} & \boldsymbol{0} & \boldsymbol{0}\end{bmatrix}$$

$$\boldsymbol{\Psi}_{26}=\begin{bmatrix}\sqrt{1-\bar{\beta}+2\iota_0}\boldsymbol{B}_k^{\mathrm{T}} & \boldsymbol{0} & \boldsymbol{0} & \boldsymbol{0} & \boldsymbol{0} & \boldsymbol{0}\\ \boldsymbol{0} & \sqrt{1-\bar{\beta}+2\iota_0}\boldsymbol{B}_k^{\mathrm{T}} & \boldsymbol{0} & \boldsymbol{0} & \boldsymbol{0} & \boldsymbol{0}\\ \boldsymbol{0} & \boldsymbol{0} & \boldsymbol{0} & \sqrt{\varrho_3}\boldsymbol{K}_k^{\mathrm{T}} & \boldsymbol{0} & \sqrt{\varrho_4}\bar{\boldsymbol{K}}_k^{\mathrm{T}}\end{bmatrix}$$

$$\boldsymbol{\Psi}_{33}=\mathrm{diag}\left\{-\gamma^2\bar{\boldsymbol{U}}_v,-\gamma^2\bar{\boldsymbol{U}}_v,-\bar{\boldsymbol{S}}_{k+1},-\bar{\boldsymbol{Z}}_{k+1}\right\}$$

$$\boldsymbol{\Psi}_{37}=\begin{bmatrix}\boldsymbol{E}_k^{\mathrm{T}} & \boldsymbol{E}_k^{\mathrm{T}} & \boldsymbol{0} & \boldsymbol{0}\\ \boldsymbol{0} & -\boldsymbol{K}_k^{\mathrm{T}} & \boldsymbol{0} & -\bar{\boldsymbol{K}}_k^{\mathrm{T}}\\ \boldsymbol{0} & \boldsymbol{0} & \boldsymbol{0} & \boldsymbol{0}\\ \boldsymbol{0} & \boldsymbol{0} & \boldsymbol{0} & \boldsymbol{0}\end{bmatrix}$$

$$\boldsymbol{U}_v=\mathrm{diag}\left\{\bar{\boldsymbol{U}}_v,\bar{\boldsymbol{U}}_v\right\}$$

$$\boldsymbol{\Psi}_{44}=\mathrm{diag}\left\{-\bar{\boldsymbol{S}}_{k+1},-\bar{\boldsymbol{Z}}_{k+1},-\bar{\boldsymbol{S}}_{k+1},-\bar{\boldsymbol{Z}}_{k+1}\right\}$$

$$\boldsymbol{\Psi}_{55}=\mathrm{diag}\left\{-\bar{\boldsymbol{S}}_{k+1},-\bar{\boldsymbol{Z}}_{k+1},-\bar{\boldsymbol{S}}_{k+1},-\bar{\boldsymbol{Z}}_{k+1},-\boldsymbol{I}\right\}$$

$$\boldsymbol{\Psi}_{66}=\mathrm{diag}\left\{-\bar{\boldsymbol{S}}_{k+1},-\bar{\boldsymbol{Z}}_{k+1},-\bar{\boldsymbol{S}}_{k+1},-\bar{\boldsymbol{Z}}_{k+1},-\bar{\boldsymbol{S}}_{k+1},-\bar{\boldsymbol{Z}}_{k+1}\right\}$$

$$\boldsymbol{\Psi}_{77}=\mathrm{diag}\left\{-\bar{\boldsymbol{S}}_{k+1},-\bar{\boldsymbol{Z}}_{k+1},-\bar{\boldsymbol{S}}_{k+1},-\bar{\boldsymbol{Z}}_{k+1}\right\}$$

$$\boldsymbol{\Pi}_{11}=\begin{bmatrix}-\boldsymbol{P}_{1,k+1}+\varrho_8\mathrm{tr}\left(\boldsymbol{P}_k\right)\boldsymbol{B}_k\boldsymbol{Y}\boldsymbol{B}_k^{\mathrm{T}}+\epsilon_{2,k}\boldsymbol{H}_k\boldsymbol{H}_k^{\mathrm{T}} & -\boldsymbol{P}_{3,k+1}^{\mathrm{T}}+\epsilon_{2,k}\boldsymbol{H}_k\boldsymbol{H}_k^{\mathrm{T}}\\ * & -\boldsymbol{P}_{2,k+1}+\varrho_8\mathrm{tr}\left(\boldsymbol{P}_k\right)\boldsymbol{B}_k\boldsymbol{Y}\boldsymbol{B}_k^{\mathrm{T}}+\epsilon_{2,k}\boldsymbol{H}_k\boldsymbol{H}_k^{\mathrm{T}}\end{bmatrix}$$

$$\boldsymbol{\Pi}_{12}=\begin{bmatrix}\sqrt{\varrho_8}\boldsymbol{A}_k\boldsymbol{P}_{1,k} & \sqrt{\varrho_8}\boldsymbol{A}_k\boldsymbol{P}_{3,k}^{\mathrm{T}}\\ \sqrt{\varrho_8}\boldsymbol{A}_k\boldsymbol{P}_{3,k}-\sqrt{\varrho_8}\bar{\beta}\boldsymbol{K}_k\boldsymbol{C}_k\boldsymbol{P}_{3,k} & \sqrt{\varrho_8}\boldsymbol{A}_k\boldsymbol{P}_{2,k}-\sqrt{\varrho_8}\bar{\beta}\boldsymbol{K}_k\boldsymbol{C}_k\boldsymbol{P}_{2,k}\end{bmatrix}$$

$$\boldsymbol{\Pi}_{13}=\begin{bmatrix}\boldsymbol{0} & \boldsymbol{0}\\ -\sqrt{\varrho_5}\bar{\beta}\bar{\boldsymbol{K}}_k\boldsymbol{C}_k\boldsymbol{P}_{3,k} & -\sqrt{\varrho_5}\bar{\beta}\bar{\boldsymbol{K}}_k\boldsymbol{C}_k\boldsymbol{P}_{2,k}\end{bmatrix}$$

$$\boldsymbol{\Pi}_{14}=\begin{bmatrix}\boldsymbol{0} & \boldsymbol{0} & \boldsymbol{0} & \boldsymbol{0}\\ \sqrt{\varrho_6}\boldsymbol{K}_k\boldsymbol{C}_k\boldsymbol{P}_{1,k} & \sqrt{\varrho_6}\boldsymbol{K}_k\boldsymbol{C}_k\boldsymbol{P}_{3,k}^{\mathrm{T}} & \sqrt{\varrho_7}\bar{\boldsymbol{K}}_k\boldsymbol{C}_k\boldsymbol{P}_{1,k} & \sqrt{\varrho_7}\bar{\boldsymbol{K}}_k\boldsymbol{C}_k\boldsymbol{P}_{3,k}^{\mathrm{T}}\end{bmatrix}$$

$$\boldsymbol{\Pi}_{15}=\begin{bmatrix}\boldsymbol{0} & \boldsymbol{0} & \boldsymbol{E}_k\boldsymbol{V}_{1,k} & \boldsymbol{0} & \boldsymbol{0} & \boldsymbol{0}\\ \sqrt{\varrho_3\pi}\mathrm{tr}\left(\boldsymbol{P}_k\right)\boldsymbol{K}_k & \sqrt{\varrho_4\pi}\mathrm{tr}\left(\boldsymbol{P}_k\right)\bar{\boldsymbol{K}}_k & \boldsymbol{E}_k\boldsymbol{V}_{1,k} & -\boldsymbol{K}_k\boldsymbol{V}_{2,k} & \boldsymbol{0} & -\bar{\boldsymbol{K}}_k\boldsymbol{V}_{2,k}\end{bmatrix}$$

$$\boldsymbol{P}_k=\begin{bmatrix}\boldsymbol{P}_{1,k} & \boldsymbol{P}_{3,k}^{\mathrm{T}}\\ * & \boldsymbol{P}_{2,k}\end{bmatrix},\quad \boldsymbol{\Pi}_{33}=\begin{bmatrix}-\boldsymbol{P}_{1,k} & -\boldsymbol{P}_{3,k}^{\mathrm{T}}\\ * & -\boldsymbol{P}_{2,k}\end{bmatrix},\quad \boldsymbol{\Pi}_{22}=-\boldsymbol{P}_k$$

$$\boldsymbol{\Pi}_{44}=\operatorname{diag}\left\{\boldsymbol{\Pi}_{22},\boldsymbol{\Pi}_{22}\right\}$$

$$\boldsymbol{\Pi}_{55}=\operatorname{diag}\left\{-\operatorname{tr}\left(\boldsymbol{P}_k\right)\boldsymbol{I},-\operatorname{tr}\left(\boldsymbol{P}_k\right)\boldsymbol{I},-\boldsymbol{V}_{1,k},-\boldsymbol{V}_{2,k},-\boldsymbol{V}_{1,k},-\boldsymbol{V}_{2,k}\right\}$$

$$\mathcal{X}_k=\begin{bmatrix}\boldsymbol{0} & \boldsymbol{0} & \boldsymbol{H}_k^{\mathrm{T}} & \boldsymbol{H}_k^{\mathrm{T}}\end{bmatrix}$$

$$\mathcal{W}_k=\begin{bmatrix}\sqrt{1-\bar{\beta}+2\iota_0}\boldsymbol{H}_k^{\mathrm{T}} & \sqrt{1-\bar{\beta}+2\iota_0}\boldsymbol{H}_k^{\mathrm{T}} & \boldsymbol{0} & \boldsymbol{0}\end{bmatrix}$$

$$\mathcal{N}_k^{\mathrm{T}}=\begin{bmatrix}\boldsymbol{N}_k & \boldsymbol{0}\end{bmatrix},\quad \mathfrak{N}_k^{\mathrm{T}}=\begin{bmatrix}\boldsymbol{H}_k^{\mathrm{T}} & \boldsymbol{H}_k^{\mathrm{T}}\end{bmatrix}$$

$$\mathcal{Y}_k=\begin{bmatrix}\sqrt{\varrho_8}\boldsymbol{N}_k\boldsymbol{P}_{1,k} & \sqrt{\varrho_8}\boldsymbol{N}_k\boldsymbol{P}_{3,k}^{\mathrm{T}}\end{bmatrix}$$

其他参数均如定理 3.1 所示，那么待求的状态估计器设计问题可解。

证　假定矩阵 $\boldsymbol{Q}_k$ 和 $\boldsymbol{P}_k$ 可分解为如下形式：

$$\boldsymbol{Q}_k=\begin{bmatrix}\boldsymbol{S}_k & \boldsymbol{0}\\ * & \boldsymbol{Z}_k\end{bmatrix},\quad \boldsymbol{P}_k=\begin{bmatrix}\boldsymbol{P}_{1,k} & \boldsymbol{P}_{3,k}^{\mathrm{T}}\\ * & \boldsymbol{P}_{2,k}\end{bmatrix}$$

为了处理参数不确定性，将式（3-22）重新写成如下形式

$$\begin{bmatrix}\boldsymbol{\Phi}_{11} & \boldsymbol{\Phi}_{12} & \boldsymbol{\Phi}_{13}^{0} & \boldsymbol{\Phi}_{14}^{0} & \boldsymbol{\Phi}_{15} & \boldsymbol{0} & \boldsymbol{0}\\ * & \boldsymbol{\Phi}_{22} & \boldsymbol{\Phi}_{23} & \boldsymbol{0} & \boldsymbol{0} & \boldsymbol{\Phi}_{26} & \boldsymbol{0}\\ * & * & \boldsymbol{\Phi}_{33} & \boldsymbol{0} & \boldsymbol{0} & \boldsymbol{0} & \boldsymbol{\Phi}_{37}\\ * & * & * & \boldsymbol{\Phi}_{44} & \boldsymbol{0} & \boldsymbol{0} & \boldsymbol{0}\\ * & * & * & * & \boldsymbol{\Phi}_{55} & \boldsymbol{0} & \boldsymbol{0}\\ * & * & * & * & * & \boldsymbol{\Phi}_{66} & \boldsymbol{0}\\ * & * & * & * & * & * & \boldsymbol{\Phi}_{77}\end{bmatrix}+\bar{\boldsymbol{N}}_k\boldsymbol{F}_k^{\mathrm{T}}\bar{\boldsymbol{H}}_k+\bar{\boldsymbol{H}}_k^{\mathrm{T}}F_k\bar{\boldsymbol{N}}_k^{\mathrm{T}}<\boldsymbol{0}$$

其中

$$\boldsymbol{\Phi}_{13}^{0}=\begin{bmatrix}\boldsymbol{0} & \boldsymbol{0} & \boldsymbol{A}_k^{\mathrm{T}} & \boldsymbol{0}\\ \boldsymbol{0} & \boldsymbol{0} & \boldsymbol{0} & \boldsymbol{A}_k^{\mathrm{T}}-\bar{\beta}\boldsymbol{C}_k^{\mathrm{T}}\boldsymbol{K}_k^{\mathrm{T}}\end{bmatrix}$$

$$\boldsymbol{\Phi}_{14}^{0}=\begin{bmatrix}\sqrt{1-\bar{\beta}+2\iota_0}\boldsymbol{A}_k^{\mathrm{T}} & \boldsymbol{0} & \boldsymbol{0} & \boldsymbol{0}\\ \boldsymbol{0} & \sqrt{1-\bar{\beta}+2\iota_0}\boldsymbol{A}_k^{\mathrm{T}}-\sqrt{1-\bar{\beta}+2\iota_0}\bar{\beta}\boldsymbol{C}_k^{\mathrm{T}}\boldsymbol{K}_k^{\mathrm{T}} & \boldsymbol{0} & -\sqrt{\varrho_5}\bar{\beta}\boldsymbol{C}_k^{\mathrm{T}}\bar{\boldsymbol{K}}_k^{\mathrm{T}}\end{bmatrix}$$

$$\bar{\boldsymbol{N}}_k^{\mathrm{T}}=\begin{bmatrix}\mathcal{N}_k^{\mathrm{T}} & \boldsymbol{0} & \boldsymbol{0} & \boldsymbol{0} & \boldsymbol{0} & \boldsymbol{0} & \boldsymbol{0}\end{bmatrix}$$

$$\bar{\boldsymbol{H}}_k=\begin{bmatrix}\boldsymbol{0} & \boldsymbol{0} & \mathcal{X}_k & \mathcal{W}_k & \boldsymbol{0} & \boldsymbol{0} & \boldsymbol{0}\end{bmatrix}$$

且其他参数均如定理 3.3 所示。

根据引理 2.3，显然有

$$\begin{bmatrix}\boldsymbol{\Phi}_{11} & \boldsymbol{\Phi}_{12} & \boldsymbol{\Phi}_{13}^{0} & \boldsymbol{\Phi}_{14}^{0} & \boldsymbol{\Phi}_{15} & \boldsymbol{0} & \boldsymbol{0}\\ * & \boldsymbol{\Phi}_{22} & \boldsymbol{\Phi}_{23} & \boldsymbol{0} & \boldsymbol{0} & \boldsymbol{\Phi}_{26} & \boldsymbol{0}\\ * & * & \boldsymbol{\Phi}_{33} & \boldsymbol{0} & \boldsymbol{0} & \boldsymbol{0} & \boldsymbol{\Phi}_{37}\\ * & * & * & \boldsymbol{\Phi}_{44} & \boldsymbol{0} & \boldsymbol{0} & \boldsymbol{0}\\ * & * & * & * & \boldsymbol{\Phi}_{55} & \boldsymbol{0} & \boldsymbol{0}\\ * & * & * & * & * & \boldsymbol{\Phi}_{66} & \boldsymbol{0}\\ * & * & * & * & * & * & \boldsymbol{\Phi}_{77}\end{bmatrix}+\epsilon_{1,k}\bar{\boldsymbol{N}}_k\bar{\boldsymbol{N}}_k^{\mathrm{T}}+\epsilon_{1,k}^{-1}\bar{\boldsymbol{H}}_k^{\mathrm{T}}\bar{\boldsymbol{H}}_k<\boldsymbol{0}$$

同理，式（3-23）可以写成如下形式

$$\begin{bmatrix} \boldsymbol{\Theta}_{11} & \boldsymbol{\Theta}_{12}^{0} & \boldsymbol{\Theta}_{13} & \boldsymbol{\Theta}_{14} \\ * & -\boldsymbol{P}_k & \mathbf{0} & \mathbf{0} \\ * & * & \boldsymbol{\Theta}_{33} & \mathbf{0} \\ * & * & * & \boldsymbol{\Theta}_{44} \end{bmatrix} + \breve{\boldsymbol{N}}_k \boldsymbol{F}_k \breve{\boldsymbol{H}}_k + \breve{\boldsymbol{H}}_k^{\mathrm{T}} \boldsymbol{F}_k^{\mathrm{T}} \breve{\boldsymbol{N}}_k^{\mathrm{T}} < \mathbf{0}$$

其中

$$\boldsymbol{\Theta}_{12}^{0} = \begin{bmatrix} \sqrt{\varrho_8}\boldsymbol{A}_k \boldsymbol{P}_{1,k} & \sqrt{\varrho_8}\boldsymbol{A}_k \boldsymbol{P}_{3,k}^{\mathrm{T}} \\ \sqrt{\varrho_8}\boldsymbol{A}_k \boldsymbol{P}_{3,k} - \sqrt{\varrho_8}\bar{\beta}\boldsymbol{K}_k \boldsymbol{C}_k \boldsymbol{P}_{3,k} & \sqrt{\varrho_8}\boldsymbol{A}_k \boldsymbol{P}_{2,k} - \sqrt{\varrho_8}\bar{\beta}\boldsymbol{K}_k \boldsymbol{C}_k \boldsymbol{P}_{2,k} \end{bmatrix}$$

$$\breve{\boldsymbol{N}}_k^{\mathrm{T}} = \begin{bmatrix} \mathfrak{N}_k^{\mathrm{T}} & \mathbf{0} & \mathbf{0} & \mathbf{0} \end{bmatrix}$$

$$\breve{\boldsymbol{H}}_k = \begin{bmatrix} \mathbf{0} & \mathcal{Y}_k & \mathbf{0} & \mathbf{0} \end{bmatrix}$$

且其他参数均如定理 3.3 所示。

根据引理 2.3，可以得出

$$\begin{bmatrix} \boldsymbol{\Theta}_{11} & \boldsymbol{\Theta}_{12}^{0} & \boldsymbol{\Theta}_{13} & \boldsymbol{\Theta}_{14} \\ * & -\boldsymbol{P}_k & \mathbf{0} & \mathbf{0} \\ * & * & \boldsymbol{\Theta}_{33} & \mathbf{0} \\ * & * & * & \boldsymbol{\Theta}_{44} \end{bmatrix} + \epsilon_{2,k} \breve{\boldsymbol{N}}_k \breve{\boldsymbol{N}}_k^{\mathrm{T}} + \epsilon_{2,k}^{-1} \breve{\boldsymbol{H}}_k^{\mathrm{T}} \breve{\boldsymbol{H}}_k < \mathbf{0}$$

因此，可推导出式（3-25）等价于式（3-22），式（3-26）等价于式（3-23），故可证增广系统同时满足 H_∞ 性能约束和方差约束。至此，定理 3.4 证毕。

在本节中，全面分析了随机发生传感器饱和对方差约束 H_∞ 状态估计算法设计带来的影响，并给出了同时保证两个性能指标的判别条件。从定理 3.4 中的条件可以看出，主要结果包含了描述随机发生传感器饱和现象的概率信息与上界信息。此外，基于递推线性矩阵不等式技术，本章给出了易于求解和实现的方差约束 H_∞ 状态估计求解思路。

3.3 数值仿真

在本节中，我们将给出一个数值算例来验证所提出的状态估计方法的可行性。具体地，相关参数如下

$$\boldsymbol{A}_k = \begin{bmatrix} -0.4 & 0 \\ 0 & 0.1\sin(2k) \end{bmatrix}, \quad \boldsymbol{B}_k = \begin{bmatrix} -0.1\sin(2k) & 0 \\ -0.2 & 0.01 \end{bmatrix}$$

$$\boldsymbol{C}_k = \begin{bmatrix} -0.1\sin(k) & -1.5 \end{bmatrix}, \quad \boldsymbol{E}_k = \begin{bmatrix} -0.1 & -0.1\sin(k) \end{bmatrix}^{\mathrm{T}}$$

$$\boldsymbol{M}_k = \begin{bmatrix} -0.01 & -0.1\sin(k) \end{bmatrix}, \quad \boldsymbol{H}_k = \begin{bmatrix} 0.1 & -0.1\sin(2k) \end{bmatrix}^{\mathrm{T}}$$

$$\boldsymbol{N}_k = \begin{bmatrix} -0.1\sin(k) & -0.1 \end{bmatrix}, \quad \bar{\boldsymbol{K}}_k = \begin{bmatrix} -0.05\sin(k) & 0.1 \end{bmatrix}^{\mathrm{T}}$$

$$\boldsymbol{\Omega}_1 = \begin{bmatrix} 4 & 0 \\ 0 & 4 \end{bmatrix}, \quad \boldsymbol{\Omega}_2 = \begin{bmatrix} 1.8 & 0 \\ 0 & 1.8 \end{bmatrix}$$

$$\bar{g}=0.1,\quad \rho=0.5,\quad \bar{\beta}=0.2$$
$$\iota_0=0.04,\quad \varpi=1.5$$

激励函数取为

$$\boldsymbol{f}(\boldsymbol{x}_k)=\begin{bmatrix}0.3x_{1,k}+\tanh(0.4x_{1,k})\\0.4x_{2,k}+\tanh(0.5x_{2,k})\end{bmatrix}$$

其中，$\boldsymbol{x}_k=\begin{bmatrix}x_{1,k} & x_{2,k}\end{bmatrix}^{\mathrm{T}}$是神经元的状态向量。很容易得到

$$\boldsymbol{\Lambda}_0=\mathrm{diag}\{0.2,0.25\},\quad \boldsymbol{\Lambda}_1=\mathrm{diag}\{0.21,0.36\}。\quad \boldsymbol{\Lambda}_2=\mathrm{diag}\{0.5,0.65\}$$

在仿真实验中，假设扰动衰减水平$\gamma=0.9$，权重矩阵$\boldsymbol{U}_v=\mathrm{diag}\{1,1\}$，$N=90$，上界矩阵$\{\boldsymbol{Y}_k\}_{1\le k\le N+1}=\mathrm{diag}\{0.3,0.3\}$和协方差$\boldsymbol{V}_{1,k}=\boldsymbol{V}_{2,k}=\boldsymbol{I}$。此外，给定初始状态$\bar{\boldsymbol{x}}_0=[-2.5\quad 0.2]^{\mathrm{T}}$和$\hat{\boldsymbol{x}}_0=[-1.5\quad 1.3]^{\mathrm{T}}$。

求解线性矩阵不等式（3-25）~（3-27），可以得到估计器增益矩阵，部分估计器增益矩阵值如下

$$\boldsymbol{K}_1=[0.003\,3\quad -0.015\,2]^{\mathrm{T}}$$
$$\boldsymbol{K}_2=[0.003\,6\quad 0.012\,7]^{\mathrm{T}}$$
$$\boldsymbol{K}_3=[0.000\,6\quad 0.004\,7]^{\mathrm{T}}$$
$$\boldsymbol{K}_4=[-0.003\,0\quad -0.016\,6]^{\mathrm{T}}$$

采用 Matlab 软件进行数值仿真，结果如图 3-1~3-3 所示。其中，图 3-1 描述了被控输出$\boldsymbol{z}_k$及其估计$\hat{\boldsymbol{z}}_k$的轨迹图，图 3-2 刻画了被控输出估计误差$\tilde{\boldsymbol{z}}_k$的轨迹图。图 3-3 反映了误差协方差和实际误差协方差的上界轨迹图。从仿真图可以得出，本章提出的方差约束 H_∞ 状态估计方法可行并具有较好的估计性能。

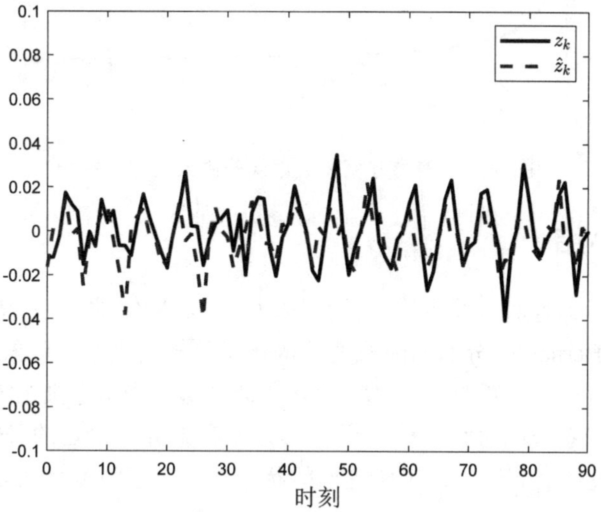

图 3-1　被控输出$\boldsymbol{z}_k$及其估计$\hat{\boldsymbol{z}}_k$

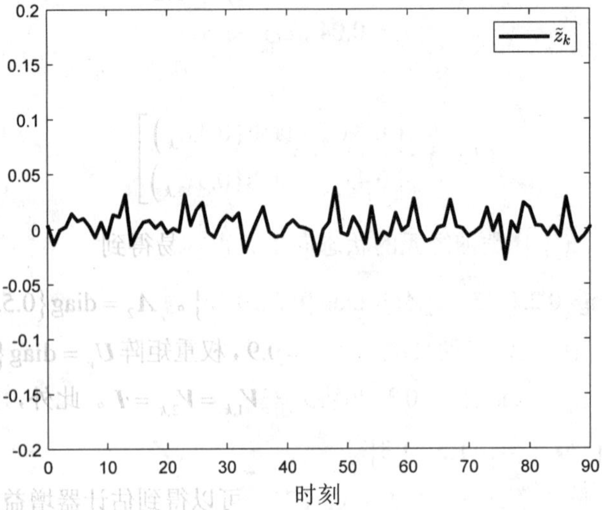

图 3-2　被控输出估计误差 $\tilde{z}_k$

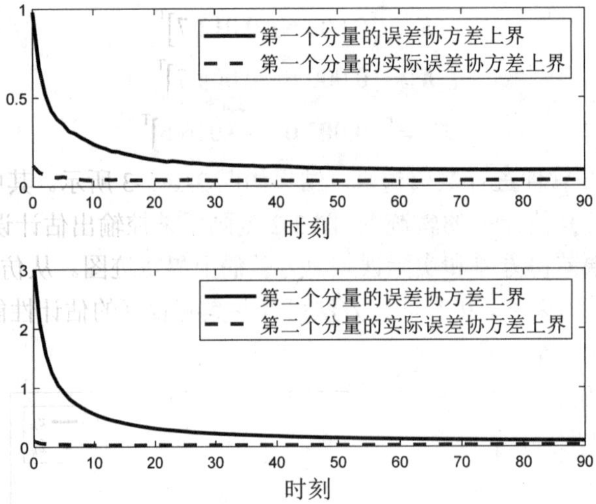

图 3-3 误差协方差和实际误差协方差的上界

3.4　本章小结

本章研究了具有随机发生饱和的离散时变神经网络的弹性 H_∞ 状态估计问题。采用服从 Bernoulli 分布的随机变量描述了随机发生饱和现象。基于可用的测量信息，提出了一种新的弹性 H_∞ 状态估计方法。采用递推矩阵不等式技术，得到了保证增广系统同时满足估计误差协方差有上界和给定的 H_∞ 性能要求的充分条件。通过仿真算例验证了所提出的状态估计方法的可行性与有效性。

第 4 章　事件触发机制下具有衰减测量的神经网络的方差约束 H_∞ 状态估计

在本章中，深入考虑衰减测量与通信资源受限问题，探讨事件触发传输机制下离散时变神经网络的方差约束 H_∞ 状态估计问题。利用服从 Bernoulli 分布的随机变量来描述衰减测量现象。特别地，重点讨论每个传感器具有各自丢失概率的情形。针对通信资源受限问题，引入事件触发机制用于调节数据传输。首先，基于可用的测量信息，设计新型事件触发 H_∞ 状态估计器。其次，结合不等式处理技术和随机分析方法，得到保证增广系统同时满足估计误差协方差有上界和给定 H_∞ 性能要求的充分条件。最后，使用仿真实验演示本章给出的状态估计方法的有效性。

4.1　问题描述

考虑如下一类不确定离散时变神经网络

$$\begin{cases} \boldsymbol{x}_{k+1} = \left(\boldsymbol{A}_k + \delta_k \boldsymbol{A}_{1,k}\right)\boldsymbol{x}_k + \boldsymbol{B}_k \boldsymbol{f}\left(\boldsymbol{x}_k\right) + \boldsymbol{C}_k \boldsymbol{v}_{1,k} \\ \boldsymbol{y}_k = \boldsymbol{\Lambda}_k \boldsymbol{D}_k \boldsymbol{x}_k + \boldsymbol{E}_k \boldsymbol{v}_{2,k} \\ \boldsymbol{z}_k = \boldsymbol{M}_k \boldsymbol{x}_k \end{cases} \tag{4-1}$$

其中，$\boldsymbol{x}_k \in \mathbb{R}^n$ 是神经元的状态向量，其初值 $\boldsymbol{x}_0$ 的均值为 $\overline{\boldsymbol{x}}_0$，$\boldsymbol{y}_k \in \mathbb{R}^m$ 是系统的测量输出，$\boldsymbol{z}_k \in \mathbb{R}^r$ 是系统的被控输出，$\boldsymbol{A}_k = \mathrm{diag}\{a_1, a_2, \ldots, a_n\}$ 是自反馈矩阵，$\boldsymbol{f}\left(\boldsymbol{x}_k\right)$ 是非线性激励函数，$\boldsymbol{B}_k$ 是连接权矩阵，$\boldsymbol{A}_{1,k}$，$\boldsymbol{C}_k$，$\boldsymbol{D}_k$，$\boldsymbol{E}_k$ 和 $\boldsymbol{M}_k$ 是已知的适当维数实矩阵。δ_k 是均值为 0 并且方差为 1 的高斯白噪声序列。

矩阵 $\boldsymbol{\Lambda}_k = \mathrm{diag}\left\{\lambda_k^1, \lambda_k^2, \ldots, \lambda_k^m\right\}$，其中 $\lambda_k^i\left(i = 1, 2, \ldots, m\right)$ 是 m 个独立的随机变量，随机变量 λ_k^i 描述了第 i 个传感器的衰减现象，假设该随机变量在区间 $\left[\alpha_k, \beta_k\right]\left(0 \le \alpha_k \le \beta_k \le 1\right)$ 上取值，并具有数学期望 $\overline{\lambda}_k^i$ 和协方差 $\left(\psi_k^i\right)^2$ $\left(i = 1, 2, \ldots, m\right)$，这里 $\overline{\lambda}_k^i$ 和 ψ_k^i 是已知的常数。因此，我们有 $\boldsymbol{\Lambda}_k = \sum_{i=1}^{m} \lambda_k^i \boldsymbol{G}_k^i$ 和 $\overline{\boldsymbol{\Lambda}}_k = \sum_{i=1}^{m} \overline{\lambda}_k^i \boldsymbol{G}_k^i$，且 $\boldsymbol{G}_k^i = \mathrm{diag}\{0, \ldots, 0, 1, 0, \ldots, 0\}$。$\boldsymbol{v}_{1,k}$ 和 $\boldsymbol{v}_{2,k}$ 是均值为零并且协方差分别为 $\boldsymbol{V}_{1,k} > \boldsymbol{0}$ 和 $\boldsymbol{V}_{2,k} > \boldsymbol{0}$ 的高斯白噪声序列。

假设非线性激励函数 $\boldsymbol{f}\left(\boldsymbol{x}_k\right) = \left[f_1\left(x_{1,k}\right) \quad f_2\left(x_{2,k}\right) \quad \cdots \quad f_n\left(x_{n,k}\right)\right]^{\mathrm{T}}$ 满足 $\boldsymbol{f}\left(\boldsymbol{0}\right) = \boldsymbol{0}$ 及下述扇形有界条件

$$\sigma_i^- \le \frac{f_i\left(s_1\right) - f_i\left(s_2\right)}{s_1 - s_2} \le \sigma_i^+ \qquad \left(s_1, s_2 \in \mathbb{R} \text{ 且 } s_1 \ne s_2\right)$$

其中，σ_i^- 和 σ_i^+ $(i=1,2,\ldots,n)$ 是已知常量，$f_i(\cdot)$ 是非线性激励函数 $\boldsymbol{f}(\cdot)$ 的第 i 个元素。

为了节约能源，引入事件触发条件。考虑如下事件触发生成函数 $\vec{f}(\cdot,\cdot)$

$$\vec{f}(\boldsymbol{\xi}_k,\delta)=\boldsymbol{\xi}_k^{\mathrm{T}}\boldsymbol{\xi}_k-\delta\boldsymbol{y}_k^{\mathrm{T}}\boldsymbol{y}_k \tag{4-2}$$

其中，$\boldsymbol{\xi}_k=\boldsymbol{y}_k-\boldsymbol{y}_{r_l}$，$\boldsymbol{y}_{r_l}$ 为距离当前时刻最近的触发测量值，δ 是触发阈值。

当下述条件

$$\vec{f}(\boldsymbol{\xi}_k,\delta)>0 \tag{4-3}$$

成立时，则使用网络传输测量值。记事件触发序列为 $0\le r_0\le r_1\le\cdots\le r_l\le\cdots$，且由下式确定

$$r_{l+1}=\inf\left\{k\in\mathbb{N}\mid k>r_l,\vec{f}(\boldsymbol{\xi}_k,\delta)>0\right\}$$

基于可用的测量信息，设计如下形式的状态估计器

$$\begin{cases}\hat{\boldsymbol{x}}_{k+1}=\boldsymbol{A}_k\hat{\boldsymbol{x}}_k+\boldsymbol{B}_k\boldsymbol{f}(\hat{\boldsymbol{x}}_k)+\boldsymbol{K}_k\left(\boldsymbol{y}_{r_l}-\bar{\boldsymbol{\Lambda}}_k\boldsymbol{D}_k\hat{\boldsymbol{x}}_k\right)\\ \hat{\boldsymbol{z}}_k=\boldsymbol{M}_k\hat{\boldsymbol{x}}_k\end{cases} \tag{4-4}$$

其中，$\hat{\boldsymbol{x}}_k$ 是 $\boldsymbol{x}_k$ 的状态估计，$\hat{\boldsymbol{z}}_k$ 是 $\boldsymbol{z}_k$ 的估计，$\boldsymbol{K}_k$ 是待设计的估计器增益矩阵，$k\in[r_l,r_{l+1})$。此外，假设 $\boldsymbol{v}_{1,k}$，$\boldsymbol{v}_{2,k}$，δ_k 和 λ_k^i 是相互独立的。

令状态估计误差为 $\boldsymbol{e}_k=\boldsymbol{x}_k-\hat{\boldsymbol{x}}_k$，被控输出的估计误差为 $\tilde{\boldsymbol{z}}_k=\boldsymbol{z}_k-\hat{\boldsymbol{z}}_k$，根据式（4-1）和（4-4），得到如下估计误差动态方程

$$\begin{cases}\boldsymbol{e}_{k+1}=\left(\boldsymbol{A}_k-\boldsymbol{K}_k\bar{\boldsymbol{\Lambda}}_k\boldsymbol{D}_k\right)\boldsymbol{e}_k+\delta_k\boldsymbol{A}_{1,k}\boldsymbol{x}_k+\boldsymbol{B}_k\bar{\boldsymbol{f}}(\boldsymbol{e}_k)-\boldsymbol{K}_k\left(\tilde{\boldsymbol{\Lambda}}_k\boldsymbol{D}_k\boldsymbol{x}_k\right.\\ \qquad\left.+\boldsymbol{E}_k\boldsymbol{v}_{2,k}-\boldsymbol{\xi}_k\right)+\boldsymbol{C}_k\boldsymbol{v}_{1,k}\\ \tilde{\boldsymbol{z}}_k=\boldsymbol{M}_k\boldsymbol{e}_k\end{cases} \tag{4-5}$$

其中，$\bar{\boldsymbol{f}}(\boldsymbol{e}_k)=\boldsymbol{f}(\boldsymbol{x}_k)-\boldsymbol{f}(\hat{\boldsymbol{x}}_k)$ 和 $\tilde{\boldsymbol{\Lambda}}_k=\boldsymbol{\Lambda}_k-\bar{\boldsymbol{\Lambda}}_k$。

为了符号的简便，定义

$$\boldsymbol{\eta}_k=\begin{bmatrix}\boldsymbol{x}_k^{\mathrm{T}} & \boldsymbol{e}_k^{\mathrm{T}}\end{bmatrix}^{\mathrm{T}},\quad \boldsymbol{v}_k=\begin{bmatrix}\boldsymbol{v}_{1,k}^{\mathrm{T}} & \boldsymbol{v}_{2,k}^{\mathrm{T}}\end{bmatrix}^{\mathrm{T}},\quad \boldsymbol{f}(\boldsymbol{\eta}_k)=\begin{bmatrix}\boldsymbol{f}^{\mathrm{T}}(\boldsymbol{x}_k) & \bar{\boldsymbol{f}}^{\mathrm{T}}(\boldsymbol{e}_k)\end{bmatrix}^{\mathrm{T}}$$

结合式（4-1）和（4-5），得到如下增广系统

$$\begin{aligned}\boldsymbol{\eta}_{k+1}&=\mathcal{A}_k\boldsymbol{\eta}_k+\delta_k\mathcal{A}_{1,k}\boldsymbol{\eta}_k+\tilde{\mathcal{A}}_{2,k}\boldsymbol{\eta}_k+\mathcal{B}_k\boldsymbol{f}(\boldsymbol{\eta}_k)+\boldsymbol{H}_1\boldsymbol{K}_k\boldsymbol{\xi}_k+\mathcal{C}_k\boldsymbol{v}_k\\ \tilde{\boldsymbol{z}}_k&=\mathcal{M}_k\boldsymbol{\eta}_k\end{aligned} \tag{4-6}$$

其中

$$\mathcal{A}_k=\begin{bmatrix}\boldsymbol{A}_k & \boldsymbol{0}\\ \boldsymbol{0} & \boldsymbol{A}_k-\boldsymbol{K}_k\bar{\boldsymbol{\Lambda}}_k\boldsymbol{D}_k\end{bmatrix},\quad \mathcal{A}_{1,k}=\begin{bmatrix}\boldsymbol{A}_{1,k} & \boldsymbol{0}\\ \boldsymbol{A}_{1,k} & \boldsymbol{0}\end{bmatrix},\quad \tilde{\mathcal{A}}_{2,k}=\begin{bmatrix}\boldsymbol{0} & \boldsymbol{0}\\ -\boldsymbol{K}_k\tilde{\boldsymbol{\Lambda}}_k\boldsymbol{D}_k & \boldsymbol{0}\end{bmatrix}$$

$$\mathcal{B}_k=\begin{bmatrix}\boldsymbol{B}_k & \boldsymbol{0}\\ \boldsymbol{0} & \boldsymbol{B}_k\end{bmatrix},\quad \mathcal{C}_k=\begin{bmatrix}\boldsymbol{C}_k & \boldsymbol{0}\\ \boldsymbol{C}_k & -\boldsymbol{K}_k\boldsymbol{E}_k\end{bmatrix},\quad \boldsymbol{H}_1=\begin{bmatrix}\boldsymbol{0}\\ \boldsymbol{I}\end{bmatrix},\quad \mathcal{M}_k=\begin{bmatrix}\boldsymbol{0} & \boldsymbol{M}_k\end{bmatrix}$$

接下来，定义增广系统的状态协方差矩阵为

$$\boldsymbol{X}_k=\mathbb{E}\left\{\boldsymbol{\eta}_k\boldsymbol{\eta}_k^{\mathrm{T}}\right\}=\mathbb{E}\left\{\begin{bmatrix}\boldsymbol{x}_k\\ \boldsymbol{e}_k\end{bmatrix}\begin{bmatrix}\boldsymbol{x}_k\\ \boldsymbol{e}_k\end{bmatrix}^{\mathrm{T}}\right\} \tag{4-7}$$

本章的主要目是设计状态估计器（4-4），使得增广系统同时满足以下两个性能约束：

（1）对于给定的扰动衰减水平 $\gamma>0$，矩阵 $\boldsymbol{W}_\varphi>\mathbf{0}$ 和 $\boldsymbol{W}_\phi>\mathbf{0}$，以及初始状态 $\boldsymbol{\eta}_0$，被控输出估计误差 $\tilde{\boldsymbol{z}}_k$ 满足下面 H_∞ 性能约束

$$J_1=\mathbb{E}\left\{\sum_{k=0}^{N-1}\left(\|\tilde{\boldsymbol{z}}_k\|^2-\gamma^2\|\boldsymbol{v}_k\|_{\boldsymbol{W}_\varphi}^2\right)\right\}-\gamma^2\mathbb{E}\left\{\boldsymbol{\eta}_0^{\mathrm{T}}\boldsymbol{W}_\phi\boldsymbol{\eta}_0\right\}<0 \tag{4-8}$$

其中，$\|\boldsymbol{v}_k\|_{\boldsymbol{W}_\varphi}^2=\boldsymbol{v}_k^{\mathrm{T}}\boldsymbol{W}_\varphi\boldsymbol{v}_k$。

（2）估计误差协方差满足如下上界约束

$$\boldsymbol{J}_2=\mathbb{E}\left\{\boldsymbol{e}_k\boldsymbol{e}_k^{\mathrm{T}}\right\}\le\boldsymbol{\Theta}_k \tag{4-9}$$

其中，$\boldsymbol{\Theta}_k\left(0\le k\le N\right)$ 是一系列预先给定的容许估计精度矩阵。

4.2　衰减测量影响下的 H_∞ 状态估计算法设计

在本节中，结合递推矩阵不等式技术和随机分析方法，得到保证增广系统（4-6）同时满足估计误差协方差有上界和给定的 H_∞ 性能约束的充分条件。

定理 4.1　考虑具有衰减测量的离散时变神经网络（4-1），给定状态估计器增益矩阵 $\boldsymbol{K}_k$，扰动衰减水平 $\gamma>0$，矩阵 $\boldsymbol{W}_\varphi>\mathbf{0}$ 和 $\boldsymbol{W}_\phi>\mathbf{0}$，在初始条件 $\boldsymbol{Q}_0\le\gamma^2\boldsymbol{W}_\phi$ 下，如果存在一系列正定矩阵 $\{\boldsymbol{Q}_k\}_{1\le k\le N+1}$ 和标量 $\lambda>0$ 满足如下递推矩阵不等式

$$\boldsymbol{\Psi}=\begin{bmatrix}\boldsymbol{\Psi}_{11} & \boldsymbol{\Sigma}_{21}+\boldsymbol{\mathcal{A}}_k^{\mathrm{T}}\boldsymbol{Q}_{k+1}\boldsymbol{\mathcal{B}}_k & \mathbf{0} & \mathbf{0}\\ * & \boldsymbol{\Psi}_{22} & \mathbf{0} & \mathbf{0}\\ * & * & \boldsymbol{\Psi}_{33} & \mathbf{0}\\ * & * & * & \boldsymbol{\Psi}_{44}\end{bmatrix}<\mathbf{0} \tag{4-10}$$

其中

$$\begin{aligned}\boldsymbol{\Psi}_{11}=&\,2\boldsymbol{\mathcal{A}}_k^{\mathrm{T}}\boldsymbol{Q}_{k+1}\boldsymbol{\mathcal{A}}_k+\boldsymbol{\mathcal{A}}_{1,k}^{\mathrm{T}}\boldsymbol{Q}_{k+1}\boldsymbol{\mathcal{A}}_{1,k}+\sum_{i=1}^{m}\left(\psi_k^i\right)^2\boldsymbol{\mathcal{D}}_{1,k}^{\mathrm{T}}\boldsymbol{Q}_{k+1}\boldsymbol{\mathcal{D}}_{1,k}+\lambda\delta\boldsymbol{H}_2^{\mathrm{T}}\boldsymbol{D}_k^{\mathrm{T}}\bar{\boldsymbol{\Lambda}}_k^{\mathrm{T}}\bar{\boldsymbol{\Lambda}}_k\boldsymbol{D}_k\boldsymbol{H}_2\\&+\lambda\delta\sum_{i=1}^{m}\left(\psi_k^i\right)^2\boldsymbol{H}_2^{\mathrm{T}}\boldsymbol{D}_k^{\mathrm{T}}\left(\boldsymbol{G}_k^i\right)^{\mathrm{T}}\boldsymbol{G}_k^i\boldsymbol{D}_k\boldsymbol{H}_2+\boldsymbol{\mathcal{M}}_k^{\mathrm{T}}\boldsymbol{\mathcal{M}}_k-\boldsymbol{Q}_k-\boldsymbol{\Sigma}_{11}\end{aligned}$$

$$\boldsymbol{\Psi}_{22}=2\boldsymbol{\mathcal{B}}_k^{\mathrm{T}}\boldsymbol{Q}_{k+1}\boldsymbol{\mathcal{B}}_k-\bar{\boldsymbol{F}},\ \boldsymbol{\Psi}_{33}=4\boldsymbol{K}_k^{\mathrm{T}}\boldsymbol{H}_1^{\mathrm{T}}\boldsymbol{Q}_{k+1}\boldsymbol{H}_1\boldsymbol{K}_k-\lambda\boldsymbol{I}$$

$$\boldsymbol{\Psi}_{44}=2\boldsymbol{\mathcal{C}}_k^{\mathrm{T}}\boldsymbol{Q}_{k+1}\boldsymbol{\mathcal{C}}_k+\lambda\delta\boldsymbol{H}_3^{\mathrm{T}}\boldsymbol{E}_k^{\mathrm{T}}\boldsymbol{E}_k\boldsymbol{H}_3-\gamma^2\boldsymbol{W}_\varphi$$

$$\boldsymbol{\Sigma}_{11}=\begin{bmatrix}\boldsymbol{\Gamma}_1\boldsymbol{\Sigma}_1 & \mathbf{0}\\ \mathbf{0} & \boldsymbol{\Gamma}_2\boldsymbol{\Sigma}_1\end{bmatrix},\ \boldsymbol{\Sigma}_{21}=\begin{bmatrix}\boldsymbol{\Gamma}_1\boldsymbol{\Sigma}_2 & \mathbf{0}\\ \mathbf{0} & \boldsymbol{\Gamma}_2\boldsymbol{\Sigma}_2\end{bmatrix},\ \bar{\boldsymbol{F}}=\begin{bmatrix}\boldsymbol{\Gamma}_1 & \mathbf{0}\\ \mathbf{0} & \boldsymbol{\Gamma}_2\end{bmatrix}$$

$$\boldsymbol{\mathcal{D}}_{1,k}=\begin{bmatrix}\mathbf{0} & \mathbf{0}\\ -\boldsymbol{K}_k\boldsymbol{G}_k^i\boldsymbol{D}_k & \mathbf{0}\end{bmatrix},\ \boldsymbol{\Gamma}_1=\mathrm{diag}\{\nu_{11},\nu_{12},\ldots,\nu_{1n}\}$$

$$\boldsymbol{\Gamma}_2=\mathrm{diag}\{\nu_{21},\nu_{22},\ldots,\nu_{2n}\},\ \boldsymbol{\Gamma}_j\ge\mathbf{0}\quad(j=1,2)$$

$$\boldsymbol{\Sigma}_1=\mathrm{diag}\{\sigma_1^+\sigma_1^-,\sigma_2^+\sigma_2^-,\ldots,\sigma_n^+\sigma_n^-\},\ \boldsymbol{H}_3=[\mathbf{0}\quad\boldsymbol{I}]$$

$$\boldsymbol{\Sigma}_2=\mathrm{diag}\left\{\frac{\sigma_1^++\sigma_1^-}{2},\ldots,\frac{\sigma_n^++\sigma_n^-}{2}\right\},\ \boldsymbol{H}_2=[\boldsymbol{I}\quad\mathbf{0}]$$

那么 H_∞ 性能约束条件（4-8）成立。

证 定义

$$V_k=\boldsymbol{\eta}_{k+1}^{\mathrm{T}}\boldsymbol{Q}_{k+1}\boldsymbol{\eta}_{k+1}-\boldsymbol{\eta}_k^{\mathrm{T}}\boldsymbol{Q}_k\boldsymbol{\eta}_k \tag{4-11}$$

则有

$$\begin{aligned}\mathbb{E}\{V_k\}=\mathbb{E}\Big\{&\boldsymbol{\eta}_k^{\mathrm{T}}\boldsymbol{\mathcal{A}}_k^{\mathrm{T}}\boldsymbol{Q}_{k+1}\boldsymbol{\mathcal{A}}_k\boldsymbol{\eta}_k+\boldsymbol{\eta}_k^{\mathrm{T}}\boldsymbol{\mathcal{A}}_{1,k}^{\mathrm{T}}\boldsymbol{Q}_{k+1}\boldsymbol{\mathcal{A}}_{1,k}\boldsymbol{\eta}_k+\boldsymbol{\eta}_k^{\mathrm{T}}\tilde{\boldsymbol{\mathcal{A}}}_{2,k}^{\mathrm{T}}\boldsymbol{Q}_{k+1}\tilde{\boldsymbol{\mathcal{A}}}_{2,k}\boldsymbol{\eta}_k\\&+\boldsymbol{f}^{\mathrm{T}}(\boldsymbol{\eta}_k)\boldsymbol{\mathcal{B}}_k^{\mathrm{T}}\boldsymbol{Q}_{k+1}\boldsymbol{\mathcal{B}}_k\boldsymbol{f}(\boldsymbol{\eta}_k)+\boldsymbol{\xi}_k^{\mathrm{T}}\boldsymbol{K}_k^{\mathrm{T}}\boldsymbol{H}_1^{\mathrm{T}}\boldsymbol{Q}_{k+1}\boldsymbol{H}_1\boldsymbol{K}_k\boldsymbol{\xi}_k+2\boldsymbol{\eta}_k^{\mathrm{T}}\boldsymbol{\mathcal{A}}_k^{\mathrm{T}}\boldsymbol{Q}_{k+1}\boldsymbol{\mathcal{B}}_k\boldsymbol{f}(\boldsymbol{\eta}_k)\\&+2\boldsymbol{\eta}_k^{\mathrm{T}}\boldsymbol{\mathcal{A}}_k^{\mathrm{T}}\boldsymbol{Q}_{k+1}\boldsymbol{H}_1\boldsymbol{K}_k\boldsymbol{\xi}_k+2\boldsymbol{f}^{\mathrm{T}}(\boldsymbol{\eta}_k)\boldsymbol{\mathcal{B}}_k^{\mathrm{T}}\boldsymbol{Q}_{k+1}\boldsymbol{H}_1\boldsymbol{K}_k\boldsymbol{\xi}_k\\&+\boldsymbol{v}_k^{\mathrm{T}}\boldsymbol{\mathcal{C}}_k^{\mathrm{T}}\boldsymbol{Q}_{k+1}\boldsymbol{\mathcal{C}}_k\boldsymbol{v}_k+2\boldsymbol{\xi}_k^{\mathrm{T}}\boldsymbol{K}_k^{\mathrm{T}}\boldsymbol{H}_1^{\mathrm{T}}\boldsymbol{Q}_{k+1}\boldsymbol{\mathcal{C}}_k\boldsymbol{v}_k-\boldsymbol{\eta}_k^{\mathrm{T}}\boldsymbol{Q}_k\boldsymbol{\eta}_k\Big\}\end{aligned}$$

运用基本不等式 $2\boldsymbol{x}^{\mathrm{T}}\boldsymbol{P}\boldsymbol{y}\le\boldsymbol{x}^{\mathrm{T}}\boldsymbol{P}\boldsymbol{x}+\boldsymbol{y}^{\mathrm{T}}\boldsymbol{P}\boldsymbol{y}\ (\boldsymbol{P}>\boldsymbol{0})$，有

$$\begin{aligned}&\mathbb{E}\{2\boldsymbol{\eta}_k^{\mathrm{T}}\boldsymbol{A}_k^{\mathrm{T}}\boldsymbol{Q}_{k+1}\boldsymbol{H}_1\boldsymbol{K}_k\boldsymbol{\xi}_k\}\\&\le\mathbb{E}\{\boldsymbol{\eta}_k^{\mathrm{T}}\boldsymbol{\mathcal{A}}_k^{\mathrm{T}}\boldsymbol{Q}_{k+1}\boldsymbol{\mathcal{A}}_k\boldsymbol{\eta}_k+\boldsymbol{\xi}_k^{\mathrm{T}}\boldsymbol{K}_k^{\mathrm{T}}\boldsymbol{H}_1^{\mathrm{T}}\boldsymbol{Q}_{k+1}\boldsymbol{H}_1\boldsymbol{K}_k\boldsymbol{\xi}_k\}\\&\mathbb{E}\{2\boldsymbol{f}^{\mathrm{T}}(\boldsymbol{\eta}_k)\boldsymbol{\mathcal{B}}_k^{\mathrm{T}}\boldsymbol{Q}_{k+1}\boldsymbol{H}_1\boldsymbol{K}_k\boldsymbol{\xi}_k\}\\&\le\mathbb{E}\{\boldsymbol{f}^{\mathrm{T}}(\boldsymbol{\eta}_k)\boldsymbol{\mathcal{B}}_k^{\mathrm{T}}\boldsymbol{Q}_{k+1}\boldsymbol{\mathcal{B}}_k\boldsymbol{f}(\boldsymbol{\eta}_k)+\boldsymbol{\xi}_k^{\mathrm{T}}\boldsymbol{K}_k^{\mathrm{T}}\boldsymbol{H}_1^{\mathrm{T}}\boldsymbol{Q}_{k+1}\boldsymbol{H}_1\boldsymbol{K}_k\boldsymbol{\xi}_k\}\\&\mathbb{E}\{2\boldsymbol{\xi}_k^{\mathrm{T}}\boldsymbol{K}_k^{\mathrm{T}}\boldsymbol{H}_1^{\mathrm{T}}\boldsymbol{Q}_{k+1}\boldsymbol{\mathcal{C}}_k\boldsymbol{v}_k\}\\&\le\mathbb{E}\{\boldsymbol{v}_k^{\mathrm{T}}\boldsymbol{\mathcal{C}}_k^{\mathrm{T}}\boldsymbol{Q}_{k+1}\boldsymbol{\mathcal{C}}_k\boldsymbol{v}_k+\boldsymbol{\xi}_k^{\mathrm{T}}\boldsymbol{K}_k^{\mathrm{T}}\boldsymbol{H}_1^{\mathrm{T}}\boldsymbol{Q}_{k+1}\boldsymbol{H}_1\boldsymbol{K}_k\boldsymbol{\xi}_k\}\end{aligned}$$

根据上式可以得到

$$\begin{aligned}\mathbb{E}\{V_k\}\le\mathbb{E}\Big\{&2\boldsymbol{\eta}_k^{\mathrm{T}}\boldsymbol{\mathcal{A}}_k^{\mathrm{T}}\boldsymbol{Q}_{k+1}\boldsymbol{\mathcal{A}}_k\boldsymbol{\eta}_k+\boldsymbol{\eta}_k^{\mathrm{T}}\boldsymbol{\mathcal{A}}_{1,k}^{\mathrm{T}}\boldsymbol{Q}_{k+1}\boldsymbol{\mathcal{A}}_{1,k}\boldsymbol{\eta}_k+\boldsymbol{\eta}_k^{\mathrm{T}}\tilde{\boldsymbol{\mathcal{A}}}_{2,k}^{\mathrm{T}}\boldsymbol{Q}_{k+1}\tilde{\boldsymbol{\mathcal{A}}}_{2,k}\boldsymbol{\eta}_k\\&+2\boldsymbol{f}^{\mathrm{T}}(\boldsymbol{\eta}_k)\boldsymbol{\mathcal{B}}_k^{\mathrm{T}}\boldsymbol{Q}_{k+1}\boldsymbol{\mathcal{B}}_k\boldsymbol{f}(\boldsymbol{\eta}_k)+4\boldsymbol{\xi}_k^{\mathrm{T}}\boldsymbol{K}_k^{\mathrm{T}}\boldsymbol{H}_1^{\mathrm{T}}\boldsymbol{Q}_{k+1}\boldsymbol{H}_1\boldsymbol{K}_k\boldsymbol{\xi}_k\\&+2\boldsymbol{\eta}_k^{\mathrm{T}}\boldsymbol{\mathcal{A}}_k^{\mathrm{T}}\boldsymbol{Q}_{k+1}\boldsymbol{\mathcal{B}}_k\boldsymbol{f}(\boldsymbol{\eta}_k)+2\boldsymbol{v}_k^{\mathrm{T}}\boldsymbol{\mathcal{C}}_k^{\mathrm{T}}\boldsymbol{Q}_{k+1}\boldsymbol{\mathcal{C}}_k\boldsymbol{v}_k-\boldsymbol{\eta}_k^{\mathrm{T}}\boldsymbol{Q}_k\boldsymbol{\eta}_k\Big\}\end{aligned}$$

接下来，将零项 $\tilde{\boldsymbol{z}}_k^{\mathrm{T}}\tilde{\boldsymbol{z}}_k-\gamma^2\boldsymbol{v}_k^{\mathrm{T}}\boldsymbol{W}_\varphi\boldsymbol{v}_k-\tilde{\boldsymbol{z}}_k^{\mathrm{T}}\tilde{\boldsymbol{z}}_k+\gamma^2\boldsymbol{v}_k^{\mathrm{T}}\boldsymbol{W}_\varphi\boldsymbol{v}_k$ 加入到 $\mathbb{E}\{V_k\}$ 中，可以得到

$$\mathbb{E}\{V_k\}\le\mathbb{E}\left\{\begin{bmatrix}\bar{\boldsymbol{\eta}}_k^{\mathrm{T}} & \boldsymbol{v}_k^{\mathrm{T}}\end{bmatrix}\tilde{\boldsymbol{\Psi}}\begin{bmatrix}\bar{\boldsymbol{\eta}}_k\\ \boldsymbol{v}_k\end{bmatrix}-\tilde{\boldsymbol{z}}_k^{\mathrm{T}}\tilde{\boldsymbol{z}}_k+\gamma^2\boldsymbol{v}_k^{\mathrm{T}}\boldsymbol{W}_\varphi\boldsymbol{v}_k\right\} \tag{4-12}$$

其中

$$\bar{\boldsymbol{\eta}}_k=\begin{bmatrix}\boldsymbol{\eta}_k^{\mathrm{T}} & \boldsymbol{f}^{\mathrm{T}}(\boldsymbol{\eta}_k) & \boldsymbol{\xi}_k^{\mathrm{T}}\end{bmatrix}^{\mathrm{T}}$$

$$\tilde{\boldsymbol{\Psi}}=\begin{bmatrix}\tilde{\boldsymbol{\Psi}}_{11} & \boldsymbol{\mathcal{A}}_k^{\mathrm{T}}\boldsymbol{Q}_{k+1}\boldsymbol{\mathcal{B}}_k & \boldsymbol{0} & \boldsymbol{0}\\ * & 2\boldsymbol{\mathcal{B}}_k^{\mathrm{T}}\boldsymbol{Q}_{k+1}\boldsymbol{\mathcal{B}}_k & \boldsymbol{0} & \boldsymbol{0}\\ * & * & \tilde{\boldsymbol{\Psi}}_{33} & \boldsymbol{0}\\ * & * & * & \tilde{\boldsymbol{\Psi}}_{44}\end{bmatrix}$$

$$\tilde{\boldsymbol{\Psi}}_{11}=2\boldsymbol{\mathcal{A}}_k^{\mathrm{T}}\boldsymbol{Q}_{k+1}\boldsymbol{\mathcal{A}}_k+\boldsymbol{\mathcal{A}}_{1,k}^{\mathrm{T}}\boldsymbol{Q}_{k+1}\boldsymbol{\mathcal{A}}_{1,k}+\sum_{i=1}^{m}\left(\psi_k^i\right)^2\boldsymbol{\mathcal{D}}_{1,k}^{\mathrm{T}}\boldsymbol{Q}_{k+1}\boldsymbol{\mathcal{D}}_{1,k}+\boldsymbol{\mathcal{M}}_k^{\mathrm{T}}\boldsymbol{\mathcal{M}}_k-\boldsymbol{Q}_k$$

$$\tilde{\boldsymbol{\Psi}}_{33}=3\boldsymbol{K}_k^{\mathrm{T}}\boldsymbol{H}_1^{\mathrm{T}}\boldsymbol{Q}_{k+1}\boldsymbol{H}_1\boldsymbol{K}_k,\quad \tilde{\boldsymbol{\Psi}}_{44}=2\boldsymbol{\mathcal{C}}_k^{\mathrm{T}}\boldsymbol{Q}_{k+1}\boldsymbol{\mathcal{C}}_k-\gamma^2\boldsymbol{W}_\varphi$$

且 $\boldsymbol{\mathcal{D}}_{1,k}$ 在式（4-10）中定义。

根据引理 2.1，很容易推导出

$$\begin{aligned}&\begin{bmatrix}\boldsymbol{x}_k\\ \boldsymbol{f}(\boldsymbol{x}_k)\end{bmatrix}^{\mathrm{T}}\begin{bmatrix}\boldsymbol{\Gamma}_1\boldsymbol{\Sigma}_1 & -\boldsymbol{\Gamma}_1\boldsymbol{\Sigma}_2\\ -\boldsymbol{\Gamma}_1\boldsymbol{\Sigma}_2 & \boldsymbol{\Gamma}_1\end{bmatrix}\begin{bmatrix}\boldsymbol{x}_k\\ \boldsymbol{f}(\boldsymbol{x}_k)\end{bmatrix}\le 0\\ &\begin{bmatrix}\boldsymbol{e}_k\\ \bar{\boldsymbol{f}}(\boldsymbol{e}_k)\end{bmatrix}^{\mathrm{T}}\begin{bmatrix}\boldsymbol{\Gamma}_2\boldsymbol{\Sigma}_1 & -\boldsymbol{\Gamma}_2\boldsymbol{\Sigma}_2\\ -\boldsymbol{\Gamma}_2\boldsymbol{\Sigma}_2 & \boldsymbol{\Gamma}_2\end{bmatrix}\begin{bmatrix}\boldsymbol{e}_k\\ \bar{\boldsymbol{f}}(\boldsymbol{e}_k)\end{bmatrix}\le 0\end{aligned} \tag{4-13}$$

其中，$\boldsymbol{\Sigma}_1$，$\boldsymbol{\Sigma}_2$，$\boldsymbol{\Gamma}_1$和$\boldsymbol{\Gamma}_2$在式（4-10）中定义。易知

$$\begin{bmatrix}\boldsymbol{\eta}_k\\ \boldsymbol{f}(\boldsymbol{\eta}_k)\end{bmatrix}^{\mathrm{T}}\begin{bmatrix}\boldsymbol{\Sigma}_{11} & -\boldsymbol{\Sigma}_{21}\\ -\boldsymbol{\Sigma}_{21} & \bar{\boldsymbol{F}}\end{bmatrix}\begin{bmatrix}\boldsymbol{\eta}_k\\ \boldsymbol{f}(\boldsymbol{\eta}_k)\end{bmatrix}\le 0 \tag{4-14}$$

其中，$\boldsymbol{\Sigma}_{11}$，$\boldsymbol{\Sigma}_{21}$和$\bar{\boldsymbol{F}}$已在式（4-10）中定义。结合式（4-12）与（4-14），有

$$\begin{aligned}&\mathbb{E}\{V_k\}\\ &\le\mathbb{E}\left\{\begin{bmatrix}\bar{\boldsymbol{\eta}}_k^{\mathrm{T}} & \boldsymbol{v}_k^{\mathrm{T}}\end{bmatrix}\tilde{\boldsymbol{\Psi}}\begin{bmatrix}\bar{\boldsymbol{\eta}}_k\\ \boldsymbol{v}_k\end{bmatrix}-\tilde{\boldsymbol{z}}_k^{\mathrm{T}}\tilde{\boldsymbol{z}}_k+\gamma^2\boldsymbol{v}_k^{\mathrm{T}}\boldsymbol{W}_\varphi\boldsymbol{v}_k-\left[\boldsymbol{\eta}_k^{\mathrm{T}}\boldsymbol{\Sigma}_{11}\boldsymbol{\eta}_k-2\boldsymbol{\eta}_k^{\mathrm{T}}\boldsymbol{\Sigma}_{21}\boldsymbol{f}(\boldsymbol{\eta}_k)\right.\right.\\ &\quad\left.\left.+\boldsymbol{f}^{\mathrm{T}}(\boldsymbol{\eta}_k)\bar{\boldsymbol{F}}\boldsymbol{f}(\boldsymbol{\eta}_k)\right]-\lambda\left(\boldsymbol{\xi}_k^{\mathrm{T}}\boldsymbol{\xi}_k-\delta\boldsymbol{y}_k^{\mathrm{T}}\boldsymbol{y}_k\right)\right.\\ &\le\mathbb{E}\left\{\begin{bmatrix}\bar{\boldsymbol{\eta}}_k^{\mathrm{T}} & \boldsymbol{v}_k^{\mathrm{T}}\end{bmatrix}\tilde{\boldsymbol{\Psi}}\begin{bmatrix}\bar{\boldsymbol{\eta}}_k\\ \boldsymbol{v}_k\end{bmatrix}-\tilde{\boldsymbol{z}}_k^{\mathrm{T}}\tilde{\boldsymbol{z}}_k+\gamma^2\boldsymbol{v}_k^{\mathrm{T}}\boldsymbol{W}_\varphi\boldsymbol{v}_k-\left[\boldsymbol{\eta}_k^{\mathrm{T}}\boldsymbol{\Sigma}_{11}\boldsymbol{\eta}_k-2\boldsymbol{\eta}_k^{\mathrm{T}}\boldsymbol{\Sigma}_{21}\boldsymbol{f}(\boldsymbol{\eta}_k)\right.\right.\\ &\quad+\boldsymbol{f}^{\mathrm{T}}(\boldsymbol{\eta}_k)\bar{\boldsymbol{F}}\boldsymbol{f}(\boldsymbol{\eta}_k)\left.\right]-\lambda\left(\boldsymbol{\xi}_k^{\mathrm{T}}\boldsymbol{\xi}_k-\delta\boldsymbol{\eta}_k^{\mathrm{T}}\boldsymbol{H}_2^{\mathrm{T}}\boldsymbol{D}_k^{\mathrm{T}}\boldsymbol{\Lambda}_k^{\mathrm{T}}\boldsymbol{\Lambda}_k\boldsymbol{D}_k\boldsymbol{H}_2\boldsymbol{\eta}_k\right.\\ &\quad\left.-\delta\boldsymbol{v}_k^{\mathrm{T}}\boldsymbol{H}_3^{\mathrm{T}}\boldsymbol{E}_k^{\mathrm{T}}\boldsymbol{E}_k\boldsymbol{H}_3\boldsymbol{v}_k\right)\\ &=\mathbb{E}\left\{\begin{bmatrix}\bar{\boldsymbol{\eta}}_k^{\mathrm{T}} & \boldsymbol{v}_k^{\mathrm{T}}\end{bmatrix}\boldsymbol{\Psi}\begin{bmatrix}\bar{\boldsymbol{\eta}}_k\\ \boldsymbol{v}_k\end{bmatrix}-\tilde{\boldsymbol{z}}_k^{\mathrm{T}}\tilde{\boldsymbol{z}}_k+\gamma^2\boldsymbol{v}_k^{\mathrm{T}}\boldsymbol{W}_\varphi\boldsymbol{v}_k\right\}\end{aligned} \tag{4-15}$$

其中，$\boldsymbol{\Psi}$ 在式（4-10）中定义。

对式（4-15）两边关于k从 0 到$N-1$进行求和，有

$$\begin{aligned}\sum_{k=0}^{N-1}\mathbb{E}\{V_k\}&=\mathbb{E}\left\{\boldsymbol{\eta}_N^{\mathrm{T}}\boldsymbol{Q}_N\boldsymbol{\eta}_N-\boldsymbol{\eta}_0^{\mathrm{T}}\boldsymbol{Q}_0\boldsymbol{\eta}_0\right\}\\ &\le\mathbb{E}\left\{\sum_{k=0}^{N-1}\begin{bmatrix}\bar{\boldsymbol{\eta}}_k^{\mathrm{T}} & \boldsymbol{v}_k^{\mathrm{T}}\end{bmatrix}\boldsymbol{\Psi}\begin{bmatrix}\bar{\boldsymbol{\eta}}_k\\ \boldsymbol{v}_k\end{bmatrix}\right\}-\mathbb{E}\left\{\sum_{k=0}^{N-1}\left(\tilde{\boldsymbol{z}}_k^{\mathrm{T}}\tilde{\boldsymbol{z}}_k-\gamma^2\boldsymbol{v}_k^{\mathrm{T}}\boldsymbol{W}_\varphi\boldsymbol{v}_k\right)\right\}\end{aligned} \tag{4-16}$$

因此，可以得到如下结果

$$J_1\le\mathbb{E}\left\{\sum_{k=0}^{N-1}\begin{bmatrix}\bar{\boldsymbol{\eta}}_k^{\mathrm{T}} & \boldsymbol{v}_k^{\mathrm{T}}\end{bmatrix}\boldsymbol{\Psi}\begin{bmatrix}\bar{\boldsymbol{\eta}}_k\\ \boldsymbol{v}_k\end{bmatrix}+\boldsymbol{\eta}_0^{\mathrm{T}}\left(\boldsymbol{Q}_0-\gamma^2\boldsymbol{W}_\phi\right)\boldsymbol{\eta}_0\right\}-\mathbb{E}\left\{\boldsymbol{\eta}_N^{\mathrm{T}}\boldsymbol{Q}_N\boldsymbol{\eta}_N\right\} \tag{4-17}$$

从条件$\boldsymbol{\Psi}<\mathbf{0}$，$\boldsymbol{Q}_N>\mathbf{0}$和初始条件$\boldsymbol{Q}_0\le\gamma^2\boldsymbol{W}_\phi$，可知$J_1<0$。

基于数学归纳法，给出估计误差协方差有上界的充分条件。

定理 4.2　考虑具有衰减测量的离散时变神经网络（4-1），给定状态估计器增益矩阵$\boldsymbol{K}_k$，在初始条件为$\boldsymbol{P}_0=\boldsymbol{X}_0$下，如果存在一系列正定矩阵$\{\boldsymbol{P}_k\}_{1\le k\le N+1}$满足如下递推矩阵不等式

$$\boldsymbol{P}_{k+1}\ge\boldsymbol{\Theta}(\boldsymbol{P}_k) \tag{4-18}$$

其中

$$
\begin{aligned}
\boldsymbol{\Theta}\left(\boldsymbol{P}_k\right)= & 3\mathcal{A}_k\boldsymbol{P}_k\mathcal{A}_k^{\mathrm{T}}+\mathcal{A}_{1,k}\boldsymbol{P}_k\mathcal{A}_{1,k}^{\mathrm{T}}+\sum_{i=1}^{m}\left(\psi_k^i\right)^2\mathcal{D}_{1,k}\boldsymbol{P}_k\mathcal{D}_{1,k}^{\mathrm{T}}+3\operatorname{tr}\left(\boldsymbol{P}_k\right)\mathcal{B}_k\bar{\boldsymbol{Y}}\mathcal{B}_k^{\mathrm{T}} \\
& +3\delta\sum_{i=1}^{m}\left(\psi_k^i\right)^2\operatorname{tr}\left[\boldsymbol{G}_k^i\boldsymbol{D}_k\boldsymbol{H}_2\boldsymbol{P}_k\boldsymbol{H}_2^{\mathrm{T}}\boldsymbol{D}_k^{\mathrm{T}}\left(\boldsymbol{G}_k^i\right)^{\mathrm{T}}\right]\boldsymbol{H}_1\boldsymbol{K}_k\boldsymbol{K}_k^{\mathrm{T}}\boldsymbol{H}_1^{\mathrm{T}} \\
& +4\delta\operatorname{tr}\left(\bar{\boldsymbol{\Lambda}}_k\boldsymbol{D}_k\boldsymbol{H}_2\boldsymbol{P}_k\boldsymbol{H}_2^{\mathrm{T}}\boldsymbol{D}_k^{\mathrm{T}}\bar{\boldsymbol{\Lambda}}_k^{\mathrm{T}}\right)\boldsymbol{H}_1\boldsymbol{K}_k\boldsymbol{K}_k^{\mathrm{T}}\boldsymbol{H}_1^{\mathrm{T}} \\
& +4\delta\operatorname{tr}\left(\boldsymbol{E}_k\boldsymbol{H}_3\boldsymbol{V}\boldsymbol{H}_3^{\mathrm{T}}\boldsymbol{E}_k^{\mathrm{T}}\right)\boldsymbol{H}_1\boldsymbol{K}_k\boldsymbol{K}_k^{\mathrm{T}}\boldsymbol{H}_1^{\mathrm{T}}+2\mathcal{C}_k\boldsymbol{V}\mathcal{C}_k^{\mathrm{T}}
\end{aligned}
\tag{4-19}
$$

$$
\boldsymbol{V}=\operatorname{diag}\left\{\boldsymbol{V}_{1,k},\boldsymbol{V}_{2,k}\right\},\rho\in(0,1),\bar{\boldsymbol{Y}}=\operatorname{diag}\{\boldsymbol{Y},\boldsymbol{Y}\}
$$

$$
\boldsymbol{Y}=\frac{\rho+\frac{1}{\rho}}{2(1-\rho)}\left(\boldsymbol{\Sigma}_2+\boldsymbol{\Sigma}_0\right)^2+\frac{1}{\rho(1-\rho)}\left(\boldsymbol{\Sigma}_2-\boldsymbol{\Sigma}_0\right)^2
$$

那么 $\boldsymbol{P}_k\geq\boldsymbol{X}_k\left(k\in\{1,2,\ldots,N+1\}\right)$。

证 根据式（4-7）中的状态协方差定义，有

$$
\begin{aligned}
\boldsymbol{X}_{k+1}= & \mathbb{E}\left\{\boldsymbol{\eta}_{k+1}\boldsymbol{\eta}_{k+1}^{\mathrm{T}}\right\} \\
= & \mathbb{E}\Big\{\mathcal{A}_k\boldsymbol{\eta}_k\boldsymbol{\eta}_k^{\mathrm{T}}\mathcal{A}_k^{\mathrm{T}}+\mathcal{A}_{1,k}\boldsymbol{\eta}_k\boldsymbol{\eta}_k^{\mathrm{T}}\mathcal{A}_{1,k}^{\mathrm{T}}+\tilde{\mathcal{A}}_{2,k}\boldsymbol{\eta}_k\boldsymbol{\eta}_k^{\mathrm{T}}\tilde{\mathcal{A}}_{2,k}^{\mathrm{T}}+\mathcal{B}_k\boldsymbol{f}\left(\boldsymbol{\eta}_k\right)\boldsymbol{f}^{\mathrm{T}}\left(\boldsymbol{\eta}_k\right)\mathcal{B}_k^{\mathrm{T}} \\
& +\boldsymbol{H}_1\boldsymbol{K}_k\boldsymbol{\xi}_k\boldsymbol{\xi}_k^{\mathrm{T}}\boldsymbol{K}_k^{\mathrm{T}}\boldsymbol{H}_1^{\mathrm{T}}+\mathcal{A}_k\boldsymbol{\eta}_k\boldsymbol{f}^{\mathrm{T}}\left(\boldsymbol{\eta}_k\right)\mathcal{B}_k^{\mathrm{T}}+\mathcal{B}_k f\left(\boldsymbol{\eta}_k\right)\boldsymbol{\eta}_k^{\mathrm{T}}\mathcal{A}_k^{\mathrm{T}}+\mathcal{A}_k\boldsymbol{\eta}_k\boldsymbol{\xi}_k^{\mathrm{T}}\boldsymbol{K}_k^{\mathrm{T}}\boldsymbol{H}_1^{\mathrm{T}} \\
& +\boldsymbol{H}_1\boldsymbol{K}_k\boldsymbol{\xi}_k\boldsymbol{\eta}_k^{\mathrm{T}}\mathcal{A}_k^{\mathrm{T}}+\mathcal{C}_k\boldsymbol{v}_k\boldsymbol{\xi}_k^{\mathrm{T}}\boldsymbol{K}_k^{\mathrm{T}}\boldsymbol{H}_1^{\mathrm{T}}+\boldsymbol{H}_1\boldsymbol{K}_k\boldsymbol{\xi}_k\boldsymbol{v}_k^{\mathrm{T}}\mathcal{C}_k^{\mathrm{T}}+\mathcal{B}_k\boldsymbol{f}\left(\boldsymbol{\eta}_k\right)\boldsymbol{\xi}_k^{\mathrm{T}}\boldsymbol{K}_k^{\mathrm{T}}\boldsymbol{H}_1^{\mathrm{T}} \\
& +\boldsymbol{H}_1\boldsymbol{K}_k\boldsymbol{\xi}_k\boldsymbol{f}^{\mathrm{T}}\left(\boldsymbol{\eta}_k\right)\mathcal{B}_k^{\mathrm{T}}+\mathcal{C}_k\boldsymbol{v}_k\boldsymbol{v}_k^{\mathrm{T}}\mathcal{C}_k^{\mathrm{T}}\Big\}
\end{aligned}
$$

运用基本不等式 $\boldsymbol{a}\boldsymbol{b}^{\mathrm{T}}+\boldsymbol{b}\boldsymbol{a}^{\mathrm{T}}\leq\boldsymbol{a}\boldsymbol{a}^{\mathrm{T}}+\boldsymbol{b}\boldsymbol{b}^{\mathrm{T}}$，易知

$$
\begin{aligned}
& \mathbb{E}\left\{\mathcal{A}_k\boldsymbol{\eta}_k\boldsymbol{f}^{\mathrm{T}}\left(\boldsymbol{\eta}_k\right)\mathcal{B}_k^{\mathrm{T}}+\mathcal{B}_k\boldsymbol{f}(\boldsymbol{\eta}_k)\boldsymbol{\eta}_k^{\mathrm{T}}\mathcal{A}_k^{\mathrm{T}}\right\} \\
& \leq\mathbb{E}\left\{\mathcal{A}_k\boldsymbol{\eta}_k\boldsymbol{\eta}_k^{\mathrm{T}}\mathcal{A}_k^{\mathrm{T}}+\mathcal{B}_k\boldsymbol{f}\left(\boldsymbol{\eta}_k\right)\boldsymbol{f}^{\mathrm{T}}\left(\boldsymbol{\eta}_k\right)\mathcal{B}_k^{\mathrm{T}}\right\} \\
& \mathbb{E}\left\{\mathcal{A}_k\boldsymbol{\eta}_k\boldsymbol{\xi}_k^{\mathrm{T}}\boldsymbol{K}_k^{\mathrm{T}}\boldsymbol{H}_1^{\mathrm{T}}+\boldsymbol{H}_1\boldsymbol{K}_k\boldsymbol{\xi}_k\boldsymbol{\eta}_k^{\mathrm{T}}\mathcal{A}_k^{\mathrm{T}}\right\} \\
& \leq\mathbb{E}\left\{\mathcal{A}_k\boldsymbol{\eta}_k\boldsymbol{\eta}_k^{\mathrm{T}}\mathcal{A}_k^{\mathrm{T}}+\boldsymbol{H}_1\boldsymbol{K}_k\boldsymbol{\xi}_k\boldsymbol{\xi}_k^{\mathrm{T}}\boldsymbol{K}_k^{\mathrm{T}}\boldsymbol{H}_1^{\mathrm{T}}\right\} \\
& \mathbb{E}\left\{\mathcal{B}_k\boldsymbol{f}\left(\boldsymbol{\eta}_k\right)\boldsymbol{\xi}_k^{\mathrm{T}}\boldsymbol{K}_k^{\mathrm{T}}\boldsymbol{H}_1^{\mathrm{T}}+\boldsymbol{H}_1\boldsymbol{K}_k\boldsymbol{\xi}_k\boldsymbol{f}^{\mathrm{T}}\left(\boldsymbol{\eta}_k\right)\mathcal{B}_k^{\mathrm{T}}\right\} \\
& \leq\mathbb{E}\left\{\mathcal{B}_k\boldsymbol{f}\left(\boldsymbol{\eta}_k\right)\boldsymbol{f}^{\mathrm{T}}\left(\boldsymbol{\eta}_k\right)\mathcal{B}_k^{\mathrm{T}}+\boldsymbol{H}_1\boldsymbol{K}_k\boldsymbol{\xi}_k\boldsymbol{\xi}_k^{\mathrm{T}}\boldsymbol{K}_k^{\mathrm{T}}\boldsymbol{H}_1^{\mathrm{T}}\right\}
\end{aligned}
$$

$$
\mathbb{E}\left\{\mathcal{C}_k\boldsymbol{v}_k\boldsymbol{\xi}_k^{\mathrm{T}}\boldsymbol{K}_k^{\mathrm{T}}\boldsymbol{H}_1^{\mathrm{T}}+\boldsymbol{H}_1\boldsymbol{K}_k\boldsymbol{\xi}_k\boldsymbol{v}_k^{\mathrm{T}}\mathcal{C}_k^{\mathrm{T}}\right\}\leq\mathbb{E}\left\{\mathcal{C}_k\boldsymbol{v}_k\boldsymbol{v}_k^{\mathrm{T}}\mathcal{C}_k^{\mathrm{T}}+\boldsymbol{H}_1\boldsymbol{K}_k\boldsymbol{\xi}_k\boldsymbol{\xi}_k^{\mathrm{T}}\boldsymbol{K}_k^{\mathrm{T}}\boldsymbol{H}_1^{\mathrm{T}}\right\}
$$

因此，很容易得到

$$
\begin{aligned}
\boldsymbol{X}_{k+1}\leq\mathbb{E}\Big\{ & 3\mathcal{A}_k\boldsymbol{\eta}_k\boldsymbol{\eta}_k^{\mathrm{T}}\mathcal{A}_k^{\mathrm{T}}+\mathcal{A}_{1,k}\boldsymbol{\eta}_k\boldsymbol{\eta}_k^{\mathrm{T}}\mathcal{A}_{1,k}^{\mathrm{T}}+\tilde{\mathcal{A}}_{2,k}\boldsymbol{\eta}_k\boldsymbol{\eta}_k^{\mathrm{T}}\tilde{\mathcal{A}}_{2,k}^{\mathrm{T}} \\
& +3\mathcal{B}_k\boldsymbol{f}\left(\boldsymbol{\eta}_k\right)\boldsymbol{f}^{\mathrm{T}}\left(\boldsymbol{\eta}_k\right)\mathcal{B}_k^{\mathrm{T}}+4\boldsymbol{H}_1\boldsymbol{K}_k\boldsymbol{\xi}_k\boldsymbol{\xi}_k^{\mathrm{T}}\boldsymbol{K}_k^{\mathrm{T}}\boldsymbol{H}_1^{\mathrm{T}}+2\mathcal{C}_k\boldsymbol{V}\mathcal{C}_k^{\mathrm{T}}\Big\}
\end{aligned}
$$

由引理 2.2 和事件触发条件可得

$$
\mathbb{E}\left\{\boldsymbol{f}\left(\boldsymbol{\eta}_k\right)\boldsymbol{f}^{\mathrm{T}}\left(\boldsymbol{\eta}_k\right)\right\}\leq\mathbb{E}\left\{\bar{\boldsymbol{Y}}\left\|\boldsymbol{\eta}_k\right\|^2\right\}=\mathbb{E}\left\{\bar{\boldsymbol{Y}}\boldsymbol{\eta}_k^{\mathrm{T}}\boldsymbol{\eta}_k\right\}
$$

$$
\begin{aligned}
\mathbb{E}\left\{\boldsymbol{\xi}_k\boldsymbol{\xi}_k^{\mathrm{T}}\right\} & \leq\mathbb{E}\left\{\delta\boldsymbol{y}_k^{\mathrm{T}}\boldsymbol{y}_k\boldsymbol{I}\right\}\leq\mathbb{E}\left\{\delta\operatorname{tr}\left(\boldsymbol{y}_k^{\mathrm{T}}\boldsymbol{y}_k\right)\boldsymbol{I}\right\}=\mathbb{E}\left\{\delta\operatorname{tr}\left(\boldsymbol{y}_k\boldsymbol{y}_k^{\mathrm{T}}\right)\boldsymbol{I}\right\} \\
& \leq\mathbb{E}\left\{\delta\operatorname{tr}\left(\boldsymbol{\Lambda}_k\boldsymbol{D}_k\boldsymbol{H}_2\boldsymbol{\eta}_k\boldsymbol{\eta}_k^{\mathrm{T}}\boldsymbol{H}_2^{\mathrm{T}}\boldsymbol{D}_k^{\mathrm{T}}\boldsymbol{\Lambda}_k^{\mathrm{T}}\right)\boldsymbol{I}+\delta\operatorname{tr}\left(\boldsymbol{E}_k\boldsymbol{H}_3\boldsymbol{v}_k\boldsymbol{v}_k^{\mathrm{T}}\boldsymbol{H}_3^{\mathrm{T}}\boldsymbol{E}_k^{\mathrm{T}}\right)\boldsymbol{I}\right\}
\end{aligned}
$$

其中，$\bar{\boldsymbol{Y}}$ 在式（4-19）中给出。于是，有

$$\begin{aligned}\boldsymbol{X}_{k+1} \le \mathbb{E}\Big\{&3\boldsymbol{\mathcal{A}}_k\boldsymbol{\eta}_k\boldsymbol{\eta}_k^{\mathrm{T}}\boldsymbol{\mathcal{A}}_k^{\mathrm{T}} + \boldsymbol{\mathcal{A}}_{1,k}\boldsymbol{\eta}_k\boldsymbol{\eta}_k^{\mathrm{T}}\boldsymbol{\mathcal{A}}_{1,k}^{\mathrm{T}} + \tilde{\boldsymbol{\mathcal{A}}}_{2,k}\boldsymbol{\eta}_k\boldsymbol{\eta}_k^{\mathrm{T}}\tilde{\boldsymbol{\mathcal{A}}}_{2,k}^{\mathrm{T}} + 3\boldsymbol{\mathcal{B}}_k\bar{\boldsymbol{Y}}\boldsymbol{\eta}_k^{\mathrm{T}}\boldsymbol{\eta}_k\boldsymbol{\mathcal{B}}_k^{\mathrm{T}}\\ &+4\delta\mathrm{tr}\left(\boldsymbol{\Lambda}_k\boldsymbol{D}_k\boldsymbol{H}_2\boldsymbol{\eta}_k\boldsymbol{\eta}_k^{\mathrm{T}}\boldsymbol{H}_2^{\mathrm{T}}\boldsymbol{D}_k^{\mathrm{T}}\boldsymbol{\Lambda}_k^{\mathrm{T}}\right)\boldsymbol{H}_1\boldsymbol{K}_k\boldsymbol{K}_k^{\mathrm{T}}\boldsymbol{H}_1^{\mathrm{T}}\\ &+4\delta\mathrm{tr}\left(\boldsymbol{E}_k\boldsymbol{H}_3\boldsymbol{v}_k\boldsymbol{v}_k^{\mathrm{T}}\boldsymbol{H}_3^{\mathrm{T}}\boldsymbol{E}_k^{\mathrm{T}}\right)\boldsymbol{H}_1\boldsymbol{K}_k\boldsymbol{K}_k^{\mathrm{T}}\boldsymbol{H}_1^{\mathrm{T}} + 2\boldsymbol{\mathcal{C}}_k\boldsymbol{V}\boldsymbol{\mathcal{C}}_k^{\mathrm{T}}\Big\}\end{aligned} \tag{4-20}$$

根据迹的性质，可以推导出

$$\mathbb{E}\left\{\boldsymbol{\eta}_k^{\mathrm{T}}\boldsymbol{\eta}_k\right\} = \mathbb{E}\left\{\mathrm{tr}\left(\boldsymbol{\eta}_k\boldsymbol{\eta}_k^{\mathrm{T}}\right)\right\} = \mathrm{tr}\left(\boldsymbol{X}_k\right) \tag{4-21}$$

结合式（4-20）和（4-21），可以得出

$$\begin{aligned}\boldsymbol{X}_{k+1} \le\ & 3\boldsymbol{\mathcal{A}}_k\boldsymbol{X}_k\boldsymbol{\mathcal{A}}_k^{\mathrm{T}} + \boldsymbol{\mathcal{A}}_{1,k}\boldsymbol{X}_k\boldsymbol{\mathcal{A}}_{1,k}^{\mathrm{T}} + \sum_{i=1}^{m}\left(\psi_k^i\right)^2\boldsymbol{\mathcal{D}}_{1,k}\boldsymbol{X}_k\boldsymbol{\mathcal{D}}_{1,k}^{\mathrm{T}} + 3\mathrm{tr}\left(\boldsymbol{X}_k\right)\boldsymbol{\mathcal{B}}_k\bar{\boldsymbol{Y}}\boldsymbol{\mathcal{B}}_k^{\mathrm{T}}\\ &+3\delta\sum_{i=1}^{m}\left(\psi_k^i\right)^2\mathrm{tr}\left[\boldsymbol{G}_k^i\boldsymbol{D}_k\boldsymbol{H}_2\boldsymbol{X}_k\boldsymbol{H}_2^{\mathrm{T}}\boldsymbol{D}_k^{\mathrm{T}}\left(\boldsymbol{G}_k^i\right)^{\mathrm{T}}\right]\boldsymbol{H}_1\boldsymbol{K}_k\boldsymbol{K}_k^{\mathrm{T}}\boldsymbol{H}_1^{\mathrm{T}}\\ &+4\delta\mathrm{tr}\left(\bar{\boldsymbol{\Lambda}}_k\boldsymbol{D}_k\boldsymbol{H}_2\boldsymbol{X}_k\boldsymbol{H}_2^{\mathrm{T}}\boldsymbol{D}_k^{\mathrm{T}}\bar{\boldsymbol{\Lambda}}_k^{\mathrm{T}}\right)\boldsymbol{H}_1\boldsymbol{K}_k\boldsymbol{K}_k^{\mathrm{T}}\boldsymbol{H}_1^{\mathrm{T}}\\ &+4\delta\mathrm{tr}\left(\boldsymbol{E}_k\boldsymbol{H}_3\boldsymbol{V}\boldsymbol{H}_3^{\mathrm{T}}\boldsymbol{E}_k^{\mathrm{T}}\right)\boldsymbol{H}_1\boldsymbol{K}_k\boldsymbol{K}_k^{\mathrm{T}}\boldsymbol{H}_1^{\mathrm{T}} + 2\boldsymbol{\mathcal{C}}_k\boldsymbol{V}\boldsymbol{\mathcal{C}}_k^{\mathrm{T}}\end{aligned}$$

注意 $\boldsymbol{P}_0 \ge \boldsymbol{X}_0$，不妨假设 $\boldsymbol{P}_k \ge \boldsymbol{X}_k$，易证

$$\boldsymbol{\Theta}\left(\boldsymbol{P}_k\right) \ge \boldsymbol{\Theta}\left(\boldsymbol{X}_k\right) \ge \boldsymbol{X}_{k+1} \tag{4-22}$$

然后，根据式（4-18）和（4-22），可以得到

$$\boldsymbol{P}_{k+1} \ge \boldsymbol{\Theta}\left(\boldsymbol{P}_k\right) \ge \boldsymbol{\Theta}\left(\boldsymbol{X}_k\right) \ge \boldsymbol{X}_{k+1} \tag{4-23}$$

由数学归纳法，定理 4.2 证毕。

基于上述定理，下面定理给出增广系统满足 H_∞ 性能约束和方差约束的充分条件。

定理 4.3　考虑具有衰减测量的离散时变神经网络（4-1），给定估计器增益矩阵 $\boldsymbol{K}_k$，扰动衰减水平 $\gamma > 0$，正定矩阵 $\boldsymbol{W}_\varphi$ 和 $\boldsymbol{W}_\phi$，在初始条件 $\boldsymbol{Q}_0 \le \gamma^2\boldsymbol{W}_\phi$ 和 $\boldsymbol{P}_0 = \boldsymbol{X}_0$ 下，如果有正定实值矩阵 $\left\{\boldsymbol{Q}_k\right\}_{1\le k\le N+1}$，$\left\{\boldsymbol{P}_k\right\}_{1\le k\le N+1}$ 和标量 $\lambda > 0$ 满足下列矩阵不等式

$$\begin{bmatrix}\boldsymbol{\Pi}_{11} & \boldsymbol{\Pi}_{12} & \boldsymbol{\Pi}_{13} & \boldsymbol{\Pi}_{14} & \boldsymbol{0}\\ * & \boldsymbol{\Pi}_{22} & \boldsymbol{\Pi}_{23} & \boldsymbol{0} & \boldsymbol{\Pi}_{25}\\ * & * & \boldsymbol{\Pi}_{33} & \boldsymbol{0} & \boldsymbol{\Pi}_{35}\\ * & * & * & \boldsymbol{\Pi}_{44} & \boldsymbol{0}\\ * & * & * & * & \boldsymbol{\Pi}_{55}\end{bmatrix} < \boldsymbol{0} \tag{4-24}$$

$$\begin{bmatrix}-\boldsymbol{P}_{k+1} & \boldsymbol{\Phi}_{12} & \boldsymbol{\Phi}_{13} & \boldsymbol{\Phi}_{14}\\ * & \boldsymbol{\Phi}_{22} & \boldsymbol{0} & \boldsymbol{0}\\ * & * & \boldsymbol{\Phi}_{33} & \boldsymbol{0}\\ * & * & * & \boldsymbol{\Phi}_{44}\end{bmatrix} < \boldsymbol{0} \tag{4-25}$$

其中

$$\boldsymbol{\Pi}_{11}=-\boldsymbol{\Sigma}_{11}-\boldsymbol{Q}_k+\lambda\delta\boldsymbol{H}_2^{\mathrm{T}}\boldsymbol{D}_k^{\mathrm{T}}\bar{\boldsymbol{\Lambda}}_k^{\mathrm{T}}\bar{\boldsymbol{\Lambda}}_k\boldsymbol{D}_k\boldsymbol{H}_2\text{，}\quad \boldsymbol{\Pi}_{12}=\begin{bmatrix}\boldsymbol{\Sigma}_{21} & \mathbf{0}\end{bmatrix}$$

$$\boldsymbol{\Pi}_{13}=\begin{bmatrix}\mathbf{0} & \boldsymbol{\mathcal{A}}_k^{\mathrm{T}} & \boldsymbol{\mathcal{A}}_k^{\mathrm{T}} & \boldsymbol{\mathcal{A}}_{1,k}^{\mathrm{T}} & \sum_{i=1}^{m}\psi_k^i\boldsymbol{\mathcal{D}}_{1,k}^{\mathrm{T}}\end{bmatrix}\text{，}\quad \boldsymbol{\Pi}_{14}=\begin{bmatrix}\sqrt{\lambda\delta}\sum_{i=1}^{m}\psi_k^i\boldsymbol{H}_2^{\mathrm{T}}\boldsymbol{D}_k^{\mathrm{T}}\left(\boldsymbol{G}_k^i\right)^{\mathrm{T}} & \boldsymbol{\mathcal{M}}_k^{\mathrm{T}}\end{bmatrix}$$

$$\boldsymbol{\Pi}_{22}=\mathrm{diag}\left\{-\bar{\boldsymbol{F}},-\lambda\boldsymbol{I}\right\}\text{，}\quad \boldsymbol{\Pi}_{23}=\begin{bmatrix}\mathbf{0} & \boldsymbol{\mathcal{B}}_k^{\mathrm{T}} & \mathbf{0} & \mathbf{0} & \mathbf{0}\\ \mathbf{0} & \mathbf{0} & \mathbf{0} & \mathbf{0} & \mathbf{0}\end{bmatrix}\text{，}\quad \boldsymbol{\Pi}_{25}=\begin{bmatrix}\boldsymbol{\mathcal{B}}_k^{\mathrm{T}} & \mathbf{0} & \mathbf{0}\\ \mathbf{0} & 2\boldsymbol{K}_k^{\mathrm{T}}\boldsymbol{H}_1^{\mathrm{T}} & \mathbf{0}\end{bmatrix}$$

$$\boldsymbol{\Pi}_{35}=\begin{bmatrix}\mathbf{0} & \mathbf{0} & \sqrt{2}\boldsymbol{\mathcal{C}}_k^{\mathrm{T}}\\ \mathbf{0} & \mathbf{0} & \mathbf{0}\\ \mathbf{0} & \mathbf{0} & \mathbf{0}\\ \mathbf{0} & \mathbf{0} & \mathbf{0}\\ \mathbf{0} & \mathbf{0} & \mathbf{0}\end{bmatrix}\text{，}\quad \boldsymbol{\Pi}_{33}=\mathrm{diag}\left\{-\gamma^2\boldsymbol{W}_{\varphi},-\boldsymbol{Q}_{k+1}^{-1},-\boldsymbol{Q}_{k+1}^{-1},-\boldsymbol{Q}_{k+1}^{-1},-\boldsymbol{Q}_{k+1}^{-1}\right\}$$

$$\boldsymbol{\Pi}_{44}=\mathrm{diag}\left\{-\boldsymbol{I},-\boldsymbol{I}\right\}\text{，}\quad \boldsymbol{\Pi}_{55}=\mathrm{diag}\left\{-\boldsymbol{Q}_{k+1}^{-1},-\boldsymbol{Q}_{k+1}^{-1},-\boldsymbol{Q}_{k+1}^{-1}\right\}\text{，}\quad \boldsymbol{\Phi}_{12}=\begin{bmatrix}\sqrt{3}\boldsymbol{\mathcal{A}}_k\boldsymbol{P}_k & \boldsymbol{\mathcal{A}}_{1,k}\boldsymbol{P}_k\end{bmatrix}$$

$$\boldsymbol{\Phi}_{13}=\begin{bmatrix}\sum_{i=1}^{m}\psi_k^i\boldsymbol{\mathcal{D}}_{1,k}\boldsymbol{P}_k & \sqrt{3}\mathrm{tr}\left(\boldsymbol{P}_k\right)\boldsymbol{\mathcal{B}}_k\bar{\boldsymbol{Y}}^{\frac{1}{2}}\end{bmatrix}$$

$$\boldsymbol{\Phi}_{14}=\begin{bmatrix}\boldsymbol{\mathcal{X}}_1 & \boldsymbol{\mathcal{X}}_2 & 2\sqrt{\delta}\mathrm{tr}\left(\boldsymbol{E}_k\boldsymbol{H}_3\boldsymbol{V}\boldsymbol{H}_3^{\mathrm{T}}\boldsymbol{E}_k^{\mathrm{T}}\right)\boldsymbol{H}_1\boldsymbol{K}_k & \sqrt{2}\boldsymbol{\mathcal{C}}_k\boldsymbol{V}\end{bmatrix}$$

$$\boldsymbol{\Phi}_{22}=\mathrm{diag}\left\{-\boldsymbol{P}_k,-\boldsymbol{P}_k\right\}\text{，}\quad \boldsymbol{\Phi}_{33}=\mathrm{diag}\left\{-\boldsymbol{P}_k,-\mathrm{tr}\left(\boldsymbol{P}_k\right)\boldsymbol{I}\right\}$$

$$\boldsymbol{\Phi}_{44}=\mathrm{diag}\left\{\boldsymbol{\mathcal{X}}_3,\boldsymbol{\mathcal{X}}_4,-\mathrm{tr}\left(\boldsymbol{E}_k\boldsymbol{H}_3\boldsymbol{V}\boldsymbol{H}_3^{\mathrm{T}}\boldsymbol{E}_k^{\mathrm{T}}\right)\boldsymbol{I},-\boldsymbol{V}\right\}$$

$$\boldsymbol{\mathcal{X}}_1=\sqrt{3\delta}\sum_{i=1}^{m}\left(\psi_k^i\right)^2\mathrm{tr}\left(\boldsymbol{G}_k^i\boldsymbol{D}_k\boldsymbol{H}_2\boldsymbol{P}_k\boldsymbol{H}_2^{\mathrm{T}}\boldsymbol{D}_k^{\mathrm{T}}\left(\boldsymbol{G}_k^i\right)^{\mathrm{T}}\right)\boldsymbol{H}_1\boldsymbol{K}_k$$

$$\boldsymbol{\mathcal{X}}_2=2\sqrt{\delta}\mathrm{tr}\left(\bar{\boldsymbol{\Lambda}}_k\boldsymbol{D}_k\boldsymbol{H}_2\boldsymbol{P}_k\boldsymbol{H}_2^{\mathrm{T}}\boldsymbol{D}_k^{\mathrm{T}}\bar{\boldsymbol{\Lambda}}_k^{\mathrm{T}}\right)\boldsymbol{H}_1\boldsymbol{K}_k$$

$$\boldsymbol{\mathcal{X}}_3=-\sum_{i=1}^{m}\left(\psi_k^i\right)^2\mathrm{tr}\left(\boldsymbol{G}_k^i\boldsymbol{D}_k\boldsymbol{H}_2\boldsymbol{P}_k\boldsymbol{H}_2^{\mathrm{T}}\boldsymbol{D}_k^{\mathrm{T}}\left(\boldsymbol{G}_k^i\right)^{\mathrm{T}}\right)\boldsymbol{I}\text{，}\quad \boldsymbol{\mathcal{X}}_4=-\mathrm{tr}\left(\bar{\boldsymbol{\Lambda}}_k\boldsymbol{D}_k\boldsymbol{H}_2\boldsymbol{P}_k\boldsymbol{H}_2^{\mathrm{T}}\boldsymbol{D}_k^{\mathrm{T}}\bar{\boldsymbol{\Lambda}}_k^{\mathrm{T}}\right)\boldsymbol{I}$$

那么增广系统同时满足 H_∞ 性能约束和方差约束。

证 在给定初始条件下，易证式（4-24）等价于式（4-10），式（4-25）可保证式（4-18）成立，故增广系统同时满足 H_∞ 性能约束和方差约束。至此，定理 4.3 证毕。

探讨衰减测量影响下的离散时变神经网络状态估计器设计问题，并基于线性矩阵不等式技术，给出状态估计增益矩阵的求解方法。

定理 4.4 给定扰动衰减水平 $\gamma>0$，矩阵 $\boldsymbol{W}_{\varphi}>\mathbf{0}$，$\boldsymbol{W}_{\phi}=\begin{bmatrix}\boldsymbol{W}_{\phi1} & \boldsymbol{W}_{\phi2}\\ \boldsymbol{W}_{\phi2}^{\mathrm{T}} & \boldsymbol{W}_{\phi4}\end{bmatrix}>\mathbf{0}$ 和一系列预先给定的上界矩阵 $\left\{\boldsymbol{\Theta}_k\right\}_{0\le k\le N+1}$，在初始条件下

$$\begin{cases}\begin{bmatrix}\boldsymbol{L}_0-\gamma^2\boldsymbol{W}_{\phi1} & -\gamma^2\boldsymbol{W}_{\phi2}\\ -\gamma^2\boldsymbol{W}_{\phi2}^{\mathrm{T}} & \boldsymbol{Z}_0-\gamma^2\boldsymbol{W}_{\phi4}\end{bmatrix}\le\mathbf{0}\\ \mathbb{E}\left\{\boldsymbol{e}_0\boldsymbol{e}_0^{\mathrm{T}}\right\}=\boldsymbol{G}_{2,0}\le\boldsymbol{\Theta}_0\end{cases}\tag{4-26}$$

如果存在正定对称矩阵$\{\boldsymbol{L}_k\}_{1\le k\le N+1}$，$\{\boldsymbol{Z}_k\}_{1\le k\le N+1}$，$\{\boldsymbol{G}_{1,k}\}_{1\le k\le N+1}$，$\{\boldsymbol{G}_{2,k}\}_{1\le k\le N+1}$，以及矩阵$\{\boldsymbol{K}_k\}_{0\le k\le N+1}$和$\{\boldsymbol{G}_{3,k}\}_{1\le k\le N+1}$满足以下条件

$$\begin{bmatrix} \boldsymbol{\Xi}_{11} & \boldsymbol{\Xi}_{12} & \boldsymbol{0} & \boldsymbol{\Xi}_{14} & \boldsymbol{\Xi}_{15} & \boldsymbol{0} & \boldsymbol{0} & \boldsymbol{0} \\ * & \boldsymbol{\Xi}_{22} & \boldsymbol{0} & \boldsymbol{\Xi}_{24} & \boldsymbol{0} & \boldsymbol{\Xi}_{26} & \boldsymbol{0} & \boldsymbol{0} \\ * & * & \boldsymbol{\Xi}_{33} & \boldsymbol{0} & \boldsymbol{0} & \boldsymbol{0} & \boldsymbol{\Xi}_{37} & \boldsymbol{\Xi}_{38} \\ * & * & * & \boldsymbol{\Xi}_{44} & \boldsymbol{0} & \boldsymbol{0} & \boldsymbol{0} & \boldsymbol{0} \\ * & * & * & * & \boldsymbol{\Xi}_{55} & \boldsymbol{0} & \boldsymbol{0} & \boldsymbol{0} \\ * & * & * & * & * & \boldsymbol{\Xi}_{66} & \boldsymbol{0} & \boldsymbol{0} \\ * & * & * & * & * & * & \boldsymbol{\Xi}_{77} & \boldsymbol{0} \\ * & * & * & * & * & * & * & \boldsymbol{\Xi}_{88} \end{bmatrix} < \boldsymbol{0} \tag{4-27}$$

$$\begin{bmatrix} \boldsymbol{Y}_{11} & \boldsymbol{Y}_{12} & \boldsymbol{Y}_{13} & \boldsymbol{Y}_{14} \\ * & \boldsymbol{Y}_{22} & \boldsymbol{0} & \boldsymbol{0} \\ * & * & \boldsymbol{Y}_{33} & \boldsymbol{0} \\ * & * & * & \boldsymbol{Y}_{44} \end{bmatrix} < \boldsymbol{0} \tag{4-28}$$

$$\boldsymbol{G}_{2,k+1} - \boldsymbol{\Theta}_{k+1} \le \boldsymbol{0} \tag{4-29}$$

更新规则为

$$\bar{\boldsymbol{L}}_{k+1} = \boldsymbol{L}_{k+1}^{-1}, \quad \bar{\boldsymbol{Z}}_{k+1} = \boldsymbol{Z}_{k+1}^{-1}$$

其中

$$\boldsymbol{\Xi}_{11} = \begin{bmatrix} -\boldsymbol{\Gamma}_1\boldsymbol{\Sigma}_1 - \boldsymbol{L}_k + \lambda\delta\boldsymbol{D}_k^{\mathrm{T}}\bar{\boldsymbol{\Lambda}}_k^{\mathrm{T}}\bar{\boldsymbol{\Lambda}}_k\boldsymbol{D}_k & \boldsymbol{0} \\ \boldsymbol{0} & -\boldsymbol{\Gamma}_2\boldsymbol{\Sigma}_1 - \boldsymbol{Z}_k \end{bmatrix}, \quad \boldsymbol{\Xi}_{12} = \begin{bmatrix} \boldsymbol{\Gamma}_1\boldsymbol{\Sigma}_2 & \boldsymbol{0} \\ \boldsymbol{0} & \boldsymbol{\Gamma}_2\boldsymbol{\Sigma}_2 \end{bmatrix}$$

$$\boldsymbol{\Xi}_{14} = \begin{bmatrix} \boldsymbol{A}_k^{\mathrm{T}} & \boldsymbol{0} \\ \boldsymbol{0} & \boldsymbol{A}_k^{\mathrm{T}} - \boldsymbol{D}_k^{\mathrm{T}}\bar{\boldsymbol{\Lambda}}_k^{\mathrm{T}}\boldsymbol{K}_k^{\mathrm{T}} \end{bmatrix}, \quad \boldsymbol{\Xi}_{24} = \begin{bmatrix} \boldsymbol{B}_k^{\mathrm{T}} & \boldsymbol{0} \\ \boldsymbol{0} & \boldsymbol{B}_k^{\mathrm{T}} \end{bmatrix}$$

$$\boldsymbol{\Xi}_{15} = \begin{bmatrix} \boldsymbol{A}_k^{\mathrm{T}} & \boldsymbol{0} & \boldsymbol{A}_{1,k}^{\mathrm{T}} & \boldsymbol{A}_{1,k}^{\mathrm{T}} & \boldsymbol{0} & \boldsymbol{\mathcal{X}}_8 & \boldsymbol{0} \\ \boldsymbol{0} & \boldsymbol{A}_k^{\mathrm{T}} - \boldsymbol{D}_k^{\mathrm{T}}\bar{\boldsymbol{\Lambda}}_k^{\mathrm{T}}\boldsymbol{K}_k^{\mathrm{T}} & \boldsymbol{0} & \boldsymbol{0} & \boldsymbol{0} & \boldsymbol{0} & \boldsymbol{M}_k^{\mathrm{T}} \end{bmatrix}$$

$$\boldsymbol{\Xi}_{26} = \begin{bmatrix} \boldsymbol{B}_k^{\mathrm{T}} & \boldsymbol{0} \\ \boldsymbol{0} & \boldsymbol{B}_k^{\mathrm{T}} \end{bmatrix}, \quad \boldsymbol{\Xi}_{37} = \begin{bmatrix} \boldsymbol{0} & 2\boldsymbol{K}_k^{\mathrm{T}} \\ \boldsymbol{0} & \boldsymbol{0} \\ \boldsymbol{0} & \boldsymbol{0} \end{bmatrix}, \quad \boldsymbol{\Xi}_{38} = \begin{bmatrix} \boldsymbol{0} & \boldsymbol{0} \\ \sqrt{2}\boldsymbol{C}_k^{\mathrm{T}} & \sqrt{2}\boldsymbol{C}_k^{\mathrm{T}} \\ \boldsymbol{0} & -\sqrt{2}\boldsymbol{E}_k^{\mathrm{T}}\boldsymbol{K}_k^{\mathrm{T}} \end{bmatrix}$$

$$\boldsymbol{\Xi}_{22} = \mathrm{diag}\{-\boldsymbol{\Gamma}_1, -\boldsymbol{\Gamma}_2\}, \quad \boldsymbol{\Xi}_{33} = \mathrm{diag}\{-\lambda\boldsymbol{I}, -\gamma^2\bar{\boldsymbol{W}}_\varphi, -\gamma^2\bar{\boldsymbol{W}}_\varphi\}, \quad \boldsymbol{W}_\varphi = \mathrm{diag}\{\bar{\boldsymbol{W}}_\varphi, \bar{\boldsymbol{W}}_\varphi\}$$

$$\boldsymbol{\Xi}_{44} = \mathrm{diag}\{-\bar{\boldsymbol{L}}_{k+1}, -\bar{\boldsymbol{Z}}_{k+1}\}, \quad \boldsymbol{\Xi}_{55} = \mathrm{diag}\{-\bar{\boldsymbol{L}}_{k+1}, -\bar{\boldsymbol{Z}}_{k+1}, -\bar{\boldsymbol{L}}_{k+1}, -\bar{\boldsymbol{Z}}_{k+1}, -\bar{\boldsymbol{L}}_{k+1}, -\bar{\boldsymbol{Z}}_{k+1}, -\boldsymbol{I}\}$$

$$\boldsymbol{\Xi}_{66} = \mathrm{diag}\{-\bar{\boldsymbol{L}}_{k+1}, -\bar{\boldsymbol{Z}}_{k+1}\}, \quad \boldsymbol{\Xi}_{77} = \mathrm{diag}\{-\bar{\boldsymbol{L}}_{k+1}, -\bar{\boldsymbol{Z}}_{k+1}\}, \quad \boldsymbol{\Xi}_{88} = \mathrm{diag}\{-\bar{\boldsymbol{L}}_{k+1}, -\bar{\boldsymbol{Z}}_{k+1}\}$$

$$\boldsymbol{P}_k=\begin{bmatrix}\boldsymbol{P}_{1,k} & \boldsymbol{P}_{3,k}^{\mathrm{T}}\\ * & \boldsymbol{P}_{2,k}\end{bmatrix},\quad \boldsymbol{Y}_{11}=\begin{bmatrix}-\boldsymbol{P}_{1,k+1} & -\boldsymbol{P}_{3,k+1}^{\mathrm{T}}\\ * & -\boldsymbol{P}_{2,k+1}\end{bmatrix}$$

$$\boldsymbol{Y}_{14}=\begin{bmatrix}\mathbf{0} & \mathbf{0} & \mathbf{0} & \sqrt{2}\boldsymbol{C}_k\boldsymbol{V}_{1,k} & \mathbf{0}\\ \boldsymbol{\mathcal{X}}_6 & \boldsymbol{\mathcal{X}}_7 & 2\sqrt{\delta}\mathrm{tr}\left(\boldsymbol{E}_k\boldsymbol{V}_{2,k}\boldsymbol{E}_k^{\mathrm{T}}\right)\boldsymbol{K}_k & \sqrt{2}\boldsymbol{C}_k\boldsymbol{V}_{1,k} & -\sqrt{2}\boldsymbol{K}_k\boldsymbol{E}_k\boldsymbol{V}_{2,k}\end{bmatrix}$$

$$\boldsymbol{Y}_{12}=\begin{bmatrix}\sqrt{3}\boldsymbol{A}_k\boldsymbol{P}_{1,k} & \sqrt{3}\boldsymbol{A}_k\boldsymbol{P}_{3,k}^{\mathrm{T}} & \boldsymbol{A}_{1,k}\boldsymbol{P}_{1,k} & \boldsymbol{A}_{1,k}\boldsymbol{P}_{3,k}^{\mathrm{T}}\\ \sqrt{3}\boldsymbol{A}_k\boldsymbol{P}_{3,k}-\sqrt{3}\boldsymbol{K}_k\bar{\boldsymbol{\Lambda}}_k\boldsymbol{D}_k\boldsymbol{P}_{3,k} & \sqrt{3}\boldsymbol{A}_k\boldsymbol{P}_{2,k}-\sqrt{3}\boldsymbol{K}_k\bar{\boldsymbol{\Lambda}}_k\boldsymbol{D}_k\boldsymbol{P}_{2,k} & \boldsymbol{A}_{1,k}\boldsymbol{P}_{1,k} & \boldsymbol{A}_{1,k}\boldsymbol{P}_{3,k}^{\mathrm{T}}\end{bmatrix}$$

$$\boldsymbol{Y}_{13}=\begin{bmatrix}\mathbf{0} & \mathbf{0} & \sqrt{3}\mathrm{tr}\left(\boldsymbol{P}_k\right)\boldsymbol{B}_k\boldsymbol{Y}^{\frac{1}{2}} & \mathbf{0}\\ -\sum_{i=1}^{m}\psi_k^i\boldsymbol{K}_k\boldsymbol{G}_k^i\boldsymbol{D}_k\boldsymbol{P}_{1,k} & -\sum_{i=1}^{m}\psi_k^i\boldsymbol{K}_k\boldsymbol{G}_k^i\boldsymbol{D}_k\boldsymbol{P}_{3,k}^{\mathrm{T}} & \mathbf{0} & \sqrt{3}\mathrm{tr}\left(\boldsymbol{P}_k\right)\boldsymbol{B}_k\boldsymbol{Y}^{\frac{1}{2}}\end{bmatrix}$$

$$\boldsymbol{\mathcal{X}}_5=\begin{bmatrix}-\boldsymbol{P}_{1,k} & -\boldsymbol{P}_{3,k}^{\mathrm{T}}\\ * & -\boldsymbol{P}_{2,k}\end{bmatrix},\quad \boldsymbol{\mathcal{X}}_6=\sqrt{3\delta}\sum_{i=1}^{m}\left(\psi_k^i\right)^2\mathrm{tr}\left(\boldsymbol{G}_k^i\boldsymbol{D}_k\boldsymbol{P}_k\boldsymbol{D}_k^{\mathrm{T}}\left(\boldsymbol{G}_k^i\right)^{\mathrm{T}}\right)\boldsymbol{K}_k$$

$$\boldsymbol{\mathcal{X}}_7=2\sqrt{\delta}\mathrm{tr}\left(\bar{\boldsymbol{\Lambda}}_k\boldsymbol{D}_k\boldsymbol{P}_k\boldsymbol{D}_k^{\mathrm{T}}\bar{\boldsymbol{\Lambda}}_k^{\mathrm{T}}\right)\boldsymbol{K}_k,\quad \boldsymbol{\mathcal{X}}_8=-\sum_{i=1}^{m}\psi_k^i\boldsymbol{D}_k^{\mathrm{T}}\left(\boldsymbol{G}_k^i\right)^{\mathrm{T}}\boldsymbol{K}_k^{\mathrm{T}}$$

$$\boldsymbol{Y}_{33}=\mathrm{diag}\left\{\boldsymbol{\mathcal{X}}_5,-\mathrm{tr}\left(\boldsymbol{P}_k\right)\boldsymbol{I},-\mathrm{tr}\left(\boldsymbol{P}_k\right)\boldsymbol{I}\right\},\quad \boldsymbol{Y}_{22}=\mathrm{diag}\left\{\boldsymbol{\mathcal{X}}_5,\boldsymbol{\mathcal{X}}_5\right\},\boldsymbol{\mathcal{X}}_9=\mathrm{tr}\left(\boldsymbol{E}_k\boldsymbol{V}_{2,k}\boldsymbol{E}_k^{\mathrm{T}}\right)\boldsymbol{I}$$

$$\boldsymbol{Y}_{44}=\mathrm{diag}\left\{-\sum_{i=1}^{m}\left(\psi_k^i\right)^2\mathrm{tr}\left(\boldsymbol{G}_k^i\boldsymbol{D}_k\boldsymbol{P}_k\boldsymbol{D}_k^{\mathrm{T}}\left(\boldsymbol{G}_k^i\right)^{\mathrm{T}}\right)\boldsymbol{I},-\mathrm{tr}\left(\bar{\boldsymbol{\Lambda}}_k\boldsymbol{D}_k\boldsymbol{P}_k\boldsymbol{D}_k^{T}\bar{\boldsymbol{\Lambda}}_k^{\mathrm{T}}\right)\boldsymbol{I},-\boldsymbol{\mathcal{X}}_9,-\boldsymbol{V}_{1,k},-\boldsymbol{V}_{2,k}\right\}$$

那么待求的估计器设计问题可解。

证 令矩阵 $\boldsymbol{Q}_k$ 和 $\boldsymbol{P}_k$ 为

$$\boldsymbol{Q}_k=\begin{bmatrix}\boldsymbol{L}_k & \mathbf{0}\\ * & \boldsymbol{Z}_k\end{bmatrix},\quad \boldsymbol{P}_k=\begin{bmatrix}\boldsymbol{P}_{1,k} & \boldsymbol{P}_{3,k}^{\mathrm{T}}\\ * & \boldsymbol{P}_{2,k}\end{bmatrix}$$

因此，易证式（4-27）等价于式（4-24），式（4-28）等价于式（4-25）。故增广系统同时满足 H_∞ 性能约束和方差约束。到此定理 4.4 证毕。

4.3 数值仿真

本节通过一个算例来验证所提出的 H_∞ 状态估计方法的有效性，具体参数如下

$$\boldsymbol{A}_k=\begin{bmatrix}-0.2\sin(2k) & 0\\ 0 & -0.1\end{bmatrix},\quad \boldsymbol{A}_{1,k}=\begin{bmatrix}-\sin(2k) & 0.2\\ -0.1 & 0.5\end{bmatrix},\quad \boldsymbol{B}_k=\begin{bmatrix}-0.1\sin(2k) & 0.2\\ -0.1 & -0.14\end{bmatrix}$$

$$\boldsymbol{C}_k=\begin{bmatrix}-0.1 & -0.3\sin(2k)\end{bmatrix}^{\mathrm{T}},\quad \boldsymbol{D}_k=\begin{bmatrix}-0.5\sin(k) & 1.5\\ -0.1 & -0.14\end{bmatrix},\quad \delta=0.6$$

$$\boldsymbol{E}_k=\begin{bmatrix}-0.27\sin(2k) & 0.15\end{bmatrix}^{\mathrm{T}},\quad \boldsymbol{M}_k=\begin{bmatrix}-0.01 & -0.1\sin(3k)\end{bmatrix}$$

$$\boldsymbol{\Gamma}_1=\begin{bmatrix}0.9 & 0\\ 0 & 0.9\end{bmatrix},\quad \boldsymbol{\Gamma}_2=\begin{bmatrix}1 & 0\\ 0 & 1\end{bmatrix},\quad \rho=0.45$$

激励函数取为

$$\boldsymbol{f}(\boldsymbol{x}_k)=\begin{bmatrix}0.5x_{1,k}+\tanh(0.2x_{1,k})\\ 0.6x_{2,k}+\tanh(0.8x_{2,k})\end{bmatrix}$$

其中，$\boldsymbol{x}_k=\begin{bmatrix}x_{1,k} & x_{2,k}\end{bmatrix}^{\mathrm{T}}$ 是神经元的状态向量。很容易得到 $\boldsymbol{\Sigma}_0=\mathrm{diag}\{0.1,0.4\}$，$\boldsymbol{\Sigma}_1=\mathrm{diag}\{0.35,0.84\}$ 和 $\boldsymbol{\Sigma}_2=\mathrm{diag}\{0.6,1\}$ 。令扰动衰减水平 $\gamma=0.9$，权重矩阵 $\boldsymbol{W}_\varphi=\mathrm{diag}\{1,1\}$，上界矩阵 $\{\boldsymbol{\Theta}_k\}_{1\le k\le N+1}=\mathrm{diag}\{0.3,0.3\}$ 和协方差 $\boldsymbol{V}_{1,k}=\boldsymbol{V}_{2,k}=\boldsymbol{I}$ 。其他参数为 $N=90$，$\bar{\lambda}_k^{(1)}=0.55$，$\bar{\lambda}_k^{(2)}=0.65$，$(\psi_k^1)^2=0.390\,5$ 和 $(\psi_k^2)^2=0.4153$ 。给定初始状态 $\bar{\boldsymbol{x}}_0=\begin{bmatrix}-2.7 & 0.3\end{bmatrix}^{\mathrm{T}}$，$\hat{\boldsymbol{x}}_0=\begin{bmatrix}-0.2 & 0.6\end{bmatrix}^{\mathrm{T}}$ 。

利用 Matlab 工具箱，求解线性矩阵不等式（4-27）~（4-29），可得状态估计器的增益矩阵值，部分数值

$$\boldsymbol{K}_1=\begin{bmatrix}0.219\,5 & 1.352\,8\\ 0.206\,8 & 0.713\,5\end{bmatrix},\quad \boldsymbol{K}_2=\begin{bmatrix}0.301\,3 & 3.623\,8\\ 0.370\,0 & 3.208\,4\end{bmatrix},\quad \boldsymbol{K}_3=\begin{bmatrix}0.095\,9 & 1.002\,9\\ 0.148\,8 & 0.933\,2\end{bmatrix}$$

利用 Matlab 软件进行数值仿真，结果如图 4-1~4-3 所示。其中，图 4-1 描述了被控输出 $\boldsymbol{z}_k$ 及其估计 $\hat{\boldsymbol{z}}_k$ 的轨迹，图 4-2 刻画了被控输出估计误差 $\tilde{\boldsymbol{z}}_k$ 的轨迹。图 4-3 反映了误差协方差和实际误差协方差的上界轨迹。从仿真图可以得出，本章所提出的事件触发 H_∞ 状态估计方法是可行的。

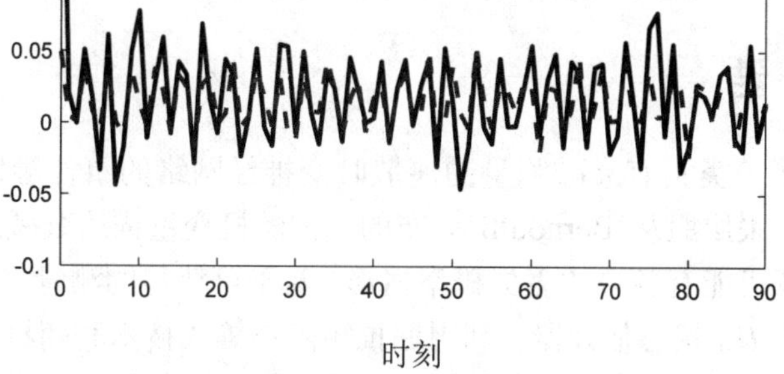

图 4-1　被控输出 $\boldsymbol{z}_k$ 及其估计 $\hat{\boldsymbol{z}}_k$

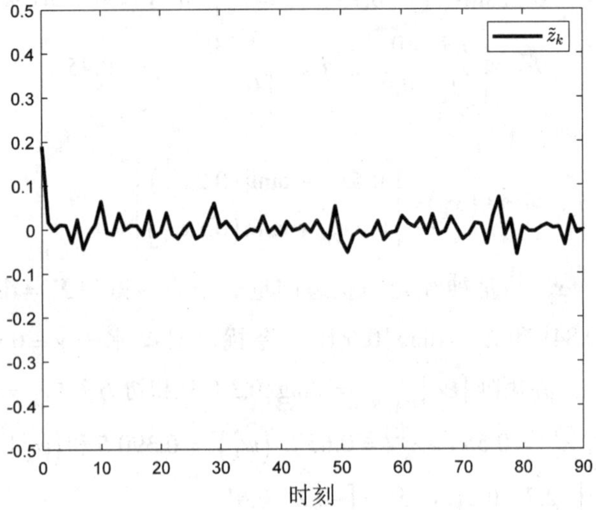

图 4-2　被控输出估计误差 $\tilde{z}_k$

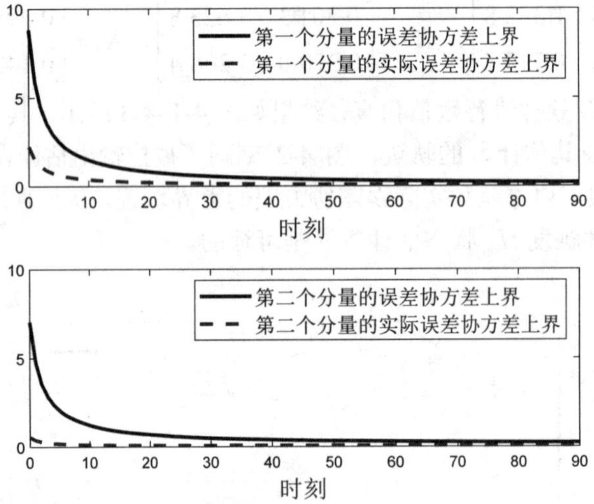

图 4-3　误差协方差和实际误差协方差的上界

4.4　本章小结

本章研究了一类具有衰减测量的离散时变神经网络的事件触发 H_∞ 状态估计问题。其中，采用服从 Bernoulli 分布的一列随机变量描述衰减测量现象，反映了每个传感器可能有各自的丢失概率情形。基于可获得的测量信息，设计了一个新型事件触发 H_∞ 状态估计器。利用递推矩阵不等式技术和随机分析方法，得到了保证增广系统同时满足估计误差协方差有上界和给定 H_∞ 性能要求的判别准则。通过仿真算例演示了所提出的方差受限 H_∞ 估计算法的可适用性。

第 5 章　具有均匀量化的神经网络的方差约束 H_∞ 状态估计

基于状态增广方法，第 2 章至第 4 章给出了几类离散时变神经网络的方差约束 H_∞ 状态估计方法。然而，需要注意的是状态增广方法会在一定程度上增加计算负担，因此本章开始考虑给出基于非增广方法的状态估计策略。此外，时滞的存在往往会影响系统的动态行为，也会影响状态估计算法性能。因此，从本章开始，我们考虑时滞神经网络状态估计算法设计问题。具体地，本章针对一类具有定常时滞的离散不确定时变神经网络，研究基于均匀量化测量的方差约束 H_∞ 状态估计问题。基于可用的测量信息，设计有限域时变状态估计器，并给出误差系统同时满足两个性能约束的充分条件。通过仿真算例演示所提出的方差约束 H_∞ 状态估计方法的可行性。

5.1　问题描述

考虑如下一类具有定常时滞的离散不确定时变神经网络

$$\begin{cases} \boldsymbol{x}_{k+1} = \left(\boldsymbol{A}_k + \Delta\boldsymbol{A}_k\right)\boldsymbol{x}_k + \boldsymbol{A}_{d,k}\boldsymbol{x}_{k-d} + \boldsymbol{B}_k\boldsymbol{f}\left(\boldsymbol{x}_k\right) + \boldsymbol{\omega}_k \\ \boldsymbol{y}_k = \boldsymbol{E}_k\boldsymbol{x}_k + \boldsymbol{\upsilon}_k \\ \boldsymbol{z}_k = \boldsymbol{G}_k\boldsymbol{x}_k \\ \boldsymbol{x}_k = \boldsymbol{\varphi}_k, k = -d, -d+1, \cdots, 0 \end{cases} \tag{5-1}$$

其中，$\boldsymbol{x}_k = \left[x_{1,k} \ \ x_{2,k} \ \ \ldots \ \ x_{n,k}\right]^{\mathrm{T}} \in \mathbb{R}^n$ 是神经网络的状态向量，其初值 $\boldsymbol{x}_0$ 的均值为 $\bar{\boldsymbol{x}}_0$，$\boldsymbol{A}_k = \mathrm{diag}\left\{a_{1,k}, a_{2,k}, \ldots, a_{n,k}\right\}$ 是已知时变自反馈对角矩阵，$\boldsymbol{B}_k$ 为已知时变连接权矩阵，$\boldsymbol{y}_k = \left[y_{1,k} \ \ y_{2,k} \ \ \cdots \ \ y_{m,k}\right]^{\mathrm{T}} \in \mathbb{R}^m$ 为测量输出，$\boldsymbol{z}_k \in \mathbb{R}^r$ 代表系统的被控输出。$\boldsymbol{\omega}_k$ 和 $\boldsymbol{\upsilon}_k$ 为零均值，协方差为 $\boldsymbol{Q}_k > \boldsymbol{0}$ 和 $\boldsymbol{R}_k > \boldsymbol{0}$ 且相互独立的高斯白噪声。$\boldsymbol{f}\left(\boldsymbol{x}_k\right)$ 为非线性激励函数，$\boldsymbol{A}_{d,k}$，$\boldsymbol{E}_k$ 和 $\boldsymbol{G}_k$ 为已知的适当维数的实值矩阵，d 为离散时滞。$\Delta\boldsymbol{A}_k$ 为参数不确定性，满足 $\Delta\boldsymbol{A}_k = \boldsymbol{H}_k\boldsymbol{F}_k\boldsymbol{N}_k$，这里 $\boldsymbol{H}_k$ 和 $\boldsymbol{N}_k$ 是已知的矩阵，且未知矩阵 $\boldsymbol{F}_k$ 满足 $\boldsymbol{F}_k^{\mathrm{T}}\boldsymbol{F}_k \le \boldsymbol{I}$。

非线性激励函数 $\boldsymbol{f}(\cdot)$ 满足 $\boldsymbol{f}(\boldsymbol{0}) = \boldsymbol{0}$，并且满足如下条件

$$\left[\boldsymbol{f}(\boldsymbol{x}) - \boldsymbol{f}(\boldsymbol{y}) - \boldsymbol{U}_1(\boldsymbol{x} - \boldsymbol{y})\right]^{\mathrm{T}}\left[\boldsymbol{f}(\boldsymbol{x}) - \boldsymbol{f}(\boldsymbol{y}) - \boldsymbol{U}_2(\boldsymbol{x} - \boldsymbol{y})\right] \le 0 \quad (\forall \boldsymbol{x}, \boldsymbol{y} \in \mathbb{R}^n) \tag{5-2}$$

其中，$\boldsymbol{U}_1$ 和 $\boldsymbol{U}_2$ 为适当维数的实值矩阵。

令量化测量具有如下形式

$$\boldsymbol{y}_k^q \triangleq \left[y_{1,k}^q \ \ y_{2,k}^q \ \ \cdots \ \ y_{m,k}^q\right]^{\mathrm{T}} \tag{5-3}$$

其中，$y_{j,k}^q$ 是测量输出的第 j 个分量。当信号通过网络传输时，信号将被量化器

$\mathcal{L}(\cdot)$均匀量化，则$\boldsymbol{y}_k^q$能够重新写为以下等式

$$\boldsymbol{y}_k^q=\mathcal{L}(\boldsymbol{y}_k)=\left[\epsilon\mathcal{R}\left(\frac{y_{1,k}}{\epsilon}\right)\ \ \epsilon\mathcal{R}\left(\frac{y_{2,k}}{\epsilon}\right)\ \ \cdots\ \ \epsilon\mathcal{R}\left(\frac{y_{m,k}}{\epsilon}\right)\right]^{\mathrm{T}} \tag{5-4}$$

其中，$\mathcal{R}(\cdot)$表示将数四舍五入到最接近的整数，ϵ是给定的量化区间。

令$\boldsymbol{\varDelta}_k\triangleq\mathcal{L}(\boldsymbol{y}_k)-\boldsymbol{y}_k$为量化误差，可以得到以下形式

$$\|\boldsymbol{\varDelta}_k\|_\infty\le\frac{\epsilon}{2}$$

根据式（5-1）和已获得的测量信息，构造如下状态估计器

$$\begin{cases}\hat{\boldsymbol{x}}_{k+1}=\boldsymbol{A}_k\hat{\boldsymbol{x}}_k+\boldsymbol{A}_{d,k}\hat{\boldsymbol{x}}_{k-d}+\boldsymbol{B}_k\boldsymbol{f}(\hat{\boldsymbol{x}}_k)+\boldsymbol{K}_k\left(\boldsymbol{y}_k^q-\boldsymbol{E}_k\hat{\boldsymbol{x}}_k\right)\\ \hat{\boldsymbol{z}}_k=\boldsymbol{G}_k\hat{\boldsymbol{x}}_k\end{cases} \tag{5-5}$$

其中，$\hat{\boldsymbol{x}}_k$是$\boldsymbol{x}_k$的状态估计，$\hat{\boldsymbol{z}}_k$是$\boldsymbol{z}_k$的估计，$\boldsymbol{K}_k$为待设计的增益矩阵。

令$\boldsymbol{e}_k=\boldsymbol{x}_k-\hat{\boldsymbol{x}}_k$和$\tilde{\boldsymbol{z}}_k=\boldsymbol{z}_k-\hat{\boldsymbol{z}}_k$，将式（5-1）和式（5-5）作差，可以得到

$$\begin{cases}\boldsymbol{e}_{k+1}=(\boldsymbol{A}_k+\Delta\boldsymbol{A}_k-\boldsymbol{K}_k\boldsymbol{E}_k)\boldsymbol{e}_k+\Delta\boldsymbol{A}_k\hat{\boldsymbol{x}}_k+\boldsymbol{A}_{d,k}\boldsymbol{e}_{k-d}\\ \qquad\quad+\boldsymbol{B}_k\bar{\boldsymbol{f}}(\boldsymbol{e}_k)+\boldsymbol{\omega}_k-\boldsymbol{K}_k\boldsymbol{\varDelta}_k-\boldsymbol{K}_k\boldsymbol{\upsilon}_k\\ \tilde{\boldsymbol{z}}_k=\boldsymbol{G}_k\boldsymbol{e}_k\end{cases} \tag{5-6}$$

其中，

$$\bar{\boldsymbol{f}}(\boldsymbol{e}_k)=\boldsymbol{f}(\boldsymbol{x}_k)-\boldsymbol{f}(\hat{\boldsymbol{x}}_k)$$
$$\boldsymbol{e}_{k-d}=\boldsymbol{x}_{k-d}-\hat{\boldsymbol{x}}_{k-d}$$

定义协方差矩阵

$$\boldsymbol{P}_k=\mathbb{E}\left\{\boldsymbol{e}_k\boldsymbol{e}_k^{\mathrm{T}}\right\} \tag{5-7}$$

本章目的是设计状态估计器（5-5），给出误差系统满足如下两个性能约束的判别条件。

（1）对于给定的标量γ，矩阵$\mathcal{U}_\phi>\mathbf{0}$，$\mathcal{U}_\varphi>\mathbf{0}$和$\mathcal{U}_\psi>\mathbf{0}$，被控输出的估计误差$\tilde{\boldsymbol{z}}_k$满足以下$H_\infty$性能约束

$$J_1=\mathbb{E}\left\{\sum_{k=0}^{N-1}\left(\|\tilde{\boldsymbol{z}}_k\|^2-\gamma^2\|\boldsymbol{v}_k\|_{\mathcal{U}_\phi}^2\right)\right\}-\gamma^2\mathbb{E}\left\{\boldsymbol{e}_0^{\mathrm{T}}\mathcal{U}_\varphi\boldsymbol{e}_0+\sum_{i=-d}^{-1}\boldsymbol{e}_i^{\mathrm{T}}\mathcal{U}_\psi\boldsymbol{e}_i\right\}<0 \tag{5-8}$$

其中，$\|\boldsymbol{v}_k\|_{\mathcal{U}_\phi}^2=\boldsymbol{v}_k^{\mathrm{T}}\mathcal{U}_\phi\boldsymbol{v}_k$。

（2）估计误差协方差满足如下上界约束

$$J_2=\boldsymbol{P}_k\le\boldsymbol{\varPhi}_k \tag{5-9}$$

其中，$\boldsymbol{\varPhi}_k(0\le k\le N)$是一系列预先给定的估计精度矩阵。

5.2 方差约束H_∞状态估计方法

在本节中，利用不等式处理技术，得到误差系统（5-6）同时满足H_∞性能指标和方差约束的判别条件。

定理 5.1　考虑具有均匀量化和时滞的离散时变神经网络（5-1），假设$\boldsymbol{K}_k$是给定的，对于$\gamma>0$，矩阵$\mathcal{U}_\phi>\mathbf{0}$，$\mathcal{U}_\varphi>\mathbf{0}$和$\mathcal{U}_\psi>\mathbf{0}$，在初始条件$\boldsymbol{S}_0\le\gamma^2\mathcal{U}_\varphi$和$\boldsymbol{T}_i\le\gamma^2\mathcal{U}_\psi(i=-d,-d+1,\ldots,-1)$下，如果存在正定矩阵$\{\boldsymbol{S}_k\}_{1\le k\le N+1}$，$\boldsymbol{T}_k$和正标量$\lambda_k$

满足如下矩阵不等式

$$\boldsymbol{\Omega}=\begin{bmatrix}\boldsymbol{\Omega}_{11} & \boldsymbol{\Omega}_{12} & -\boldsymbol{R}_{3,k}^{\mathrm{T}} & \mathbf{0} & \mathbf{0} & \mathbf{0} & \mathbf{0}\\ * & \boldsymbol{\Omega}_{22} & \boldsymbol{f}(\hat{\boldsymbol{x}}_k) & \mathbf{0} & \mathbf{0} & \mathbf{0} & \mathbf{0}\\ * & * & \boldsymbol{\Omega}_{33} & \mathbf{0} & \mathbf{0} & \mathbf{0} & \mathbf{0}\\ * & * & * & \boldsymbol{\Omega}_{44} & \mathbf{0} & \mathbf{0} & \mathbf{0}\\ * & * & * & * & \boldsymbol{\Omega}_{55} & \mathbf{0} & \mathbf{0}\\ * & * & * & * & * & \boldsymbol{\Omega}_{66} & \mathbf{0}\\ * & * & * & * & * & * & \boldsymbol{\Omega}_{77}\end{bmatrix}<\mathbf{0} \tag{5-10}$$

其中

$$\begin{aligned}\boldsymbol{\Omega}_{11}=&\,7\boldsymbol{A}_k^{\mathrm{T}}\boldsymbol{S}_{k+1}\boldsymbol{A}_k+8\boldsymbol{E}_k^{\mathrm{T}}\boldsymbol{K}_k^{\mathrm{T}}\boldsymbol{S}_{k+1}\boldsymbol{K}_k\boldsymbol{E}_k+8\Delta\boldsymbol{A}_k^{\mathrm{T}}\boldsymbol{S}_{k+1}\Delta\boldsymbol{A}_k\\&-\boldsymbol{S}_k+\boldsymbol{G}_k^{\mathrm{T}}\boldsymbol{G}_k+\boldsymbol{T}_k-\boldsymbol{R}_{1,k}\end{aligned}$$

$$\boldsymbol{\Omega}_{12}=\boldsymbol{A}_k^{\mathrm{T}}\boldsymbol{S}_{k+1}\boldsymbol{B}_k-\boldsymbol{R}_{2,k}，\quad \boldsymbol{\Omega}_{22}=7\boldsymbol{B}_k^{\mathrm{T}}\boldsymbol{S}_{k+1}\boldsymbol{B}_k-\boldsymbol{I}$$

$$\begin{aligned}\boldsymbol{\Omega}_{33}=&\,8\hat{\boldsymbol{x}}_k^{\mathrm{T}}\Delta\boldsymbol{A}_k^{\mathrm{T}}\boldsymbol{S}_{k+1}\Delta\boldsymbol{A}_k\hat{\boldsymbol{x}}_k+8\boldsymbol{f}^{\mathrm{T}}(\hat{\boldsymbol{x}}_k)\boldsymbol{B}_k^{\mathrm{T}}\boldsymbol{S}_{k+1}\boldsymbol{B}_k\boldsymbol{f}(\hat{\boldsymbol{x}}_k)\\&+\frac{m\epsilon^2}{4}\lambda_k-\boldsymbol{f}^{\mathrm{T}}(\hat{\boldsymbol{x}}_k)\boldsymbol{f}(\hat{\boldsymbol{x}}_k)\end{aligned}$$

$$\boldsymbol{\Omega}_{44}=8\boldsymbol{A}_{d,k}^{\mathrm{T}}\boldsymbol{S}_{k+1}\boldsymbol{A}_{d,k}-\boldsymbol{T}_{k-d}$$

$$\boldsymbol{\Omega}_{55}=9\boldsymbol{K}_k^{\mathrm{T}}\boldsymbol{S}_{k+1}\boldsymbol{K}_k-\lambda_k\boldsymbol{I}$$

$$\boldsymbol{\Omega}_{66}=2\boldsymbol{K}_k^{\mathrm{T}}\boldsymbol{S}_{k+1}\boldsymbol{K}_k-\gamma^2\boldsymbol{\mathcal{U}}_\phi$$

$$\boldsymbol{\Omega}_{77}=\boldsymbol{S}_{k+1}-\gamma^2\boldsymbol{\mathcal{U}}_\phi$$

那么 H_∞ 性能约束条件（5-8）成立。

证　定义

$$V_k=V_{1,k}+V_{2,k} \tag{5-11}$$

其中

$$V_{1,k}=\boldsymbol{e}_k^{\mathrm{T}}\boldsymbol{S}_k\boldsymbol{e}_k，\quad V_{2,k}=\sum_{i=k-d}^{k-1}\boldsymbol{e}_i^{\mathrm{T}}\boldsymbol{T}_i\boldsymbol{e}_i$$

根据估计误差系统（5-6），可以得到以下结果

$$\begin{aligned}\mathbb{E}\{\Delta V_k\}=&\,\mathbb{E}\{V_{k+1}-V_k\}\\=&\,\mathbb{E}\{\boldsymbol{e}_k^{\mathrm{T}}\boldsymbol{A}_k^{\mathrm{T}}\boldsymbol{S}_{k+1}\boldsymbol{A}_k\boldsymbol{e}_k+\boldsymbol{e}_k^{\mathrm{T}}\boldsymbol{E}_k^{\mathrm{T}}\boldsymbol{K}_k^{\mathrm{T}}\boldsymbol{S}_{k+1}\boldsymbol{K}_k\boldsymbol{E}_k\boldsymbol{e}_k+\boldsymbol{e}_k^{\mathrm{T}}\Delta\boldsymbol{A}_k^{\mathrm{T}}\boldsymbol{S}_{k+1}\Delta\boldsymbol{A}_k\boldsymbol{e}_k\\&+\hat{\boldsymbol{x}}_k^{\mathrm{T}}\Delta\boldsymbol{A}_k^{\mathrm{T}}\boldsymbol{S}_{k+1}\Delta\boldsymbol{A}_k\hat{\boldsymbol{x}}_k+\boldsymbol{e}_{k-d}^{\mathrm{T}}\boldsymbol{A}_{d,k}^{\mathrm{T}}\boldsymbol{S}_{k+1}\boldsymbol{A}_{d,k}\boldsymbol{e}_{k-d}\\&+\boldsymbol{f}^{\mathrm{T}}(\boldsymbol{e}_k+\hat{\boldsymbol{x}}_k)\boldsymbol{B}_k^{\mathrm{T}}\boldsymbol{S}_{k+1}\boldsymbol{B}_k\boldsymbol{f}(\boldsymbol{e}_k+\hat{\boldsymbol{x}}_k)\\&+\boldsymbol{f}^{\mathrm{T}}(\hat{\boldsymbol{x}}_k)\boldsymbol{B}_k^{\mathrm{T}}\boldsymbol{S}_{k+1}\boldsymbol{B}_k\boldsymbol{f}(\hat{\boldsymbol{x}}_k)+\boldsymbol{\omega}_k^{\mathrm{T}}\boldsymbol{S}_{k+1}\boldsymbol{\omega}_k\\&+\boldsymbol{\Delta}_k^{\mathrm{T}}\boldsymbol{K}_k^{\mathrm{T}}\boldsymbol{S}_{k+1}\boldsymbol{K}_k\boldsymbol{\Delta}_k+\boldsymbol{\upsilon}_k^{\mathrm{T}}\boldsymbol{K}_k^{\mathrm{T}}\boldsymbol{S}_{k+1}\boldsymbol{K}_k\boldsymbol{\upsilon}_k\\&+2\boldsymbol{e}_k^{\mathrm{T}}\boldsymbol{A}_k^{\mathrm{T}}\boldsymbol{S}_{k+1}\Delta\boldsymbol{A}_k\boldsymbol{e}_k+2\boldsymbol{e}_k^{\mathrm{T}}\boldsymbol{A}_k^{\mathrm{T}}\boldsymbol{S}_{k+1}\Delta\boldsymbol{A}_k\hat{\boldsymbol{x}}_k\\&+2\boldsymbol{e}_k^{\mathrm{T}}\boldsymbol{A}_k^{\mathrm{T}}\boldsymbol{S}_{k+1}\boldsymbol{A}_{d,k}\boldsymbol{e}_{k-d}+2\boldsymbol{e}_k^{\mathrm{T}}\boldsymbol{A}_k^{\mathrm{T}}\boldsymbol{S}_{k+1}\boldsymbol{B}_k\boldsymbol{f}(\boldsymbol{e}_k+\hat{\boldsymbol{x}}_k)\\&-2\boldsymbol{e}_k^{\mathrm{T}}\boldsymbol{A}_k^{\mathrm{T}}\boldsymbol{S}_{k+1}\boldsymbol{B}_k\boldsymbol{f}(\hat{\boldsymbol{x}}_k)-2\boldsymbol{e}_k^{\mathrm{T}}\boldsymbol{A}_k^{\mathrm{T}}\boldsymbol{S}_{k+1}\boldsymbol{K}_k\boldsymbol{\Delta}_k\\&-2\boldsymbol{e}_k^{\mathrm{T}}\boldsymbol{A}_k^{\mathrm{T}}\boldsymbol{S}_{k+1}\boldsymbol{K}_k\boldsymbol{E}_k\boldsymbol{e}_k+2\boldsymbol{e}_k^{\mathrm{T}}\Delta\boldsymbol{A}_k^{\mathrm{T}}\boldsymbol{S}_{k+1}\Delta\boldsymbol{A}_k\hat{\boldsymbol{x}}_k\end{aligned}$$

$$
\begin{aligned}
&+2e_k^{\mathrm T}\Delta A_k^{\mathrm T}S_{k+1}A_{d,k}e_{k-d}+2e_k^{\mathrm T}\Delta A_k^{\mathrm T}S_{k+1}B_kf\left(e_k+\hat{x}_k\right)\\
&-2e_k^{\mathrm T}\Delta A_k^{\mathrm T}S_{k+1}B_kf\left(\hat{x}_k\right)-2e_k^{\mathrm T}\Delta A_k^{\mathrm T}S_{k+1}K_k\varDelta_k\\
&-2e_k^{\mathrm T}\Delta A_k^{\mathrm T}S_{k+1}K_kE_ke_k+2\hat{x}_k^{\mathrm T}\Delta A_k^{\mathrm T}S_{k+1}A_{d,k}e_{k-d}\\
&+2\hat{x}_k^{\mathrm T}\Delta A_k^{\mathrm T}S_{k+1}B_kf\left(e_k+\hat{x}_k\right)-2\hat{x}_k^{\mathrm T}\Delta A_k^{\mathrm T}S_{k+1}B_kf\left(\hat{x}_k\right)\\
&-2\hat{x}_k^{\mathrm T}\Delta A_k^{\mathrm T}S_{k+1}K_k\varDelta_k-2\hat{x}_k^{\mathrm T}\Delta A_k^{\mathrm T}S_{k+1}K_kE_ke_k\\
&+2e_{k-d}^{\mathrm T}A_{d,k}^{\mathrm T}S_{k+1}B_kf\left(e_k+\hat{x}_k\right)-2e_{k-d}^{\mathrm T}A_{d,k}^{\mathrm T}S_{k+1}B_kf\left(\hat{x}_k\right)\\
&-2e_{k-d}^{\mathrm T}A_{d,k}^{\mathrm T}S_{k+1}K_k\varDelta_k-2e_{k-d}^{\mathrm T}A_{d,k}^{\mathrm T}S_{k+1}K_kE_ke_k\\
&-2f^{\mathrm T}\left(e_k+\hat{x}_k\right)B_k^{\mathrm T}S_{k+1}B_kf(\hat{x}_k)-2f^{\mathrm T}\left(e_k+\hat{x}_k\right)B_k^{\mathrm T}S_{k+1}K_k\varDelta_k\\
&-2f^{\mathrm T}\left(e_k+\hat{x}_k\right)B_k^{\mathrm T}S_{k+1}K_kE_ke_k+2f^{\mathrm T}\left(\hat{x}_k\right)B_k^{\mathrm T}S_{k+1}K_k\varDelta_k\\
&+2f^{\mathrm T}\left(\hat{x}_k\right)B_k^{\mathrm T}S_{k+1}K_kE_ke_k+2\varDelta_k^{\mathrm T}K_k^{\mathrm T}S_{k+1}K_kE_ke_k\\
&+2\varDelta_k^{\mathrm T}K_k^{\mathrm T}S_{k+1}K_k\upsilon_k-e_k^{\mathrm T}S_ke_k+e_k^{\mathrm T}T_ke_k-e_{k-d}^{\mathrm T}T_{k-d}e_{k-d}\}
\end{aligned}
$$

根据不等式$2x^{\mathrm T}Py\le x^{\mathrm T}Px+y^{\mathrm T}Py\ (P>0)$，得到以下不等式成立

$$
\begin{aligned}
\mathbb{E}\{\Delta V_k\}\le\mathbb{E}\{&7e_k^{\mathrm T}A_k^{\mathrm T}S_{k+1}A_ke_k+8e_k^{\mathrm T}E_k^{\mathrm T}K_k^{\mathrm T}S_{k+1}K_kE_ke_k\\
&+8e_k^{\mathrm T}\Delta A_k^{\mathrm T}S_{k+1}\Delta A_ke_k+8\hat{x}_k^{\mathrm T}\Delta A_k^{\mathrm T}S_{k+1}\Delta A_k\hat{x}_k\\
&+8f^{\mathrm T}\left(\hat{x}_k\right)B_k^{\mathrm T}S_{k+1}B_kf\left(\hat{x}_k\right)+8e_{k-d}^{\mathrm T}A_{d,k}^{\mathrm T}S_{k+1}A_{d,k}e_{k-d}\\
&+7f^{\mathrm T}\left(e_k+\hat{x}_k\right)B_k^{\mathrm T}S_{k+1}B_kf\left(e_k+\hat{x}_k\right)+9\varDelta_k^{\mathrm T}K_k^{\mathrm T}S_{k+1}K_k\varDelta_k\\
&+2\upsilon_k^{\mathrm T}K_k^{\mathrm T}S_{k+1}K_k\upsilon_k+\omega_k^{\mathrm T}S_{k+1}\omega_k+e_k^{\mathrm T}T_ke_k-e_{k-d}^{\mathrm T}T_{k-d}e_{k-d}\\
&-e_k^{\mathrm T}S_ke_k+2e_k^{\mathrm T}A_k^{\mathrm T}S_{k+1}B_kf\left(e_k+\hat{x}_k\right)\}
\end{aligned}
$$

接下来，把零项$\tilde{z}_k^{\mathrm T}\tilde{z}_k-\gamma^2v_k^{\mathrm T}\mathcal{U}_\phi v_k-\tilde{z}_k^{\mathrm T}\tilde{z}_k+\gamma^2v_k^{\mathrm T}\mathcal{U}_\phi v_k$加入到$\mathbb{E}\{\Delta V_k\}$中，不难得出以下的不等式成立

$$
\mathbb{E}\{\Delta V_k\}\le\mathbb{E}\left\{\begin{bmatrix}\bar{e}_k^{\mathrm T} & v_k^{\mathrm T}\end{bmatrix}\tilde{\varOmega}\begin{bmatrix}\bar{e}_k\\ v_k\end{bmatrix}-\tilde{z}_k^{\mathrm T}\tilde{z}_k+\gamma^2v_k^{\mathrm T}\mathcal{U}_\phi v_k\right\}\tag{5-12}
$$

其中

$$
\bar{e}_k=\begin{bmatrix}e_k^{\mathrm T} & f^{\mathrm T}\left(e_k+\hat{x}_k\right) & 1 & e_{k-d}^{\mathrm T} & \varDelta_k^{\mathrm T}\end{bmatrix}^{\mathrm T},\quad v_k=\begin{bmatrix}\upsilon_k^{\mathrm T} & \omega_k^{\mathrm T}\end{bmatrix}^{\mathrm T}
$$

$$
\tilde{\varOmega}=\begin{bmatrix}
\tilde{\varOmega}_{11} & \tilde{\varOmega}_{12} & 0 & 0 & 0 & 0 & 0\\
* & \tilde{\varOmega}_{22} & 0 & 0 & 0 & 0 & 0\\
* & * & \tilde{\varOmega}_{33} & 0 & 0 & 0 & 0\\
* & * & * & \varOmega_{44} & 0 & 0 & 0\\
* & * & * & * & \tilde{\varOmega}_{55} & 0 & 0\\
* & * & * & * & * & \varOmega_{66} & 0\\
* & * & * & * & * & * & \varOmega_{77}
\end{bmatrix}
$$

$$
\tilde{\varOmega}_{11}=7A_k^{\mathrm T}S_{k+1}A_k+8E_k^{\mathrm T}K_k^{\mathrm T}S_{k+1}K_kE_k+8\Delta A_k^{\mathrm T}S_{k+1}\Delta A_k-S_k+G_k^{\mathrm T}G_k+T_k
$$

$$
\tilde{\varOmega}_{12}=A_k^{\mathrm T}S_{k+1}B_k
$$

$$
\tilde{\varOmega}_{22}=7B_k^{\mathrm T}S_{k+1}B_k
$$

$$\tilde{\boldsymbol{\Omega}}_{33}=8\hat{\boldsymbol{x}}_k^{\mathrm{T}}\Delta\boldsymbol{A}_k^{\mathrm{T}}\boldsymbol{S}_{k+1}\Delta\boldsymbol{A}_k\hat{\boldsymbol{x}}+8\boldsymbol{f}^{\mathrm{T}}\left(\hat{\boldsymbol{x}}_k\right)\boldsymbol{B}_k^{\mathrm{T}}\boldsymbol{S}_{k+1}\boldsymbol{B}_k\boldsymbol{f}\left(\hat{\boldsymbol{x}}_k\right)$$

$$\tilde{\boldsymbol{\Omega}}_{55}=9\boldsymbol{K}_k^{\mathrm{T}}\boldsymbol{S}_{k+1}\boldsymbol{K}_k$$

且 $\boldsymbol{\Omega}_{44}$，$\boldsymbol{\Omega}_{66}$ 和 $\boldsymbol{\Omega}_{77}$ 在式（5-10）中定义。

根据引理 2.1，可以得到

$$\begin{bmatrix}\boldsymbol{e}_k\\ \boldsymbol{f}\left(\boldsymbol{e}_k+\hat{\boldsymbol{x}}_k\right)\\ 1\end{bmatrix}^{\mathrm{T}}\begin{bmatrix}\boldsymbol{R}_{1,k} & \boldsymbol{R}_{2,k} & \boldsymbol{R}_{3,k}^{\mathrm{T}}\\ \boldsymbol{R}_{2,k}^{\mathrm{T}} & \boldsymbol{I} & -\boldsymbol{f}\left(\hat{\boldsymbol{x}}_k\right)\\ \boldsymbol{R}_{3,k} & -\boldsymbol{f}^{T}\left(\hat{\boldsymbol{x}}_k\right) & \boldsymbol{f}^{T}\left(\hat{\boldsymbol{x}}_k\right)\boldsymbol{f}\left(\hat{\boldsymbol{x}}_k\right)\end{bmatrix}\begin{bmatrix}\boldsymbol{e}_k\\ \boldsymbol{f}\left(\boldsymbol{e}_k+\hat{\boldsymbol{x}}_k\right)\\ 1\end{bmatrix}\le 0 \quad (5\text{-}13)$$

其中

$$\boldsymbol{R}_{1,k}=\frac{\boldsymbol{U}_1^{\mathrm{T}}\boldsymbol{U}_2+\boldsymbol{U}_2^{\mathrm{T}}\boldsymbol{U}_1}{2},\quad \boldsymbol{R}_{2,k}=-\frac{\boldsymbol{U}_1^{\mathrm{T}}+\boldsymbol{U}_2^{\mathrm{T}}}{2}$$

$$\boldsymbol{R}_{3,k}=\frac{\boldsymbol{f}^{\mathrm{T}}\left(\hat{\boldsymbol{x}}_k\right)\boldsymbol{U}_1+\boldsymbol{f}^{\mathrm{T}}\left(\hat{\boldsymbol{x}}_k\right)\boldsymbol{U}_2}{2}$$

结合式（5-13），不难得出如下不等式成立

$$\begin{aligned}\mathbb{E}\left\{\Delta V_k\right\}\le{}&\mathbb{E}\left\{\begin{bmatrix}\bar{\boldsymbol{e}}_k^{\mathrm{T}} & \boldsymbol{v}_k^{\mathrm{T}}\end{bmatrix}\tilde{\boldsymbol{\Omega}}\begin{bmatrix}\bar{\boldsymbol{e}}_k\\ \boldsymbol{v}_k\end{bmatrix}-\tilde{\boldsymbol{z}}_k^{\mathrm{T}}\tilde{\boldsymbol{z}}_k+\gamma^2\boldsymbol{v}_k^{\mathrm{T}}\boldsymbol{\mathcal{U}}_{\phi}\boldsymbol{v}_k\right.\\&-\left[\boldsymbol{e}_k^{\mathrm{T}}\boldsymbol{R}_{1,k}\boldsymbol{e}_k+2\boldsymbol{e}_k^{\mathrm{T}}\boldsymbol{R}_{2,k}\boldsymbol{f}\left(\boldsymbol{e}_k+\hat{\boldsymbol{x}}_k\right)+2\boldsymbol{e}_k^{\mathrm{T}}\boldsymbol{R}_{3,k}^{\mathrm{T}}\right.\\&+\boldsymbol{f}^{\mathrm{T}}\left(\boldsymbol{e}_k+\hat{\boldsymbol{x}}_k\right)\boldsymbol{f}\left(\boldsymbol{e}_k+\hat{\boldsymbol{x}}_k\right)+\boldsymbol{f}^{\mathrm{T}}\left(\hat{\boldsymbol{x}}_k\right)\boldsymbol{f}\left(\hat{\boldsymbol{x}}_k\right)\\&\left.\left.-2\boldsymbol{f}^{\mathrm{T}}\left(\boldsymbol{e}_k+\hat{\boldsymbol{x}}_k\right)\boldsymbol{f}\left(\hat{\boldsymbol{x}}_k\right)\right]-\lambda_k\left(\boldsymbol{\varDelta}_k^{\mathrm{T}}\boldsymbol{\varDelta}_k-\frac{\epsilon^2}{4}\right)\right\}\\={}&\mathbb{E}\left\{\begin{bmatrix}\bar{\boldsymbol{e}}_k^{\mathrm{T}} & \boldsymbol{v}_k^{\mathrm{T}}\end{bmatrix}\boldsymbol{\Omega}\begin{bmatrix}\bar{\boldsymbol{e}}_k\\ \boldsymbol{v}_k\end{bmatrix}-\tilde{\boldsymbol{z}}_k^{\mathrm{T}}\tilde{\boldsymbol{z}}_k+\gamma^2\boldsymbol{v}_k^{\mathrm{T}}\boldsymbol{\mathcal{U}}_{\phi}\boldsymbol{v}_k\right\}\end{aligned}\quad (5\text{-}14)$$

其中，$\boldsymbol{\Omega}$ 在式（5-10）中定义。

对上式两边关于 k 从 0 到 $N-1$ 求和，容易得到

$$\begin{aligned}\sum_{k=0}^{N-1}\mathbb{E}\left\{\Delta V_k\right\}={}&\mathbb{E}\left\{\boldsymbol{e}_N^{\mathrm{T}}\boldsymbol{S}_N\boldsymbol{e}_N-\boldsymbol{e}_0^{\mathrm{T}}\boldsymbol{S}_0\boldsymbol{e}_0+\sum_{i=N-d}^{N-1}\boldsymbol{e}_i^{\mathrm{T}}\boldsymbol{T}_i\boldsymbol{e}_i-\sum_{i=-d}^{-1}\boldsymbol{e}_i^{\mathrm{T}}\boldsymbol{T}_i\boldsymbol{e}_i\right\}\\\le{}&\mathbb{E}\left\{\sum_{k=0}^{N-1}\begin{bmatrix}\bar{\boldsymbol{e}}_k^{\mathrm{T}} & \boldsymbol{v}_k^{\mathrm{T}}\end{bmatrix}\boldsymbol{\Omega}\begin{bmatrix}\bar{\boldsymbol{e}}_k\\ \boldsymbol{v}_k\end{bmatrix}\right\}-\mathbb{E}\left\{\sum_{k=0}^{N-1}\left(\tilde{\boldsymbol{z}}_k^{\mathrm{T}}\tilde{\boldsymbol{z}}_k-\gamma^2\boldsymbol{v}_k^{\mathrm{T}}\boldsymbol{\mathcal{U}}_{\phi}\boldsymbol{v}_k\right)\right\}\end{aligned}$$

因此，很容易得到如下式子成立

$$\begin{aligned}J_1={}&\mathbb{E}\left\{\sum_{k=0}^{N-1}\left(\left\|\tilde{\boldsymbol{z}}_k\right\|^2-\gamma^2\left\|\boldsymbol{v}_k\right\|_{\mathcal{U}_{\phi}}^2\right)\right\}-\gamma^2\mathbb{E}\left\{\boldsymbol{e}_0\boldsymbol{\mathcal{U}}_{\varphi}\boldsymbol{e}_0+\sum_{i=-d}^{-1}\boldsymbol{e}_i^{\mathrm{T}}\boldsymbol{\mathcal{U}}_{\psi}\boldsymbol{e}_i\right\}\\\le{}&-\mathbb{E}\left\{\boldsymbol{e}_N^{\mathrm{T}}\boldsymbol{S}_N\boldsymbol{e}_N-\boldsymbol{e}_0^{\mathrm{T}}\boldsymbol{S}_0\boldsymbol{e}_0+\sum_{i=N-d}^{N-1}\boldsymbol{e}_i^{\mathrm{T}}\boldsymbol{T}_i\boldsymbol{e}_i-\sum_{i=-d}^{-1}\boldsymbol{e}_i^{\mathrm{T}}\boldsymbol{T}_i\boldsymbol{e}_i\right\}\\&-\gamma^2\mathbb{E}\left\{\boldsymbol{e}_0^{\mathrm{T}}\boldsymbol{\mathcal{U}}_{\varphi}\boldsymbol{e}_0+\sum_{i=-d}^{-1}\boldsymbol{e}_i^{\mathrm{T}}\boldsymbol{\mathcal{U}}_{\psi}\boldsymbol{e}_i\right\}\\&+\mathbb{E}\left\{\sum_{k=0}^{N-1}\begin{bmatrix}\bar{\boldsymbol{e}}_k^{\mathrm{T}} & \boldsymbol{v}_k^{\mathrm{T}}\end{bmatrix}\boldsymbol{\Omega}\begin{bmatrix}\bar{\boldsymbol{e}}_k\\ \boldsymbol{v}_k\end{bmatrix}\right\}\end{aligned}$$

$$
\begin{aligned}
&= \mathbb{E}\left\{\sum_{k=0}^{N-1}\begin{bmatrix}\bar{e}_k^{\mathrm{T}} & v_k^{\mathrm{T}}\end{bmatrix}\boldsymbol{\Omega}\begin{bmatrix}\bar{e}_k \\ v_k\end{bmatrix} + e_0^{\mathrm{T}}\left(S_0-\gamma^2\mathcal{U}_\varphi\right)e_0 + \sum_{i=-d}^{-1}e_i^{\mathrm{T}}\left(T_i-\gamma^2\mathcal{U}_\psi\right)e_i\right\} \\
&\quad -\mathbb{E}\left\{e_N^{\mathrm{T}}S_Ne_N + \sum_{i=N-d}^{N-1}e_i^{\mathrm{T}}T_ie_i\right\}
\end{aligned} \tag{5-15}
$$

结合$\boldsymbol{\Omega}<\mathbf{0}$，$S_N>\mathbf{0}$，$T_i>\mathbf{0}$，初始条件$S_0\le\gamma^2\mathcal{U}_\varphi$和$T_i\le\gamma^2\mathcal{U}_\psi\left(i=-d,-d+1,\ldots,-1\right)$，很容易得出$J_1<0$。

接下来，基于数学归纳法，给出估计误差协方差有上界的充分条件。

定理 5.2　考虑离散不确定时变神经网络（5-1），给定估计器增益矩阵K_k，在初始条件$Z_0=P_0$下，如果存在正定矩阵$\left\{Z_k\right\}_{1\le k\le N+1}$满足如下矩阵不等式

$$
Z_{k+1}\ge\boldsymbol{\Phi}\left(Z_k\right) \tag{5-16}
$$

其中

$$
\begin{aligned}
\boldsymbol{\Phi}\left(Z_k\right) &= 7A_kZ_kA_k^{\mathrm{T}}+7K_kE_kZ_kE_k^{\mathrm{T}}K_k^{\mathrm{T}}+7\Delta A_kZ_k\Delta A_k^{\mathrm{T}} \\
&\quad +7\Delta A_k\hat{x}_k\hat{x}_k^{\mathrm{T}}\Delta A_k^{\mathrm{T}}+7A_{d,k}Z_{k-d}A_{d,k}^{\mathrm{T}}+7h\mathrm{tr}\left(Z_k\right)B_kB_k^{\mathrm{T}} \\
&\quad +2m\epsilon^2K_kK_k^{\mathrm{T}}+2K_kR_kK_k^{\mathrm{T}}+Q_k
\end{aligned} \tag{5-17}
$$

$$
h=\frac{\rho+\dfrac{1}{\rho}}{2(1-\rho)}\mathrm{tr}\left(U_2^{\mathrm{T}}U_2\right)+\frac{1}{\rho(1-\rho)}\mathrm{tr}\left(U_1^{\mathrm{T}}U_1\right)\quad\left(\rho\in(0,1)\right)
$$

那么可以得到$Z_k\ge P_k\left(\forall k\in\{1,2,\ldots,N+1\}\right)$。

证　根据协方差P_k的定义，可得

$$
\begin{aligned}
&P_{k+1} \\
&=\mathbb{E}\left\{e_{k+1}e_{k+1}^{\mathrm{T}}\right\} \\
&=\mathbb{E}\left\{A_ke_ke_k^{\mathrm{T}}A_k^{\mathrm{T}}+K_kE_ke_ke_k^{\mathrm{T}}E_k^{\mathrm{T}}K_k^{\mathrm{T}}+\Delta A_ke_ke_k^{\mathrm{T}}\Delta A_k^{\mathrm{T}}\right. \\
&\quad +\Delta A_k\hat{x}_k\hat{x}_k^{\mathrm{T}}\Delta A_k^{\mathrm{T}}+A_{d,k}e_{k-d}e_{k-d}^{\mathrm{T}}A_{d,k}^{\mathrm{T}} \\
&\quad +B_k\bar{f}\left(e_k\right)\bar{f}^{\mathrm{T}}\left(e_k\right)B_k^{\mathrm{T}}+\omega_k\omega_k^{\mathrm{T}}+K_k\varDelta_k\varDelta_k^{\mathrm{T}}K_k^{\mathrm{T}} \\
&\quad +K_kv_kv_k^{\mathrm{T}}K_k^{\mathrm{T}}+A_ke_ke_k^{\mathrm{T}}\Delta A_k^{\mathrm{T}}+A_ke_k\hat{x}_k^{\mathrm{T}}\Delta A_k^{\mathrm{T}} \\
&\quad +A_ke_ke_{k-d}^{\mathrm{T}}A_{d,k}^{\mathrm{T}}+A_ke_k\bar{f}^{\mathrm{T}}\left(e_k\right)B_k^{\mathrm{T}}-A_ke_k\varDelta_k^{\mathrm{T}}K_k^{\mathrm{T}} \\
&\quad -A_ke_ke_k^{\mathrm{T}}E_k^{\mathrm{T}}K_k^{\mathrm{T}}+\Delta A_ke_ke_k^{\mathrm{T}}A_k^{\mathrm{T}}+\Delta A_ke_k\hat{x}_k^{\mathrm{T}}\Delta A_k^{\mathrm{T}} \\
&\quad -\Delta A_ke_ke_k^{\mathrm{T}}E_k^{\mathrm{T}}K_k^{\mathrm{T}}+\Delta A_ke_ke_{k-d}^{\mathrm{T}}A_{d,k}^{\mathrm{T}}+\Delta A_ke_k\bar{f}^{\mathrm{T}}\left(e_k\right)B_k^{\mathrm{T}} \\
&\quad -\Delta A_ke_k\varDelta_k^{\mathrm{T}}K_k^{\mathrm{T}}+\Delta A_k\hat{x}_ke_k^{\mathrm{T}}A_k^{\mathrm{T}}+\Delta A_k\hat{x}_ke_k^{\mathrm{T}}\Delta A_k^{\mathrm{T}} \\
&\quad +\Delta A_k\hat{x}_ke_{k-d}^{\mathrm{T}}A_{d,k}^{\mathrm{T}}+\Delta A_k\hat{x}_k\bar{f}^{\mathrm{T}}\left(e_k\right)B_k^{\mathrm{T}}-\Delta A_k\hat{x}_k\varDelta_k^{\mathrm{T}}K_k^{\mathrm{T}} \\
&\quad -\Delta A_k\hat{x}_ke_k^{\mathrm{T}}E_k^{\mathrm{T}}K_k^{\mathrm{T}}+A_{d,k}e_{k-d}e_k^{\mathrm{T}}A_k^{\mathrm{T}}-A_{d,k}e_{k-d}e_k^{\mathrm{T}}E_k^{\mathrm{T}}K_k^{\mathrm{T}} \\
&\quad +A_{d,k}e_{k-d}e_k^{\mathrm{T}}\Delta A_k^{\mathrm{T}}+A_{d,k}e_{k-d}\hat{x}_k^{\mathrm{T}}\Delta A_k^{\mathrm{T}}+A_{d,k}e_{k-d}\bar{f}^{\mathrm{T}}\left(e_k\right)B_k^{\mathrm{T}} \\
&\quad -A_{d,k}e_{k-d}\varDelta_k^{\mathrm{T}}K_k^{\mathrm{T}}+B_k\bar{f}\left(e_k\right)e_k^{\mathrm{T}}A_k^{\mathrm{T}}-B_k\bar{f}\left(e_k\right)e_k^{\mathrm{T}}E_k^{\mathrm{T}}K_k^{\mathrm{T}} \\
&\quad +B_k\bar{f}\left(e_k\right)e_k^{\mathrm{T}}\Delta A_k^{\mathrm{T}}+B_k\bar{f}\left(e_k\right)\hat{x}_k^{\mathrm{T}}\Delta A_k^{\mathrm{T}}+B_k\bar{f}\left(e_k\right)e_{k-d}^{\mathrm{T}}A_{d,k}^{\mathrm{T}} \\
&\quad -B_k\bar{f}\left(e_k\right)\varDelta_k^{\mathrm{T}}K_k^{\mathrm{T}}-K_k\varDelta_ke_k^{\mathrm{T}}A_k^{\mathrm{T}}+K_k\varDelta_ke_k^{\mathrm{T}}E_k^{\mathrm{T}}K_k^{\mathrm{T}}
\end{aligned}
$$

$$
\begin{aligned}
&-\boldsymbol{K}_k\boldsymbol{\varDelta}_k\boldsymbol{e}_k^{\mathrm{T}}\Delta\boldsymbol{A}_k^{\mathrm{T}}-\boldsymbol{K}_k\boldsymbol{\varDelta}_k\hat{\boldsymbol{x}}_k^{\mathrm{T}}\Delta\boldsymbol{A}_k^{\mathrm{T}}-\boldsymbol{K}_k\boldsymbol{\varDelta}_k\boldsymbol{e}_{k-d}^{\mathrm{T}}\boldsymbol{A}_{d,k}^{\mathrm{T}}\\
&-\boldsymbol{K}_k\boldsymbol{\varDelta}_k\overline{\boldsymbol{f}}^{\mathrm{T}}(\boldsymbol{e}_k)\boldsymbol{B}_k^{\mathrm{T}}-\boldsymbol{K}_k\boldsymbol{E}_k\boldsymbol{e}_k\boldsymbol{e}_k^{\mathrm{T}}\boldsymbol{A}_k^{\mathrm{T}}-\boldsymbol{K}_k\boldsymbol{E}_k\boldsymbol{e}_k\boldsymbol{e}_k^{\mathrm{T}}\Delta\boldsymbol{A}_k^{\mathrm{T}}\\
&-\boldsymbol{K}_k\boldsymbol{E}_k\boldsymbol{e}_k\hat{\boldsymbol{x}}_k^{\mathrm{T}}\Delta\boldsymbol{A}_k^{\mathrm{T}}-\boldsymbol{K}_k\boldsymbol{E}_k\boldsymbol{e}_k\boldsymbol{e}_{k-d}^{\mathrm{T}}\boldsymbol{A}_{d,k}^{\mathrm{T}}-\boldsymbol{K}_k\boldsymbol{E}_k\boldsymbol{e}_k\overline{\boldsymbol{f}}^{\mathrm{T}}(\boldsymbol{e}_k)\boldsymbol{B}_k^{\mathrm{T}}\\
&+\boldsymbol{K}_k\boldsymbol{E}_k\boldsymbol{e}_k\boldsymbol{\varDelta}_k^{\mathrm{T}}\boldsymbol{K}_k^{\mathrm{T}}+\boldsymbol{K}_k\boldsymbol{\upsilon}_k\boldsymbol{\varDelta}_k^{\mathrm{T}}\boldsymbol{K}_k^{\mathrm{T}}+\boldsymbol{K}_k\boldsymbol{\varDelta}_k\boldsymbol{\upsilon}_k^{\mathrm{T}}\boldsymbol{K}_k^{\mathrm{T}}\big\}
\end{aligned}
$$

根据基本不等式

$$
\boldsymbol{a}\boldsymbol{b}^{\mathrm{T}}+\boldsymbol{b}\boldsymbol{a}^{\mathrm{T}}\le\boldsymbol{a}\boldsymbol{a}^{\mathrm{T}}+\boldsymbol{b}\boldsymbol{b}^{\mathrm{T}}
$$

有以下不等式成立

$$
\begin{aligned}
\boldsymbol{P}_{k+1}\le\mathbb{E}\big\{&7\boldsymbol{A}_k\boldsymbol{e}_k\boldsymbol{e}_k^{\mathrm{T}}\boldsymbol{A}_k^{\mathrm{T}}+7\boldsymbol{K}_k\boldsymbol{E}_k\boldsymbol{e}_k\boldsymbol{e}_k^{\mathrm{T}}\boldsymbol{E}_k^{\mathrm{T}}\boldsymbol{K}_k^{\mathrm{T}}\\
&+7\Delta\boldsymbol{A}_k\boldsymbol{e}_k\boldsymbol{e}_k^{\mathrm{T}}\Delta\boldsymbol{A}_k^{\mathrm{T}}+7\Delta\boldsymbol{A}_k\hat{\boldsymbol{x}}_k\hat{\boldsymbol{x}}_k^{\mathrm{T}}\Delta\boldsymbol{A}_k^{\mathrm{T}}\\
&+7\boldsymbol{A}_{d,k}\boldsymbol{e}_{k-d}\boldsymbol{e}_{k-d}^{\mathrm{T}}\boldsymbol{A}_{d,k}^{\mathrm{T}}+7\boldsymbol{B}_k\overline{\boldsymbol{f}}(\boldsymbol{e}_k)\overline{\boldsymbol{f}}^{\mathrm{T}}(\boldsymbol{e}_k)\boldsymbol{B}_k^{\mathrm{T}}\\
&+2m\epsilon^2\boldsymbol{K}_k\boldsymbol{K}_k^{\mathrm{T}}+2\boldsymbol{K}_k\boldsymbol{R}_k\boldsymbol{K}_k^{\mathrm{T}}+\boldsymbol{Q}_k\big\}
\end{aligned}
$$

此外，由引理 2.2 不难得出

$$
\begin{aligned}
&\mathbb{E}\left\{\overline{\boldsymbol{f}}(\boldsymbol{e}_k)\overline{\boldsymbol{f}}^{\mathrm{T}}(\boldsymbol{e}_k)\right\}\\
&\le\mathbb{E}\left\{\mathrm{tr}\left(\overline{\boldsymbol{f}}(\boldsymbol{e}_k)\overline{\boldsymbol{f}}^{\mathrm{T}}(\boldsymbol{e}_k)\right)\right\}\boldsymbol{I}\\
&\le h\mathbb{E}\left\{\boldsymbol{e}_k^{\mathrm{T}}\boldsymbol{e}_k\right\}\boldsymbol{I}
\end{aligned}
$$

其中，h 在式（5-17）中定义。通过整理，可以得到如下不等式

$$
\begin{aligned}
\boldsymbol{P}_{k+1}\le\mathbb{E}\big\{&7\boldsymbol{A}_k\boldsymbol{e}_k\boldsymbol{e}_k^{\mathrm{T}}\boldsymbol{A}_k^{\mathrm{T}}+7\boldsymbol{K}_k\boldsymbol{E}_k\boldsymbol{e}_k\boldsymbol{e}_k^{\mathrm{T}}\boldsymbol{E}_k^{\mathrm{T}}\boldsymbol{K}_k^{\mathrm{T}}\\
&+7\Delta\boldsymbol{A}_k\boldsymbol{e}_k\boldsymbol{e}_k^{\mathrm{T}}\Delta\boldsymbol{A}_k^{\mathrm{T}}+7\Delta\boldsymbol{A}_k\hat{\boldsymbol{x}}_k\hat{\boldsymbol{x}}_k^{\mathrm{T}}\Delta\boldsymbol{A}_k^{\mathrm{T}}\\
&+7\boldsymbol{A}_{d,k}\boldsymbol{e}_{k-d}\boldsymbol{e}_{k-d}^{\mathrm{T}}\boldsymbol{A}_{d,k}^{\mathrm{T}}+7h\boldsymbol{B}_k\boldsymbol{e}_k\boldsymbol{e}_k^{\mathrm{T}}\boldsymbol{B}_k^{\mathrm{T}}\\
&+2m\epsilon^2\boldsymbol{K}_k\boldsymbol{K}_k^{\mathrm{T}}+2\boldsymbol{K}_k\boldsymbol{R}_k\boldsymbol{K}_k^{\mathrm{T}}+\boldsymbol{Q}_k\big\}
\end{aligned}
\tag{5-18}
$$

根据迹的性质，可知如下等式成立

$$
\begin{aligned}
&\mathbb{E}\left\{\boldsymbol{e}_k^{\mathrm{T}}\boldsymbol{e}_k\right\}\\
&=\mathbb{E}\left\{\mathrm{tr}\left(\boldsymbol{e}_k\boldsymbol{e}_k^{\mathrm{T}}\right)\right\}\\
&=\mathrm{tr}(\boldsymbol{P}_k)
\end{aligned}
\tag{5-19}
$$

结合式（5-18）和（5-19），有如下结果

$$
\begin{aligned}
\boldsymbol{P}_{k+1}\le\;&7\boldsymbol{A}_k\boldsymbol{P}_k\boldsymbol{A}_k^{\mathrm{T}}+7\boldsymbol{K}_k\boldsymbol{E}_k\boldsymbol{P}_k\boldsymbol{E}_k^{\mathrm{T}}\boldsymbol{K}_k^{\mathrm{T}}\\
&+7\Delta\boldsymbol{A}_k\boldsymbol{P}_k\Delta\boldsymbol{A}_k^{\mathrm{T}}+7\Delta\boldsymbol{A}_k\hat{\boldsymbol{x}}_k\hat{\boldsymbol{x}}_k^{\mathrm{T}}\Delta\boldsymbol{A}_k^{\mathrm{T}}\\
&+7\boldsymbol{A}_{d,k}\boldsymbol{P}_{k-d}\boldsymbol{A}_{d,k}^{\mathrm{T}}+7h\,\mathrm{tr}(\boldsymbol{P}_k)\boldsymbol{B}_k\boldsymbol{B}_k^{\mathrm{T}}\\
&+2m\epsilon^2\boldsymbol{K}_k\boldsymbol{K}_k^{\mathrm{T}}+2\boldsymbol{K}_k\boldsymbol{R}_k\boldsymbol{K}_k^{\mathrm{T}}+\boldsymbol{Q}_k\\
=\;&\boldsymbol{\Phi}(\boldsymbol{P}_k)
\end{aligned}
$$

注意 $\boldsymbol{Z}_0\ge\boldsymbol{P}_0$，不妨假设 $\boldsymbol{Z}_k\ge\boldsymbol{P}_k$，可以得到如下的不等式成立

$$
\boldsymbol{\Phi}(\boldsymbol{Z}_k)\ge\boldsymbol{\Phi}(\boldsymbol{P}_k)\ge\boldsymbol{P}_{k+1}
$$

由数学归纳法，定理 5.2 证毕。

在上述定理的基础上，进一步给出保证误差系统同时满足 H_∞ 性能约束和方

差约束的充分条件。

定理 5.3　考虑具有均匀量化和时滞的离散不确定时变神经网络（5-1），给定估计器增益矩阵$\boldsymbol{K}_k$，对于标量$\gamma>0$，正定矩阵$\mathcal{U}_\varphi$，$\mathcal{U}_\phi$和$\mathcal{U}_\psi$，在初始条件

$$\boldsymbol{S}_0\le\gamma^2\mathcal{U}_\varphi,\ \boldsymbol{T}_i\le\gamma^2\mathcal{U}_\psi\left(i=-d,-d+1,\ldots,-1\right),\ \boldsymbol{Z}_0=\boldsymbol{P}_0$$

下，如果存在正定实值矩阵$\left\{\boldsymbol{S}_k\right\}_{1\le k\le N+1}$和$\left\{\boldsymbol{Z}_k\right\}_{1\le k\le N+1}$满足如下矩阵不等式

$$\begin{bmatrix}\boldsymbol{\Theta}_{11} & \boldsymbol{\Theta}_{12} & \boldsymbol{0} & \boldsymbol{\Theta}_{14} & \boldsymbol{\Theta}_{15} & \boldsymbol{0} & \boldsymbol{0}\\ * & \boldsymbol{\Theta}_{22} & \boldsymbol{0} & \boldsymbol{\Theta}_{24} & \boldsymbol{0} & \boldsymbol{\Theta}_{26} & \boldsymbol{0}\\ * & * & \boldsymbol{\Theta}_{33} & \boldsymbol{0} & \boldsymbol{0} & \boldsymbol{0} & \boldsymbol{\Theta}_{37}\\ * & * & * & \boldsymbol{\Theta}_{44} & \boldsymbol{0} & \boldsymbol{0} & \boldsymbol{\Theta}_{47}\\ * & * & * & * & \boldsymbol{\Theta}_{55} & \boldsymbol{0} & \boldsymbol{0}\\ * & * & * & * & * & \boldsymbol{\Theta}_{66} & \boldsymbol{0}\\ * & * & * & * & * & * & \boldsymbol{\Theta}_{77}\end{bmatrix}<\boldsymbol{0} \tag{5-20}$$

$$\begin{bmatrix}\boldsymbol{\Psi}_{11} & \boldsymbol{\Psi}_{12} & \boldsymbol{\Psi}_{13} & \boldsymbol{\Psi}_{14}\\ * & \boldsymbol{\Psi}_{22} & \boldsymbol{0} & \boldsymbol{0}\\ * & * & \boldsymbol{\Psi}_{33} & \boldsymbol{0}\\ * & * & * & \boldsymbol{\Psi}_{44}\end{bmatrix}<\boldsymbol{0} \tag{5-21}$$

其中

$$\boldsymbol{\Theta}_{11}=\boldsymbol{G}_k^{\mathrm{T}}\boldsymbol{G}_k-\boldsymbol{S}_k-\boldsymbol{R}_{1,k}+\boldsymbol{T}_k$$

$$\boldsymbol{\Theta}_{22}=\begin{bmatrix}-\boldsymbol{I} & \boldsymbol{f}(\hat{\boldsymbol{x}}_k)\\ * & \boldsymbol{\Pi}_{33}\end{bmatrix}$$

$$\boldsymbol{\Theta}_{33}=\mathrm{diag}\{-\boldsymbol{T}_{k-d},-\lambda_k\boldsymbol{I}\}$$

$$\boldsymbol{\Theta}_{44}=\mathrm{diag}\left\{-\gamma^2\mathcal{U}_\phi,-\gamma^2\mathcal{U}_\phi,-\boldsymbol{S}_{k+1}^{-1}\right\}$$

$$\boldsymbol{\Theta}_{55}=\mathrm{diag}\left\{-\boldsymbol{S}_{k+1}^{-1},-\boldsymbol{S}_{k+1}^{-1},-\boldsymbol{S}_{k+1}^{-1}\right\}$$

$$\boldsymbol{\Theta}_{66}=\mathrm{diag}\left\{-\boldsymbol{S}_{k+1}^{-1},-\boldsymbol{S}_{k+1}^{-1},-\boldsymbol{S}_{k+1}^{-1}\right\}$$

$$\boldsymbol{\Theta}_{77}=\mathrm{diag}\left\{-\boldsymbol{S}_{k+1}^{-1},-\boldsymbol{S}_{k+1}^{-1},-\boldsymbol{S}_{k+1}^{-1},-\boldsymbol{S}_{k+1}^{-1}\right\}$$

$$\boldsymbol{\Theta}_{12}=\begin{bmatrix}-\boldsymbol{R}_{2,k} & -\boldsymbol{R}_{3,k}^{\mathrm{T}}\end{bmatrix},\ \boldsymbol{\Theta}_{14}=\begin{bmatrix}\boldsymbol{0} & \boldsymbol{0} & \boldsymbol{A}_k^{\mathrm{T}}\end{bmatrix}$$

$$\boldsymbol{\Theta}_{15}=\begin{bmatrix}\sqrt{6}\boldsymbol{A}_k^{\mathrm{T}} & 2\sqrt{2}\Delta\boldsymbol{A}_k^{\mathrm{T}} & 2\sqrt{2}\boldsymbol{E}_k^{\mathrm{T}}\boldsymbol{K}_k^{\mathrm{T}}\end{bmatrix}$$

$$\boldsymbol{\Theta}_{24}=\begin{bmatrix}\boldsymbol{0} & \boldsymbol{0} & \boldsymbol{B}_k^{\mathrm{T}}\\ \boldsymbol{0} & \boldsymbol{0} & \boldsymbol{0}\end{bmatrix}$$

$$\boldsymbol{\Theta}_{26}=\begin{bmatrix}\sqrt{6}\boldsymbol{B}_k^{\mathrm{T}} & \boldsymbol{0} & \boldsymbol{0}\\ \boldsymbol{0} & 2\sqrt{2}\hat{\boldsymbol{x}}_k^{\mathrm{T}}\Delta\boldsymbol{A}_k^{\mathrm{T}} & 2\sqrt{2}\boldsymbol{f}^{\mathrm{T}}\left(\hat{\boldsymbol{x}}_k\right)\boldsymbol{B}_k^{\mathrm{T}}\end{bmatrix}$$

$$\boldsymbol{\Theta}_{37}=\begin{bmatrix}2\boldsymbol{A}_{d,k}^{\mathrm{T}} & \boldsymbol{0} & \boldsymbol{0} & \boldsymbol{0}\\ \boldsymbol{0} & 3\boldsymbol{K}_k^{\mathrm{T}} & \boldsymbol{0} & \boldsymbol{0}\end{bmatrix}$$

$$\boldsymbol{\Theta}_{47}=\begin{bmatrix}\mathbf{0} & \mathbf{0} & \sqrt{2}\boldsymbol{K}_k^{\mathrm{T}} & \mathbf{0}\\ \mathbf{0} & \mathbf{0} & \mathbf{0} & \boldsymbol{I}\\ \mathbf{0} & \mathbf{0} & \mathbf{0} & \mathbf{0}\end{bmatrix}$$

$$\boldsymbol{\Pi}_{33}=-\boldsymbol{f}^{\mathrm{T}}\left(\hat{\boldsymbol{x}}_k\right)\boldsymbol{f}\left(\hat{\boldsymbol{x}}_k\right)+\frac{m\epsilon^2}{4}\lambda_k$$

$$\boldsymbol{\Psi}_{11}=-\boldsymbol{Z}_{k+1}+7h\mathrm{tr}\left(\boldsymbol{Z}_k\right)\boldsymbol{B}_k\boldsymbol{B}_k^{\mathrm{T}}+\boldsymbol{Q}_k$$

$$\boldsymbol{\Psi}_{12}=\left[\sqrt{7}\boldsymbol{A}_k\boldsymbol{Z}_k \quad \sqrt{7}\Delta\boldsymbol{A}_k\boldsymbol{Z}_k\right]$$

$$\boldsymbol{\Psi}_{13}=\left[\sqrt{7}\boldsymbol{K}_k\boldsymbol{E}_k\boldsymbol{Z}_k \quad \sqrt{7}\Delta\boldsymbol{A}_k\hat{\boldsymbol{x}}_k\right]$$

$$\boldsymbol{\Psi}_{14}=\left[\sqrt{7}\boldsymbol{A}_{d,k}\boldsymbol{Z}_{k-d} \quad \epsilon\sqrt{2m}\boldsymbol{K}_k \quad \sqrt{2}\boldsymbol{K}_k\boldsymbol{R}_k\right]$$

$$\boldsymbol{\Psi}_{22}=\mathrm{diag}\left\{-\boldsymbol{Z}_k,-\boldsymbol{Z}_k\right\},\ \boldsymbol{\Psi}_{33}=\mathrm{diag}\left\{-\boldsymbol{Z}_k,-\boldsymbol{I}\right\}$$

$$\boldsymbol{\Psi}_{44}=\mathrm{diag}\left\{-\boldsymbol{Z}_{k-d},-\boldsymbol{I},-\boldsymbol{R}_k\right\}$$

那么误差系统同时满足 H_∞ 性能约束和方差约束。

证　在给定初始条件下，运用引理 2.4 易证式（5-20）等价于式（5-10），式（5-21）可保证式（5-16）成立，故误差系统满足 H_∞ 性能约束和方差约束。至此，定理 5.3 证毕。

上述定理给出了同时保证 H_∞ 性能约束和方差约束成立的判别条件。然而，需要注意的是，定理 5.3 中存在不确定项，从而导致无法求出估计其增益的具体值。接下来，基于相关引理，我们进一步处理参数不确定性并给出有限域状态估计器增益的求解方法。

定理 5.4　给定扰动衰减水平 $\gamma>0$，矩阵 $\boldsymbol{\mathcal{U}}_\phi>\mathbf{0}$，$\boldsymbol{\mathcal{U}}_\varphi>\mathbf{0}$，$\boldsymbol{\mathcal{U}}_\psi>\mathbf{0}$ 和一系列预先给定的上界矩阵 $\left\{\boldsymbol{\Phi}_k\right\}_{0\le k\le N+1}$，在初始条件

$$\begin{cases}\boldsymbol{S}_0-\gamma^2\boldsymbol{\mathcal{U}}_\varphi\le\mathbf{0}\\ \boldsymbol{T}_i-\gamma^2\boldsymbol{\mathcal{U}}_\psi\le\mathbf{0} & (i=-d,-d+1,\ldots,-1)\\ \mathbb{E}\left\{\boldsymbol{e}_0\boldsymbol{e}_0^{\mathrm{T}}\right\}=\boldsymbol{Z}_0\le\boldsymbol{\Phi}_0\end{cases}\tag{5-22}$$

下，如果存在一系列正定矩阵 $\left\{\boldsymbol{S}_k\right\}_{1\le k\le N+1}$，$\left\{\boldsymbol{Z}_k\right\}_{1\le k\le N+1}$，矩阵 $\left\{\boldsymbol{K}_k\right\}_{0\le k\le N}$ 和正常数 $\left\{\epsilon_{1,k},\epsilon_{2,k},\epsilon_{3,k}\right\}_{1\le k\le N+1}$ 满足

$$\begin{bmatrix}\boldsymbol{Y}_{11} & \boldsymbol{\Theta}_{12} & \mathbf{0} & \boldsymbol{\Theta}_{14} & \boldsymbol{Y}_{15} & \mathbf{0} & \mathbf{0} & \mathbf{0}\\ * & \boldsymbol{\Theta}_{22} & \mathbf{0} & \boldsymbol{\Theta}_{24} & \mathbf{0} & \boldsymbol{Y}_{26} & \mathbf{0} & \boldsymbol{Y}_{28}\\ * & * & \boldsymbol{\Theta}_{33} & \mathbf{0} & \mathbf{0} & \mathbf{0} & \boldsymbol{\Theta}_{37} & \mathbf{0}\\ * & * & * & \boldsymbol{Y}_{44} & \mathbf{0} & \mathbf{0} & \boldsymbol{\Theta}_{47} & \mathbf{0}\\ * & * & * & * & \boldsymbol{Y}_{55} & \mathbf{0} & \mathbf{0} & \boldsymbol{Y}_{58}\\ * & * & * & * & * & \boldsymbol{Y}_{66} & \mathbf{0} & \boldsymbol{Y}_{68}\\ * & * & * & * & * & * & \boldsymbol{Y}_{77} & \mathbf{0}\\ * & * & * & * & * & * & * & \boldsymbol{Y}_{88}\end{bmatrix}<\mathbf{0}\tag{5-23}$$

$$\begin{bmatrix} \Lambda_{11} & \Lambda_{12} & \Lambda_{13} & \boldsymbol{\Psi}_{14} & \mathbf{0} \\ * & \boldsymbol{\Psi}_{22} & \mathbf{0} & \mathbf{0} & \mathcal{W}_{1,k}^{\mathrm{T}} \\ * & * & \boldsymbol{\Psi}_{33} & \mathbf{0} & \mathcal{W}_{2,k}^{\mathrm{T}} \\ * & * & * & \boldsymbol{\Psi}_{44} & \mathbf{0} \\ * & * & * & * & -\epsilon_{3,k}\boldsymbol{I} \end{bmatrix} < 0 \tag{5-24}$$

$$\boldsymbol{Z}_{k+1} - \boldsymbol{\Phi}_{k+1} \leq 0 \tag{5-25}$$

其中

$$\boldsymbol{Y}_{11} = \boldsymbol{G}_k^{\mathrm{T}}\boldsymbol{G}_k - \boldsymbol{S}_k - \boldsymbol{R}_{1,k} + \boldsymbol{T}_k + \epsilon_{1,k}\boldsymbol{N}_k^{\mathrm{T}}\boldsymbol{N}_k$$

$$\boldsymbol{Y}_{15} = \begin{bmatrix} \sqrt{6}\boldsymbol{A}_k^{\mathrm{T}} & \mathbf{0} & 2\sqrt{2}\boldsymbol{E}_k^{\mathrm{T}}\boldsymbol{K}_k^{\mathrm{T}} \end{bmatrix}$$

$$\boldsymbol{Y}_{26} = \begin{bmatrix} \sqrt{6}\boldsymbol{B}_k^{\mathrm{T}} & \mathbf{0} & \mathbf{0} \\ \mathbf{0} & \mathbf{0} & 2\sqrt{2}\boldsymbol{f}^{\mathrm{T}}(\hat{\boldsymbol{x}}_k)\boldsymbol{B}_k^{\mathrm{T}} \end{bmatrix}$$

$$\boldsymbol{Y}_{28} = \begin{bmatrix} \mathbf{0} & \mathbf{0} & \mathbf{0} \\ \mathbf{0} & \mathbf{0} & \epsilon_{2,k}\hat{\boldsymbol{x}}_k^{\mathrm{T}}\boldsymbol{N}_k^{\mathrm{T}} \end{bmatrix}$$

$$\boldsymbol{Y}_{58} = \begin{bmatrix} \mathbf{0} & \mathbf{0} & \mathbf{0} \\ 2\sqrt{2}\boldsymbol{H}_k & \mathbf{0} & \mathbf{0} \\ \mathbf{0} & \mathbf{0} & \mathbf{0} \end{bmatrix}, \quad \boldsymbol{Y}_{68} = \begin{bmatrix} \mathbf{0} & \mathbf{0} & \mathbf{0} \\ \mathbf{0} & 2\sqrt{2}\boldsymbol{H}_k & \mathbf{0} \\ \mathbf{0} & \mathbf{0} & \mathbf{0} \end{bmatrix}$$

$$\Lambda_{12} = \begin{bmatrix} \sqrt{7}\boldsymbol{A}_k\boldsymbol{Z}_k & \mathbf{0} \end{bmatrix}$$

$$\boldsymbol{Y}_{44} = \mathrm{diag}\left\{-\gamma^2\mathcal{U}_\phi, -\gamma^2\mathcal{U}_\phi, -\bar{\boldsymbol{S}}_{k+1}\right\}$$

$$\boldsymbol{Y}_{55} = \mathrm{diag}\left\{-\bar{\boldsymbol{S}}_{k+1}, -\bar{\boldsymbol{S}}_{k+1}, -\bar{\boldsymbol{S}}_{k+1}\right\}$$

$$\boldsymbol{Y}_{66} = \mathrm{diag}\left\{-\bar{\boldsymbol{S}}_{k+1}, -\bar{\boldsymbol{S}}_{k+1}, -\bar{\boldsymbol{S}}_{k+1}\right\}$$

$$\boldsymbol{Y}_{77} = \mathrm{diag}\left\{-\bar{\boldsymbol{S}}_{k+1}, -\bar{\boldsymbol{S}}_{k+1}, -\bar{\boldsymbol{S}}_{k+1}, -\bar{\boldsymbol{S}}_{k+1}\right\}$$

$$\boldsymbol{Y}_{88} = \mathrm{diag}\left\{-\epsilon_{1,k}\boldsymbol{I}, -\epsilon_{2,k}\boldsymbol{I}, -\epsilon_{2,k}\boldsymbol{I}\right\}$$

$$\Lambda_{11} = -\boldsymbol{Z}_{k+1} + 7h\mathrm{tr}(\boldsymbol{Z}_k)\boldsymbol{B}_k\boldsymbol{B}_k^{\mathrm{T}} + \boldsymbol{Q}_k + \epsilon_{3,k}\boldsymbol{H}_k\boldsymbol{H}_k^{\mathrm{T}}$$

$$\Lambda_{13} = \begin{bmatrix} \sqrt{7}\boldsymbol{K}_k\boldsymbol{E}_k\boldsymbol{Z}_k & \mathbf{0} \end{bmatrix}$$

$$\mathcal{H}_{1,k} = \begin{bmatrix} \mathbf{0} & 2\sqrt{2}\boldsymbol{H}_k^{\mathrm{T}} & \mathbf{0} \end{bmatrix}$$

$$\mathcal{H}_{2,k} = \begin{bmatrix} \mathbf{0} & 2\sqrt{2}\boldsymbol{H}_k^{\mathrm{T}} & \mathbf{0} \end{bmatrix}$$

$$\mathcal{N}_{2,k}^{\mathrm{T}} = \begin{bmatrix} \mathbf{0} & \boldsymbol{N}_k\hat{\boldsymbol{x}}_k \end{bmatrix}$$

$$\mathcal{W}_{1,k} = \begin{bmatrix} \mathbf{0} & \sqrt{7}\boldsymbol{N}_k\boldsymbol{Z}_k \end{bmatrix}$$

$$\mathcal{W}_{2,k} = \begin{bmatrix} \mathbf{0} & \sqrt{7}\boldsymbol{N}_k\hat{\boldsymbol{x}}_k \end{bmatrix}$$

更新规则为以下等式

$$\bar{\boldsymbol{S}}_{k+1} = \boldsymbol{S}_{k+1}^{-1}$$

其他参数见定理 5.3，则误差系统同时满足 H_∞ 性能约束和误差协方差有上界，并可获得待求的估计器增益矩阵。

证　不等式（5-20）可以写成如下形式

$$\begin{bmatrix} \boldsymbol{\Theta}_{11} & \boldsymbol{\Theta}_{12} & \mathbf{0} & \boldsymbol{\Theta}_{14} & \boldsymbol{Y}_{15} & \mathbf{0} & \mathbf{0} \\ * & \boldsymbol{\Theta}_{22} & \mathbf{0} & \boldsymbol{\Theta}_{24} & \mathbf{0} & \boldsymbol{Y}_{26} & \mathbf{0} \\ * & * & \boldsymbol{\Theta}_{33} & \mathbf{0} & \mathbf{0} & \mathbf{0} & \boldsymbol{\Theta}_{37} \\ * & * & * & \boldsymbol{\Theta}_{44} & \mathbf{0} & \mathbf{0} & \boldsymbol{\Theta}_{47} \\ * & * & * & * & \boldsymbol{\Theta}_{55} & \mathbf{0} & \mathbf{0} \\ * & * & * & * & * & \boldsymbol{\Theta}_{66} & \mathbf{0} \\ * & * & * & * & * & * & \boldsymbol{\Theta}_{77} \end{bmatrix} + \bar{\boldsymbol{N}}_{1,k}\boldsymbol{F}_k^{\mathrm{T}}\bar{\boldsymbol{H}}_{1,k}$$

$$+\bar{\boldsymbol{N}}_{1,k}^{\mathrm{T}}\boldsymbol{F}_k\bar{\boldsymbol{H}}_{1,k}^{\mathrm{T}} + \bar{\boldsymbol{N}}_{2,k}\boldsymbol{F}_k^{\mathrm{T}}\bar{\boldsymbol{H}}_{2,k} + \bar{\boldsymbol{N}}_{2,k}^{\mathrm{T}}\boldsymbol{F}_k\bar{\boldsymbol{H}}_{2,k}^{\mathrm{T}} < \mathbf{0}$$

其中

$$\bar{\boldsymbol{N}}_{1,k}^{\mathrm{T}} = \begin{bmatrix} \boldsymbol{N}_k & \mathbf{0} & \mathbf{0} & \mathbf{0} & \mathbf{0} & \mathbf{0} & \mathbf{0} \end{bmatrix}$$

$$\bar{\boldsymbol{H}}_{1,k} = \begin{bmatrix} \mathbf{0} & \mathbf{0} & \mathbf{0} & \mathbf{0} & \boldsymbol{\mathcal{H}}_{1,k} & \mathbf{0} & \mathbf{0} \end{bmatrix}$$

$$\bar{\boldsymbol{N}}_{2,k}^{\mathrm{T}} = \begin{bmatrix} \mathbf{0} & \boldsymbol{\mathcal{N}}_{2,k}^{\mathrm{T}} & \mathbf{0} & \mathbf{0} & \mathbf{0} & \mathbf{0} & \mathbf{0} \end{bmatrix}$$

$$\bar{\boldsymbol{H}}_{2,k} = \begin{bmatrix} \mathbf{0} & \mathbf{0} & \mathbf{0} & \mathbf{0} & \mathbf{0} & \boldsymbol{\mathcal{H}}_{2,k} & \mathbf{0} \end{bmatrix}$$

由引理 2.3，很容易得到如下不等式成立

$$\begin{bmatrix} \boldsymbol{\Theta}_{11} & \boldsymbol{\Theta}_{12} & \mathbf{0} & \boldsymbol{\Theta}_{14} & \boldsymbol{Y}_{15} & \mathbf{0} & \mathbf{0} \\ * & \boldsymbol{\Theta}_{22} & \mathbf{0} & \boldsymbol{\Theta}_{24} & \mathbf{0} & \boldsymbol{Y}_{26} & \mathbf{0} \\ * & * & \boldsymbol{\Theta}_{33} & \mathbf{0} & \mathbf{0} & \mathbf{0} & \boldsymbol{\Theta}_{37} \\ * & * & * & \boldsymbol{\Theta}_{44} & \mathbf{0} & \mathbf{0} & \boldsymbol{\Theta}_{47} \\ * & * & * & * & \boldsymbol{\Theta}_{55} & \mathbf{0} & \mathbf{0} \\ * & * & * & * & * & \boldsymbol{\Theta}_{66} & \mathbf{0} \\ * & * & * & * & * & * & \boldsymbol{\Theta}_{77} \end{bmatrix} + \epsilon_{1,k}\bar{\boldsymbol{N}}_{1,k}\bar{\boldsymbol{N}}_{1,k}^{\mathrm{T}} + \epsilon_{1,k}^{-1}\bar{\boldsymbol{H}}_{1,k}^{\mathrm{T}}\bar{\boldsymbol{H}}_{1,k}$$

$$+\epsilon_{2,k}\bar{\boldsymbol{N}}_{2,k}\bar{\boldsymbol{N}}_{2,k}^{\mathrm{T}} + \epsilon_{2,k}^{-1}\bar{\boldsymbol{H}}_{2,k}^{\mathrm{T}}\bar{\boldsymbol{H}}_{2,k} < \mathbf{0}$$

同理，不等式（5-21）可以写成如下的形式

$$\begin{bmatrix} \boldsymbol{\Psi}_{11} & \boldsymbol{\Lambda}_{12} & \boldsymbol{\Lambda}_{13} & \boldsymbol{\Psi}_{14} \\ * & \boldsymbol{\Psi}_{22} & \mathbf{0} & \mathbf{0} \\ * & * & \boldsymbol{\Psi}_{33} & \mathbf{0} \\ * & * & * & \boldsymbol{\Psi}_{44} \end{bmatrix} + \tilde{\boldsymbol{N}}_{1,k}\boldsymbol{F}_k\tilde{\boldsymbol{H}}_{1,k} + \left(\tilde{\boldsymbol{N}}_{1,k}\boldsymbol{F}_k\tilde{\boldsymbol{H}}_{1,k}\right)^{\mathrm{T}} < \mathbf{0}$$

其中

$$\tilde{\boldsymbol{N}}_{1,k}^{\mathrm{T}} = \begin{bmatrix} \boldsymbol{H}_k^{\mathrm{T}} & \mathbf{0} & \mathbf{0} & \mathbf{0} \end{bmatrix}$$

$$\tilde{\boldsymbol{H}}_{1,k} = \begin{bmatrix} \mathbf{0} & \boldsymbol{\mathcal{W}}_{1,k} & \boldsymbol{\mathcal{W}}_{2,k} & \mathbf{0} \end{bmatrix}$$

根据引理 2.3，可以得到如下不等式成立

$$\begin{bmatrix} \boldsymbol{\Psi}_{11} & \boldsymbol{\Lambda}_{12} & \boldsymbol{\Lambda}_{13} & \boldsymbol{\Psi}_{14} \\ * & \boldsymbol{\Psi}_{22} & \mathbf{0} & \mathbf{0} \\ * & * & \boldsymbol{\Psi}_{33} & \mathbf{0} \\ * & * & * & \boldsymbol{\Psi}_{44} \end{bmatrix} + \epsilon_{3,k}\tilde{\boldsymbol{N}}_{1,k}\tilde{\boldsymbol{N}}_{1,k}^{\mathrm{T}} + \epsilon_{3,k}^{-1}\tilde{\boldsymbol{H}}_{1,k}^{\mathrm{T}}\tilde{\boldsymbol{H}}_{1,k} < \mathbf{0}$$

易证式（5-23）等价于式（5-20），式（5-24）等价于式（5-21）。故误差系统满足 H_∞ 性能约束和方差约束。到此定理 5.4 证毕。

注 5.1 本章研究了具有均匀量化的离散时变神经网络的方差约束 H_∞ 状态估计问题，其中引入了两个性能指标来满足实际需求。与现有文献中的状态估计方法不同，这里提出的方差约束 H_∞ 状态估计方法能够揭示时滞和均匀量化对离散神经网络的估计算法性能的影响。特别地，所提出的状态估计方法没有使用增广方法，可以减少计算量，降低了计算复杂度。

综上所述，离散神经网络 H_∞ 状态估计设计算法的实现步骤可概括如表 5-1 所示。

表 5-1 离散神经网络 H_∞ 状态估计算法

步骤 1	给定 H_∞ 性能指标 γ，$\bar{x}_0$ 和它的估计 $\hat{x}_0$ 的初始状态，正定矩阵 $\mathcal{U}_\phi$，$\mathcal{U}_\varphi$ 和 $\mathcal{U}_\psi$，选择矩阵 $\boldsymbol{Z}_0, \boldsymbol{S}_0$，$\boldsymbol{T}_i$ $(i=-d,-d+1,\ldots,-1)$ 满足初始条件式（5-22）。
步骤 2	解出不等式（5-23）~（5-25），进而得出矩阵 $\boldsymbol{Z}_{k+1}, \boldsymbol{S}_{k+1}$ 和增益矩阵 $\boldsymbol{K}_k$。
步骤 3	令 $k=k+1$，如果 $k<N$，那么返回到步骤 2，否则进行步骤 4。
步骤 4	停止

5.3 数值仿真

考虑离散时变神经网络（5-1），其相关参数如下

$$\boldsymbol{A}_k=\begin{bmatrix}-0.068\sin(3.13k) & 0\\ 0 & 0.020\end{bmatrix},\quad \boldsymbol{B}_k=\begin{bmatrix}0.13\sin(1.25k) & 0.22\\ 0.31 & 0.11\end{bmatrix}$$

$$\boldsymbol{E}_k=\begin{bmatrix}-0.2\sin(1.3k) & -0.28\end{bmatrix},\quad \boldsymbol{G}_k=\begin{bmatrix}0.42 & -0.16\end{bmatrix}$$

$$\boldsymbol{N}_k=\begin{bmatrix}-0.23 & 0.15\end{bmatrix},\quad \boldsymbol{A}_{d,k}=\begin{bmatrix}0.1\sin(0.3k) & -0.17\\ 0.35 & -0.23\end{bmatrix}$$

$$\boldsymbol{H}_k=\begin{bmatrix}0.07 & 0.06\end{bmatrix}^{\mathrm{T}}$$

$$\boldsymbol{U}_1=\begin{bmatrix}0.3 & 0\\ 0 & 0.2\end{bmatrix},\quad \boldsymbol{U}_2=\begin{bmatrix}0.24 & 0\\ 0 & 0.16\end{bmatrix}$$

$$d=3$$

激励函数选为如下形式

$$\boldsymbol{f}(\boldsymbol{x}_k)=\begin{bmatrix}0.27x_{1,k}-0.03x_{1,k}\sin(k)\\ 0.18x_{2,k}-0.02x_{2,k}\sin(k)\end{bmatrix}$$

其中，$\boldsymbol{x}_k=\begin{bmatrix}x_{1,k} & x_{2,k}\end{bmatrix}^{\mathrm{T}}$ 是神经元状态向量。取 $\gamma=0.32$，$N=90$，权重矩阵取为 $\mathcal{U}_\phi=0.1$，上界矩阵为

$$\{\boldsymbol{\Phi}_k\}_{0\le k\le N+1} = \mathrm{diag}\{0.35, 0.35\}$$

协方差分别为

$$\boldsymbol{Q}_k = \begin{bmatrix} 0.4 & 0 \\ 0 & 0.6 \end{bmatrix} \text{和 } \boldsymbol{R}_k = 1$$

初始状态

$$\bar{\boldsymbol{x}}_0 = \begin{bmatrix} 0.56 & 0.15 \end{bmatrix}^{\mathrm{T}},\quad \hat{\boldsymbol{x}}_0 = \begin{bmatrix} -2.35 & -0.11 \end{bmatrix}^{\mathrm{T}}$$

通过 Matlab 工具箱，求解式（5-23）~（5-25），可得状态估计器的增益矩阵值，部分数值如表 5-2 所示。

表 5-2　参数矩阵

k	$\boldsymbol{K}_k$
1	$\boldsymbol{K}_1 = \begin{bmatrix} 1.690\,1 & 1.467\,6 \end{bmatrix}^{\mathrm{T}}$
2	$\boldsymbol{K}_2 = \begin{bmatrix} 1.724\,9 & 1.591\,3 \end{bmatrix}^{\mathrm{T}}$
3	$\boldsymbol{K}_3 = \begin{bmatrix} 1.654\,0 & 1.579\,4 \end{bmatrix}^{\mathrm{T}}$
⋮	⋮

仿真效果如图 5-1~5-3 所示。其中，图 5-1 描述了被控输出 $\boldsymbol{z}_k$ 及其估计 $\hat{\boldsymbol{z}}_k$ 的轨迹，图 5-2 刻画了被控输出估计误差 $\tilde{\boldsymbol{z}}_k$ 的轨迹。图 5-3 反映了误差协方差和实际误差协方差的上界轨迹。从仿真结果可以验证所提 H_∞ 状态方法的可行性和有效性。

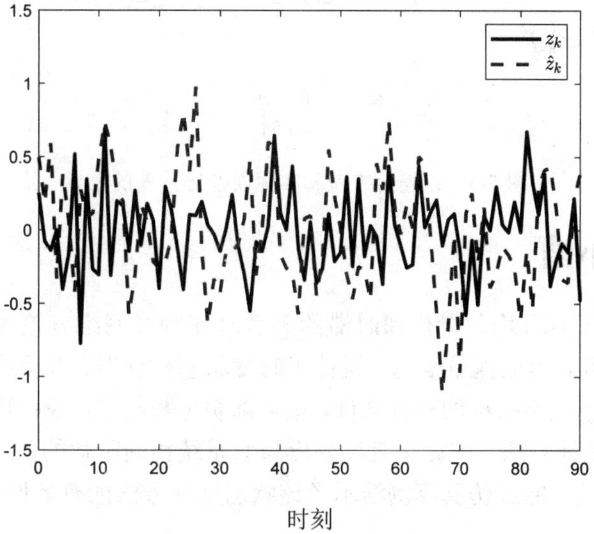

图 5-1　被控输出 $\boldsymbol{z}_k$ 及其估计 $\hat{\boldsymbol{z}}_k$

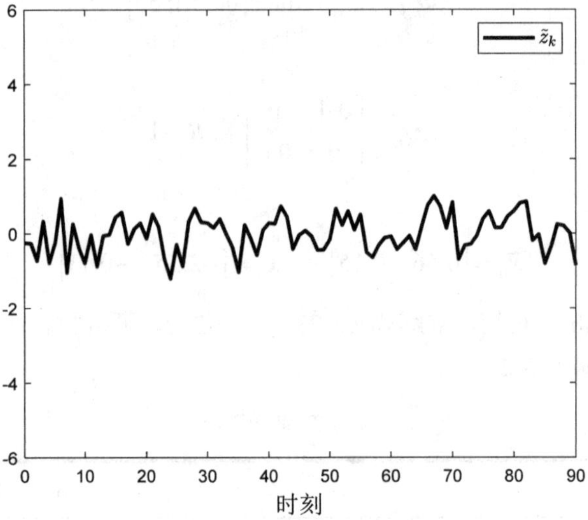

图 5-2　被控输出估计误差 $\tilde{z}_k$

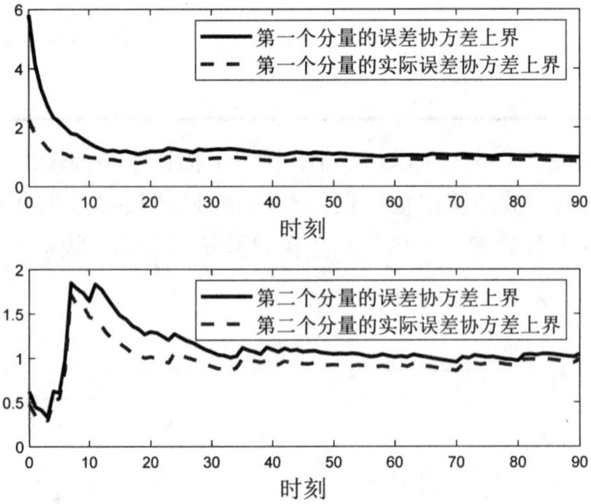

图 5-3　误差协方差和实际误差协方差的上界

5.4　本章小结

本章研究了具有均匀量化和时滞的离散时变神经网络方差约束 H_∞ 状态估计问题。基于可获得的测量信息，设计了时变状态估计器，并得到了确保误差系统同时满足两个性能指标的充分条件。根据随机分析技术，我们提出了新型的非增广 H_∞ 状态估计算法。该算法直接分析与原系统相同阶数的估计误差系统，从而减少了计算量。通过仿真算例演示了该状态估计方法的有效性和可行性。

第 6 章　具有传感器故障的神经网络的弹性方差约束 H_∞ 状态估计

基于第 5 章的非增广方法，本章研究一类具有传感器故障的离散不确定时变神经网络弹性方差约束 H_∞ 状态估计问题。采用服从 Bernoulli 分布的随机变量来描述传感器故障现象。基于可用的测量信息，设计新颖的弹性状态估计器，并给出保证误差系统同时满足 H_∞ 性能约束和误差协方差有上界的充分条件。基于随机分析方法，提出一种新型非增广 H_∞ 状态估计算法。通过仿真算例演示该状态估计方法的有效性和可行性。

6.1　弹性状态估计器设计

考虑如下一类具有随机发生不确定性和时滞的离散时变神经网络

$$\begin{cases} \boldsymbol{x}_{k+1} = \left(\boldsymbol{A}_k + \alpha_k \Delta \boldsymbol{A}_k\right)\boldsymbol{x}_k + \boldsymbol{A}_{d,k}\boldsymbol{x}_{k-d} + \boldsymbol{B}_k \boldsymbol{f}\left(\boldsymbol{x}_k\right) + \boldsymbol{\omega}_k \\ \boldsymbol{y}_k = \boldsymbol{E}_k \boldsymbol{x}_k + \boldsymbol{\upsilon}_k \\ \boldsymbol{z}_k = \boldsymbol{G}_k \boldsymbol{x}_k \\ \boldsymbol{x}_k = \boldsymbol{\varphi}_k, k = -d, -d+1, \ldots, 0 \end{cases} \tag{6-1}$$

其中，$\boldsymbol{x}_k = \left[x_{1,k}\ x_{2,k}\ \cdots\ x_{n,k}\right]^{\mathrm{T}} \in \mathbb{R}^n$ 是离散时变神经网络的状态向量，其初值 $\boldsymbol{x}_0$ 的均值为 $\bar{\boldsymbol{x}}_0$，$\boldsymbol{z}_k \in \mathbb{R}^r$ 代表系统的被控输出，$\boldsymbol{y}_k = \left[y_{1,k}\ y_{2,k}\ \cdots\ y_{m,k}\right]^{\mathrm{T}} \in \mathbb{R}^n$ 表示系统的测量输出，$\boldsymbol{A}_k = \mathrm{diag}\left\{a_{1,k}, a_{2,k}, \ldots, a_{n,k}\right\}$ 表示自反馈对角矩阵，$\boldsymbol{A}_{d,k}$，$\boldsymbol{E}_k$ 和 $\boldsymbol{G}_k$ 为已知的实值矩阵，$\boldsymbol{B}_k$ 是已知的连接权矩阵，d 为离散时滞。$\boldsymbol{f}\left(\boldsymbol{x}_k\right)$ 代表非线性激励函数。$\boldsymbol{\omega}_k$ 和 $\boldsymbol{\upsilon}_k$ 表示零均值，协方差分别为 $\boldsymbol{Q}_k > \boldsymbol{0}$ 和 $\boldsymbol{R}_k > \boldsymbol{0}$ 的高斯白噪声。$\Delta \boldsymbol{A}_k$ 表示参数不确定性，满足以下形式

$$\Delta \boldsymbol{A}_k = \boldsymbol{H}_k \boldsymbol{F}_k \boldsymbol{N}_k$$

其中，$\boldsymbol{H}_k$ 和 $\boldsymbol{N}_k$ 为已知的实值矩阵，且未知矩阵 $\boldsymbol{F}_k$ 满足

$$\boldsymbol{F}_k^{\mathrm{T}} \boldsymbol{F}_k \le \boldsymbol{I}$$

随机变量 α_k 满足如下统计特性

$$\mathrm{Prob}\left\{\alpha_k = 1\right\} = \bar{\alpha}$$

$$\mathrm{Prob}\left\{\alpha_k = 0\right\} = 1 - \bar{\alpha}$$

其中，$\bar{\alpha} \in [0,1]$ 是已知的常数。

非线性激励函数 $\boldsymbol{f}(\cdot)$ 满足 $\boldsymbol{f}(\boldsymbol{0}) = \boldsymbol{0}$，并且有

$$\left[\boldsymbol{f}(\boldsymbol{x}) - \boldsymbol{f}(\boldsymbol{y}) - \boldsymbol{U}_1(\boldsymbol{x}-\boldsymbol{y})\right]^{\mathrm{T}}\left[\boldsymbol{f}(\boldsymbol{x}) - \boldsymbol{f}(\boldsymbol{y}) - \boldsymbol{U}_2(\boldsymbol{x}-\boldsymbol{y})\right] \le 0 \quad (\forall \boldsymbol{x}, \boldsymbol{y} \in \mathbb{R}^n) \tag{6-2}$$

其中，$\boldsymbol{U}_1$ 和 $\boldsymbol{U}_2$ 是适当维数的实值矩阵。

在实际工程中，传感器故障现象是不可避免的，一般可描述为如下形式

$$\boldsymbol{y}_k^F = \boldsymbol{\Gamma} \boldsymbol{y}_k$$

其中

$$\boldsymbol{0} \le \boldsymbol{\Gamma}^- \le \boldsymbol{\Gamma} \le \boldsymbol{\Gamma}^+ \le \boldsymbol{I}$$

$$\boldsymbol{\Gamma}^- = \mathrm{diag}\left\{\Gamma_1^-, \Gamma_2^-, \ldots, \Gamma_m^-\right\}$$

$$\boldsymbol{\Gamma}^+ = \mathrm{diag}\left\{\Gamma_1^+, \Gamma_2^+, \ldots, \Gamma_m^+\right\}$$

$$\boldsymbol{\Gamma} = \mathrm{diag}\left\{\Gamma_1, \Gamma_2, \ldots, \Gamma_m\right\}$$

对于矩阵$\boldsymbol{\Gamma}$，可以进一步写成如下形式

$$\boldsymbol{\Gamma} = \boldsymbol{\Gamma}_0 + \Delta \boldsymbol{\Gamma}_k$$

其中，$\boldsymbol{\Gamma}_0 = \frac{1}{2}\left(\boldsymbol{\Gamma}^+ + \boldsymbol{\Gamma}^-\right)$和 $\Delta \boldsymbol{\Gamma}_k = \boldsymbol{\Gamma}_0 \boldsymbol{\Sigma}_k$，$\boldsymbol{\Sigma}_k$满足如下等式

$$\boldsymbol{\Sigma}_k = \mathrm{diag}\left\{\Sigma_1^k, \Sigma_2^k, \ldots, \Sigma_m^k\right\}$$

$$\Sigma_j^k = \frac{\Gamma_j - \Gamma_j^0}{\Gamma_l^0}$$

考虑到丢包情况，记估计器接收到的测量值为

$$\tilde{\boldsymbol{y}}_k = \delta_k \boldsymbol{y}_k^F$$

随机变量δ_k服从 Bernoulli 分布，并且满足以下的统计特征

$$\mathrm{Prob}\left\{\delta_k = 1\right\} = \mathbb{E}\left\{\delta_k\right\} = \bar{\delta}$$

$$\mathrm{Prob}\left\{\delta_k = 0\right\} = 1 - \bar{\delta}$$

其中，$\bar{\delta} \in [0,1]$是已知常数。

基于可获得的测量信息，构造如下弹性状态估计器

$$\begin{cases} \hat{\boldsymbol{x}}_{k+1} = \boldsymbol{A}_k \hat{\boldsymbol{x}}_k + \boldsymbol{A}_{d,k} \hat{\boldsymbol{x}}_{k-d} + \boldsymbol{B}_k \boldsymbol{f}\left(\hat{\boldsymbol{x}}_k\right) + \left(\boldsymbol{K}_k + \lambda_k \bar{\boldsymbol{K}}_k\right)\left(\tilde{\boldsymbol{y}}_k - \bar{\delta} \boldsymbol{E}_k \hat{\boldsymbol{x}}_k\right) \\ \hat{\boldsymbol{z}}_k = \boldsymbol{G}_k \hat{\boldsymbol{x}}_k \end{cases} \tag{6-3}$$

其中，$\hat{\boldsymbol{x}}_k$和$\hat{\boldsymbol{z}}_k$分别是状态和被控输出的估计，λ_k是零均值，协方差为 1 的随机变量，$\bar{\boldsymbol{K}}_k$和$\boldsymbol{K}_k$分别是已知适当维数的实值矩阵和待设计的估计器增益矩阵。此外，假设$\boldsymbol{\omega}_k$，$\boldsymbol{\upsilon}_k$，α_k，δ_k和λ_k相互独立。

令$\boldsymbol{e}_k = \boldsymbol{x}_k - \hat{\boldsymbol{x}}_k$和$\tilde{\boldsymbol{z}}_k = \boldsymbol{z}_k - \hat{\boldsymbol{z}}_k$，根据式（6-1）和（6-3），可以得到如下估计误差系统

$$\begin{cases} \boldsymbol{e}_{k+1} = \left[\boldsymbol{A}_k + \left(\tilde{\alpha}_k + \bar{\alpha}\right)\Delta \boldsymbol{A}_k - \left(\boldsymbol{K}_k + \lambda_k \bar{\boldsymbol{K}}_k\right)\left(\boldsymbol{\Gamma}_0 + \Delta \boldsymbol{\Gamma}_k\right)\left(\tilde{\delta}_k + \bar{\delta}\right)\boldsymbol{E}_k\right]\boldsymbol{e}_k \\ \qquad + \left\{\left(\tilde{\alpha}_k + \bar{\alpha}\right)\Delta \boldsymbol{A}_k - \left(\boldsymbol{K}_k + \lambda_k \bar{\boldsymbol{K}}_k\right)\left[\left(\tilde{\delta}_k + \bar{\delta}\right)\boldsymbol{\Gamma}_0 + \left(\tilde{\delta}_k + \bar{\delta}\right)\Delta \boldsymbol{\Gamma}_k - \bar{\delta}\boldsymbol{I}\right]\boldsymbol{E}_k\right\} \\ \qquad \times \hat{\boldsymbol{x}}_k + \boldsymbol{A}_{d,k}\boldsymbol{e}_{k-d} + \boldsymbol{B}_k \bar{\boldsymbol{f}}\left(\boldsymbol{e}_k\right) + \boldsymbol{\omega}_k - \left(\boldsymbol{K}_k + \lambda_k \bar{\boldsymbol{K}}_k\right)\left(\boldsymbol{\Gamma}_0 + \Delta \boldsymbol{\Gamma}_k\right)\left(\tilde{\delta}_k + \bar{\delta}\right)\boldsymbol{\upsilon}_k \\ \tilde{\boldsymbol{z}}_k = \boldsymbol{G}_k \boldsymbol{e}_k \end{cases} \tag{6-4}$$

其中，$\bar{\boldsymbol{f}}\left(\boldsymbol{e}_k\right) = \boldsymbol{f}\left(\boldsymbol{x}_k\right) - \boldsymbol{f}\left(\hat{\boldsymbol{x}}_k\right)$，$\tilde{\alpha}_k = \alpha_k - \bar{\alpha}$，$\boldsymbol{e}_{k-d} = \boldsymbol{x}_{k-d} - \hat{\boldsymbol{x}}_{k-d}$和$\tilde{\delta}_k = \delta_k - \bar{\delta}$。

定义估计误差协方差矩阵

$$\boldsymbol{P}_k = \mathbb{E}\left\{\boldsymbol{e}_k \boldsymbol{e}_k^{\mathrm{T}}\right\} \tag{6-5}$$

本章的主要目的是设计状态估计器（6-3），使得误差系统同时满足以下两

个性能约束。

（1）对于给定的一个扰动衰减水平 $\gamma > 0$，正定矩阵 $\boldsymbol{H}_\phi$，$\boldsymbol{H}_\varphi$ 和 $\boldsymbol{H}_\psi$，被控输出的估计误差 $\tilde{\boldsymbol{z}}_k$ 满足下面的 H_∞ 性能约束

$$J_1 = \mathbb{E}\left\{\sum_{k=0}^{N-1}\left(\|\tilde{\boldsymbol{z}}_k\|^2 - \gamma^2\|\boldsymbol{v}_k\|_{\boldsymbol{H}_\phi}^2\right)\right\} - \gamma^2\mathbb{E}\left\{\boldsymbol{e}_0^{\mathrm{T}}\boldsymbol{H}_\varphi\boldsymbol{e}_0 + \sum_{i=-d}^{-1}\boldsymbol{e}_i^{\mathrm{T}}\boldsymbol{H}_\psi\boldsymbol{e}_i\right\} < 0 \tag{6-6}$$

其中，$\|\boldsymbol{v}_k\|_{\boldsymbol{H}_\phi}^2 = \boldsymbol{v}_k^{\mathrm{T}}\boldsymbol{H}_\phi\boldsymbol{v}_k$。

（2）估计误差协方差满足如下上界约束

$$\boldsymbol{J}_2 = \boldsymbol{P}_k \le \boldsymbol{\Phi}_k \tag{6-7}$$

其中，$\boldsymbol{\Phi}_k\left(0 \le k \le N\right)$ 是一系列预先给定的估计精度矩阵。

6.2　弹性方差约束 H_∞ 状态估计算法设计

在本节中，基于递推矩阵不等式技术，给出保证误差系统（6-4）同时满足两个性能指标的充分条件。

定理给出误差系统（6-4）满足 H_∞ 性能指标的充分条件。

定理 6.1　考虑具有传感器故障和时滞的离散不确定时变神经网络（6-1），给定增益矩阵 $\boldsymbol{K}_k$，扰动衰减水平 $\gamma > 0$，矩阵 $\boldsymbol{H}_\phi > \boldsymbol{0}$，$\boldsymbol{H}_\varphi > \boldsymbol{0}$ 和 $\boldsymbol{H}_\psi > \boldsymbol{0}$，在初始条件 $\boldsymbol{S}_0 < \gamma^2\boldsymbol{H}_\varphi$ 和 $\boldsymbol{T}_i \le \gamma^2\boldsymbol{H}_\psi\left(i = -d, -d+1, \ldots, -1\right)$ 下，如果存在一系列正定矩阵 $\left\{\boldsymbol{S}_k\right\}_{1\le k\le N+1}$ 和 $\boldsymbol{T}_k$ 满足以下矩阵不等式

$$\boldsymbol{\Omega} = \begin{bmatrix} \boldsymbol{\Omega}_{11} & \boldsymbol{\Omega}_{12} & -\boldsymbol{R}_{3,k}^{\mathrm{T}} & \boldsymbol{0} & \boldsymbol{0} & \boldsymbol{0} \\ * & \boldsymbol{\Omega}_{22} & \boldsymbol{f}\left(\hat{\boldsymbol{x}}_k\right) & \boldsymbol{0} & \boldsymbol{0} & \boldsymbol{0} \\ * & * & \boldsymbol{\Omega}_{33} & \boldsymbol{0} & \boldsymbol{0} & \boldsymbol{0} \\ * & * & * & \boldsymbol{\Omega}_{44} & \boldsymbol{0} & \boldsymbol{0} \\ * & * & * & * & \boldsymbol{\Omega}_{55} & \boldsymbol{0} \\ * & * & * & * & * & \boldsymbol{\Omega}_{66} \end{bmatrix} < \boldsymbol{0} \tag{6-8}$$

其中

$$\begin{aligned}\boldsymbol{\Omega}_{11} = {} & \rho_1\boldsymbol{A}_k^{\mathrm{T}}\boldsymbol{S}_{k+1}\boldsymbol{A}_k + \rho_2\Delta\boldsymbol{A}_k^{\mathrm{T}}\boldsymbol{S}_{k+1}\Delta\boldsymbol{A}_k + \rho_4\boldsymbol{E}_k^{\mathrm{T}}\boldsymbol{\Gamma}_0^{\mathrm{T}}\boldsymbol{K}_k^{\mathrm{T}}\boldsymbol{S}_{k+1}\boldsymbol{K}_k\boldsymbol{\Gamma}_0\boldsymbol{E}_k \\ & + \rho_4\boldsymbol{E}_k^{\mathrm{T}}\Delta\boldsymbol{\Gamma}_k^{\mathrm{T}}\boldsymbol{K}_k^{\mathrm{T}}\boldsymbol{S}_{k+1}\boldsymbol{K}_k\Delta\boldsymbol{\Gamma}_k\boldsymbol{E}_k + \rho_6\boldsymbol{E}_k^{\mathrm{T}}\boldsymbol{\Gamma}_0^{\mathrm{T}}\bar{\boldsymbol{K}}_k^{\mathrm{T}}\boldsymbol{S}_{k+1}\bar{\boldsymbol{K}}_k\boldsymbol{\Gamma}_0\boldsymbol{E}_k \\ & + \rho_6\boldsymbol{E}_k^{\mathrm{T}}\Delta\boldsymbol{\Gamma}_k^{\mathrm{T}}\bar{\boldsymbol{K}}_k^{\mathrm{T}}\boldsymbol{S}_{k+1}\bar{\boldsymbol{K}}_k\Delta\boldsymbol{\Gamma}_k\boldsymbol{E}_k - \boldsymbol{S}_k + \boldsymbol{T}_k + \boldsymbol{G}_k^{\mathrm{T}}\boldsymbol{G}_k - \boldsymbol{R}_{1,k}\end{aligned}$$

$$\boldsymbol{\Omega}_{12} = \boldsymbol{A}_k^{\mathrm{T}}\boldsymbol{S}_{k+1}\boldsymbol{B}_k - \boldsymbol{R}_{2,k}$$

$$\boldsymbol{\Omega}_{22} = \rho_1\boldsymbol{B}_k^{\mathrm{T}}\boldsymbol{S}_{k+1}\boldsymbol{B}_k - \boldsymbol{I}$$

$$\begin{aligned}\boldsymbol{\Omega}_{33} = {} & \rho_2\hat{\boldsymbol{x}}_k^{\mathrm{T}}\Delta\boldsymbol{A}_k^{\mathrm{T}}\boldsymbol{S}_{k+1}\Delta\boldsymbol{A}_k\hat{\boldsymbol{x}}_k + \rho_4\hat{\boldsymbol{x}}_k^{\mathrm{T}}\boldsymbol{E}_k^{\mathrm{T}}\boldsymbol{\Gamma}_0^{\mathrm{T}}\boldsymbol{K}_k^{\mathrm{T}}\boldsymbol{S}_{k+1}\boldsymbol{K}_k\boldsymbol{\Gamma}_0\boldsymbol{E}_k\hat{\boldsymbol{x}}_k \\ & + \rho_4\hat{\boldsymbol{x}}_k^{\mathrm{T}}\boldsymbol{E}_k^{\mathrm{T}}\Delta\boldsymbol{\Gamma}_k^{\mathrm{T}}\boldsymbol{K}_k^{\mathrm{T}}\boldsymbol{S}_{k+1}\boldsymbol{K}_k\Delta\boldsymbol{\Gamma}_k\boldsymbol{E}_k\hat{\boldsymbol{x}}_k + \rho_5\hat{\boldsymbol{x}}_k^{\mathrm{T}}\boldsymbol{E}_k^{\mathrm{T}}\boldsymbol{K}_k^{\mathrm{T}}\boldsymbol{S}_{k+1}\boldsymbol{K}_k\boldsymbol{E}_k\hat{\boldsymbol{x}}_k \\ & + \rho_3\boldsymbol{f}^{\mathrm{T}}\left(\hat{\boldsymbol{x}}_k\right)\boldsymbol{B}_k^{\mathrm{T}}\boldsymbol{S}_{k+1}\boldsymbol{B}_k\boldsymbol{f}\left(\hat{\boldsymbol{x}}_k\right) + \rho_6\hat{\boldsymbol{x}}_k^{\mathrm{T}}\boldsymbol{E}_k^{\mathrm{T}}\boldsymbol{\Gamma}_0^{\mathrm{T}}\bar{\boldsymbol{K}}_k^{\mathrm{T}}\boldsymbol{S}_{k+1}\bar{\boldsymbol{K}}_k\boldsymbol{\Gamma}_0\boldsymbol{E}_k\hat{\boldsymbol{x}}_k \\ & + \rho_6\hat{\boldsymbol{x}}_k^{\mathrm{T}}\boldsymbol{E}_k^{\mathrm{T}}\Delta\boldsymbol{\Gamma}_k^{\mathrm{T}}\bar{\boldsymbol{K}}_k^{\mathrm{T}}\boldsymbol{S}_{k+1}\bar{\boldsymbol{K}}_k\Delta\boldsymbol{\Gamma}_k\boldsymbol{E}_k\hat{\boldsymbol{x}}_k + 5\bar{\delta}^2\hat{\boldsymbol{x}}_k^{\mathrm{T}}\boldsymbol{E}_k^{T}\bar{\boldsymbol{K}}_k^{\mathrm{T}}\boldsymbol{S}_{k+1}\bar{\boldsymbol{K}}_k\boldsymbol{E}_k\hat{\boldsymbol{x}}_k \\ & - \boldsymbol{f}^{\mathrm{T}}\left(\hat{\boldsymbol{x}}_k\right)\boldsymbol{f}\left(\hat{\boldsymbol{x}}_k\right)\end{aligned}$$

$$\boldsymbol{\Omega}_{44}=\rho_3\boldsymbol{A}_{d,k}^{\mathrm{T}}\boldsymbol{S}_{k+1}\boldsymbol{A}_{d,k}-\boldsymbol{T}_{k-d}$$

$$\begin{aligned}\boldsymbol{\Omega}_{55}=&2\bar{\delta}\boldsymbol{\Gamma}_0^{\mathrm{T}}\boldsymbol{K}_k^{\mathrm{T}}\boldsymbol{S}_{k+1}\boldsymbol{K}_k\boldsymbol{\Gamma}_0+2\bar{\delta}\Delta\boldsymbol{\Gamma}_k^{\mathrm{T}}\boldsymbol{K}_k^{\mathrm{T}}\boldsymbol{S}_{k+1}\boldsymbol{K}_k\Delta\boldsymbol{\Gamma}_k\\&+2\bar{\delta}\boldsymbol{\Gamma}_0^{\mathrm{T}}\bar{\boldsymbol{K}}_k^{\mathrm{T}}\boldsymbol{S}_{k+1}\bar{\boldsymbol{K}}_k\boldsymbol{\Gamma}_0+2\bar{\delta}\Delta\boldsymbol{\Gamma}_k^{\mathrm{T}}\bar{\boldsymbol{K}}_k^{\mathrm{T}}\boldsymbol{S}_{k+1}\bar{\boldsymbol{K}}_k\Delta\boldsymbol{\Gamma}_k-\gamma^2\boldsymbol{H}_\phi\end{aligned}$$

$$\boldsymbol{\Omega}_{66}=\boldsymbol{S}_{k+1}-\gamma^2\boldsymbol{H}_\phi$$

$$\rho_1=3+2\bar{\alpha}+5\bar{\delta}$$

$$\rho_2=5\bar{\alpha}+\bar{\alpha}^2+5\bar{\alpha}\bar{\delta}+\bar{\alpha}\left(1-\bar{\alpha}\right)$$

$$\rho_3=4+2\bar{\alpha}+5\bar{\delta}$$

$$\rho_4=5\bar{\delta}+2\bar{\alpha}\bar{\delta}+4\bar{\delta}^2+3\bar{\delta}\left(1-\bar{\delta}\right)$$

$$\rho_5=4\bar{\delta}+2\bar{\alpha}\bar{\delta}+5\bar{\delta}^2$$

$$\rho_6=\bar{\delta}+4\bar{\delta}^2+3\bar{\delta}\left(1-\bar{\delta}\right)$$

那么误差系统满足 H_∞ 性能约束条件。

证 首先，定义

$$V_k=V_{1,k}+V_{2,k} \tag{6-9}$$

其中$V_{1,k}=\boldsymbol{e}_k^{\mathrm{T}}\boldsymbol{S}_k\boldsymbol{e}_k$，$V_{2,k}=\sum_{i=k-d}^{k-1}\boldsymbol{e}_i^{\mathrm{T}}\boldsymbol{T}_i\boldsymbol{e}_i$。易知，有以下结果成立

$$\begin{aligned}
&\mathbb{E}\left\{\Delta V_k\right\}\\
=&\mathbb{E}\Big\{\boldsymbol{e}_k^{\mathrm{T}}\boldsymbol{A}_k^{\mathrm{T}}\boldsymbol{S}_{k+1}\boldsymbol{A}_k\boldsymbol{e}_k+\bar{\alpha}\boldsymbol{e}_k^{\mathrm{T}}\Delta\boldsymbol{A}_k^{\mathrm{T}}\boldsymbol{S}_{k+1}\Delta\boldsymbol{A}_k\boldsymbol{e}_k+\bar{\alpha}\hat{\boldsymbol{x}}_k^{\mathrm{T}}\Delta\boldsymbol{A}_k^{\mathrm{T}}\boldsymbol{S}_{k+1}\Delta\boldsymbol{A}_k\hat{\boldsymbol{x}}_k\\
&+\boldsymbol{e}_{k-d}^{\mathrm{T}}\boldsymbol{A}_{d,k}^{\mathrm{T}}\boldsymbol{S}_{k+1}\boldsymbol{A}_{d,k}\boldsymbol{e}_{k-d}+\boldsymbol{f}^{\mathrm{T}}\left(\boldsymbol{e}_k+\hat{\boldsymbol{x}}_k\right)\boldsymbol{B}_k^{\mathrm{T}}\boldsymbol{S}_{k+1}\boldsymbol{B}_k\boldsymbol{f}\left(\boldsymbol{e}_k+\hat{\boldsymbol{x}}_k\right)\\
&+\boldsymbol{f}^{\mathrm{T}}\left(\hat{\boldsymbol{x}}_k\right)\boldsymbol{B}_k^{\mathrm{T}}\boldsymbol{S}_{k+1}\boldsymbol{B}_k\boldsymbol{f}\left(\hat{\boldsymbol{x}}_k\right)+\boldsymbol{\omega}_k^{\mathrm{T}}\boldsymbol{S}_{k+1}\boldsymbol{\omega}_k\\
&+\bar{\delta}\boldsymbol{e}_k^{\mathrm{T}}\boldsymbol{E}_k^{\mathrm{T}}\boldsymbol{\Gamma}_0^{\mathrm{T}}\boldsymbol{K}_k^{\mathrm{T}}\boldsymbol{S}_{k+1}\boldsymbol{K}_k\boldsymbol{\Gamma}_0\boldsymbol{E}_k\boldsymbol{e}_k+\bar{\delta}\hat{\boldsymbol{x}}_k^{\mathrm{T}}\boldsymbol{E}_k^{\mathrm{T}}\boldsymbol{\Gamma}_0^{\mathrm{T}}\boldsymbol{K}_k^{\mathrm{T}}\boldsymbol{S}_{k+1}\boldsymbol{K}_k\boldsymbol{\Gamma}_0\boldsymbol{E}_k\hat{\boldsymbol{x}}_k\\
&+\bar{\delta}\boldsymbol{\upsilon}_k^{\mathrm{T}}\boldsymbol{\Gamma}_0^{\mathrm{T}}\boldsymbol{K}_k^{\mathrm{T}}\boldsymbol{S}_{k+1}\boldsymbol{K}_k\boldsymbol{\Gamma}_0\boldsymbol{\upsilon}_k+\bar{\delta}\hat{\boldsymbol{x}}_k^{\mathrm{T}}\boldsymbol{E}_k^{\mathrm{T}}\Delta\boldsymbol{\Gamma}_k^{\mathrm{T}}\boldsymbol{K}_k^{\mathrm{T}}\boldsymbol{S}_{k+1}\boldsymbol{K}_k\Delta\boldsymbol{\Gamma}_k\boldsymbol{E}_k\hat{\boldsymbol{x}}_k\\
&+\bar{\delta}\boldsymbol{e}_k^{\mathrm{T}}\boldsymbol{E}_k^{\mathrm{T}}\Delta\boldsymbol{\Gamma}_k^{\mathrm{T}}\boldsymbol{K}_k^{\mathrm{T}}\boldsymbol{S}_{k+1}\boldsymbol{K}_k\Delta\boldsymbol{\Gamma}_k\boldsymbol{E}_k\boldsymbol{e}_k+\bar{\delta}\boldsymbol{\upsilon}_k^{\mathrm{T}}\Delta\boldsymbol{\Gamma}_k^{\mathrm{T}}\boldsymbol{K}_k^{\mathrm{T}}\boldsymbol{S}_{k+1}\boldsymbol{K}_k\Delta\boldsymbol{\Gamma}_k\boldsymbol{\upsilon}_k\\
&+\bar{\delta}^2\hat{\boldsymbol{x}}_k^{\mathrm{T}}\boldsymbol{E}_k^{\mathrm{T}}\boldsymbol{K}_k^{\mathrm{T}}\boldsymbol{S}_{k+1}\boldsymbol{K}_k\boldsymbol{E}_k\hat{\boldsymbol{x}}_k+\bar{\delta}\boldsymbol{e}_k^{\mathrm{T}}\boldsymbol{E}_k^{\mathrm{T}}\boldsymbol{\Gamma}_0^{\mathrm{T}}\bar{\boldsymbol{K}}_k^{\mathrm{T}}\boldsymbol{S}_{k+1}\bar{\boldsymbol{K}}_k\boldsymbol{\Gamma}_0\boldsymbol{E}_k\boldsymbol{e}_k\\
&+\bar{\delta}\hat{\boldsymbol{x}}_k^{\mathrm{T}}\boldsymbol{E}_k^{\mathrm{T}}\boldsymbol{\Gamma}_0^{\mathrm{T}}\bar{\boldsymbol{K}}_k^{\mathrm{T}}\boldsymbol{S}_{k+1}\bar{\boldsymbol{K}}_k\boldsymbol{\Gamma}_0\boldsymbol{E}_k\hat{\boldsymbol{x}}_k+\bar{\delta}\boldsymbol{\upsilon}_k^{\mathrm{T}}\boldsymbol{\Gamma}_0^{\mathrm{T}}\bar{\boldsymbol{K}}_k^{\mathrm{T}}\boldsymbol{S}_{k+1}\bar{\boldsymbol{K}}_k\boldsymbol{\Gamma}_0\boldsymbol{\upsilon}_k\\
&+\bar{\delta}\hat{\boldsymbol{x}}_k^{\mathrm{T}}\boldsymbol{E}_k^{\mathrm{T}}\Delta\boldsymbol{\Gamma}_k^{\mathrm{T}}\bar{\boldsymbol{K}}_k^{\mathrm{T}}\boldsymbol{S}_{k+1}\bar{\boldsymbol{K}}_k\Delta\boldsymbol{\Gamma}_k\boldsymbol{E}_k\hat{\boldsymbol{x}}_k+\bar{\delta}\boldsymbol{e}_k^{\mathrm{T}}\boldsymbol{E}_k^{\mathrm{T}}\Delta\boldsymbol{\Gamma}_k^{\mathrm{T}}\bar{\boldsymbol{K}}_k^{\mathrm{T}}\boldsymbol{S}_{k+1}\bar{\boldsymbol{K}}_k\Delta\boldsymbol{\Gamma}_k\boldsymbol{E}_k\boldsymbol{e}_k\\
&+\bar{\delta}\boldsymbol{\upsilon}_k^{\mathrm{T}}\Delta\boldsymbol{\Gamma}_k^{\mathrm{T}}\bar{\boldsymbol{K}}_k^{\mathrm{T}}\boldsymbol{S}_{k+1}\bar{\boldsymbol{K}}_k\Delta\boldsymbol{\Gamma}_k\boldsymbol{\upsilon}_k+\bar{\delta}^2\hat{\boldsymbol{x}}_k^{\mathrm{T}}\boldsymbol{E}_k^{\mathrm{T}}\bar{\boldsymbol{K}}_k^{\mathrm{T}}\boldsymbol{S}_{k+1}\bar{\boldsymbol{K}}_k\boldsymbol{E}_k\hat{\boldsymbol{x}}_k\\
&+2\bar{\alpha}\boldsymbol{e}_k^{\mathrm{T}}\boldsymbol{A}_k^{\mathrm{T}}\boldsymbol{S}_{k+1}\Delta\boldsymbol{A}_k\boldsymbol{e}_k+2\bar{\alpha}\boldsymbol{e}_k^{\mathrm{T}}\boldsymbol{A}_k^{\mathrm{T}}\boldsymbol{S}_{k+1}\Delta\boldsymbol{A}_k\hat{\boldsymbol{x}}_k\\
&+2\boldsymbol{e}_k^{\mathrm{T}}\boldsymbol{A}_k^{\mathrm{T}}\boldsymbol{S}_{k+1}\boldsymbol{A}_{d,k}\boldsymbol{e}_{k-d}+2\boldsymbol{e}_k^{\mathrm{T}}\boldsymbol{A}_k^{\mathrm{T}}\boldsymbol{S}_{k+1}\boldsymbol{B}_k\boldsymbol{f}\left(\boldsymbol{e}_k+\hat{\boldsymbol{x}}_k\right)\\
&-2\boldsymbol{e}_k^{\mathrm{T}}\boldsymbol{A}_k^{\mathrm{T}}\boldsymbol{S}_{k+1}\boldsymbol{B}_k\boldsymbol{f}\left(\hat{\boldsymbol{x}}_k\right)-2\bar{\delta}\boldsymbol{e}_k^{\mathrm{T}}\boldsymbol{A}_k^{\mathrm{T}}\boldsymbol{S}_{k+1}\boldsymbol{K}_k\boldsymbol{\Gamma}_0\boldsymbol{E}_k\boldsymbol{e}_k\\
&-2\bar{\delta}\boldsymbol{e}_k^{\mathrm{T}}\boldsymbol{A}_k^{\mathrm{T}}\boldsymbol{S}_{k+1}\boldsymbol{K}_k\boldsymbol{\Gamma}_0\boldsymbol{E}_k\hat{\boldsymbol{x}}_k-2\bar{\delta}\boldsymbol{e}_k^{\mathrm{T}}\boldsymbol{A}_k^{\mathrm{T}}\boldsymbol{S}_{k+1}\boldsymbol{K}_k\Delta\boldsymbol{\Gamma}_k\boldsymbol{E}_k\hat{\boldsymbol{x}}_k\\
&-2\bar{\delta}\boldsymbol{e}_k^{\mathrm{T}}\boldsymbol{A}_k^{\mathrm{T}}\boldsymbol{S}_{k+1}\boldsymbol{K}_k\Delta\boldsymbol{\Gamma}_k\boldsymbol{E}_k\boldsymbol{e}_k+2\bar{\delta}\boldsymbol{e}_k^{\mathrm{T}}\boldsymbol{A}_k^{\mathrm{T}}\boldsymbol{S}_{k+1}\boldsymbol{K}_k\boldsymbol{E}_k\hat{\boldsymbol{x}}_k\\
&+2\bar{\alpha}^2\hat{\boldsymbol{x}}_k^{\mathrm{T}}\Delta\boldsymbol{A}_k^{\mathrm{T}}\boldsymbol{S}_{k+1}\Delta\boldsymbol{A}_k\boldsymbol{e}_k+2\bar{\alpha}\hat{\boldsymbol{x}}_k^{\mathrm{T}}\Delta\boldsymbol{A}_k^{\mathrm{T}}\boldsymbol{S}_{k+1}\boldsymbol{A}_{d,k}\boldsymbol{e}_{k-d}\\
&+2\bar{\alpha}\hat{\boldsymbol{x}}_k^{\mathrm{T}}\Delta\boldsymbol{A}_k^{\mathrm{T}}\boldsymbol{S}_{k+1}\boldsymbol{B}_k\boldsymbol{f}(\boldsymbol{e}_k+\hat{\boldsymbol{x}}_k)-2\bar{\alpha}\hat{\boldsymbol{x}}_k^{\mathrm{T}}\Delta\boldsymbol{A}_k^{\mathrm{T}}\boldsymbol{S}_{k+1}\boldsymbol{B}_k\boldsymbol{f}\left(\hat{\boldsymbol{x}}_k\right)\\
&-2\bar{\alpha}\bar{\delta}\hat{\boldsymbol{x}}_k^{\mathrm{T}}\Delta\boldsymbol{A}_k^{\mathrm{T}}\boldsymbol{S}_{k+1}\boldsymbol{K}_k\boldsymbol{\Gamma}_0\boldsymbol{E}_k\boldsymbol{e}_k-2\bar{\alpha}\bar{\delta}\hat{\boldsymbol{x}}_k^{\mathrm{T}}\Delta\boldsymbol{A}_k^{\mathrm{T}}\boldsymbol{S}_{k+1}\boldsymbol{K}_k\boldsymbol{\Gamma}_0\boldsymbol{E}_k\hat{\boldsymbol{x}}_k\\
&-2\bar{\alpha}\bar{\delta}\hat{\boldsymbol{x}}_k^{\mathrm{T}}\Delta\boldsymbol{A}_k^{\mathrm{T}}\boldsymbol{S}_{k+1}\boldsymbol{K}_k\Delta\boldsymbol{\Gamma}_k\boldsymbol{E}_k\hat{\boldsymbol{x}}_k-2\bar{\alpha}\bar{\delta}\hat{\boldsymbol{x}}_k^{\mathrm{T}}\Delta\boldsymbol{A}_k^{\mathrm{T}}\boldsymbol{S}_{k+1}\boldsymbol{K}_k\Delta\boldsymbol{\Gamma}_k\boldsymbol{E}_k\boldsymbol{e}_k
\end{aligned}$$

$$
\begin{aligned}
&+2\bar{\alpha}\bar{\delta}\hat{\boldsymbol{x}}_k^{\mathrm{T}}\Delta\boldsymbol{A}_k^{\mathrm{T}}\boldsymbol{S}_{k+1}\boldsymbol{K}_k\boldsymbol{E}_k\hat{\boldsymbol{x}}_k+2\bar{\alpha}\boldsymbol{e}_k^{\mathrm{T}}\Delta\boldsymbol{A}_k^{\mathrm{T}}\boldsymbol{S}_{k+1}\boldsymbol{A}_{d,k}\boldsymbol{e}_{k-d}\\
&+2\bar{\alpha}\boldsymbol{e}_k^{\mathrm{T}}\Delta\boldsymbol{A}_k^{\mathrm{T}}\boldsymbol{S}_{k+1}\boldsymbol{B}_k\boldsymbol{f}\left(\boldsymbol{e}_k+\hat{\boldsymbol{x}}_k\right)-2\bar{\alpha}\boldsymbol{e}_k^{\mathrm{T}}\Delta\boldsymbol{A}_k^{\mathrm{T}}\boldsymbol{S}_{k+1}\boldsymbol{B}_k\boldsymbol{f}\left(\hat{\boldsymbol{x}}_k\right)\\
&-2\bar{\alpha}\bar{\delta}\boldsymbol{e}_k^{\mathrm{T}}\Delta\boldsymbol{A}_k^{\mathrm{T}}\boldsymbol{S}_{k+1}\boldsymbol{K}_k\boldsymbol{\Gamma}_0\boldsymbol{E}_k\boldsymbol{e}_k-2\bar{\alpha}\bar{\delta}\boldsymbol{e}_k^{\mathrm{T}}\Delta\boldsymbol{A}_k^{\mathrm{T}}\boldsymbol{S}_{k+1}\boldsymbol{K}_k\boldsymbol{\Gamma}_0\boldsymbol{E}_k\hat{\boldsymbol{x}}_k\\
&-2\bar{\alpha}\bar{\delta}\boldsymbol{e}_k^{\mathrm{T}}\Delta\boldsymbol{A}_k^{\mathrm{T}}\boldsymbol{S}_{k+1}\boldsymbol{K}_k\Delta\boldsymbol{\Gamma}_k\boldsymbol{E}_k\hat{\boldsymbol{x}}_k-2\bar{\alpha}\bar{\delta}\boldsymbol{e}_k^{\mathrm{T}}\Delta\boldsymbol{A}_k^{\mathrm{T}}\boldsymbol{S}_{k+1}\boldsymbol{K}_k\Delta\boldsymbol{\Gamma}_k\boldsymbol{E}_k\boldsymbol{e}_k\\
&+2\bar{\alpha}\bar{\delta}\boldsymbol{e}_k^{\mathrm{T}}\Delta\boldsymbol{A}_k^{\mathrm{T}}\boldsymbol{S}_{k+1}\boldsymbol{K}_k\boldsymbol{E}_k\hat{\boldsymbol{x}}_k+2\boldsymbol{e}_{k-d}^{\mathrm{T}}\boldsymbol{A}_{d,k}^{\mathrm{T}}\boldsymbol{S}_{k+1}\boldsymbol{B}_k\boldsymbol{f}\left(\boldsymbol{e}_k+\hat{\boldsymbol{x}}_k\right)\\
&-2\boldsymbol{e}_{k-d}^{\mathrm{T}}\boldsymbol{A}_{d,k}^{\mathrm{T}}\boldsymbol{S}_{k+1}\boldsymbol{B}_k\boldsymbol{f}\left(\hat{\boldsymbol{x}}_k\right)-2\bar{\delta}\boldsymbol{e}_{k-d}^{\mathrm{T}}\boldsymbol{A}_{d,k}^{\mathrm{T}}\boldsymbol{S}_{k+1}\boldsymbol{K}_k\boldsymbol{\Gamma}_0\boldsymbol{E}_k\boldsymbol{e}_k\\
&-2\bar{\delta}\boldsymbol{e}_{k-d}^{\mathrm{T}}\boldsymbol{A}_{d,k}^{\mathrm{T}}\boldsymbol{S}_{k+1}\boldsymbol{K}_k\boldsymbol{\Gamma}_0\boldsymbol{E}_k\hat{\boldsymbol{x}}_k-2\bar{\delta}\boldsymbol{e}_{k-d}^{\mathrm{T}}\boldsymbol{A}_{d,k}^{\mathrm{T}}\boldsymbol{S}_{k+1}\boldsymbol{K}_k\Delta\boldsymbol{\Gamma}_k\boldsymbol{E}_k\hat{\boldsymbol{x}}_k\\
&-2\bar{\delta}\boldsymbol{e}_{k-d}^{\mathrm{T}}\boldsymbol{A}_{d,k}^{\mathrm{T}}\boldsymbol{S}_{k+1}\boldsymbol{K}_k\Delta\boldsymbol{\Gamma}_k\boldsymbol{E}_k\boldsymbol{e}_k+2\bar{\delta}\boldsymbol{e}_{k-d}^{\mathrm{T}}\boldsymbol{A}_{d,k}^{\mathrm{T}}\boldsymbol{S}_{k+1}\boldsymbol{K}_k\boldsymbol{E}_k\hat{\boldsymbol{x}}_k\\
&-2\boldsymbol{f}^{\mathrm{T}}\left(\boldsymbol{e}_k+\hat{\boldsymbol{x}}_k\right)\boldsymbol{B}_k^{\mathrm{T}}\boldsymbol{S}_{k+1}\boldsymbol{B}_k\boldsymbol{f}\left(\hat{\boldsymbol{x}}_k\right)-2\bar{\delta}\boldsymbol{f}^{\mathrm{T}}\left(\boldsymbol{e}_k+\hat{\boldsymbol{x}}_k\right)\boldsymbol{B}_k^{\mathrm{T}}\boldsymbol{S}_{k+1}\boldsymbol{K}_k\boldsymbol{\Gamma}_0\boldsymbol{E}_k\boldsymbol{e}_k\\
&-2\bar{\delta}\boldsymbol{f}^{\mathrm{T}}\left(\boldsymbol{e}_k+\hat{\boldsymbol{x}}_k\right)\boldsymbol{B}_k^{\mathrm{T}}\boldsymbol{S}_{k+1}\boldsymbol{K}_k\boldsymbol{\Gamma}_0\boldsymbol{E}_k\hat{\boldsymbol{x}}_k-2\bar{\delta}\boldsymbol{f}^{\mathrm{T}}(\boldsymbol{e}_k+\hat{\boldsymbol{x}}_k)\boldsymbol{B}_k^{\mathrm{T}}\boldsymbol{S}_{k+1}\boldsymbol{K}_k\Delta\boldsymbol{\Gamma}_k\boldsymbol{E}_k\hat{\boldsymbol{x}}_k\\
&-2\bar{\delta}\boldsymbol{f}^{\mathrm{T}}\left(\boldsymbol{e}_k+\hat{\boldsymbol{x}}_k\right)\boldsymbol{B}_k^{\mathrm{T}}\boldsymbol{S}_{k+1}\boldsymbol{K}_k\Delta\boldsymbol{\Gamma}_k\boldsymbol{E}_k\boldsymbol{e}_k+2\bar{\delta}\boldsymbol{f}^{\mathrm{T}}\left(\boldsymbol{e}_k+\hat{\boldsymbol{x}}_k\right)\boldsymbol{B}_k^{\mathrm{T}}\boldsymbol{S}_{k+1}\boldsymbol{K}_k\boldsymbol{E}_k\hat{\boldsymbol{x}}_k\\
&+2\bar{\delta}\boldsymbol{f}^{\mathrm{T}}\left(\hat{\boldsymbol{x}}_k\right)\boldsymbol{B}_k^{\mathrm{T}}\boldsymbol{S}_{k+1}\boldsymbol{K}_k\boldsymbol{\Gamma}_0\boldsymbol{E}_k\boldsymbol{e}_k+2\bar{\delta}\boldsymbol{f}^{\mathrm{T}}\left(\hat{\boldsymbol{x}}_k\right)\boldsymbol{B}_k^{\mathrm{T}}\boldsymbol{S}_{k+1}\boldsymbol{K}_k\boldsymbol{\Gamma}_0\boldsymbol{E}_k\hat{\boldsymbol{x}}_k\\
&+2\bar{\delta}\boldsymbol{f}^{\mathrm{T}}\left(\hat{\boldsymbol{x}}_k\right)\boldsymbol{B}_k^{\mathrm{T}}\boldsymbol{S}_{k+1}\boldsymbol{K}_k\Delta\boldsymbol{\Gamma}_k\boldsymbol{E}_k\hat{\boldsymbol{x}}_k+2\bar{\delta}\boldsymbol{f}^{\mathrm{T}}\left(\hat{\boldsymbol{x}}_k\right)\boldsymbol{B}_k^{\mathrm{T}}\boldsymbol{S}_{k+1}\boldsymbol{K}_k\Delta\boldsymbol{\Gamma}_k\boldsymbol{E}_k\boldsymbol{e}_k\\
&-2\bar{\delta}\boldsymbol{f}^{\mathrm{T}}\left(\hat{\boldsymbol{x}}_k\right)\boldsymbol{B}_k^{\mathrm{T}}\boldsymbol{S}_{k+1}\boldsymbol{K}_k\boldsymbol{E}_k\hat{\boldsymbol{x}}_k+2\bar{\delta}^2\boldsymbol{e}_k^{\mathrm{T}}\boldsymbol{E}_k^{\mathrm{T}}\boldsymbol{\Gamma}_0^{\mathrm{T}}\boldsymbol{K}_k^{\mathrm{T}}\boldsymbol{S}_{k+1}\boldsymbol{K}_k\boldsymbol{\Gamma}_0\boldsymbol{E}_k\hat{\boldsymbol{x}}_k\\
&+2\bar{\delta}^2\boldsymbol{e}_k^{\mathrm{T}}\boldsymbol{E}_k^{\mathrm{T}}\boldsymbol{\Gamma}_0^{\mathrm{T}}\boldsymbol{K}_k^{\mathrm{T}}\boldsymbol{S}_{k+1}\boldsymbol{K}_k\Delta\boldsymbol{\Gamma}_k\boldsymbol{E}_k\hat{\boldsymbol{x}}_k+2\bar{\delta}^2\boldsymbol{e}_k^{\mathrm{T}}\boldsymbol{E}_k^{\mathrm{T}}\boldsymbol{\Gamma}_0^{\mathrm{T}}\boldsymbol{K}_k^{\mathrm{T}}\boldsymbol{S}_{k+1}\boldsymbol{K}_k\Delta\boldsymbol{\Gamma}_k\boldsymbol{E}_k\boldsymbol{e}_k\\
&-2\bar{\delta}^2\boldsymbol{e}_k^{\mathrm{T}}\boldsymbol{E}_k^{\mathrm{T}}\boldsymbol{\Gamma}_0^{\mathrm{T}}\boldsymbol{K}_k^{\mathrm{T}}\boldsymbol{S}_{k+1}\boldsymbol{K}_k\boldsymbol{E}_k\hat{\boldsymbol{x}}_k+2\bar{\delta}^2\hat{\boldsymbol{x}}_k^{\mathrm{T}}\boldsymbol{E}_k^{\mathrm{T}}\boldsymbol{\Gamma}_0^{\mathrm{T}}\boldsymbol{K}_k^{\mathrm{T}}\boldsymbol{S}_{k+1}\boldsymbol{K}_k\Delta\boldsymbol{\Gamma}_k\boldsymbol{E}_k\hat{\boldsymbol{x}}_k\\
&+2\bar{\delta}^2\hat{\boldsymbol{x}}_k^{\mathrm{T}}\boldsymbol{E}_k^{\mathrm{T}}\boldsymbol{\Gamma}_0^{\mathrm{T}}\boldsymbol{K}_k^{\mathrm{T}}\boldsymbol{S}_{k+1}\boldsymbol{K}_k\Delta\boldsymbol{\Gamma}_k\boldsymbol{E}_k\boldsymbol{e}_k-2\bar{\delta}^2\hat{\boldsymbol{x}}_k^{\mathrm{T}}\boldsymbol{E}_k^{\mathrm{T}}\boldsymbol{\Gamma}_0^{\mathrm{T}}\boldsymbol{K}_k^{\mathrm{T}}\boldsymbol{S}_{k+1}\boldsymbol{K}_k\boldsymbol{E}_k\hat{\boldsymbol{x}}_k\\
&+2\bar{\delta}^2\boldsymbol{e}_k^{\mathrm{T}}\boldsymbol{E}_k^{\mathrm{T}}\Delta\boldsymbol{\Gamma}_k^{\mathrm{T}}\boldsymbol{K}_k^{\mathrm{T}}\boldsymbol{S}_{k+1}\boldsymbol{K}_k\Delta\boldsymbol{\Gamma}_k\boldsymbol{E}_k\hat{\boldsymbol{x}}_k-2\bar{\delta}^2\boldsymbol{e}_k^{\mathrm{T}}\boldsymbol{E}_k^{\mathrm{T}}\Delta\boldsymbol{\Gamma}_k^{\mathrm{T}}\boldsymbol{K}_k^{\mathrm{T}}\boldsymbol{S}_{k+1}\boldsymbol{K}_k\boldsymbol{E}_k\hat{\boldsymbol{x}}_k\\
&-2\bar{\delta}^2\hat{\boldsymbol{x}}_k^{\mathrm{T}}\boldsymbol{E}_k^{\mathrm{T}}\Delta\boldsymbol{\Gamma}_k^{\mathrm{T}}\boldsymbol{K}_k^{\mathrm{T}}\boldsymbol{S}_{k+1}\boldsymbol{K}_k\boldsymbol{E}_k\hat{\boldsymbol{x}}_k-\boldsymbol{e}_k^{\mathrm{T}}\boldsymbol{S}_k\boldsymbol{e}_k+\boldsymbol{e}_k^{\mathrm{T}}\boldsymbol{T}_k\boldsymbol{e}_k-\boldsymbol{e}_{k-d}^{\mathrm{T}}\boldsymbol{T}_{k-d}\boldsymbol{e}_{k-d}\\
&+2\bar{\alpha}\left(1-\bar{\alpha}\right)\boldsymbol{e}_k^{\mathrm{T}}\Delta\boldsymbol{A}_k^{\mathrm{T}}\boldsymbol{S}_{k+1}\Delta\boldsymbol{A}_k\hat{\boldsymbol{x}}_k+2\bar{\delta}\left(1-\bar{\delta}\right)\boldsymbol{e}_k^{\mathrm{T}}\boldsymbol{E}_k^{\mathrm{T}}\boldsymbol{\Gamma}_0^{\mathrm{T}}\boldsymbol{K}_k^{\mathrm{T}}\boldsymbol{S}_{k+1}\boldsymbol{K}_k\Delta\boldsymbol{\Gamma}_k\boldsymbol{E}_k\boldsymbol{e}_k\\
&+2\bar{\delta}\left(1-\bar{\delta}\right)\boldsymbol{e}_k^{\mathrm{T}}\boldsymbol{E}_k^{\mathrm{T}}\boldsymbol{\Gamma}_0^{\mathrm{T}}\boldsymbol{K}_k^{\mathrm{T}}\boldsymbol{S}_{k+1}\boldsymbol{K}_k\boldsymbol{\Gamma}_0\boldsymbol{E}_k\hat{\boldsymbol{x}}_k+2\bar{\delta}\left(1-\bar{\delta}\right)\boldsymbol{e}_k^{\mathrm{T}}\boldsymbol{E}_k^{\mathrm{T}}\boldsymbol{\Gamma}_0^{\mathrm{T}}\boldsymbol{K}_k^{\mathrm{T}}\boldsymbol{S}_{k+1}\boldsymbol{K}_k\Delta\boldsymbol{\Gamma}_k\boldsymbol{E}_k\hat{\boldsymbol{x}}_k\\
&+2\bar{\delta}\left(1-\bar{\delta}\right)\boldsymbol{e}_k^{\mathrm{T}}\boldsymbol{E}_k^{\mathrm{T}}\Delta\boldsymbol{\Gamma}_k^{\mathrm{T}}\boldsymbol{K}_k^{\mathrm{T}}\boldsymbol{S}_{k+1}\boldsymbol{K}_k\boldsymbol{\Gamma}_0\boldsymbol{E}_k\hat{\boldsymbol{x}}_k+2\bar{\delta}\left(1-\bar{\delta}\right)\hat{\boldsymbol{x}}_k^{\mathrm{T}}\boldsymbol{E}_k^{\mathrm{T}}\boldsymbol{\Gamma}_0^{\mathrm{T}}\boldsymbol{K}_k^{\mathrm{T}}\boldsymbol{S}_{k+1}\boldsymbol{K}_k\Delta\boldsymbol{\Gamma}_k\boldsymbol{E}_k\hat{\boldsymbol{x}}_k\\
&+2\bar{\delta}\left(1-\bar{\delta}\right)\boldsymbol{e}_k^{\mathrm{T}}\boldsymbol{E}_k^{\mathrm{T}}\Delta\boldsymbol{\Gamma}_k^{\mathrm{T}}\boldsymbol{K}_k^{\mathrm{T}}\boldsymbol{S}_{k+1}\boldsymbol{K}_k\Delta\boldsymbol{\Gamma}_k\boldsymbol{E}_k\hat{\boldsymbol{x}}_k+2\bar{\delta}\left(1-\bar{\delta}\right)\boldsymbol{e}_k^{\mathrm{T}}\boldsymbol{E}_k^{\mathrm{T}}\boldsymbol{\Gamma}_0^{\mathrm{T}}\bar{\boldsymbol{K}}_k^{\mathrm{T}}\boldsymbol{S}_{k+1}\bar{\boldsymbol{K}}_k\Delta\boldsymbol{\Gamma}_k\boldsymbol{E}_k\boldsymbol{e}_k\\
&+2\bar{\delta}\left(1-\bar{\delta}\right)\boldsymbol{e}_k^{\mathrm{T}}\boldsymbol{E}_k^{\mathrm{T}}\boldsymbol{\Gamma}_0^{\mathrm{T}}\bar{\boldsymbol{K}}_k^{\mathrm{T}}\boldsymbol{S}_{k+1}\bar{\boldsymbol{K}}_k\boldsymbol{\Gamma}_0\boldsymbol{E}_k\hat{\boldsymbol{x}}_k+2\bar{\delta}\left(1-\bar{\delta}\right)\boldsymbol{e}_k^{\mathrm{T}}\boldsymbol{E}_k^{\mathrm{T}}\boldsymbol{\Gamma}_0^{\mathrm{T}}\bar{\boldsymbol{K}}_k^{\mathrm{T}}\boldsymbol{S}_{k+1}\bar{\boldsymbol{K}}_k\Delta\boldsymbol{\Gamma}_k\boldsymbol{E}_k\hat{\boldsymbol{x}}_k\\
&+2\bar{\delta}\left(1-\bar{\delta}\right)\boldsymbol{e}_k^{\mathrm{T}}\boldsymbol{E}_k^{\mathrm{T}}\Delta\boldsymbol{\Gamma}_k^{\mathrm{T}}\bar{\boldsymbol{K}}_k^{\mathrm{T}}\boldsymbol{S}_{k+1}\bar{\boldsymbol{K}}_k\boldsymbol{\Gamma}_0\boldsymbol{E}_k\hat{\boldsymbol{x}}_k+2\bar{\delta}\left(1-\bar{\delta}\right)\boldsymbol{e}_k^{\mathrm{T}}\boldsymbol{E}_k^{\mathrm{T}}\Delta\boldsymbol{\Gamma}_k^{\mathrm{T}}\bar{\boldsymbol{K}}_k^{\mathrm{T}}\boldsymbol{S}_{k+1}\bar{\boldsymbol{K}}_k\Delta\boldsymbol{\Gamma}_k\boldsymbol{E}_k\hat{\boldsymbol{x}}_k\\
&+2\bar{\delta}\left(1-\bar{\delta}\right)\hat{\boldsymbol{x}}_k^{\mathrm{T}}\boldsymbol{E}_k^{\mathrm{T}}\boldsymbol{\Gamma}_0^{\mathrm{T}}\bar{\boldsymbol{K}}_k^{\mathrm{T}}\boldsymbol{S}_{k+1}\bar{\boldsymbol{K}}_k\Delta\boldsymbol{\Gamma}_k\boldsymbol{E}_k\hat{\boldsymbol{x}}_k\\
&+2\bar{\delta}^2\boldsymbol{e}_k^{\mathrm{T}}\boldsymbol{E}_k^{\mathrm{T}}\boldsymbol{\Gamma}_0^{\mathrm{T}}\bar{\boldsymbol{K}}_k^{\mathrm{T}}\boldsymbol{S}_{k+1}\bar{\boldsymbol{K}}_k\Delta\boldsymbol{\Gamma}_k\boldsymbol{E}_k\boldsymbol{e}_k+2\bar{\delta}^2\boldsymbol{e}_k^{\mathrm{T}}\boldsymbol{E}_k^{\mathrm{T}}\boldsymbol{\Gamma}_0^{\mathrm{T}}\bar{\boldsymbol{K}}_k^{\mathrm{T}}\boldsymbol{S}_{k+1}\bar{\boldsymbol{K}}_k\boldsymbol{\Gamma}_0\boldsymbol{E}_k\hat{\boldsymbol{x}}_k\\
&+2\bar{\delta}^2\boldsymbol{e}_k^{\mathrm{T}}\boldsymbol{E}_k^{\mathrm{T}}\boldsymbol{\Gamma}_0^{\mathrm{T}}\bar{\boldsymbol{K}}_k^{\mathrm{T}}\boldsymbol{S}_{k+1}\bar{\boldsymbol{K}}_k\Delta\boldsymbol{\Gamma}_k\boldsymbol{E}_k\hat{\boldsymbol{x}}_k-2\bar{\delta}^2\boldsymbol{e}_k^{\mathrm{T}}\boldsymbol{E}_k^{\mathrm{T}}\boldsymbol{\Gamma}_0^{\mathrm{T}}\bar{\boldsymbol{K}}_k^{\mathrm{T}}\boldsymbol{S}_{k+1}\bar{\boldsymbol{K}}_k\boldsymbol{E}_k\hat{\boldsymbol{x}}_k\\
&+2\bar{\delta}^2\boldsymbol{e}_k^{\mathrm{T}}\boldsymbol{E}_k^{\mathrm{T}}\Delta\boldsymbol{\Gamma}_k^{\mathrm{T}}\bar{\boldsymbol{K}}_k^{\mathrm{T}}\boldsymbol{S}_{k+1}\bar{\boldsymbol{K}}_k\boldsymbol{\Gamma}_0\boldsymbol{E}_k\hat{\boldsymbol{x}}_k+2\bar{\delta}^2\boldsymbol{e}_k^{\mathrm{T}}\boldsymbol{E}_k^{\mathrm{T}}\Delta\boldsymbol{\Gamma}_k^{\mathrm{T}}\bar{\boldsymbol{K}}_k^{\mathrm{T}}\boldsymbol{S}_{k+1}\bar{\boldsymbol{K}}_k\Delta\boldsymbol{\Gamma}_k\boldsymbol{E}_k\hat{\boldsymbol{x}}_k\\
&-2\bar{\delta}^2\boldsymbol{e}_k^{\mathrm{T}}\boldsymbol{E}_k^{\mathrm{T}}\Delta\boldsymbol{\Gamma}_k^{\mathrm{T}}\bar{\boldsymbol{K}}_k^{\mathrm{T}}\boldsymbol{S}_{k+1}\bar{\boldsymbol{K}}_k\boldsymbol{E}_k\hat{\boldsymbol{x}}_k+2\bar{\delta}^2\hat{\boldsymbol{x}}_k^{\mathrm{T}}\boldsymbol{E}_k^{\mathrm{T}}\boldsymbol{\Gamma}_0^{\mathrm{T}}\bar{\boldsymbol{K}}_k^{\mathrm{T}}\boldsymbol{S}_{k+1}\bar{\boldsymbol{K}}_k\Delta\boldsymbol{\Gamma}_k\boldsymbol{E}_k\hat{\boldsymbol{x}}_k\\
&-2\bar{\delta}^2\hat{\boldsymbol{x}}_k^{\mathrm{T}}\boldsymbol{E}_k^{\mathrm{T}}\boldsymbol{\Gamma}_0^{\mathrm{T}}\bar{\boldsymbol{K}}_k^{\mathrm{T}}\boldsymbol{S}_{k+1}\bar{\boldsymbol{K}}_k\boldsymbol{E}_k\hat{\boldsymbol{x}}_k-2\bar{\delta}^2\hat{\boldsymbol{x}}_k^{\mathrm{T}}\boldsymbol{E}_k^{\mathrm{T}}\Delta\boldsymbol{\Gamma}_k^{\mathrm{T}}\bar{\boldsymbol{K}}_k^{\mathrm{T}}\boldsymbol{S}_{k+1}\bar{\boldsymbol{K}}_k\boldsymbol{E}_k\hat{\boldsymbol{x}}_k\\
&+2\bar{\delta}\boldsymbol{\upsilon}_k^{\mathrm{T}}\boldsymbol{\Gamma}_0^{\mathrm{T}}\boldsymbol{K}_k^{\mathrm{T}}\boldsymbol{S}_{k+1}\boldsymbol{K}_k\Delta\boldsymbol{\Gamma}_k\boldsymbol{\upsilon}_k+2\bar{\delta}\boldsymbol{\upsilon}_k^{\mathrm{T}}\boldsymbol{\Gamma}_0^{\mathrm{T}}\bar{\boldsymbol{K}}_k^{\mathrm{T}}\boldsymbol{S}_{k+1}\bar{\boldsymbol{K}}_k\Delta\boldsymbol{\Gamma}_k\boldsymbol{\upsilon}_k\Big\}
\end{aligned}
$$

接下来，我们处理相关交叉项。根据不等式 $2\boldsymbol{x}^{\mathrm{T}}\boldsymbol{P}\boldsymbol{y}\le\boldsymbol{x}^{\mathrm{T}}\boldsymbol{P}\boldsymbol{x}+\boldsymbol{y}^{\mathrm{T}}\boldsymbol{P}\boldsymbol{y}$ $(\boldsymbol{P}>\boldsymbol{0})$，整

理可以得到如下结果

$$
\begin{aligned}
\mathbb{E}\{\Delta V_k\} \le \mathbb{E}\Big\{ & \rho_1 e_k^{\mathrm{T}} A_k^{\mathrm{T}} S_{k+1} A_k e_k + \rho_2 \hat{x}_k^{\mathrm{T}} \Delta A_k^{\mathrm{T}} S_{k+1} \Delta A_k \hat{x}_k \\
& + \rho_2 e_k^{\mathrm{T}} \Delta A_k^{\mathrm{T}} S_{k+1} \Delta A_k e_k + \rho_3 e_{k-d}^{\mathrm{T}} A_{d,k}^{\mathrm{T}} S_{k+1} A_{d,k} e_{k-d} \\
& + \rho_1 f^{\mathrm{T}}(e_k + \hat{x}_k) B_k^{\mathrm{T}} S_{k+1} B_k f(e_k + \hat{x}_k) \\
& + \rho_4 e_k^{\mathrm{T}} E_k^{\mathrm{T}} \Gamma_0^{\mathrm{T}} K_k^{\mathrm{T}} S_{k+1} K_k \Gamma_0 E_k e_k \\
& + \rho_4 \hat{x}_k^{\mathrm{T}} E_k^{\mathrm{T}} \Gamma_0^{\mathrm{T}} K_k^{\mathrm{T}} S_{k+1} K_k \Gamma_0 E_k \hat{x}_k \\
& + \rho_4 \hat{x}_k^{\mathrm{T}} E_k^{\mathrm{T}} \Delta\Gamma_k^{\mathrm{T}} K_k^{\mathrm{T}} S_{k+1} K_k \Delta\Gamma_k E_k \hat{x}_k \\
& + \rho_4 e_k^{\mathrm{T}} E_k^{\mathrm{T}} \Delta\Gamma_k^{\mathrm{T}} K_k^{\mathrm{T}} S_{k+1} K_k \Delta\Gamma_k E_k e_k \\
& + \rho_5 \hat{x}_k^{\mathrm{T}} E_k^{\mathrm{T}} K_k^{\mathrm{T}} S_{k+1} K_k E_k \hat{x}_k \\
& + \rho_3 f^{\mathrm{T}}(\hat{x}_k) B_k^{\mathrm{T}} S_{k+1} B_k f(\hat{x}_k) \\
& + \rho_6 e_k^{\mathrm{T}} E_k^{\mathrm{T}} \Gamma_0^{\mathrm{T}} \bar{K}_k^{\mathrm{T}} S_{k+1} \bar{K}_k \Gamma_0 E_k e_k \\
& + \rho_6 \hat{x}_k^{\mathrm{T}} E_k^{\mathrm{T}} \Gamma_0^{\mathrm{T}} \bar{K}_k^{\mathrm{T}} S_{k+1} \bar{K}_k \Gamma_0 E_k \hat{x}_k \\
& + 2\bar{\delta} \upsilon_k^{\mathrm{T}} \Gamma_0^{\mathrm{T}} \bar{K}_k^{\mathrm{T}} S_{k+1} \bar{K}_k \Gamma_0 \upsilon_k \\
& + \rho_6 \hat{x}_k^{\mathrm{T}} E_k^{\mathrm{T}} \Delta\Gamma_k^{\mathrm{T}} \bar{K}_k^{\mathrm{T}} S_{k+1} \bar{K}_k \Delta\Gamma_k E_k \hat{x}_k \\
& + \rho_6 e_k^{\mathrm{T}} E_k^{\mathrm{T}} \Delta\Gamma_k^{\mathrm{T}} \bar{K}_k^{\mathrm{T}} S_{k+1} \bar{K}_k \Delta\Gamma_k E e_k \\
& + 2\bar{\delta} \upsilon_k^{\mathrm{T}} \Delta\Gamma_k^{\mathrm{T}} \bar{K}_k^{\mathrm{T}} S_{k+1} \bar{K}_k \Delta\Gamma_k \upsilon_k \\
& + 5\bar{\delta}^2 \hat{x}_k^{\mathrm{T}} E_k^{\mathrm{T}} \bar{K}_k^{\mathrm{T}} S_{k+1} \bar{K}_k E_k \hat{x}_k + \omega_k^{\mathrm{T}} S_{k+1} \omega_k \\
& + 2\bar{\delta} \upsilon_k^{\mathrm{T}} \Gamma_0^{\mathrm{T}} K_k^{\mathrm{T}} S_{k+1} K_k \Gamma_0 \upsilon_k \\
& + 2\bar{\delta} \upsilon_k^{\mathrm{T}} \Delta\Gamma_k^{\mathrm{T}} K_k^{\mathrm{T}} S_{k+1} K_k \Delta\Gamma_k \upsilon_k \\
& + 2 e_k^{\mathrm{T}} A_k^{\mathrm{T}} S_{k+1} B_k f(e_k + \hat{x}_k) \\
& - e_k^{\mathrm{T}} S_k e_k + e_k^{\mathrm{T}} T_k e_k - e_{k-d}^{\mathrm{T}} T_{k-d} e_{k-d} \Big\}
\end{aligned}
\tag{6-10}
$$

其中，$\rho_i(i=1,2,\ldots,6)$定义在式（6-8）中。

其次，将零项

$$\tilde{z}_k^{\mathrm{T}} \tilde{z}_k - \gamma^2 \nu_k^{\mathrm{T}} H_\phi \nu_k - \tilde{z}_k^{\mathrm{T}} \tilde{z}_k + \gamma^2 \nu_k^{\mathrm{T}} H_\phi \nu_k$$

加入到$\mathbb{E}\{\Delta V_k\}$中，可以得到以下结果

$$\mathbb{E}\{\Delta V_k\} = \left\{ \begin{bmatrix} \bar{e}_k^{\mathrm{T}} & \nu_k^{\mathrm{T}} \end{bmatrix} \tilde{\Omega} \begin{bmatrix} \bar{e}_k \\ \nu_k \end{bmatrix} - \tilde{z}_k^{\mathrm{T}} \tilde{z}_k + \gamma^2 \nu_k^{\mathrm{T}} H_\phi \nu_k \right\} \tag{6-11}$$

其中

$$\tilde{\Omega} = \begin{bmatrix} \tilde{\Omega}_{11} & \tilde{\Omega}_{12} & 0 & 0 & 0 & 0 \\ * & \tilde{\Omega}_{22} & 0 & 0 & 0 & 0 \\ * & * & \tilde{\Omega}_{33} & 0 & 0 & 0 \\ * & * & * & \Omega_{44} & 0 & 0 \\ * & * & * & * & \Omega_{55} & 0 \\ * & * & * & * & * & \Omega_{66} \end{bmatrix}$$

$$\bar{e}_k = \begin{bmatrix} e_k^{\mathrm{T}} & f^{\mathrm{T}}(e_k + \hat{x}_k) & 1 & e_{k-d}^{\mathrm{T}} \end{bmatrix}^{\mathrm{T}}$$

$$\tilde{\boldsymbol{\Omega}}_{11}=\rho_1\boldsymbol{A}_k^{\mathrm{T}}\boldsymbol{S}_{k+1}\boldsymbol{A}_k+\rho_2\Delta\boldsymbol{A}_k^{\mathrm{T}}\boldsymbol{S}_{k+1}\Delta\boldsymbol{A}_k+\rho_4\boldsymbol{E}_k^{\mathrm{T}}\boldsymbol{\Gamma}_0^{\mathrm{T}}\boldsymbol{K}_k^{\mathrm{T}}\boldsymbol{S}_{k+1}\boldsymbol{K}_k\boldsymbol{\Gamma}_0\boldsymbol{E}_k$$
$$+\rho_4\boldsymbol{E}_k^{\mathrm{T}}\Delta\boldsymbol{\Gamma}_k^{\mathrm{T}}\boldsymbol{K}_k^{\mathrm{T}}\boldsymbol{S}_{k+1}\boldsymbol{K}_k\Delta\boldsymbol{\Gamma}_k\boldsymbol{E}_k+\rho_6\boldsymbol{E}_k^{\mathrm{T}}\boldsymbol{\Gamma}_0^{\mathrm{T}}\bar{\boldsymbol{K}}_k^{\mathrm{T}}\boldsymbol{S}_{k+1}\bar{\boldsymbol{K}}_k\boldsymbol{\Gamma}_0\boldsymbol{E}_k$$
$$+\rho_6\boldsymbol{E}_k^{\mathrm{T}}\Delta\boldsymbol{\Gamma}_k^{\mathrm{T}}\bar{\boldsymbol{K}}_k^{\mathrm{T}}\boldsymbol{S}_{k+1}\bar{\boldsymbol{K}}_k\Delta\boldsymbol{\Gamma}_k\boldsymbol{E}_k-\boldsymbol{S}_k+\boldsymbol{T}_k+\boldsymbol{G}_k^{\mathrm{T}}\boldsymbol{G}_k$$
$$\tilde{\boldsymbol{\Omega}}_{12}=\boldsymbol{A}_k^{\mathrm{T}}\boldsymbol{S}_{k+1}\boldsymbol{B}_k,\quad \tilde{\boldsymbol{\Omega}}_{22}=\rho_1\boldsymbol{B}_k^{\mathrm{T}}\boldsymbol{S}_{k+1}\boldsymbol{B}_k$$
$$\tilde{\boldsymbol{\Omega}}_{33}=\rho_2\hat{\boldsymbol{x}}_k^{\mathrm{T}}\Delta\boldsymbol{A}_k^{\mathrm{T}}\boldsymbol{S}_{k+1}\Delta\boldsymbol{A}_k\hat{\boldsymbol{x}}_k+\rho_4\hat{\boldsymbol{x}}_k^{\mathrm{T}}\boldsymbol{E}_k^{\mathrm{T}}\boldsymbol{\Gamma}_0^{\mathrm{T}}\boldsymbol{K}_k^{\mathrm{T}}\boldsymbol{S}_{k+1}\boldsymbol{K}_k\boldsymbol{\Gamma}_0\boldsymbol{E}_k\hat{\boldsymbol{x}}_k$$
$$+\rho_4\hat{\boldsymbol{x}}_k^{\mathrm{T}}\boldsymbol{E}_k^{\mathrm{T}}\Delta\boldsymbol{\Gamma}_k^{\mathrm{T}}\boldsymbol{K}_k^{\mathrm{T}}\boldsymbol{S}_{k+1}\boldsymbol{K}_k\Delta\boldsymbol{\Gamma}_k\boldsymbol{E}_k\hat{\boldsymbol{x}}_k+\rho_5\hat{\boldsymbol{x}}_k^{\mathrm{T}}\boldsymbol{E}_k^{\mathrm{T}}\boldsymbol{K}_k^{\mathrm{T}}\boldsymbol{S}_{k+1}\boldsymbol{K}_k\boldsymbol{E}_k\hat{\boldsymbol{x}}_k$$
$$+\rho_3\boldsymbol{f}^{\mathrm{T}}(\hat{\boldsymbol{x}}_k)\boldsymbol{B}_k^{\mathrm{T}}\boldsymbol{S}_{k+1}\boldsymbol{B}_k\boldsymbol{f}(\hat{\boldsymbol{x}}_k)+\rho_6\hat{\boldsymbol{x}}_k^{\mathrm{T}}\boldsymbol{E}_k^{\mathrm{T}}\boldsymbol{\Gamma}_0^{\mathrm{T}}\bar{\boldsymbol{K}}_k^{\mathrm{T}}\boldsymbol{S}_{k+1}\bar{\boldsymbol{K}}_k\boldsymbol{\Gamma}_0\boldsymbol{E}_k\hat{\boldsymbol{x}}_k$$
$$+\rho_6\hat{\boldsymbol{x}}_k^{\mathrm{T}}\boldsymbol{E}_k^{\mathrm{T}}\Delta\Gamma_k^{\mathrm{T}}\bar{\boldsymbol{K}}_k^{\mathrm{T}}\boldsymbol{S}_{k+1}\bar{\boldsymbol{K}}_k\Delta\boldsymbol{\Gamma}_k\boldsymbol{E}_k\hat{\boldsymbol{x}}_k+5\bar{\delta}^2\hat{\boldsymbol{x}}_k^{\mathrm{T}}\boldsymbol{E}_k^{\mathrm{T}}\bar{\boldsymbol{K}}_k^{\mathrm{T}}\boldsymbol{S}_{k+1}\bar{\boldsymbol{K}}_k\boldsymbol{E}_k\hat{\boldsymbol{x}}_k$$

根据引理 2.1，可以得到如下不等式

$$\begin{bmatrix}\boldsymbol{e}_k\\ f(\boldsymbol{e}_k+\hat{\boldsymbol{x}}_k)\\ 1\end{bmatrix}^{\mathrm{T}}\begin{bmatrix}\boldsymbol{R}_{1,k} & \boldsymbol{R}_{2,k} & \boldsymbol{R}_{3,k}^{\mathrm{T}}\\ \boldsymbol{R}_{2,k}^{\mathrm{T}} & \boldsymbol{I} & -\boldsymbol{f}(\hat{\boldsymbol{x}}_k)\\ \boldsymbol{R}_{3,k} & -\boldsymbol{f}^{\mathrm{T}}(\hat{\boldsymbol{x}}_k) & \boldsymbol{f}^{\mathrm{T}}(\hat{\boldsymbol{x}}_k)\boldsymbol{f}(\hat{\boldsymbol{x}}_k)\end{bmatrix}\begin{bmatrix}\boldsymbol{e}_k\\ f(\boldsymbol{e}_k+\hat{\boldsymbol{x}}_k)\\ 1\end{bmatrix}\le 0 \tag{6-12}$$

其中

$$\boldsymbol{R}_{1,k}=\frac{\boldsymbol{U}_1^{\mathrm{T}}\boldsymbol{U}_2+\boldsymbol{U}_2^{\mathrm{T}}\boldsymbol{U}_1}{2}$$
$$\boldsymbol{R}_{2,k}=-\frac{\boldsymbol{U}_1^{\mathrm{T}}+\boldsymbol{U}_2^{\mathrm{T}}}{2}$$
$$\boldsymbol{R}_{3,k}=\frac{\boldsymbol{f}^{\mathrm{T}}(\hat{\boldsymbol{x}}_k)\boldsymbol{U}_1+\boldsymbol{f}^{\mathrm{T}}(\hat{\boldsymbol{x}}_k)\boldsymbol{U}_2}{2}$$

然后，结合式（6-11）和（6-12），可计算以下不等式

$$\begin{aligned}\mathbb{E}\{\Delta V_k\}\le{}&\mathbb{E}\left\{\begin{bmatrix}\bar{\boldsymbol{e}}_k^{\mathrm{T}} & \boldsymbol{v}_k^{\mathrm{T}}\end{bmatrix}\tilde{\boldsymbol{\Omega}}\begin{bmatrix}\bar{\boldsymbol{e}}_k\\ \boldsymbol{v}_k\end{bmatrix}-\tilde{z}_k^{\mathrm{T}}\tilde{z}_k+\gamma^2\boldsymbol{v}_k^{\mathrm{T}}\boldsymbol{H}_\phi\boldsymbol{v}_k\right.\\&-\Big[\boldsymbol{e}_k^{\mathrm{T}}\boldsymbol{R}_{1,k}\boldsymbol{e}_k+2\boldsymbol{e}_k^{\mathrm{T}}\boldsymbol{R}_{2,k}\boldsymbol{f}(\boldsymbol{e}_k+\hat{\boldsymbol{x}}_k)\\&+2\boldsymbol{e}_k^{\mathrm{T}}\boldsymbol{R}_{3,k}^{\mathrm{T}}+\boldsymbol{f}^{\mathrm{T}}(\boldsymbol{e}_k+\hat{\boldsymbol{x}}_k)\boldsymbol{f}(\boldsymbol{e}_k+\hat{\boldsymbol{x}}_k)\\&\left.+\boldsymbol{f}^{\mathrm{T}}(\hat{\boldsymbol{x}}_k)\boldsymbol{f}(\hat{\boldsymbol{x}}_k)-2\boldsymbol{f}^{\mathrm{T}}(\boldsymbol{e}_k+\hat{\boldsymbol{x}}_k)\boldsymbol{f}(\hat{\boldsymbol{x}}_k)\Big]\right.\\={}&\mathbb{E}\left\{\begin{bmatrix}\bar{\boldsymbol{e}}_k^{\mathrm{T}} & \boldsymbol{v}_k^{\mathrm{T}}\end{bmatrix}\boldsymbol{\Omega}\begin{bmatrix}\bar{\boldsymbol{e}}_k\\ \boldsymbol{v}_k\end{bmatrix}-\tilde{z}_k^{\mathrm{T}}\tilde{z}_k+\gamma^2\boldsymbol{v}_k^{\mathrm{T}}\boldsymbol{H}_\phi\boldsymbol{v}_k\right\}\end{aligned}$$

其中，$\boldsymbol{\Omega}$ 在式（6-8）中定义。

对上式两边关于 k 从 0 到 $N-1$ 求和，可以得到

$$\begin{aligned}\sum_{k=0}^{N-1}\mathbb{E}\{\Delta V_k\}&=\mathbb{E}\left\{\boldsymbol{e}_N^{\mathrm{T}}\boldsymbol{S}_N\boldsymbol{e}_N-\boldsymbol{e}_0^{\mathrm{T}}\boldsymbol{S}_0\boldsymbol{e}_0+\sum_{i=N-d}^{N-1}\boldsymbol{e}_i^{\mathrm{T}}\boldsymbol{T}_i\boldsymbol{e}_i-\sum_{i=-d}^{-1}\boldsymbol{e}_i^{\mathrm{T}}\boldsymbol{T}_i\boldsymbol{e}_i\right\}\\&\le\mathbb{E}\left\{\sum_{k=0}^{N-1}\begin{bmatrix}\bar{\boldsymbol{e}}_k^{\mathrm{T}} & \boldsymbol{v}_k^{\mathrm{T}}\end{bmatrix}\boldsymbol{\Omega}\begin{bmatrix}\bar{\boldsymbol{e}}_k\\ \boldsymbol{v}_k\end{bmatrix}\right\}\\&\quad-\mathbb{E}\left\{\sum_{k=0}^{N-1}\left(\tilde{z}_k^{\mathrm{T}}\tilde{z}_k-\gamma^2\boldsymbol{v}_k^{\mathrm{T}}\boldsymbol{H}_\phi\boldsymbol{v}_k\right)\right\}\end{aligned}\tag{6-13}$$

因此，由式（6-6）和（6-13）可以得到

$$
\begin{aligned}
J_1 &= \mathbb{E}\left\{\sum_{k=0}^{N-1}\left(\|\tilde{z}_k\|^2-\gamma^2\|\boldsymbol{\nu}_k\|_{\boldsymbol{H}_\phi}^2\right)\right\}-\gamma^2\mathbb{E}\left\{\boldsymbol{e}_0^{\mathrm{T}}\boldsymbol{H}_\varphi\boldsymbol{e}_0+\sum_{i=-d}^{-1}\boldsymbol{e}_i^{\mathrm{T}}\boldsymbol{H}_\psi\boldsymbol{e}_i\right\} \\
&\le -\mathbb{E}\left\{\boldsymbol{e}_N^{\mathrm{T}}\boldsymbol{S}_N\boldsymbol{e}_N-\boldsymbol{e}_0^{\mathrm{T}}\boldsymbol{S}_0\boldsymbol{e}_0+\sum_{i=N-d}^{N-1}\boldsymbol{e}_i^{\mathrm{T}}\boldsymbol{T}_i\boldsymbol{e}_i-\sum_{i=-d}^{-1}\boldsymbol{e}_i^{\mathrm{T}}\boldsymbol{T}_i\boldsymbol{e}_i\right\} \\
&\quad -\gamma^2\mathbb{E}\left\{\boldsymbol{e}_0^{\mathrm{T}}\boldsymbol{H}_\varphi\boldsymbol{e}_0+\sum_{i=-d}^{-1}\boldsymbol{e}_i^{\mathrm{T}}\boldsymbol{H}_\psi\boldsymbol{e}_i\right\}+\mathbb{E}\left\{\sum_{k=0}^{N-1}\begin{bmatrix}\bar{\boldsymbol{e}}_k^{\mathrm{T}} & \boldsymbol{\nu}_k^{\mathrm{T}}\end{bmatrix}\boldsymbol{\Omega}\begin{bmatrix}\bar{\boldsymbol{e}}_k \\ \boldsymbol{\nu}_k\end{bmatrix}\right\} \\
&= \mathbb{E}\left\{\sum_{k=0}^{N-1}\begin{bmatrix}\bar{\boldsymbol{e}}_k^{\mathrm{T}} & \boldsymbol{\nu}_k^{\mathrm{T}}\end{bmatrix}\boldsymbol{\Omega}\begin{bmatrix}\bar{\boldsymbol{e}}_k \\ \boldsymbol{\nu}_k\end{bmatrix}+\boldsymbol{e}_0^{\mathrm{T}}\left(\boldsymbol{S}_0-\gamma^2\boldsymbol{H}_\varphi\right)\boldsymbol{e}_0+\sum_{i=-d}^{-1}\boldsymbol{e}_i^{\mathrm{T}}\left(\boldsymbol{T}_i-\gamma^2\boldsymbol{H}_\psi\right)\boldsymbol{e}_i\right\} \\
&\quad -\mathbb{E}\left\{\boldsymbol{e}_N^{\mathrm{T}}\boldsymbol{S}_N\boldsymbol{e}_N+\sum_{i=N-d}^{N-1}\boldsymbol{e}_i^{\mathrm{T}}\boldsymbol{T}_i\boldsymbol{e}_i\right\}
\end{aligned}
\tag{6-14}
$$

由条件 $\boldsymbol{\Omega}<\mathbf{0}$，$\boldsymbol{S}_N>\mathbf{0}$，$\boldsymbol{T}_i>\mathbf{0}$ 和初始条件 $\boldsymbol{S}_0\le\gamma^2\boldsymbol{H}_\varphi$ 和 $\boldsymbol{T}_i\le\gamma^2\boldsymbol{H}_\psi$，很容易证明 $J_1<0$。

接下来，基于数学归纳法，给出估计误差协方差有上界的充分条件。

定理 6.2 考虑具有传感器故障和时滞的离散不确定时变神经网络（6-1），给定状态估计器增益矩阵 $\boldsymbol{K}_k$，在初始条件 $\boldsymbol{Z}_0=\boldsymbol{P}_0$ 下，如果存在正定矩阵 $\{\boldsymbol{Z}_k\}_{1\le k\le N+1}$ 满足

$$
\boldsymbol{Z}_{k+1}\ge\boldsymbol{\Phi}\left(\boldsymbol{Z}_k\right)
\tag{6-15}
$$

其中

$$
\begin{aligned}
\boldsymbol{\Phi}\left(\boldsymbol{Z}_k\right) &= \rho_1\boldsymbol{A}_k\boldsymbol{Z}_k\boldsymbol{A}_k^{\mathrm{T}}+\rho_7\Delta\boldsymbol{A}_k\boldsymbol{Z}_k\Delta\boldsymbol{A}_k^{\mathrm{T}}+\rho_7\Delta\boldsymbol{A}_k\hat{\boldsymbol{x}}_k\hat{\boldsymbol{x}}_k^{\mathrm{T}}\Delta\boldsymbol{A}_k^{\mathrm{T}} \\
&\quad +\rho_1\boldsymbol{A}_{d,k}\boldsymbol{Z}_{k-d}\boldsymbol{A}_{d,k}^{\mathrm{T}}+\rho_1 h\operatorname{tr}\left(\boldsymbol{Z}_k\right)\boldsymbol{B}_k\boldsymbol{B}_k^{\mathrm{T}}+\rho_8\boldsymbol{K}_k\boldsymbol{\varGamma}_0\boldsymbol{E}_k\boldsymbol{Z}_k\boldsymbol{E}_k^{\mathrm{T}}\boldsymbol{\varGamma}_0^{\mathrm{T}}\boldsymbol{K}_k^{\mathrm{T}} \\
&\quad +\rho_8\boldsymbol{K}_k\boldsymbol{\varGamma}_0\boldsymbol{E}_k\hat{\boldsymbol{x}}_k\hat{\boldsymbol{x}}_k^{\mathrm{T}}\boldsymbol{E}_k^{\mathrm{T}}\boldsymbol{\varGamma}_0^{\mathrm{T}}\boldsymbol{K}_k^{\mathrm{T}}+\rho_8\boldsymbol{K}_k\Delta\boldsymbol{\varGamma}_k\boldsymbol{E}_k\boldsymbol{Z}_k\boldsymbol{E}_k^{\mathrm{T}}\Delta\boldsymbol{\varGamma}_k^{\mathrm{T}}\boldsymbol{K}_k^{\mathrm{T}} \\
&\quad +\rho_8\boldsymbol{K}_k\Delta\boldsymbol{\varGamma}_k\boldsymbol{E}_k\hat{\boldsymbol{x}}_k\hat{\boldsymbol{x}}_k^{\mathrm{T}}\boldsymbol{E}_k^{\mathrm{T}}\Delta\boldsymbol{\varGamma}_k^{\mathrm{T}}\boldsymbol{K}_k^{\mathrm{T}}+\rho_9\boldsymbol{K}_k\boldsymbol{E}_k\hat{\boldsymbol{x}}_k\hat{\boldsymbol{x}}_k^{\mathrm{T}}\boldsymbol{E}_k^{\mathrm{T}}\boldsymbol{K}_k^{\mathrm{T}}+\boldsymbol{Q}_k \\
&\quad +2\bar{\delta}\boldsymbol{K}_k\boldsymbol{\varGamma}_0\boldsymbol{R}_k\boldsymbol{\varGamma}_0^{\mathrm{T}}\boldsymbol{K}_k^{\mathrm{T}}+2\bar{\delta}\boldsymbol{K}_k\Delta\boldsymbol{\varGamma}_k\boldsymbol{R}_k\Delta\boldsymbol{\varGamma}_k^{\mathrm{T}}\boldsymbol{K}_k^{\mathrm{T}} \\
&\quad +\rho_6\bar{\boldsymbol{K}}_k\boldsymbol{\varGamma}_0\boldsymbol{E}_k\boldsymbol{Z}_k\boldsymbol{E}_k^{\mathrm{T}}\boldsymbol{\varGamma}_0^{\mathrm{T}}\bar{\boldsymbol{K}}_k^{\mathrm{T}}+\rho_6\bar{\boldsymbol{K}}_k\boldsymbol{\varGamma}_0\boldsymbol{E}_k\hat{\boldsymbol{x}}_k\hat{\boldsymbol{x}}_k^{\mathrm{T}}\boldsymbol{E}_k^{\mathrm{T}}\boldsymbol{\varGamma}_0^{\mathrm{T}}\bar{\boldsymbol{K}}_k^{\mathrm{T}} \\
&\quad +2\bar{\delta}\bar{\boldsymbol{K}}_k\boldsymbol{\varGamma}_0\boldsymbol{R}_k\boldsymbol{\varGamma}_0^{\mathrm{T}}\bar{\boldsymbol{K}}_k^{\mathrm{T}}+\rho_6\bar{\boldsymbol{K}}_k\Delta\boldsymbol{\varGamma}_k\boldsymbol{E}_k\hat{\boldsymbol{x}}_k\hat{\boldsymbol{x}}_k^{\mathrm{T}}\boldsymbol{E}_k^{\mathrm{T}}\Delta\boldsymbol{\varGamma}_k^{\mathrm{T}}\bar{\boldsymbol{K}}_k^{\mathrm{T}} \\
&\quad +\rho_6\bar{\boldsymbol{K}}_k\Delta\boldsymbol{\varGamma}_k\boldsymbol{E}_k\boldsymbol{Z}_k\boldsymbol{E}_k^{\mathrm{T}}\Delta\boldsymbol{\varGamma}_k^{\mathrm{T}}\bar{\boldsymbol{K}}_k^{\mathrm{T}}+2\bar{\delta}\bar{\boldsymbol{K}}_k\Delta\boldsymbol{\varGamma}_k\boldsymbol{R}_k\Delta\boldsymbol{\varGamma}_k^{\mathrm{T}}\bar{\boldsymbol{K}}_k^{\mathrm{T}} \\
&\quad +5\bar{\delta}^2\bar{\boldsymbol{K}}_k\boldsymbol{E}_k\hat{\boldsymbol{x}}_k\hat{\boldsymbol{x}}_k^{\mathrm{T}}\boldsymbol{E}_k^{\mathrm{T}}\bar{\boldsymbol{K}}_k^{\mathrm{T}}
\end{aligned}
\tag{6-16}
$$

$$
h=\frac{\rho+\dfrac{1}{\rho}}{2(1-\rho)}\operatorname{tr}\left(\boldsymbol{U}_2^{\mathrm{T}}\boldsymbol{U}_2\right)+\frac{1}{\rho(1-\rho)}\operatorname{tr}\left(\boldsymbol{U}_1^{\mathrm{T}}\boldsymbol{U}_1\right)\quad\left(\rho\in(0,1)\right)
$$

$$
\rho_7=4\bar{\alpha}+5\bar{\alpha}\bar{\delta}+\bar{\alpha}^2+\bar{\alpha}\left(1-\bar{\alpha}\right)
$$

$$
\rho_8=4\bar{\delta}+2\bar{\alpha}\bar{\delta}+4\bar{\delta}^2+3\bar{\delta}\left(1-\bar{\delta}\right),\quad \rho_9=3\bar{\delta}+2\bar{\alpha}\bar{\delta}+5\bar{\delta}^2
$$

那么 $\boldsymbol{Z}_k\ge\boldsymbol{P}_k\ \left(\forall k\in\{1,2,\ldots,N+1\}\right)$。

证 根据式（6-7），则状态协方差 $\boldsymbol{P}_k$ 的计算结果如下

$$
\begin{aligned}
&\boldsymbol{P}_{k+1}\\
&=\mathbb{E}\left\{\boldsymbol{e}_{k+1}\boldsymbol{e}_{k+1}^{\mathrm{T}}\right\}\\
&=\mathbb{E}\Big\{\boldsymbol{A}_k\boldsymbol{e}_k\boldsymbol{e}_k^{\mathrm{T}}\boldsymbol{A}_k^{\mathrm{T}}+\bar{\alpha}\Delta\boldsymbol{A}_k\boldsymbol{e}_k\boldsymbol{e}_k^{\mathrm{T}}\Delta\boldsymbol{A}_k^{\mathrm{T}}+\bar{\alpha}\Delta\boldsymbol{A}_k\hat{\boldsymbol{x}}_k\hat{\boldsymbol{x}}_k^{\mathrm{T}}\Delta\boldsymbol{A}_k^{\mathrm{T}}\\
&\quad+\boldsymbol{A}_{d,k}\boldsymbol{e}_{k-d}\boldsymbol{e}_{k-d}^{\mathrm{T}}\boldsymbol{A}_{d,k}^{\mathrm{T}}+\boldsymbol{B}_k\bar{\boldsymbol{f}}\left(\boldsymbol{e}_k\right)\bar{\boldsymbol{f}}^{\mathrm{T}}\left(\boldsymbol{e}_k\right)\boldsymbol{B}_k^{\mathrm{T}}+\boldsymbol{\omega}_k\boldsymbol{\omega}_k^{\mathrm{T}}\\
&\quad+\bar{\delta}\boldsymbol{K}_k\boldsymbol{\Gamma}_0\boldsymbol{E}_k\boldsymbol{e}_k\boldsymbol{e}_k^{\mathrm{T}}\boldsymbol{E}_k^{\mathrm{T}}\boldsymbol{\Gamma}_0^{\mathrm{T}}\boldsymbol{K}_k^{\mathrm{T}}+\bar{\delta}\boldsymbol{K}_k\boldsymbol{\Gamma}_0\boldsymbol{E}_k\hat{\boldsymbol{x}}_k\hat{\boldsymbol{x}}_k^{\mathrm{T}}\boldsymbol{E}_k^{\mathrm{T}}\boldsymbol{\Gamma}_0^{\mathrm{T}}\boldsymbol{K}_k^{\mathrm{T}}\\
&\quad+\bar{\delta}\boldsymbol{K}_k\boldsymbol{\Gamma}_0\boldsymbol{\upsilon}_k\boldsymbol{\upsilon}_k^{\mathrm{T}}\boldsymbol{\Gamma}_0^{\mathrm{T}}\boldsymbol{K}_k^{\mathrm{T}}+\bar{\delta}\boldsymbol{K}_k\Delta\boldsymbol{\Gamma}_k\boldsymbol{E}_k\hat{\boldsymbol{x}}_k\hat{\boldsymbol{x}}_k^{\mathrm{T}}\boldsymbol{E}_k^{\mathrm{T}}\Delta\boldsymbol{\Gamma}_k^{\mathrm{T}}\boldsymbol{K}_k^{\mathrm{T}}\\
&\quad+\bar{\delta}\boldsymbol{K}_k\Delta\boldsymbol{\Gamma}_k\boldsymbol{E}_k\boldsymbol{e}_k\boldsymbol{e}_k^{\mathrm{T}}\boldsymbol{E}_k^{\mathrm{T}}\Delta\boldsymbol{\Gamma}_k^{\mathrm{T}}\boldsymbol{K}_k^{\mathrm{T}}+\bar{\delta}\boldsymbol{K}_k\Delta\boldsymbol{\Gamma}_k\boldsymbol{\upsilon}_k\boldsymbol{\upsilon}_k^{\mathrm{T}}\Delta\boldsymbol{\Gamma}_k^{\mathrm{T}}\boldsymbol{K}_k^{\mathrm{T}}\\
&\quad+\bar{\delta}^2\boldsymbol{K}_k\boldsymbol{E}_k\hat{\boldsymbol{x}}_k\hat{\boldsymbol{x}}_k^{\mathrm{T}}\boldsymbol{E}_k^{\mathrm{T}}\boldsymbol{K}_k^{\mathrm{T}}+\bar{\delta}\bar{\boldsymbol{K}}_k\boldsymbol{\Gamma}_0\boldsymbol{E}_k\boldsymbol{e}_k\boldsymbol{e}_k^{\mathrm{T}}\boldsymbol{E}_k^{\mathrm{T}}\boldsymbol{\Gamma}_0^{\mathrm{T}}\bar{\boldsymbol{K}}_k^{\mathrm{T}}\\
&\quad+\bar{\delta}\bar{\boldsymbol{K}}_k\boldsymbol{\Gamma}_0\boldsymbol{E}_k\hat{\boldsymbol{x}}_k\hat{\boldsymbol{x}}_k^{\mathrm{T}}\boldsymbol{E}_k^{\mathrm{T}}\boldsymbol{\Gamma}_0^{\mathrm{T}}\bar{\boldsymbol{K}}_k^{\mathrm{T}}+\bar{\delta}\bar{\boldsymbol{K}}_k\boldsymbol{\Gamma}_0\boldsymbol{\upsilon}_k\boldsymbol{\upsilon}_k^{\mathrm{T}}\boldsymbol{\Gamma}_0^{\mathrm{T}}\bar{\boldsymbol{K}}_k^{\mathrm{T}}\\
&\quad+\bar{\delta}\bar{\boldsymbol{K}}_k\Delta\boldsymbol{\Gamma}_k\boldsymbol{E}_k\hat{\boldsymbol{x}}_k\hat{\boldsymbol{x}}_k^{\mathrm{T}}\boldsymbol{E}_k^{\mathrm{T}}\Delta\boldsymbol{\Gamma}_k^{\mathrm{T}}\bar{\boldsymbol{K}}_k^{\mathrm{T}}+\bar{\delta}\bar{\boldsymbol{K}}_k\Delta\boldsymbol{\Gamma}_k\boldsymbol{E}_k\boldsymbol{e}_k\boldsymbol{e}_k^{\mathrm{T}}\boldsymbol{E}_k^{\mathrm{T}}\Delta\boldsymbol{\Gamma}_k^{\mathrm{T}}\bar{\boldsymbol{K}}_k^{\mathrm{T}}\\
&\quad+\bar{\delta}\bar{\boldsymbol{K}}_k\Delta\boldsymbol{\Gamma}_k\boldsymbol{\upsilon}_k\boldsymbol{\upsilon}_k^{\mathrm{T}}\Delta\boldsymbol{\Gamma}_k^{\mathrm{T}}\bar{\boldsymbol{K}}_k^{\mathrm{T}}+\bar{\delta}^2\bar{\boldsymbol{K}}_k\boldsymbol{E}_k\hat{\boldsymbol{x}}_k\hat{\boldsymbol{x}}_k^{\mathrm{T}}\boldsymbol{E}_k^{\mathrm{T}}\bar{\boldsymbol{K}}_k^{\mathrm{T}}\\
&\quad+\bar{\alpha}\boldsymbol{A}_k\boldsymbol{e}_k\boldsymbol{e}_k^{\mathrm{T}}\Delta\boldsymbol{A}_k^{\mathrm{T}}+\bar{\alpha}\boldsymbol{A}_k\boldsymbol{e}_k\hat{\boldsymbol{x}}_k^{\mathrm{T}}\Delta\boldsymbol{A}_k^{\mathrm{T}}\\
&\quad+\boldsymbol{A}_k\boldsymbol{e}_k\boldsymbol{e}_{k-d}^{\mathrm{T}}\boldsymbol{A}_{d,k}^{\mathrm{T}}+\boldsymbol{A}_k\boldsymbol{e}_k\bar{\boldsymbol{f}}^{\mathrm{T}}\left(\boldsymbol{e}_k\right)\boldsymbol{B}_k^{\mathrm{T}}\\
&\quad-\bar{\delta}\boldsymbol{A}_k\boldsymbol{e}_k\boldsymbol{e}_k^{\mathrm{T}}\boldsymbol{E}_k^{\mathrm{T}}\boldsymbol{\Gamma}_0^{\mathrm{T}}\boldsymbol{K}_k^{\mathrm{T}}-\bar{\delta}\boldsymbol{A}_k\boldsymbol{e}_k\hat{\boldsymbol{x}}_k^{\mathrm{T}}\boldsymbol{E}_k^{\mathrm{T}}\boldsymbol{\Gamma}_0^{\mathrm{T}}\boldsymbol{K}_k^{\mathrm{T}}\\
&\quad-\bar{\delta}\boldsymbol{A}_k\boldsymbol{e}_k\hat{\boldsymbol{x}}_k^{\mathrm{T}}\boldsymbol{E}_k^{\mathrm{T}}\Delta\boldsymbol{\Gamma}_k^{\mathrm{T}}\boldsymbol{K}_k^{\mathrm{T}}-\bar{\delta}\boldsymbol{A}_k\boldsymbol{e}_k\boldsymbol{e}_k^{\mathrm{T}}\boldsymbol{E}_k^{\mathrm{T}}\Delta\boldsymbol{\Gamma}_k^{\mathrm{T}}\boldsymbol{K}_k^{\mathrm{T}}\\
&\quad+\bar{\delta}\boldsymbol{A}_k\boldsymbol{e}_k\hat{\boldsymbol{x}}_k^{\mathrm{T}}\boldsymbol{E}_k^{\mathrm{T}}\boldsymbol{K}_k^{\mathrm{T}}+\bar{\alpha}\Delta\boldsymbol{A}_k\hat{\boldsymbol{x}}_k\boldsymbol{e}_k^{\mathrm{T}}\boldsymbol{A}_k^{\mathrm{T}}\\
&\quad+\bar{\alpha}^2\Delta\boldsymbol{A}_k\hat{\boldsymbol{x}}_k\boldsymbol{e}_k^{\mathrm{T}}\Delta\boldsymbol{A}_k^{\mathrm{T}}+\bar{\alpha}\Delta\boldsymbol{A}_k\hat{\boldsymbol{x}}_k\boldsymbol{e}_{k-d}^{\mathrm{T}}\boldsymbol{A}_{d,k}^{\mathrm{T}}\\
&\quad+\bar{\alpha}\Delta\boldsymbol{A}_k\hat{\boldsymbol{x}}_k\bar{\boldsymbol{f}}^{\mathrm{T}}\left(\boldsymbol{e}_k\right)\boldsymbol{B}_k^{\mathrm{T}}-\bar{\alpha}\bar{\delta}\Delta\boldsymbol{A}_k\hat{\boldsymbol{x}}_k\boldsymbol{e}_k^{\mathrm{T}}\boldsymbol{E}_k^{\mathrm{T}}\boldsymbol{\Gamma}_0^{\mathrm{T}}\boldsymbol{K}_k^{\mathrm{T}}\\
&\quad-\bar{\alpha}\bar{\delta}\Delta\boldsymbol{A}_k\hat{\boldsymbol{x}}_k\hat{\boldsymbol{x}}_k^{\mathrm{T}}\boldsymbol{E}_k^{\mathrm{T}}\boldsymbol{\Gamma}_0^{\mathrm{T}}\boldsymbol{K}_k^{\mathrm{T}}-\bar{\alpha}\bar{\delta}\Delta\boldsymbol{A}_k\hat{\boldsymbol{x}}_k\hat{\boldsymbol{x}}_k^{\mathrm{T}}\boldsymbol{E}_k^{\mathrm{T}}\Delta\boldsymbol{\Gamma}_k^{\mathrm{T}}\boldsymbol{K}_k^{\mathrm{T}}\\
&\quad-\bar{\alpha}\bar{\delta}\Delta\boldsymbol{A}_k\hat{\boldsymbol{x}}_k\boldsymbol{e}_k^{\mathrm{T}}\boldsymbol{E}_k^{\mathrm{T}}\Delta\boldsymbol{\Gamma}_k^{\mathrm{T}}\boldsymbol{K}_k^{\mathrm{T}}+\bar{\alpha}\bar{\delta}\Delta\boldsymbol{A}_k\hat{\boldsymbol{x}}_k\hat{\boldsymbol{x}}_k^{\mathrm{T}}\boldsymbol{E}_k^{\mathrm{T}}\boldsymbol{K}_k^{\mathrm{T}}\\
&\quad+\bar{\alpha}\Delta\boldsymbol{A}_k\boldsymbol{e}_k\boldsymbol{e}_k^{\mathrm{T}}\boldsymbol{A}_k^{\mathrm{T}}+\bar{\alpha}^2\Delta\boldsymbol{A}_k\boldsymbol{e}_k\hat{\boldsymbol{x}}_k^{\mathrm{T}}\Delta\boldsymbol{A}_k^{\mathrm{T}}\\
&\quad+\bar{\alpha}\Delta\boldsymbol{A}_k\boldsymbol{e}_k\boldsymbol{e}_{k-d}^{\mathrm{T}}\boldsymbol{A}_{d,k}^{\mathrm{T}}+\bar{\alpha}\Delta\boldsymbol{A}_k\boldsymbol{e}_k\bar{\boldsymbol{f}}^{\mathrm{T}}\left(\boldsymbol{e}_k\right)\boldsymbol{B}_k^{\mathrm{T}}\\
&\quad-\bar{\alpha}\bar{\delta}\Delta\boldsymbol{A}_k\boldsymbol{e}_k\boldsymbol{e}_k^{\mathrm{T}}\boldsymbol{E}_k^{\mathrm{T}}\boldsymbol{\Gamma}_0^{\mathrm{T}}\boldsymbol{K}_k^{\mathrm{T}}-\bar{\alpha}\bar{\delta}\Delta\boldsymbol{A}_k\boldsymbol{e}_k\hat{\boldsymbol{x}}_k^{\mathrm{T}}\boldsymbol{E}_k^{\mathrm{T}}\boldsymbol{\Gamma}_0^{\mathrm{T}}\boldsymbol{K}_k^{\mathrm{T}}\\
&\quad-\bar{\alpha}\bar{\delta}\Delta\boldsymbol{A}_k\boldsymbol{e}_k\hat{\boldsymbol{x}}_k^{\mathrm{T}}\boldsymbol{E}_k^{\mathrm{T}}\Delta\boldsymbol{\Gamma}_k^{\mathrm{T}}\boldsymbol{K}_k^{\mathrm{T}}-\bar{\alpha}\bar{\delta}\Delta\boldsymbol{A}_k\boldsymbol{e}_k\boldsymbol{e}_k^{\mathrm{T}}\boldsymbol{E}_k^{\mathrm{T}}\Delta\boldsymbol{\Gamma}_k^{\mathrm{T}}\boldsymbol{K}_k^{\mathrm{T}}\\
&\quad+\bar{\alpha}\bar{\delta}\Delta\boldsymbol{A}_k\boldsymbol{e}_k\hat{\boldsymbol{x}}_k^{\mathrm{T}}\boldsymbol{E}_k^{\mathrm{T}}\boldsymbol{K}_k^{\mathrm{T}}+\boldsymbol{A}_{d,k}\boldsymbol{e}_{k-d}\boldsymbol{e}_k^{\mathrm{T}}\boldsymbol{A}_k^{\mathrm{T}}+\bar{\alpha}\boldsymbol{A}_{d,k}\boldsymbol{e}_{k-d}\boldsymbol{e}_k^{\mathrm{T}}\Delta\boldsymbol{A}_k^{\mathrm{T}}\\
&\quad+\bar{\alpha}\boldsymbol{A}_{d,k}\boldsymbol{e}_{k-d}\hat{\boldsymbol{x}}_k^{\mathrm{T}}\Delta\boldsymbol{A}_k^{\mathrm{T}}+\boldsymbol{A}_{d,k}\boldsymbol{e}_{k-d}\bar{\boldsymbol{f}}^{\mathrm{T}}\left(\boldsymbol{e}_k\right)\boldsymbol{B}_k^{\mathrm{T}}\\
&\quad-\bar{\delta}\boldsymbol{A}_{d,k}\boldsymbol{e}_{k-d}\boldsymbol{e}_k^{\mathrm{T}}\boldsymbol{E}_k^{\mathrm{T}}\boldsymbol{\Gamma}_0^{\mathrm{T}}\boldsymbol{K}_k^{\mathrm{T}}-\bar{\delta}\boldsymbol{A}_{d,k}\boldsymbol{e}_{k-d}\hat{\boldsymbol{x}}_k^{\mathrm{T}}\boldsymbol{E}_k^{\mathrm{T}}\boldsymbol{\Gamma}_0^{\mathrm{T}}\boldsymbol{K}_k^{\mathrm{T}}\\
&\quad-\bar{\delta}\boldsymbol{A}_{d,k}\boldsymbol{e}_{k-d}\hat{\boldsymbol{x}}_k^{\mathrm{T}}\boldsymbol{E}_k^{\mathrm{T}}\Delta\boldsymbol{\Gamma}_k^{\mathrm{T}}\boldsymbol{K}_k^{\mathrm{T}}-\bar{\delta}\boldsymbol{A}_{d,k}\boldsymbol{e}_{k-d}\boldsymbol{e}_k^{\mathrm{T}}\boldsymbol{E}_k^{\mathrm{T}}\Delta\boldsymbol{\Gamma}_k^{\mathrm{T}}\boldsymbol{K}_k^{\mathrm{T}}\\
&\quad+\bar{\delta}\boldsymbol{A}_{d,k}\boldsymbol{e}_{k-d}\hat{\boldsymbol{x}}_k^{\mathrm{T}}\boldsymbol{E}_k^{\mathrm{T}}\boldsymbol{K}_k^{\mathrm{T}}+\boldsymbol{B}_k\bar{\boldsymbol{f}}\left(\boldsymbol{e}_k\right)\boldsymbol{e}_k^{\mathrm{T}}\boldsymbol{A}_k^{\mathrm{T}}\\
&\quad+\bar{\alpha}\boldsymbol{B}_k\bar{\boldsymbol{f}}\left(\boldsymbol{e}_k\right)\boldsymbol{e}_k^{\mathrm{T}}\Delta\boldsymbol{A}_k^{\mathrm{T}}+\bar{\alpha}\boldsymbol{B}_k\bar{\boldsymbol{f}}\left(\boldsymbol{e}_k\right)\hat{\boldsymbol{x}}_k^{\mathrm{T}}\Delta\boldsymbol{A}_k^{\mathrm{T}}\\
&\quad+\boldsymbol{B}_k\bar{\boldsymbol{f}}\left(\boldsymbol{e}_k\right)\boldsymbol{e}_{k-d}^{\mathrm{T}}\boldsymbol{A}_{d,k}^{\mathrm{T}}-\bar{\delta}\boldsymbol{B}_k\bar{\boldsymbol{f}}\left(\boldsymbol{e}_k\right)\boldsymbol{e}_k^{\mathrm{T}}\boldsymbol{E}_k^{\mathrm{T}}\boldsymbol{\Gamma}_0^{\mathrm{T}}\boldsymbol{K}_k^{\mathrm{T}}\\
&\quad-\bar{\delta}\boldsymbol{B}_k\bar{\boldsymbol{f}}\left(\boldsymbol{e}_k\right)\hat{\boldsymbol{x}}_k^{\mathrm{T}}\boldsymbol{E}_k^{\mathrm{T}}\boldsymbol{\Gamma}_0^{\mathrm{T}}\boldsymbol{K}_k^{\mathrm{T}}-\bar{\delta}\boldsymbol{B}_k\bar{\boldsymbol{f}}\left(\boldsymbol{e}_k\right)\hat{\boldsymbol{x}}_k^{\mathrm{T}}\boldsymbol{E}_k^{\mathrm{T}}\Delta\boldsymbol{\Gamma}_k^{\mathrm{T}}\boldsymbol{K}_k^{\mathrm{T}}\\
&\quad-\bar{\delta}\boldsymbol{B}_k\bar{\boldsymbol{f}}\left(\boldsymbol{e}_k\right)\boldsymbol{e}_k^{\mathrm{T}}\boldsymbol{E}_k^{\mathrm{T}}\Delta\boldsymbol{\Gamma}_k^{\mathrm{T}}\boldsymbol{K}_k^{\mathrm{T}}+\bar{\delta}\boldsymbol{B}_k\bar{\boldsymbol{f}}\left(\boldsymbol{e}_k\right)\hat{\boldsymbol{x}}_k^{\mathrm{T}}\boldsymbol{E}_k^{\mathrm{T}}\boldsymbol{K}_k^{\mathrm{T}}\\
&\quad-\bar{\delta}\boldsymbol{K}_k\boldsymbol{\Gamma}_0\boldsymbol{E}_k\boldsymbol{e}_k\boldsymbol{e}_k^{\mathrm{T}}\boldsymbol{A}_k^{\mathrm{T}}-\bar{\alpha}\bar{\delta}\boldsymbol{K}_k\boldsymbol{\Gamma}_0\boldsymbol{E}_k\boldsymbol{e}_k\hat{\boldsymbol{x}}_k^{\mathrm{T}}\Delta\boldsymbol{A}_k^{\mathrm{T}}
\end{aligned}
$$

$$
\begin{aligned}
&-\bar{\alpha}\bar{\delta}\boldsymbol{K}_k\boldsymbol{\Gamma}_0\boldsymbol{E}_k\boldsymbol{e}_k\boldsymbol{e}_k^{\mathrm{T}}\Delta\boldsymbol{A}_k^{\mathrm{T}}-\bar{\delta}\boldsymbol{K}_k\boldsymbol{\Gamma}_0\boldsymbol{E}_k\boldsymbol{e}_k\boldsymbol{e}_{k-d}^{\mathrm{T}}\boldsymbol{A}_{d,k}^{\mathrm{T}}\\
&-\bar{\delta}\boldsymbol{K}_k\boldsymbol{\Gamma}_0\boldsymbol{E}_k\boldsymbol{e}_k\bar{\boldsymbol{f}}^{\mathrm{T}}(\boldsymbol{e}_k)\boldsymbol{B}_k^{\mathrm{T}}+\bar{\delta}\boldsymbol{K}_k\boldsymbol{\Gamma}_0\boldsymbol{E}_k\boldsymbol{e}_k\hat{\boldsymbol{x}}_k^{\mathrm{T}}\boldsymbol{E}_k^{\mathrm{T}}\boldsymbol{\Gamma}_0^{\mathrm{T}}\boldsymbol{K}_k^{\mathrm{T}}\\
&+\bar{\delta}\boldsymbol{K}_k\boldsymbol{\Gamma}_0\boldsymbol{E}_k\boldsymbol{e}_k\hat{\boldsymbol{x}}_k^{\mathrm{T}}\boldsymbol{E}_k^{\mathrm{T}}\Delta\boldsymbol{\Gamma}_k^{\mathrm{T}}\boldsymbol{K}_k^{\mathrm{T}}+\bar{\delta}\boldsymbol{K}_k\boldsymbol{\Gamma}_0\boldsymbol{E}_k\boldsymbol{e}_k\boldsymbol{e}_k^{\mathrm{T}}\boldsymbol{E}_k^{\mathrm{T}}\Delta\boldsymbol{\Gamma}_k^{\mathrm{T}}\boldsymbol{K}_k^{\mathrm{T}}\\
&-\bar{\delta}^2\boldsymbol{K}_k\boldsymbol{\Gamma}_0\boldsymbol{E}_k\boldsymbol{e}_k\hat{\boldsymbol{x}}_k^{\mathrm{T}}\boldsymbol{E}_k^{\mathrm{T}}\boldsymbol{K}_k^{\mathrm{T}}-\bar{\delta}\boldsymbol{K}_k\boldsymbol{\Gamma}_0\boldsymbol{E}_k\hat{\boldsymbol{x}}_k\boldsymbol{e}_k^{\mathrm{T}}\boldsymbol{A}_k^{\mathrm{T}}\\
&-\bar{\alpha}\bar{\delta}\boldsymbol{K}_k\boldsymbol{\Gamma}_0\boldsymbol{E}_k\hat{\boldsymbol{x}}_k\boldsymbol{e}_k^{\mathrm{T}}\Delta\boldsymbol{A}_k^{\mathrm{T}}-\bar{\alpha}\bar{\delta}\boldsymbol{K}_k\boldsymbol{\Gamma}_0\boldsymbol{E}_k\hat{\boldsymbol{x}}_k\hat{\boldsymbol{x}}_k^{\mathrm{T}}\Delta\boldsymbol{A}_k^{\mathrm{T}}\\
&-\bar{\delta}\boldsymbol{K}_k\boldsymbol{\Gamma}_0\boldsymbol{E}_k\hat{\boldsymbol{x}}_k\boldsymbol{e}_{k-d}^{\mathrm{T}}\boldsymbol{A}_{d,k}^{\mathrm{T}}-\bar{\delta}\boldsymbol{K}_k\boldsymbol{\Gamma}_0\boldsymbol{E}_k\hat{\boldsymbol{x}}_k\bar{\boldsymbol{f}}^{\mathrm{T}}(\boldsymbol{e}_k)\boldsymbol{B}_k^{\mathrm{T}}\\
&+\bar{\delta}\boldsymbol{K}_k\boldsymbol{\Gamma}_0\boldsymbol{E}_k\hat{\boldsymbol{x}}_k\boldsymbol{e}_k^{\mathrm{T}}\boldsymbol{E}_k^{\mathrm{T}}\boldsymbol{\Gamma}_0^{\mathrm{T}}\boldsymbol{K}_k^{\mathrm{T}}+\bar{\delta}\boldsymbol{K}_k\boldsymbol{\Gamma}_0\boldsymbol{E}_k\hat{\boldsymbol{x}}_k\hat{\boldsymbol{x}}_k^{\mathrm{T}}\boldsymbol{E}_k^{\mathrm{T}}\Delta\boldsymbol{\Gamma}_k^{\mathrm{T}}\boldsymbol{K}_k^{\mathrm{T}}\\
&+\bar{\delta}\boldsymbol{K}_k\boldsymbol{\Gamma}_0\boldsymbol{E}_k\hat{\boldsymbol{x}}_k\boldsymbol{e}_k^{\mathrm{T}}\boldsymbol{E}_k^{\mathrm{T}}\Delta\boldsymbol{\Gamma}_k^{\mathrm{T}}\boldsymbol{K}_k^{\mathrm{T}}-\bar{\delta}^2\boldsymbol{K}_k\boldsymbol{\Gamma}_0\boldsymbol{E}_k\hat{\boldsymbol{x}}_k\hat{\boldsymbol{x}}_k^{\mathrm{T}}\boldsymbol{E}_k^{\mathrm{T}}\boldsymbol{K}_k^{\mathrm{T}}\\
&-\bar{\delta}\boldsymbol{K}_k\Delta\boldsymbol{\Gamma}_k\boldsymbol{E}_k\hat{\boldsymbol{x}}_k\boldsymbol{e}_k^{\mathrm{T}}\boldsymbol{A}_k^{\mathrm{T}}-\bar{\alpha}\bar{\delta}\boldsymbol{K}_k\Delta\boldsymbol{\Gamma}_k\boldsymbol{E}_k\hat{\boldsymbol{x}}_k\hat{\boldsymbol{x}}_k^{\mathrm{T}}\Delta\boldsymbol{A}_k^{\mathrm{T}}\\
&-\bar{\alpha}\bar{\delta}\boldsymbol{K}_k\Delta\boldsymbol{\Gamma}_k\boldsymbol{E}_k\hat{\boldsymbol{x}}_k\boldsymbol{e}_k^{\mathrm{T}}\Delta\boldsymbol{A}_k^{\mathrm{T}}-\bar{\delta}\boldsymbol{K}_k\Delta\boldsymbol{\Gamma}_k\boldsymbol{E}_k\hat{\boldsymbol{x}}_k\boldsymbol{e}_{k-d}^{\mathrm{T}}\boldsymbol{A}_{d,k}^{\mathrm{T}}\\
&-\bar{\delta}\boldsymbol{K}_k\Delta\boldsymbol{\Gamma}_k\boldsymbol{E}_k\hat{\boldsymbol{x}}_k\bar{\boldsymbol{f}}^{\mathrm{T}}(\boldsymbol{e}_k)\boldsymbol{B}_k^{\mathrm{T}}+\bar{\delta}\boldsymbol{K}_k\Delta\boldsymbol{\Gamma}_k\boldsymbol{E}_k\hat{\boldsymbol{x}}_k\boldsymbol{e}_k^{\mathrm{T}}\boldsymbol{E}_k^{\mathrm{T}}\boldsymbol{\Gamma}_0^{\mathrm{T}}\boldsymbol{K}_k^{\mathrm{T}}\\
&+\bar{\delta}\boldsymbol{K}_k\Delta\boldsymbol{\Gamma}_k\boldsymbol{E}_k\hat{\boldsymbol{x}}_k\hat{\boldsymbol{x}}_k^{\mathrm{T}}\boldsymbol{E}_k^{\mathrm{T}}\boldsymbol{\Gamma}_0^{\mathrm{T}}\boldsymbol{K}_k^{\mathrm{T}}+\bar{\delta}\boldsymbol{K}_k\Delta\boldsymbol{\Gamma}_k\boldsymbol{E}_k\hat{\boldsymbol{x}}_k\boldsymbol{e}_k^{\mathrm{T}}\boldsymbol{E}_k^{\mathrm{T}}\Delta\boldsymbol{\Gamma}_k^{\mathrm{T}}\boldsymbol{K}_k^{\mathrm{T}}\\
&-\bar{\delta}^2\boldsymbol{K}_k\Delta\boldsymbol{\Gamma}_k\boldsymbol{E}_k\hat{\boldsymbol{x}}_k\hat{\boldsymbol{x}}_k^{\mathrm{T}}\boldsymbol{E}_k^{\mathrm{T}}\boldsymbol{K}_k^{\mathrm{T}}-\bar{\delta}\boldsymbol{K}_k\Delta\boldsymbol{\Gamma}_k\boldsymbol{E}_k\boldsymbol{e}_k\boldsymbol{e}_k^{\mathrm{T}}\boldsymbol{A}_k^{\mathrm{T}}\\
&-\bar{\alpha}\bar{\delta}\boldsymbol{K}_k\Delta\boldsymbol{\Gamma}_k\boldsymbol{E}_k\boldsymbol{e}_k\hat{\boldsymbol{x}}_k^{\mathrm{T}}\Delta\boldsymbol{A}_k^{\mathrm{T}}-\bar{\alpha}\bar{\delta}\boldsymbol{K}_k\Delta\boldsymbol{\Gamma}_k\boldsymbol{E}_k\boldsymbol{e}_k\boldsymbol{e}_k^{\mathrm{T}}\Delta\boldsymbol{A}_k^{\mathrm{T}}\\
&-\bar{\delta}\boldsymbol{K}_k\Delta\boldsymbol{\Gamma}_k\boldsymbol{E}_k\boldsymbol{e}_k\boldsymbol{e}_{k-d}^{\mathrm{T}}\boldsymbol{A}_{d,k}^{\mathrm{T}}-\bar{\delta}\boldsymbol{K}_k\Delta\boldsymbol{\Gamma}_k\boldsymbol{E}_k\boldsymbol{e}_k\bar{\boldsymbol{f}}^{\mathrm{T}}(\boldsymbol{e}_k)\boldsymbol{B}_k^{\mathrm{T}}\\
&+\bar{\delta}\boldsymbol{K}_k\Delta\boldsymbol{\Gamma}_k\boldsymbol{E}_k\boldsymbol{e}_k\boldsymbol{e}_k^{\mathrm{T}}\boldsymbol{E}_k^{\mathrm{T}}\boldsymbol{\Gamma}_0^{\mathrm{T}}\boldsymbol{K}_k^{\mathrm{T}}+\bar{\delta}\boldsymbol{K}_k\Delta\boldsymbol{\Gamma}_k\boldsymbol{E}_k\boldsymbol{e}_k\hat{\boldsymbol{x}}_k^{\mathrm{T}}\boldsymbol{E}_k^{\mathrm{T}}\boldsymbol{\Gamma}_0^{\mathrm{T}}\boldsymbol{K}_k^{\mathrm{T}}\\
&+\bar{\delta}\boldsymbol{K}_k\Delta\boldsymbol{\Gamma}_k\boldsymbol{E}_k\boldsymbol{e}_k\hat{\boldsymbol{x}}_k^{\mathrm{T}}\boldsymbol{E}_k^{\mathrm{T}}\Delta\boldsymbol{\Gamma}_k^{\mathrm{T}}\boldsymbol{K}_k^{\mathrm{T}}-\bar{\delta}^2\boldsymbol{K}_k\Delta\boldsymbol{\Gamma}_k\boldsymbol{E}_k\boldsymbol{e}_k\hat{\boldsymbol{x}}_k^{\mathrm{T}}\boldsymbol{E}_k^{\mathrm{T}}\boldsymbol{K}_k^{\mathrm{T}}\\
&+\bar{\delta}\boldsymbol{K}_k\boldsymbol{E}_k\hat{\boldsymbol{x}}_k\boldsymbol{e}_k^{\mathrm{T}}\boldsymbol{A}_k^{\mathrm{T}}+\bar{\alpha}\bar{\delta}\boldsymbol{K}_k\boldsymbol{E}_k\hat{\boldsymbol{x}}_k\hat{\boldsymbol{x}}_k^{\mathrm{T}}\Delta\boldsymbol{A}_k^{\mathrm{T}}\\
&+\bar{\alpha}\bar{\delta}\boldsymbol{K}_k\boldsymbol{E}_k\hat{\boldsymbol{x}}_k\boldsymbol{e}_k^{\mathrm{T}}\Delta\boldsymbol{A}_k^{\mathrm{T}}+\bar{\delta}\boldsymbol{K}_k\boldsymbol{E}_k\hat{\boldsymbol{x}}_k\boldsymbol{e}_{k-d}^{\mathrm{T}}\boldsymbol{A}_{d,k}^{\mathrm{T}}\\
&+\bar{\delta}\boldsymbol{K}_k\boldsymbol{E}_k\hat{\boldsymbol{x}}_k\bar{\boldsymbol{f}}^{\mathrm{T}}(\boldsymbol{e}_k)\boldsymbol{B}_k^{\mathrm{T}}-\bar{\delta}^2\boldsymbol{K}_k\boldsymbol{E}_k\hat{\boldsymbol{x}}_k\boldsymbol{e}_k^{\mathrm{T}}\boldsymbol{E}_k^{\mathrm{T}}\boldsymbol{\Gamma}_0^{\mathrm{T}}\boldsymbol{K}_k^{\mathrm{T}}\\
&-\bar{\delta}^2\boldsymbol{K}_k\boldsymbol{E}_k\hat{\boldsymbol{x}}_k\hat{\boldsymbol{x}}_k^{\mathrm{T}}\boldsymbol{E}_k^{\mathrm{T}}\boldsymbol{\Gamma}_0^{\mathrm{T}}\boldsymbol{K}_k^{\mathrm{T}}-\bar{\delta}^2\boldsymbol{K}_k\boldsymbol{E}_k\hat{\boldsymbol{x}}_k\hat{\boldsymbol{x}}_k^{\mathrm{T}}\boldsymbol{E}_k^{\mathrm{T}}\Delta\boldsymbol{\Gamma}_k^{\mathrm{T}}\boldsymbol{K}_k^{\mathrm{T}}\\
&-\bar{\delta}^2K_k\boldsymbol{E}_k\hat{\boldsymbol{x}}_k\boldsymbol{e}_k^{\mathrm{T}}\boldsymbol{E}_k^{\mathrm{T}}\Delta\boldsymbol{\Gamma}_k^{\mathrm{T}}\boldsymbol{K}_k^{\mathrm{T}}+\bar{\alpha}(1-\bar{\alpha})\Delta\boldsymbol{A}_k\hat{\boldsymbol{x}}_k\boldsymbol{e}_k^{\mathrm{T}}\Delta\boldsymbol{A}_k^{\mathrm{T}}\\
&+\bar{\alpha}(1-\bar{\alpha})\Delta\boldsymbol{A}_k\boldsymbol{e}_k\hat{\boldsymbol{x}}_k^{\mathrm{T}}\Delta\boldsymbol{A}_k^{\mathrm{T}}+\bar{\delta}(1-\bar{\delta})\boldsymbol{K}_k\Delta\boldsymbol{\Gamma}_k\boldsymbol{E}_k\boldsymbol{e}_k\boldsymbol{e}_k^{\mathrm{T}}\boldsymbol{E}_k^{\mathrm{T}}\boldsymbol{\Gamma}_0^{\mathrm{T}}\boldsymbol{K}_k^{\mathrm{T}}\\
&+\bar{\delta}(1-\bar{\delta})\boldsymbol{K}_k\boldsymbol{\Gamma}_0\boldsymbol{E}_k\boldsymbol{e}_k\boldsymbol{e}_k^{\mathrm{T}}\boldsymbol{E}_k^{\mathrm{T}}\Delta\boldsymbol{\Gamma}_k^{\mathrm{T}}\boldsymbol{K}_k^{\mathrm{T}}\\
&+\bar{\delta}(1-\bar{\delta})\boldsymbol{K}_k\boldsymbol{\Gamma}_0\boldsymbol{E}_k\hat{\boldsymbol{x}}_k\boldsymbol{e}_k^{\mathrm{T}}\boldsymbol{E}_k^{\mathrm{T}}\boldsymbol{\Gamma}_0^{\mathrm{T}}\boldsymbol{K}_k^{\mathrm{T}}\\
&+\bar{\delta}(1-\bar{\delta})\boldsymbol{K}_k\boldsymbol{\Gamma}_0\boldsymbol{E}_k\boldsymbol{e}_k\hat{\boldsymbol{x}}_k^{\mathrm{T}}\boldsymbol{E}_k^{\mathrm{T}}\boldsymbol{\Gamma}_0^{\mathrm{T}}\boldsymbol{K}_k^{\mathrm{T}}\\
&+\bar{\delta}(1-\bar{\delta})\boldsymbol{K}_k\Delta\boldsymbol{\Gamma}_k\boldsymbol{E}_k\hat{\boldsymbol{x}}_k\boldsymbol{e}_k^{\mathrm{T}}\boldsymbol{E}_k^{\mathrm{T}}\boldsymbol{\Gamma}_0^{\mathrm{T}}\boldsymbol{K}_k^{\mathrm{T}}\\
&+\bar{\delta}(1-\bar{\delta})\boldsymbol{K}_k\boldsymbol{\Gamma}_0\boldsymbol{E}_k\boldsymbol{e}_k\hat{\boldsymbol{x}}_k^{\mathrm{T}}\boldsymbol{E}_k^{\mathrm{T}}\Delta\boldsymbol{\Gamma}_k^{\mathrm{T}}\boldsymbol{K}_k^{\mathrm{T}}\\
&+\bar{\delta}(1-\bar{\delta})\boldsymbol{K}_k\boldsymbol{\Gamma}_0\boldsymbol{E}_k\hat{\boldsymbol{x}}_k\boldsymbol{e}_k^{\mathrm{T}}\boldsymbol{E}_k^{\mathrm{T}}\Delta\boldsymbol{\Gamma}_k^{\mathrm{T}}\boldsymbol{K}_k^{\mathrm{T}}\\
&+\bar{\delta}(1-\bar{\delta})\boldsymbol{K}_k\Delta\boldsymbol{\Gamma}_k\boldsymbol{E}_k\boldsymbol{e}_k\hat{\boldsymbol{x}}_k^{\mathrm{T}}\boldsymbol{E}_k^{\mathrm{T}}\boldsymbol{\Gamma}_0^{\mathrm{T}}\boldsymbol{K}_k^{\mathrm{T}}\\
&+\bar{\delta}(1-\bar{\delta})\boldsymbol{K}_k\Delta\boldsymbol{\Gamma}_k\boldsymbol{E}_k\hat{\boldsymbol{x}}_k\boldsymbol{e}_k^{\mathrm{T}}\boldsymbol{E}_k^{\mathrm{T}}\Delta\boldsymbol{\Gamma}_k^{\mathrm{T}}\boldsymbol{K}_k^{\mathrm{T}}\\
&+\bar{\delta}(1-\bar{\delta})\boldsymbol{K}_k\Delta\boldsymbol{\Gamma}_k\boldsymbol{E}_k\boldsymbol{e}_k\hat{\boldsymbol{x}}_k^{\mathrm{T}}\boldsymbol{E}_k^{\mathrm{T}}\Delta\boldsymbol{\Gamma}_k^{\mathrm{T}}\boldsymbol{K}_k^{\mathrm{T}}\\
&+\bar{\delta}(1-\bar{\delta})\bar{\boldsymbol{K}}_k\Delta\boldsymbol{\Gamma}_k\boldsymbol{E}_k\boldsymbol{e}_k\boldsymbol{e}_k^{\mathrm{T}}\boldsymbol{E}_k^{\mathrm{T}}\boldsymbol{\Gamma}_0^{\mathrm{T}}\bar{\boldsymbol{K}}_k^{\mathrm{T}}
\end{aligned}
$$

$$
\begin{aligned}
&+\bar{\delta}\left(1-\bar{\delta}\right)\bar{\boldsymbol{K}}_k\boldsymbol{\Gamma}_0\boldsymbol{E}_k\boldsymbol{e}_k\boldsymbol{e}_k^{\mathrm{T}}\boldsymbol{E}_k^{\mathrm{T}}\Delta\boldsymbol{\Gamma}_k^{\mathrm{T}}\bar{\boldsymbol{K}}_k^{\mathrm{T}}\\
&+\bar{\delta}\left(1-\bar{\delta}\right)\bar{\boldsymbol{K}}_k\boldsymbol{\Gamma}_0\boldsymbol{E}_k\hat{\boldsymbol{x}}_k\boldsymbol{e}_k^{\mathrm{T}}\boldsymbol{E}_k^{\mathrm{T}}\boldsymbol{\Gamma}_k^{\mathrm{T}}\bar{\boldsymbol{K}}_k^{\mathrm{T}}\\
&+\bar{\delta}\left(1-\bar{\delta}\right)\bar{\boldsymbol{K}}_k\boldsymbol{\Gamma}_0\boldsymbol{E}_k\boldsymbol{e}_k\hat{\boldsymbol{x}}_k^{\mathrm{T}}\boldsymbol{E}_k^{\mathrm{T}}\boldsymbol{\Gamma}_0^{\mathrm{T}}\bar{\boldsymbol{K}}_k^{\mathrm{T}}\\
&+\bar{\delta}\left(1-\bar{\delta}\right)\bar{\boldsymbol{K}}_k\Delta\boldsymbol{\Gamma}_k\boldsymbol{E}_k\hat{\boldsymbol{x}}_k\boldsymbol{e}_k^{\mathrm{T}}\boldsymbol{E}_k^{\mathrm{T}}\boldsymbol{\Gamma}_0^{\mathrm{T}}\bar{\boldsymbol{K}}_k^{\mathrm{T}}\\
&+\bar{\delta}\left(1-\bar{\delta}\right)\bar{\boldsymbol{K}}_k\boldsymbol{\Gamma}_0\boldsymbol{E}_k\boldsymbol{e}_k\hat{\boldsymbol{x}}_k^{\mathrm{T}}\boldsymbol{E}_k^{\mathrm{T}}\Delta\boldsymbol{\Gamma}_k^{\mathrm{T}}\bar{\boldsymbol{K}}_k^{\mathrm{T}}\\
&+\bar{\delta}\left(1-\bar{\delta}\right)\bar{\boldsymbol{K}}_k\boldsymbol{\Gamma}_0\boldsymbol{E}_k\hat{\boldsymbol{x}}_k\boldsymbol{e}_k^{\mathrm{T}}\boldsymbol{E}_k^{\mathrm{T}}\Delta\boldsymbol{\Gamma}_k^{\mathrm{T}}\bar{\boldsymbol{K}}_k^{\mathrm{T}}\\
&+\bar{\delta}\left(1-\bar{\delta}\right)\bar{\boldsymbol{K}}_k\Delta\boldsymbol{\Gamma}_k\boldsymbol{E}_k\boldsymbol{e}_k\hat{\boldsymbol{x}}_k^{\mathrm{T}}\boldsymbol{E}_k^{\mathrm{T}}\boldsymbol{\Gamma}_0^{\mathrm{T}}\bar{\boldsymbol{K}}_k^{\mathrm{T}}\\
&+\bar{\delta}\left(1-\bar{\delta}\right)\bar{\boldsymbol{K}}_k\Delta\boldsymbol{\Gamma}_k\boldsymbol{E}_k\hat{\boldsymbol{x}}_k\boldsymbol{e}_k^{\mathrm{T}}\boldsymbol{E}_k^{\mathrm{T}}\Delta\boldsymbol{\Gamma}_k^{\mathrm{T}}\bar{\boldsymbol{K}}_k^{\mathrm{T}}\\
&+\bar{\delta}\left(1-\bar{\delta}\right)\bar{\boldsymbol{K}}_k\Delta\boldsymbol{\Gamma}_k\boldsymbol{E}_k\boldsymbol{e}_k\hat{\boldsymbol{x}}_k^{\mathrm{T}}\boldsymbol{E}_k^{\mathrm{T}}\Delta\boldsymbol{\Gamma}_k^{\mathrm{T}}\bar{\boldsymbol{K}}_k^{\mathrm{T}}\\
&+\bar{\delta}\left(1-\bar{\delta}\right)\bar{\boldsymbol{K}}_k\Delta\boldsymbol{\Gamma}_k\boldsymbol{E}_k\hat{\boldsymbol{x}}_k\hat{\boldsymbol{x}}_k^{\mathrm{T}}\boldsymbol{E}_k^{\mathrm{T}}\boldsymbol{\Gamma}_0^{\mathrm{T}}\bar{\boldsymbol{K}}_k^{\mathrm{T}}\\
&+\bar{\delta}\left(1-\bar{\delta}\right)\bar{\boldsymbol{K}}_k\boldsymbol{\Gamma}_0\boldsymbol{E}_k\hat{\boldsymbol{x}}_k\hat{\boldsymbol{x}}_k^{\mathrm{T}}\boldsymbol{E}_k^{\mathrm{T}}\Delta\boldsymbol{\Gamma}_k^{\mathrm{T}}\bar{\boldsymbol{K}}_k^{\mathrm{T}}\\
&+\bar{\delta}^2\bar{K}_k\Delta\boldsymbol{\Gamma}_k\boldsymbol{E}_k\boldsymbol{e}_k\boldsymbol{e}_k^{\mathrm{T}}\boldsymbol{E}_k^{\mathrm{T}}\boldsymbol{\Gamma}_0^{\mathrm{T}}\bar{\boldsymbol{K}}_k^{\mathrm{T}}\\
&+\bar{\delta}^2\bar{\boldsymbol{K}}_k\boldsymbol{\Gamma}_0\boldsymbol{E}_k\boldsymbol{e}_k\boldsymbol{e}_k^{\mathrm{T}}\boldsymbol{E}_k^{\mathrm{T}}\Delta\boldsymbol{\Gamma}_k^{\mathrm{T}}\bar{\boldsymbol{K}}_k^{\mathrm{T}}\\
&+\bar{\delta}^2\bar{\boldsymbol{K}}_k\boldsymbol{\Gamma}_0\boldsymbol{E}_k\hat{\boldsymbol{x}}_k\boldsymbol{e}_k^{\mathrm{T}}\boldsymbol{E}_k^{\mathrm{T}}\boldsymbol{\Gamma}_0^{\mathrm{T}}\bar{\boldsymbol{K}}_k^{\mathrm{T}}\\
&+\bar{\delta}^2\bar{\boldsymbol{K}}_k\boldsymbol{\Gamma}_0\boldsymbol{E}_k\boldsymbol{e}_k\hat{\boldsymbol{x}}_k^{\mathrm{T}}\boldsymbol{E}_k^{\mathrm{T}}\boldsymbol{\Gamma}_0^{\mathrm{T}}\bar{\boldsymbol{K}}_k^{\mathrm{T}}\\
&+\bar{\delta}^2\bar{\boldsymbol{K}}_k\Delta\boldsymbol{\Gamma}_k\boldsymbol{E}_k\hat{\boldsymbol{x}}_k\boldsymbol{e}_k^{\mathrm{T}}\boldsymbol{E}_k^{\mathrm{T}}\boldsymbol{\Gamma}_0^{\mathrm{T}}\bar{\boldsymbol{K}}_k^{\mathrm{T}}\\
&+\bar{\delta}^2\bar{\boldsymbol{K}}_k\boldsymbol{\Gamma}_0\boldsymbol{E}_k\boldsymbol{e}_k\hat{\boldsymbol{x}}_k^{\mathrm{T}}\boldsymbol{E}_k^{\mathrm{T}}\Delta\boldsymbol{\Gamma}_k^{\mathrm{T}}\bar{\boldsymbol{K}}_k^{\mathrm{T}}\\
&-\bar{\delta}^2\bar{\boldsymbol{K}}_k\boldsymbol{E}_k\hat{\boldsymbol{x}}_k\boldsymbol{e}_k^{\mathrm{T}}\boldsymbol{E}_k^{\mathrm{T}}\boldsymbol{\Gamma}_0^{\mathrm{T}}\bar{\boldsymbol{K}}_k^{\mathrm{T}}\\
&-\bar{\delta}^2\bar{\boldsymbol{K}}_k\boldsymbol{\Gamma}_0\boldsymbol{E}_k\boldsymbol{e}_k\hat{\boldsymbol{x}}_k^{\mathrm{T}}\boldsymbol{E}_k^{\mathrm{T}}\bar{\boldsymbol{K}}_k^{\mathrm{T}}\\
&+\bar{\delta}^2\bar{\boldsymbol{K}}_k\boldsymbol{\Gamma}_0\boldsymbol{E}_k\hat{\boldsymbol{x}}_k\boldsymbol{e}_k^{\mathrm{T}}\boldsymbol{E}_k^{\mathrm{T}}\Delta\boldsymbol{\Gamma}_k^{\mathrm{T}}\bar{\boldsymbol{K}}_k^{\mathrm{T}}\\
&+\bar{\delta}^2\bar{\boldsymbol{K}}_k\Delta\boldsymbol{\Gamma}_k\boldsymbol{E}_k\boldsymbol{e}_k\hat{\boldsymbol{x}}_k^{\mathrm{T}}\boldsymbol{E}_k^{\mathrm{T}}\boldsymbol{\Gamma}_0^{\mathrm{T}}\bar{\boldsymbol{K}}_k^{\mathrm{T}}\\
&+\bar{\delta}^2\bar{\boldsymbol{K}}_k\Delta\boldsymbol{\Gamma}_k\boldsymbol{E}_k\hat{\boldsymbol{x}}_k\boldsymbol{e}_k^{\mathrm{T}}\boldsymbol{E}_k^{\mathrm{T}}\Delta\boldsymbol{\Gamma}_k^{\mathrm{T}}\bar{\boldsymbol{K}}_k^{\mathrm{T}}\\
&+\bar{\delta}^2\bar{\boldsymbol{K}}_k\Delta\boldsymbol{\Gamma}_k\boldsymbol{E}_k\boldsymbol{e}_k\hat{\boldsymbol{x}}_k^{\mathrm{T}}\boldsymbol{E}_k^{\mathrm{T}}\Delta\boldsymbol{\Gamma}_k^{\mathrm{T}}\bar{\boldsymbol{K}}_k^{\mathrm{T}}\\
&-\bar{\delta}^2\bar{\boldsymbol{K}}_k\boldsymbol{E}_k\hat{\boldsymbol{x}}_k\boldsymbol{e}_k^{\mathrm{T}}\boldsymbol{E}_k^{\mathrm{T}}\Delta\boldsymbol{\Gamma}_k^{\mathrm{T}}\bar{\boldsymbol{K}}_k^{\mathrm{T}}\\
&-\bar{\delta}^2\bar{\boldsymbol{K}}_k\Delta\boldsymbol{\Gamma}_k\boldsymbol{E}_k\boldsymbol{e}_k\hat{\boldsymbol{x}}_k^{\mathrm{T}}\boldsymbol{E}_k^{\mathrm{T}}\bar{\boldsymbol{K}}_k^{\mathrm{T}}\\
&+\bar{\delta}^2\bar{\boldsymbol{K}}_k\Delta\boldsymbol{\Gamma}_k\boldsymbol{E}_k\hat{\boldsymbol{x}}_k\hat{\boldsymbol{x}}_k^{\mathrm{T}}\boldsymbol{E}_k^{\mathrm{T}}\boldsymbol{\Gamma}_0^{\mathrm{T}}\bar{\boldsymbol{K}}_k^{\mathrm{T}}\\
&+\bar{\delta}^2\bar{\boldsymbol{K}}_k\boldsymbol{\Gamma}_0\boldsymbol{E}_k\hat{\boldsymbol{x}}_k\hat{\boldsymbol{x}}_k^{\mathrm{T}}\boldsymbol{E}_k^{\mathrm{T}}\Delta\boldsymbol{\Gamma}_k^{\mathrm{T}}\bar{\boldsymbol{K}}_k^{\mathrm{T}}\\
&-\bar{\delta}^2\bar{\boldsymbol{K}}_k\boldsymbol{E}_k\hat{\boldsymbol{x}}_k\hat{\boldsymbol{x}}_k^{\mathrm{T}}\boldsymbol{E}_k^{\mathrm{T}}\boldsymbol{\Gamma}_0^{\mathrm{T}}\bar{\boldsymbol{K}}_k^{\mathrm{T}}\\
&-\bar{\delta}^2\bar{\boldsymbol{K}}_k\boldsymbol{\Gamma}_0\boldsymbol{E}_k\hat{\boldsymbol{x}}_k\hat{\boldsymbol{x}}_k^{\mathrm{T}}\boldsymbol{E}_k^{\mathrm{T}}\bar{\boldsymbol{K}}_k^{\mathrm{T}}\\
&-\bar{\delta}^2\bar{\boldsymbol{K}}_k\boldsymbol{E}_k\hat{\boldsymbol{x}}_k\hat{\boldsymbol{x}}_k^{\mathrm{T}}\boldsymbol{E}_k^{\mathrm{T}}\Delta\boldsymbol{\Gamma}_k^{\mathrm{T}}\bar{\boldsymbol{K}}_k^{\mathrm{T}}\\
&-\bar{\delta}^2\bar{\boldsymbol{K}}_k\Delta\boldsymbol{\Gamma}_k\boldsymbol{E}_k\hat{\boldsymbol{x}}_k\hat{\boldsymbol{x}}_k^{\mathrm{T}}\boldsymbol{E}_k^{\mathrm{T}}\bar{\boldsymbol{K}}_k^{\mathrm{T}}\\
&+\bar{\delta}\boldsymbol{K}_k\Delta\boldsymbol{\Gamma}_k\boldsymbol{\upsilon}_k\boldsymbol{\upsilon}_k^{\mathrm{T}}\boldsymbol{\Gamma}_0^{\mathrm{T}}\boldsymbol{K}_k^{\mathrm{T}}+\bar{\delta}\boldsymbol{K}_k\boldsymbol{\Gamma}_0\boldsymbol{\upsilon}_k\boldsymbol{\upsilon}_k^{\mathrm{T}}\Delta\boldsymbol{\Gamma}_k^{\mathrm{T}}\boldsymbol{K}_k^{\mathrm{T}}\\
&+\bar{\delta}\bar{\boldsymbol{K}}_k\Delta\boldsymbol{\Gamma}_k\boldsymbol{\upsilon}_k\boldsymbol{\upsilon}_k^{\mathrm{T}}\boldsymbol{\Gamma}_0^{\mathrm{T}}\bar{\boldsymbol{K}}_k^{\mathrm{T}}+\bar{\delta}\bar{\boldsymbol{K}}_k\boldsymbol{\Gamma}_0\boldsymbol{\upsilon}_k\boldsymbol{\upsilon}_k^{\mathrm{T}}\Delta\boldsymbol{\Gamma}_k^{\mathrm{T}}\bar{\boldsymbol{K}}_k^{\mathrm{T}}\Big\}
\end{aligned}
$$

运用基本不等式

$$ab^{\mathrm{T}}+ba^{\mathrm{T}}\le aa^{\mathrm{T}}+bb^{\mathrm{T}}$$

整理可计算出如下不等式

$$\begin{aligned}P_{k+1}\le\mathbb{E}\Big\{&\rho_1A_ke_ke_k^{\mathrm{T}}A_k^{\mathrm{T}}+\rho_7\Delta A_ke_ke_k^{\mathrm{T}}\Delta A_k^{\mathrm{T}}\\&+\rho_7\Delta A_k\hat{x}_k\hat{x}_k^{\mathrm{T}}\Delta A_k^{\mathrm{T}}+\rho_1A_{d,k}e_{k-d}e_{k-d}^{\mathrm{T}}A_{d,k}^{\mathrm{T}}\\&+\rho_1B_k\bar{f}(e_k)\bar{f}^{\mathrm{T}}(e_k)B_k^{\mathrm{T}}+\rho_8K_k\Gamma_0E_ke_ke_k^{\mathrm{T}}E_k^{\mathrm{T}}\Gamma_0^{\mathrm{T}}K_k^{\mathrm{T}}\\&+\rho_8K_k\Gamma_0E_k\hat{x}_k\hat{x}_k^{\mathrm{T}}E_k^{\mathrm{T}}\Gamma_0^{\mathrm{T}}K_k^{\mathrm{T}}+\rho_8K_k\Delta\Gamma_kE_k\hat{x}_k\hat{x}_k^{\mathrm{T}}E_k^{\mathrm{T}}\Delta\Gamma_k^{\mathrm{T}}K_k^{\mathrm{T}}\\&+\rho_8K_k\Delta\Gamma_kE_ke_ke_k^{\mathrm{T}}E_k^{\mathrm{T}}\Delta\Gamma_k^{\mathrm{T}}K_k^{\mathrm{T}}+\rho_9K_kE_k\hat{x}_k\hat{x}_k^{\mathrm{T}}E_k^{\mathrm{T}}K_k^{\mathrm{T}}\\&+\rho_6\bar{K}_k\Gamma_0E_ke_ke_k^{\mathrm{T}}E_k^{\mathrm{T}}\Gamma_0^{\mathrm{T}}\bar{K}_k^{\mathrm{T}}+\rho_6\bar{K}_k\Gamma_0E_k\hat{x}_k\hat{x}_k^{\mathrm{T}}E_k^{\mathrm{T}}\Gamma_0^{\mathrm{T}}\bar{K}_k^{\mathrm{T}}\\&+2\bar{\delta}\bar{K}_k\Gamma_0R_k\Gamma_0^{\mathrm{T}}\bar{K}_k^{\mathrm{T}}+\rho_6\bar{K}_k\Delta\Gamma_kE_k\hat{x}_k\hat{x}_k^{\mathrm{T}}E_k^{\mathrm{T}}\Delta\Gamma_k^{\mathrm{T}}\bar{K}_k^{\mathrm{T}}\\&+\rho_6\bar{K}_k\Delta\Gamma_kE_ke_ke_k^{\mathrm{T}}E_k^{\mathrm{T}}\Delta\Gamma_k^{\mathrm{T}}\bar{K}_k^{\mathrm{T}}+2\bar{\delta}\bar{K}_k\Delta\Gamma_kR_k\Delta\Gamma_k^{\mathrm{T}}\bar{K}_k^{\mathrm{T}}\\&+5\bar{\delta}^2\bar{K}_kE_k\hat{x}_k\hat{x}_k^{\mathrm{T}}E_k^{\mathrm{T}}\bar{K}_k^{\mathrm{T}}+2\bar{\delta}K_k\Gamma_0R_k\Gamma_0^{\mathrm{T}}K_k^{\mathrm{T}}\\&+Q_k+2\bar{\delta}K_k\Delta\Gamma_kR_k\Delta\Gamma_k^{\mathrm{T}}K_k^{\mathrm{T}}\Big\}\end{aligned}$$

其中，ρ_1，ρ_6，ρ_7，ρ_8和ρ_9分别在式（6-8）和（6-16）中定义。由引理 2.2 得到以下不等式成立

$$\begin{aligned}&\mathbb{E}\left\{\bar{f}(e_k)\bar{f}^{\mathrm{T}}(e_k)\right\}\\\le&\mathbb{E}\left\{\mathrm{tr}\left(\bar{f}(e_k)\bar{f}^{\mathrm{T}}(e_k)\right)\right\}I\\\le&h\mathbb{E}\left\{e_k^{\mathrm{T}}e_k\right\}I\end{aligned}$$

其中，h在式（6-16）中定义。整理后，可以得出

$$\begin{aligned}P_{k+1}\le\mathbb{E}\Big\{&\rho_1A_ke_ke_k^{\mathrm{T}}A_k^{\mathrm{T}}+\rho_7\Delta A_ke_ke_k^{\mathrm{T}}\Delta A_k^{\mathrm{T}}\\&+\rho_7\Delta A_k\hat{x}_k\hat{x}_k^{\mathrm{T}}\Delta A_k^{\mathrm{T}}+\rho_1A_{d,k}e_{k-d}e_{k-d}^{\mathrm{T}}A_{d,k}^{\mathrm{T}}\\&+\rho_1hB_ke_k^{\mathrm{T}}e_kB_k^{\mathrm{T}}+\rho_8K_k\Gamma_0E_ke_ke_k^{\mathrm{T}}E_k^{\mathrm{T}}\Gamma_0^{\mathrm{T}}K_k^{\mathrm{T}}\\&+\rho_8K_k\Gamma_0E_k\hat{x}_k\hat{x}_k^{\mathrm{T}}E_k^{\mathrm{T}}\Gamma_0^{\mathrm{T}}K_k^{\mathrm{T}}+\rho_8K_k\Delta\Gamma_kE_k\hat{x}_k\hat{x}_k^{\mathrm{T}}E_k^{\mathrm{T}}\Delta\Gamma_k^{\mathrm{T}}K_k^{\mathrm{T}}\\&+\rho_8K_k\Delta\Gamma_kE_ke_ke_k^{\mathrm{T}}E_k^{\mathrm{T}}\Delta\Gamma_k^{\mathrm{T}}K_k^{\mathrm{T}}+\rho_9K_kE_k\hat{x}_k\hat{x}_k^{\mathrm{T}}E_k^{\mathrm{T}}K_k^{\mathrm{T}}\\&+\rho_6\bar{K}_k\Gamma_0E_ke_ke_k^{\mathrm{T}}E_k^{\mathrm{T}}\Gamma_0^{\mathrm{T}}\bar{K}_k^{\mathrm{T}}+\rho_6\bar{K}_k\Gamma_0E_k\hat{x}_k\hat{x}_k^{\mathrm{T}}E_k^{\mathrm{T}}\Gamma_0^{\mathrm{T}}\bar{K}_k^{\mathrm{T}}\\&+2\bar{\delta}\bar{K}_k\Gamma_0R_k\Gamma_0^{\mathrm{T}}\bar{K}_k^{\mathrm{T}}+\rho_6\bar{K}_k\Delta\Gamma_kE_k\hat{x}_k\hat{x}_k^{\mathrm{T}}E_k^{\mathrm{T}}\Delta\Gamma_k^{\mathrm{T}}\bar{K}_k^{\mathrm{T}}\\&+\rho_6\bar{K}_k\Delta\Gamma_kE_ke_ke_k^{\mathrm{T}}E_k^{\mathrm{T}}\Delta\Gamma_k^{\mathrm{T}}\bar{K}_k^{\mathrm{T}}+2\bar{\delta}\bar{K}_k\Delta\Gamma_kR_k\Delta\Gamma_k^{\mathrm{T}}\bar{K}_k^{\mathrm{T}}\\&+5\bar{\delta}^2\bar{K}_kE_k\hat{x}_k\hat{x}_k^{\mathrm{T}}E_k^{\mathrm{T}}\bar{K}_k^{\mathrm{T}}+2\bar{\delta}K_k\Gamma_0R_k\Gamma_0^{\mathrm{T}}K_k^{\mathrm{T}}\\&+Q_k+2\bar{\delta}K_k\Delta\Gamma_kR_k\Delta\Gamma_k^{\mathrm{T}}K_k^{\mathrm{T}}\Big\}\end{aligned}\tag{6-17}$$

根据迹的性质，不难得到以下等式成立

$$\begin{aligned}&\mathbb{E}\left\{e_k^{\mathrm{T}}e_k\right\}\\=&\mathbb{E}\left\{\mathrm{tr}\left(e_ke_k^{\mathrm{T}}\right)\right\}\\=&\mathrm{tr}(P_k)\end{aligned}\tag{6-18}$$

结合式（6-17）和（6-18），有以下结果成立

$$
\begin{aligned}
\boldsymbol{P}_{k+1} \le\ & \rho_1 \boldsymbol{A}_k \boldsymbol{P}_k \boldsymbol{A}_k^{\mathrm{T}} + \rho_7 \Delta \boldsymbol{A}_k \boldsymbol{P}_k \Delta \boldsymbol{A}_k^{\mathrm{T}} \\
& + \rho_7 \Delta \boldsymbol{A}_k \hat{\boldsymbol{x}}_k \hat{\boldsymbol{x}}_k^{\mathrm{T}} \Delta \boldsymbol{A}_k^{\mathrm{T}} + \rho_1 \boldsymbol{A}_{d,k} \boldsymbol{P}_{k-d} \boldsymbol{A}_{d,k}^{\mathrm{T}} \\
& + \rho_1 h \operatorname{tr}\left(\boldsymbol{P}_k\right) \boldsymbol{B}_k \boldsymbol{B}_k^{\mathrm{T}} + \rho_8 \boldsymbol{K}_k \boldsymbol{\Gamma}_0 \boldsymbol{E}_k \boldsymbol{P}_k \boldsymbol{E}_k^{\mathrm{T}} \boldsymbol{\Gamma}_0^{\mathrm{T}} \boldsymbol{K}_k^{\mathrm{T}} \\
& + \rho_8 \boldsymbol{K}_k \boldsymbol{\Gamma}_0 \boldsymbol{E}_k \hat{\boldsymbol{x}}_k \hat{\boldsymbol{x}}_k^{\mathrm{T}} \boldsymbol{E}_k^{\mathrm{T}} \boldsymbol{\Gamma}_0^{\mathrm{T}} \boldsymbol{K}_k^{\mathrm{T}} \\
& + \rho_8 \boldsymbol{K}_k \Delta \boldsymbol{\Gamma}_k \boldsymbol{E}_k \hat{\boldsymbol{x}}_k \hat{\boldsymbol{x}}_k^{\mathrm{T}} \boldsymbol{E}_k^{\mathrm{T}} \Delta \boldsymbol{\Gamma}_k^{\mathrm{T}} \boldsymbol{K}_k^{\mathrm{T}} \\
& + \rho_8 \boldsymbol{K}_k \Delta \boldsymbol{\Gamma}_k \boldsymbol{E}_k \boldsymbol{P}_k \boldsymbol{E}_k^{\mathrm{T}} \Delta \boldsymbol{\Gamma}_k^{\mathrm{T}} \boldsymbol{K}_k^{\mathrm{T}} \\
& + \rho_9 \boldsymbol{K}_k \boldsymbol{E}_k \hat{\boldsymbol{x}}_k \hat{\boldsymbol{x}}_k^{\mathrm{T}} \boldsymbol{E}_k^{\mathrm{T}} \boldsymbol{K}_k^{\mathrm{T}} \\
& + \rho_6 \bar{\boldsymbol{K}}_k \boldsymbol{\Gamma}_0 \boldsymbol{E}_k \boldsymbol{P}_k \boldsymbol{E}_k^{\mathrm{T}} \boldsymbol{\Gamma}_0^{\mathrm{T}} \bar{\boldsymbol{K}}_k^{\mathrm{T}} \\
& + \rho_6 \bar{\boldsymbol{K}}_k \boldsymbol{\Gamma}_0 \boldsymbol{E}_k \hat{\boldsymbol{x}}_k \hat{\boldsymbol{x}}_k^{\mathrm{T}} \boldsymbol{E}_k^{\mathrm{T}} \boldsymbol{\Gamma}_0^{\mathrm{T}} \bar{\boldsymbol{K}}_k^{\mathrm{T}} \\
& + 2\bar{\delta} \bar{\boldsymbol{K}}_k \boldsymbol{\Gamma}_0 \boldsymbol{R}_k \boldsymbol{\Gamma}_0^{\mathrm{T}} \bar{\boldsymbol{K}}_k^{\mathrm{T}} \\
& + \rho_6 \bar{\boldsymbol{K}}_k \Delta \boldsymbol{\Gamma}_k \boldsymbol{E}_k \hat{\boldsymbol{x}}_k \hat{\boldsymbol{x}}_k^{\mathrm{T}} \boldsymbol{E}_k^{\mathrm{T}} \Delta \boldsymbol{\Gamma}_k^{\mathrm{T}} \bar{\boldsymbol{K}}_k^{\mathrm{T}} \\
& + \rho_6 \bar{\boldsymbol{K}}_k \Delta \boldsymbol{\Gamma}_k \boldsymbol{E}_k \boldsymbol{P}_k \boldsymbol{E}_k^{\mathrm{T}} \Delta \boldsymbol{\Gamma}_k^{\mathrm{T}} \bar{\boldsymbol{K}}_k^{\mathrm{T}} \\
& + 2\bar{\delta} \bar{\boldsymbol{K}}_k \Delta \boldsymbol{\Gamma}_k \boldsymbol{R}_k \Delta \boldsymbol{\Gamma}_k^{\mathrm{T}} \bar{\boldsymbol{K}}_k^{\mathrm{T}} \\
& + 5\bar{\delta}^2 \bar{\boldsymbol{K}}_k \boldsymbol{E}_k \hat{\boldsymbol{x}}_k \hat{\boldsymbol{x}}_k^{\mathrm{T}} \boldsymbol{E}_k^{\mathrm{T}} \bar{\boldsymbol{K}}_k^{\mathrm{T}} \\
& + 2\bar{\delta} \boldsymbol{K}_k \boldsymbol{\Gamma}_0 \boldsymbol{R}_k \boldsymbol{\Gamma}_0^{\mathrm{T}} \boldsymbol{K}_k^{\mathrm{T}} \\
& + 2\bar{\delta} \boldsymbol{K}_k \Delta \boldsymbol{\Gamma}_k \boldsymbol{R}_k \Delta \boldsymbol{\Gamma}_k^{\mathrm{T}} \boldsymbol{K}_k^{\mathrm{T}} + \boldsymbol{Q}_k \\
=\ & \boldsymbol{\Phi}\left(\boldsymbol{P}_k\right)
\end{aligned}
$$

由于 $\boldsymbol{Z}_0 \ge \boldsymbol{P}_0$，不妨假设 $\boldsymbol{Z}_k \ge \boldsymbol{P}_k$，很容易得出以下不等式成立

$$
\boldsymbol{\Phi}\left(\boldsymbol{Z}_k\right) \ge \boldsymbol{\Phi}\left(\boldsymbol{P}_k\right) \ge \boldsymbol{P}_{k+1} \tag{6-19}
$$

然后，根据式（6-15）和（6-19），可推出如下不等式

$$
\boldsymbol{Z}_{k+1} \ge \boldsymbol{\Phi}\left(\boldsymbol{Z}_k\right) \ge \boldsymbol{\Phi}\left(\boldsymbol{P}_k\right) \ge \boldsymbol{P}_{k+1} \tag{6-20}
$$

由数学归纳法可知定理 6.2 证毕。

基于以上定理，得到误差系统同时满足给定 H_∞ 性能约束和方差约束的充分条件。

定理 6.3　考虑具有传感器故障和时滞的离散不确定时变神经网络（6-1），给定状态估计器增益矩阵 $\boldsymbol{K}_k$，扰动衰减水平 $\gamma > 0$，矩阵 $\boldsymbol{H}_\varphi > \boldsymbol{0}$，$\boldsymbol{H}_\phi > \boldsymbol{0}$ 和 $\boldsymbol{H}_\psi > \boldsymbol{0}$，在初始条件

$$
\boldsymbol{S}_0 \le \gamma^2 \boldsymbol{H}_\varphi,\quad \boldsymbol{T}_i \le \gamma^2 \boldsymbol{H}_\psi \left(i = -d, -d+1, \ldots, -1\right),\quad \boldsymbol{Z}_0 = \boldsymbol{P}_0
$$

下，如果有正定实值矩阵 $\left\{\boldsymbol{S}_k\right\}_{1 \le k \le N+1}$ 和 $\left\{\boldsymbol{Z}_k\right\}_{1 \le k \le N+1}$ 满足以下条件

$$
\begin{bmatrix}
\boldsymbol{\Theta}_{11} & \boldsymbol{\Theta}_{12} & \boldsymbol{0} & \boldsymbol{\Theta}_{14} & \boldsymbol{\Theta}_{15} & \boldsymbol{0} & \boldsymbol{0} \\
* & \boldsymbol{\Theta}_{22} & \boldsymbol{0} & \boldsymbol{\Theta}_{24} & \boldsymbol{\Theta}_{25} & \boldsymbol{\Theta}_{26} & \boldsymbol{0} \\
* & * & \boldsymbol{\Theta}_{33} & \boldsymbol{0} & \boldsymbol{0} & \boldsymbol{0} & \boldsymbol{\Theta}_{37} \\
* & * & * & \boldsymbol{\Theta}_{44} & \boldsymbol{0} & \boldsymbol{0} & \boldsymbol{0} \\
* & * & * & * & \boldsymbol{\Theta}_{55} & \boldsymbol{0} & \boldsymbol{0} \\
* & * & * & * & * & \boldsymbol{\Theta}_{66} & \boldsymbol{0} \\
* & * & * & * & * & * & \boldsymbol{\Theta}_{77}
\end{bmatrix} < \boldsymbol{0} \tag{6-21}
$$

$$\begin{bmatrix} \boldsymbol{\Psi}_{11} & \boldsymbol{\Psi}_{12} & \boldsymbol{\Psi}_{13} & \boldsymbol{\Psi}_{14} & \boldsymbol{\Psi}_{15} & \boldsymbol{\Psi}_{16} \\ * & \boldsymbol{\Psi}_{22} & \mathbf{0} & \mathbf{0} & \mathbf{0} & \mathbf{0} \\ * & * & \boldsymbol{\Psi}_{33} & \mathbf{0} & \mathbf{0} & \mathbf{0} \\ * & * & * & \boldsymbol{\Psi}_{44} & \mathbf{0} & \mathbf{0} \\ * & * & * & * & \boldsymbol{\Psi}_{55} & \mathbf{0} \\ * & * & * & * & * & \boldsymbol{\Psi}_{66} \end{bmatrix} < \mathbf{0} \tag{6-22}$$

其中

$$\boldsymbol{\Theta}_{11} = \boldsymbol{G}_k^{\mathrm{T}} \boldsymbol{G}_k - \boldsymbol{S}_k - \boldsymbol{R}_{1,k} + \boldsymbol{T}_k$$

$$\boldsymbol{\Theta}_{22} = \begin{bmatrix} -\boldsymbol{I} & \boldsymbol{f}(\hat{\boldsymbol{x}}_k) \\ * & -\boldsymbol{f}^{\mathrm{T}}(\hat{\boldsymbol{x}}_k)\boldsymbol{f}(\hat{\boldsymbol{x}}_k) \end{bmatrix}$$

$$\boldsymbol{\Theta}_{33} = \mathrm{diag}\left\{-\boldsymbol{T}_{k-d}, -\gamma^2 \boldsymbol{H}_{\phi}, -\gamma^2 \boldsymbol{H}_{\phi}\right\}$$

$$\boldsymbol{\Theta}_{44} = \mathrm{diag}\left\{-\boldsymbol{S}_{k+1}^{-1}, -\boldsymbol{S}_{k+1}^{-1}, -\boldsymbol{S}_{k+1}^{-1}, -\boldsymbol{S}_{k+1}^{-1}\right\}$$

$$\boldsymbol{\Theta}_{55} = \mathrm{diag}\left\{-\boldsymbol{S}_{k+1}^{-1}, -\boldsymbol{S}_{k+1}^{-1}, -\boldsymbol{S}_{k+1}^{-1}, -\boldsymbol{S}_{k+1}^{-1}, -\boldsymbol{S}_{k+1}^{-1}, -\boldsymbol{S}_{k+1}^{-1}\right\}$$

$$\boldsymbol{\Theta}_{66} = \mathrm{diag}\left\{-\boldsymbol{S}_{k+1}^{-1}, -\boldsymbol{S}_{k+1}^{-1}, -\boldsymbol{S}_{k+1}^{-1}, -\boldsymbol{S}_{k+1}^{-1}, -\boldsymbol{S}_{k+1}^{-1}, -\boldsymbol{S}_{k+1}^{-1}\right\}$$

$$\boldsymbol{\Theta}_{77} = \mathrm{diag}\left\{-\boldsymbol{S}_{k+1}^{-1}, -\boldsymbol{S}_{k+1}^{-1}, -\boldsymbol{S}_{k+1}^{-1}, -\boldsymbol{S}_{k+1}^{-1}, -\boldsymbol{S}_{k+1}^{-1}, -\boldsymbol{S}_{k+1}^{-1}\right\}$$

$$\boldsymbol{\Theta}_{12} = \begin{bmatrix} -\boldsymbol{R}_{2,k} & -\boldsymbol{R}_{3,k}^{\mathrm{T}} \end{bmatrix}$$

$$\boldsymbol{\Theta}_{14} = \begin{bmatrix} \boldsymbol{A}_k^{\mathrm{T}} & \sqrt{\rho_1 - 1}\boldsymbol{A}_k^{\mathrm{T}} & \sqrt{\rho_2}\Delta\boldsymbol{A}_k^{\mathrm{T}} & \sqrt{\rho_4}\boldsymbol{E}_k^{\mathrm{T}}\boldsymbol{\Gamma}_0^{\mathrm{T}}\boldsymbol{K}_k^{\mathrm{T}} \end{bmatrix}$$

$$\boldsymbol{\Theta}_{15} = \begin{bmatrix} \sqrt{\rho_4}\boldsymbol{E}_k^{\mathrm{T}}\Delta\boldsymbol{\Gamma}_k^{\mathrm{T}}\boldsymbol{K}_k^{\mathrm{T}} & \sqrt{\rho_6}\boldsymbol{E}_k^{\mathrm{T}}\boldsymbol{\Gamma}_0^{\mathrm{T}}\bar{\boldsymbol{K}}_k^{\mathrm{T}} & \sqrt{\rho_6}\boldsymbol{E}_k^{\mathrm{T}}\Delta\boldsymbol{\Gamma}_k^{\mathrm{T}}\bar{\boldsymbol{K}}_k^{\mathrm{T}} & \mathbf{0} & \mathbf{0} & \mathbf{0} \end{bmatrix}$$

$$\boldsymbol{\Theta}_{24} = \begin{bmatrix} \boldsymbol{B}_k^{\mathrm{T}} & \mathbf{0} & \mathbf{0} & \mathbf{0} \\ \mathbf{0} & \mathbf{0} & \mathbf{0} & \mathbf{0} \end{bmatrix}$$

$$\boldsymbol{\Theta}_{25} = \begin{bmatrix} \mathbf{0} & \mathbf{0} & \mathbf{0} & \sqrt{\rho_1 - 1}\boldsymbol{B}_k^{\mathrm{T}} & \mathbf{0} & \mathbf{0} \\ \mathbf{0} & \mathbf{0} & \mathbf{0} & \mathbf{0} & \sqrt{\rho_2}\hat{\boldsymbol{x}}_k^{\mathrm{T}}\Delta\boldsymbol{A}_k^{\mathrm{T}} & \sqrt{\rho_4}\hat{\boldsymbol{x}}_k^{\mathrm{T}}\boldsymbol{E}_k^{\mathrm{T}}\boldsymbol{\Gamma}_0^{\mathrm{T}}\boldsymbol{K}_k^{\mathrm{T}} \end{bmatrix}$$

$$\boldsymbol{\Theta}_{26} = \begin{bmatrix} \mathbf{0} & \mathbf{0} & \mathbf{0} & \mathbf{0} & \mathbf{0} & \mathbf{0} \\ \boldsymbol{\Pi}_{11} & \boldsymbol{\Pi}_{12} & \sqrt{\rho_6}\hat{\boldsymbol{x}}_k^{\mathrm{T}}\boldsymbol{E}_k^{\mathrm{T}}\boldsymbol{\Gamma}_0^{\mathrm{T}}\bar{\boldsymbol{K}}_k^{\mathrm{T}} & \sqrt{5\bar{\delta}}\hat{\boldsymbol{x}}_k^{\mathrm{T}}\boldsymbol{E}_k^{\mathrm{T}}\bar{\boldsymbol{K}}_k^{\mathrm{T}} & \sqrt{\rho_3}\boldsymbol{f}^{\mathrm{T}}(\hat{\boldsymbol{x}}_k)\boldsymbol{B}_k^{\mathrm{T}} & \mathfrak{J} \end{bmatrix}$$

$$\boldsymbol{\Theta}_{37} = \begin{bmatrix} \sqrt{\rho_3}\boldsymbol{A}_{d,k}^{\mathrm{T}} & \mathbf{0} & \mathbf{0} & \mathbf{0} & \mathbf{0} & \mathbf{0} \\ \mathbf{0} & \sqrt{2\bar{\delta}}\boldsymbol{\Gamma}_0^{\mathrm{T}}\boldsymbol{K}_k^{\mathrm{T}} & \sqrt{2\bar{\delta}}\Delta\boldsymbol{\Gamma}_k^{\mathrm{T}}\boldsymbol{K}_k^{\mathrm{T}} & \sqrt{2\bar{\delta}}\boldsymbol{\Gamma}_0^{\mathrm{T}}\bar{\boldsymbol{K}}_k^{\mathrm{T}} & \sqrt{2\bar{\delta}}\Delta\boldsymbol{\Gamma}_k^{\mathrm{T}}\bar{\boldsymbol{K}}_k^{\mathrm{T}} & \mathbf{0} \\ \mathbf{0} & \mathbf{0} & \mathbf{0} & \mathbf{0} & \mathbf{0} & \boldsymbol{I} \end{bmatrix}$$

$$\boldsymbol{\Psi}_{11} = -\boldsymbol{Z}_{k+1} + \rho_1 h \mathrm{tr}(\boldsymbol{Z}_k)\boldsymbol{B}_k\boldsymbol{B}_k^{\mathrm{T}} + \boldsymbol{Q}_k$$

$$\boldsymbol{\Psi}_{12} = \begin{bmatrix} \sqrt{\rho_1}\boldsymbol{A}_k\boldsymbol{Z}_k & \sqrt{\rho_7}\Delta\boldsymbol{A}_k\hat{\boldsymbol{x}}_k \end{bmatrix}$$

$$\boldsymbol{\Psi}_{13} = \begin{bmatrix} \sqrt{\rho_7}\Delta\boldsymbol{A}_k\boldsymbol{Z}_k & \sqrt{\rho_1}\boldsymbol{A}_{d,k}\boldsymbol{Z}_{k-d} & \sqrt{\rho_8}\boldsymbol{K}_k\boldsymbol{\Gamma}_0\boldsymbol{E}_k\boldsymbol{Z}_k \end{bmatrix}$$

$$\boldsymbol{\Psi}_{14} = \begin{bmatrix} \sqrt{\rho_8}\boldsymbol{K}_k\boldsymbol{\Gamma}_0\boldsymbol{E}_k\hat{\boldsymbol{x}}_k & \sqrt{\rho_8}\boldsymbol{K}_k\Delta\boldsymbol{\Gamma}_k\boldsymbol{E}_k\hat{\boldsymbol{x}}_k & \sqrt{\rho_8}\boldsymbol{K}_k\Delta\boldsymbol{\Gamma}_k\boldsymbol{E}_k\boldsymbol{Z}_k & \sqrt{\rho_9}\boldsymbol{K}_k\boldsymbol{E}_k\hat{\boldsymbol{x}}_k \end{bmatrix}$$

$$\boldsymbol{\Psi}_{15} = \begin{bmatrix} \sqrt{2\bar{\delta}}\boldsymbol{K}_k\boldsymbol{\Gamma}_0\boldsymbol{R}_k & \sqrt{2\bar{\bar{\delta}}}\boldsymbol{K}_k\Delta\boldsymbol{\Gamma}_k\boldsymbol{R}_k & \sqrt{\rho_6}\bar{\boldsymbol{K}}_k\boldsymbol{\Gamma}_0\boldsymbol{E}_k\boldsymbol{Z}_k & \sqrt{\rho_6}\bar{\boldsymbol{K}}_k\boldsymbol{\Gamma}_0\boldsymbol{E}_k\hat{\boldsymbol{x}}_k \end{bmatrix}$$

$$\boldsymbol{\Psi}_{16} = \begin{bmatrix} \sqrt{\rho_6}\bar{\boldsymbol{K}}_k\Delta\boldsymbol{\Gamma}_k\boldsymbol{E}_k\hat{\boldsymbol{x}}_k & \sqrt{2\bar{\delta}}\bar{\boldsymbol{K}}_k\boldsymbol{\Gamma}_0\boldsymbol{R}_k & \sqrt{\rho_6}\bar{\boldsymbol{K}}_k\Delta\boldsymbol{\Gamma}_k\boldsymbol{E}_k\boldsymbol{Z}_k & \sqrt{5\bar{\delta}}\bar{\boldsymbol{K}}_k\boldsymbol{E}_k\hat{\boldsymbol{x}}_k & \mathfrak{M} \end{bmatrix}$$

$$\boldsymbol{\Psi}_{22}=\operatorname{diag}\{-\boldsymbol{Z}_k,-\boldsymbol{I}\}$$

$$\boldsymbol{\Psi}_{33}=\operatorname{diag}\{-\boldsymbol{Z}_k,-\boldsymbol{Z}_{k-d},-\boldsymbol{Z}_k\}$$

$$\boldsymbol{\Psi}_{44}=\operatorname{diag}\{-\boldsymbol{I},-\boldsymbol{I},-\boldsymbol{Z}_k,-\boldsymbol{I}\}$$

$$\boldsymbol{\Psi}_{55}=\operatorname{diag}\{-\boldsymbol{R}_k,-\boldsymbol{R}_k,-\boldsymbol{Z}_k,-\boldsymbol{I}\}$$

$$\boldsymbol{\Psi}_{66}=\operatorname{diag}\{-\boldsymbol{I},-\boldsymbol{R}_k,-\boldsymbol{Z}_k,-\boldsymbol{I},-\boldsymbol{R}_k\}$$

$$\boldsymbol{\Pi}_{11}=\sqrt{\rho_4}\hat{\boldsymbol{x}}_k^{\mathrm{T}}\boldsymbol{E}_k^{\mathrm{T}}\Delta\boldsymbol{\Gamma}_k^{\mathrm{T}}\boldsymbol{K}_k^{\mathrm{T}}$$

$$\mathcal{J}=\sqrt{\rho_6}\hat{\boldsymbol{x}}_k^{\mathrm{T}}\boldsymbol{E}_k^{\mathrm{T}}\Delta\boldsymbol{\Gamma}_k^{\mathrm{T}}\bar{\boldsymbol{K}}_k^{\mathrm{T}}$$

$$\mathfrak{M}=\sqrt{2\bar{\delta}}\,\bar{\boldsymbol{K}}_k\Delta\boldsymbol{\Gamma}_k\boldsymbol{R}_k$$

$$\boldsymbol{\Pi}_{12}=\sqrt{\rho_5}\hat{\boldsymbol{x}}_k^{\mathrm{T}}\boldsymbol{E}_k^{\mathrm{T}}\boldsymbol{K}_k^{\mathrm{T}}$$

那么误差系统同时满足 H_∞ 性能约束和方差约束。

证　在给定初始条件下，易证式（6-21）与式（6-8）等价，式（6-22）可保证式（6-15）成立，因此，误差系统满足 H_∞ 性能约束和方差约束。至此，定理 6.3 证毕。

在下面定理中，基于上述主要结果，我们给出有限域状态估计器增益的求解方法。

定理 6.4　对于扰动衰减水平 $\gamma>0$，矩阵 $\boldsymbol{H}_\phi>\mathbf{0}$，$\boldsymbol{H}_\varphi>\mathbf{0}$ 和 $\boldsymbol{H}_\psi>\mathbf{0}$ 以及给定的上界矩阵 $\{\boldsymbol{\Phi}_k\}_{0\le k\le N+1}$，在初始条件下

$$\begin{cases}\boldsymbol{S}_0-\gamma^2\boldsymbol{H}_\varphi\le\mathbf{0}\\ \boldsymbol{T}_i-\gamma^2\boldsymbol{H}_\psi\le\mathbf{0} & (i=-d,-d+1,\dots,-1)\\ \mathbb{E}\{\boldsymbol{e}_0\boldsymbol{e}_0^{\mathrm{T}}\}=\boldsymbol{Z}_0\le\boldsymbol{\Phi}_0\end{cases}\tag{6-23}$$

如果存在正常数 $\{\epsilon_{1,k},\epsilon_{2,k},\dots,\epsilon_{9,k}\}_{1\le k\le N+1}$，正定对称矩阵 $\{\boldsymbol{S}_k\}_{1\le k\le N+1}$ 和 $\{\boldsymbol{Z}_k\}_{1\le k\le N+1}$，矩阵 $\{\boldsymbol{K}_k\}_{0\le k\le N+1}$ 满足

$$\begin{bmatrix}\boldsymbol{H}_{11} & \boldsymbol{H}_{12} & \boldsymbol{H}_{13}\\ * & \boldsymbol{H}_{22} & \mathbf{0}\\ * & * & \boldsymbol{H}_{33}\end{bmatrix}<\mathbf{0}\tag{6-24}$$

$$\begin{bmatrix}\boldsymbol{U}_{11} & \boldsymbol{U}_{12} & \boldsymbol{U}_{13}\\ * & \boldsymbol{U}_{22} & \mathbf{0}\\ * & * & \boldsymbol{U}_{33}\end{bmatrix}<\mathbf{0}\tag{6-25}$$

$$\boldsymbol{Z}_{k+1}-\boldsymbol{\Phi}_{k+1}\le\mathbf{0}\tag{6-26}$$

其中

$$\boldsymbol{H}_{11}=\begin{bmatrix}\boldsymbol{Y}_{11} & \boldsymbol{\Theta}_{12} & \mathbf{0} & \boldsymbol{Y}_{14} & \boldsymbol{\Theta}_{15} & \mathbf{0} & \mathbf{0}\\ * & \boldsymbol{\Theta}_{22} & \mathbf{0} & \boldsymbol{\Theta}_{24} & \boldsymbol{Y}_{25} & \boldsymbol{Y}_{26} & \mathbf{0}\\ * & * & \boldsymbol{\Theta}_{33} & \mathbf{0} & \mathbf{0} & \mathbf{0} & \boldsymbol{Y}_{37}\\ * & * & * & \boldsymbol{Y}_{44} & \mathbf{0} & \mathbf{0} & \mathbf{0}\\ * & * & * & * & \boldsymbol{Y}_{55} & \mathbf{0} & \mathbf{0}\\ * & * & * & * & * & \boldsymbol{Y}_{66} & \mathbf{0}\\ * & * & * & * & * & * & \boldsymbol{Y}_{77}\end{bmatrix}$$

$$\boldsymbol{H}_{12}=\begin{bmatrix} \mathbf{0} & \mathbf{0} & \mathbf{0} & \mathbf{0} \\ \mathbf{0} & \varepsilon_{2,k}\boldsymbol{\mathcal{N}}_{2,k} & \mathbf{0} & \mathbf{0} \\ \mathbf{0} & \mathbf{0} & \mathbf{0} & \mathbf{0} \\ \boldsymbol{\mathcal{H}}_{1,k}^{\mathrm{T}} & \mathbf{0} & \mathbf{0} & \mathbf{0} \\ \mathbf{0} & \mathbf{0} & \boldsymbol{\mathcal{H}}_{2,k}^{\mathrm{T}} & \boldsymbol{\mathcal{H}}_{3,k}^{\mathrm{T}} \\ \mathbf{0} & \mathbf{0} & \mathbf{0} & \mathbf{0} \\ \mathbf{0} & \mathbf{0} & \mathbf{0} & \mathbf{0} \end{bmatrix}$$

$$\boldsymbol{H}_{13}=\begin{bmatrix} \mathbf{0} & \mathbf{0} & \mathbf{0} & \mathbf{0} \\ \varepsilon_{4,k}\boldsymbol{\mathcal{N}}_{4,k} & \mathbf{0} & \mathbf{0} & \mathbf{0} \\ \mathbf{0} & \mathbf{0} & \varepsilon_{5,k}\boldsymbol{\mathcal{N}}_{5,k} & \mathbf{0} \\ \mathbf{0} & \mathbf{0} & \mathbf{0} & \mathbf{0} \\ \mathbf{0} & \mathbf{0} & \mathbf{0} & \mathbf{0} \\ \mathbf{0} & \boldsymbol{\mathcal{H}}_{4,k}^{\mathrm{T}} & \mathbf{0} & \mathbf{0} \\ \mathbf{0} & \mathbf{0} & \mathbf{0} & \boldsymbol{\mathcal{H}}_{5,k}^{\mathrm{T}} \end{bmatrix}$$

$$\boldsymbol{U}_{11}=\begin{bmatrix} \boldsymbol{\Lambda}_{11} & \boldsymbol{\Lambda}_{12} & \boldsymbol{\Lambda}_{13} & \boldsymbol{\Lambda}_{14} & \boldsymbol{\Lambda}_{15} & \boldsymbol{\Lambda}_{16} \\ * & \boldsymbol{\Psi}_{22} & \mathbf{0} & \mathbf{0} & \mathbf{0} & \mathbf{0} \\ * & * & \boldsymbol{\Psi}_{33} & \mathbf{0} & \mathbf{0} & \mathbf{0} \\ * & * & * & \boldsymbol{\Psi}_{44} & \mathbf{0} & \mathbf{0} \\ * & * & * & * & \boldsymbol{\Psi}_{55} & \mathbf{0} \\ * & * & * & * & * & \boldsymbol{\Psi}_{66} \end{bmatrix}$$

$$\boldsymbol{U}_{12}=\begin{bmatrix} \mathbf{0} & \boldsymbol{K}_k\boldsymbol{\Gamma}_0 & \mathbf{0} & \boldsymbol{K}_k\boldsymbol{\Gamma}_0 \\ \boldsymbol{\mathcal{M}}_{1,k}^{\mathrm{T}} & \mathbf{0} & \mathbf{0} & \mathbf{0} \\ \boldsymbol{\mathcal{M}}_{2,k}^{\mathrm{T}} & \mathbf{0} & \mathbf{0} & \mathbf{0} \\ \mathbf{0} & \mathbf{0} & \epsilon_{7,k}\boldsymbol{\mathcal{M}}_{3,k}^{\mathrm{T}} & \mathbf{0} \\ \mathbf{0} & \mathbf{0} & \mathbf{0} & \mathbf{0} \\ \mathbf{0} & \mathbf{0} & \mathbf{0} & \mathbf{0} \end{bmatrix}$$

$$\boldsymbol{U}_{13}=\begin{bmatrix} \mathbf{0} & \epsilon_{9,k}\bar{\boldsymbol{K}}_k\boldsymbol{\Gamma}_0 & \mathbf{0} \\ \mathbf{0} & \mathbf{0} & \mathbf{0} \\ \mathbf{0} & \mathbf{0} & \mathbf{0} \\ \mathbf{0} & \mathbf{0} & \mathbf{0} \\ \epsilon_{8,k}\boldsymbol{\mathcal{M}}_{4,k}^{\mathrm{T}} & \mathbf{0} & \mathbf{0} \\ \mathbf{0} & \mathbf{0} & \boldsymbol{\mathcal{M}}_{5,k}^{\mathrm{T}} \end{bmatrix}$$

$$\boldsymbol{H}_{22}=\mathrm{diag}\left\{-\epsilon_{1,k}\boldsymbol{I},-\epsilon_{2,k}\boldsymbol{I},-\epsilon_{2,k}\boldsymbol{I},-\epsilon_{3,k}\boldsymbol{I}\right\}$$

$$\boldsymbol{H}_{33}=\mathrm{diag}\left\{-\epsilon_{4,k}\boldsymbol{I},-\epsilon_{4,k}\boldsymbol{I},-\epsilon_{5,k}\boldsymbol{I},-\epsilon_{5,k}\boldsymbol{I}\right\}$$

$$\boldsymbol{U}_{22}=\mathrm{diag}\left\{-\epsilon_{6,k}\boldsymbol{I},-\epsilon_{7,k}\boldsymbol{I},-\epsilon_{7,k}\boldsymbol{I},-\epsilon_{8,k}\boldsymbol{I}\right\}$$

$$\boldsymbol{U}_{33}=\mathrm{diag}\left\{-\epsilon_{8,k}\boldsymbol{I},-\epsilon_{9,k}\boldsymbol{I},-\epsilon_{9,k}\boldsymbol{I}\right\}$$

$$\boldsymbol{Y}_{11}=\boldsymbol{G}_k^{\mathrm{T}}\boldsymbol{G}_k-\boldsymbol{S}_k-\boldsymbol{R}_{1,k}+\boldsymbol{T}_k+\epsilon_{1,k}\boldsymbol{N}_k^{\mathrm{T}}\boldsymbol{N}_k+\epsilon_{3,k}\boldsymbol{E}_k^{\mathrm{T}}\boldsymbol{E}_k$$

$$\boldsymbol{Y}_{44}=\mathrm{diag}\left\{-\bar{\boldsymbol{S}}_{k+1},-\bar{\boldsymbol{S}}_{k+1},-\bar{\boldsymbol{S}}_{k+1},-\bar{\boldsymbol{S}}_{k+1}\right\}$$

$$\boldsymbol{Y}_{55}=\mathrm{diag}\left\{-\bar{\boldsymbol{S}}_{k+1},-\bar{\boldsymbol{S}}_{k+1},-\bar{\boldsymbol{S}}_{k+1},-\bar{\boldsymbol{S}}_{k+1},-\bar{\boldsymbol{S}}_{k+1},-\bar{\boldsymbol{S}}_{k+1}\right\}$$

$$\boldsymbol{Y}_{66}=\mathrm{diag}\left\{-\bar{\boldsymbol{S}}_{k+1},-\bar{\boldsymbol{S}}_{k+1},-\bar{\boldsymbol{S}}_{k+1},-\bar{\boldsymbol{S}}_{k+1},-\bar{\boldsymbol{S}}_{k+1},-\bar{\boldsymbol{S}}_{k+1}\right\}$$

$$\boldsymbol{Y}_{77}=\mathrm{diag}\left\{-\bar{\boldsymbol{S}}_{k+1},-\bar{\boldsymbol{S}}_{k+1},-\bar{\boldsymbol{S}}_{k+1},-\bar{\boldsymbol{S}}_{k+1},-\bar{\boldsymbol{S}}_{k+1},-\bar{\boldsymbol{S}}_{k+1}\right\}$$

$$\boldsymbol{Y}_{14}=\begin{bmatrix}\boldsymbol{A}_k^{\mathrm{T}} & \sqrt{\rho_1-1}\boldsymbol{A}_k^{\mathrm{T}} & \boldsymbol{0} & \sqrt{\rho_4}\boldsymbol{E}_k^{\mathrm{T}}\boldsymbol{\Gamma}_0^{\mathrm{T}}\boldsymbol{K}_k^{\mathrm{T}}\end{bmatrix}$$

$$\boldsymbol{Y}_{15}=\begin{bmatrix}\boldsymbol{0} & \sqrt{\bar{\delta}}\boldsymbol{E}_k^{\mathrm{T}}\boldsymbol{\Gamma}_0^{\mathrm{T}}\bar{\boldsymbol{K}}_k^{\mathrm{T}} & \boldsymbol{0} & \boldsymbol{0} & \boldsymbol{0} & \boldsymbol{0}\end{bmatrix}$$

$$\boldsymbol{Y}_{25}=\begin{bmatrix}\boldsymbol{0} & \boldsymbol{0} & \boldsymbol{0} & \sqrt{\rho_1-1}\boldsymbol{B}_k^{\mathrm{T}} & \boldsymbol{0} & \boldsymbol{0}\\ \boldsymbol{0} & \boldsymbol{0} & \boldsymbol{0} & \boldsymbol{0} & \boldsymbol{0} & \sqrt{\rho_4}\hat{\boldsymbol{x}}_k^{\mathrm{T}}\boldsymbol{E}_k^{\mathrm{T}}\boldsymbol{\Gamma}_0^{\mathrm{T}}\boldsymbol{K}_k^{\mathrm{T}}\end{bmatrix}$$

$$\boldsymbol{Y}_{26}=\begin{bmatrix}\boldsymbol{0} & \boldsymbol{0} & \boldsymbol{0} & \boldsymbol{0} & \boldsymbol{0} & \boldsymbol{0}\\ \boldsymbol{0} & \sqrt{\rho_5}\hat{\boldsymbol{x}}_k^{\mathrm{T}}\boldsymbol{E}_k^{\mathrm{T}}\boldsymbol{K}_k^{\mathrm{T}} & \sqrt{\rho_6}\hat{\boldsymbol{x}}_k^{\mathrm{T}}\boldsymbol{E}_k^{\mathrm{T}}\boldsymbol{\Gamma}_0^{\mathrm{T}}\bar{\boldsymbol{K}}_k^{\mathrm{T}} & \sqrt{5\bar{\delta}}\hat{\boldsymbol{x}}_k^{\mathrm{T}}\boldsymbol{E}_k^{\mathrm{T}}\bar{\boldsymbol{K}}_k^{\mathrm{T}} & \sqrt{\rho_3}\boldsymbol{f}^{\mathrm{T}}(\hat{\boldsymbol{x}}_k)\boldsymbol{B}_k^{\mathrm{T}} & \boldsymbol{0}\end{bmatrix}$$

$$\boldsymbol{Y}_{37}=\begin{bmatrix}\sqrt{\rho_3}\boldsymbol{A}_{d,k}^{\mathrm{T}} & \boldsymbol{0} & \boldsymbol{0} & \boldsymbol{0} & \boldsymbol{0} & \boldsymbol{0}\\ \boldsymbol{0} & \sqrt{2\bar{\delta}}\boldsymbol{\Gamma}_0^{\mathrm{T}}\boldsymbol{K}_k^{\mathrm{T}} & \boldsymbol{0} & \sqrt{2\bar{\delta}}\boldsymbol{\Gamma}_0^{\mathrm{T}}\bar{\boldsymbol{K}}_k^{\mathrm{T}} & \boldsymbol{0} & \boldsymbol{0}\\ \boldsymbol{0} & \boldsymbol{0} & \boldsymbol{0} & \boldsymbol{0} & \boldsymbol{0} & \boldsymbol{I}\end{bmatrix}$$

$$\boldsymbol{\Lambda}_{11}=-\boldsymbol{Z}_{k+1}+\rho_1 h\mathrm{tr}\left(\boldsymbol{Z}_k\right)\boldsymbol{B}_k\boldsymbol{B}_k^{\mathrm{T}}+\boldsymbol{Q}_k+\epsilon_{6,k}\boldsymbol{H}_k\boldsymbol{H}_k^{\mathrm{T}}$$

$$\boldsymbol{\Lambda}_{12}=\begin{bmatrix}\sqrt{\rho_1}\boldsymbol{A}_k\boldsymbol{Z}_k & \boldsymbol{0}\end{bmatrix}$$

$$\boldsymbol{\Lambda}_{13}=\begin{bmatrix}\boldsymbol{0} & \sqrt{\rho_1}\boldsymbol{A}_{d,k}\boldsymbol{Z}_{k-d} & \sqrt{\rho_8}\boldsymbol{K}_k\boldsymbol{\Gamma}_0\boldsymbol{E}_k\boldsymbol{Z}_k\end{bmatrix}$$

$$\boldsymbol{\Lambda}_{14}=\begin{bmatrix}\sqrt{\rho_8}\boldsymbol{K}_k\boldsymbol{\Gamma}_0\boldsymbol{E}_k\hat{\boldsymbol{x}}_k & \boldsymbol{0} & \boldsymbol{0} & \sqrt{\rho_9}\boldsymbol{K}_k\boldsymbol{E}_k\hat{\boldsymbol{x}}_k\end{bmatrix}$$

$$\boldsymbol{\Lambda}_{15}=\begin{bmatrix}\sqrt{2\bar{\delta}}\boldsymbol{K}_k\boldsymbol{R}_k\boldsymbol{\Gamma}_0 & \boldsymbol{0} & \sqrt{\rho_6}\bar{\boldsymbol{K}}_k\boldsymbol{\Gamma}_0\boldsymbol{E}_k\boldsymbol{Z}_k & \sqrt{\rho_6}\bar{\boldsymbol{K}}_k\boldsymbol{\Gamma}_0\boldsymbol{E}_k\hat{\boldsymbol{x}}_k\end{bmatrix}$$

$$\boldsymbol{\Lambda}_{16}=\begin{bmatrix}\boldsymbol{0} & \sqrt{2\bar{\delta}}\bar{\boldsymbol{K}}_k\boldsymbol{R}_k\boldsymbol{\Gamma}_0 & \boldsymbol{0} & \sqrt{5\bar{\delta}}\bar{\boldsymbol{K}}_k\boldsymbol{E}_k\hat{\boldsymbol{x}}_k & \boldsymbol{0}\end{bmatrix}$$

$$\mathcal{H}_{1,k}=\begin{bmatrix}\boldsymbol{0} & \boldsymbol{0} & \sqrt{\rho_2}\boldsymbol{H}_k^{\mathrm{T}} & \boldsymbol{0}\end{bmatrix}$$

$$\mathcal{H}_{2,k}=\begin{bmatrix}\boldsymbol{0} & \boldsymbol{0} & \boldsymbol{0} & \boldsymbol{0} & \sqrt{\rho_2}\boldsymbol{H}_k^{\mathrm{T}} & \boldsymbol{0}\end{bmatrix}$$

$$\mathcal{H}_{3,k}=\begin{bmatrix}\sqrt{\rho_4}\boldsymbol{\Gamma}_0^{\mathrm{T}}\boldsymbol{K}_k^{\mathrm{T}} & \boldsymbol{0} & \sqrt{\rho_6}\boldsymbol{\Gamma}_0^{\mathrm{T}}\bar{\boldsymbol{K}}_k^{\mathrm{T}} & \boldsymbol{0} & \boldsymbol{0} & \boldsymbol{0}\end{bmatrix}$$

$$\mathcal{H}_{4,k}=\begin{bmatrix}\sqrt{\rho_4}\boldsymbol{\Gamma}_0^{\mathrm{T}}\boldsymbol{K}_k^{\mathrm{T}} & \boldsymbol{0} & \boldsymbol{0} & \boldsymbol{0} & \boldsymbol{0} & \sqrt{\rho_6}\boldsymbol{\Gamma}_0^{\mathrm{T}}\bar{\boldsymbol{K}}_k^{\mathrm{T}}\end{bmatrix}$$

$$\mathcal{H}_{5,k}=\begin{bmatrix}\boldsymbol{0} & \boldsymbol{0} & \boldsymbol{\Gamma}_0^{\mathrm{T}}\boldsymbol{K}_k^{\mathrm{T}} & \boldsymbol{0} & \boldsymbol{\Gamma}_0^{\mathrm{T}}\bar{\boldsymbol{K}}_k^{\mathrm{T}} & \boldsymbol{0}\end{bmatrix}$$

$$\mathcal{N}_{2,k}^{\mathrm{T}}=\begin{bmatrix}\boldsymbol{0} & \boldsymbol{N}_k\hat{\boldsymbol{x}}_k\end{bmatrix},\quad \mathcal{N}_{4,k}^{\mathrm{T}}=\begin{bmatrix}\boldsymbol{0} & \boldsymbol{E}_k\hat{\boldsymbol{x}}_k\end{bmatrix}$$

$$\mathcal{N}_{5,k}^{\mathrm{T}}=\begin{bmatrix}\boldsymbol{0} & \sqrt{2\bar{\delta}}\boldsymbol{I} & \boldsymbol{0}\end{bmatrix},\quad \mathcal{M}_{1,k}=\begin{bmatrix}\boldsymbol{0} & \sqrt{\rho_7}\boldsymbol{N}_k\hat{\boldsymbol{x}}_k\end{bmatrix}$$

$$\mathcal{M}_{2,k}=\begin{bmatrix}\sqrt{\rho_7}\boldsymbol{N}_k\boldsymbol{Z}_k & \boldsymbol{0} & \boldsymbol{0}\end{bmatrix}$$

$$\mathcal{M}_{3,k}=\begin{bmatrix}\boldsymbol{0} & \sqrt{\rho_8}\boldsymbol{E}_k\hat{\boldsymbol{x}}_k & \sqrt{\rho_8}\boldsymbol{E}_k\boldsymbol{Z}_k & \boldsymbol{0}\end{bmatrix}$$

$$\mathcal{M}_{4,k}=\begin{bmatrix}\boldsymbol{0} & \sqrt{2\bar{\delta}}\boldsymbol{R}_k & \boldsymbol{0} & \boldsymbol{0}\end{bmatrix}$$

$$\mathcal{M}_{5,k}=\begin{bmatrix}\sqrt{\rho_6}\boldsymbol{E}_k\hat{\boldsymbol{x}}_k & \boldsymbol{0} & \sqrt{\rho_6}\boldsymbol{E}_k\boldsymbol{Z}_k & \boldsymbol{0} & \sqrt{2\bar{\delta}}\boldsymbol{R}_k\end{bmatrix}$$

更新规则为

$$\bar{\boldsymbol{S}}_{k+1}=\boldsymbol{S}_{k+1}^{-1}$$

那么待求的弹性状态估计器设计问题可解。

证 将不等式（6-21）写成以下形式

$$\begin{bmatrix}\boldsymbol{\Theta}_{11} & \boldsymbol{\Theta}_{12} & \boldsymbol{0} & \boldsymbol{Y}_{14} & \boldsymbol{Y}_{15} & \boldsymbol{0} & \boldsymbol{0}\\ * & \boldsymbol{\Theta}_{22} & \boldsymbol{0} & \boldsymbol{\Theta}_{24} & \boldsymbol{Y}_{25} & \boldsymbol{Y}_{26} & \boldsymbol{0}\\ * & * & \boldsymbol{\Theta}_{33} & \boldsymbol{0} & \boldsymbol{0} & \boldsymbol{0} & \boldsymbol{Y}_{37}\\ * & * & * & \boldsymbol{\Theta}_{44} & \boldsymbol{0} & \boldsymbol{0} & \boldsymbol{0}\\ * & * & * & * & \boldsymbol{\Theta}_{55} & \boldsymbol{0} & \boldsymbol{0}\\ * & * & * & * & * & \boldsymbol{\Theta}_{66} & \boldsymbol{0}\\ * & * & * & * & * & * & \boldsymbol{\Theta}_{77}\end{bmatrix}+\bar{\boldsymbol{N}}_{1,k}\boldsymbol{F}_k^{\mathrm{T}}\bar{\boldsymbol{H}}_{1,k}+\bar{\boldsymbol{H}}_{1,k}^{\mathrm{T}}\boldsymbol{F}_k\bar{\boldsymbol{N}}_{1,k}^{\mathrm{T}}$$
$$+\bar{\boldsymbol{N}}_{2,k}\boldsymbol{F}_k^{\mathrm{T}}\bar{\boldsymbol{H}}_{2,k}+\bar{\boldsymbol{H}}_{2,k}^{\mathrm{T}}\boldsymbol{F}_k\bar{\boldsymbol{N}}_{2,k}^{\mathrm{T}}+\bar{\boldsymbol{N}}_{3,k}\boldsymbol{\Sigma}_k^{\mathrm{T}}\bar{\boldsymbol{H}}_{3,k}+\bar{\boldsymbol{H}}_{3,k}^{\mathrm{T}}\boldsymbol{\Sigma}_k\bar{\boldsymbol{N}}_{3,k}^{\mathrm{T}}+\bar{\boldsymbol{N}}_{4,k}\boldsymbol{\Sigma}_k^{\mathrm{T}}\bar{\boldsymbol{H}}_{4,k}$$
$$+\bar{\boldsymbol{H}}_{4,k}^{\mathrm{T}}\boldsymbol{\Sigma}_k\bar{\boldsymbol{N}}_{4,k}^{\mathrm{T}}+\bar{\boldsymbol{N}}_{5,k}\boldsymbol{\Sigma}_k^{\mathrm{T}}\bar{\boldsymbol{H}}_{5,k}+\bar{\boldsymbol{H}}_{5,k}^{\mathrm{T}}\boldsymbol{\Sigma}_k\bar{\boldsymbol{N}}_{5,k}^{\mathrm{T}}<0$$

其中

$$\bar{\boldsymbol{N}}_{1,k}^{\mathrm{T}}=\begin{bmatrix}\boldsymbol{N}_k & \boldsymbol{0} & \boldsymbol{0} & \boldsymbol{0} & \boldsymbol{0} & \boldsymbol{0} & \boldsymbol{0}\end{bmatrix}$$
$$\bar{\boldsymbol{H}}_{1,k}=\begin{bmatrix}\boldsymbol{0} & \boldsymbol{0} & \boldsymbol{0} & \mathcal{H}_{1,k} & \boldsymbol{0} & \boldsymbol{0} & \boldsymbol{0}\end{bmatrix}$$
$$\bar{\boldsymbol{N}}_{2,k}^{\mathrm{T}}=\begin{bmatrix}\boldsymbol{0} & \mathcal{N}_{2,k}^{\mathrm{T}} & \boldsymbol{0} & \boldsymbol{0} & \boldsymbol{0} & \boldsymbol{0} & \boldsymbol{0}\end{bmatrix}$$
$$\bar{\boldsymbol{H}}_{2,k}=\begin{bmatrix}\boldsymbol{0} & \boldsymbol{0} & \boldsymbol{0} & \boldsymbol{0} & \mathcal{H}_{2,k} & \boldsymbol{0} & \boldsymbol{0}\end{bmatrix}$$
$$\bar{\boldsymbol{N}}_{3,k}^{\mathrm{T}}=\begin{bmatrix}\boldsymbol{E}_k & \boldsymbol{0} & \boldsymbol{0} & \boldsymbol{0} & \boldsymbol{0} & \boldsymbol{0} & \boldsymbol{0}\end{bmatrix}$$
$$\bar{\boldsymbol{H}}_{3,k}=\begin{bmatrix}\boldsymbol{0} & \boldsymbol{0} & \boldsymbol{0} & \boldsymbol{0} & \mathcal{H}_{3,k} & \boldsymbol{0} & \boldsymbol{0}\end{bmatrix}$$
$$\bar{\boldsymbol{N}}_{4,k}^{\mathrm{T}}=\begin{bmatrix}\boldsymbol{0} & \mathcal{N}_{4,k}^{\mathrm{T}} & \boldsymbol{0} & \boldsymbol{0} & \boldsymbol{0} & \boldsymbol{0} & \boldsymbol{0}\end{bmatrix}$$
$$\bar{\boldsymbol{H}}_{4,k}=\begin{bmatrix}\boldsymbol{0} & \boldsymbol{0} & \boldsymbol{0} & \boldsymbol{0} & \boldsymbol{0} & \mathcal{H}_{4,k} & \boldsymbol{0}\end{bmatrix}$$
$$\bar{\boldsymbol{N}}_{5,k}^{\mathrm{T}}=\begin{bmatrix}\boldsymbol{0} & \boldsymbol{0} & \mathcal{N}_{5,k}^{\mathrm{T}} & \boldsymbol{0} & \boldsymbol{0} & \boldsymbol{0} & \boldsymbol{0}\end{bmatrix}$$
$$\bar{\boldsymbol{H}}_{5,k}=\begin{bmatrix}\boldsymbol{0} & \boldsymbol{0} & \boldsymbol{0} & \boldsymbol{0} & \boldsymbol{0} & \boldsymbol{0} & \mathcal{H}_{5,k}\end{bmatrix}$$

其他参数已在定理 6.3 中给出。

根据引理 2.3，不难得到以下不等式成立

$$\begin{bmatrix}\boldsymbol{\Theta}_{11} & \boldsymbol{\Theta}_{12} & \boldsymbol{0} & \boldsymbol{Y}_{14} & \boldsymbol{Y}_{15} & \boldsymbol{0} & \boldsymbol{0}\\ * & \boldsymbol{\Theta}_{22} & \boldsymbol{0} & \boldsymbol{\Theta}_{24} & \boldsymbol{Y}_{25} & \boldsymbol{Y}_{26} & \boldsymbol{0}\\ * & * & \boldsymbol{\Theta}_{33} & \boldsymbol{0} & \boldsymbol{0} & \boldsymbol{0} & \boldsymbol{Y}_{37}\\ * & * & * & \boldsymbol{\Theta}_{44} & \boldsymbol{0} & \boldsymbol{0} & \boldsymbol{0}\\ * & * & * & * & \boldsymbol{\Theta}_{55} & \boldsymbol{0} & \boldsymbol{0}\\ * & * & * & * & * & \boldsymbol{\Theta}_{66} & \boldsymbol{0}\\ * & * & * & * & * & * & \boldsymbol{\Theta}_{77}\end{bmatrix}+\epsilon_{1,k}\bar{\boldsymbol{N}}_{1,k}\bar{\boldsymbol{N}}_{1,k}^{\mathrm{T}}+\epsilon_{1,k}^{-1}\bar{\boldsymbol{H}}_{1,k}^{\mathrm{T}}\bar{\boldsymbol{H}}_{1,k}$$
$$+\epsilon_{2,k}\bar{\boldsymbol{N}}_{2,k}\bar{\boldsymbol{N}}_{2,k}^{\mathrm{T}}+\epsilon_{2,k}^{-1}\bar{\boldsymbol{H}}_{2,k}^{\mathrm{T}}\bar{\boldsymbol{H}}_{2,k}+\epsilon_{3,k}\bar{\boldsymbol{N}}_{3,k}\bar{\boldsymbol{N}}_{3,k}^{\mathrm{T}}+\epsilon_{3,k}^{-1}\bar{\boldsymbol{H}}_{3,k}^{\mathrm{T}}\bar{\boldsymbol{H}}_{3,k}$$

$$+\epsilon_{4,k}\bar{N}_{4,k}\bar{N}_{4,k}^{\mathrm{T}}+\epsilon_{4,k}^{-1}\bar{H}_{4,k}^{\mathrm{T}}\bar{H}_{4,k}+\epsilon_{5,k}\bar{N}_{5,k}\bar{N}_{5,k}^{\mathrm{T}}$$
$$+\epsilon_{5,k}^{-1}\bar{H}_{5,k}^{\mathrm{T}}\bar{H}_{5,k}<\mathbf{0}$$

同理，式（6-22）可改写为以下形式

$$\begin{bmatrix} \Psi_{11} & \Lambda_{12} & \Lambda_{13} & \Lambda_{14} & \Lambda_{15} & \Lambda_{16} \\ * & \Psi_{22} & \mathbf{0} & \mathbf{0} & \mathbf{0} & \mathbf{0} \\ * & * & \Psi_{33} & \mathbf{0} & \mathbf{0} & \mathbf{0} \\ * & * & * & \Psi_{44} & \mathbf{0} & \mathbf{0} \\ * & * & * & * & \Psi_{55} & \mathbf{0} \\ * & * & * & * & * & \Psi_{66} \end{bmatrix}+\bar{N}_{1,k}F_k\left(\tilde{H}_{1,k}+\tilde{H}_{2,k}\right)$$
$$+\left(\tilde{H}_{1,k}+\tilde{H}_{2,k}\right)^{\mathrm{T}}F_k^{\mathrm{T}}\bar{N}_{1,k}^{\mathrm{T}}+\tilde{H}_{3,k}^{\mathrm{T}}\Sigma_k^{\mathrm{T}}\tilde{N}_{3,k}^{\mathrm{T}}+\tilde{N}_{3,k}\Sigma_k\tilde{H}_{3,k}+\tilde{N}_{4,k}\Sigma_k\tilde{H}_{4,k}$$
$$+\tilde{H}_{4,k}^{\mathrm{T}}\Sigma_k^{\mathrm{T}}\tilde{N}_{4,k}^{\mathrm{T}}+\tilde{N}_{5,k}\Sigma_k\tilde{H}_{5,k}+\tilde{H}_{5,k}^{\mathrm{T}}\Sigma_k^{\mathrm{T}}\tilde{N}_{5,k}^{\mathrm{T}}<\mathbf{0}$$

其中

$$\tilde{N}_{1,k}^{\mathrm{T}}=\begin{bmatrix} H_k^{\mathrm{T}} & \mathbf{0} & \mathbf{0} & \mathbf{0} & \mathbf{0} & \mathbf{0} \end{bmatrix}$$
$$\tilde{H}_{1,k}=\begin{bmatrix} \mathbf{0} & \mathcal{M}_{1,k} & \mathbf{0} & \mathbf{0} & \mathbf{0} & \mathbf{0} \end{bmatrix}$$
$$\tilde{H}_{2,k}=\begin{bmatrix} \mathbf{0} & \mathbf{0} & \mathcal{M}_{2,k} & \mathbf{0} & \mathbf{0} & \mathbf{0} \end{bmatrix}$$
$$\tilde{N}_{3,k}^{\mathrm{T}}=\begin{bmatrix} \Gamma_0^{\mathrm{T}}K_k^{\mathrm{T}} & \mathbf{0} & \mathbf{0} & \mathbf{0} & \mathbf{0} & \mathbf{0} \end{bmatrix}$$
$$\tilde{H}_{3,k}=\begin{bmatrix} \mathbf{0} & \mathbf{0} & \mathbf{0} & \mathcal{M}_{3,k} & \mathbf{0} & \mathbf{0} \end{bmatrix}$$
$$\tilde{N}_{4,k}^{\mathrm{T}}=\begin{bmatrix} \Gamma_0^{\mathrm{T}}K_k^{\mathrm{T}} & \mathbf{0} & \mathbf{0} & \mathbf{0} & \mathbf{0} & \mathbf{0} \end{bmatrix}$$
$$\tilde{H}_{4,k}=\begin{bmatrix} \mathbf{0} & \mathbf{0} & \mathbf{0} & \mathbf{0} & \mathcal{M}_{4,k} & \mathbf{0} \end{bmatrix}$$
$$\tilde{N}_{5,k}^{\mathrm{T}}=\begin{bmatrix} \Gamma_0^{\mathrm{T}}\bar{K}_k^{\mathrm{T}} & \mathbf{0} & \mathbf{0} & \mathbf{0} & \mathbf{0} & \mathbf{0} \end{bmatrix}$$
$$\tilde{H}_{5,k}=\begin{bmatrix} \mathbf{0} & \mathbf{0} & \mathbf{0} & \mathbf{0} & \mathbf{0} & \mathcal{M}_{5,k} \end{bmatrix}$$

其他参数在式（6-25）中定义。

根据引理 2.3，有如下的不等式

$$\begin{bmatrix} \Psi_{11} & \Lambda_{12} & \Lambda_{13} & \Lambda_{14} & \Lambda_{15} & \Lambda_{16} \\ * & \Psi_{22} & \mathbf{0} & \mathbf{0} & \mathbf{0} & \mathbf{0} \\ * & * & \Psi_{33} & \mathbf{0} & \mathbf{0} & \mathbf{0} \\ * & * & * & \Psi_{44} & \mathbf{0} & \mathbf{0} \\ * & * & * & * & \Psi_{55} & \mathbf{0} \\ * & * & * & * & * & \Psi_{66} \end{bmatrix}+\epsilon_{6,k}\tilde{N}_{1,k}\tilde{N}_{1,k}^{\mathrm{T}}$$
$$+\epsilon_{6,k}^{-1}\left(\tilde{H}_{2,k}+\tilde{H}_{2,k}\right)^{\mathrm{T}}\left(\tilde{H}_{1,k}+\tilde{H}_{2,k}\right)$$
$$+\epsilon_{7,k}^{-1}\tilde{N}_{3,k}\tilde{N}_{3,k}^{\mathrm{T}}+\epsilon_{7,k}\tilde{H}_{3,k}^{\mathrm{T}}\tilde{H}_{3,k}+\epsilon_{8,k}^{-1}\tilde{N}_{4,k}\tilde{N}_{4,k}^{\mathrm{T}}$$
$$+\epsilon_{8,k}\tilde{H}_{4,k}^{\mathrm{T}}\tilde{H}_{4,k}+\epsilon_{9,k}\tilde{N}_{5,k}\tilde{N}_{5,k}^{\mathrm{T}}+\epsilon_{9,k}^{-1}\tilde{H}_{5,k}^{\mathrm{T}}\tilde{H}_{5,k}<\mathbf{0}$$

因此，易证式（6-24）等价于式（6-21），式（6-25）等价于式（6-22），故误差

系统满足 H_∞ 性能约束和方差约束。到此定理 6.4 证毕。

注6.1 在上述定理当中，得到的弹性估计器可以用递推的方式导出，因此适合于在线实现。需要注意的是，对于本章所考虑的时滞神经网络，得到了误差系统满足给定的 H_∞ 性能要求和误差方差约束的充分条件，并揭示了时滞和传感器故障对离散时变神经网络的状态估计算法设计带来的影响。

离散神经网络 H_∞ 状态估计设计算法的实现步骤可概括如表 6-1 所示。

表 6-1 离散神经网络 H_∞ 状态估计算法

步骤 1	给定 H_∞ 性能指标 γ，$\bar{x}_0$ 和它的估计 $\hat{x}_0$ 的初始状态，正定矩阵 $\boldsymbol{H}_\phi$，$\boldsymbol{H}_\varphi$ 和 $\boldsymbol{H}_\psi$，选择矩阵 $\boldsymbol{Z}_0, \boldsymbol{S}_0, \boldsymbol{T}_i\ (i=-d,-d+1,\ldots,-1)$ 满足初始条件（6-23）。
步骤 2	解出不等式（6-24）～（6-26），得出矩阵 $\boldsymbol{Z}_{k+1}, \boldsymbol{S}_{k+1}$ 和增益矩阵 $\boldsymbol{K}_k$。
步骤 3	令 $k=k+1$，如果 $k<N$，那么返回到步骤 2，否则进行步骤 4。
步骤 4	停止

6.3 数值仿真

本节给出一个数值算例演示主要结果的可行性与有效性。考虑离散时变神经网络（6-1），相关参数如下

$$\boldsymbol{A}_k=\begin{bmatrix}-0.35\sin(0.15k) & 0\\ 0 & -0.16\end{bmatrix},\quad \boldsymbol{B}_k=\begin{bmatrix}-0.53 & 0.13\\ -0.43\sin(3.04k) & -0.45\end{bmatrix}$$

$$\boldsymbol{E}_k=\begin{bmatrix}0.31\sin(1.3k) & -0.28\end{bmatrix},\quad \boldsymbol{G}_k=\begin{bmatrix}-0.15\sin(2.22k) & -0.52\end{bmatrix}$$

$$\boldsymbol{A}_{d,k}=\begin{bmatrix}-0.23\sin(2.3k) & 0.51\\ 0.17 & 0.32\end{bmatrix},\quad \boldsymbol{H}_k=\begin{bmatrix}0.54 & 0.28\end{bmatrix}^{\mathrm{T}}$$

$$\boldsymbol{N}_k=\begin{bmatrix}-0.31 & 0.28\end{bmatrix},\quad \boldsymbol{U}_1=\begin{bmatrix}0.18 & 0\\ 0 & 0.28\end{bmatrix},\quad \boldsymbol{U}_2=\begin{bmatrix}0.16 & 0\\ 0 & 0.26\end{bmatrix}$$

$$\bar{\boldsymbol{K}}_k=\begin{bmatrix}0.15 & 0.32\end{bmatrix}^{\mathrm{T}}$$

$$\bar{\alpha}=0.15,\quad \bar{\delta}=0.33,\quad d=3$$

激励函数为如下形式

$$\boldsymbol{f}(\boldsymbol{x}_k)=\begin{bmatrix}0.17x_{1,k}-0.01\cos(k)x_{1,k}\\ 0.27x_{2,k}-0.01\cos(k)x_{2,k}\end{bmatrix}$$

其中，$\boldsymbol{x}_k=\begin{bmatrix}x_{1,k} & x_{2,k}\end{bmatrix}^{\mathrm{T}}$ 是神经元状态向量。取 $\gamma=0.41$，$N=90$，权重矩阵 $\boldsymbol{H}_\phi=0.11$，上界矩阵为 $\{\boldsymbol{\Phi}_k\}_{0\le k\le N+1}=\mathrm{diag}\{0.28,0.28\}$，协方差分别为

$$\boldsymbol{Q}_k=\begin{bmatrix}0.32 & 0\\ 0 & 0.51\end{bmatrix} \text{和} \boldsymbol{R}_k=\boldsymbol{I}$$

初始状态分别为

$$\bar{\boldsymbol{x}}_0=\begin{bmatrix}0.56 & 0.15\end{bmatrix}^{\mathrm{T}} \text{和} \hat{\boldsymbol{x}}_0=\begin{bmatrix}0.35 & -0.31\end{bmatrix}^{\mathrm{T}}$$

基于 Matlab 工具箱，通过求解式（6-24）~（6-26），可得状态估计器的增益矩阵值，部分数值如表 6-2 所示：

表 6-2　参数矩阵

k	$\boldsymbol{K}_k$
1	$\boldsymbol{K}_1=[0.824\ 2\quad 1.323\ 4]^{\mathrm{T}}$
2	$\boldsymbol{K}_2=[1.342\ 4\quad 1.543\ 2]^{\mathrm{T}}$
3	$\boldsymbol{K}_3=[1.745\ 6\quad 1.354\ 3]^{\mathrm{T}}$
⋮	⋮

根据本章提出的方差约束 H_∞ 状态估计方法，可以画出相应的仿真图。仿真效果如图 6-1~6-3 所示。其中，图 6-1 分别为被控输出 $\boldsymbol{z}_k$ 及其估计值 $\hat{\boldsymbol{z}}_k$，图 6-2 描述了被控输出估计误差 $\tilde{\boldsymbol{z}}_k$ 的轨迹，图 6-3 刻画了误差协方差和实际误差协方差的上界轨迹。通过仿真可以看出本章所提出的状态估计方法的可行性和有效性。

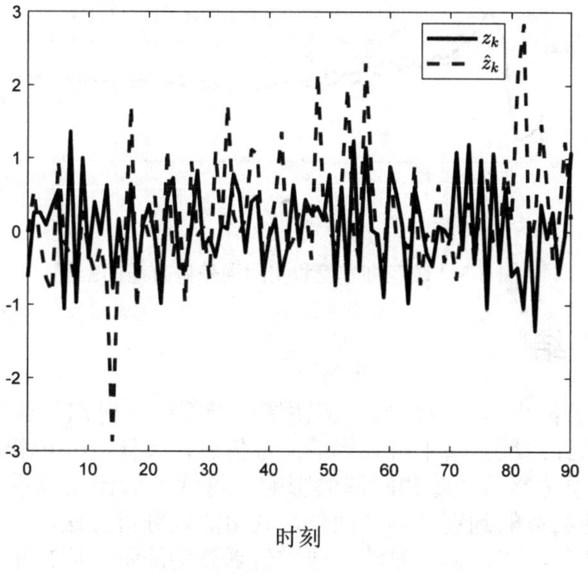

图 6-1　被控输出 $\boldsymbol{z}_k$ 及其估计 $\hat{\boldsymbol{z}}_k$

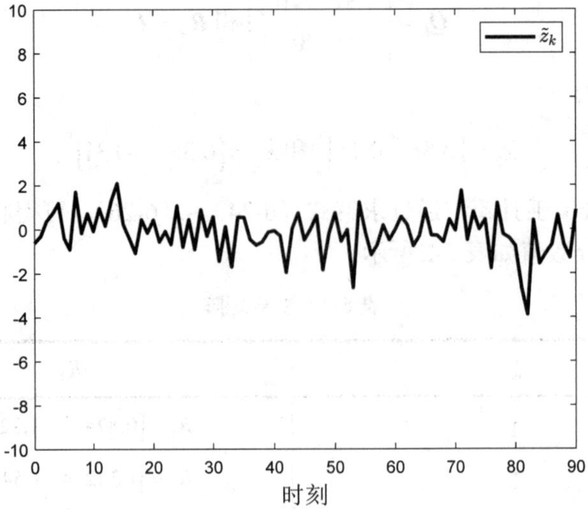

图 6-2　被控输出估计误差 $\tilde{z}_k$

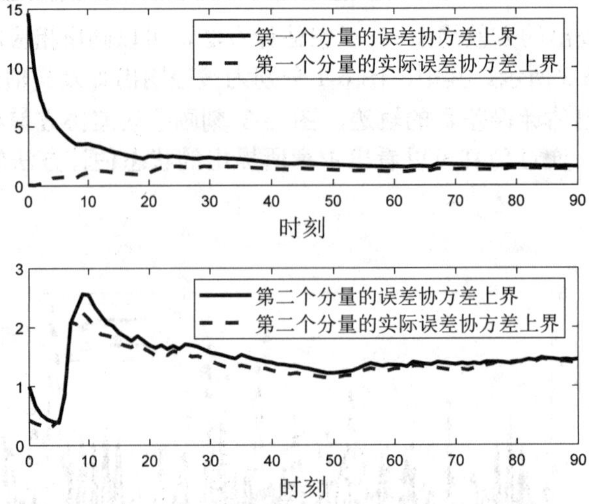

图 6-3　误差协方差和实际误差协方差的上界

6.4　本章小结

本章考虑了传感器故障情形，解决了一类不确定时滞神经网络的弹性方差约束 H_∞ 状态估计问题。基于可获得的测量信息，设计了一种新颖的弹性状态估计器。综合考虑传感器故障和时滞的影响，得到了估计误差系统满足方差约束上界和 H_∞ 性能约束的判别准则。此外，利用随机分析方法，提出了一种具有时变特性的非增广 H_∞ 状态估计算法。通过仿真算例演示了所提出的状态估计算法的可行性和有效性。

第 7 章　具有混合攻击的神经网络的弹性方差约束 H_∞ 状态估计

基于第 5，6 章的主要方法，本章研究具有混合攻击和时滞的离散时变神经网络的弹性方差约束 H_∞ 状态估计问题。基于已知的测量信息，设计弹性状态估计器，并得到保证误差系统满足 H_∞ 性能指标和方差约束的充分条件。此外，针对具有混合攻击和时滞的时变神经网络，提出一种新颖的非增广 H_∞ 状态估计算法。通过数值算例演示该方法的可行性和有效性。

7.1　弹性状态估计器设计

考虑如下一类具有时滞的离散时变神经网络

$$\begin{cases} \boldsymbol{x}_{k+1}=\left(\boldsymbol{A}_k+\alpha_k\Delta\boldsymbol{A}_k\right)\boldsymbol{x}_k+\boldsymbol{A}_{d,k}\boldsymbol{x}_{k-d}+\boldsymbol{B}_k\boldsymbol{f}(\boldsymbol{x}_k)+\boldsymbol{\omega}_k \\ \boldsymbol{y}_k=\boldsymbol{E}_k\boldsymbol{x}_k+\boldsymbol{\upsilon}_k \\ \boldsymbol{z}_k=\boldsymbol{G}_k\boldsymbol{x}_k \\ \boldsymbol{x}_k=\boldsymbol{\varphi}_k, k=-d,-d+1,\ldots,0 \end{cases} \tag{7-1}$$

其中，$\boldsymbol{x}_k=\left[x_{1,k}\ x_{2,k}\ \ldots\ x_{n,k}\right]^{\mathrm{T}}\in\mathbb{R}^n$ 为神经网络的状态向量，初值 $\boldsymbol{x}_0$ 的均值为 $\bar{\boldsymbol{x}}_0$，$\boldsymbol{z}_k\in\mathbb{R}^r$ 为被控输出，$\boldsymbol{y}_k=\left[y_{1,k}\ y_{2,k}\ \ldots\ y_{m,k}\right]^{\mathrm{T}}\in\mathbb{R}^m$ 代表测量输出，$\boldsymbol{f}\left(\boldsymbol{x}_k\right)$ 为非线性激励函数。$\boldsymbol{A}_k=\mathrm{diag}\left\{a_{1,k},a_{2,k},\ldots,a_{n,k}\right\}$ 是已知自反馈对角矩阵，$\boldsymbol{B}_k$ 是已知连接权矩阵，$\boldsymbol{A}_{d,k}$，$\boldsymbol{E}_k$ 和 $\boldsymbol{G}_k$ 为已知实矩阵。$\boldsymbol{\omega}_k$ 和 $\boldsymbol{\upsilon}_k$ 是零均值，协方差分别为 $\boldsymbol{Q}_k>\boldsymbol{0}$ 和 $\boldsymbol{R}_k>\boldsymbol{0}$ 的高斯白噪声序列。

$\Delta\boldsymbol{A}_k$ 表示参数不确定性现象且满足

$$\Delta\boldsymbol{A}_k=\boldsymbol{H}_k\boldsymbol{F}_k\boldsymbol{N}_k$$

其中，$\boldsymbol{H}_k$ 和 $\boldsymbol{N}_k$ 是已知实值矩阵，未知矩阵 $\boldsymbol{F}_k$ 满足

$$\boldsymbol{F}_k^{\mathrm{T}}\boldsymbol{F}_k\le\boldsymbol{I}$$

随机变量 α_k 满足

$$\mathrm{Prob}\left\{\alpha_k=1\right\}=\mathbb{E}\left\{\alpha_k\right\}=\bar{\alpha}$$
$$\mathrm{Prob}\left\{\alpha_k=0\right\}=1-\bar{\alpha}$$

其中，$\bar{\alpha}\in\left[0,1\right]$ 是已知常数。

非线性激励函数 $\boldsymbol{f}\left(\cdot\right)$ 满足 $\boldsymbol{f}\left(\boldsymbol{0}\right)=\boldsymbol{0}$，并且有

$$\left[\boldsymbol{f}\left(\boldsymbol{x}\right)-\boldsymbol{f}\left(\boldsymbol{y}\right)-\boldsymbol{U}_1\left(\boldsymbol{x}-\boldsymbol{y}\right)\right]^{\mathrm{T}}\left[\boldsymbol{f}\left(\boldsymbol{x}\right)-\boldsymbol{f}\left(\boldsymbol{y}\right)-\boldsymbol{U}_2\left(\boldsymbol{x}-\boldsymbol{y}\right)\right]\le 0\quad\left(\forall\boldsymbol{x},\boldsymbol{y}\in\mathbb{R}^n\right)$$

其中，$\boldsymbol{U}_1$ 和 $\boldsymbol{U}_2$ 为实值矩阵。

接下来，考虑混合攻击情形，估计器接收的实际数据由下式描述

$$\bar{\boldsymbol{y}}_k=\mu_k\left(\boldsymbol{y}_k+\xi_k\vec{\boldsymbol{y}}_k\right) \tag{7-2}$$

其中，μ_k 和 ξ_k 分别描述系统是否受到 DoS 攻击或欺骗攻击，并且满足

$$\mathrm{Prob}\{\mu_k=1\}=\mathbb{E}\{\mu_k\}=\bar{\mu}$$
$$\mathrm{Prob}\{\mu_k=0\}=1-\bar{\mu}$$
$$\mathrm{Prob}\{\xi_k=1\}=\mathbb{E}\{\xi_k\}=\bar{\xi}$$
$$\mathrm{Prob}\{\xi_k=0\}=1-\bar{\xi}$$

其中，$\bar{\mu}\in[0,1]$和$\bar{\xi}\in[0,1]$是已知的常数。

具体来说，当$\mu_k=1$时，测量数据不受 DoS 攻击；当$\mu_k=0$时，攻击者成功进行了 DoS 攻击。需要注意的是，在本方案中，假设攻击不能每次都成功执行。欺骗攻击信号$\vec{\boldsymbol{y}}_k$可以描述成如下形式

$$\vec{\boldsymbol{y}}_k=-\boldsymbol{y}_k+\boldsymbol{\delta}_k \tag{7-3}$$

其中，$\boldsymbol{\delta}_k$是攻击信号，且满足

$$\boldsymbol{\delta}_k^{\mathrm{T}}\boldsymbol{W}_k^{-1}\boldsymbol{\delta}_k\le 1 \tag{7-4}$$

这里，$\boldsymbol{W}_k$是一个已知的正定矩阵。

根据式（7-1），构造以下弹性状态估计器

$$\begin{cases}\hat{\boldsymbol{x}}_{k+1}=\boldsymbol{A}_k\hat{\boldsymbol{x}}_k+\boldsymbol{A}_{d,k}\hat{\boldsymbol{x}}_{k-d}+\boldsymbol{B}_k\boldsymbol{f}(\hat{\boldsymbol{x}}_k)+\left(\boldsymbol{K}_k+\sum_{i=1}^{s}\lambda_{i,k}\bar{\boldsymbol{K}}_{i,k}\right)(\bar{\boldsymbol{y}}_k-\bar{\mu}\boldsymbol{E}_k\hat{\boldsymbol{x}}_k)\\ \hat{\boldsymbol{z}}_k=\boldsymbol{G}_k\hat{\boldsymbol{x}}_k\end{cases} \tag{7-5}$$

其中，$\hat{\boldsymbol{x}}_k$是$\boldsymbol{x}_k$的状态估计，$\lambda_{i,k}$表示零均值，方差为 1 的高斯白噪声，$\hat{\boldsymbol{z}}_k$是$\boldsymbol{z}_k$的估计，$\bar{\boldsymbol{K}}_{i,k}$为已知实矩阵，$\boldsymbol{K}_k$为待设计的增益矩阵。此外，假设$\boldsymbol{\omega}_k$，$\boldsymbol{\upsilon}_k$，$\alpha_k$，$\mu_k$，$\xi_k$和$\lambda_{i,k}$是相互独立的。

令$\boldsymbol{e}_k=\boldsymbol{x}_k-\hat{\boldsymbol{x}}_k$和$\tilde{\boldsymbol{z}}_k=\boldsymbol{z}_k-\hat{\boldsymbol{z}}_k$，根据式（7-1）和（7-5），可得估计误差方程

$$\begin{aligned}\boldsymbol{e}_{k+1}=&\left[\boldsymbol{A}_k+\alpha_k\Delta\boldsymbol{A}_k-(\mu_k-\mu_k\xi_k)\left(\boldsymbol{K}_k+\sum_{i=1}^{s}\lambda_{i,k}\bar{\boldsymbol{K}}_{i,k}\right)\boldsymbol{E}_k\right]\boldsymbol{e}_k\\&+\left[\alpha_k\Delta\boldsymbol{A}_k-(\tilde{\mu}_k-\mu_k\xi_k)\left(\boldsymbol{K}_k+\sum_{i=1}^{s}\lambda_{i,k}\bar{\boldsymbol{K}}_{i,k}\right)\boldsymbol{E}_k\right]\hat{\boldsymbol{x}}_k\\&+\boldsymbol{A}_{d,k}\boldsymbol{e}_{k-d}+\boldsymbol{B}_k\bar{\boldsymbol{f}}(\boldsymbol{e}_k)+\boldsymbol{\omega}_k\\&-\mu_k\left(\boldsymbol{K}_k+\sum_{i=1}^{s}\lambda_{i,k}\bar{\boldsymbol{K}}_{i,k}\right)(\boldsymbol{\upsilon}_k-\xi_k\boldsymbol{\upsilon}_k+\xi_k\boldsymbol{\delta}_k)\\\tilde{\boldsymbol{z}}_k=&\boldsymbol{G}_k\boldsymbol{e}_k\end{aligned} \tag{7-6}$$

其中，$\bar{\boldsymbol{f}}(\boldsymbol{e}_k)=\boldsymbol{f}(\boldsymbol{x}_k)-\boldsymbol{f}(\hat{\boldsymbol{x}}_k)$，$\boldsymbol{e}_{k-d}=\boldsymbol{x}_{k-d}-\hat{\boldsymbol{x}}_{k-d}$和$\tilde{\mu}_k=\mu_k-\bar{\mu}$。

注 7.1 与最小化误差协方差的状态估计方法相比，方差约束条件要求每个采样时间点的估计误差协方差不超过单个上界。虽然描述的方差约束可能不是最小的，不过给出了一个实际可接受的范围，估计状态保持在这个范围内。本章提出的估计方法目标是使误差系统同时满足方差约束和 H_∞ 性能约束。也就是说，可以达到一定抗干扰衰减水平的性能要求并能保证相应的估计精度。

接下来，定义误差系统的协方差矩阵为

$$\boldsymbol{P}_k=\mathbb{E}\{\boldsymbol{e}_k\boldsymbol{e}_k^{\mathrm{T}}\} \tag{7-7}$$

本章的主要目的是设计状态估计器（7-5），使得误差系统同时满足下面两个

性能约束。

（1）对于给定扰动衰减水平 $\gamma>0$，矩阵 $\boldsymbol{H}_\phi>\boldsymbol{0}$，$\boldsymbol{H}_\varphi>\boldsymbol{0}$ 和 $\boldsymbol{H}_\psi>\boldsymbol{0}$，估计误差 $\tilde{\boldsymbol{z}}_k$ 满足下面 H_∞ 性能约束

$$J_1=\mathbb{E}\left\{\sum_{k=0}^{N-1}\left(\left\|\tilde{\boldsymbol{z}}_k\right\|^2-\gamma^2\left\|\boldsymbol{v}_k\right\|_{\boldsymbol{H}_\phi}^2\right)\right\}-\gamma^2\mathbb{E}\left\{\boldsymbol{e}_0^{\mathrm{T}}\boldsymbol{H}_\varphi\boldsymbol{e}_0+\sum_{i=-d}^{-1}\boldsymbol{e}_i^{\mathrm{T}}\boldsymbol{H}_\psi\boldsymbol{e}_i\right\}<0 \tag{7-8}$$

其中，$\left\|\boldsymbol{v}_k\right\|_{\boldsymbol{H}_\phi}^2=\boldsymbol{v}_k^{\mathrm{T}}\boldsymbol{H}_\phi\boldsymbol{v}_k$。

（2）估计误差协方差满足如下约束

$$\boldsymbol{J}_2=\boldsymbol{P}_k\leq\boldsymbol{\Phi}_k \tag{7-9}$$

其中，$\boldsymbol{\Phi}_k\left(0\leq k\leq N\right)$ 是一系列预先给定的估计精度矩阵。

7.2 弹性方差约束 H_∞ 状态估计方法

在本节中，基于矩阵分析技术，提出保证误差系统（7-6）满足两个性能指标的判别方法。

定理 7.1　考虑离散不确定时变神经网络（7-1），给定状态估计器增益矩阵 $\boldsymbol{K}_k$，对于标量 $\gamma>0$，$\eta_k>0$，矩阵 $\boldsymbol{H}_\phi>\boldsymbol{0}$，$\boldsymbol{H}_\varphi>\boldsymbol{0}$ 和 $\boldsymbol{H}_\psi>\boldsymbol{0}$，在初始条件 $\boldsymbol{S}_0<\gamma^2\boldsymbol{H}_\varphi$ 和 $\boldsymbol{T}_i\leq\gamma^2\boldsymbol{H}_\psi\left(i=-d,-d+1,\dots,-1\right)$ 下，如果存在一系列正定矩阵 $\left\{\boldsymbol{S}_k\right\}_{1\leq k\leq N+1}$ 和 $\boldsymbol{T}_k$ 满足以下不等式

$$\boldsymbol{\Omega}=\begin{bmatrix}\boldsymbol{\Omega}_{11} & \boldsymbol{\Omega}_{12} & -\boldsymbol{R}_{3,k}^{\mathrm{T}} & \boldsymbol{0} & \boldsymbol{0} & \boldsymbol{0} & \boldsymbol{0}\\ * & \boldsymbol{\Omega}_{22} & \boldsymbol{f}\left(\hat{\boldsymbol{x}}_k\right) & \boldsymbol{0} & \boldsymbol{0} & \boldsymbol{0} & \boldsymbol{0}\\ * & * & \boldsymbol{\Omega}_{33} & \boldsymbol{0} & \boldsymbol{0} & \boldsymbol{0} & \boldsymbol{0}\\ * & * & * & \boldsymbol{\Omega}_{44} & \boldsymbol{0} & \boldsymbol{0} & \boldsymbol{0}\\ * & * & * & * & \boldsymbol{\Omega}_{55} & \boldsymbol{0} & \boldsymbol{0}\\ * & * & * & * & * & \boldsymbol{\Omega}_{66} & \boldsymbol{0}\\ * & * & * & * & * & * & \boldsymbol{\Omega}_{77}\end{bmatrix}<\boldsymbol{0} \tag{7-10}$$

其中

$$\boldsymbol{\Omega}_{11}=\rho_1\boldsymbol{A}_k^{\mathrm{T}}\boldsymbol{S}_{k+1}\boldsymbol{A}_k+\rho_2\Delta\boldsymbol{A}_k^{\mathrm{T}}\boldsymbol{S}_{k+1}\Delta\boldsymbol{A}_k+\rho_4\boldsymbol{E}_k^{\mathrm{T}}\boldsymbol{K}_k^{\mathrm{T}}\boldsymbol{S}_{k+1}\boldsymbol{K}_k\boldsymbol{E}_k$$
$$+\rho_5\sum_{i=1}^{s}\boldsymbol{E}_k^{\mathrm{T}}\bar{\boldsymbol{K}}_{i,k}^{\mathrm{T}}\boldsymbol{S}_{k+1}\bar{\boldsymbol{K}}_{i,k}\boldsymbol{E}_k-\boldsymbol{S}_k+\boldsymbol{T}_k+\boldsymbol{G}_k^{\mathrm{T}}\boldsymbol{G}_k-\boldsymbol{R}_{1k}$$

$$\boldsymbol{\Omega}_{12}=\boldsymbol{A}_k^{\mathrm{T}}\boldsymbol{S}_{k+1}\boldsymbol{B}_k-\boldsymbol{R}_{2k}$$

$$\boldsymbol{\Omega}_{22}=\rho_1\boldsymbol{B}_k^{\mathrm{T}}\boldsymbol{S}_{k+1}\boldsymbol{B}_k-\boldsymbol{I}$$

$$\boldsymbol{\Omega}_{33}=\rho_2\hat{\boldsymbol{x}}_k^{\mathrm{T}}\Delta\boldsymbol{A}_k^{\mathrm{T}}\boldsymbol{S}_{k+1}\Delta\boldsymbol{A}_k\hat{\boldsymbol{x}}_k+\rho_7\hat{\boldsymbol{x}}_k^{\mathrm{T}}\boldsymbol{E}_k^{\mathrm{T}}\boldsymbol{K}_k^{\mathrm{T}}\boldsymbol{S}_{k+1}\boldsymbol{K}_k\boldsymbol{E}_k\hat{\boldsymbol{x}}_k$$
$$+\rho_6\sum_{i=1}^{s}\hat{\boldsymbol{x}}_k^{\mathrm{T}}\boldsymbol{E}_k^{\mathrm{T}}\bar{\boldsymbol{K}}_{i,k}^{\mathrm{T}}\boldsymbol{S}_{k+1}\bar{\boldsymbol{K}}_{i,k}\boldsymbol{E}_k\hat{\boldsymbol{x}}_k+\rho_3\boldsymbol{f}^{\mathrm{T}}\left(\hat{\boldsymbol{x}}_k\right)\boldsymbol{B}_k^{\mathrm{T}}\boldsymbol{S}_{k+1}\boldsymbol{B}_k\boldsymbol{f}\left(\hat{\boldsymbol{x}}_k\right)$$
$$-\boldsymbol{f}^{\mathrm{T}}\left(\hat{\boldsymbol{x}}_k\right)\boldsymbol{f}\left(\hat{\boldsymbol{x}}_k\right)+\boldsymbol{\eta}_k$$

$$\boldsymbol{\Omega}_{44}=\rho_3\boldsymbol{A}_{d,k}^{\mathrm{T}}\boldsymbol{S}_{k+1}\boldsymbol{A}_{d,k}-\boldsymbol{T}_{k-d}$$

$$\boldsymbol{\Omega}_{77}=\boldsymbol{S}_{k+1}-\gamma^2\boldsymbol{H}_\phi$$

$$\boldsymbol{\Omega}_{55}=\rho_8\boldsymbol{K}_k^{\mathrm{T}}\boldsymbol{S}_{k+1}\boldsymbol{K}_k+\left(\bar{\mu}\bar{\xi}+\bar{\mu}^2\bar{\xi}\right)\sum_{i=1}^{s}\bar{\boldsymbol{K}}_{i,k}^{\mathrm{T}}\boldsymbol{S}_{k+1}\bar{\boldsymbol{K}}_{i,k}-\eta_k\boldsymbol{W}_k^{-1}$$

$$\boldsymbol{\Omega}_{66}=\bar{\mu}\left(1-\bar{\xi}\right)\boldsymbol{K}_k^{\mathrm{T}}\boldsymbol{S}_{k+1}\boldsymbol{K}_k+\bar{\mu}\left(1-\bar{\xi}\right)\sum_{i=1}^{s}\bar{\boldsymbol{K}}_{i,k}^{\mathrm{T}}\boldsymbol{S}_{k+1}\bar{\boldsymbol{K}}_{i,k}-\gamma^2\boldsymbol{H}_{\phi}$$

$$\rho_1=3+2\bar{\alpha}+\bar{\mu}\bar{\xi}+\bar{\mu}$$

$$\rho_2=6\bar{\alpha}+\overline{\alpha\mu}\bar{\xi}+\overline{\alpha\mu}$$

$$\rho_3=4+2\bar{\alpha}+\bar{\mu}\bar{\xi}+\bar{\mu}$$

$$\rho_4=\left(6+2\bar{\alpha}-\bar{\mu}\right)\bar{\mu}\left(1-\bar{\xi}\right)$$

$$\rho_5=\bar{\mu}\left(1-\bar{\xi}\right)\left(2-\bar{\mu}\right)$$

$$\rho_6=2\bar{\mu}-2\bar{\mu}^2-2\bar{\mu}\bar{\xi}+4\bar{\mu}^2\bar{\xi}$$

$$\rho_7=2\bar{\mu}-2\bar{\mu}^2+2\bar{\mu}\bar{\xi}+4\bar{\mu}^2\bar{\xi}+2\overline{\alpha\mu}\bar{\xi}$$

$$\rho_8=5\bar{\mu}\bar{\xi}+2\overline{\alpha\mu}\bar{\xi}+\bar{\mu}^2\bar{\xi}$$

那么误差系统满足 H_∞ 性能指标。

证 选取如下 Lyapunov 泛函

$$V_k=V_{1,k}+V_{2,k} \tag{7-11}$$

其中

$$V_{1,k}=\boldsymbol{e}_k^{\mathrm{T}}\boldsymbol{S}_k\boldsymbol{e}_k\,,\quad V_{2,k}=\sum_{i=k-d}^{k-1}\boldsymbol{e}_i^{\mathrm{T}}\boldsymbol{T}_i\boldsymbol{e}_i$$

根据误差系统（7-6）计算差分，很容易得到以下结果

$$\begin{aligned}
&\mathbb{E}\{\Delta V_k\}\\
&=\mathbb{E}\{V_{k+1}-V_k\}\\
&=\mathbb{E}\left\{\boldsymbol{e}_{k+1}^{\mathrm{T}}\boldsymbol{S}_{k+1}\boldsymbol{e}_{k+1}-\boldsymbol{e}_k^{\mathrm{T}}\boldsymbol{S}_k\boldsymbol{e}_k+\sum_{i=k+1-d}^{k}\boldsymbol{e}_i^{\mathrm{T}}\boldsymbol{T}_i\boldsymbol{e}_i-\sum_{i=k-d}^{k-1}\boldsymbol{e}_i^{\mathrm{T}}\boldsymbol{T}_i\boldsymbol{e}_i\right\}\\
&=\mathbb{E}\Big\{\boldsymbol{e}_k^{\mathrm{T}}\boldsymbol{A}_k^{\mathrm{T}}\boldsymbol{S}_{k+1}\boldsymbol{A}_k\boldsymbol{e}_k+\bar{\alpha}\boldsymbol{e}_k^{\mathrm{T}}\Delta\boldsymbol{A}_k^{\mathrm{T}}\boldsymbol{S}_{k+1}\Delta\boldsymbol{A}_k\boldsymbol{e}_k\\
&\quad+\bar{\alpha}\hat{\boldsymbol{x}}_k^{\mathrm{T}}\Delta\boldsymbol{A}_k^{\mathrm{T}}\boldsymbol{S}_{k+1}\Delta\boldsymbol{A}_k\hat{\boldsymbol{x}}_k+\boldsymbol{e}_{k-d}^{\mathrm{T}}\boldsymbol{A}_{d,k}^{\mathrm{T}}\boldsymbol{S}_{k+1}\boldsymbol{A}_{d,k}\boldsymbol{e}_{k-d}\\
&\quad+\boldsymbol{f}^{\mathrm{T}}\left(\boldsymbol{e}_k+\hat{\boldsymbol{x}}_k\right)\boldsymbol{B}_k^{\mathrm{T}}\boldsymbol{S}_{k+1}\boldsymbol{B}_k\boldsymbol{f}\left(\boldsymbol{e}_k+\hat{\boldsymbol{x}}_k\right)\\
&\quad+\boldsymbol{f}^{\mathrm{T}}\left(\hat{\boldsymbol{x}}_k\right)\boldsymbol{B}_k^{\mathrm{T}}\boldsymbol{S}_{k+1}\boldsymbol{B}_k\boldsymbol{f}\left(\hat{\boldsymbol{x}}_k\right)+\boldsymbol{\omega}_k^{\mathrm{T}}\boldsymbol{S}_{k+1}\boldsymbol{\omega}_k\\
&\quad+\bar{\mu}\left(1-\bar{\xi}\right)\boldsymbol{e}_k^{\mathrm{T}}\boldsymbol{E}_k^{\mathrm{T}}\boldsymbol{K}_k^{\mathrm{T}}\boldsymbol{S}_{k+1}\boldsymbol{K}_k\boldsymbol{E}_k\boldsymbol{e}_k\\
&\quad+\bar{\mu}\left(1-\bar{\xi}\right)\sum_{i=1}^{s}\boldsymbol{e}_k^{\mathrm{T}}\boldsymbol{E}_k^{\mathrm{T}}\bar{\boldsymbol{K}}_{i,k}^{\mathrm{T}}\boldsymbol{S}_{k+1}\bar{\boldsymbol{K}}_{i,k}\boldsymbol{E}_k\boldsymbol{e}_k\\
&\quad+\left(\bar{\mu}-\bar{\mu}^2-\bar{\mu}\bar{\xi}+2\bar{\mu}^2\bar{\xi}\right)\hat{\boldsymbol{x}}_k^{\mathrm{T}}\boldsymbol{E}_k^{\mathrm{T}}\boldsymbol{K}_k^{\mathrm{T}}\boldsymbol{S}_{k+1}\boldsymbol{K}_k\boldsymbol{E}_k\hat{\boldsymbol{x}}_k\\
&\quad+\left(\bar{\mu}-\bar{\mu}^2-\bar{\mu}\bar{\xi}+2\bar{\mu}^2\bar{\xi}\right)\sum_{i=1}^{s}\hat{\boldsymbol{x}}_k^{\mathrm{T}}\boldsymbol{E}_k^{\mathrm{T}}\bar{\boldsymbol{K}}_{i,k}^{\mathrm{T}}\boldsymbol{S}_{k+1}\bar{\boldsymbol{K}}_{i,k}\boldsymbol{E}_k\hat{\boldsymbol{x}}_k\\
&\quad+\bar{\mu}\left(1-\bar{\xi}\right)\boldsymbol{\upsilon}_k^{\mathrm{T}}\boldsymbol{K}_k^{\mathrm{T}}\boldsymbol{S}_{k+1}\boldsymbol{K}_k\boldsymbol{\upsilon}_k+\bar{\mu}\left(1-\bar{\xi}\right)\sum_{i=1}^{s}\boldsymbol{\upsilon}_k^{\mathrm{T}}\bar{\boldsymbol{K}}_{i,k}^{\mathrm{T}}\boldsymbol{S}_{k+1}\bar{\boldsymbol{K}}_{i,k}\boldsymbol{\upsilon}_k\\
&\quad+\bar{\mu}\bar{\xi}\boldsymbol{\delta}_k^{\mathrm{T}}\boldsymbol{K}_k^{\mathrm{T}}\boldsymbol{S}_{k+1}\boldsymbol{K}_k\boldsymbol{\delta}_k+\bar{\mu}\bar{\xi}\sum_{i=1}^{s}\boldsymbol{\delta}_k^{\mathrm{T}}\bar{\boldsymbol{K}}_{i,k}^{\mathrm{T}}\boldsymbol{S}_{k+1}\bar{\boldsymbol{K}}_{i,k}\boldsymbol{\delta}_k
\end{aligned}$$

$$
\begin{aligned}
&+2\bar{\alpha}\boldsymbol{e}_k^{\mathrm{T}}\boldsymbol{A}_k^{\mathrm{T}}\boldsymbol{S}_{k+1}\Delta\boldsymbol{A}_k\boldsymbol{e}_k+2\bar{\alpha}\boldsymbol{e}_k^{\mathrm{T}}\boldsymbol{A}_k^{\mathrm{T}}\boldsymbol{S}_{k+1}\Delta\boldsymbol{A}_k\hat{\boldsymbol{x}}_k\\
&+2\boldsymbol{e}_k^{\mathrm{T}}\boldsymbol{A}_k^{\mathrm{T}}\boldsymbol{S}_{k+1}\boldsymbol{A}_{d,k}\boldsymbol{e}_{k-d}+2\boldsymbol{e}_k^{\mathrm{T}}\boldsymbol{A}_k^{\mathrm{T}}\boldsymbol{S}_{k+1}\boldsymbol{B}_k\boldsymbol{f}\left(\boldsymbol{e}_k+\hat{\boldsymbol{x}}_k\right)\\
&-2\boldsymbol{e}_k^{\mathrm{T}}\boldsymbol{A}_k^{\mathrm{T}}\boldsymbol{S}_{k+1}\boldsymbol{B}_k\boldsymbol{f}\left(\hat{\boldsymbol{x}}_k\right)-2\bar{\mu}\left(1-\bar{\xi}\right)\boldsymbol{e}_k^{\mathrm{T}}\boldsymbol{A}_k^{\mathrm{T}}\boldsymbol{S}_{k+1}\boldsymbol{K}_k\boldsymbol{E}_k\boldsymbol{e}_k\\
&+2\bar{\mu}\bar{\xi}\boldsymbol{e}_k^{\mathrm{T}}\boldsymbol{A}_k^{\mathrm{T}}\boldsymbol{S}_{k+1}\boldsymbol{K}_k\boldsymbol{E}_k\hat{\boldsymbol{x}}_k-2\bar{\mu}\bar{\xi}\boldsymbol{e}_k^{\mathrm{T}}\boldsymbol{A}_k^{\mathrm{T}}\boldsymbol{S}_{k+1}\boldsymbol{K}_k\boldsymbol{\delta}_k\\
&+2\bar{\alpha}\boldsymbol{e}_k^{\mathrm{T}}\Delta\boldsymbol{A}_k^{\mathrm{T}}\boldsymbol{S}_{k+1}\Delta\boldsymbol{A}_k\hat{\boldsymbol{x}}_k+2\bar{\alpha}\boldsymbol{e}_k^{\mathrm{T}}\Delta\boldsymbol{A}_k^{\mathrm{T}}\boldsymbol{S}_{k+1}\boldsymbol{A}_{d,k}\boldsymbol{e}_{k-d}\\
&+2\bar{\alpha}\boldsymbol{e}_k^{\mathrm{T}}\Delta\boldsymbol{A}_k^{\mathrm{T}}\boldsymbol{S}_{k+1}\boldsymbol{B}_k\boldsymbol{f}\left(\boldsymbol{e}_k+\hat{\boldsymbol{x}}_k\right)-2\bar{\alpha}\boldsymbol{e}_k^{\mathrm{T}}\Delta\boldsymbol{A}_k^{\mathrm{T}}\boldsymbol{S}_{k+1}\boldsymbol{B}_k\boldsymbol{f}\left(\hat{\boldsymbol{x}}_k\right)\\
&+2\left(\overline{\alpha\mu}\bar{\xi}-\overline{\alpha\mu}\right)\boldsymbol{e}_k^{\mathrm{T}}\Delta\boldsymbol{A}_k^{\mathrm{T}}\boldsymbol{S}_{k+1}\boldsymbol{K}_k\boldsymbol{E}_k\boldsymbol{e}_k+2\overline{\alpha\mu}\bar{\xi}\boldsymbol{e}_k^{\mathrm{T}}\Delta\boldsymbol{A}_k^{\mathrm{T}}\boldsymbol{S}_{k+1}\boldsymbol{K}_k\boldsymbol{E}_k\hat{\boldsymbol{x}}_k\\
&-2\overline{\alpha\mu}\bar{\xi}\boldsymbol{e}_k^{\mathrm{T}}\Delta\boldsymbol{A}_k^{\mathrm{T}}\boldsymbol{S}_{k+1}\boldsymbol{K}_k\boldsymbol{\delta}_k+2\bar{\alpha}\hat{\boldsymbol{x}}_k^{\mathrm{T}}\Delta\boldsymbol{A}_k^{\mathrm{T}}\boldsymbol{S}_{k+1}\boldsymbol{A}_{d,k}\boldsymbol{e}_{k-d}\\
&+2\bar{\alpha}\hat{\boldsymbol{x}}_k^{\mathrm{T}}\Delta\boldsymbol{A}_k^{\mathrm{T}}\boldsymbol{S}_{k+1}\boldsymbol{B}_k\boldsymbol{f}\left(\boldsymbol{e}_k+\hat{\boldsymbol{x}}_k\right)-2\bar{\alpha}\hat{\boldsymbol{x}}_k^{\mathrm{T}}\Delta\boldsymbol{A}_k^{\mathrm{T}}\boldsymbol{S}_{k+1}\boldsymbol{B}_k\boldsymbol{f}\left(\hat{\boldsymbol{x}}_k\right)\\
&+2\left(\overline{\alpha\mu}\bar{\xi}-\overline{\alpha\mu}\right)\hat{\boldsymbol{x}}_k^{\mathrm{T}}\Delta\boldsymbol{A}_k^{\mathrm{T}}\boldsymbol{S}_{k+1}\boldsymbol{K}_k\boldsymbol{E}_k\boldsymbol{e}_k+2\overline{\alpha\mu}\bar{\xi}\hat{\boldsymbol{x}}_k^{\mathrm{T}}\Delta\boldsymbol{A}_k^{\mathrm{T}}\boldsymbol{S}_{k+1}\boldsymbol{K}_k\boldsymbol{E}_k\hat{\boldsymbol{x}}_k\\
&-2\overline{\alpha\mu}\bar{\xi}\hat{\boldsymbol{x}}_k^{\mathrm{T}}\Delta\boldsymbol{A}_k^{\mathrm{T}}\boldsymbol{S}_{k+1}\boldsymbol{K}_k\boldsymbol{\delta}_k+2\boldsymbol{e}_{k-d}^{\mathrm{T}}\boldsymbol{A}_{d,k}^{\mathrm{T}}\boldsymbol{S}_{k+1}\boldsymbol{B}_k\boldsymbol{f}\left(\boldsymbol{e}_k+\hat{\boldsymbol{x}}_k\right)\\
&-2\boldsymbol{e}_{k-d}^{\mathrm{T}}\boldsymbol{A}_{d,k}^{\mathrm{T}}\boldsymbol{S}_{k+1}\boldsymbol{B}_k\boldsymbol{f}\left(\hat{\boldsymbol{x}}_k\right)-2\bar{\mu}\left(1-\bar{\xi}\right)\boldsymbol{e}_{k-d}^{\mathrm{T}}\boldsymbol{A}_{d,k}^{\mathrm{T}}\boldsymbol{S}_{k+1}\boldsymbol{K}_k\boldsymbol{E}_k\boldsymbol{e}_k\\
&+2\bar{\mu}\bar{\xi}\boldsymbol{e}_{k-d}^{\mathrm{T}}\boldsymbol{A}_{d,k}^{\mathrm{T}}\boldsymbol{S}_{k+1}\boldsymbol{K}_k\boldsymbol{E}_k\hat{\boldsymbol{x}}_k-2\bar{\mu}\bar{\xi}\boldsymbol{e}_{k-d}^{\mathrm{T}}\boldsymbol{A}_{d,k}^{\mathrm{T}}\boldsymbol{S}_{k+1}\boldsymbol{K}_k\boldsymbol{\delta}_k\\
&-2\boldsymbol{f}^{\mathrm{T}}(\boldsymbol{e}_k+\hat{\boldsymbol{x}}_k)\boldsymbol{B}_k^{\mathrm{T}}\boldsymbol{S}_{k+1}\boldsymbol{B}_k\boldsymbol{f}\left(\hat{\boldsymbol{x}}_k\right)-2\bar{\mu}\left(1-\bar{\xi}\right)\boldsymbol{f}^{\mathrm{T}}(\boldsymbol{e}_k+\hat{\boldsymbol{x}}_k)\boldsymbol{B}_k^{\mathrm{T}}\boldsymbol{S}_{k+1}\boldsymbol{K}_k\boldsymbol{E}_k\boldsymbol{e}_k\\
&+2\bar{\mu}\bar{\xi}\boldsymbol{f}^{\mathrm{T}}\left(\boldsymbol{e}_k+\hat{\boldsymbol{x}}_k\right)\boldsymbol{B}_k^{\mathrm{T}}\boldsymbol{S}_{k+1}\boldsymbol{K}_k\boldsymbol{E}_k\hat{\boldsymbol{x}}_k-2\bar{\mu}\bar{\xi}\boldsymbol{f}^{\mathrm{T}}(\boldsymbol{e}_k+\hat{\boldsymbol{x}}_k)\boldsymbol{B}_k^{\mathrm{T}}\boldsymbol{S}_{k+1}\boldsymbol{K}_k\boldsymbol{\delta}_k\\
&+2\bar{\mu}\left(1-\bar{\xi}\right)\boldsymbol{f}^{\mathrm{T}}\left(\hat{\boldsymbol{x}}_k\right)\boldsymbol{B}_k^{\mathrm{T}}\boldsymbol{S}_{k+1}\boldsymbol{K}_k\boldsymbol{E}_k\boldsymbol{e}_k-2\bar{\mu}\bar{\xi}\boldsymbol{f}^{\mathrm{T}}\left(\hat{\boldsymbol{x}}_k\right)\boldsymbol{B}_k^{\mathrm{T}}\boldsymbol{S}_{k+1}\boldsymbol{K}_k\boldsymbol{E}_k\hat{\boldsymbol{x}}_k\\
&+2\bar{\mu}\bar{\xi}\boldsymbol{f}^{\mathrm{T}}\left(\hat{\boldsymbol{x}}_k\right)\boldsymbol{B}_k^{\mathrm{T}}\boldsymbol{S}_{k+1}\boldsymbol{K}_k\boldsymbol{\delta}_k\\
&+2\bar{\mu}\left(1-\bar{\mu}\right)\left(1-\bar{\xi}\right)\boldsymbol{e}_k^{\mathrm{T}}\boldsymbol{E}_k^{\mathrm{T}}\boldsymbol{K}_k^{\mathrm{T}}\boldsymbol{S}_{k+1}\boldsymbol{K}_k\boldsymbol{E}_k\hat{\boldsymbol{x}}_k\\
&+2\left(1-\bar{\mu}\right)\left(1-\bar{\xi}\right)\sum_{i=1}^{s}\boldsymbol{e}_k^{\mathrm{T}}\boldsymbol{E}_k^{\mathrm{T}}\bar{\boldsymbol{K}}_{i,k}^{\mathrm{T}}\boldsymbol{S}_{k+1}\bar{\boldsymbol{K}}_{i,k}\boldsymbol{E}_k\hat{\boldsymbol{x}}_k\\
&-2\bar{\mu}^2\bar{\xi}\hat{\boldsymbol{x}}_k^{\mathrm{T}}\boldsymbol{E}_k^{\mathrm{T}}\boldsymbol{K}_k^{\mathrm{T}}\boldsymbol{S}_{k+1}\boldsymbol{K}_k\boldsymbol{\delta}_k\\
&-2\bar{\mu}^2\bar{\xi}\sum_{i=1}^{s}\hat{\boldsymbol{x}}_k^{\mathrm{T}}\boldsymbol{E}_k^{\mathrm{T}}\bar{\boldsymbol{K}}_{i,k}^{\mathrm{T}}\boldsymbol{S}_{k+1}\bar{\boldsymbol{K}}_{i,k}\boldsymbol{\delta}_k\\
&-\boldsymbol{e}_k^{\mathrm{T}}\boldsymbol{S}_k\boldsymbol{e}_k+\boldsymbol{e}_k^{\mathrm{T}}\boldsymbol{T}_k\boldsymbol{e}_k-\boldsymbol{e}_{k-d}^{\mathrm{T}}\boldsymbol{T}_{k-d}\boldsymbol{e}_{k-d}\Big\}
\end{aligned}
$$

接下来，根据不等式

$$2\boldsymbol{x}^{\mathrm{T}}\boldsymbol{P}\boldsymbol{y}\le\boldsymbol{x}^{\mathrm{T}}\boldsymbol{P}\boldsymbol{x}+\boldsymbol{y}^{\mathrm{T}}\boldsymbol{P}\boldsymbol{y}\quad(\boldsymbol{P}>\boldsymbol{0})$$

可以很容易得到以下不等式成立

$$
\begin{aligned}
&\mathbb{E}\left\{\Delta V_k\right\}\\
\le\,&\mathbb{E}\Big\{\rho_1\boldsymbol{e}_k^{\mathrm{T}}\boldsymbol{A}_k^{\mathrm{T}}\boldsymbol{S}_{k+1}\boldsymbol{A}_k\boldsymbol{e}_k+\rho_2\boldsymbol{e}_k^{\mathrm{T}}\Delta\boldsymbol{A}_k^{\mathrm{T}}\boldsymbol{S}_{k+1}\Delta\boldsymbol{A}_k\boldsymbol{e}_k\\
&+\rho_2\hat{\boldsymbol{x}}_k^{\mathrm{T}}\Delta\boldsymbol{A}_k^{\mathrm{T}}\boldsymbol{S}_{k+1}\Delta\boldsymbol{A}_k\hat{\boldsymbol{x}}_k+\rho_3\boldsymbol{e}_{k-d}^{\mathrm{T}}\boldsymbol{A}_{d,k}^{\mathrm{T}}\boldsymbol{S}_{k+1}\boldsymbol{A}_{d,k}\boldsymbol{e}_{k-d}\\
&+\rho_1\boldsymbol{f}^{\mathrm{T}}\left(\boldsymbol{e}_k+\hat{\boldsymbol{x}}_k\right)\boldsymbol{B}_k^{\mathrm{T}}\boldsymbol{S}_{k+1}\boldsymbol{B}_k\boldsymbol{f}\left(\boldsymbol{e}_k+\hat{\boldsymbol{x}}_k\right)\\
&+\rho_3\boldsymbol{f}^{\mathrm{T}}\left(\hat{\boldsymbol{x}}_k\right)\boldsymbol{B}_k^{\mathrm{T}}\boldsymbol{S}_{k+1}\boldsymbol{B}_k\boldsymbol{f}\left(\hat{\boldsymbol{x}}_k\right)+\boldsymbol{\omega}_k^{\mathrm{T}}\boldsymbol{S}_{k+1}\boldsymbol{\omega}_k
\end{aligned}
$$

$$+\rho_4 e_k^{\mathrm{T}} E_k^{\mathrm{T}} K_k^{\mathrm{T}} S_{k+1} K_k E_k e_k + \rho_5 \sum_{i=1}^{s} e_k^{\mathrm{T}} E_k^{\mathrm{T}} \bar{K}_{i,k}^{\mathrm{T}} S_{k+1} \bar{K}_{i,k} E_k e_k$$

$$+\rho_7 \hat{x}_k^{\mathrm{T}} E_k^{\mathrm{T}} K_k^{\mathrm{T}} S_{k+1} K_k E_k \hat{x}_k + \rho_6 \sum_{i=1}^{s} \hat{x}_k^{\mathrm{T}} E_k^{\mathrm{T}} \bar{K}_{i,k}^{\mathrm{T}} S_{k+1} \bar{K}_{i,k} E_k \hat{x}_k$$

$$+\bar{\mu}\left(1-\bar{\xi}\right) \upsilon_k^{\mathrm{T}} K_k^{\mathrm{T}} S_{k+1} K_k \upsilon_k + \bar{\mu}\left(1-\bar{\xi}\right) \sum_{i=1}^{s} \upsilon_k^{\mathrm{T}} \bar{K}_{i,k}^{\mathrm{T}} S_{k+1} \bar{K}_{i,k} \upsilon_k$$

$$+\rho_8 \delta_k^{\mathrm{T}} K_k^{\mathrm{T}} S_{k+1} K_k \delta_k + \left(\bar{\mu}\bar{\xi} + \bar{\mu}^2 \bar{\xi}\right) \sum_{i=1}^{s} \delta_k^{\mathrm{T}} \bar{K}_{i,k}^{\mathrm{T}} S_{k+1} \bar{K}_{i,k} \delta_k$$

$$+2 e_k^{\mathrm{T}} A_k^{\mathrm{T}} S_{k+1} B_k f\left(e_k + \hat{x}_k\right) - e_k^{\mathrm{T}} S_k e_k$$

$$+e_k^{\mathrm{T}} T_k e_k - e_{k-d}^{\mathrm{T}} T_{k-d} e_{k-d} \Big\}$$

其中，$\rho_i\left(i=1,2,\ldots,8\right)$ 已在式（7-10）中定义。

把下述零项

$$\tilde{z}_k^{\mathrm{T}} \tilde{z}_k - \gamma^2 \nu_k^{\mathrm{T}} H_{\phi} \nu_k - \tilde{z}_k^{\mathrm{T}} \tilde{z}_k + \gamma^2 \nu_k^{\mathrm{T}} H_{\phi} \nu_k$$

加入到 $\mathbb{E}\left\{\Delta V_k\right\}$ 中，可以得到下式成立

$$\mathbb{E}\{\Delta V_k\} \le \left\{ \begin{bmatrix} \bar{e}_k^{\mathrm{T}} & \nu_k^{\mathrm{T}} \end{bmatrix} \tilde{\Omega} \begin{bmatrix} \bar{e}_k \\ \nu_k \end{bmatrix} - \tilde{z}_k^{\mathrm{T}} \tilde{z}_k + \gamma^2 \nu_k^{\mathrm{T}} H_{\phi} \nu_k \right\} \tag{7-12}$$

其中

$$\bar{e}_k = \begin{bmatrix} e_k^{\mathrm{T}} & f^{\mathrm{T}}\left(e_k + \hat{x}_k\right) & 1 & e_{k-d}^{\mathrm{T}} & \delta_k^{\mathrm{T}} \end{bmatrix}^{\mathrm{T}}$$

$$\nu_k = \begin{bmatrix} \upsilon_k^{\mathrm{T}} & \omega_k^{\mathrm{T}} \end{bmatrix}^{\mathrm{T}}$$

$$\tilde{\Omega} = \begin{bmatrix} \tilde{\Omega}_{11} & \tilde{\Omega}_{12} & 0 & 0 & 0 & 0 & 0 \\ * & \tilde{\Omega}_{22} & 0 & 0 & 0 & 0 & 0 \\ * & * & \tilde{\Omega}_{33} & 0 & 0 & 0 & 0 \\ * & * & * & \Omega_{44} & 0 & 0 & 0 \\ * & * & * & * & \tilde{\Omega}_{55} & 0 & 0 \\ * & * & * & * & * & \Omega_{66} & 0 \\ * & * & * & * & * & * & \Omega_{77} \end{bmatrix}$$

$$\tilde{\Omega}_{11} = \rho_1 A_k^{\mathrm{T}} S_{k+1} A_k + \rho_2 \Delta A_k^{\mathrm{T}} S_{k+1} \Delta A_k + \rho_4 E_k^{\mathrm{T}} K_k^{\mathrm{T}} S_{k+1} K_k E_k$$

$$+ \rho_5 \sum_{i=1}^{s} E_k^{\mathrm{T}} \bar{K}_{i,k}^{\mathrm{T}} S_{k+1} \bar{K}_{i,k} E_k - S_k + T_k + G_k^{\mathrm{T}} G_k$$

$$\tilde{\Omega}_{12} = A_k^{\mathrm{T}} S_{k+1} B_k$$

$$\tilde{\Omega}_{22} = \rho_1 B_k^{\mathrm{T}} S_{k+1} B_k$$

$$\tilde{\Omega}_{33} = \rho_2 \hat{x}_k^{\mathrm{T}} \Delta A_k^{\mathrm{T}} S_{k+1} \Delta A_k \hat{x}_k + \rho_7 \hat{x}_k^{\mathrm{T}} E_k^{\mathrm{T}} K_k^{\mathrm{T}} S_{k+1} K_k E_k \hat{x}_k$$

$$+ \rho_6 \sum_{i=1}^{s} \hat{x}_k^{\mathrm{T}} E_k^{\mathrm{T}} \bar{K}_{i,k}^{\mathrm{T}} S_{k+1} \bar{K}_{i,k} E_k \hat{x}_k$$

$$+ \rho_3 f^{\mathrm{T}}\left(\hat{x}_k\right) B_k^{\mathrm{T}} S_{k+1} B_k f\left(\hat{x}_k\right)$$

$$\tilde{\boldsymbol{\Omega}}_{55}=\rho_8\boldsymbol{K}_k^{\mathrm{T}}\boldsymbol{S}_{k+1}\boldsymbol{K}_k+\left(\bar{\mu}\xi+\bar{\mu}^2\xi\right)\sum_{i=1}^{s}\bar{\boldsymbol{K}}_{i,k}^{\mathrm{T}}\boldsymbol{S}_{k+1}\bar{\boldsymbol{K}}_{i,k}$$

此外，$\boldsymbol{\Omega}_{44}$，$\boldsymbol{\Omega}_{66}$和$\boldsymbol{\Omega}_{77}$已在式（7-10）中定义。

根据引理 2.1，易得如下不等式

$$\begin{bmatrix}\boldsymbol{e}_k\\ \boldsymbol{f}\left(\boldsymbol{e}_k+\hat{\boldsymbol{x}}_k\right)\\ 1\end{bmatrix}^{\mathrm{T}}\begin{bmatrix}\boldsymbol{R}_{1,k} & \boldsymbol{R}_{2,k} & \boldsymbol{R}_{3,k}^{\mathrm{T}}\\ * & \boldsymbol{I} & -\boldsymbol{f}\left(\hat{\boldsymbol{x}}_k\right)\\ * & * & \boldsymbol{f}^{\mathrm{T}}\left(\hat{\boldsymbol{x}}_k\right)\boldsymbol{f}\left(\hat{\boldsymbol{x}}_k\right)\end{bmatrix}\begin{bmatrix}\boldsymbol{e}_k\\ \boldsymbol{f}\left(\boldsymbol{e}_k+\hat{\boldsymbol{x}}_k\right)\\ 1\end{bmatrix}\le 0 \tag{7-13}$$

其中

$$\boldsymbol{R}_{1,k}=\frac{\boldsymbol{U}_1^{\mathrm{T}}\boldsymbol{U}_2+\boldsymbol{U}_2^{\mathrm{T}}\boldsymbol{U}_1}{2},\quad \boldsymbol{R}_{2,k}=-\frac{\boldsymbol{U}_1^{\mathrm{T}}+\boldsymbol{U}_2^{\mathrm{T}}}{2}$$

$$\boldsymbol{R}_{3,k}=\frac{\boldsymbol{f}^{\mathrm{T}}\left(\hat{\boldsymbol{x}}_k\right)\boldsymbol{U}_1+\boldsymbol{f}^{\mathrm{T}}\left(\hat{\boldsymbol{x}}_k\right)\boldsymbol{U}_2}{2}$$

结合式（7-12）和（7-13），不难得出下式成立

$$\begin{aligned}\mathbb{E}\{\Delta V_k\}\le{}&\mathbb{E}\Big\{\begin{bmatrix}\bar{\boldsymbol{e}}_k^{\mathrm{T}} & \boldsymbol{v}_k^{\mathrm{T}}\end{bmatrix}\tilde{\boldsymbol{\Omega}}\begin{bmatrix}\bar{\boldsymbol{e}}_k\\ \boldsymbol{v}_k\end{bmatrix}-\tilde{z}_k^{\mathrm{T}}\tilde{z}_k+\gamma^2\boldsymbol{v}_k^{\mathrm{T}}H_\phi\boldsymbol{v}_k\\
&-\Big[\boldsymbol{e}_k^{\mathrm{T}}\boldsymbol{R}_{1,k}\boldsymbol{e}_k+2\boldsymbol{e}_k^{\mathrm{T}}\boldsymbol{R}_{2,k}\boldsymbol{f}\left(\boldsymbol{e}_k+\hat{\boldsymbol{x}}_k\right)+2\boldsymbol{e}_k^{\mathrm{T}}\boldsymbol{R}_{3,k}^{\mathrm{T}}\\
&+\boldsymbol{f}^{\mathrm{T}}\left(\boldsymbol{e}_k+\hat{\boldsymbol{x}}_k\right)\boldsymbol{f}\left(\boldsymbol{e}_k+\hat{\boldsymbol{x}}_k\right)+\boldsymbol{f}^{\mathrm{T}}\left(\hat{\boldsymbol{x}}_k\right)\boldsymbol{f}\left(\hat{\boldsymbol{x}}_k\right)\\
&-2\boldsymbol{f}^{\mathrm{T}}\left(\boldsymbol{e}_k+\hat{\boldsymbol{x}}_k\right)\boldsymbol{f}\left(\hat{\boldsymbol{x}}_k\right)\Big]-\eta_k\left(\boldsymbol{\delta}_k^{\mathrm{T}}\boldsymbol{W}_k^{-1}\boldsymbol{\delta}_k-1\right)\Big\}\\
={}&\mathbb{E}\left\{\begin{bmatrix}\bar{\boldsymbol{e}}_k^{\mathrm{T}} & \boldsymbol{v}_k^{\mathrm{T}}\end{bmatrix}\boldsymbol{\Omega}\begin{bmatrix}\bar{\boldsymbol{e}}_k\\ \boldsymbol{v}_k\end{bmatrix}-\tilde{z}_k^{\mathrm{T}}\tilde{z}_k+\gamma^2\boldsymbol{v}_k^{\mathrm{T}}\boldsymbol{H}_\phi\boldsymbol{v}_k\right\}\end{aligned}$$

其中，$\boldsymbol{\Omega}$已在式（7-10）中定义。

上式对$\mathbb{E}\{\Delta V_k\}$两边关于k从 0 到$N-1$求和，有

$$\begin{aligned}\sum_{k=0}^{N-1}\mathbb{E}\{\Delta V_k\}&=\mathbb{E}\left\{\boldsymbol{e}_N^{\mathrm{T}}\boldsymbol{S}_N\boldsymbol{e}_N-\boldsymbol{e}_0^{\mathrm{T}}\boldsymbol{S}_0\boldsymbol{e}_0+\sum_{i=N-d}^{N-1}\boldsymbol{e}_i^{\mathrm{T}}\boldsymbol{T}_i\boldsymbol{e}_i-\sum_{i=-d}^{-1}\boldsymbol{e}_i^{\mathrm{T}}\boldsymbol{T}_i\boldsymbol{e}_i\right\}\\
&\le\mathbb{E}\left\{\sum_{k=0}^{N-1}\begin{bmatrix}\bar{\boldsymbol{e}}_k^{\mathrm{T}} & \boldsymbol{v}_k^{\mathrm{T}}\end{bmatrix}\boldsymbol{\Omega}\begin{bmatrix}\bar{\boldsymbol{e}}_k\\ \boldsymbol{v}_k\end{bmatrix}\right\}-\mathbb{E}\left\{\sum_{k=0}^{N-1}\left(\tilde{z}_k^{\mathrm{T}}\tilde{z}_k-\gamma^2\boldsymbol{v}_k^{\mathrm{T}}\boldsymbol{H}_\phi\boldsymbol{v}_k\right)\right\}\end{aligned}\tag{7-14}$$

结合式（7-8）和（7-14），可得

$$\begin{aligned}J_1={}&\mathbb{E}\left\{\sum_{k=0}^{N-1}\left(\left\|\tilde{z}_k\right\|^2-\gamma^2\left\|\boldsymbol{v}_k\right\|_{\boldsymbol{H}_\phi}^2\right)\right\}-\gamma^2\mathbb{E}\left\{\boldsymbol{e}_0^{\mathrm{T}}\boldsymbol{H}_\varphi\boldsymbol{e}_0+\sum_{i=-d}^{-1}\boldsymbol{e}_i^{\mathrm{T}}\boldsymbol{H}_\psi\boldsymbol{e}_i\right\}\\
\le{}&-\mathbb{E}\left\{\boldsymbol{e}_N^{\mathrm{T}}\boldsymbol{S}_N\boldsymbol{e}_N-\boldsymbol{e}_0^{\mathrm{T}}\boldsymbol{S}_0\boldsymbol{e}_0+\sum_{i=N-d}^{N-1}\boldsymbol{e}_i^{\mathrm{T}}\boldsymbol{T}_i\boldsymbol{e}_i-\sum_{i=-d}^{-1}\boldsymbol{e}_i^{\mathrm{T}}\boldsymbol{T}_i\boldsymbol{e}_i\right\}\\
&-\gamma^2\mathbb{E}\left\{\boldsymbol{e}_0^{\mathrm{T}}\boldsymbol{H}_\varphi\boldsymbol{e}_0+\sum_{i=-d}^{-1}\boldsymbol{e}_i^{\mathrm{T}}\boldsymbol{H}_\psi\boldsymbol{e}_i\right\}+\mathbb{E}\left\{\sum_{k=0}^{N-1}\begin{bmatrix}\bar{\boldsymbol{e}}_k^{\mathrm{T}} & \boldsymbol{v}_k^{\mathrm{T}}\end{bmatrix}\boldsymbol{\Omega}\begin{bmatrix}\bar{\boldsymbol{e}}_k\\ \boldsymbol{v}_k\end{bmatrix}\right\}\\
={}&\mathbb{E}\left\{\sum_{k=0}^{N-1}\begin{bmatrix}\bar{\boldsymbol{e}}_k^{\mathrm{T}} & \boldsymbol{v}_k^{\mathrm{T}}\end{bmatrix}\boldsymbol{\Omega}\begin{bmatrix}\bar{\boldsymbol{e}}_k\\ \boldsymbol{v}_k\end{bmatrix}+\boldsymbol{e}_0^{\mathrm{T}}\left(\boldsymbol{S}_0-\gamma^2\boldsymbol{H}_\varphi\right)\boldsymbol{e}_0+\sum_{i=-d}^{-1}\boldsymbol{e}_i^{\mathrm{T}}\left(\boldsymbol{T}_i-\gamma^2\boldsymbol{H}_\psi\right)\boldsymbol{e}_i\right\}\\
&-\mathbb{E}\left\{\boldsymbol{e}_N^{\mathrm{T}}\boldsymbol{S}_N\boldsymbol{e}_N+\sum_{i=N-d}^{N-1}\boldsymbol{e}_i^{\mathrm{T}}\boldsymbol{T}_i\boldsymbol{e}_i\right\}\end{aligned}\tag{7-15}$$

最后，注意到条件 $\boldsymbol{\Omega}<\mathbf{0}$，$\boldsymbol{S}_N>\mathbf{0}$，$\boldsymbol{T}_i>\mathbf{0}$ 和初始条件 $\boldsymbol{S}_0 \le \gamma^2 \boldsymbol{H}_\varphi$ 和 $\boldsymbol{T}_i \le \gamma^2 \boldsymbol{H}_\psi$ $(i=-d,-d+1,\ldots,-1)$，可知 $J_1<0$。

接下来，基于数学归纳法，给出估计误差协方差上界存在的充分条件。

定理 7.2　考虑离散不确定时变神经网络（7-1），给定状态估计器增益 $\boldsymbol{K}_k$，在初始条件为 $\boldsymbol{Z}_0=\boldsymbol{P}_0$ 下，如果存在一系列半正定矩阵 $\{\boldsymbol{Z}_k\}_{1\le k\le N+1}$ 满足以下不等式

$$\boldsymbol{Z}_{k+1} \ge \boldsymbol{\Phi}(\boldsymbol{Z}_k) \tag{7-16}$$

其中

$$\begin{aligned}
\boldsymbol{\Phi}(\boldsymbol{Z}_k) = {} & \rho_3 \boldsymbol{A}_k \boldsymbol{Z}_k \boldsymbol{A}_k^{\mathrm{T}} + \rho_2 \Delta \boldsymbol{A}_k \boldsymbol{Z}_k \Delta \boldsymbol{A}_k^{\mathrm{T}} + \rho_2 \Delta \boldsymbol{A}_k \hat{\boldsymbol{x}}_k \hat{\boldsymbol{x}}_k^{\mathrm{T}} \Delta \boldsymbol{A}_k^{\mathrm{T}} + \rho_3 \boldsymbol{A}_{d,k} \boldsymbol{Z}_{k-d} \boldsymbol{A}_{d,k}^{\mathrm{T}} + \boldsymbol{Q}_k \\
& + \rho_4 \boldsymbol{K}_k \boldsymbol{E}_k \boldsymbol{Z}_k \boldsymbol{E}_k^{\mathrm{T}} \boldsymbol{K}_k^{\mathrm{T}} + \rho_5 \sum_{i=1}^{s} \bar{\boldsymbol{K}}_{i,k} \boldsymbol{E}_k \boldsymbol{Z}_k \boldsymbol{E}_k^{\mathrm{T}} \bar{\boldsymbol{K}}_{i,k}^{\mathrm{T}} + \rho_7 \boldsymbol{K}_k \boldsymbol{E}_k \hat{\boldsymbol{x}}_k \hat{\boldsymbol{x}}_k^{\mathrm{T}} \boldsymbol{E}_k^{\mathrm{T}} \boldsymbol{K}_k^{\mathrm{T}} \\
& + 2\rho_3 h \operatorname{tr}(\boldsymbol{Z}_k) \boldsymbol{B}_k \boldsymbol{B}_k^{\mathrm{T}} + 3\rho_3 h \operatorname{tr}\left(\hat{\boldsymbol{x}}_k \hat{\boldsymbol{x}}_k^{\mathrm{T}}\right) \boldsymbol{B}_k \boldsymbol{B}_k^{\mathrm{T}} + \rho_6 \sum_{i=1}^{s} \bar{\boldsymbol{K}}_{i,k} \boldsymbol{E}_k \hat{\boldsymbol{x}}_k \hat{\boldsymbol{x}}_k^{\mathrm{T}} \boldsymbol{E}_k^{\mathrm{T}} \bar{\boldsymbol{K}}_{i,k}^{\mathrm{T}} \\
& + \bar{\mu}(1-\bar{\xi}) \boldsymbol{K}_k \boldsymbol{R}_k \boldsymbol{K}_k^{\mathrm{T}} + \bar{\mu}(1-\bar{\xi}) \sum_{i=1}^{s} \bar{\boldsymbol{K}}_{i,k} \boldsymbol{R}_k \bar{\boldsymbol{K}}_{i,k}^{\mathrm{T}} + \rho_8 \boldsymbol{K}_k \boldsymbol{W}_k \boldsymbol{K}_k^{\mathrm{T}} \\
& + \left(\bar{\mu}\bar{\xi} + \bar{\mu}^2 \bar{\xi}\right) \sum_{i=1}^{s} \bar{\boldsymbol{K}}_{i,k} \boldsymbol{W}_k \bar{\boldsymbol{K}}_{i,k}^{\mathrm{T}}
\end{aligned}$$

$$h = \frac{\rho + \dfrac{1}{\rho}}{2(1-\rho)} \operatorname{tr}\left(\boldsymbol{U}_2^{\mathrm{T}} \boldsymbol{U}_2\right) + \frac{1}{\rho(1-\rho)} \operatorname{tr}\left(\boldsymbol{U}_1^{\mathrm{T}} \boldsymbol{U}_1\right) \quad \left(\rho \in (0,1)\right)$$

那么 $\boldsymbol{Z}_k \ge \boldsymbol{P}_k \left(\forall k \in \{1,2,\ldots,N+1\}\right)$。

证　根据式（7-7），很容易得到

$$\begin{aligned}
\boldsymbol{P}_{k+1} &= \mathbb{E}\left\{\boldsymbol{e}_{k+1} \boldsymbol{e}_{k+1}^{\mathrm{T}}\right\} \\
&= \mathbb{E}\Big\{\boldsymbol{A}_k \boldsymbol{e}_k \boldsymbol{e}_k^{\mathrm{T}} \boldsymbol{A}_k^{\mathrm{T}} + \bar{\alpha} \Delta \boldsymbol{A}_k \boldsymbol{e}_k \boldsymbol{e}_k^{\mathrm{T}} \Delta \boldsymbol{A}_k^{\mathrm{T}} + \bar{\alpha} \Delta \boldsymbol{A}_k \hat{\boldsymbol{x}}_k \hat{\boldsymbol{x}}_k^{\mathrm{T}} \Delta \boldsymbol{A}_k^{\mathrm{T}} \\
&\quad + \boldsymbol{A}_{d,k} \boldsymbol{e}_{k-d} \boldsymbol{e}_{k-d}^{\mathrm{T}} \boldsymbol{A}_{d,k}^{\mathrm{T}} + \boldsymbol{B}_k \boldsymbol{f}(\boldsymbol{e}_k + \hat{\boldsymbol{x}}_k) \boldsymbol{f}^{\mathrm{T}}(\boldsymbol{e}_k + \hat{\boldsymbol{x}}_k) \boldsymbol{B}_k^{\mathrm{T}} \\
&\quad + \boldsymbol{B}_k \boldsymbol{f}(\hat{\boldsymbol{x}}_k) \boldsymbol{f}^{\mathrm{T}}(\hat{\boldsymbol{x}}_k) \boldsymbol{B}_k^{\mathrm{T}} + \boldsymbol{\omega}_k \boldsymbol{\omega}_k^{\mathrm{T}} + \bar{\mu}(1-\bar{\xi}) \boldsymbol{K}_k \boldsymbol{E}_k \boldsymbol{e}_k \boldsymbol{e}_k^{\mathrm{T}} \boldsymbol{E}_k^{\mathrm{T}} \boldsymbol{K}_k^{\mathrm{T}} \\
&\quad + \bar{\mu}(1-\bar{\xi}) \sum_{i=1}^{s} \bar{\boldsymbol{K}}_{i,k} \boldsymbol{E}_k \boldsymbol{e}_k \boldsymbol{e}_k^{\mathrm{T}} \boldsymbol{E}_k^{\mathrm{T}} \bar{\boldsymbol{K}}_{i,k}^{\mathrm{T}} \\
&\quad + \left(\bar{\mu} - \bar{\mu}^2 - \bar{\mu}\bar{\xi} + 2\bar{\mu}^2 \bar{\xi}\right) \boldsymbol{K}_k \boldsymbol{E}_k \hat{\boldsymbol{x}}_k \hat{\boldsymbol{x}}_k^{\mathrm{T}} \boldsymbol{E}_k^{\mathrm{T}} \boldsymbol{K}_k^{\mathrm{T}} \\
&\quad + \left(\bar{\mu} - \bar{\mu}^2 - \bar{\mu}\bar{\xi} + 2\bar{\mu}^2 \bar{\xi}\right) \sum_{i=1}^{s} \bar{\boldsymbol{K}}_{i,k} \boldsymbol{E}_k \hat{\boldsymbol{x}}_k \hat{\boldsymbol{x}}_k^{\mathrm{T}} \boldsymbol{E}_k^{\mathrm{T}} \bar{\boldsymbol{K}}_{i,k}^{\mathrm{T}} \\
&\quad + \bar{\mu}(1-\bar{\xi}) \boldsymbol{K}_k \boldsymbol{\upsilon}_k \boldsymbol{\upsilon}_k^{\mathrm{T}} \boldsymbol{K}_k^{\mathrm{T}} + \bar{\mu}(1-\bar{\xi}) \sum_{i=1}^{s} \bar{\boldsymbol{K}}_{i,k} \boldsymbol{\upsilon}_k \boldsymbol{\upsilon}_k^{\mathrm{T}} \bar{\boldsymbol{K}}_{i,k}^{\mathrm{T}} \\
&\quad + \bar{\mu}\bar{\xi} \boldsymbol{K}_k \boldsymbol{\delta}_k \boldsymbol{\delta}_k^{\mathrm{T}} \boldsymbol{K}_k^{\mathrm{T}} + \bar{\mu}\bar{\xi} \sum_{i=1}^{s} \bar{\boldsymbol{K}}_{i,k} \boldsymbol{\delta}_k \boldsymbol{\delta}_k^{\mathrm{T}} \bar{\boldsymbol{K}}_{i,k}^{\mathrm{T}} \\
&\quad + \bar{\alpha} \Delta \boldsymbol{A}_k \boldsymbol{e}_k \boldsymbol{e}_k^{\mathrm{T}} \boldsymbol{A}_k^{\mathrm{T}} + \bar{\alpha} \boldsymbol{A}_k \boldsymbol{e}_k \boldsymbol{e}_k^{\mathrm{T}} \Delta \boldsymbol{A}_k^{\mathrm{T}} + \bar{\alpha} \Delta \boldsymbol{A}_k \hat{\boldsymbol{x}}_k \boldsymbol{e}_k^{\mathrm{T}} \boldsymbol{A}_k^{\mathrm{T}}
\end{aligned}$$

$$
\begin{aligned}
&+\bar{\alpha}\boldsymbol{A}_k\boldsymbol{e}_k\hat{\boldsymbol{x}}_k^{\mathrm{T}}\Delta\boldsymbol{A}_k^{\mathrm{T}}+\boldsymbol{A}_{d,k}\boldsymbol{e}_{k-d}\boldsymbol{e}_k^{\mathrm{T}}\boldsymbol{A}_k^{\mathrm{T}}+\boldsymbol{A}_k\boldsymbol{e}_k\boldsymbol{e}_{k-d}^{\mathrm{T}}\boldsymbol{A}_{d,k}^{\mathrm{T}}\\
&+\boldsymbol{B}_k\boldsymbol{f}\left(\boldsymbol{e}_k+\hat{\boldsymbol{x}}_k\right)\boldsymbol{e}_k^{\mathrm{T}}\boldsymbol{A}_k^{\mathrm{T}}+\boldsymbol{A}_k\boldsymbol{e}_k\boldsymbol{f}^{\mathrm{T}}\left(\boldsymbol{e}_k+\hat{\boldsymbol{x}}_k\right)\boldsymbol{B}_k^{\mathrm{T}}\\
&-\boldsymbol{B}_k\boldsymbol{f}\left(\hat{\boldsymbol{x}}_k\right)\boldsymbol{e}_k^{\mathrm{T}}\boldsymbol{A}_k^{\mathrm{T}}-\boldsymbol{A}_k\boldsymbol{e}_k\boldsymbol{f}^{\mathrm{T}}\left(\hat{\boldsymbol{x}}_k\right)\boldsymbol{B}_k^{\mathrm{T}}\\
&-\bar{\mu}\left(1-\bar{\xi}\right)\boldsymbol{K}_k\boldsymbol{E}_k\boldsymbol{e}_k\boldsymbol{e}_k^{\mathrm{T}}\boldsymbol{A}_k^{\mathrm{T}}-\bar{\mu}\left(1-\bar{\xi}\right)\boldsymbol{A}_k\boldsymbol{e}_k\boldsymbol{e}_k^{\mathrm{T}}\boldsymbol{E}_k^{\mathrm{T}}\boldsymbol{K}_k^{\mathrm{T}}\\
&+\bar{\mu}\bar{\xi}\boldsymbol{K}_k\boldsymbol{E}_k\hat{\boldsymbol{x}}_k\boldsymbol{e}_k^{\mathrm{T}}\boldsymbol{A}_k^{\mathrm{T}}+\bar{\mu}\bar{\xi}\boldsymbol{K}_k\boldsymbol{E}_k\hat{\boldsymbol{x}}_k\boldsymbol{e}_k^{\mathrm{T}}\boldsymbol{A}_k^{\mathrm{T}}\\
&-\bar{\mu}\bar{\xi}\boldsymbol{K}_k\boldsymbol{\delta}_k\boldsymbol{e}_k^{\mathrm{T}}\boldsymbol{A}_k^{\mathrm{T}}-\bar{\mu}\bar{\xi}\boldsymbol{A}_k\boldsymbol{e}_k\boldsymbol{\delta}_k^{\mathrm{T}}\boldsymbol{K}_k^{\mathrm{T}}\\
&+\bar{\alpha}\Delta\boldsymbol{A}_k\hat{\boldsymbol{x}}_k\boldsymbol{e}_k^{\mathrm{T}}\Delta\boldsymbol{A}_k^{\mathrm{T}}+\bar{\alpha}\Delta\boldsymbol{A}_k\boldsymbol{e}_k\hat{\boldsymbol{x}}_k^{\mathrm{T}}\Delta\boldsymbol{A}_k^{\mathrm{T}}\\
&+\bar{\alpha}\boldsymbol{A}_{d,k}\boldsymbol{e}_{k-d}\boldsymbol{e}_k^{\mathrm{T}}\Delta\boldsymbol{A}_k^{\mathrm{T}}+\bar{\alpha}\Delta\boldsymbol{A}_k\boldsymbol{e}_k\boldsymbol{e}_{k-d}^{\mathrm{T}}\boldsymbol{A}_{d,k}^{\mathrm{T}}\\
&+\bar{\alpha}\boldsymbol{B}_k\boldsymbol{f}\left(\boldsymbol{e}_k+\hat{\boldsymbol{x}}_k\right)\boldsymbol{e}_k^{\mathrm{T}}\Delta\boldsymbol{A}_k^{\mathrm{T}}+\bar{\alpha}\Delta\boldsymbol{A}_k\boldsymbol{e}_k\boldsymbol{f}^{\mathrm{T}}\left(\boldsymbol{e}_k+\hat{\boldsymbol{x}}_k\right)\boldsymbol{B}_k^{\mathrm{T}}\\
&-\bar{\alpha}\boldsymbol{B}_k\boldsymbol{f}\left(\hat{\boldsymbol{x}}_k\right)\boldsymbol{e}_k^{\mathrm{T}}\Delta\boldsymbol{A}_k^{\mathrm{T}}-\bar{\alpha}\Delta\boldsymbol{A}_k\boldsymbol{e}_k\boldsymbol{f}^{\mathrm{T}}\left(\hat{\boldsymbol{x}}_k\right)\boldsymbol{B}_k^{\mathrm{T}}\\
&-\overline{\alpha\mu}\left(1-\bar{\xi}\right)\boldsymbol{K}_k\boldsymbol{E}_k\boldsymbol{e}_k\boldsymbol{e}_k^{\mathrm{T}}\Delta\boldsymbol{A}_k^{\mathrm{T}}-\overline{\alpha\mu}\left(1-\bar{\xi}\right)\Delta\boldsymbol{A}_k\boldsymbol{e}_k\boldsymbol{e}_k^{\mathrm{T}}\boldsymbol{E}_k^{\mathrm{T}}\boldsymbol{K}_k^{\mathrm{T}}\\
&+\overline{\alpha\mu\xi}\boldsymbol{K}_k\boldsymbol{E}_k\hat{\boldsymbol{x}}_k\boldsymbol{e}_k^{\mathrm{T}}\Delta\boldsymbol{A}_k^{\mathrm{T}}+\overline{\alpha\mu\xi}\Delta\boldsymbol{A}_k\boldsymbol{e}_k\hat{\boldsymbol{x}}_k^{\mathrm{T}}\boldsymbol{E}_k^{\mathrm{T}}\boldsymbol{K}_k^{\mathrm{T}}\\
&-\overline{\alpha\mu\xi}\boldsymbol{K}_k\boldsymbol{\delta}_k\boldsymbol{e}_k^{\mathrm{T}}\Delta\boldsymbol{A}_k^{\mathrm{T}}-\overline{\alpha\mu\xi}\Delta\boldsymbol{A}_k\boldsymbol{e}_k\boldsymbol{\delta}_k^{\mathrm{T}}\boldsymbol{K}_k^{\mathrm{T}}\\
&+\bar{\alpha}\boldsymbol{A}_{d,k}\boldsymbol{e}_{k-d}\hat{\boldsymbol{x}}_k^{\mathrm{T}}\Delta\boldsymbol{A}_k^{\mathrm{T}}+\bar{\alpha}\Delta\boldsymbol{A}_k\hat{\boldsymbol{x}}_k\boldsymbol{e}_{k-d}^{\mathrm{T}}\boldsymbol{A}_{d,k}^{\mathrm{T}}\\
&+\bar{\alpha}\boldsymbol{B}_k\boldsymbol{f}\left(\boldsymbol{e}_k+\hat{\boldsymbol{x}}_k\right)\hat{\boldsymbol{x}}_k^{\mathrm{T}}\Delta\boldsymbol{A}_k^{\mathrm{T}}+\bar{\alpha}\Delta\boldsymbol{A}_k\hat{\boldsymbol{x}}_k\boldsymbol{f}^{\mathrm{T}}\left(\boldsymbol{e}_k+\hat{\boldsymbol{x}}_k\right)\boldsymbol{B}_k^{\mathrm{T}}\\
&-\bar{\alpha}\boldsymbol{B}_k\boldsymbol{f}\left(\hat{\boldsymbol{x}}_k\right)\hat{\boldsymbol{x}}_k^{\mathrm{T}}\Delta\boldsymbol{A}_k^{\mathrm{T}}-\bar{\alpha}\Delta\boldsymbol{A}_k\hat{\boldsymbol{x}}_k\boldsymbol{f}^{\mathrm{T}}\left(\hat{\boldsymbol{x}}_k\right)\boldsymbol{B}_k^{\mathrm{T}}\\
&-\overline{\alpha\mu}\left(1-\bar{\xi}\right)\boldsymbol{K}_k\boldsymbol{E}_k\boldsymbol{e}_k\hat{\boldsymbol{x}}_k^{\mathrm{T}}\Delta\boldsymbol{A}_k^{\mathrm{T}}\\
&-\overline{\alpha\mu}\left(1-\bar{\xi}\right)\Delta\boldsymbol{A}_k\hat{\boldsymbol{x}}_k\boldsymbol{e}_k^{\mathrm{T}}\boldsymbol{E}_k^{\mathrm{T}}\boldsymbol{K}_k^{\mathrm{T}}\\
&+\overline{\alpha\mu\xi}\boldsymbol{K}_k\boldsymbol{E}_k\hat{\boldsymbol{x}}_k\hat{\boldsymbol{x}}_k^{\mathrm{T}}\Delta\boldsymbol{A}_k^{\mathrm{T}}+\overline{\alpha\mu\xi}\Delta\boldsymbol{A}_k\hat{\boldsymbol{x}}_k\hat{\boldsymbol{x}}_k^{\mathrm{T}}\boldsymbol{E}_k^{\mathrm{T}}\boldsymbol{K}_k^{\mathrm{T}}\\
&-\overline{\alpha\mu\xi}\boldsymbol{K}_k\boldsymbol{\delta}_k\hat{\boldsymbol{x}}_k^{\mathrm{T}}\Delta\boldsymbol{A}_k^{\mathrm{T}}-\overline{\alpha\mu}\Delta\boldsymbol{A}_k\hat{\boldsymbol{x}}_k\boldsymbol{\delta}_k^{\mathrm{T}}\boldsymbol{K}_k^{\mathrm{T}}\\
&+\boldsymbol{B}_k\boldsymbol{f}\left(\boldsymbol{e}_k+\hat{\boldsymbol{x}}_k\right)\boldsymbol{e}_{k-d}^{\mathrm{T}}\boldsymbol{A}_{d,k}^{\mathrm{T}}+\boldsymbol{A}_{d,k}\boldsymbol{e}_{k-d}\boldsymbol{f}^{\mathrm{T}}\left(\boldsymbol{e}_k+\hat{\boldsymbol{x}}_k\right)\boldsymbol{B}_k^{\mathrm{T}}\\
&-\boldsymbol{B}_k\boldsymbol{f}\left(\hat{\boldsymbol{x}}_k\right)\boldsymbol{e}_{k-d}^{\mathrm{T}}\boldsymbol{A}_{d,k}^{\mathrm{T}}-\boldsymbol{A}_{d,k}\boldsymbol{e}_{k-d}\boldsymbol{f}^{\mathrm{T}}\left(\hat{\boldsymbol{x}}_k\right)\boldsymbol{B}_k^{\mathrm{T}}\\
&-\bar{\mu}\left(1-\bar{\xi}\right)\boldsymbol{K}_k\boldsymbol{E}_k\boldsymbol{e}_k\boldsymbol{e}_{k-d}^{\mathrm{T}}\boldsymbol{A}_{d,k}^{\mathrm{T}}-\bar{\mu}\left(1-\bar{\xi}\right)\boldsymbol{A}_{d,k}\boldsymbol{e}_{k-d}\boldsymbol{e}_k^{\mathrm{T}}\boldsymbol{E}_k^{\mathrm{T}}\boldsymbol{K}_k^{\mathrm{T}}\\
&+\bar{\mu}\bar{\xi}\boldsymbol{K}_k\boldsymbol{E}_k\hat{\boldsymbol{x}}_k\boldsymbol{e}_{k-d}^{\mathrm{T}}\boldsymbol{A}_{d,k}^{\mathrm{T}}+\bar{\mu}\bar{\xi}\boldsymbol{A}_{d,k}\boldsymbol{e}_{k-d}\hat{\boldsymbol{x}}_k^{\mathrm{T}}\boldsymbol{E}_k^{\mathrm{T}}\boldsymbol{K}_k^{\mathrm{T}}\\
&-\bar{\mu}\bar{\xi}\boldsymbol{K}_k\boldsymbol{\delta}_k\boldsymbol{e}_{k-d}^{\mathrm{T}}\boldsymbol{A}_{d,k}^{\mathrm{T}}-\bar{\mu}\bar{\xi}\boldsymbol{A}_{d,k}\boldsymbol{e}_{k-d}\boldsymbol{\delta}_k^{\mathrm{T}}\boldsymbol{K}_k^{\mathrm{T}}\\
&-\boldsymbol{B}_k\boldsymbol{f}\left(\hat{\boldsymbol{x}}_k\right)\boldsymbol{f}^{\mathrm{T}}\left(\boldsymbol{e}_k+\hat{\boldsymbol{x}}_k\right)\boldsymbol{B}_k^{\mathrm{T}}-\boldsymbol{B}_k\boldsymbol{f}\left(\boldsymbol{e}_k+\hat{\boldsymbol{x}}_k\right)\boldsymbol{f}^{\mathrm{T}}\left(\hat{\boldsymbol{x}}_k\right)\boldsymbol{B}_k^{\mathrm{T}}\\
&-\bar{\mu}\left(1-\bar{\xi}\right)\boldsymbol{K}_k\boldsymbol{E}_k\boldsymbol{e}_k\boldsymbol{f}^{\mathrm{T}}\left(\boldsymbol{e}_k+\hat{\boldsymbol{x}}_k\right)\boldsymbol{B}_k^{\mathrm{T}}\\
&-\bar{\mu}\left(1-\bar{\xi}\right)\boldsymbol{B}_k\boldsymbol{f}\left(\boldsymbol{e}_k+\hat{\boldsymbol{x}}_k\right)\boldsymbol{e}_k^{\mathrm{T}}\boldsymbol{E}_k^{\mathrm{T}}\boldsymbol{K}_k^{\mathrm{T}}\\
&+\bar{\mu}\bar{\xi}\boldsymbol{K}_k\boldsymbol{E}_k\hat{\boldsymbol{x}}_k\boldsymbol{f}^{\mathrm{T}}\left(\boldsymbol{e}_k+\hat{\boldsymbol{x}}_k\right)\boldsymbol{B}_k^{\mathrm{T}}\\
&+\bar{\mu}\bar{\xi}\boldsymbol{B}_k\boldsymbol{f}\left(\boldsymbol{e}_k+\hat{\boldsymbol{x}}_k\right)\hat{\boldsymbol{x}}_k^{\mathrm{T}}\boldsymbol{E}_k^{\mathrm{T}}\boldsymbol{K}_k^{\mathrm{T}}\\
&-\bar{\mu}\bar{\xi}\boldsymbol{K}_k\boldsymbol{\delta}_k\boldsymbol{f}^{\mathrm{T}}\left(\boldsymbol{e}_k+\hat{\boldsymbol{x}}_k\right)\boldsymbol{B}_k^{\mathrm{T}}\\
&-\bar{\mu}\bar{\xi}\boldsymbol{B}_k\boldsymbol{f}\left(\boldsymbol{e}_k+\hat{\boldsymbol{x}}_k\right)\boldsymbol{\delta}_k^{\mathrm{T}}\boldsymbol{K}_k^{\mathrm{T}}
\end{aligned}
$$

$$
\begin{aligned}
&+\left(\bar{\mu}-\bar{\mu}\bar{\xi}\right)\boldsymbol{K}_k\boldsymbol{E}_k\boldsymbol{e}_k\boldsymbol{f}^{\mathrm{T}}\left(\hat{\boldsymbol{x}}_k\right)\boldsymbol{B}_k^{\mathrm{T}}\\
&+\left(\bar{\mu}-\bar{\mu}\bar{\xi}\right)\boldsymbol{B}_k\boldsymbol{f}\left(\hat{\boldsymbol{x}}_k\right)\boldsymbol{e}_k^{\mathrm{T}}\boldsymbol{E}_k^{\mathrm{T}}\boldsymbol{K}_k^{\mathrm{T}}\\
&-\bar{\mu}\bar{\xi}\boldsymbol{K}_k\boldsymbol{E}_k\hat{\boldsymbol{x}}_k\boldsymbol{f}^{\mathrm{T}}\left(\hat{\boldsymbol{x}}_k\right)\boldsymbol{B}_k^{\mathrm{T}}-\bar{\mu}\bar{\xi}\boldsymbol{B}_k\boldsymbol{f}\left(\hat{\boldsymbol{x}}_k\right)\hat{\boldsymbol{x}}_k^{\mathrm{T}}\boldsymbol{E}_k^{\mathrm{T}}\boldsymbol{K}_k^{\mathrm{T}}\\
&+\bar{\mu}\bar{\xi}\boldsymbol{K}_k\boldsymbol{\delta}_k\boldsymbol{f}^{\mathrm{T}}\left(\hat{\boldsymbol{x}}_k\right)\boldsymbol{B}_k^{\mathrm{T}}+\bar{\mu}\bar{\xi}\boldsymbol{B}_k\boldsymbol{f}\left(\hat{\boldsymbol{x}}_k\right)\boldsymbol{\delta}_k^{\mathrm{T}}\boldsymbol{K}_k^{\mathrm{T}}\\
&+\bar{\mu}\left(1-\bar{\mu}\right)\left(1-\bar{\xi}\right)\boldsymbol{K}_k\boldsymbol{E}_k\hat{\boldsymbol{x}}_k\boldsymbol{e}_k^{\mathrm{T}}\boldsymbol{E}_k^{\mathrm{T}}\boldsymbol{K}_k^{\mathrm{T}}\\
&+\bar{\mu}\left(1-\bar{\mu}\right)\left(1-\bar{\xi}\right)\boldsymbol{K}_k\boldsymbol{E}_k\boldsymbol{e}_k\hat{\boldsymbol{x}}_k^{\mathrm{T}}\boldsymbol{E}_k^{\mathrm{T}}\boldsymbol{K}_k^{\mathrm{T}}\\
&+\bar{\mu}\left(1-\bar{\mu}\right)\left(1-\bar{\xi}\right)\sum_{i=1}^{s}\bar{\boldsymbol{K}}_{i,k}\boldsymbol{E}_k\hat{\boldsymbol{x}}_k\boldsymbol{e}_k^{\mathrm{T}}\boldsymbol{E}_k^{\mathrm{T}}\bar{\boldsymbol{K}}_{i,k}^{\mathrm{T}}\\
&+\bar{\mu}\left(1-\bar{\mu}\right)\left(1-\bar{\xi}\right)\sum_{i=1}^{s}\bar{\boldsymbol{K}}_{i,k}\boldsymbol{E}_k\boldsymbol{e}_k\hat{\boldsymbol{x}}_k^{\mathrm{T}}\boldsymbol{E}_k^{\mathrm{T}}\bar{\boldsymbol{K}}_{i,k}^{\mathrm{T}}\\
&-\bar{\mu}^2\bar{\xi}\boldsymbol{K}_k\boldsymbol{\delta}_k\hat{\boldsymbol{x}}_k^{\mathrm{T}}\boldsymbol{E}_k^{\mathrm{T}}\boldsymbol{K}_k^{\mathrm{T}}-\bar{\mu}^2\bar{\xi}\boldsymbol{K}_k\boldsymbol{E}_k\hat{\boldsymbol{x}}_k\boldsymbol{\delta}_k^{\mathrm{T}}\boldsymbol{K}_k^{\mathrm{T}}\\
&-\bar{\mu}^2\bar{\xi}\sum_{i=1}^{s}\bar{\boldsymbol{K}}_{i,k}\boldsymbol{\delta}_k\hat{\boldsymbol{x}}_k^{\mathrm{T}}\boldsymbol{E}_k^{\mathrm{T}}\bar{\boldsymbol{K}}_{i,k}^{\mathrm{T}}-\bar{\mu}^2\bar{\xi}\sum_{i=1}^{s}\bar{\boldsymbol{K}}_{i,k}\hat{\boldsymbol{x}}_k\boldsymbol{\delta}_k^{\mathrm{T}}\boldsymbol{E}_k^{\mathrm{T}}\bar{\boldsymbol{K}}_{i,k}^{\mathrm{T}}\Big\}
\end{aligned}
$$

再运用基本不等式$\boldsymbol{a}\boldsymbol{b}^{\mathrm{T}}+\boldsymbol{b}\boldsymbol{a}^{\mathrm{T}}\le\boldsymbol{a}\boldsymbol{a}^{\mathrm{T}}+\boldsymbol{b}\boldsymbol{b}^{\mathrm{T}}$，可得以下不等式成立

$$
\begin{aligned}
\boldsymbol{P}_{k+1}\le\mathbb{E}\Big\{&\rho_3\boldsymbol{A}_k\boldsymbol{e}_k\boldsymbol{e}_k^{\mathrm{T}}\boldsymbol{A}_k^{\mathrm{T}}+\rho_2\Delta\boldsymbol{A}_k\boldsymbol{e}_k\boldsymbol{e}_k^{\mathrm{T}}\Delta\boldsymbol{A}_k^{\mathrm{T}}\\
&+\rho_2\Delta\boldsymbol{A}_k\hat{\boldsymbol{x}}_k\hat{\boldsymbol{x}}_k^{\mathrm{T}}\Delta\boldsymbol{A}_k^{\mathrm{T}}+\rho_3\boldsymbol{A}_{d,k}\boldsymbol{e}_{k-d}\boldsymbol{e}_{k-d}^{\mathrm{T}}\boldsymbol{A}_{d,k}^{\mathrm{T}}\\
&+\rho_3\boldsymbol{B}_k\boldsymbol{f}\left(\boldsymbol{e}_k+\hat{\boldsymbol{x}}_k\right)\boldsymbol{f}^{\mathrm{T}}\left(\boldsymbol{e}_k+\hat{\boldsymbol{x}}_k\right)\boldsymbol{B}_k^{\mathrm{T}}\\
&+\rho_3\boldsymbol{B}_k\boldsymbol{f}\left(\hat{\boldsymbol{x}}_k\right)\boldsymbol{f}^{\mathrm{T}}\left(\hat{\boldsymbol{x}}_k\right)\boldsymbol{B}_k^{\mathrm{T}}+\boldsymbol{\omega}_k\boldsymbol{\omega}_k^{\mathrm{T}}\\
&+\rho_4\boldsymbol{K}_k\boldsymbol{E}_k\boldsymbol{e}_k\boldsymbol{e}_k^{\mathrm{T}}\boldsymbol{E}_k^{\mathrm{T}}\boldsymbol{K}_k^{\mathrm{T}}+\rho_5\sum_{i=1}^{s}\bar{\boldsymbol{K}}_{i,k}\boldsymbol{E}_k\boldsymbol{e}_k\boldsymbol{e}_k^{\mathrm{T}}\boldsymbol{E}_k^{\mathrm{T}}\bar{\boldsymbol{K}}_{i,k}^{\mathrm{T}}\\
&+\rho_7\boldsymbol{K}_k\boldsymbol{E}_k\hat{\boldsymbol{x}}_k\hat{\boldsymbol{x}}_k^{\mathrm{T}}\boldsymbol{E}_k^{\mathrm{T}}\boldsymbol{K}_k^{\mathrm{T}}+\rho_6\sum_{i=1}^{s}\bar{\boldsymbol{K}}_{i,k}\boldsymbol{E}_k\hat{\boldsymbol{x}}_k\hat{\boldsymbol{x}}_k^{\mathrm{T}}\boldsymbol{E}_k^{\mathrm{T}}\bar{\boldsymbol{K}}_{i,k}^{\mathrm{T}}\\
&+\bar{\mu}\left(1-\bar{\xi}\right)\boldsymbol{K}_k\boldsymbol{\upsilon}_k\boldsymbol{\upsilon}_k^{\mathrm{T}}\boldsymbol{K}_k^{\mathrm{T}}+\bar{\mu}\left(1-\bar{\xi}\right)\sum_{i=1}^{s}\bar{\boldsymbol{K}}_{i,k}\boldsymbol{\upsilon}_k\boldsymbol{\upsilon}_k^{\mathrm{T}}\bar{\boldsymbol{K}}_{i,k}^{\mathrm{T}}\\
&+\rho_8\boldsymbol{K}_k\boldsymbol{\delta}_k\boldsymbol{\delta}_k^{\mathrm{T}}\boldsymbol{K}_k^{\mathrm{T}}+\left(\bar{\mu}\bar{\xi}+\bar{\mu}^2\bar{\xi}\right)\sum_{i=1}^{s}\bar{\boldsymbol{K}}_{i,k}\boldsymbol{\delta}_k\boldsymbol{\delta}_k^{\mathrm{T}}\bar{\boldsymbol{K}}_{i,k}^{\mathrm{T}}\Big\}
\end{aligned}
$$

其中，$\rho_i\left(i=2,3,\ldots,8\right)$在式（7-10）中定义。

由引理 2.2，易知以下不等式成立

$$
\begin{aligned}
&\mathbb{E}\left\{\boldsymbol{f}\left(\boldsymbol{e}_k+\hat{\boldsymbol{x}}_k\right)\boldsymbol{f}^{\mathrm{T}}\left(\boldsymbol{e}_k+\hat{\boldsymbol{x}}_k\right)\right\}\\
&\le\mathbb{E}\left\{\operatorname{tr}\left(\boldsymbol{f}\left(\boldsymbol{e}_k+\hat{\boldsymbol{x}}_k\right)\boldsymbol{f}^{\mathrm{T}}\left(\boldsymbol{e}_k+\hat{\boldsymbol{x}}_k\right)\right)\right\}\boldsymbol{I}\\
&=\mathbb{E}\left\{\boldsymbol{f}^{\mathrm{T}}\left(\boldsymbol{e}_k+\hat{\boldsymbol{x}}_k\right)\boldsymbol{f}\left(\boldsymbol{e}_k+\hat{\boldsymbol{x}}_k\right)\right\}\boldsymbol{I}\\
&\le h\mathbb{E}\left\{\left(\boldsymbol{e}_k+\hat{\boldsymbol{x}}_k\right)^{\mathrm{T}}\left(\boldsymbol{e}_k+\hat{\boldsymbol{x}}_k\right)\right\}\boldsymbol{I}\\
&\le 2h\mathbb{E}\left\{\boldsymbol{e}_k^{\mathrm{T}}\boldsymbol{e}_k\right\}\boldsymbol{I}+2h\hat{\boldsymbol{x}}_k^{\mathrm{T}}\hat{\boldsymbol{x}}_k\boldsymbol{I}
\end{aligned}
\tag{7-17}
$$

和

$$
\begin{aligned}
&\mathbb{E}\left\{\boldsymbol{f}\left(\hat{\boldsymbol{x}}_k\right)\boldsymbol{f}^{\mathrm{T}}\left(\hat{\boldsymbol{x}}_k\right)\right\} \\
&\le \mathbb{E}\left\{\mathrm{tr}\left(\boldsymbol{f}\left(\hat{\boldsymbol{x}}_k\right)\boldsymbol{f}^{\mathrm{T}}\left(\hat{\boldsymbol{x}}_k\right)\right)\right\}\boldsymbol{I} \\
&= \mathbb{E}\left\{\boldsymbol{f}^{\mathrm{T}}\left(\hat{\boldsymbol{x}}_k\right)\boldsymbol{f}\left(\hat{\boldsymbol{x}}_k\right)\right\}\boldsymbol{I} \le h\hat{\boldsymbol{x}}_k^{\mathrm{T}}\hat{\boldsymbol{x}}_k\boldsymbol{I}
\end{aligned} \tag{7-18}
$$

其中，h 已在式（7-16）中定义。整理后可以得到如下形式

$$
\begin{aligned}
\boldsymbol{P}_{k+1} \le \mathbb{E}\Bigg\{ & \rho_3\boldsymbol{A}_k\boldsymbol{e}_k\boldsymbol{e}_k^{\mathrm{T}}\boldsymbol{A}_k^{\mathrm{T}} + \rho_2\Delta\boldsymbol{A}_k\boldsymbol{e}_k\boldsymbol{e}_k^{\mathrm{T}}\Delta\boldsymbol{A}_k^{\mathrm{T}} \\
& + \rho_2\Delta\boldsymbol{A}_k\hat{\boldsymbol{x}}_k\hat{\boldsymbol{x}}_k^{\mathrm{T}}\Delta\boldsymbol{A}_k^{\mathrm{T}} + \boldsymbol{\omega}_k\boldsymbol{\omega}_k^{\mathrm{T}} + \rho_3\boldsymbol{A}_{d,k}\boldsymbol{e}_{k-d}\boldsymbol{e}_{k-d}^{\mathrm{T}}\boldsymbol{A}_{d,k}^{\mathrm{T}} \\
& + \rho_4\boldsymbol{K}_k\boldsymbol{E}_k\boldsymbol{e}_k\boldsymbol{e}_k^{\mathrm{T}}\boldsymbol{E}_k^{\mathrm{T}}\boldsymbol{K}_k^{\mathrm{T}} + \rho_5\sum_{i=1}^{s}\bar{\boldsymbol{K}}_{i,k}\boldsymbol{E}_k\boldsymbol{e}_k\boldsymbol{e}_k^{\mathrm{T}}\boldsymbol{E}_k^{\mathrm{T}}\bar{\boldsymbol{K}}_{i,k}^{\mathrm{T}} \\
& + \rho_7\boldsymbol{K}_k\boldsymbol{E}_k\hat{\boldsymbol{x}}_k\hat{\boldsymbol{x}}_k^{\mathrm{T}}\boldsymbol{E}_k^{\mathrm{T}}\boldsymbol{K}_k^{\mathrm{T}} + 2\rho_3 h\boldsymbol{B}_k\boldsymbol{e}_k^{\mathrm{T}}\boldsymbol{e}_k\boldsymbol{B}_k^{\mathrm{T}} \\
& + 3\rho_3 h\boldsymbol{B}_k\hat{\boldsymbol{x}}_k^{\mathrm{T}}\hat{\boldsymbol{x}}_k\boldsymbol{B}_k^{\mathrm{T}} + \rho_6\sum_{i=1}^{s}\bar{\boldsymbol{K}}_{i,k}\boldsymbol{E}_k\hat{\boldsymbol{x}}_k\hat{\boldsymbol{x}}_k^{\mathrm{T}}\boldsymbol{E}_k^{\mathrm{T}}\bar{\boldsymbol{K}}_{i,k}^{\mathrm{T}} \\
& + \bar{\mu}\left(1-\bar{\xi}\right)\boldsymbol{K}_k\boldsymbol{\upsilon}_k\boldsymbol{\upsilon}_k^{\mathrm{T}}\boldsymbol{K}_k^{\mathrm{T}} + \bar{\mu}\left(1-\bar{\xi}\right)\sum_{i=1}^{s}\bar{\boldsymbol{K}}_{i,k}\boldsymbol{\upsilon}_k\boldsymbol{\upsilon}_k^{\mathrm{T}}\bar{\boldsymbol{K}}_{i,k}^{\mathrm{T}} \\
& + \rho_8\boldsymbol{K}_k\boldsymbol{\delta}_k\boldsymbol{\delta}_k^{\mathrm{T}}\boldsymbol{K}_k^{\mathrm{T}} + \left(\bar{\mu}\bar{\xi} + \bar{\mu}^2\bar{\xi}\right)\sum_{i=1}^{s}\bar{\boldsymbol{K}}_{i,k}\boldsymbol{\delta}_k\boldsymbol{\delta}_k^{\mathrm{T}}\bar{\boldsymbol{K}}_{i,k}^{\mathrm{T}}\Bigg\}
\end{aligned} \tag{7-19}
$$

根据矩阵迹的性质，容易得到如下等式成立

$$
\begin{aligned}
&\mathbb{E}\left\{\boldsymbol{e}_k^{\mathrm{T}}\boldsymbol{e}_k\right\} = \mathbb{E}\left\{\mathrm{tr}\left(\boldsymbol{e}_k\boldsymbol{e}_k^{\mathrm{T}}\right)\right\} = \mathrm{tr}\left(\boldsymbol{P}_k\right) \\
&\hat{\boldsymbol{x}}_k^{\mathrm{T}}\hat{\boldsymbol{x}}_k = \mathrm{tr}\left(\hat{\boldsymbol{x}}_k\hat{\boldsymbol{x}}_k^{\mathrm{T}}\right)
\end{aligned} \tag{7-20}
$$

考虑式（7-19）和（7-20），不难得出以下不等式

$$
\begin{aligned}
\boldsymbol{P}_{k+1} \le\; & \rho_3\boldsymbol{A}_k\boldsymbol{P}_k\boldsymbol{A}_k^{\mathrm{T}} + \rho_2\Delta\boldsymbol{A}_k\boldsymbol{P}_k\Delta\boldsymbol{A}_k^{\mathrm{T}} + \rho_2\Delta\boldsymbol{A}_k\hat{\boldsymbol{x}}_k\hat{\boldsymbol{x}}_k^{\mathrm{T}}\Delta\boldsymbol{A}_k^{\mathrm{T}} \\
& + \rho_3\boldsymbol{A}_{d,k}\boldsymbol{P}_{k-d}\boldsymbol{A}_{d,k}^{\mathrm{T}} + \boldsymbol{Q}_k + \rho_4\boldsymbol{K}_k\boldsymbol{E}_k\boldsymbol{P}_k\boldsymbol{E}_k^{\mathrm{T}}\boldsymbol{K}_k^{\mathrm{T}} \\
& + \rho_5\sum_{i=1}^{s}\bar{\boldsymbol{K}}_{i,k}\boldsymbol{E}_k\boldsymbol{P}_k\boldsymbol{E}_k^{\mathrm{T}}\bar{\boldsymbol{K}}_{i,k}^{\mathrm{T}} + \rho_7\boldsymbol{K}_k\boldsymbol{E}_k\hat{\boldsymbol{x}}_k\hat{\boldsymbol{x}}_k^{\mathrm{T}}\boldsymbol{E}_k^{\mathrm{T}}\boldsymbol{K}_k^{\mathrm{T}} \\
& + 2\rho_3 h\,\mathrm{tr}\left(\boldsymbol{P}_k\right)\boldsymbol{B}_k\boldsymbol{B}_k^{\mathrm{T}} + 3\rho_3 h\,\mathrm{tr}\left(\hat{\boldsymbol{x}}_k\hat{\boldsymbol{x}}_k^{\mathrm{T}}\right)\boldsymbol{B}_k\boldsymbol{B}_k^{\mathrm{T}} \\
& + \rho_6\sum_{i=1}^{s}\bar{\boldsymbol{K}}_{i,k}\boldsymbol{E}_k\hat{\boldsymbol{x}}_k\hat{\boldsymbol{x}}_k^{\mathrm{T}}\boldsymbol{E}_k^{\mathrm{T}}\bar{\boldsymbol{K}}_{i,k}^{\mathrm{T}} + \bar{\mu}\left(1-\bar{\xi}\right)\boldsymbol{K}_k\boldsymbol{R}_k\boldsymbol{K}_k^{\mathrm{T}} \\
& + \bar{\mu}\left(1-\bar{\xi}\right)\sum_{i=1}^{s}\bar{\boldsymbol{K}}_{i,k}\boldsymbol{R}_k\bar{\boldsymbol{K}}_{i,k}^{\mathrm{T}} + \rho_8\boldsymbol{K}_k\boldsymbol{W}_k\boldsymbol{K}_k^{\mathrm{T}} \\
& + \left(\bar{\mu}\bar{\xi} + \bar{\mu}^2\bar{\xi}\right)\sum_{i=1}^{s}\bar{\boldsymbol{K}}_{i,k}\boldsymbol{W}_k\bar{\boldsymbol{K}}_{i,k}^{\mathrm{T}} \\
=\; & \boldsymbol{\Phi}\left(\boldsymbol{P}_k\right)
\end{aligned}
$$

由于 $\boldsymbol{Z}_0 \ge \boldsymbol{P}_0$，不妨假设 $\boldsymbol{Z}_k \ge \boldsymbol{P}_k$，很容易得到如下不等式成立

$$
\boldsymbol{\Phi}\left(\boldsymbol{Z}_k\right) \ge \boldsymbol{\Phi}\left(\boldsymbol{P}_k\right) \ge \boldsymbol{P}_{k+1} \tag{7-21}
$$

根据式（7-16）和（7-21），可以很容易推导出如下不等式成立

$$\boldsymbol{Z}_{k+1} \geq \boldsymbol{\Phi}\left(\boldsymbol{Z}_k\right) \geq \boldsymbol{\Phi}\left(\boldsymbol{P}_k\right) \geq \boldsymbol{P}_{k+1} \tag{7-22}$$

由数学归纳法，定理 7.2 证毕。

基于上述主要结果，下述定理给出误差系统满足 H_∞ 性能约束和方差约束的充分性判据。

定理 7.3　考虑混合攻击下的不确定时变神经网络（7-1），给定状态估计器增益矩阵 $\boldsymbol{K}_k$，对于标量 $\gamma > 0$，矩阵 $\boldsymbol{H}_\varphi > \boldsymbol{0}$，$\boldsymbol{H}_\phi > \boldsymbol{0}$ 和 $\boldsymbol{H}_\psi > \boldsymbol{0}$，在初始条件 $\boldsymbol{S}_0 \leq \gamma^2 \boldsymbol{H}_\varphi$，$\boldsymbol{T}_i \leq \gamma^2 \boldsymbol{H}_\psi \left(i = -d, -d+1, \ldots, -1\right)$ 和 $\boldsymbol{Z}_0 = \boldsymbol{P}_0$ 下，如果有两列正定实值矩阵 $\left\{\boldsymbol{S}_k\right\}_{1 \leq k \leq N+1}$ 和 $\left\{\boldsymbol{Z}_k\right\}_{1 \leq k \leq N+1}$ 满足

$$\begin{bmatrix} \boldsymbol{\Theta}_{11} & \boldsymbol{\Theta}_{12} \\ * & \boldsymbol{\Theta}_{22} \end{bmatrix} < \boldsymbol{0} \tag{7-23}$$

$$\begin{bmatrix} \boldsymbol{\Psi}_{11} & \boldsymbol{\Psi}_{12} & \sqrt{\rho_3}\boldsymbol{A}_{d,k}\boldsymbol{Z}_{k-d} & \boldsymbol{\Psi}_{14} & \boldsymbol{\Psi}_{15} & \boldsymbol{\Psi}_{16} \\ * & \boldsymbol{\Psi}_{22} & \boldsymbol{0} & \boldsymbol{0} & \boldsymbol{0} & \boldsymbol{0} \\ * & * & -\boldsymbol{Z}_{k-d} & \boldsymbol{0} & \boldsymbol{0} & \boldsymbol{0} \\ * & * & * & \boldsymbol{\Psi}_{44} & \boldsymbol{0} & \boldsymbol{0} \\ * & * & * & * & \boldsymbol{\Psi}_{55} & \boldsymbol{0} \\ * & * & * & * & * & \boldsymbol{\Psi}_{66} \end{bmatrix} < \boldsymbol{0} \tag{7-24}$$

其中

$$\boldsymbol{\Theta}_{12} = \begin{bmatrix} \tilde{\boldsymbol{\mho}}_{11} & \boldsymbol{0} & \boldsymbol{0} \\ * & \tilde{\boldsymbol{\mho}}_{22} & \boldsymbol{0} \\ * & * & \tilde{\boldsymbol{\mho}}_{33} \end{bmatrix}$$

$$\boldsymbol{\Theta}_{11} = \begin{bmatrix} \boldsymbol{\mho}_{11} & -\boldsymbol{R}_{2,k} & -\boldsymbol{R}_{3,k}^{\mathrm{T}} & \boldsymbol{0} & \boldsymbol{0} & \boldsymbol{0} & \boldsymbol{0} \\ * & -\boldsymbol{I} & \boldsymbol{f}\left(\hat{\boldsymbol{x}}_k\right) & \boldsymbol{0} & \boldsymbol{0} & \boldsymbol{0} & \boldsymbol{0} \\ * & * & \boldsymbol{\mho}_{33} & \boldsymbol{0} & \boldsymbol{0} & \boldsymbol{0} & \boldsymbol{0} \\ * & * & * & -\boldsymbol{T}_{k-d} & \boldsymbol{0} & \boldsymbol{0} & \boldsymbol{0} \\ * & * & * & * & -\eta_k\boldsymbol{W}_k^{-1} & \boldsymbol{0} & \boldsymbol{0} \\ * & * & * & * & * & -\gamma^2\boldsymbol{H}_\phi & \boldsymbol{0} \\ * & * & * & * & * & * & -\gamma^2\boldsymbol{H}_\phi \end{bmatrix}$$

$$\begin{aligned} \boldsymbol{\Theta}_{22} = \operatorname{diag}\Big\{ & -\boldsymbol{S}_{k+1}^{-1}, -\boldsymbol{S}_{k+1}^{-1}, -\boldsymbol{S}_{k+1}^{-1}, -\boldsymbol{S}_{k+1}^{-1}, -\tilde{\boldsymbol{S}}_{k+1}, -\boldsymbol{S}_{k+1}^{-1}, -\boldsymbol{S}_{k+1}^{-1}, -\boldsymbol{S}_{k+1}^{-1} \\ & -\boldsymbol{S}_{k+1}^{-1}, -\tilde{\boldsymbol{S}}_{k+1}, -\boldsymbol{S}_{k+1}^{-1}, -\tilde{\boldsymbol{S}}_{k+1}, -\boldsymbol{S}_{k+1}^{-1}, -\boldsymbol{S}_{k+1}^{-1}, -\tilde{\boldsymbol{S}}_{k+1}, -\boldsymbol{S}_{k+1}^{-1} \Big\} \end{aligned}$$

$$\tilde{\boldsymbol{S}}_{k+1} = \operatorname{diag}\Big\{ \underbrace{-\boldsymbol{S}_{k+1}^{-1}, -\boldsymbol{S}_{k+1}^{-1}, \ldots, -\boldsymbol{S}_{k+1}^{-1}}_{s\text{个}} \Big\}$$

$$\tilde{\boldsymbol{\mho}}_{11} = \begin{bmatrix} \boldsymbol{A}_k^{\mathrm{T}} & \sqrt{(\rho_1 - 1)}\boldsymbol{A}_k^{\mathrm{T}} & \sqrt{\rho_2}\Delta\boldsymbol{A}_k^{\mathrm{T}} & \sqrt{\rho_4}\boldsymbol{E}_k^{\mathrm{T}}\boldsymbol{K}_k^{\mathrm{T}} & \sqrt{\rho_5}\boldsymbol{E}_k^{\mathrm{T}}\bar{\boldsymbol{K}}_k^{(1)} & \boldsymbol{0} \\ \boldsymbol{B}_k^{\mathrm{T}} & \boldsymbol{0} & \boldsymbol{0} & \boldsymbol{0} & \boldsymbol{0} & \sqrt{\rho_1 - 1}\boldsymbol{B}_k^{\mathrm{T}} \end{bmatrix}$$

$$\tilde{\boldsymbol{\mho}}_{22}=\left[\sqrt{\rho_2}\hat{\boldsymbol{x}}_k^{\mathrm{T}}\Delta\boldsymbol{A}_k^{\mathrm{T}}\quad \sqrt{\rho_7}\hat{\boldsymbol{x}}_k^{\mathrm{T}}\boldsymbol{E}_k^{\mathrm{T}}\boldsymbol{K}_k^{\mathrm{T}}\quad \sqrt{\rho_3}\boldsymbol{f}^{\mathrm{T}}\left(\hat{\boldsymbol{x}}_k\right)\boldsymbol{B}_k^{\mathrm{T}}\quad \sqrt{\rho_6}\hat{\boldsymbol{x}}_k^{\mathrm{T}}\boldsymbol{E}_k^{\mathrm{T}}\bar{\boldsymbol{K}}_k^{(1)}\right]$$

$$\boldsymbol{\mho}_{11}=-\boldsymbol{S}_k+\boldsymbol{T}_k+\boldsymbol{G}_k^{\mathrm{T}}\boldsymbol{G}_k-\boldsymbol{R}_{1k}$$

$$\boldsymbol{\mho}_{33}=-\boldsymbol{f}^{\mathrm{T}}\left(\hat{\boldsymbol{x}}_k\right)\boldsymbol{f}\left(\hat{\boldsymbol{x}}_k\right)+\eta_k$$

$$\tilde{\boldsymbol{\mho}}_{33}=\begin{bmatrix}\sqrt{\rho_3}\boldsymbol{A}_{d,k}^{\mathrm{T}} & \mathbf{0} & \mathbf{0} & \mathbf{0} & \mathbf{0} & \mathbf{0}\\ \mathbf{0} & \sqrt{\bar{\mu}\bar{\xi}\left(1+\bar{\mu}\right)}\bar{\boldsymbol{K}}_k^{(1)} & \sqrt{\rho_8}\boldsymbol{K}_k^{\mathrm{T}} & \mathbf{0} & \mathbf{0} & \mathbf{0}\\ \mathbf{0} & \mathbf{0} & \mathbf{0} & \sqrt{\bar{\mu}\left(1-\bar{\xi}\right)}\boldsymbol{K}_k^{\mathrm{T}} & \sqrt{\bar{\mu}\left(1-\bar{\xi}\right)}\bar{\boldsymbol{K}}_k^{(1)} & \mathbf{0}\\ \mathbf{0} & \mathbf{0} & \mathbf{0} & \mathbf{0} & \mathbf{0} & \boldsymbol{I}\end{bmatrix}$$

$$\bar{\boldsymbol{K}}_k^{(1)}=\left[\bar{\boldsymbol{K}}_{1,k}^{\mathrm{T}}\quad \bar{\boldsymbol{K}}_{2,k}^{\mathrm{T}}\quad \cdots\quad \bar{\boldsymbol{K}}_{s,k}^{\mathrm{T}}\right]$$

$$\bar{\boldsymbol{K}}_k^{(2)}=\left[\bar{\boldsymbol{K}}_{1,k}\quad \bar{\boldsymbol{K}}_{2,k}\quad \cdots\quad \bar{\boldsymbol{K}}_{s,k}\right]$$

$$\boldsymbol{\varPsi}_{11}=-\boldsymbol{Z}_{k+1}+\boldsymbol{Q}_k+2\rho_3 h\mathrm{tr}\left(\boldsymbol{Z}_k\right)\boldsymbol{B}_k\boldsymbol{B}_k^{\mathrm{T}}+3\rho_3 h\mathrm{tr}\left(\hat{\boldsymbol{x}}_k\hat{\boldsymbol{x}}_k^{\mathrm{T}}\right)\boldsymbol{B}_k\boldsymbol{B}_k^{\mathrm{T}}$$

$$\boldsymbol{\varPsi}_{12}=\left[\sqrt{\rho_3}\boldsymbol{A}_k\boldsymbol{Z}_k\quad \sqrt{\rho_2}\Delta\boldsymbol{A}_k\boldsymbol{Z}_k\quad \sqrt{\rho_4}\boldsymbol{K}_k\boldsymbol{E}_k\boldsymbol{Z}_k\quad \sqrt{\rho_5}\bar{\boldsymbol{K}}_k^{(2)}\boldsymbol{E}_k\tilde{\boldsymbol{Z}}_k\right]$$

$$\boldsymbol{\varPsi}_{14}=\left[\sqrt{\rho_2}\Delta\boldsymbol{A}_k\hat{\boldsymbol{x}}_k\quad \sqrt{\rho_7}\boldsymbol{K}_k\boldsymbol{E}_k\hat{\boldsymbol{x}}_k\quad \sqrt{\rho_6}\bar{\boldsymbol{K}}_k^{(2)}\boldsymbol{E}_k\hat{\boldsymbol{x}}_k\right]$$

$$\boldsymbol{\varPsi}_{15}=\left[\sqrt{\bar{\mu}\left(1-\bar{\xi}\right)}\boldsymbol{K}_k\boldsymbol{R}_k\quad \sqrt{\bar{\mu}\left(1-\bar{\xi}\right)}\bar{\boldsymbol{K}}_k^{(2)}\tilde{\boldsymbol{R}}_k\right]$$

$$\boldsymbol{\varPsi}_{16}=\left[\sqrt{\rho_8}\boldsymbol{K}_k\boldsymbol{W}_k\quad \sqrt{\left(\bar{\mu}\bar{\xi}+\bar{\mu}^2\bar{\xi}\right)}\bar{\boldsymbol{K}}_k^{(2)}\tilde{\boldsymbol{W}}_k\right]$$

$$\boldsymbol{\varPsi}_{22}=\mathrm{diag}\left\{-\boldsymbol{Z}_k,-\boldsymbol{Z}_k,-\boldsymbol{Z}_k,-\tilde{\boldsymbol{Z}}_k\right\}$$

$$\tilde{\boldsymbol{Z}}_k=\mathrm{diag}\left\{\underbrace{-\boldsymbol{Z}_k,-\boldsymbol{Z}_k,\ldots,-\boldsymbol{Z}_k}_{s个}\right\}$$

$$\boldsymbol{\varPsi}_{44}=\mathrm{diag}\left\{-\boldsymbol{I},-\boldsymbol{I},-\boldsymbol{I}\right\}$$

$$\boldsymbol{\varPsi}_{55}=\mathrm{diag}\left\{-\boldsymbol{R}_k,-\tilde{\boldsymbol{R}}_k\right\}$$

$$\tilde{\boldsymbol{R}}_k=\mathrm{diag}\left\{\underbrace{-\boldsymbol{R}_k,-\boldsymbol{R}_k,\ldots,-\boldsymbol{R}_k}_{s个}\right\}$$

$$\boldsymbol{\varPsi}_{66}=\mathrm{diag}\left\{-\boldsymbol{W}_k,-\tilde{\boldsymbol{W}}_k\right\}$$

$$\tilde{\boldsymbol{W}}_k=\mathrm{diag}\left\{\underbrace{-\boldsymbol{W}_k,-\boldsymbol{W}_k,\ldots,-\boldsymbol{W}_k}_{s个}\right\}$$

那么误差系统同时满足 H_∞ 性能约束和方差约束。

证　在上述条件下，易知式（7-23）与（7-10）等价，式（7-24）可保证式（7-16）成立，故误差系统满足 H_∞ 性能约束和方差约束。至此，定理 7.3 证毕。

在下面定理中，我们给出状态估计增益的求解方法。

定理 7.4　给定一个标量 $\gamma>0$，矩阵 $\boldsymbol{H}_\phi>\mathbf{0}$，$\boldsymbol{H}_\varphi>\mathbf{0}$ 和 $\boldsymbol{H}_\psi>\mathbf{0}$，一系列预先给定的上界矩阵 $\left\{\boldsymbol{\varPhi}_k\right\}_{0\le k\le N+1}$，考虑下述初始条件

$$\begin{cases} \boldsymbol{S}_0-\gamma^2\boldsymbol{H}_{\varphi}\le \boldsymbol{0} \\ \boldsymbol{T}_i-\gamma^2\boldsymbol{H}_{\psi}\le \boldsymbol{0} \qquad (i=-d,-d+1,\dots,-1) \\ \mathbb{E}\left\{\boldsymbol{e}_0\boldsymbol{e}_0^{\mathrm{T}}\right\}=\boldsymbol{Z}_0\le \boldsymbol{\Phi}_0 \end{cases} \tag{7-25}$$

如果存在正常数$\left\{\epsilon_{1,k},\epsilon_{2,k},\epsilon_{3,k},\epsilon_{4,k}\right\}_{1\le k\le N+1}$，正定对称矩阵$\left\{\boldsymbol{S}_k\right\}_{1\le k\le N+1}$和$\left\{\boldsymbol{Z}_k\right\}_{1\le k\le N+1}$，矩阵$\left\{\boldsymbol{K}_k\right\}_{0\le k\le N+1}$满足

$$\begin{bmatrix} \boldsymbol{\Theta}_{11} & \boldsymbol{\Upsilon}_{12} & \boldsymbol{\Upsilon}_{13} \\ * & \boldsymbol{\Upsilon}_{22} & \boldsymbol{\Upsilon}_{23} \\ * & * & \boldsymbol{\Upsilon}_{33} \end{bmatrix}<\boldsymbol{0} \tag{7-26}$$

$$\begin{bmatrix} \vec{\boldsymbol{\Psi}}_{11} & \boldsymbol{\Gamma}_{12} & \sqrt{\rho_3}\boldsymbol{A}_{d,k}\boldsymbol{Z}_{k-d} & \boldsymbol{\Gamma}_{14} & \boldsymbol{\Psi}_{15} & \boldsymbol{\Psi}_{16} & \boldsymbol{0} & \boldsymbol{0} \\ * & \boldsymbol{\Psi}_{22} & \boldsymbol{0} & \boldsymbol{0} & \boldsymbol{0} & \boldsymbol{0} & \boldsymbol{\aleph}_{3,k}^{\mathrm{T}} & \boldsymbol{0} \\ * & * & -\boldsymbol{Z}_{k-d} & \boldsymbol{0} & \boldsymbol{0} & \boldsymbol{0} & \boldsymbol{0} & \boldsymbol{0} \\ * & * & * & \boldsymbol{\Psi}_{44} & \boldsymbol{0} & \boldsymbol{0} & \boldsymbol{0} & \boldsymbol{\aleph}_{4,k}^{\mathrm{T}} \\ * & * & * & * & \boldsymbol{\Psi}_{55} & \boldsymbol{0} & \boldsymbol{0} & \boldsymbol{0} \\ * & * & * & * & * & \boldsymbol{\Psi}_{66} & \boldsymbol{0} & \boldsymbol{0} \\ * & * & * & * & * & * & -\epsilon_{3,k}\boldsymbol{I} & \boldsymbol{0} \\ * & * & * & * & * & * & * & -\epsilon_{4,k}\boldsymbol{I} \end{bmatrix}<\boldsymbol{0} \tag{7-27}$$

$$\boldsymbol{Z}_{k+1}-\boldsymbol{\Phi}_{k+1}\le \boldsymbol{0} \tag{7-28}$$

其中

$$\boldsymbol{\Upsilon}_{12}=\begin{bmatrix} \boldsymbol{\Pi}_{11} & \boldsymbol{0} & \boldsymbol{0} \\ * & \boldsymbol{\Pi}_{22} & \boldsymbol{0} \\ * & * & \tilde{\boldsymbol{U}}_{33} \end{bmatrix}$$

$$\boldsymbol{\Upsilon}_{13}=\begin{bmatrix} \epsilon_{1,k}\boldsymbol{\mathfrak{N}}_{1,k} & \boldsymbol{0} & \boldsymbol{0} & \boldsymbol{0} \\ \boldsymbol{0} & \boldsymbol{0} & \epsilon_{2,k}\hat{\boldsymbol{x}}_k^{\mathrm{T}}\boldsymbol{N}_k^{\mathrm{T}} & \boldsymbol{0} \\ \boldsymbol{0} & \boldsymbol{0} & \boldsymbol{0} & \boldsymbol{0} \end{bmatrix}$$

$$\boldsymbol{\Upsilon}_{23}=\begin{bmatrix} \boldsymbol{0} & \boldsymbol{\aleph}_{1,k}^{\mathrm{T}} & \boldsymbol{0} & \boldsymbol{0} \\ \boldsymbol{0} & \boldsymbol{0} & \boldsymbol{0} & \boldsymbol{\aleph}_{2,k}^{\mathrm{T}} \\ \boldsymbol{0} & \boldsymbol{0} & \boldsymbol{0} & \boldsymbol{0} \end{bmatrix}$$

$$\begin{aligned} \boldsymbol{\Upsilon}_{22}=\mathrm{diag}\Big\{&-\bar{\boldsymbol{S}}_{k+1},-\bar{\boldsymbol{S}}_{k+1},-\bar{\boldsymbol{S}}_{k+1},-\bar{\boldsymbol{S}}_{k+1},-\ddddot{\boldsymbol{S}}_{k+1},-\bar{\boldsymbol{S}}_{k+1},-\bar{\boldsymbol{S}}_{k+1},-\bar{\boldsymbol{S}}_{k+1}, \\ &-\bar{\boldsymbol{S}}_{k+1},-\ddddot{\boldsymbol{S}}_{k+1},-\bar{\boldsymbol{S}}_{k+1},-\ddddot{\boldsymbol{S}}_{k+1},-\bar{\boldsymbol{S}}_{k+1},-\bar{\boldsymbol{S}}_{k+1},-\ddddot{\boldsymbol{S}}_{k+1},-\bar{\boldsymbol{S}}_{k+1}\Big\} \end{aligned}$$

$$\boldsymbol{\Upsilon}_{33}=\mathrm{diag}\left\{-\epsilon_{1,k}\boldsymbol{I},-\epsilon_{1,k}\boldsymbol{I},-\epsilon_{2,k}\boldsymbol{I},-\epsilon_{2,k}\boldsymbol{I}\right\}$$

$$\ddddot{\boldsymbol{S}}_{k+1}=\tilde{\boldsymbol{S}}_{k+1}$$

$$\boldsymbol{\Pi}_{11}=\begin{bmatrix} \boldsymbol{A}_k^{\mathrm{T}} & \sqrt{\rho_1-1}\boldsymbol{A}_k^{\mathrm{T}} & \boldsymbol{0} & \sqrt{\rho_4}\boldsymbol{E}_k^{\mathrm{T}}\boldsymbol{K}_k^{\mathrm{T}} & \sqrt{\rho_5}\boldsymbol{E}_k^{\mathrm{T}}\bar{\boldsymbol{K}}_k^{(1)} & \boldsymbol{0} \\ \boldsymbol{B}_k^{\mathrm{T}} & \boldsymbol{0} & \boldsymbol{0} & \boldsymbol{0} & \boldsymbol{0} & \sqrt{\rho_1-1}\boldsymbol{B}_k^{\mathrm{T}} \end{bmatrix}$$

$$\boldsymbol{\Pi}_{22}=\begin{bmatrix}\mathbf{0} & \sqrt{\rho_7}\hat{\boldsymbol{x}}_k^{\mathrm{T}}\boldsymbol{E}_k^{\mathrm{T}}\boldsymbol{K}_k^{\mathrm{T}} & \sqrt{\rho_3}\boldsymbol{f}^{\mathrm{T}}(\hat{\boldsymbol{x}}_k)\boldsymbol{B}_k^{\mathrm{T}} & \sqrt{\rho_6}\hat{\boldsymbol{x}}_k^{\mathrm{T}}\boldsymbol{E}_k^{\mathrm{T}}\bar{\boldsymbol{K}}_k^{(1)}\end{bmatrix}$$

$$\mathfrak{N}_{1,k}=\begin{bmatrix}\boldsymbol{N}_k & \mathbf{0}\end{bmatrix}^{\mathrm{T}},\quad \aleph_{1,k}=\begin{bmatrix}\mathbf{0} & \mathbf{0} & \sqrt{\rho_2}\boldsymbol{H}_k^{\mathrm{T}} & \mathbf{0} & \mathbf{0} & \mathbf{0}\end{bmatrix}$$

$$\aleph_{2,k}=\begin{bmatrix}\sqrt{\rho_2}\boldsymbol{H}_k^{\mathrm{T}} & \mathbf{0} & \mathbf{0} & \mathbf{0}\end{bmatrix}$$

$$\vec{\boldsymbol{\Psi}}_{11}=\boldsymbol{\Psi}_{11}+\left(\epsilon_{3,k}+\epsilon_{4,k}\right)\boldsymbol{H}_k\boldsymbol{H}_k^{\mathrm{T}}$$

$$\boldsymbol{\Gamma}_{12}=\begin{bmatrix}\sqrt{\rho_3}\boldsymbol{A}_k\boldsymbol{Z}_k & \mathbf{0} & \sqrt{\rho_4}\boldsymbol{K}_k\boldsymbol{E}_k\boldsymbol{Z}_k & \sqrt{\rho_5}\bar{\boldsymbol{K}}_k^{(2)}\boldsymbol{E}_k\boldsymbol{Z}_k\end{bmatrix}$$

$$\boldsymbol{\Gamma}_{14}=\begin{bmatrix}\mathbf{0} & \sqrt{\rho_7}\boldsymbol{K}_k\boldsymbol{E}_k\hat{\boldsymbol{x}}_k & \sqrt{\rho_6}\bar{\boldsymbol{K}}_k^{(2)}\boldsymbol{E}_k\hat{\boldsymbol{x}}_k^{\mathrm{T}}\end{bmatrix}$$

$$\aleph_{3,k}=\begin{bmatrix}\mathbf{0} & \sqrt{\rho_2}\boldsymbol{N}_k\boldsymbol{Z}_k & \mathbf{0} & \mathbf{0}\end{bmatrix}$$

$$\aleph_{4,k}=\begin{bmatrix}\sqrt{\rho_2}\boldsymbol{N}_k\hat{\boldsymbol{x}}_k & \mathbf{0} & \mathbf{0}\end{bmatrix}$$

且$\boldsymbol{\Theta}_{11}$，$\tilde{\boldsymbol{\mho}}_{33}$，$\boldsymbol{\Psi}_{11}$，$\boldsymbol{\Psi}_{15}$，$\boldsymbol{\Psi}_{16}$，$\boldsymbol{\Psi}_{22}$，$\boldsymbol{\Psi}_{44}$，$\boldsymbol{\Psi}_{55}$和$\boldsymbol{\Psi}_{66}$的定义在定理 7.3 中给出。此外，更新规则为如下等式

$$\bar{\boldsymbol{S}}_{k+1}=\boldsymbol{S}_{k+1}^{-1}$$

那么可获得待求的估计器增益矩阵。

证　把不等式（7-23）写为以下形式

$$\begin{bmatrix}\boldsymbol{\Theta}_{11} & \boldsymbol{\Lambda}_{12}\\ * & \boldsymbol{\Theta}_{22}\end{bmatrix}+\bar{\boldsymbol{N}}_{1,k}\boldsymbol{F}_k^{\mathrm{T}}\bar{\boldsymbol{H}}_{1,k}+\bar{\boldsymbol{H}}_{1,k}^{\mathrm{T}}\boldsymbol{F}_k\bar{\boldsymbol{N}}_{1,k}^{\mathrm{T}}+\bar{\boldsymbol{N}}_{2,k}\boldsymbol{F}_k^{\mathrm{T}}\bar{\boldsymbol{H}}_{2,k}+\bar{\boldsymbol{H}}_{2,k}^{\mathrm{T}}\boldsymbol{F}_k\bar{\boldsymbol{N}}_{2,k}^{\mathrm{T}}<\mathbf{0}\quad(7\text{-}29)$$

其中

$$\boldsymbol{\Lambda}_{12}=\mathrm{diag}\left\{\boldsymbol{\Pi}_{11},\boldsymbol{\Pi}_{22},\tilde{\boldsymbol{\mho}}_{33}\right\}$$

$$\boldsymbol{\Upsilon}_{33}=\mathrm{diag}\left\{-\epsilon_{1,k}\boldsymbol{I},-\epsilon_{1,k}\boldsymbol{I},-\epsilon_{2,k}\boldsymbol{I},-\epsilon_{2,k}\boldsymbol{I}\right\}$$

$$\bar{\boldsymbol{N}}_{1,k}=\begin{bmatrix}\mathfrak{N}_{1,k}^{\mathrm{T}} & \mathbf{0} & \mathbf{0} & \mathbf{0}\end{bmatrix}^{\mathrm{T}}$$

$$\bar{\boldsymbol{H}}_{1,k}=\begin{bmatrix}\mathbf{0} & \aleph_{1,k} & \mathbf{0} & \mathbf{0}\end{bmatrix}$$

$$\bar{\boldsymbol{N}}_{2,k}=\begin{bmatrix}\mathbf{0} & \boldsymbol{N}_k\hat{\boldsymbol{x}}_k & \mathbf{0} & \mathbf{0}\end{bmatrix}^{\mathrm{T}}$$

$$\bar{\boldsymbol{H}}_{2,k}=\begin{bmatrix}\mathbf{0} & \mathbf{0} & \aleph_{2,k} & \mathbf{0}\end{bmatrix}$$

此外，$\boldsymbol{\Theta}_{11}$，$\boldsymbol{\Theta}_{22}$和$\tilde{\boldsymbol{\mho}}_{33}$在定理 7.3 中给出。

根据引理 2.3 以及式（7-29），很容易得到以下不等式成立

$$\begin{bmatrix}\boldsymbol{\Theta}_{11} & \boldsymbol{\Lambda}_{12}\\ * & \boldsymbol{\Theta}_{22}\end{bmatrix}+\epsilon_{1,k}\bar{\boldsymbol{N}}_{1,k}\bar{\boldsymbol{N}}_{1,k}^{\mathrm{T}}+\epsilon_{1,k}^{-1}\bar{\boldsymbol{H}}_{1,k}^{\mathrm{T}}\bar{\boldsymbol{H}}_{1,k}+\epsilon_{2,k}\bar{\boldsymbol{N}}_{2,k}\bar{\boldsymbol{N}}_{2,k}^{\mathrm{T}}+\epsilon_{2,k}^{-1}\bar{\boldsymbol{H}}_{2,k}^{\mathrm{T}}\bar{\boldsymbol{H}}_{2,k}<\mathbf{0}$$

同理，式（7-24）可以很容易写为如下的不等式

$$\mathfrak{H}+\tilde{\boldsymbol{N}}_{1,k}\boldsymbol{F}_k\tilde{\boldsymbol{H}}_{1,k}+\tilde{\boldsymbol{H}}_{1,k}^{\mathrm{T}}\boldsymbol{F}_k^{\mathrm{T}}\tilde{\boldsymbol{N}}_{1,k}^{\mathrm{T}}+\tilde{\boldsymbol{N}}_{1,k}\boldsymbol{F}_k\tilde{\boldsymbol{H}}_{2,k}+\tilde{\boldsymbol{H}}_{2,k}^{\mathrm{T}}\boldsymbol{F}_k^{\mathrm{T}}\tilde{\boldsymbol{N}}_{1,k}^{\mathrm{T}}<\mathbf{0}$$

其中

$$\mathfrak{H}=\begin{bmatrix}\boldsymbol{\Psi}_{11} & \boldsymbol{\Gamma}_{12} & \sqrt{\rho_3}\boldsymbol{A}_{d,k}\boldsymbol{Z}_{k-d} & \boldsymbol{\Gamma}_{14} & \boldsymbol{\Psi}_{15} & \boldsymbol{\Psi}_{16}\\ * & \boldsymbol{\Psi}_{22} & \mathbf{0} & \mathbf{0} & \mathbf{0} & \mathbf{0}\\ * & * & -\boldsymbol{Z}_{k-d} & \mathbf{0} & \mathbf{0} & \mathbf{0}\\ * & * & * & \boldsymbol{\Psi}_{44} & \mathbf{0} & \mathbf{0}\\ * & * & * & * & \boldsymbol{\Psi}_{55} & \mathbf{0}\\ * & * & * & * & * & \boldsymbol{\Psi}_{66}\end{bmatrix}$$

$$\tilde{\boldsymbol{N}}_{1,k}=\begin{bmatrix}\boldsymbol{H}_k^{\mathrm{T}} & \mathbf{0} & \mathbf{0} & \mathbf{0} & \mathbf{0} & \mathbf{0}\end{bmatrix}^{\mathrm{T}}$$

$$\tilde{\boldsymbol{H}}_{1,k}=\begin{bmatrix}\mathbf{0} & \boldsymbol{\aleph}_{3,k} & \mathbf{0} & \mathbf{0} & \mathbf{0} & \mathbf{0}\end{bmatrix}$$

$$\tilde{\boldsymbol{H}}_{2,k}=\begin{bmatrix}\mathbf{0} & \mathbf{0} & \mathbf{0} & \boldsymbol{\aleph}_{4,k} & \mathbf{0} & \mathbf{0}\end{bmatrix}$$

其中，$\boldsymbol{\Gamma}_{12}$，$\boldsymbol{\Gamma}_{14}$，$\boldsymbol{\aleph}_{3,k}$和$\boldsymbol{\aleph}_{4,k}$定义在式（7-27）中。

根据引理 2.3，不难得到如下的不等式

$$\mathfrak{H}+\epsilon_{3,k}\tilde{\boldsymbol{N}}_{1,k}\tilde{\boldsymbol{N}}_{1,k}^{\mathrm{T}}+\epsilon_{3,k}^{-1}\tilde{\boldsymbol{H}}_{1,k}^{\mathrm{T}}\tilde{\boldsymbol{H}}_{1,k}+\epsilon_{4,k}\tilde{\boldsymbol{N}}_{1,k}\tilde{\boldsymbol{N}}_{1,k}^{\mathrm{T}}+\epsilon_{4,k}^{-1}\tilde{\boldsymbol{H}}_{2,k}^{\mathrm{T}}\tilde{\boldsymbol{H}}_{2,k}<\mathbf{0}$$

因此，不难推导出不等式（7-26）等价于不等式（7-23），不等式（7-27）等价于不等式（7-24），故误差系统满足 H_∞ 性能约束和方差约束。到此定理 7.4 证毕。

注 7.2 本章探讨了混合攻击影响下的不确定时变神经网络方差约束 H_∞状态估计问题。当采用 DoS 攻击策略时，攻击者通过占用网络带宽来阻止数据包到达目的地；当采用欺骗攻击策略时，攻击者可以截获数据包并向数据包中注入虚假数据。如果处理不当，网络攻击可能会降低目标的性能，甚至造成巨大损失。因此，在这一章中，我们处理具有混合攻击的离散时变状态估计问题，其中引入了两个性能指标以满足实际需求。本章提出的状态估计方法能够揭示时滞和混合攻击对离散神经网络方差约束 H_∞ 状态估计算法设计带来的影响。特别地，所提非增广方法具有时变特性，可以降低计算复杂度。

基于本章给出的主要结果，我们概括相应的方差约束 H_∞ 状态设计算法，详见表 7-1。

表 7-1 离散神经网络 H_∞ 状态估计算法

步骤 1	给定 H_∞ 性能指标γ，$\bar{\boldsymbol{x}}_0$和它的估计 $\hat{\boldsymbol{x}}_0$ 的初始状态，正定矩阵 $\boldsymbol{H}_\phi$，$\boldsymbol{H}_\varphi$ 和 $\boldsymbol{H}_\psi$，选择矩阵 $\boldsymbol{Z}_0$，$\boldsymbol{S}_0$，$\boldsymbol{T}_i$ $(i=-d,-d+1,\ldots,-1)$ 满足初始条件式（7-25）
步骤 2	解出不等式（7-26）～（7-28），进而得出矩阵 $\boldsymbol{Z}_{k+1}$,$\boldsymbol{S}_{k+1}$ 和增益矩阵 $\boldsymbol{K}_k$
步骤 3	令 $k=k+1$，如果 $k<N$，那么返回到步骤 2，否则进行步骤 4
步骤 4	停止

7.3　数值仿真

考虑不确定时变神经网络（7-1），相关参数如下

$$\boldsymbol{A}_k=\begin{bmatrix}0.7\sin(5.23k) & 0\\ 0 & 0.15\end{bmatrix},\quad \boldsymbol{B}_k=\begin{bmatrix}0.25 & -0.37\\ 0.16 & -0.46\end{bmatrix}$$

$$\boldsymbol{E}_k=\begin{bmatrix}0.3\sin(3.3k) & -0.51\end{bmatrix}$$

$$\boldsymbol{G}_k=\begin{bmatrix}-0.42\sin(4.53k) & -0.22\end{bmatrix}$$

$$\boldsymbol{A}_{d,k}=\begin{bmatrix}0.12\sin(2.3k) & -0.34\\ -0.22 & 0.52\end{bmatrix}$$

$$\boldsymbol{H}_k=\begin{bmatrix}0.19 & -0.54\end{bmatrix}^{\mathrm{T}},\quad \boldsymbol{N}_k=\begin{bmatrix}-0.2 & -0.3\end{bmatrix}$$

$$\boldsymbol{U}_1=\begin{bmatrix}0.85 & 0\\ 0 & 0.76\end{bmatrix},\quad \boldsymbol{U}_2=\begin{bmatrix}0.8 & 0\\ 0 & 0.7\end{bmatrix}$$

$$\bar{\boldsymbol{K}}_k^{(1)}=\begin{bmatrix}-1.42\sin(k)\\ -1.23\end{bmatrix},\quad \bar{\boldsymbol{K}}_k^{(2)}=\begin{bmatrix}-1.22\sin(k)\\ -1.57\end{bmatrix}$$

$$d=3,\quad \boldsymbol{\delta}_k=1,\quad \bar{\alpha}=0.03$$

$$\bar{\mu}=0.7,\quad \bar{\xi}=0.8$$

激励函数取为

$$\boldsymbol{f}(\boldsymbol{x}_k)=\begin{bmatrix}0.825x_{1,k}-0.025\sin(k)x_{1,k}\\ 0.73x_{2,k}-0.03\sin(k)x_{2,k}\end{bmatrix}$$

其中，$\boldsymbol{x}_k=\begin{bmatrix}x_{1,k} & x_{2,k}\end{bmatrix}^{\mathrm{T}}$ 是神经元的状态向量。取 $\gamma=0.32$，$N=90$，权重矩阵 $\boldsymbol{H}_\phi=0.1$，上界矩阵为 $\{\boldsymbol{\Phi}_k\}_{0\le k\le N+1}=\mathrm{diag}\{0.17,0.17\}$，协方差分别为 $\boldsymbol{Q}_k=\begin{bmatrix}0.24 & 0\\ 0 & 0.06\end{bmatrix}$ 和 $\boldsymbol{R}_k=1$，给定初始状态分别为 $\bar{\boldsymbol{x}}_0=\begin{bmatrix}0.16 & 0.15\sin(3.3k)\end{bmatrix}^{\mathrm{T}}$，$\hat{\boldsymbol{x}}_0=\begin{bmatrix}-0.15\sin(3.12k) & 0.66\end{bmatrix}^{\mathrm{T}}$。

通过求解式（7-26）~（7-28），可得部分状态估计器增益矩阵 $\boldsymbol{K}_k$ 如表 7-2 所示。

表 7-2　参数矩阵

k	$\boldsymbol{K}_k$
1	$\boldsymbol{K}_1=\begin{bmatrix}0.534\,5 & 0.563\,4\end{bmatrix}^{\mathrm{T}}$
2	$\boldsymbol{K}_2=\begin{bmatrix}-0.674\,3 & 0.756\,4\end{bmatrix}^{\mathrm{T}}$
3	$\boldsymbol{K}_3=\begin{bmatrix}0.563\,3 & 0.423\,5\end{bmatrix}^{\mathrm{T}}$
⋮	⋮

针对上述状态估计方法进行 Matlab 数值仿真，可得到相应的仿真图。其中，图 7-1 分别为被控输出 z_k 及其估计值 $\hat{z}_k$，图 7-2 描述了被控输出估计误差 $\tilde{z}_k$ 的轨迹，图 7-3 刻画了误差协方差和实际误差协方差的上界轨迹，图 7-4 描述测量输出遭受到 DoS 攻击和欺骗攻击的轨迹图。从仿真图可以看出，本章所提出的弹性方差约束 H_∞ 状态估计方法可行且有效。

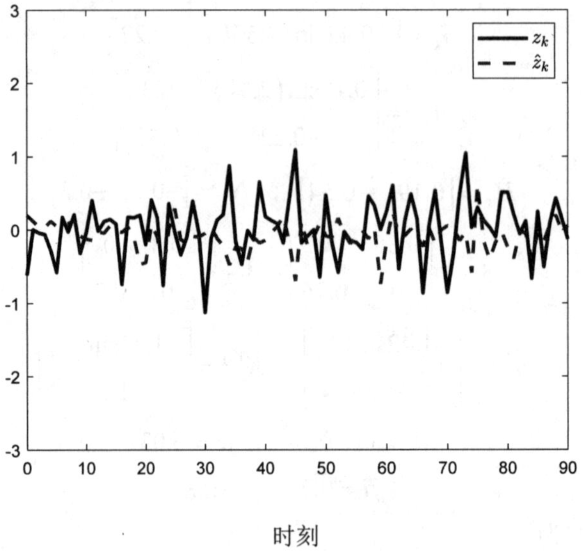

图 7-1　被控输出 z_k 及其估计 $\hat{z}_k$

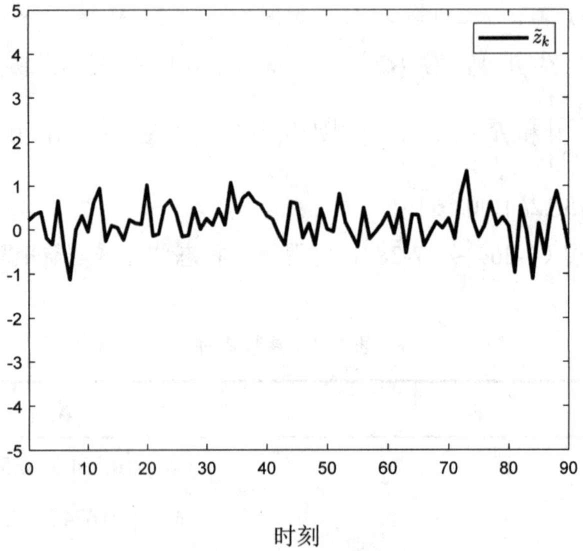

图 7-2　被控输出估计误差 $\tilde{z}_k$

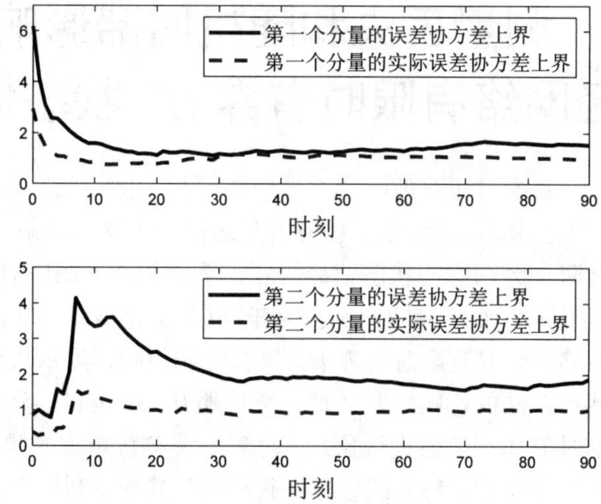

图 7-3　误差协方差和实际误差协方差的上界

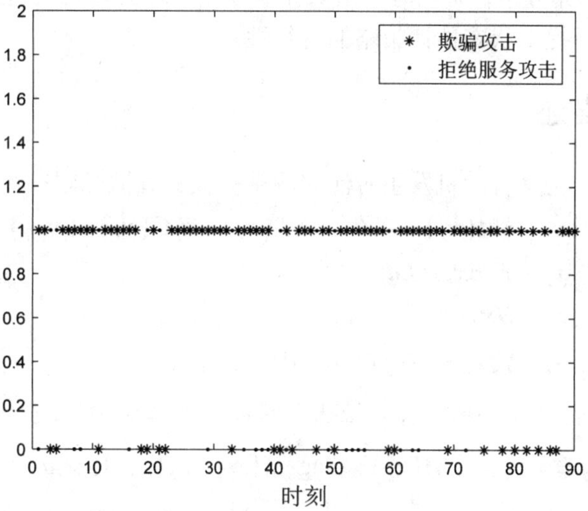

图 7-4　混合恶意攻击情形

7.4　本章小结

本章重点研究了具有混合攻击的离散时滞神经网络弹性方差约束 H_∞ 状态估计问题。基于随机分析方法和线性矩阵不等式技术，得到了误差系统满足两个性能指标的充分条件，提出了新颖的非增广 H_∞ 状态估计算法，该状态估计方法不仅能够抑制扰动的影响，而且可以进一步刻画估计误差范围。通过仿真算例演示了所提出的估计算法的可行性和有效性。

第 8 章　测量丢失和随机时滞影响下忆阻神经网络有限时有界 H_∞ 状态估计

第 2 章至第 7 章探讨了离散时变神经网络的状态估计问题，深入研究了方差约束指标和 H_∞ 性能指标，并给出了相应的状态估计方法及求解策略。从本章起，我们研究离散忆阻神经网络的状态估计问题，重点关注有限时有界、H_∞ 性能约束、椭球约束等指标。首先，针对一类具有随机发生定常时滞和测量丢失现象的离散忆阻神经网络，研究有限时有界 H_∞ 状态估计问题，揭示随机发生定常时滞和测量丢失对估计算法的影响。具体地，采用服从 Bernoulli 分布的随机变量描述随机发生定常时滞和测量丢失现象。注意到系统参数矩阵的状态依赖特性，利用已知信息引入中间变量，将系统参数进行转化。其次，利用上述随机发生现象可获得概率信息，设计新型的状态估计器。基于随机变量的已知概率信息、Lyapunov 稳定性理论和不等式处理技术，提出估计误差系统有限时有界且具有满意 H_∞ 性能的充分条件，同时给出估计器增益矩阵的显式表达式。最后，利用仿真结果演示所提出状态估计策略的可行性。

8.1　问题描述

考虑如下一类具有随机发生时滞和测量丢失的离散忆阻神经网络

$$\begin{cases}\boldsymbol{x}_{k+1}=\boldsymbol{A}(\boldsymbol{x}_k)\boldsymbol{x}_k+\boldsymbol{B}(\boldsymbol{x}_k)\boldsymbol{f}(\boldsymbol{x}_k)+\alpha_k\boldsymbol{C}(\boldsymbol{x}_k)\boldsymbol{g}(\boldsymbol{x}_{k-\tau})+\boldsymbol{D}\boldsymbol{d}_k\\ \boldsymbol{y}_k=\beta_k\boldsymbol{E}\boldsymbol{x}_k+\boldsymbol{L}\boldsymbol{d}_k\\ \boldsymbol{z}_k=\boldsymbol{H}\boldsymbol{x}_k\\ \boldsymbol{x}_k=\boldsymbol{\psi}_k,k=-\tau,-\tau+1,\ldots,0\end{cases}\tag{8-1}$$

其中，$\boldsymbol{x}_k=\begin{bmatrix}x_{1,k} & x_{2,k} & \cdots & x_{n,k}\end{bmatrix}^{\mathrm{T}}$ 是状态向量，$\boldsymbol{y}_k\in\mathbb{R}^m$ 是测量输出，$\boldsymbol{z}_k\in\mathbb{R}^r$ 是被控输出，τ 为定常时滞，$\boldsymbol{A}(\boldsymbol{x}_k)=\operatorname{diag}\{a_1(x_{1,k}),a_2(x_{2,k}),\ldots,a_n(x_{n,k})\}$ 是自反馈矩阵，$\boldsymbol{B}(\boldsymbol{x}_k)=\left[b_{ij}(x_{i,k})\right]_{n\times n}$ 和 $\boldsymbol{C}(\boldsymbol{x}_k)=\left[c_{ij}(x_{i,k})\right]_{n\times n}$ 分别是连接权矩阵和时滞连接权矩阵。$\boldsymbol{f}(\boldsymbol{x}_k)$ 和 $\boldsymbol{g}(\boldsymbol{x}_{k-\tau})$ 是非线性激励函数。$\boldsymbol{d}_k\in\mathbb{R}^r$ 是满足 $\sum_{k=1}^{N}\boldsymbol{d}_k^{\mathrm{T}}\boldsymbol{d}_k\le\delta$ 的有界外部扰动，这里 $\delta>0$ 是已知常数。$\boldsymbol{D}$，$\boldsymbol{E}$，$\boldsymbol{L}$ 和 $\boldsymbol{H}$ 是已知的适当维数实矩阵。$\boldsymbol{\psi}_k$ 是给定的初始条件。

非线性激励函数 $\boldsymbol{f}(\boldsymbol{x}_k)$，$\boldsymbol{g}(\boldsymbol{x}_{k-\tau})$ 满足 $\boldsymbol{f}(\boldsymbol{0})=\boldsymbol{0}$，$\boldsymbol{g}(\boldsymbol{0})=\boldsymbol{0}$ 及如下扇形有界条件

$$\mu_i^-\le\frac{f_i(\beta_1)-f_i(\beta_2)}{\beta_1-\beta_2}\le\mu_i^+$$

$$\nu_i^-\le\frac{g_i(\beta_1)-g_i(\beta_2)}{\beta_1-\beta_2}\le\nu_i^+\quad(\beta_1,\beta_2\in\mathbb{R}\text{ 且 }\beta_1\ne\beta_2)$$

其中，μ_i^-，μ_i^+，ν_i^- 和 ν_i^+ $(i=1,2,\ldots,n)$ 均为已知常数，$f_i(\cdot)$ 和 $g_i(\cdot)$ 分别是非线性激励函数 $\boldsymbol{f}(\cdot)$ 和 $\boldsymbol{g}(\cdot)$ 的第 i 个元素。

采用服从 Bernoulli 分布的随机变量 α_k 和 β_k 来描述随机发生时滞和测量丢失现象，且 α_k 和 β_k 具有如下统计特性

$$\text{Prob}\{\alpha_k=1\}=\mathbb{E}\{\alpha_k\}=\bar{\alpha}，\ \text{Prob}\{\alpha_k=0\}=1-\mathbb{E}\{\alpha_k\}=1-\bar{\alpha}$$

$$\text{Prob}\{\beta_k=1\}=\mathbb{E}\{\beta_k\}=\bar{\beta}，\ \text{Prob}\{\beta_k=0\}=1-\mathbb{E}\{\beta_k\}=1-\bar{\beta}$$

其中，$\bar{\alpha},\bar{\beta}\in[0,1]$ 为已知常数，且 α_k 和 β_k 是相互独立的。

根据文献[32]，$a_i(x_{i,k})$，$b_{ij}(x_{i,k})$ 和 $c_{ij}(x_{i,k})$ 均为状态依赖矩阵参数且满足

$$a_i(x_{i,k})=\begin{cases}\hat{a}_i & (|x_{i,k}|>\kappa_i)\\ \breve{a}_i & (|x_{i,k}|\le\kappa_i)\end{cases}，\ b_{ij}(x_{i,k})=\begin{cases}\hat{b}_{ij} & (|x_{i,k}|>\kappa_i)\\ \breve{b}_{ij} & (|x_{i,k}|\le\kappa_i)\end{cases}，\ c_{ij}(x_{i,k})=\begin{cases}\hat{c}_{ij} & (|x_{i,k}|>\kappa_i)\\ \breve{c}_{ij} & (|x_{i,k}|\le\kappa_i)\end{cases}$$

其中，$\kappa_i>0$，$|\hat{a}_i|<1$，$|\breve{a}_i|<1$，$\hat{b}_{ij}$，$\breve{b}_{ij}$，$\hat{c}_{ij}$ 和 $\breve{c}_{ij}$ 均为已知常数。

定义

$$a_i^-=\min\{\hat{a}_i,\breve{a}_i\}，\ a_i^+=\max\{\hat{a}_i,\breve{a}_i\}，\ b_{ij}^-=\min\{\hat{b}_{ij},\breve{b}_{ij}\}$$

$$b_{ij}^+=\max\{\hat{b}_{ij},\breve{b}_{ij}\}，\ c_{ij}^-=\min\{\hat{c}_{ij},\breve{c}_{ij}\}，\ c_{ij}^+=\max\{\hat{c}_{ij},\breve{c}_{ij}\}$$

$$\boldsymbol{A}^-=\text{diag}\{a_1^-,a_2^-,\ldots,a_n^-\}，\ \boldsymbol{A}^+=\text{diag}\{a_1^+,a_2^+,\ldots,a_n^+\}$$

$$\boldsymbol{B}^-=\{b_{ij}^-\}_{n\times n}，\ \boldsymbol{B}^+=\{b_{ij}^+\}_{n\times n}，\ \boldsymbol{C}^-=\{c_{ij}^-\}_{n\times n}，\ \boldsymbol{C}^+=\{c_{ij}^+\}_{n\times n}$$

易知 $\boldsymbol{A}(\boldsymbol{x}_k)\in[\boldsymbol{A}^-,\boldsymbol{A}^+]$，$\boldsymbol{B}(\boldsymbol{x}_k)\in[\boldsymbol{B}^-,\boldsymbol{B}^+]$ 和 $\boldsymbol{C}(\boldsymbol{x}_k)\in[\boldsymbol{C}^-,\boldsymbol{C}^+]$。接下来，令

$$\bar{\boldsymbol{A}}=\frac{\boldsymbol{A}^-+\boldsymbol{A}^+}{2}，\ \bar{\boldsymbol{B}}=\frac{\boldsymbol{B}^-+\boldsymbol{B}^+}{2}，\ \bar{\boldsymbol{C}}=\frac{\boldsymbol{C}^-+\boldsymbol{C}^+}{2}$$

则有

$$\boldsymbol{A}(\boldsymbol{x}_k)=\bar{\boldsymbol{A}}+\Delta\boldsymbol{A}_k，\ \boldsymbol{B}(\boldsymbol{x}_k)=\bar{\boldsymbol{B}}+\Delta\boldsymbol{B}_k，\ \boldsymbol{C}(\boldsymbol{x}_k)=\bar{\boldsymbol{C}}+\Delta\boldsymbol{C}_k$$

其中，$\Delta\boldsymbol{A}_k=\sum_{i=1}^{n}\boldsymbol{e}_i s_{i,k}\boldsymbol{e}_i^{\mathrm{T}}$，$\Delta\boldsymbol{B}_k=\sum_{i,j=1}^{n}\boldsymbol{e}_i t_{ij,k}\boldsymbol{e}_j^{\mathrm{T}}$ 和 $\Delta\boldsymbol{C}_k=\sum_{i,j=1}^{n}\boldsymbol{e}_i p_{ij,k}\boldsymbol{e}_j^{\mathrm{T}}$。$\boldsymbol{e}_k\in\mathbb{R}^n$ 是第 k 个位置为 1，其余位置为 0 的列向量。$s_{i,k}$，$t_{ij,k}$ 和 $p_{ij,k}$ 是未知标量，且满足 $|s_{i,k}|\le\tilde{a}_i$，$|t_{ij,k}|\le\tilde{b}_{ij}$ 和 $|p_{ij,k}|\le\tilde{c}_{ij}$，其中 $\tilde{a}_i=\frac{a_i^+-a_i^-}{2}$，$\tilde{b}_{ij}=\frac{b_{ij}^+-b_{ij}^-}{2}$，$\tilde{c}_{ij}=\frac{c_{ij}^+-c_{ij}^-}{2}$。那么，未知参数矩阵 $\Delta\boldsymbol{A}_k$，$\Delta\boldsymbol{B}_k$ 和 $\Delta\boldsymbol{C}_k$ 可以写成如下形式

$$\Delta\boldsymbol{A}_k=\boldsymbol{\mathcal{M}}\boldsymbol{F}_{1,k}\boldsymbol{N}_1，\ \Delta\boldsymbol{B}_k=\boldsymbol{\mathcal{M}}\boldsymbol{F}_{2,k}\boldsymbol{N}_2，\ \Delta\boldsymbol{C}_k=\boldsymbol{\mathcal{M}}\boldsymbol{F}_{3,k}\boldsymbol{N}_3$$

其中，$\boldsymbol{\mathcal{M}}=[\boldsymbol{M}_1\ \ \boldsymbol{M}_2\ \ \ldots\ \ \boldsymbol{M}_n]$，$\boldsymbol{N}_i=[\boldsymbol{N}_{i1}\ \ \boldsymbol{N}_{i2}\ \ \ldots\ \ \boldsymbol{N}_{in}]^{\mathrm{T}}$ 均为已知实矩阵。这里，未知时变矩阵 $\boldsymbol{F}_{i,k}$ $(i=1,2,3)$ 具有如下形式

$$\boldsymbol{F}_{i,k}=\text{diag}\{F_{i1,k},\ldots,F_{in,k}\}，\ \boldsymbol{F}_{1j,k}=\text{diag}\Big\{\underbrace{0,\ldots,0}_{j-1\text{个}},s_{j,k}\tilde{a}_j^{-1},\underbrace{0,\ldots,0}_{n-j\text{个}}\Big\}$$

$$\boldsymbol{F}_{2j,k}=\text{diag}\{t_{j1,k}\tilde{b}_{j1}^{-1},\ldots,t_{jn,k}\tilde{b}_{jn}^{-1}\}，\ \boldsymbol{F}_{3j,k}=\text{diag}\{p_{j1,k}\tilde{c}_{j1}^{-1},\ldots,p_{jn,k}\tilde{c}_{jn}^{-1}\}$$

不难看出$\boldsymbol{F}_{i,k}$满足条件$\boldsymbol{F}_{i,k}^{\mathrm{T}}\boldsymbol{F}_{i,k} \le \boldsymbol{I}$，其余矩阵为

$$\boldsymbol{M}_i = \big[\underbrace{\boldsymbol{e}_i \quad \boldsymbol{e}_i \quad \cdots \quad \boldsymbol{e}_i}_{n个}\big],\ \boldsymbol{N}_{1j} = \begin{bmatrix}\boldsymbol{e}_1 & \boldsymbol{e}_2 & \cdots & \tilde{a}_j\boldsymbol{e}_j & \boldsymbol{e}_{j+1} & \cdots & \boldsymbol{e}_n\end{bmatrix}$$

$$\boldsymbol{N}_{2j} = \begin{bmatrix}\tilde{b}_{j1}\boldsymbol{e}_1 & \tilde{b}_{j2}\boldsymbol{e}_2 & \cdots & \tilde{b}_{jn}\boldsymbol{e}_n\end{bmatrix},\ \boldsymbol{N}_{3j} = \begin{bmatrix}\tilde{c}_{j1}\boldsymbol{e}_1 & \tilde{c}_{j2}\boldsymbol{e}_2 & \cdots & \tilde{c}_{jn}\boldsymbol{e}_n\end{bmatrix}$$

基于随机发生时滞和测量丢失的概率信息，构造如下状态估计器

$$\begin{cases}\hat{\boldsymbol{x}}_{k+1} = \bar{\boldsymbol{A}}\hat{\boldsymbol{x}}_k + \bar{\boldsymbol{B}}\boldsymbol{f}(\hat{\boldsymbol{x}}_k) + \bar{\alpha}\bar{\boldsymbol{C}}\boldsymbol{g}(\hat{\boldsymbol{x}}_{k-\tau}) + \boldsymbol{K}(\boldsymbol{y}_k - \bar{\beta}\boldsymbol{E}\hat{\boldsymbol{x}}_k) \\ \hat{\boldsymbol{x}}_m = \boldsymbol{0}, m = -\tau, -\tau+1, \ldots, 0 \\ \hat{\boldsymbol{z}}_k = \boldsymbol{H}\hat{\boldsymbol{x}}_k\end{cases} \tag{8-2}$$

其中，$\hat{\boldsymbol{x}}_k$是$\boldsymbol{x}_k$的状态估计，$\hat{\boldsymbol{z}}_k$是$\boldsymbol{z}_k$的估计，$\boldsymbol{K}$是待设计的估计器增益矩阵。

令估计误差为$\boldsymbol{e}_k = \boldsymbol{x}_k - \hat{\boldsymbol{x}}_k$，根据式（8-1）和（8-2）得到如下估计误差动态方程

$$\begin{cases}\boldsymbol{e}_{k+1} = (\bar{\boldsymbol{A}} - \bar{\beta}\boldsymbol{KE})\boldsymbol{e}_k + (\Delta\boldsymbol{A}_k - \tilde{\beta}\boldsymbol{KE})\boldsymbol{x}_k + \overline{\boldsymbol{B}\boldsymbol{f}}(\boldsymbol{e}_k) \\ \qquad + \Delta\boldsymbol{B}_k\boldsymbol{f}(\boldsymbol{x}_k) + \bar{\alpha}\bar{\boldsymbol{C}}\bar{\boldsymbol{g}}(\boldsymbol{e}_{k-\tau}) + \bar{\alpha}\Delta\boldsymbol{C}_k\boldsymbol{g}(\boldsymbol{x}_{k-\tau}) \\ \qquad + \tilde{\alpha}(\bar{\boldsymbol{C}} + \Delta\boldsymbol{C}_k)\boldsymbol{g}(\boldsymbol{x}_{k-\tau}) + (\boldsymbol{D} - \boldsymbol{KL})\boldsymbol{d}_k \\ \boldsymbol{e}_k = \boldsymbol{\psi}_k, k = -\tau, -\tau+1, \ldots, 0\end{cases} \tag{8-3}$$

其中，$\bar{\boldsymbol{f}}(\boldsymbol{e}_k) = \boldsymbol{f}(\boldsymbol{x}_k) - \boldsymbol{f}(\hat{\boldsymbol{x}}_k)$，$\bar{\boldsymbol{g}}(\boldsymbol{e}_{k-\tau}) = \boldsymbol{g}(\boldsymbol{x}_{k-\tau}) - \boldsymbol{g}(\hat{\boldsymbol{x}}_{k-\tau})$，$\tilde{\alpha} = \alpha_k - \bar{\alpha}$和$\tilde{\beta} = \beta_k - \bar{\beta}$。

接下来，记

$$\boldsymbol{\eta}_k = \begin{bmatrix}\boldsymbol{x}_k^{\mathrm{T}} & \boldsymbol{e}_k^{\mathrm{T}}\end{bmatrix}^{\mathrm{T}}$$

$$\boldsymbol{f}(\boldsymbol{\eta}_k) = \begin{bmatrix}\boldsymbol{f}^{\mathrm{T}}(\boldsymbol{x}_k) & \bar{\boldsymbol{f}}^{\mathrm{T}}(\boldsymbol{e}_k)\end{bmatrix}^{\mathrm{T}}$$

$$\boldsymbol{g}(\boldsymbol{\eta}_{k-\tau}) = \begin{bmatrix}\boldsymbol{g}^{\mathrm{T}}(\boldsymbol{x}_{k-\tau}) & \bar{\boldsymbol{g}}^{\mathrm{T}}(\boldsymbol{e}_{k-\tau})\end{bmatrix}^{\mathrm{T}}$$

结合系统（8-1）和估计误差系统（8-3），得到如下增广系统

$$\begin{aligned}\boldsymbol{\eta}_{k+1} = &(\boldsymbol{\mathcal{A}} + \Delta\boldsymbol{A})\boldsymbol{\eta}_k + (\boldsymbol{B} + \Delta\boldsymbol{B})\boldsymbol{f}(\boldsymbol{\eta}_k) \\ &+ (\tilde{\alpha}\boldsymbol{C}_1 + \bar{\alpha}\boldsymbol{C}_2 + \tilde{\alpha}\Delta\boldsymbol{C} + \bar{\alpha}\Delta\boldsymbol{C})\boldsymbol{g}(\boldsymbol{\eta}_{k-\tau}) + \tilde{\boldsymbol{D}}\boldsymbol{d}_k\end{aligned} \tag{8-4}$$

其中

$$\boldsymbol{\mathcal{A}} = \begin{bmatrix}\bar{\boldsymbol{A}} & \boldsymbol{0} \\ -\tilde{\beta}\boldsymbol{KE} & \bar{\boldsymbol{A}} - \bar{\beta}\boldsymbol{KE}\end{bmatrix},\ \Delta\boldsymbol{A} = \begin{bmatrix}\Delta\boldsymbol{A}_k & \boldsymbol{0} \\ \Delta\boldsymbol{A}_k & \boldsymbol{0}\end{bmatrix},\ \boldsymbol{B} = \begin{bmatrix}\bar{\boldsymbol{B}} & \boldsymbol{0} \\ \boldsymbol{0} & \bar{\boldsymbol{B}}\end{bmatrix},\ \Delta\boldsymbol{B} = \begin{bmatrix}\Delta\boldsymbol{B}_k & \boldsymbol{0} \\ \Delta\boldsymbol{B}_k & \boldsymbol{0}\end{bmatrix}$$

$$\boldsymbol{C}_1 = \begin{bmatrix}\bar{\boldsymbol{C}} & \boldsymbol{0} \\ \bar{\boldsymbol{C}} & \boldsymbol{0}\end{bmatrix},\ \boldsymbol{C}_2 = \begin{bmatrix}\bar{\boldsymbol{C}} & \boldsymbol{0} \\ \boldsymbol{0} & \bar{\boldsymbol{C}}\end{bmatrix},\ \Delta\boldsymbol{C} = \begin{bmatrix}\Delta\boldsymbol{C}_k & \boldsymbol{0} \\ \Delta\boldsymbol{C}_k & \boldsymbol{0}\end{bmatrix},\ \tilde{\boldsymbol{D}} = \begin{bmatrix}\boldsymbol{D} \\ \boldsymbol{D} - \boldsymbol{KL}\end{bmatrix}$$

为方便后续推导，引入如下定义。

定义 8.1[224] 当$\boldsymbol{d}_k = \boldsymbol{0}$时，如果增广系统（8-4）满足

$$\boldsymbol{\eta}_0^{\mathrm{T}}\boldsymbol{\Gamma}\boldsymbol{\eta}_0 \le c_1^2 \Rightarrow \mathbb{E}\{\boldsymbol{\eta}_k^{\mathrm{T}}\boldsymbol{\Gamma}\boldsymbol{\eta}_k\} \le c_2^2 \quad (\forall k \in \{1, \ldots, N\})$$

其中，$0 < c_1 < c_2$，$\boldsymbol{\Gamma} > \boldsymbol{0}$和$N \in \mathbb{N}^+$，那么称增广系统是有限时有界的。

定义 8.2[222] 对于给定的扰动衰减水平$\gamma > 0$和$\boldsymbol{d}_k \ne \boldsymbol{0}$，在初始条件为零的

情况下，若 $\tilde{z}_k = z_k - \hat{z}_k$ 满足

$$\sum_{k=1}^{N} \mathbb{E}\left\{\tilde{z}_k^{\mathrm{T}} \tilde{z}_k\right\} \le \gamma^2 \sum_{k=1}^{N} \boldsymbol{d}_k^{\mathrm{T}} \boldsymbol{d}_k$$

则称系统满足 H_∞ 性能约束条件。

8.2 有限时有界 H_∞ 状态估计算法设计

本节中，通过构造具有时滞信息的 Lyapunov-Krasovskii 泛函，以线性矩阵不等式形式给出增广系统(8-4)关于$(c_1,c_2,\boldsymbol{\Gamma},N)$有限时有界并且系统具有满意 H_∞ 性能的充分性判据。此外，给出估计器增益矩阵的具体表达式。

定理 8.1 考虑增广系统（8-4），给定估计器增益矩阵 $\boldsymbol{K}$，$\boldsymbol{d}_k = \boldsymbol{0}$，$0 < c_1 < c_2$ 和 $\boldsymbol{\Gamma} > \boldsymbol{0}$，若存在对角矩阵 $\boldsymbol{U}_1 > \boldsymbol{0}$，$\boldsymbol{U}_2 > \boldsymbol{0}$，$\boldsymbol{W}_1 > \boldsymbol{0}$ 和 $\boldsymbol{W}_2 > \boldsymbol{0}$，标量 δ_1，δ_2 和正定对称矩阵 $\boldsymbol{P}$，$\boldsymbol{Q}$ 满足下列不等式

$$\boldsymbol{\Psi} = \begin{bmatrix} \boldsymbol{\Psi}_{11} - \boldsymbol{\Upsilon}_{11} & \boldsymbol{0} & \boldsymbol{\Psi}_{13} - \boldsymbol{\Upsilon}_{12} & \boldsymbol{\Psi}_{14} \\ * & -\boldsymbol{Q} - \boldsymbol{\Upsilon}_{21} & \boldsymbol{0} & -\boldsymbol{\Upsilon}_{22} \\ * & * & \boldsymbol{\Psi}_{33} - \boldsymbol{\Upsilon}_{13} & \boldsymbol{\Psi}_{34} \\ * & * & * & \boldsymbol{\Psi}_{44} - \boldsymbol{\Upsilon}_{23} \end{bmatrix} < \boldsymbol{0} \tag{8-5}$$

$$\boldsymbol{\Gamma} < \boldsymbol{P} < \delta_1 \boldsymbol{\Gamma} \tag{8-6}$$

$$\boldsymbol{0} < \boldsymbol{Q} < \delta_2 \boldsymbol{\Gamma} \tag{8-7}$$

$$\delta_1 + \delta_2 \tau \le \frac{c_2^2}{c_1^2} \tag{8-8}$$

其中

$$\boldsymbol{\Psi}_{11} = \left(\boldsymbol{A}_1 + \Delta\boldsymbol{A}\right)^{\mathrm{T}} \boldsymbol{P} \left(\boldsymbol{A}_1 + \Delta\boldsymbol{A}\right) + \bar{\beta}\left(1 - \bar{\beta}\right) \boldsymbol{A}_2^{\mathrm{T}} \boldsymbol{P} \boldsymbol{A}_2 - \boldsymbol{P} + \boldsymbol{Q}$$

$$\boldsymbol{\Psi}_{13} = \left(\boldsymbol{A}_1 + \Delta\boldsymbol{A}\right)^{\mathrm{T}} \boldsymbol{P} \left(\boldsymbol{B} + \Delta\boldsymbol{B}\right)$$

$$\boldsymbol{\Psi}_{14} = \bar{\alpha}\left(\boldsymbol{A}_1 + \Delta\boldsymbol{A}\right)^{\mathrm{T}} \boldsymbol{P} \left(\boldsymbol{C}_2 + \Delta\boldsymbol{C}\right)$$

$$\boldsymbol{\Psi}_{33} = \left(\boldsymbol{B} + \Delta\boldsymbol{B}\right)^{\mathrm{T}} \boldsymbol{P} \left(\boldsymbol{B} + \Delta\boldsymbol{B}\right)$$

$$\boldsymbol{\Psi}_{34} = \bar{\alpha}\left(\boldsymbol{B} + \Delta\boldsymbol{B}\right)^{\mathrm{T}} \boldsymbol{P} \left(\boldsymbol{C}_2 + \Delta\boldsymbol{C}\right)$$

$$\boldsymbol{\Psi}_{44} = \bar{\alpha}\left(1 - \bar{\alpha}\right)\left(\boldsymbol{C}_1 + \Delta\boldsymbol{C}\right)^{\mathrm{T}} \boldsymbol{P} \left(\boldsymbol{C}_1 + \Delta\boldsymbol{C}\right) + \bar{\alpha}^2 \left(\boldsymbol{C}_2 + \Delta\boldsymbol{C}\right)^{\mathrm{T}} \boldsymbol{P} \left(\boldsymbol{C}_2 + \Delta\boldsymbol{C}\right)$$

$$\boldsymbol{A}_1 = \begin{bmatrix} \bar{\boldsymbol{A}} & \boldsymbol{0} \\ \boldsymbol{0} & \bar{\boldsymbol{A}} - \bar{\beta}\boldsymbol{K}\boldsymbol{E} \end{bmatrix},\ \boldsymbol{A}_2 = \begin{bmatrix} \boldsymbol{0} & \boldsymbol{0} \\ -\boldsymbol{K}\boldsymbol{E} & \boldsymbol{0} \end{bmatrix},\ \Delta\boldsymbol{A} = \begin{bmatrix} \Delta\boldsymbol{A}_k & \boldsymbol{0} \\ \Delta\boldsymbol{A}_k & \boldsymbol{0} \end{bmatrix},\ \boldsymbol{B} = \begin{bmatrix} \bar{\boldsymbol{B}} & \boldsymbol{0} \\ \boldsymbol{0} & \bar{\boldsymbol{B}} \end{bmatrix}$$

$$\Delta\boldsymbol{B} = \begin{bmatrix} \Delta\boldsymbol{B}_k & \boldsymbol{0} \\ \Delta\boldsymbol{B}_k & \boldsymbol{0} \end{bmatrix},\ \boldsymbol{C}_1 = \begin{bmatrix} \bar{\boldsymbol{C}} & \boldsymbol{0} \\ \bar{\boldsymbol{C}} & \boldsymbol{0} \end{bmatrix},\ \boldsymbol{C}_2 = \begin{bmatrix} \bar{\boldsymbol{C}} & \boldsymbol{0} \\ \boldsymbol{0} & \bar{\boldsymbol{C}} \end{bmatrix},\ \Delta\boldsymbol{C} = \begin{bmatrix} \Delta\boldsymbol{C}_k & \boldsymbol{0} \\ \Delta\boldsymbol{C}_k & \boldsymbol{0} \end{bmatrix}$$

$$\boldsymbol{\Upsilon}_{11} = \begin{bmatrix} \boldsymbol{U}_1\hat{\boldsymbol{\mu}}_1 & \boldsymbol{0} \\ \boldsymbol{0} & \boldsymbol{W}_1\hat{\boldsymbol{\mu}}_1 \end{bmatrix},\ \boldsymbol{\Upsilon}_{12} = \begin{bmatrix} \boldsymbol{U}_1\hat{\boldsymbol{\mu}}_2 & \boldsymbol{0} \\ \boldsymbol{0} & \boldsymbol{W}_1\hat{\boldsymbol{\mu}}_2 \end{bmatrix},\ \boldsymbol{\Upsilon}_{13} = \begin{bmatrix} \boldsymbol{U}_1 & \boldsymbol{0} \\ \boldsymbol{0} & \boldsymbol{W}_1 \end{bmatrix}$$

$$\boldsymbol{\Upsilon}_{21}=\begin{bmatrix}\boldsymbol{U}_2\hat{\boldsymbol{\nu}}_1 & \boldsymbol{0}\\ \boldsymbol{0} & \boldsymbol{W}_2\hat{\boldsymbol{\nu}}_1\end{bmatrix},\ \boldsymbol{\Upsilon}_{22}=\begin{bmatrix}\boldsymbol{U}_2\hat{\boldsymbol{\nu}}_2 & \boldsymbol{0}\\ \boldsymbol{0} & \boldsymbol{W}_2\hat{\boldsymbol{\nu}}_2\end{bmatrix},\ \boldsymbol{\Upsilon}_{23}=\begin{bmatrix}\boldsymbol{U}_2 & \boldsymbol{0}\\ \boldsymbol{0} & \boldsymbol{W}_2\end{bmatrix}$$

$$\hat{\boldsymbol{\mu}}_1=\mathrm{diag}\left\{\mu_1^+\mu_1^-,\mu_2^+\mu_2^-,\dots,\mu_n^+\mu_n^-\right\}$$

$$\hat{\boldsymbol{\nu}}_1=\mathrm{diag}\left\{\nu_1^+\nu_1^-,\nu_2^+\nu_2^-,\dots,\nu_n^+\nu_n^-\right\}$$

$$\hat{\boldsymbol{\mu}}_2=\mathrm{diag}\left\{-\frac{\mu_1^++\mu_1^-}{2},-\frac{\mu_2^++\mu_2^-}{2},\dots,-\frac{\mu_n^++\mu_n^-}{2}\right\}$$

$$\hat{\boldsymbol{\nu}}_2=\mathrm{diag}\left\{-\frac{\nu_1^++\nu_1^-}{2},-\frac{\nu_2^++\nu_2^-}{2},\dots,-\frac{\nu_n^++\nu_n^-}{2}\right\}$$

则增广系统（8-4）是有限时有界的。

证 构造如下形式的 Lyapunov-Krasovskii 泛函

$$V\left(\boldsymbol{\eta}_k\right)=\boldsymbol{\eta}_k^{\mathrm{T}}\boldsymbol{P}\boldsymbol{\eta}_k+\sum_{l=k-\tau}^{k-1}\boldsymbol{\eta}_l^{\mathrm{T}}\boldsymbol{Q}\boldsymbol{\eta}_l \tag{8-9}$$

其中，$\boldsymbol{P}>\boldsymbol{0}$和$\boldsymbol{Q}>\boldsymbol{0}$为待求矩阵。

在$\boldsymbol{d}_k=\boldsymbol{0}$的情况下，沿着增广系统(8-4)的解对$V\left(\boldsymbol{\eta}_k\right)$作差分并取数学期望，可以得到

$$\mathbb{E}\left\{V\left(\boldsymbol{\eta}_k\right)\right\}=\mathbb{E}\left\{\boldsymbol{\xi}_k^{\mathrm{T}}\boldsymbol{\Psi}_1\boldsymbol{\xi}_k\right\} \tag{8-10}$$

其中

$$\boldsymbol{\xi}_k=\begin{bmatrix}\boldsymbol{\eta}_k^{\mathrm{T}} & \boldsymbol{\eta}_{k-\tau}^{\mathrm{T}} & \boldsymbol{f}^{\mathrm{T}}\left(\boldsymbol{\eta}_k\right) & \boldsymbol{g}^{\mathrm{T}}\left(\boldsymbol{\eta}_{k-\tau}\right)\end{bmatrix}^{\mathrm{T}}$$

$$\boldsymbol{\Psi}_1=\begin{bmatrix}\boldsymbol{\Psi}_{11} & \boldsymbol{0} & \boldsymbol{\Psi}_{13} & \boldsymbol{\Psi}_{14}\\ * & -\boldsymbol{Q} & \boldsymbol{0} & \boldsymbol{0}\\ * & * & \boldsymbol{\Psi}_{33} & \boldsymbol{\Psi}_{34}\\ * & * & * & \boldsymbol{\Psi}_{44}\end{bmatrix}$$

且$\boldsymbol{\Psi}_{ij}\left(i=1,2,3,4;j=1,3,4\right)$如定理 8.1 中所示。

由引理 2.1 可以得到

$$\begin{bmatrix}\boldsymbol{\eta}_k\\ \boldsymbol{f}\left(\boldsymbol{\eta}_k\right)\end{bmatrix}^{\mathrm{T}}\begin{bmatrix}\boldsymbol{\Upsilon}_{11} & \boldsymbol{\Upsilon}_{12}\\ * & \boldsymbol{\Upsilon}_{13}\end{bmatrix}\begin{bmatrix}\boldsymbol{\eta}_k\\ \boldsymbol{f}\left(\boldsymbol{\eta}_k\right)\end{bmatrix}\le 0$$

$$\begin{bmatrix}\boldsymbol{\eta}_{k-\tau}\\ \boldsymbol{g}\left(\boldsymbol{\eta}_{k-\tau}\right)\end{bmatrix}^{\mathrm{T}}\begin{bmatrix}\boldsymbol{\Upsilon}_{21} & \boldsymbol{\Upsilon}_{22}\\ * & \boldsymbol{\Upsilon}_{23}\end{bmatrix}\begin{bmatrix}\boldsymbol{\eta}_{k-\tau}\\ \boldsymbol{g}\left(\boldsymbol{\eta}_{k-\tau}\right)\end{bmatrix}\le 0$$

其中，$\boldsymbol{\Upsilon}_{ij}\left(i=1,2;j=1,2,3\right)$如定理 8.1 中所示。由式（8-5）得到

$$\mathbb{E}\left\{\boldsymbol{\xi}_k^{\mathrm{T}}\boldsymbol{\Psi}\boldsymbol{\xi}_k\right\}\le 0 \tag{8-11}$$

其中，$\boldsymbol{\Psi}$如定理 8.1 中所示。接着，有$\mathbb{E}\left\{V\left(\boldsymbol{\eta}_{k+1}\right)\right\}\le\mathbb{E}\left\{V\left(\boldsymbol{\eta}_k\right)\right\}$和$\mathbb{E}\left\{V\left(\boldsymbol{\eta}_k\right)\right\}\le V\left(\boldsymbol{\eta}_0\right)$。

进一步，可以得到

$$\mathbb{E}\left\{\boldsymbol{\eta}_k^{\mathrm{T}}\boldsymbol{P}\boldsymbol{\eta}_k\right\}\le\mathbb{E}\left\{V\left(\boldsymbol{\eta}_k\right)\right\}\le V\left(\boldsymbol{\eta}_0\right)\le\boldsymbol{\eta}_0^{\mathrm{T}}\boldsymbol{P}\boldsymbol{\eta}_0+\mathbb{E}\left\{\sum_{l=-\tau}^{-1}\boldsymbol{\eta}_l^{\mathrm{T}}\boldsymbol{Q}\boldsymbol{\eta}_l\right\} \tag{8-12}$$

定义 $\tilde{\boldsymbol{P}}=\boldsymbol{\Gamma}^{-\frac{1}{2}}\boldsymbol{P}\boldsymbol{\Gamma}^{-\frac{1}{2}}$ 和 $\tilde{\boldsymbol{Q}}=\boldsymbol{\Gamma}^{-\frac{1}{2}}\boldsymbol{Q}\boldsymbol{\Gamma}^{-\frac{1}{2}}$，得到

$$\lambda_{\min}(\tilde{\boldsymbol{P}})\mathbb{E}\left\{\boldsymbol{\eta}_k^{\mathrm{T}}\boldsymbol{\Gamma}\boldsymbol{\eta}_k\right\}\le\mathbb{E}\left\{\boldsymbol{\eta}_k^{\mathrm{T}}\boldsymbol{P}\boldsymbol{\eta}_k\right\}$$

$$\boldsymbol{\eta}_0^{\mathrm{T}}\boldsymbol{P}\boldsymbol{\eta}_0\le\lambda_{\max}\left(\tilde{\boldsymbol{P}}\right)\boldsymbol{\eta}_0^{\mathrm{T}}\boldsymbol{\Gamma}\boldsymbol{\eta}_0\le\lambda_{\max}\left(\tilde{\boldsymbol{P}}\right)c_1^2$$

$$\mathbb{E}\left\{\sum_{l=-\tau}^{-1}\boldsymbol{\eta}_l^{\mathrm{T}}\boldsymbol{Q}\boldsymbol{\eta}_l\right\}\le\lambda_{\max}\left(\tilde{\boldsymbol{Q}}\right)\tau c_1^2$$

将上述不等式代入式（8-12）有

$$\lambda_{\min}\left(\tilde{\boldsymbol{P}}\right)\mathbb{E}\left\{\boldsymbol{\eta}_k^{\mathrm{T}}\boldsymbol{\Gamma}\boldsymbol{\eta}_k\right\}\le\lambda_{\max}\left(\tilde{\boldsymbol{P}}\right)c_1^2+\lambda_{\max}\left(\tilde{\boldsymbol{Q}}\right)\tau c_1^2$$

接着

$$\mathbb{E}\left\{\boldsymbol{\eta}_k^{\mathrm{T}}\boldsymbol{\Gamma}\boldsymbol{\eta}_k\right\}\le\frac{\lambda_{\max}\left(\tilde{\boldsymbol{P}}\right)+\lambda_{\max}\left(\tilde{\boldsymbol{Q}}\right)\tau}{\lambda_{\min}\left(\tilde{\boldsymbol{P}}\right)}c_1^2 \tag{8-13}$$

结合式（8-6）（8-7）和（8-13），得到

$$\mathbb{E}\left\{\boldsymbol{\eta}_k^{\mathrm{T}}\boldsymbol{\Gamma}\boldsymbol{\eta}_k\right\}\le\left(\delta_1+\delta_2\tau\right)c_1^2$$

至此，定理 8.1 证毕。

定理 8.2　考虑增广系统(8-4)，给定估计增益器矩阵 $\boldsymbol{K}$，$0<c_1<c_2$ 和 $\boldsymbol{\Gamma}>\mathbf{0}$，若存在对角矩阵 $\boldsymbol{U}_1>\mathbf{0}$，$\boldsymbol{U}_2>\mathbf{0}$，$\boldsymbol{W}_1>\mathbf{0}$ 和 $\boldsymbol{W}_2>\mathbf{0}$，标量 δ_1，δ_2 和正定对称矩阵 $\boldsymbol{P}$，$\boldsymbol{Q}$ 满足式（8-6）（8-7）和（8-8）以及下述不等式

$$\tilde{\boldsymbol{\Psi}}=\begin{bmatrix}\boldsymbol{\Psi}_{11}-\boldsymbol{\Upsilon}_{11}+\tilde{\boldsymbol{H}}^{\mathrm{T}}\tilde{\boldsymbol{H}} & \mathbf{0} & \boldsymbol{\Psi}_{13}-\boldsymbol{\Upsilon}_{12} & \boldsymbol{\Psi}_{14} & \boldsymbol{\Psi}_{15}\\ * & -\boldsymbol{Q}-\boldsymbol{\Upsilon}_{21} & \mathbf{0} & -\boldsymbol{\Upsilon}_{22} & \mathbf{0}\\ * & * & \boldsymbol{\Psi}_{33}-\boldsymbol{\Upsilon}_{13} & \boldsymbol{\Psi}_{34} & \boldsymbol{\Psi}_{35}\\ * & * & * & \boldsymbol{\Psi}_{44}-\boldsymbol{\Upsilon}_{23} & \boldsymbol{\Psi}_{45}\\ * & * & * & * & \boldsymbol{\Psi}_{55}-\gamma^2\boldsymbol{I}\end{bmatrix}<\mathbf{0} \tag{8-14}$$

其中

$$\boldsymbol{\Psi}_{15}=\left(\boldsymbol{A}_1+\Delta\boldsymbol{A}\right)^{\mathrm{T}}\boldsymbol{P}\tilde{\boldsymbol{D}}$$

$$\boldsymbol{\Psi}_{35}=\left(\boldsymbol{B}+\Delta\boldsymbol{B}\right)^{\mathrm{T}}\boldsymbol{P}\tilde{\boldsymbol{D}}$$

$$\boldsymbol{\Psi}_{4,5}=\bar{\alpha}\left(\boldsymbol{C}_2+\Delta\boldsymbol{C}\right)^{\mathrm{T}}\boldsymbol{P}\tilde{\boldsymbol{D}}$$

$$\boldsymbol{\Psi}_{55}=\tilde{\boldsymbol{D}}^{\mathrm{T}}\boldsymbol{P}\tilde{\boldsymbol{D}},\quad\tilde{\boldsymbol{D}}=\begin{bmatrix}\boldsymbol{D}\\ \boldsymbol{D}-\boldsymbol{K}\boldsymbol{L}\end{bmatrix}$$

$$\tilde{\boldsymbol{H}}=\begin{bmatrix}\mathbf{0} & \mathbf{0}\\ \mathbf{0} & \boldsymbol{H}\end{bmatrix}$$

其他参数均如定理 8.1 中所示，则称增广系统（8-4）关于 $\left(c_1,c_2,\boldsymbol{\Gamma},N\right)$ 有限时有界，并且在初值为零和 $\boldsymbol{d}_k\neq\mathbf{0}$ 情况下满足 H_∞ 性能约束条件。

证 在$\boldsymbol{d}_k \neq \boldsymbol{0}$情况下，沿着增广系统（8-4）的解对定理 8.1 中选择的 Lyapunov-Krasovskii 泛函作差分并取数学期望，可以得到

$$\mathbb{E}\left\{V(\boldsymbol{\eta}_{k+1})-V(\boldsymbol{\eta}_k)+\|\tilde{\boldsymbol{z}}_k\|^2-\gamma^2\|\boldsymbol{d}_k\|^2\right\}=\mathbb{E}\left\{\bar{\boldsymbol{\xi}}_k^{\mathrm{T}}\tilde{\boldsymbol{\varPsi}}\bar{\boldsymbol{\xi}}_k\right\}$$

其中，$\bar{\boldsymbol{\xi}}_k=\begin{bmatrix}\boldsymbol{\eta}_k^{\mathrm{T}} & \boldsymbol{\eta}_{k-\tau}^{\mathrm{T}} & \boldsymbol{f}^{\mathrm{T}}(\boldsymbol{\eta}_k) & \boldsymbol{g}^{\mathrm{T}}(\boldsymbol{\eta}_{k-\tau}) & \boldsymbol{d}_k^{\mathrm{T}}\end{bmatrix}^{\mathrm{T}}$，矩阵$\tilde{\boldsymbol{\varPsi}}$如定理 8.2 中所示。根据式（8-14），可知

$$\mathbb{E}\left\{V(\boldsymbol{\eta}_{k+1})-V(\boldsymbol{\eta}_k)+\|\tilde{\boldsymbol{z}}_k\|^2-\gamma^2\|\boldsymbol{d}_k\|^2\right\}<0 \tag{8-15}$$

在初始条件为零的情况下，对式(8-15)从 1 到 N 求和，注意到$\mathbb{E}\left\{V(\boldsymbol{\eta}_{N+1})\right\}\geq 0$，则定义 8.2 中不等式成立。至此，定理 8.2 证毕。

定理 8.3 考虑增广系统(8-4)，给定扰动衰减水平$\gamma>0$，$0<c_1<c_2$和$\boldsymbol{\varGamma}>\boldsymbol{0}$，如果存在对角矩阵$\boldsymbol{U}_1>\boldsymbol{0}$，$\boldsymbol{U}_2>\boldsymbol{0}$，$\boldsymbol{W}_1>\boldsymbol{0}$和$\boldsymbol{W}_2>\boldsymbol{0}$，标量$\delta_1$，$\delta_2$，$\varrho_i\ (i=1,2,3)$和正定对称矩阵 $\boldsymbol{P}$，$\boldsymbol{Q}$，矩阵$\boldsymbol{X}$满足式（8-6）（8-7）和（8-8）以及下述矩阵不等式

$$\begin{bmatrix}\boldsymbol{\varPi} & \boldsymbol{M}_1 & \boldsymbol{M}_1 & \boldsymbol{M}_{11}\\ * & -\varrho_1\boldsymbol{I} & \boldsymbol{0} & \boldsymbol{0}\\ * & * & -\varrho_2\boldsymbol{I} & \boldsymbol{0}\\ * & * & * & -\varrho_3\boldsymbol{I}\end{bmatrix}<\boldsymbol{0} \tag{8-16}$$

其中

$$\boldsymbol{\varPi}=\begin{bmatrix}\boldsymbol{\varPi}_{11} & \boldsymbol{0} & -\boldsymbol{\varUpsilon}_{12} & \boldsymbol{0} & \boldsymbol{0} & \boldsymbol{\varPi}_{16} & \boldsymbol{0} & \boldsymbol{\varPi}_{18}\\ * & -\boldsymbol{Q}-\boldsymbol{\varUpsilon}_{21} & \boldsymbol{0} & -\boldsymbol{\varUpsilon}_{22} & \boldsymbol{0} & \boldsymbol{0} & \boldsymbol{0} & \boldsymbol{0}\\ * & * & \boldsymbol{\varPi}_{33} & \boldsymbol{0} & \boldsymbol{0} & \boldsymbol{B}^{\mathrm{T}}\boldsymbol{P} & \boldsymbol{0} & \boldsymbol{0}\\ * & * & * & \boldsymbol{\varPi}_{44} & \boldsymbol{0} & \bar{\alpha}\boldsymbol{C}_2^{\mathrm{T}}\boldsymbol{P} & \boldsymbol{\varPi}_{47} & \boldsymbol{0}\\ * & * & * & * & -\gamma^2\boldsymbol{I} & \boldsymbol{\varPi}_{56} & \boldsymbol{0} & \boldsymbol{0}\\ * & * & * & * & * & -\boldsymbol{P} & \boldsymbol{0} & \boldsymbol{0}\\ * & * & * & * & * & * & -\boldsymbol{P} & \boldsymbol{0}\\ * & * & * & * & * & * & * & -\boldsymbol{P}\end{bmatrix}$$

$$\boldsymbol{\varPi}_{11}=-\boldsymbol{P}+\boldsymbol{Q}-\boldsymbol{\varUpsilon}_{11}+\tilde{\boldsymbol{H}}^{\mathrm{T}}\tilde{\boldsymbol{H}}+\varrho_1\tilde{\boldsymbol{N}}_1^{\mathrm{T}}\tilde{\boldsymbol{N}}_1$$

$$\boldsymbol{\varPi}_{16}=\begin{bmatrix}\bar{\boldsymbol{A}}^{\mathrm{T}}\boldsymbol{P}_1 & \boldsymbol{0}\\ \boldsymbol{0} & \bar{\boldsymbol{A}}^{\mathrm{T}}\boldsymbol{P}_2-\bar{\beta}\boldsymbol{E}^{\mathrm{T}}\boldsymbol{X}^{\mathrm{T}}\end{bmatrix}$$

$$\tilde{\boldsymbol{N}}_1=\begin{bmatrix}\boldsymbol{N}_1 & \boldsymbol{0}\end{bmatrix}$$

$$\boldsymbol{\varPi}_{18}=\begin{bmatrix}\boldsymbol{0} & -\sqrt{\bar{\beta}(1-\bar{\beta})}\boldsymbol{E}^{\mathrm{T}}\boldsymbol{X}^{\mathrm{T}}\\ \boldsymbol{0} & \boldsymbol{0}\end{bmatrix}$$

$$\boldsymbol{\varPi}_{33}=-\boldsymbol{\varUpsilon}_{13}+\varrho_2\tilde{\boldsymbol{N}}_2^{\mathrm{T}}\tilde{\boldsymbol{N}}_2$$

$$\tilde{\boldsymbol{N}}_2=\begin{bmatrix}\boldsymbol{N}_2 & \boldsymbol{0}\end{bmatrix}$$

$$\boldsymbol{\Pi}_{47}=\sqrt{\bar{\alpha}(1-\bar{\alpha})}\boldsymbol{C}_1^{\mathrm{T}}\boldsymbol{P}$$

$$\boldsymbol{\Pi}_{44}=-\boldsymbol{\Upsilon}_{23}+\varrho_3\tilde{\boldsymbol{N}}_3^{\mathrm{T}}\tilde{\boldsymbol{N}}_3$$

$$\tilde{\boldsymbol{N}}_3=\begin{bmatrix}\boldsymbol{N}_3 & \boldsymbol{0}\end{bmatrix},\quad \boldsymbol{M}=\begin{bmatrix}\boldsymbol{\mathcal{M}}\\ \boldsymbol{\mathcal{M}}\end{bmatrix}$$

$$\boldsymbol{\Pi}_{56}=\begin{bmatrix}\boldsymbol{D}^{\mathrm{T}}\boldsymbol{P}_1 & \boldsymbol{D}^{\mathrm{T}}\boldsymbol{P}_2-\boldsymbol{L}^{\mathrm{T}}\boldsymbol{X}^{\mathrm{T}}\end{bmatrix}$$

$$\boldsymbol{M}_1^{\mathrm{T}}=\begin{bmatrix}\boldsymbol{0} & \boldsymbol{0} & \boldsymbol{0} & \boldsymbol{0} & \boldsymbol{0} & \boldsymbol{M}^{\mathrm{T}}\boldsymbol{P} & \boldsymbol{0} & \boldsymbol{0}\end{bmatrix},\quad \boldsymbol{P}=\mathrm{diag}\{\boldsymbol{P}_1,\boldsymbol{P}_2\}$$

$$\boldsymbol{M}_{11}^{\mathrm{T}}=\begin{bmatrix}\boldsymbol{0} & \boldsymbol{0} & \boldsymbol{0} & \boldsymbol{0} & \boldsymbol{0} & \bar{\alpha}^2\boldsymbol{M}^{\mathrm{T}}\boldsymbol{P} & \sqrt{\bar{\alpha}(1-\bar{\alpha})}\boldsymbol{M}^{\mathrm{T}}\boldsymbol{P} & \boldsymbol{0}\end{bmatrix}$$

其他参数均如定理 8.1 和定理 8.2 中所示，那么增广系统（8-4）关于 $(c_1,c_2,\boldsymbol{\Gamma},N)$ 有限时有界并且系统满足 H_∞ 性能约束。进一步，估计器增益矩阵由下式给出

$$\boldsymbol{K}=\boldsymbol{P}_2^{-1}\boldsymbol{X} \tag{8-17}$$

证　应用引理 2.4 知 $\tilde{\boldsymbol{\Psi}}<\boldsymbol{0}$ 等价于下式

$$\vec{\boldsymbol{\Pi}}=\begin{bmatrix}
\vec{\boldsymbol{\Pi}}_{11} & \boldsymbol{0} & -\boldsymbol{\Upsilon}_{12} & \boldsymbol{0} & \boldsymbol{0} & \vec{\boldsymbol{\Pi}}_{16} & \boldsymbol{0} & \vec{\boldsymbol{\Pi}}_{18}\\
* & -\boldsymbol{Q}-\boldsymbol{\Upsilon}_{21} & \boldsymbol{0} & -\boldsymbol{\Upsilon}_{22} & \boldsymbol{0} & \boldsymbol{0} & \boldsymbol{0} & \boldsymbol{0}\\
* & * & -\boldsymbol{\Upsilon}_{13} & \boldsymbol{0} & \boldsymbol{0} & \vec{\boldsymbol{\Pi}}_{36} & \boldsymbol{0} & \boldsymbol{0}\\
* & * & * & -\boldsymbol{\Upsilon}_{23} & \boldsymbol{0} & \vec{\boldsymbol{\Pi}}_{46} & \vec{\boldsymbol{\Pi}}_{47} & \boldsymbol{0}\\
* & * & * & * & -\gamma^2\boldsymbol{I} & \tilde{\boldsymbol{D}}^{\mathrm{T}}\boldsymbol{P} & \boldsymbol{0} & \boldsymbol{0}\\
* & * & * & * & * & -\boldsymbol{P} & \boldsymbol{0} & \boldsymbol{0}\\
* & * & * & * & * & * & -\boldsymbol{P} & \boldsymbol{0}\\
* & * & * & * & * & * & * & -\boldsymbol{P}
\end{bmatrix}<\boldsymbol{0}$$

其中

$$\vec{\boldsymbol{\Pi}}_{11}=-\boldsymbol{P}+\boldsymbol{Q}-\boldsymbol{\Upsilon}_{11}+\tilde{\boldsymbol{H}}^{\mathrm{T}}\tilde{\boldsymbol{H}}$$

$$\vec{\boldsymbol{\Pi}}_{16}=(\boldsymbol{A}_1+\Delta\boldsymbol{A})^{\mathrm{T}}\boldsymbol{P}$$

$$\vec{\boldsymbol{\Pi}}_{18}=\sqrt{\bar{\beta}(1-\bar{\beta})}\boldsymbol{A}_2^{\mathrm{T}}\boldsymbol{P}$$

$$\vec{\boldsymbol{\Pi}}_{36}=(\boldsymbol{B}+\Delta\boldsymbol{B})^{\mathrm{T}}\boldsymbol{P}$$

$$\vec{\boldsymbol{\Pi}}_{46}=\bar{\alpha}^2(\boldsymbol{C}_2+\Delta\boldsymbol{C})^{\mathrm{T}}\boldsymbol{P}$$

$$\vec{\boldsymbol{\Pi}}_{47}=\sqrt{\bar{\alpha}(1-\bar{\alpha})}(\boldsymbol{C}_1+\Delta\boldsymbol{C})^{\mathrm{T}}\boldsymbol{P}$$

其他参数如定理 8.1 中所示。

接下来，处理 $\vec{\boldsymbol{\Pi}}$ 中的不确定项，由 $\vec{\boldsymbol{\Pi}}$ 定义可知

$$\vec{\boldsymbol{\Pi}}=\tilde{\boldsymbol{\Pi}}+\vec{\boldsymbol{N}}_1\boldsymbol{F}_{1,k}\vec{\boldsymbol{M}}+\vec{\boldsymbol{N}}_2\boldsymbol{F}_{2,k}\vec{\boldsymbol{M}}+\vec{\boldsymbol{N}}_3\boldsymbol{F}_{3,k}\tilde{\boldsymbol{M}} \\ +\left(\vec{\boldsymbol{N}}_1\boldsymbol{F}_{1,k}\vec{\boldsymbol{M}}+\vec{\boldsymbol{N}}_2\boldsymbol{F}_{2,k}\vec{\boldsymbol{M}}+\vec{\boldsymbol{N}}_3\boldsymbol{F}_{3,k}\tilde{\boldsymbol{M}}\right)^{\mathrm{T}} \tag{8-18}$$

其中

$$\tilde{\boldsymbol{\Pi}}=\begin{bmatrix} \vec{\boldsymbol{\Pi}}_{11} & \mathbf{0} & -\boldsymbol{\Upsilon}_{12} & \mathbf{0} & \mathbf{0} & \boldsymbol{A}_1^{\mathrm{T}}\boldsymbol{P} & \mathbf{0} & \vec{\boldsymbol{\Pi}}_{18} \\ * & -\boldsymbol{Q}-\boldsymbol{\Upsilon}_{21} & \mathbf{0} & -\boldsymbol{\Upsilon}_{22} & \mathbf{0} & \mathbf{0} & \mathbf{0} & \mathbf{0} \\ * & * & -\boldsymbol{\Upsilon}_{13} & \mathbf{0} & \mathbf{0} & \boldsymbol{B}^{\mathrm{T}}\boldsymbol{P} & \mathbf{0} & \mathbf{0} \\ * & * & * & -\boldsymbol{\Upsilon}_{23} & \mathbf{0} & \bar{\alpha}\boldsymbol{C}_2^{\mathrm{T}}\boldsymbol{P} & \sqrt{\bar{\alpha}(1-\bar{\alpha})}\boldsymbol{C}_1^{\mathrm{T}}\boldsymbol{P} & \mathbf{0} \\ * & * & * & * & -\gamma^2\boldsymbol{I} & \tilde{\boldsymbol{D}}^{\mathrm{T}}\boldsymbol{P} & \mathbf{0} & \mathbf{0} \\ * & * & * & * & * & -\boldsymbol{P} & \mathbf{0} & \mathbf{0} \\ * & * & * & * & * & * & -\boldsymbol{P} & \mathbf{0} \\ * & * & * & * & * & * & * & -\boldsymbol{P} \end{bmatrix}$$

$$\vec{\boldsymbol{N}}_1^{\mathrm{T}}=\begin{bmatrix}\tilde{\boldsymbol{N}}_1 & \mathbf{0} & \mathbf{0} & \mathbf{0} & \mathbf{0} & \mathbf{0} & \mathbf{0} & \mathbf{0}\end{bmatrix}$$

$$\vec{\boldsymbol{N}}_2^{\mathrm{T}}=\begin{bmatrix}\mathbf{0} & \mathbf{0} & \tilde{\boldsymbol{N}}_2 & \mathbf{0} & \mathbf{0} & \mathbf{0} & \mathbf{0} & \mathbf{0}\end{bmatrix}$$

$$\vec{\boldsymbol{N}}_3^{\mathrm{T}}=\begin{bmatrix}\mathbf{0} & \mathbf{0} & \mathbf{0} & \tilde{\boldsymbol{N}}_3 & \mathbf{0} & \mathbf{0} & \mathbf{0} & \mathbf{0}\end{bmatrix}$$

$$\vec{\boldsymbol{M}}=\begin{bmatrix}\mathbf{0} & \mathbf{0} & \mathbf{0} & \mathbf{0} & \mathbf{0} & \boldsymbol{M}^{\mathrm{T}}\boldsymbol{P} & \mathbf{0} & \mathbf{0}\end{bmatrix}$$

$$\tilde{\boldsymbol{M}}=\begin{bmatrix}\mathbf{0} & \mathbf{0} & \mathbf{0} & \mathbf{0} & \mathbf{0} & \bar{\alpha}^2\boldsymbol{M}^{\mathrm{T}}\boldsymbol{P} & \sqrt{\bar{\alpha}(1-\bar{\alpha})}\boldsymbol{M}^{\mathrm{T}}\boldsymbol{P} & \mathbf{0}\end{bmatrix}$$

其他参数如定理 8.3 中所示。

根据引理 2.3 知，存在正常数 $\varrho_i\ (i=1,2,3)$，使得式（8-18）中 $\vec{\boldsymbol{\Pi}}<\mathbf{0}$ 等价于下式

$$\tilde{\boldsymbol{\Pi}}+\varrho_1\vec{\boldsymbol{N}}_1\vec{\boldsymbol{N}}_1^{\mathrm{T}}+\varrho_2\vec{\boldsymbol{N}}_2\vec{\boldsymbol{N}}_2^{\mathrm{T}}+\varrho_3\vec{\boldsymbol{N}}_3\vec{\boldsymbol{N}}_3^{\mathrm{T}}+\varrho_1^{-1}\vec{\boldsymbol{M}}^{\mathrm{T}}\vec{\boldsymbol{M}}+\varrho_2^{-1}\vec{\boldsymbol{M}}^{\mathrm{T}}\vec{\boldsymbol{M}}+\varrho_3^{-1}\tilde{\boldsymbol{M}}^{\mathrm{T}}\tilde{\boldsymbol{M}}<\mathbf{0} \tag{8-19}$$

利用引理 2.4，并令 $\boldsymbol{X}=\boldsymbol{P}_2\boldsymbol{K}$ 可知式（8-19）等价于式（8-16）。至此，定理 8.3 证毕。

8.3 数值仿真

本节给出一个仿真算例用于演示所提出的状态估计方法的可行性和有效性。考虑离散忆阻神经网络（8-1），其相关参数如下

$$a_1(x_{1,k})=\begin{cases}0.4 & (|x_{1,k}|>1)\\ 0.6 & (|x_{1,k}|\le 1)\end{cases},\quad a_2(x_{2,k})=\begin{cases}0.6 & (|x_{2,k}|>1)\\ 0.4 & (|x_{2,k}|\le 1)\end{cases}$$

$$b_{11}(x_{1,k})=\begin{cases}0.5 & (|x_{1,k}|>1)\\ 0.2 & (|x_{1,k}|\le 1)\end{cases},\quad b_{12}(x_{1,k})=\begin{cases}0.2 & (|x_{1,k}|>1)\\ -0.3 & (|x_{1,k}|\le 1)\end{cases}$$

$$b_{21}(x_{2,k})=\begin{cases}0.3 & (|x_{2,k}|>1)\\ 0.15 & (|x_{2,k}|\le 1)\end{cases},\quad b_{22}(x_{2,k})=\begin{cases}0.6 & (|x_{2,k}|>1)\\ -0.18 & (|x_{2,k}|\le 1)\end{cases}$$

$$c_{11}(x_{1,k})=\begin{cases}0.2 & (|x_{1,k}|>1)\\ 0.5 & (|x_{1,k}|\le 1)\end{cases},\quad c_{12}(x_{1,k})=\begin{cases}0.3 & (|x_{1,k}|>1)\\ 0.2 & (|x_{1,k}|\le 1)\end{cases}$$

$$c_{21}(x_{2,k})=\begin{cases}0.2 & (|x_{2,k}|>1)\\ -0.1 & (|x_{2,k}|\le 1)\end{cases},\quad c_{22}(x_{2,k})=\begin{cases}-0.3 & (|x_{2,k}|>1)\\ 0.1 & (|x_{2,k}|\le 1)\end{cases}$$

$$\boldsymbol{D}=\begin{bmatrix}0.08 & 0\\ 0 & 0.05\end{bmatrix},\quad \boldsymbol{E}=\begin{bmatrix}0.1 & 0.2\\ 0.2 & 0.3\end{bmatrix}$$

$$\boldsymbol{L}=\begin{bmatrix}0.08 & 0\\ 0 & -0.05\end{bmatrix},\quad \boldsymbol{H}=\begin{bmatrix}0.35 & 0.3\end{bmatrix}$$

$$\boldsymbol{\mathcal{M}}=\begin{bmatrix}1 & 1 & 0 & 0\\ 0 & 0 & 1 & 1\end{bmatrix},\quad \boldsymbol{N}_1=\begin{bmatrix}0.1 & 0\\ 0 & 1\\ 1 & 0\\ 0 & 0.1\end{bmatrix}$$

$$\boldsymbol{N}_2=\begin{bmatrix}0.15 & 0\\ 0 & 0.25\\ 0.075 & 0\\ 0 & 0.39\end{bmatrix},\quad \boldsymbol{N}_3=\begin{bmatrix}0.15 & 0\\ 0 & 0.05\\ 0.15 & 0\\ 0 & 0.2\end{bmatrix}$$

选择如下激励函数

$$\boldsymbol{f}(\boldsymbol{x}_k)=\begin{bmatrix}0.14x_{1,k}-\tanh(0.06x_{1,k})\\ 0.16x_{2,k}+0.4\tanh(x_{2,k})\end{bmatrix}$$

$$\boldsymbol{g}(\boldsymbol{x}_{k-\tau})=\begin{bmatrix}0.14x_{1,k-\tau}-\tanh(0.06x_{1,k-\tau})\\ 0.16x_{2,k-\tau}+0.4\tanh(x_{2,k-\tau})\end{bmatrix}$$

进而可以计算得到 $\hat{\boldsymbol{\mu}}_1=\hat{\boldsymbol{\nu}}_1=\begin{bmatrix}0.011\,2 & 0\\ 0 & 0.032\end{bmatrix}$ 和 $\boldsymbol{\mu}_2=\boldsymbol{\nu}_2=\begin{bmatrix}0.11 & 0\\ 0 & 0.18\end{bmatrix}$。其他参数选取为 $\bar{\alpha}=0.9$，$\bar{\beta}=0.9$，$\tau=2$，$c_1=0.5$，$c_2=2$，$\boldsymbol{\Gamma}=0.1\boldsymbol{I}$，$N=50$，$\gamma=1.5$ 和 $\boldsymbol{d}_k=\begin{bmatrix}\dfrac{0.5\cos(5k)}{\mathrm{e}^k} & \dfrac{-0.4\cos(3k)}{\mathrm{e}^k}\end{bmatrix}^{\mathrm{T}}$。

利用 Matlab 的 LMI 工具箱，可以计算得到

$$\boldsymbol{P}=\begin{bmatrix}0.137\,3 & -0.001\,7 & 0 & 0\\ -0.001\,7 & 0.148\,4 & 0 & 0\\ 0 & 0 & 0.140\,7 & 0.000\,3\\ 0 & 0 & 0.000\,3 & 0.150\,2\end{bmatrix}$$

$$X = \begin{bmatrix} -0.561\,3 & 0.544\,1 \\ 0.534\,0 & -0.053\,5 \end{bmatrix}$$

由 $\boldsymbol{K} = \boldsymbol{P}_2^{-1}\boldsymbol{X}$ 知，估计器增益为

$$\boldsymbol{K} = \begin{bmatrix} -3.995\,2 & 3.866\,2 \\ 3.562\,4 & -0.362\,9 \end{bmatrix}$$

算例仿真结果如图 8-1~8-3 所示，其中图 8-1 至 8-2 分别为状态 $x_{i,k}$ 与估计 $\hat{x}_{i,k}$ $(i=1,2)$ 的轨迹图，实线表示所研究神经网络的状态，虚线表示其状态估计；图 8-3 描述估计误差 $e_{i,k}$ $(i=1,2)$ 的轨迹，可以明显看出估计误差逐渐趋于 0，进一步验证所提忆阻神经网络状态估计方法具有较好的估计效果。

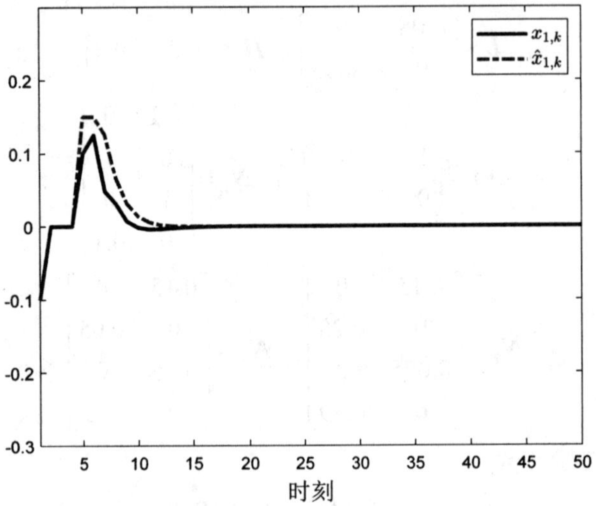

图 8-1 状态 $x_{1,k}$ 及其估计 $\hat{x}_{1,k}$ 的轨迹

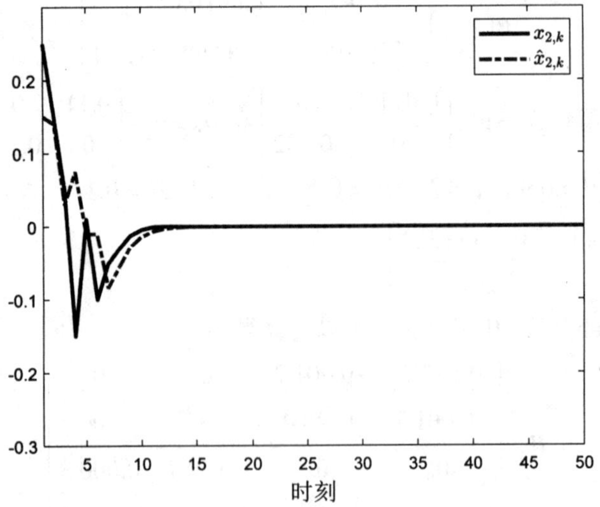

图 8-2 状态 $x_{2,k}$ 及其估计 $\hat{x}_{2,k}$ 的轨迹

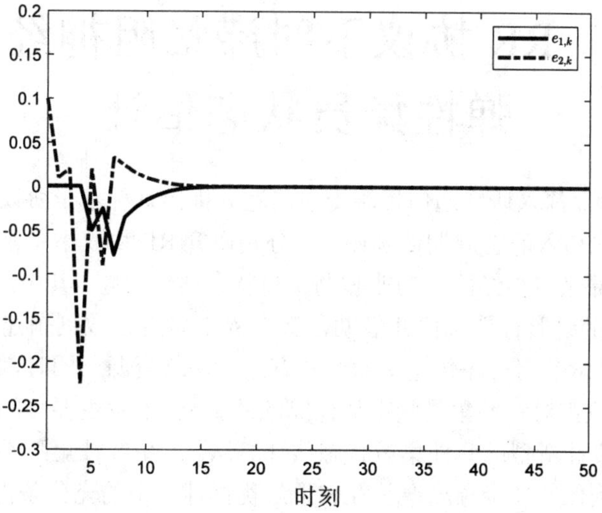

图 8-3　估计误差 $e_{i,k}\left(i=1,2\right)$ 的轨迹

8.4　本章小结

本章主要研究了一类具有随机发生时滞、测量丢失和有界外部扰动的离散忆阻神经网络的有限时状态估计问题。基于不完全测量信息，设计了新型的状态估计器。基于 Lyapunov 稳定性理论和适当的不等式处理技巧，得到了保证增广系统有限时有界以及具有满意 H_∞ 性能的充分性判别准则。除此之外，基于线性矩阵不等式技术给出了状态估计器增益矩阵的具体表达式。通过仿真算例演示了所提出的状态估计策略的可行性和有效性。

第 9 章　RR 协议下时滞忆阻神经网络的弹性集员状态估计

从本章开始，深入研究通信资源受限问题并提出几种基于协议调度的状态估计方法。本章先引入静态周期调度协议，分别研究 RR 协议下定常时滞忆阻神经网络和混合时滞忆阻神经网络的非脆弱集员状态估计问题。其中，假设非线性神经激励函数满足扇形有界条件并借助范数有界不确定参数刻画建模误差。采用 RR 协议保证测量数据有序传输从而节省有限的网络资源。同时，充分考虑不完全测量和网络攻击对弹性集员状态估计算法的影响。本章主要目的是基于可获得的测量信息，设计新型的弹性集员状态估计算法。运用线性矩阵不等式技术和最优化理论，得到保证一步预测误差存在于最优椭球集中的充分条件。利用数值仿真验证所提估计策略的可行性。

9.1　RR 协议下具有不完全测量的弹性集员状态估计

9.1.1　问题描述

考虑如下具有不完全测量的离散时滞忆阻神经网络

$$\begin{cases} \boldsymbol{x}_{k+1} = \boldsymbol{A}(\boldsymbol{x}_k)\boldsymbol{x}_k + \boldsymbol{B}(\boldsymbol{x}_k)\boldsymbol{g}(\boldsymbol{x}_{k-\tau}) + \boldsymbol{H}_1\boldsymbol{\omega}_k \\ \boldsymbol{y}_k = \boldsymbol{\Xi}_k\boldsymbol{C}\boldsymbol{x}_k + \boldsymbol{H}_2\boldsymbol{\upsilon}_k \\ \boldsymbol{x}_k = \boldsymbol{\phi}_{1,k}, k = -\tau, -\tau+1, \ldots, 0 \end{cases} \tag{9-1}$$

其中，$\boldsymbol{x}_k = \begin{bmatrix} x_{1,k} & x_{2,k} & \cdots & x_{n,k} \end{bmatrix}^{\mathrm{T}} \in \mathbb{R}^n$ 是神经网络的状态向量，$\boldsymbol{\phi}_{1,k}$ 为状态向量的初值，$\boldsymbol{y}_k = \begin{bmatrix} y_{1,k} & y_{2,k} & \cdots & y_{m,k} \end{bmatrix}^{\mathrm{T}} \in \mathbb{R}^m$ 是测量输出。$\boldsymbol{A}(\boldsymbol{x}_k) = \mathrm{diag}_n\left\{a_i\left(x_{i,k}\right)\right\}$ 是自反馈矩阵，$\boldsymbol{B}(\boldsymbol{x}_k) = \left[b_{ij}\left(x_{i,k}\right)\right]_{n\times n}$ 是时滞连接权矩阵。$\boldsymbol{C}$，$\boldsymbol{H}_1$ 和 $\boldsymbol{H}_2$ 是具有适当维数的已知矩阵。$\boldsymbol{g}(\boldsymbol{x}_{k-\tau})$ 表示非线性激励函数，τ 为定常时滞。不完全测量现象用 $\boldsymbol{\Xi}_k = \mathrm{diag}\left\{\xi_{1,k}, \xi_{2,k}, \ldots, \xi_{m,k}\right\}$ 来描述，$\xi_{i,k} \in \left[\hat{\xi}_i, \breve{\xi}_i\right]$ 且 $0 \le \hat{\xi}_i \le \breve{\xi}_i \le 1$。定义

$$\hat{\boldsymbol{\Xi}} = \mathrm{diag}\left\{\hat{\xi}_1, \hat{\xi}_2, \ldots, \hat{\xi}_m\right\}, \quad \breve{\boldsymbol{\Xi}} = \mathrm{diag}\left\{\breve{\xi}_1, \breve{\xi}_2, \ldots, \breve{\xi}_m\right\}$$

$$\bar{\boldsymbol{\Xi}} = \mathrm{diag}\left\{\bar{\xi}_1, \bar{\xi}_2, \ldots, \bar{\xi}_m\right\} = \left(\breve{\boldsymbol{\Xi}} + \hat{\boldsymbol{\Xi}}\right)/2, \quad \tilde{\boldsymbol{\Xi}} = \mathrm{diag}\left\{\tilde{\xi}_1, \tilde{\xi}_2, \ldots, \tilde{\xi}_m\right\} = \left(\breve{\boldsymbol{\Xi}} - \hat{\boldsymbol{\Xi}}\right)/2$$

$\boldsymbol{\Xi}_k$ 可以表示为

$$\boldsymbol{\Xi}_k = \bar{\boldsymbol{\Xi}} + \underline{\boldsymbol{\Xi}}_k \tag{9-2}$$

其中，$\underline{\boldsymbol{\Xi}}_k = \mathrm{diag}\left\{\underline{\xi}_{1,k}, \underline{\xi}_{2,k}, \ldots, \underline{\xi}_{m,k}\right\}$。

接下来，假定过程噪声 $\boldsymbol{\omega}_k$ 和测量噪声 $\boldsymbol{\upsilon}_k$ 在如下椭球集中

$$\begin{aligned} \mathcal{W}_k &= \left\{\boldsymbol{\omega}_k \in \mathbb{R}^q : \boldsymbol{\omega}_k^{\mathrm{T}}\boldsymbol{Q}_k^{-1}\boldsymbol{\omega}_k \le 1\right\} \\ \mathcal{V}_k &= \left\{\boldsymbol{\upsilon}_k \in \mathbb{R}^r : \boldsymbol{\upsilon}_k^{\mathrm{T}}\boldsymbol{R}_k^{-1}\boldsymbol{\upsilon}_k \le 1\right\} \end{aligned} \tag{9-3}$$

其中，$\boldsymbol{Q}_k$ 和 $\boldsymbol{R}_k$ 是具有适当维数的已知正定时变矩阵。

对 $\forall \boldsymbol{\alpha},\boldsymbol{\beta} \in \mathbb{R}^n$ 且 $\boldsymbol{\alpha} \neq \boldsymbol{\beta}$，非线性神经激励函数 $\boldsymbol{g}(\boldsymbol{x}_{k-\tau})$ 满足 $\boldsymbol{g}(\boldsymbol{0})=\boldsymbol{0}$ 及扇形有界条件

$$\left[\boldsymbol{g}(\boldsymbol{\alpha})-\boldsymbol{g}(\boldsymbol{\beta})-\boldsymbol{G}_1(\boldsymbol{\alpha}-\boldsymbol{\beta})\right]^{\mathrm{T}}\left[\boldsymbol{g}(\boldsymbol{\alpha})-\boldsymbol{g}(\boldsymbol{\beta})-\boldsymbol{G}_2(\boldsymbol{\alpha}-\boldsymbol{\beta})\right] \le 0 \tag{9-4}$$

其中，$\boldsymbol{G}_1$ 和 $\boldsymbol{G}_2$ 是常数矩阵，且 $\boldsymbol{G}_2-\boldsymbol{G}_1>\boldsymbol{0}$。

同样地，状态依赖矩阵参数 $a_i(x_{i,k})$ 和 $b_{ij}(x_{i,k})$ 满足

$$a_i(x_{i,k})=\begin{cases}\widehat{a}_i & (|x_{i,k}|>\varGamma_i)\\ \breve{a}_i & (|x_{i,k}|\le\varGamma_i)\end{cases},\quad b_{ij}(x_{i,k})=\begin{cases}\widehat{b}_{ij} & (|x_{i,k}|>\varGamma_i)\\ \breve{b}_{ij} & (|x_{i,k}|\le\varGamma_i)\end{cases}$$

其中，$\varGamma_i>0$，$|\widehat{a}_i|<1$，$|\breve{a}_i|<1$，$\widehat{b}_{ij}$ 和 $\breve{b}_{ij}$ 均已知。定义

$$a_i^-=\min\{\widehat{a}_i,\breve{a}_i\},\quad a_i^+=\max\{\widehat{a}_i,\breve{a}_i\},\quad b_{ij}^-=\min\{\widehat{b}_{ij},\breve{b}_{ij}\},\quad b_{ij}^+=\max\{\widehat{b}_{ij},\breve{b}_{ij}\}$$

$$\boldsymbol{A}^-=\mathrm{diag}_n\{a_i^-\},\quad \boldsymbol{A}^+=\mathrm{diag}_n\{a_i^+\},\quad \boldsymbol{B}^-=\{b_{ij}^-\}_{n\times n},\quad \boldsymbol{B}^+=\{b_{ij}^+\}_{n\times n}$$

容易看出 $\boldsymbol{A}(\boldsymbol{x}_k)\in[\boldsymbol{A}^-,\boldsymbol{A}^+]$ 和 $\boldsymbol{B}(\boldsymbol{x}_k)\in[\boldsymbol{B}^-,\boldsymbol{B}^+]$。令 $\boldsymbol{A}=\dfrac{\boldsymbol{A}^++\boldsymbol{A}^-}{2}$ 和 $\boldsymbol{B}=\dfrac{\boldsymbol{B}^++\boldsymbol{B}^-}{2}$，则有

$$\begin{aligned}\boldsymbol{A}(\boldsymbol{x}_k)&=\boldsymbol{A}+\Delta\boldsymbol{A}_k\\ \boldsymbol{B}(\boldsymbol{x}_k)&=\boldsymbol{B}+\Delta\boldsymbol{B}_k\end{aligned} \tag{9-5}$$

其中，$\Delta\boldsymbol{A}_k\in\left[-\dfrac{\boldsymbol{A}^+-\boldsymbol{A}^-}{2},\dfrac{\boldsymbol{A}^+-\boldsymbol{A}^-}{2}\right]$ 和 $\Delta\boldsymbol{B}_k\in\left[-\dfrac{\boldsymbol{B}^+-\boldsymbol{B}^-}{2},\dfrac{\boldsymbol{B}^+-\boldsymbol{B}^-}{2}\right]$ 满足范数有界不确定性

$$\begin{aligned}\Delta\boldsymbol{A}_k&=\boldsymbol{M}\boldsymbol{F}_{1,k}\boldsymbol{N}_1\\ \Delta\boldsymbol{B}_k&=\boldsymbol{M}\boldsymbol{F}_{2,k}\boldsymbol{N}_2\end{aligned} \tag{9-6}$$

其中，$\boldsymbol{M}$ 和 $\boldsymbol{N}_j\ (j=1,2)$ 均为已知实矩阵，未知矩阵 $\boldsymbol{F}_{j,k}\ (j=1,2)$ 满足 $\boldsymbol{F}_{j,k}^{\mathrm{T}}\boldsymbol{F}_{j,k}\le\boldsymbol{I}$。

为了节约有限的网络通信资源，本节引入 RR 协议。记 k 时刻获得使用通信网络权限的节点为 θ_k。当周期为 m 时，对 $\forall k\in\mathbb{R}$，有 $\theta_{k+m}=\theta_k$，故 θ_k 的表达式为

$$\theta_k=\begin{cases}m & (k=0)\\ \mathrm{mod}(k-1,m)+1 & (k>0)\end{cases}$$

定义 $\boldsymbol{\varDelta}_{\theta_k}=\mathrm{diag}\{\delta_{1-\theta_k},\delta_{2-\theta_k},\ldots,\delta_{m-\theta_k}\}$，其中 $\delta_{i-\theta_k}\ (i=1,2,\ldots,m)$ 是 Kronecker（克罗内克）函数，具有如下形式

$$\delta_{i-\theta_k}=\begin{cases}1 & (i=\theta_k)\\ 0 & (\text{其他})\end{cases}$$

则通过 RR 协议传输后的测量信息 $\overline{\boldsymbol{y}}_k$ 可表示为

$$\overline{\boldsymbol{y}}_k=\sum_{l=0}^{m-1}\boldsymbol{\varDelta}_{\theta_{k-l}}\boldsymbol{y}_{k-l} \tag{9-7}$$

当 $k-l<0$ 时，$\theta_{k-l}=l$；当 $k\le0$ 时，$\overline{\boldsymbol{y}}_k=\boldsymbol{y}_k=\boldsymbol{y}_0$，其中 $\boldsymbol{y}_0$ 是初始的测量输出。当 $k-l<\tau$ 时，估计误差的初值为 $\boldsymbol{\phi}_k=\boldsymbol{\phi}_{1,k}$；当 $k-l>\tau$ 时，$\boldsymbol{\phi}_k=\boldsymbol{0}$。进而，基于可

获得的测量信息，设计如下弹性状态估计器

$$\begin{cases}\hat{\boldsymbol{x}}_{k+1}=\boldsymbol{A}\hat{\boldsymbol{x}}_k+\boldsymbol{B}\boldsymbol{g}(\hat{\boldsymbol{x}}_{k-\tau})+(\boldsymbol{K}_k+\Delta\boldsymbol{K}_k)\left(\bar{\boldsymbol{y}}_k-\sum_{l=0}^{m-1}\boldsymbol{\varDelta}_{\theta_{k-l}}\bar{\boldsymbol{\varXi}}\boldsymbol{C}\hat{\boldsymbol{x}}_{k-l}\right)\\ \hat{\boldsymbol{x}}_k=\boldsymbol{0},k=-\max\{m+1,\tau\},-\max\{m+1,\tau\}+1,\dots,0\end{cases}\tag{9-8}$$

其中，$\hat{\boldsymbol{x}}_k$ 是 $\boldsymbol{x}_k$ 的估计值，$\boldsymbol{K}_k$ 是待设计的估计器增益矩阵，未知增益摄动 $\Delta\boldsymbol{K}_k$ 满足范数有界不确定性

$$\Delta\boldsymbol{K}_k=\hat{\boldsymbol{M}}\hat{\boldsymbol{F}}_k\hat{\boldsymbol{N}}\tag{9-9}$$

式中，$\hat{\boldsymbol{M}}$ 和 $\hat{\boldsymbol{N}}$ 均为已知实矩阵，未知时变矩阵 $\hat{\boldsymbol{F}}_k$ 满足 $\hat{\boldsymbol{F}}_k^{\mathrm{T}}\hat{\boldsymbol{F}}_k\le\boldsymbol{I}$。

估计误差的初值 $\boldsymbol{\phi}_i$ $(i=-\max\{m+1,\tau\},-\max\{m+1,\tau\}+1,\dots,0)$ 满足如下条件

$$\boldsymbol{\mathcal{E}}_i=\left\{\boldsymbol{\phi}_i\in\mathbb{R}^n:\boldsymbol{\phi}_i^{\mathrm{T}}\boldsymbol{P}_i^{-1}\boldsymbol{\phi}_i\le1\right\}\tag{9-10}$$

其中，$\boldsymbol{P}_i$ $(i=-\max\{m+1,\tau\},-\max\{m+1,\tau\}+1,\dots,0)$ 为已知的正定矩阵。

本章的目标是找到正定矩阵 $\boldsymbol{P}_{k+1}$ 和 $\hat{\boldsymbol{x}}_{k+1}$ 来确定如下椭球集

$$\boldsymbol{\mathcal{E}}_{k+1}=\left\{\boldsymbol{x}_{k+1}\in\mathbb{R}^n:(\boldsymbol{x}_{k+1}-\hat{\boldsymbol{x}}_{k+1})^{\mathrm{T}}\boldsymbol{P}_{k+1}^{-1}(\boldsymbol{x}_{k+1}-\hat{\boldsymbol{x}}_{k+1})\le1\right\}\tag{9-11}$$

引理 9.1[223] 令 $Y_i(\boldsymbol{\eta})$ $(i=0,1,\dots,p)$ 为二次函数，即 $Y_i(\boldsymbol{\eta})=\boldsymbol{\eta}^{\mathrm{T}}\boldsymbol{T}_i\boldsymbol{\eta}$ 且 $\boldsymbol{T}_i^{\mathrm{T}}=\boldsymbol{T}_i$，如果存在 $\varepsilon_i>0$ $(i=0,1,\dots,p)$ 使得 $\boldsymbol{T}_0-\sum_{i=1}^{p}\varepsilon_i\boldsymbol{T}_i\le\boldsymbol{0}$，那么下式成立

$$Y_1(\boldsymbol{\eta})\le0,Y_2(\boldsymbol{\eta})\le0,\dots,Y_p(\boldsymbol{\eta})\le0\Rightarrow Y_0(\boldsymbol{\eta})\le0$$

9.1.2 RR 协议下集员状态估计算法设计

在本节中，我们将应用矩阵理论，提出一种递推方法，进而获得估计器增益矩阵，并保证时滞忆阻神经网络（9-1）的一步预测状态存在于已知椭球集中。

定理 9.1 考虑具有不完全测量的离散时滞忆阻神经网络（9-1），假设 $\boldsymbol{x}_k$ 属于它的估计椭球集 $\boldsymbol{\mathcal{E}}_k$，如果存在 $\boldsymbol{P}_{k+1}>\boldsymbol{0}$，$\boldsymbol{K}_k$ 和 $\varepsilon_i>0$ $(i=1,2,\dots,7)$ 满足以下线性矩阵不等式

$$\boldsymbol{\daleth}=\begin{bmatrix}-\boldsymbol{P}_{k+1}&\boldsymbol{\varPhi}_k\\ *&\boldsymbol{\varTheta}_k\end{bmatrix}\le\boldsymbol{0}\tag{9-12}$$

其中

$$\boldsymbol{\varPhi}_k=\begin{bmatrix}\boldsymbol{\varPhi}_{1,k}&\boldsymbol{\varPhi}_{2,k}&\boldsymbol{0}&\boldsymbol{B}(\boldsymbol{x}_k)&\boldsymbol{\varPhi}_{3,k}&\boldsymbol{\varPhi}_{3,k}&\boldsymbol{H}_1&\boldsymbol{\varPhi}_{4,k}\end{bmatrix}$$

$$\boldsymbol{\varPhi}_{1,k}=\Delta\boldsymbol{A}_k\hat{\boldsymbol{x}}_k+\Delta\boldsymbol{B}_k\boldsymbol{g}(\hat{\boldsymbol{x}}_{k-\tau}),\quad \boldsymbol{\varPhi}_{2,k}=\boldsymbol{A}(\boldsymbol{x}_k)\boldsymbol{L}_k\boldsymbol{E}-(\boldsymbol{K}_k+\Delta\boldsymbol{K}_k)\tilde{\boldsymbol{L}}$$

$$\boldsymbol{\varPhi}_{3,k}=-(\boldsymbol{K}_k+\Delta\boldsymbol{K}_k)\tilde{\boldsymbol{\varDelta}},\quad \boldsymbol{\varPhi}_{4,k}=-(\boldsymbol{K}_k+\Delta\boldsymbol{K}_k)\tilde{\boldsymbol{H}}$$

$$\boldsymbol{E}=[\boldsymbol{I}\quad\boldsymbol{0}\quad\dots\quad\boldsymbol{0}],\quad \tilde{\boldsymbol{\varDelta}}=\begin{bmatrix}\boldsymbol{\varDelta}_{\theta_k}&\boldsymbol{\varDelta}_{\theta_{k-1}}&\cdots&\boldsymbol{\varDelta}_{\theta_{k-m+1}}\end{bmatrix}$$

$$\tilde{\boldsymbol{L}}=\begin{bmatrix}\tilde{\boldsymbol{L}}_0&\tilde{\boldsymbol{L}}_1&\cdots&\tilde{\boldsymbol{L}}_{m-1}\end{bmatrix}$$

$$\tilde{\boldsymbol{L}}_l=\boldsymbol{\varDelta}_{\theta_{k-l}}\bar{\boldsymbol{\varXi}}\boldsymbol{C}\boldsymbol{L}_{k-l}$$

$$\tilde{\boldsymbol{H}}=\begin{bmatrix}\boldsymbol{\varDelta}_{\theta_k}\boldsymbol{H}_2&\boldsymbol{\varDelta}_{\theta_{k-1}}\boldsymbol{H}_2&\dots&\boldsymbol{\varDelta}_{\theta_{k-m+1}}\boldsymbol{H}_2\end{bmatrix}$$

$$\boldsymbol{\varTheta}_k=\mathrm{diag}\left\{\varTheta_{1,k},-\varepsilon_1\boldsymbol{I}+\varepsilon_5\boldsymbol{\varPsi}_k,-\varepsilon_2\boldsymbol{I},\boldsymbol{0},-\varepsilon_4\boldsymbol{I},-\varepsilon_5\boldsymbol{I},-\varepsilon_6\boldsymbol{Q}_k^{-1},-\varepsilon_7\boldsymbol{\varLambda}_k^{-1}\right\}-\varepsilon_3\boldsymbol{\varOmega}_k$$

$$\Theta_{1,k} = -1 + \varepsilon_1 m + \varepsilon_2 + \varepsilon_4 \tilde{x} + \varepsilon_6 + \varepsilon_7 m, \quad \tilde{x} = \sum_{l=0}^{m-1} \hat{x}_{k-l}^{\mathrm{T}} C^{\mathrm{T}} \tilde{\Xi}^2 C \hat{x}_{k-l}$$

$$\Psi_k = \mathrm{diag}\left\{\Psi_{0,k}, \Psi_{1,k}, \ldots, \Psi_{m-1,k}\right\}, \quad \Psi_{l,k} = L_{k-l}^{\mathrm{T}} C^{\mathrm{T}} \tilde{\Xi}^2 C L_{k-l}$$

$$\Lambda_k = \mathrm{diag}\left\{R_k, R_{k-1}, \ldots, R_{k-m+1}\right\}$$

$$\Omega_k = \begin{bmatrix} 0 & 0 & 0 & 0 & 0 & 0 & 0 & 0 \\ * & 0 & 0 & 0 & 0 & 0 & 0 & 0 \\ * & * & \bar{\Omega}_{1,k} & \bar{\Omega}_{2,k} & 0 & 0 & 0 & 0 \\ * & * & * & I & 0 & 0 & 0 & 0 \\ * & * & * & * & 0 & 0 & 0 & 0 \\ * & * & * & * & * & 0 & 0 & 0 \\ * & * & * & * & * & * & 0 & 0 \\ * & * & * & * & * & * & * & 0 \end{bmatrix}$$

$$\bar{\Omega}_{1,k} = L_{k-\tau}^{\mathrm{T}} \bar{G}_2 L_{k-\tau}, \quad \bar{\Omega}_{2,k} = -L_{k-\tau}^{\mathrm{T}} \bar{G}_1^{\mathrm{T}}$$

$$\bar{G}_1 = \frac{G_1 + G_2}{2}, \quad \bar{G}_2 = \frac{G_1^{\mathrm{T}} G_2 + G_2^{\mathrm{T}} G_1}{2}$$

这里L_k是$P_k = L_k L_k^{\mathrm{T}}$的 Cholesky 因式分解，那么一步预测状态$x_{k+1}$存在于椭球集$\mathcal{E}_{k+1}$中。

证　基于式（9-1）（9-7）和（9-8），一步预测估计误差e_{k+1}可表示为

$$\begin{aligned} e_{k+1} &= x_{k+1} - \hat{x}_{k+1} \\ &= A(x_k) x_k - (K_k + \Delta K_k) \sum_{l=0}^{m-1} \varDelta_{\theta_{k-l}} \Xi_{k-l} C x_{k-l} - A \hat{x}_k \\ &\quad + (K_k + \Delta K_k) \sum_{l=0}^{m-1} \varDelta_{\theta_{k-l}} \bar{\Xi} C \hat{x}_{k-l} + B(x_k) g(x_{k-\tau}) - B g(\hat{x}_{k-\tau}) \\ &\quad + H_1 \omega_k - (K_k + \Delta K_k) \sum_{l=0}^{m-1} \varDelta_{\theta_{k-l}} H_2 \upsilon_{k-l} \end{aligned} \tag{9-13}$$

如果$(x_k - \hat{x}_k)^{\mathrm{T}} P_k^{-1} (x_k - \hat{x}_k) \le 1$，那么存在向量$z_k$且$\|z_k\| \le 1$使得

$$x_k = \hat{x}_k + L_k z_k \tag{9-14}$$

其中，L_k是$P_k = L_k L_k^{\mathrm{T}}$的 Cholesky（楚列斯基）因式分解。根据式（9-2）（9-5）和（9-14），式（9-13）可改写为

$$\begin{aligned} e_{k+1} &= \Delta A_k \hat{x}_k - (K_k + \Delta K_k) \sum_{l=0}^{m-1} \varDelta_{\theta_{k-l}} \Xi_{k-l} C \hat{x}_{k-l} \\ &\quad + A(x_k) L_k z_k - (K_k + \Delta K_k) \sum_{l=0}^{m-1} \varDelta_{\theta_{k-l}} \bar{\Xi} C L_{k-l} z_{k-l} \\ &\quad - (K_k + \Delta K_k) \sum_{l=0}^{m-1} \varDelta_{\theta_{k-l}} \Xi_{k-l} C L_{k-l} z_{k-l} + \Delta B_k g(\hat{x}_{k-\tau}) \\ &\quad + B(x_k) g_{k-\tau} + H_1 \omega_k - (K_k + \Delta K_k) \sum_{l=0}^{m-1} \varDelta_{\theta_{k-l}} H_2 \upsilon_{k-l} \end{aligned} \tag{9-15}$$

其中，$g_{k-\tau} = g(x_{k-\tau}) - g(\hat{x}_{k-\tau})$。

定义

$$
\begin{aligned}
\boldsymbol{z} &= \begin{bmatrix} \boldsymbol{z}_k^{\mathrm{T}} & \boldsymbol{z}_{k-1}^{\mathrm{T}} & \cdots & \boldsymbol{z}_{k-m+1}^{\mathrm{T}} \end{bmatrix}^{\mathrm{T}} \\
\boldsymbol{\vartheta} &= \begin{bmatrix} \boldsymbol{\vartheta}_k^{\mathrm{T}} & \boldsymbol{\vartheta}_{k-1}^{\mathrm{T}} & \cdots & \boldsymbol{\vartheta}_{k-m+1}^{\mathrm{T}} \end{bmatrix}^{\mathrm{T}} \\
\boldsymbol{\zeta} &= \begin{bmatrix} \boldsymbol{\zeta}_k^{\mathrm{T}} & \boldsymbol{\zeta}_{k-1}^{\mathrm{T}} & \cdots & \boldsymbol{\zeta}_{k-m+1}^{\mathrm{T}} \end{bmatrix}^{\mathrm{T}} \\
\boldsymbol{\upsilon} &= \begin{bmatrix} \boldsymbol{\upsilon}_k^{\mathrm{T}} & \boldsymbol{\upsilon}_{k-1}^{\mathrm{T}} & \cdots & \boldsymbol{\upsilon}_{k-m+1}^{\mathrm{T}} \end{bmatrix}^{\mathrm{T}}
\end{aligned} \tag{9-16}
$$

其中，$\boldsymbol{\vartheta}_{k-l} = \boldsymbol{\Xi}_{k-l}\boldsymbol{C}\hat{\boldsymbol{x}}_{k-l}$，$\boldsymbol{\zeta}_{k-l} = \boldsymbol{\Xi}_{k-l}\boldsymbol{C}\boldsymbol{L}_{k-l}\boldsymbol{z}_{k-l}\left(l = 0,1,\ldots,m-1\right)$，则式（9-15）等价于

$$
\begin{aligned}
\boldsymbol{e}_{k+1} = {} & \Delta\boldsymbol{A}_k\hat{\boldsymbol{x}}_k + \Delta\boldsymbol{B}_k\boldsymbol{g}\left(\hat{\boldsymbol{x}}_{k-\tau}\right) + \left[\boldsymbol{A}\left(\boldsymbol{x}_k\right)\boldsymbol{L}_k\boldsymbol{E} - \left(\boldsymbol{K}_k + \Delta\boldsymbol{K}_k\right)\tilde{\boldsymbol{L}}\right]\boldsymbol{z} \\
& + \boldsymbol{B}\left(\boldsymbol{x}_k\right)\boldsymbol{g}_{k-\tau} - \left(\boldsymbol{K}_k + \Delta\boldsymbol{K}_k\right)\tilde{\boldsymbol{\Delta}}\boldsymbol{\vartheta} - \left(\boldsymbol{K}_k + \Delta\boldsymbol{K}_k\right)\tilde{\boldsymbol{\Delta}}\boldsymbol{\zeta} \\
& + \boldsymbol{H}_1\boldsymbol{\omega}_k - \left(\boldsymbol{K}_k + \Delta\boldsymbol{K}_k\right)\tilde{\boldsymbol{H}}\boldsymbol{\upsilon}
\end{aligned} \tag{9-17}
$$

其中，$\boldsymbol{E}$，$\tilde{\boldsymbol{L}}$，$\tilde{\boldsymbol{\Delta}}$ 和 $\tilde{\boldsymbol{H}}$ 已在定理 9.1 中定义。

令

$$
\boldsymbol{\eta}_k = \begin{bmatrix} 1 & \boldsymbol{z}^{\mathrm{T}} & \boldsymbol{z}_{k-\tau}^{\mathrm{T}} & \boldsymbol{g}_{k-\tau}^{\mathrm{T}} & \boldsymbol{\vartheta}^{\mathrm{T}} & \boldsymbol{\zeta}^{\mathrm{T}} & \boldsymbol{\omega}_k^{\mathrm{T}} & \boldsymbol{\upsilon}^{\mathrm{T}} \end{bmatrix}^{\mathrm{T}}
$$

则式（9-17）可简写为

$$
\boldsymbol{e}_{k+1} = \boldsymbol{\Phi}_k\boldsymbol{\eta}_k \tag{9-18}
$$

其中，$\boldsymbol{\Phi}_k$ 已在定理 9.1 中定义。因此，$\left(\boldsymbol{x}_{k+1} - \hat{\boldsymbol{x}}_{k+1}\right)^{\mathrm{T}}\boldsymbol{P}_{k+1}^{-1}\left(\boldsymbol{x}_{k+1} - \hat{\boldsymbol{x}}_{k+1}\right) \le 1$ 可写为以下形式

$$
\boldsymbol{\eta}_k^{\mathrm{T}}\left(\boldsymbol{\Phi}_k^{\mathrm{T}}\boldsymbol{P}_{k+1}^{-1}\boldsymbol{\Phi}_k - \mathrm{diag}\left\{1,\boldsymbol{0},\boldsymbol{0},\boldsymbol{0},\boldsymbol{0},\boldsymbol{0},\boldsymbol{0},\boldsymbol{0}\right\}\right)\boldsymbol{\eta}_k \le 0 \tag{9-19}
$$

从式（9-3）（9-4）（9-14）和（9-16）可以得到

$$
\begin{cases}
\left\|\boldsymbol{z}\right\|^2 \le m \\
\left\|\boldsymbol{z}_{k-\tau}\right\|^2 \le 1 \\
\left(\boldsymbol{g}_{k-\tau} - \boldsymbol{G}_1\boldsymbol{e}_{k-\tau}\right)^{\mathrm{T}}\left(\boldsymbol{g}_{k-\tau} - \boldsymbol{G}_2\boldsymbol{e}_{k-\tau}\right) \le 0 \\
\boldsymbol{\vartheta}^{\mathrm{T}}\boldsymbol{\vartheta} \le \tilde{x} \\
\boldsymbol{\zeta}^{\mathrm{T}}\boldsymbol{\zeta} \le \boldsymbol{z}^{\mathrm{T}}\boldsymbol{\Psi}_k\boldsymbol{z} \\
\boldsymbol{\omega}_k^{\mathrm{T}}\boldsymbol{Q}_k^{-1}\boldsymbol{\omega}_k \le 1 \\
\boldsymbol{\upsilon}^{\mathrm{T}}\boldsymbol{\Lambda}_k^{-1}\boldsymbol{\upsilon} \le m
\end{cases} \tag{9-20}
$$

其中，$\tilde{x}$，$\boldsymbol{\Psi}_k$ 和 $\boldsymbol{\Lambda}_k$ 已在定理 9.1 中定义。进一步，式（9-20）可改写为

$$
\begin{cases}
\boldsymbol{\eta}_k^{\mathrm{T}}\mathrm{diag}\left\{-m,\boldsymbol{I},\boldsymbol{0},\boldsymbol{0},\boldsymbol{0},\boldsymbol{0},\boldsymbol{0},\boldsymbol{0}\right\}\boldsymbol{\eta}_k \le 0 \\
\boldsymbol{\eta}_k^{\mathrm{T}}\mathrm{diag}\left\{-1,\boldsymbol{0},\boldsymbol{I},\boldsymbol{0},\boldsymbol{0},\boldsymbol{0},\boldsymbol{0},\boldsymbol{0}\right\}\boldsymbol{\eta}_k \le 0 \\
\boldsymbol{\eta}_k^{\mathrm{T}}\boldsymbol{\Omega}_k\boldsymbol{\eta}_k \le 0 \\
\boldsymbol{\eta}_k^{\mathrm{T}}\mathrm{diag}\left\{-\tilde{x},\boldsymbol{0},\boldsymbol{0},\boldsymbol{0},\boldsymbol{I},\boldsymbol{0},\boldsymbol{0},\boldsymbol{0}\right\}\boldsymbol{\eta}_k \le 0 \\
\boldsymbol{\eta}_k^{\mathrm{T}}\mathrm{diag}\left\{0,-\boldsymbol{\Psi}_k,\boldsymbol{0},\boldsymbol{0},\boldsymbol{0},\boldsymbol{I},\boldsymbol{0},\boldsymbol{0}\right\}\boldsymbol{\eta}_k \le 0 \\
\boldsymbol{\eta}_k^{\mathrm{T}}\mathrm{diag}\left\{-1,\boldsymbol{0},\boldsymbol{0},\boldsymbol{0},\boldsymbol{0},\boldsymbol{0},\boldsymbol{Q}_k^{-1},\boldsymbol{0}\right\}\boldsymbol{\eta}_k \le 0 \\
\boldsymbol{\eta}_k^{\mathrm{T}}\mathrm{diag}\left\{-m,\boldsymbol{0},\boldsymbol{0},\boldsymbol{0},\boldsymbol{0},\boldsymbol{0},\boldsymbol{0},\boldsymbol{\Lambda}_k^{-1}\right\}\boldsymbol{\eta}_k \le 0
\end{cases} \tag{9-21}
$$

这里，$\boldsymbol{\Omega}_k$ 已在定理 9.1 中定义。

基于引理 9.1 以及式（9-19）和（9-21）可知，如果存在正数 $\varepsilon_i\ (i=1,2,\ldots,7)$ 满足下式

$$\begin{aligned}&\boldsymbol{\Phi}_k^{\mathrm{T}}\boldsymbol{P}_{k+1}^{-1}\boldsymbol{\Phi}_k-\mathrm{diag}\{1,\boldsymbol{0},\boldsymbol{0},\boldsymbol{0},\boldsymbol{0},\boldsymbol{0},\boldsymbol{0},\boldsymbol{0}\}-\varepsilon_1\mathrm{diag}\{-m,\boldsymbol{I},\boldsymbol{0},\boldsymbol{0},\boldsymbol{0},\boldsymbol{0},\boldsymbol{0},\boldsymbol{0}\}\\&-\varepsilon_2\mathrm{diag}\{-1,\boldsymbol{0},\boldsymbol{I},\boldsymbol{0},\boldsymbol{0},\boldsymbol{0},\boldsymbol{0},\boldsymbol{0}\}-\varepsilon_3\boldsymbol{\Omega}_k-\varepsilon_4\mathrm{diag}\{-\tilde{x},\boldsymbol{0},\boldsymbol{0},\boldsymbol{0},\boldsymbol{I},\boldsymbol{0},\boldsymbol{0},\boldsymbol{0}\}\\&-\varepsilon_5\mathrm{diag}\{0,-\boldsymbol{\Psi}_k,\boldsymbol{0},\boldsymbol{0},\boldsymbol{0},\boldsymbol{I},\boldsymbol{0},\boldsymbol{0}\}-\varepsilon_6\mathrm{diag}\{-1,\boldsymbol{0},\boldsymbol{0},\boldsymbol{0},\boldsymbol{0},\boldsymbol{0},\boldsymbol{Q}_k^{-1},\boldsymbol{0}\}\\&-\varepsilon_7\mathrm{diag}\{-m,\boldsymbol{0},\boldsymbol{0},\boldsymbol{0},\boldsymbol{0},\boldsymbol{0},\boldsymbol{0},\boldsymbol{\Lambda}_k^{-1}\}\le\boldsymbol{0}\end{aligned}\tag{9-22}$$

那么式（9-19）成立。

此外，式（9-22）可简写为

$$\boldsymbol{\Phi}_k^{\mathrm{T}}\boldsymbol{P}_{k+1}^{-1}\boldsymbol{\Phi}_k+\boldsymbol{\Theta}_k\le\boldsymbol{0}\tag{9-23}$$

其中，$\boldsymbol{\Theta}_k$ 已在定理 9.1 中定义。然后，运用引理 2.4 可以得到式（9-23）等价于式（9-12）。至此，定理 9.1 证毕。

为了处理式（9-12）中的不确定性，下面给出定理 9.2。

定理 9.2　考虑具有不完全测量的离散时滞忆阻神经网络（9-1），假设 $\boldsymbol{x}_k$ 属于估计椭球集 $\boldsymbol{\mathcal{E}}_k$，如果存在 $\boldsymbol{P}_{k+1}>\boldsymbol{0}$，$\boldsymbol{K}_k$，$\varepsilon_i>0\ (i=1,2,\ldots,7)$ 和 $\varrho>0$ 满足以下线性矩阵不等式

$$\begin{bmatrix}\hat{\beth} & \tilde{\mathcal{M}} & \varrho\tilde{\mathcal{N}}^{\mathrm{T}}\\ * & -\varrho\boldsymbol{I} & \boldsymbol{0}\\ * & * & -\varrho\boldsymbol{I}\end{bmatrix}\le\boldsymbol{0}\tag{9-24}$$

其中

$$\hat{\beth}=\begin{bmatrix}-\boldsymbol{P}_{k+1} & \hat{\boldsymbol{\Phi}}_k\\ * & \boldsymbol{\Theta}_k\end{bmatrix}$$

$$\hat{\boldsymbol{\Phi}}_k=\begin{bmatrix}\boldsymbol{0} & \boldsymbol{A}\boldsymbol{L}_k\boldsymbol{E}-\boldsymbol{K}_k\tilde{\boldsymbol{L}} & \boldsymbol{0} & \boldsymbol{B} & -\boldsymbol{K}_k\tilde{\boldsymbol{\Delta}} & -\boldsymbol{K}_k\tilde{\boldsymbol{\Delta}} & \boldsymbol{H}_1 & -\boldsymbol{K}_k\tilde{\boldsymbol{H}}\end{bmatrix}$$

$$\tilde{\mathcal{M}}=\begin{bmatrix}\mathcal{M}^{\mathrm{T}} & \boldsymbol{0} & \boldsymbol{0} & \boldsymbol{0} & \boldsymbol{0} & \boldsymbol{0} & \boldsymbol{0} & \boldsymbol{0} & \boldsymbol{0}\end{bmatrix}^{\mathrm{T}}$$

$$\mathcal{M}=\begin{bmatrix}\boldsymbol{M} & \boldsymbol{M} & \hat{\boldsymbol{M}}\end{bmatrix},\quad \tilde{\mathcal{N}}=\begin{bmatrix}\boldsymbol{0} & \mathcal{N}\end{bmatrix}$$

$$\mathcal{N}=\begin{bmatrix}\boldsymbol{N}_1\hat{\boldsymbol{x}}_k & \boldsymbol{N}_1\boldsymbol{L}_k\boldsymbol{E} & \boldsymbol{0} & \boldsymbol{0} & \boldsymbol{0} & \boldsymbol{0} & \boldsymbol{0} & \boldsymbol{0}\\ \boldsymbol{N}_2\boldsymbol{g}(\hat{\boldsymbol{x}}_{k-\tau}) & \boldsymbol{0} & \boldsymbol{0} & \boldsymbol{N}_2 & \boldsymbol{0} & \boldsymbol{0} & \boldsymbol{0} & \boldsymbol{0}\\ \boldsymbol{0} & -\hat{\boldsymbol{N}}\tilde{\boldsymbol{L}} & \boldsymbol{0} & \boldsymbol{0} & -\hat{\boldsymbol{N}}\tilde{\boldsymbol{\Delta}} & -\hat{\boldsymbol{N}}\tilde{\boldsymbol{\Delta}} & \boldsymbol{0} & -\hat{\boldsymbol{N}}\tilde{\boldsymbol{H}}\end{bmatrix}$$

那么一步预测状态 $\boldsymbol{x}_{k+1}$ 存在于椭球集 $\boldsymbol{\mathcal{E}}_{k+1}$ 中。

证　将式（9-12）分解为

$$\beth=\hat{\beth}+\begin{bmatrix}\boldsymbol{0} & \bar{\boldsymbol{\Phi}}_k\\ * & \boldsymbol{0}\end{bmatrix}\le\boldsymbol{0}\tag{9-25}$$

其中

$$\bar{\boldsymbol{\Phi}}_k=\left[\bar{\boldsymbol{\Phi}}_{1,k} \quad \bar{\boldsymbol{\Phi}}_{2,k} \quad \bar{\boldsymbol{\Phi}}_{3,k} \quad \bar{\boldsymbol{\Phi}}_{4,k}\right]$$

$$\bar{\boldsymbol{\Phi}}_{1,k}=\Delta\boldsymbol{A}_k\hat{\boldsymbol{x}}_k+\Delta\boldsymbol{B}_k\boldsymbol{g}\left(\hat{\boldsymbol{x}}_{k-\tau}\right)$$

$$\bar{\boldsymbol{\Phi}}_{2,k}=\Delta\boldsymbol{A}_k\boldsymbol{L}_k\boldsymbol{E}-\Delta\boldsymbol{K}_k\tilde{\boldsymbol{L}}$$

$$\bar{\boldsymbol{\Phi}}_{3,k}=\left[\boldsymbol{0} \quad \Delta\boldsymbol{B}_k \quad -\Delta\boldsymbol{K}_k\tilde{\boldsymbol{\Delta}}\right]$$

$$\bar{\boldsymbol{\Phi}}_{4,k}=\left[-\Delta\boldsymbol{K}_k\tilde{\boldsymbol{\Delta}} \quad \boldsymbol{0} \quad -\Delta\boldsymbol{K}_k\tilde{\boldsymbol{H}}\right]$$

且 $\hat{\mathcal{J}}$ 已在定理 9.2 中定义。结合式（9-6）和（9-9），式（9-25）中的 $\mathcal{J}$ 可写成下式

$$\hat{\mathcal{J}}+\tilde{\mathcal{M}}\mathcal{F}_k\tilde{\mathcal{N}}+\tilde{\mathcal{N}}^{\mathrm{T}}\mathcal{F}_k^{\mathrm{T}}\tilde{\mathcal{M}}^{\mathrm{T}}\leq\boldsymbol{0} \tag{9-26}$$

其中，$\mathcal{F}_k=\mathrm{diag}\left\{\boldsymbol{F}_{1,k},\boldsymbol{F}_{2,k},\hat{\boldsymbol{F}}_k\right\}$，并且 $\tilde{\mathcal{M}}$ 和 $\tilde{\mathcal{N}}$ 已在定理 9.2 中定义。

接下来，应用引理 2.3，如果存在常数 $\varrho>0$ 使得

$$\hat{\mathcal{J}}+\varrho^{-1}\tilde{\mathcal{M}}\tilde{\mathcal{M}}^{\mathrm{T}}+\varrho\tilde{\mathcal{N}}^{\mathrm{T}}\tilde{\mathcal{N}}\leq\boldsymbol{0} \tag{9-27}$$

那么式（9-26）成立。然后，基于引理 2.4 可知式（9-27）等价于式（9-24）。至此，定理 9.2 证毕。

接下来，最小椭球集和最优的估计器增益矩阵可以通过对矩阵 $\boldsymbol{P}_{k+1}$ 的迹最小化得到，即求解以下凸优化问题

$$\min_{\boldsymbol{P}_{k+1}>\boldsymbol{0},\,\boldsymbol{K}_k,\,\varepsilon_i>0\,(i=1,2,\ldots,7),\,\varrho>0}\mathrm{tr}\left(\boldsymbol{P}_{k+1}\right) \tag{9-28}$$
$$\text{满足式}(9\text{-}24)$$

则可得到局部最优的 $\boldsymbol{P}_{k+1}$ 和 $\boldsymbol{K}_k$。

注 9.1 值得一提的是，最小化正定矩阵 $\boldsymbol{P}_{k+1}$ 的原因有两个。其一，从状态估计的角度来看，本节的主要目的是尽可能地减小 $\boldsymbol{x}_{k+1}$ 与 $\hat{\boldsymbol{x}}_{k+1}$ 之间的差值。换言之，如果 $\mathrm{tr}\left\{\left(\boldsymbol{x}_{k+1}-\hat{\boldsymbol{x}}_{k+1}\right)\left(\boldsymbol{x}_{k+1}-\hat{\boldsymbol{x}}_{k+1}\right)^{\mathrm{T}}\right\}$ 最小，那么 $\left(\boldsymbol{x}_{k+1}-\hat{\boldsymbol{x}}_{k+1}\right)^{\mathrm{T}}\left(\boldsymbol{x}_{k+1}-\hat{\boldsymbol{x}}_{k+1}\right)$ 最小。易知 $\left(\boldsymbol{x}_{k+1}-\hat{\boldsymbol{x}}_{k+1}\right)^{\mathrm{T}}\boldsymbol{P}_{k+1}^{-1}\left(\boldsymbol{x}_{k+1}-\hat{\boldsymbol{x}}_{k+1}\right)\leq 1$ 与 $\left(\boldsymbol{x}_{k+1}-\hat{\boldsymbol{x}}_{k+1}\right)\left(\boldsymbol{x}_{k+1}-\hat{\boldsymbol{x}}_{k+1}\right)^{\mathrm{T}}\leq\boldsymbol{P}_{k+1}$ 等价。因此，找到 $\mathrm{tr}\left(\boldsymbol{P}_{k+1}\right)$ 的最小值，进而就最小化了估计误差 $\boldsymbol{x}_{k+1}-\hat{\boldsymbol{x}}_{k+1}$。其二，从椭球集的特征来看，$\hat{\boldsymbol{x}}_{k+1}$ 是椭球 $\left(\boldsymbol{x}_{k+1}-\hat{\boldsymbol{x}}_{k+1}\right)^{\mathrm{T}}\boldsymbol{P}_{k+1}^{-1}\left(\boldsymbol{x}_{k+1}-\hat{\boldsymbol{x}}_{k+1}\right)\leq 1$ 的中心，正定矩阵 $\boldsymbol{P}_{k+1}$ 决定了椭球的大小。注意到，$\boldsymbol{P}_{k+1}$ 的特征值会间接影响椭球的长半轴。由矩阵特征值的性质，故通过优化 $\mathrm{tr}\left(\boldsymbol{P}_{k+1}\right)$ 可以得到局部最优椭球。

9.1.3 数值仿真

在本节中，给出仿真算例演示所提出的集员状态估计方案的有效性。考虑离散时滞忆阻神经网络（9-1），其相关参数选取如下

$$a_1\left(x_{1,k}\right)=\begin{cases}0.56 & \left(\left|x_{1,k}\right|>1\right)\\ -0.3 & \left(\left|x_{1,k}\right|\le 1\right)\end{cases},\quad a_2\left(x_{2,k}\right)=\begin{cases}0.3 & \left(\left|x_{2,k}\right|>1\right)\\ 0.4 & \left(\left|x_{2,k}\right|\le 1\right)\end{cases}$$

$$b_{11}\left(x_{1,k}\right)=\begin{cases}0.4 & \left(\left|x_{1,k}\right|>1\right)\\ 0.2 & \left(\left|x_{1,k}\right|\le 1\right)\end{cases},\quad b_{12}\left(x_{1,k}\right)=\begin{cases}-0.6 & \left(\left|x_{1,k}\right|>1\right)\\ 0.3 & \left(\left|x_{1,k}\right|\le 1\right)\end{cases}$$

$$b_{21}\left(x_{2,k}\right)=\begin{cases}-0.4 & \left(\left|x_{2,k}\right|>1\right)\\ 0.6 & \left(\left|x_{2,k}\right|\le 1\right)\end{cases},\quad b_{22}\left(x_{2,k}\right)=\begin{cases}-0.2 & \left(\left|x_{2,k}\right|>1\right)\\ 0.6 & \left(\left|x_{2,k}\right|\le 1\right)\end{cases}$$

$$\boldsymbol{C}=\begin{bmatrix}0.5 & 0.3\\ 0.5 & 0.4\end{bmatrix},\quad \boldsymbol{H}_1=\begin{bmatrix}0.25\\ 0.4\end{bmatrix},\quad \boldsymbol{H}_2=\begin{bmatrix}0.6\\ 0.7\end{bmatrix},\quad \hat{\boldsymbol{M}}=\begin{bmatrix}1\\ 1.8\end{bmatrix}$$

$$\hat{\boldsymbol{F}}_k=\cos\left(0.9k\right),\quad \hat{\boldsymbol{N}}=\begin{bmatrix}0.08 & -0.1\end{bmatrix},\quad \xi_{1,k}\in\left[0.4,0.6\right],\quad \xi_{2,k}\in\left[0.6,0.8\right],\quad \tau=1$$

$$\boldsymbol{M}=\begin{bmatrix}1 & 1 & 0 & 0\\ 0 & 0 & 1 & 1\end{bmatrix},\quad \boldsymbol{N}_1=\begin{bmatrix}0.43 & 0\\ 0 & 1\\ 1 & 0\\ 0 & 0.05\end{bmatrix},\quad \boldsymbol{N}_2=\begin{bmatrix}0.1 & 0\\ 0 & 0.45\\ 0.5 & 0\\ 0 & 0.4\end{bmatrix}$$

非线性神经激励函数$\boldsymbol{g}\left(\boldsymbol{x}_{k-\tau}\right)$具有如下形式：

$$\boldsymbol{g}\left(\boldsymbol{x}_{k-\tau}\right)=\begin{bmatrix}\tanh\left(0.1x_{1,k-\tau}\right)\\ \tanh\left(0.5x_{2,k-\tau}\right)\end{bmatrix}$$

进而可以计算得到$\boldsymbol{G}_1=\mathrm{diag}\{0,0\}$和$\boldsymbol{G}_2=\mathrm{diag}\{0.1,0.5\}$。过程噪声和测量噪声分别为$\boldsymbol{\omega}_k=4\sin\left(0.9k\right)$和$\boldsymbol{\upsilon}_k=5\sin\left(0.9k\right)$，矩阵$\boldsymbol{Q}_k$和$\boldsymbol{R}_k$分别为$\boldsymbol{Q}_k=16$和$\boldsymbol{R}_k=25$。选取初始状态和初始正定矩阵分别为$\boldsymbol{\phi}_{1,i}=\begin{bmatrix}2 & 2\end{bmatrix}^{\mathrm{T}}$和$\boldsymbol{P}_i=\mathrm{diag}\{4,4\}\ \left(i=-1,0\right)$。

基于小节 9.1.2 中的主要结果，将所提出的状态估计方案进行实现，可以得到估计器增益矩阵和相应的仿真结果。具体而言，表 9-1 列出了估计器增益矩阵的部分参数值。

表 9-1　估计器增益矩阵 $\boldsymbol{K}_k$

k	$\boldsymbol{K}_k$	k	$\boldsymbol{K}_k$
2	$\begin{bmatrix}0 & 0.0344\\ 0 & 0.0647\end{bmatrix}$	3	$\begin{bmatrix}0.3777 & -2.3733\times10^{-5}\\ 0.4303 & 5.0159\times10^{-5}\end{bmatrix}$
4	$\begin{bmatrix}1.3997\times10^{-5} & 0.2503\\ 0.0012 & 0.3548\end{bmatrix}$	5	$\begin{bmatrix}0.3848 & 1.9696\times10^{-4}\\ 0.4666 & 0.0022\end{bmatrix}$
…	…	50	$\begin{bmatrix}-3.2563\times10^{-5} & 0.2312\\ -4.3543\times10^{-5} & 0.4217\end{bmatrix}$

图 9-1 和 9-2 分别给出了状态 $x_{i,k}$，估计状态 $\hat{x}_{i,k}\left(i=1,2\right)$ 以及它们上下界的轨迹图，图 9-3 是 RR 协议下每个传输时刻所选择的节点图，图 9-4 比较了有 RR 协议影响和没有 RR 协议影响下忆阻神经网络每个节点传输的数据量的详细情况。

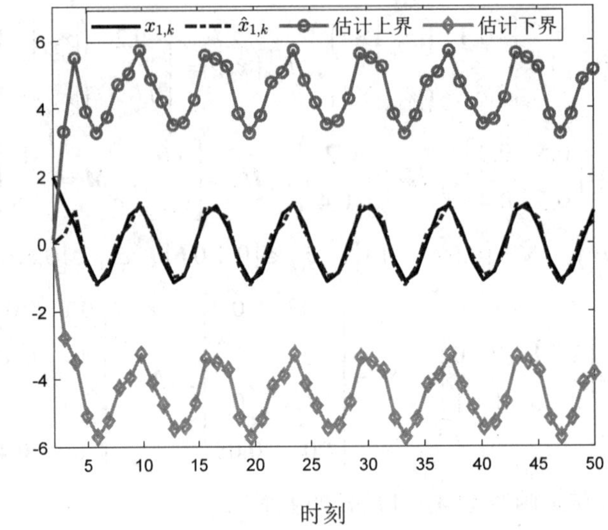

图 9-1　状态 $x_{1,k}$，估计状态 $\hat{x}_{1,k}$ 及其上下界的轨迹

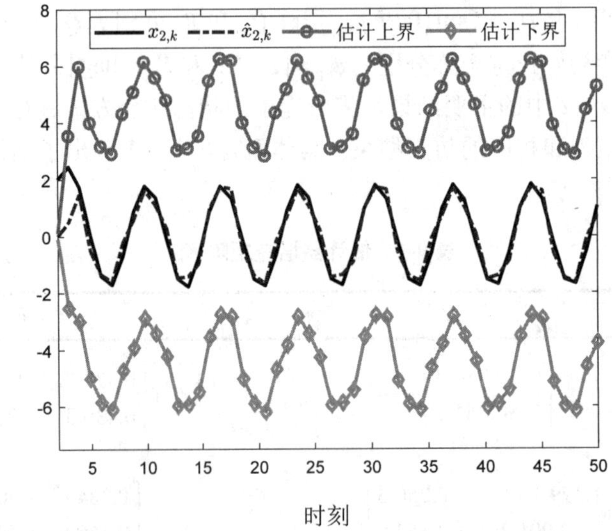

图 9-2　状态 $x_{2,k}$，估计状态 $\hat{x}_{2,k}$ 及其上下界的轨迹

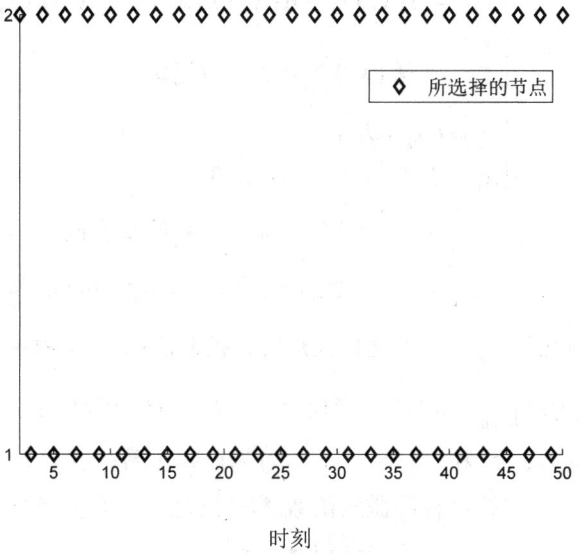

图 9-3　每个传输时刻所选择的节点

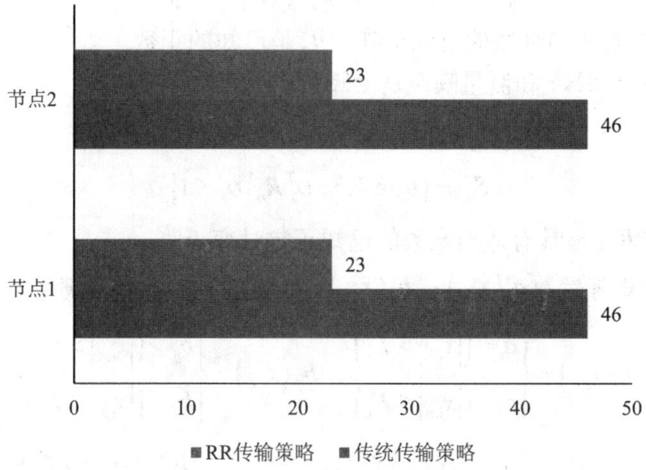

图 9-4　RR 协议影响下及无 RR 协议影响下各节点的传输数据量

9.2　RR 协议下具有网络攻击的弹性集员状态估计

在本小节中，基于小节 9.1 中的主要研究结果，我们进一步考虑 RR 协议下具有网络攻击的弹性集员状态估计问题。

9.2.1　问题描述

研究如下一类离散时滞忆阻神经网络

$$\begin{cases} \boldsymbol{x}_{k+1} = \boldsymbol{A}(\boldsymbol{x}_k)\boldsymbol{x}_k + \boldsymbol{B}(\boldsymbol{x}_k)\boldsymbol{f}(\boldsymbol{x}_k) + \boldsymbol{D}(\boldsymbol{x}_k)\boldsymbol{g}(\boldsymbol{x}_{k-\tau_1}) \\ \qquad + \boldsymbol{E}(\boldsymbol{x}_k)\sum_{i=1}^{\tau_2}\mu_i \boldsymbol{x}_{k-i} + \boldsymbol{H}_\omega \boldsymbol{\omega}_k \\ \boldsymbol{y}_k = \boldsymbol{C}\boldsymbol{x}_k + \boldsymbol{H}_\upsilon \boldsymbol{\upsilon}_k \\ \boldsymbol{x}_k = \boldsymbol{\phi}_k, k = -\tau, -\tau+1, \dots, 0 \end{cases} \tag{9-29}$$

其中，$\boldsymbol{x}_k = \begin{bmatrix} x_{1,k} & x_{2,k} & \cdots & x_{n,k} \end{bmatrix}^{\mathrm{T}} \in \mathbb{R}^{n_x}$ 是神经网络的状态向量，其状态初值为 $\boldsymbol{\phi}_k$，$\boldsymbol{y}_k = \begin{bmatrix} y_{1,k} & y_{2,k} & \cdots & y_{n,k} \end{bmatrix}^{\mathrm{T}} \in \mathbb{R}^{n_y}$ 是测量输出。$\boldsymbol{A}(\boldsymbol{x}_k) = \mathrm{diag}_{n_x}\{a_i(x_{i,k})\}$ 为自反馈矩阵，$\boldsymbol{B}(\boldsymbol{x}_k) = \begin{bmatrix} b_{ij}(x_{i,k}) \end{bmatrix}_{n_x \times n_x}$ 为连接权矩阵，状态依赖矩阵 $\boldsymbol{D}(\boldsymbol{x}_k) = \begin{bmatrix} d_{ij}(x_{i,k}) \end{bmatrix}_{n_x \times n_x}$ 和 $\boldsymbol{E}(\boldsymbol{x}_k) = \begin{bmatrix} e_{ij}(x_{i,k}) \end{bmatrix}_{n_x \times n_x}$ 为时滞连接权矩阵，$\boldsymbol{C}$，$\boldsymbol{H}_\omega$ 和 $\boldsymbol{H}_\upsilon$ 是具有适当维数的已知实矩阵。参数 τ_1，τ_2 和 $\mu_i\ (i = 1, 2, \dots, \tau_2)$ 为已知正数，并且 $\tau = \max\{\tau_1, \tau_2\}$。

对于 $\boldsymbol{\alpha} \in \mathbb{R}^{n_x}$，非线性神经激励函数 $\boldsymbol{f}(\cdot)$ 满足下述有界条件

$$\boldsymbol{f}^{\mathrm{T}}(\boldsymbol{\alpha})\boldsymbol{f}(\boldsymbol{\alpha}) \le \boldsymbol{\alpha}^{\mathrm{T}}\boldsymbol{U}_f^{\mathrm{T}}\boldsymbol{U}_f\boldsymbol{\alpha} \tag{9-30}$$

其中，$\boldsymbol{U}_f$ 是具有适当维数的已知实矩阵。

对于 $\boldsymbol{\alpha}, \boldsymbol{\beta} \in \mathbb{R}^{n_x}$，非线性神经激励函数 $\boldsymbol{g}(\cdot)$ 满足类 Lipschitz 条件

$$\left\| \boldsymbol{g}(\boldsymbol{\alpha}+\boldsymbol{\beta}) - \boldsymbol{g}(\boldsymbol{\alpha}) - \boldsymbol{U}_g\boldsymbol{\beta} \right\| \le u_g \left\| \boldsymbol{\beta} \right\| \tag{9-31}$$

其中，$\boldsymbol{U}_g$ 是具有适当维数的已知矩阵，u_g 是已知的正数。

过程噪声 $\boldsymbol{\omega}_k \in \mathbb{R}^{n_\omega}$ 和测量噪声 $\boldsymbol{\upsilon}_k \in \mathbb{R}^{n_\upsilon}$ 在如下椭球集中

$$\begin{aligned} \boldsymbol{\mathcal{E}}_{\omega_k} &= \left\{ \boldsymbol{\omega}_k \in \mathbb{R}^{n_\omega} : \boldsymbol{\omega}_k^{\mathrm{T}} \boldsymbol{R}_{\omega,k}^{-1} \boldsymbol{\omega}_k \le 1 \right\} \\ \boldsymbol{\mathcal{E}}_{\upsilon_k} &= \left\{ \boldsymbol{\upsilon}_k \in \mathbb{R}^{n_\upsilon} : \boldsymbol{\upsilon}_k^{\mathrm{T}} \boldsymbol{R}_{\upsilon,k}^{-1} \boldsymbol{\upsilon}_k \le 1 \right\} \end{aligned} \tag{9-32}$$

其中，$\boldsymbol{R}_{\omega,k}$ 和 $\boldsymbol{R}_{\upsilon,k}$ 是具有适当维数的已知正定时变矩阵。

状态依赖矩阵参数 $a_i(x_{i,k})$，$b_{ij}(x_{i,k})$，$d_{ij}(x_{i,k})$ 和 $e_{ij}(x_{i,k})$ 满足

$$a_i(x_{i,k}) = \begin{cases} \widehat{a}_i & (|x_{i,k}| > \Gamma_i) \\ \breve{a}_i & (|x_{i,k}| \le \Gamma_i) \end{cases}, \quad b_{ij}(x_{i,k}) = \begin{cases} \widehat{b}_{ij} & (|x_{i,k}| > \Gamma_i) \\ \breve{b}_{ij} & (|x_{i,k}| \le \Gamma_i) \end{cases}$$

$$d_{ij}(x_{i,k}) = \begin{cases} \widehat{d}_{ij} & (|x_{i,k}| > \Gamma_i) \\ \breve{d}_{ij} & (|x_{i,k}| \le \Gamma_i) \end{cases}, \quad e_{ij}(x_{i,k}) = \begin{cases} \widehat{e}_{ij} & (|x_{i,k}| > \Gamma_i) \\ \breve{e}_{ij} & (|x_{i,k}| \le \Gamma_i) \end{cases}$$

其中，$\Gamma_i > 0$，$|\widehat{a}_i| < 1$，$|\breve{a}_i| < 1$，$\widehat{b}_{ij}$，$\breve{b}_{ij}$，$\widehat{d}_{ij}$，$\breve{d}_{ij}$，$\widehat{e}_{ij}$ 和 $\breve{e}_{ij}$ 均已知。

定义

$$a_i^- = \min\{\widehat{a}_i, \breve{a}_i\}, \quad a_i^+ = \max\{\widehat{a}_i, \breve{a}_i\}, \quad b_{ij}^- = \min\{\widehat{b}_{ij}, \breve{b}_{ij}\}$$

$$b_{ij}^+ = \max\{\widehat{b}_{ij}, \breve{b}_{ij}\}, \quad d_{ij}^- = \min\{\widehat{d}_{ij}, \breve{d}_{ij}\}, \quad d_{ij}^+ = \max\{\widehat{d}_{ij}, \breve{d}_{ij}\}$$

$$e_{ij}^- = \min\{\widehat{e}_{ij}, \breve{e}_{ij}\}, \quad e_{ij}^+ = \max\{\widehat{e}_{ij}, \breve{e}_{ij}\}, \quad \boldsymbol{A}^- = \mathrm{diag}_{n_x}\{a_i^-\}$$

$$\boldsymbol{A}^+ = \mathrm{diag}_{n_x}\{a_i^+\}, \quad \boldsymbol{B}^- = \{b_{ij}^-\}_{n_x \times n_x}, \quad \boldsymbol{B}^+ = \{b_{ij}^+\}_{n_x \times n_x}, \quad \boldsymbol{D}^- = \{d_{ij}^-\}_{n_x \times n_x}$$

$$D^{+}=\left\{d_{ij}^{+}\right\}_{n_x\times n_x},\quad E^{-}=\left\{e_{ij}^{-}\right\}_{n_x\times n_x},\quad E^{+}=\left\{e_{ij}^{+}\right\}_{n_x\times n_x}$$

易得

$$A\left(x_k\right)\in\left[A^{-},A^{+}\right],\ B\left(x_k\right)\in\left[B^{-},B^{+}\right],\ D\left(x_k\right)\in\left[D^{-},D^{+}\right],\ E\left(x_k\right)\in\left[E^{-},E^{+}\right]$$

令 $A=\dfrac{A^{+}+A^{-}}{2}$，$B=\dfrac{B^{+}+B^{-}}{2}$，$D=\dfrac{D^{+}+D^{-}}{2}$ 和 $E=\dfrac{E^{+}+E^{-}}{2}$，则有

$$\begin{aligned}A\left(x_k\right)=A+\Delta A_k,\quad B\left(x_k\right)=B+\Delta B_k\\ D\left(x_k\right)=D+\Delta D_k,\quad E\left(x_k\right)=E+\Delta E_k\end{aligned}\tag{9-33}$$

其中，未知参数矩阵 $\Delta A_k\in\left[-\dfrac{A^{+}-A^{-}}{2},\dfrac{A^{+}-A^{-}}{2}\right]$，$\Delta B_k\in\left[-\dfrac{B^{+}-B^{-}}{2},\dfrac{B^{+}-B^{-}}{2}\right]$，$\Delta D_k\in\left[-\dfrac{D^{+}-D^{-}}{2},\dfrac{D^{+}-D^{-}}{2}\right]$ 和 $\Delta E_k\in\left[-\dfrac{E^{+}-E^{-}}{2},\dfrac{E^{+}-E^{-}}{2}\right]$ 满足范数有界不确定性

$$\begin{aligned}\Delta A_k=MF_{1,k}N_1,\quad \Delta B_k=MF_{2,k}N_2\\ \Delta D_k=MF_{3,k}N_3,\quad \Delta E_k=MF_{4,k}N_4\end{aligned}\tag{9-34}$$

其中，M 和 $N_i\left(i=1,2,3,4\right)$ 均为已知实矩阵，未知时变矩阵 $F_{i,k}\left(i=1,2,3,4\right)$ 满足 $F_{i,k}^{\mathrm{T}}F_{i,k}\le I$。

在非安全的网络环境中，假设遭遇攻击者恶意攻击后的测量输出 $\tilde{y}_k$ 为

$$\tilde{y}_k=\chi\left(y_k\right)+\xi_k\tag{9-35}$$

其中，$\chi(\cdot)\in\mathbb{R}^{n_y}$ 为攻击函数，$\xi_k\in\mathbb{R}^{n_\xi}$ 是攻击者为增加其隐身能力而注入的攻击噪声，并且假定其在如下椭球集中

$$\mathcal{E}_{\xi_k}=\left\{\xi_k\in\mathbb{R}^{n_\xi}:\ \xi_k^{\mathrm{T}}R_{\xi,k}^{-1}\xi_k\le 1\right\}\tag{9-36}$$

其中，$R_{\xi,k}$ 是具有适当维数的已知正定时变矩阵。

情形 9.2.1.1　线性攻击

在线性攻击下的数学模型表示为

$$\tilde{y}_k=Qy_k+\xi_k\tag{9-37}$$

其中，未知对称矩阵 $Q\in\mathbb{R}^{n_y\times n_y}$ 是范数有界的，即 $\|Q\|\le u_Q$，u_Q 是已知的正数。因此，式（9-37）可写为

$$\tilde{y}_k=y_k+\bar{Q}y_k+\xi_k\tag{9-38}$$

其中，$\bar{Q}=Q-I$，故

$$-\left(u_Q+1\right)I\le\bar{Q}\le\left(u_Q-1\right)I\tag{9-39}$$

情形 9.2.1.2　非线性攻击

在非线性攻击下的数学模型为式（9-35），对 $\forall\gamma\in\mathbb{R}^{n_y}$，非线性攻击函数 $\chi(\cdot)$ 满足如下扇形条件

$$\left[\chi(\gamma)-U_{\chi_1}\gamma\right]^{\mathrm{T}}\left[\chi(\gamma)-U_{\chi_2}\gamma\right]\le 0\tag{9-40}$$

其中，$U_{\chi_1}\in\mathbb{R}^{n_y\times n_y}$ 和 $U_{\chi_2}\in\mathbb{R}^{n_y\times n_y}$ 是已知的常数矩阵。

在 RR 协议约束下，定义 $\bar{\boldsymbol{y}}_k=\begin{bmatrix}\bar{y}_{1,k} & \bar{y}_{2,k} & \cdots & \bar{y}_{n_y,k}\end{bmatrix}^{\mathrm{T}}$ 为传输后的测量输出，则 $\bar{\boldsymbol{y}}_{i,k}$ 的更新规则如下

$$\bar{\boldsymbol{y}}_{i,k}=\begin{cases}\tilde{\boldsymbol{y}}_{i,k} & \left(\bmod\left(k-i,n_y\right)=0\right)\\ \bar{\boldsymbol{y}}_{i,k-1} & (\text{其他})\end{cases}$$

则对 $a\in\mathbb{N}$，$\bar{\boldsymbol{y}}_k$ 进一步可表示为

$$\bar{\boldsymbol{y}}_k=\bar{\boldsymbol{y}}_{an_y}+\sum_{i=1}^{m}\boldsymbol{\theta}_i\boldsymbol{\theta}_i^{\mathrm{T}}\left(\tilde{\boldsymbol{y}}_{an_y+i}-\bar{\boldsymbol{y}}_{an_y}\right) \tag{9-41}$$

其中，$a=\left\lceil\dfrac{k}{n_y}\right\rceil-1$，$\lceil\cdot\rceil$ 表示向上取整。$\bar{\boldsymbol{y}}_{an_y}$ 是每一周期的初始信息。$\boldsymbol{\theta}_i$ 是一个 n_y 维的列向量，其第 i 个元素为 1，其他元素为 0，$m=\bmod\left(k-1,n_y\right)+1$。显然，该测量模型的周期为 n_y，当 $a=0$ 时为测量模型的第一个周期。

基于可获得的测量信息，设计如下弹性状态估计器

$$\begin{cases}\hat{\boldsymbol{x}}_{k+1}=\boldsymbol{A}\hat{\boldsymbol{x}}_k+\boldsymbol{B}\boldsymbol{f}\left(\hat{\boldsymbol{x}}_k\right)+\boldsymbol{D}\boldsymbol{g}\left(\hat{\boldsymbol{x}}_{k-\tau_1}\right)+\boldsymbol{E}\sum_{i=1}^{\tau_2}\mu_i\hat{\boldsymbol{x}}_{k-i}+\left(\boldsymbol{K}_k+\Delta\boldsymbol{K}_k\right)\bar{\boldsymbol{y}}_k\\ \hat{\boldsymbol{x}}_k=\boldsymbol{0},k=-\tau,-\tau+1,\ldots,0\end{cases} \tag{9-42}$$

其中，$\hat{\boldsymbol{x}}_k$ 是 $\boldsymbol{x}_k$ 的估计值，$\boldsymbol{K}_k$ 是待确定的估计器增益矩阵，未知增益摄动 $\Delta\boldsymbol{K}_k$ 满足下述范数有界不确定性

$$\Delta\boldsymbol{K}_k=\hat{\boldsymbol{M}}\hat{\boldsymbol{F}}_k\hat{\boldsymbol{N}} \tag{9-43}$$

其中，$\hat{\boldsymbol{M}}$ 和 $\hat{\boldsymbol{N}}$ 均为已知的常数矩阵，未知时变矩阵 $\hat{\boldsymbol{F}}_k$ 满足 $\hat{\boldsymbol{F}}_k^{\mathrm{T}}\hat{\boldsymbol{F}}_k\leq\boldsymbol{I}$。

假设初值 $\boldsymbol{\phi}_i\left(i=-\tau,-\tau+1,\ldots,0\right)$ 属于以下给定的椭球集

$$\boldsymbol{\mathcal{E}}_i=\left\{\boldsymbol{\phi}_i\in\mathbb{R}^{n_x}:\boldsymbol{\phi}_i^{\mathrm{T}}\boldsymbol{P}_i^{-1}\boldsymbol{\phi}_i\leq1\right\} \tag{9-44}$$

其中，$\boldsymbol{P}_i\left(i=-\tau,-\tau+1,\ldots,0\right)$ 为已知正定矩阵。

本节的主要目的是找到正定矩阵 $\boldsymbol{P}_{k+1}$ 和 $\hat{\boldsymbol{x}}_{k+1}$ 来确定以下的椭球集

$$\boldsymbol{\mathcal{E}}_{k+1}=\left\{\boldsymbol{x}_{k+1}\in\mathbb{R}^{n_x}:\left(\boldsymbol{x}_{k+1}-\hat{\boldsymbol{x}}_{k+1}\right)^{\mathrm{T}}\boldsymbol{P}_{k+1}^{-1}\left(\boldsymbol{x}_{k+1}-\hat{\boldsymbol{x}}_{k+1}\right)\leq1\right\} \tag{9-45}$$

9.2.2 RR 协议和网络攻击下的集员状态估计方法设计

在本节中，首先给出包含一步预测状态 $\boldsymbol{x}_{k+1}$ 的椭球集存在的充分条件。通过求解一个凸优化问题，最小化 $\boldsymbol{P}_{k+1}$ 的迹以寻求局部最佳的椭球集。

定理 9.3 在情形 9.2.1.1 下，考虑离散时滞忆阻神经网络（9-29），假设状态 $\boldsymbol{x}_k$ 属于它的估计椭球集 $\boldsymbol{\mathcal{E}}_k$，如果存在 $\boldsymbol{P}_{k+1}>\boldsymbol{0}$，$\boldsymbol{K}_k$，$\varepsilon_i>0\ \left(i=1,2,\ldots,11\right)$ 和 $\varrho>0$ 使得以下线性矩阵不等式成立

$$\begin{bmatrix}\boldsymbol{\varUpsilon} & \tilde{\boldsymbol{M}}_1 & \varrho\tilde{\boldsymbol{N}}_1^{\mathrm{T}}\\ * & -\varrho\boldsymbol{I} & \boldsymbol{0}\\ * & * & -\varrho\boldsymbol{I}\end{bmatrix}\leq\boldsymbol{0} \tag{9-46}$$

其中

$$\boldsymbol{\Upsilon}=\begin{bmatrix}-\boldsymbol{P}_{k+1} & \hat{\boldsymbol{\Phi}}_k \\ * & \boldsymbol{\Theta}_k\end{bmatrix},\quad \hat{\boldsymbol{\Phi}}_k=\begin{bmatrix}\hat{\boldsymbol{\Phi}}_{1,k} & \hat{\boldsymbol{\Phi}}_{2,k} & \hat{\boldsymbol{\Phi}}_{3,k} & \hat{\boldsymbol{\Phi}}_{4,k}\end{bmatrix}$$

$$\hat{\boldsymbol{\Phi}}_{1,k}=\begin{bmatrix}-\boldsymbol{K}_k\bar{\boldsymbol{C}}\hat{\boldsymbol{x}}_{m,k}-\boldsymbol{B}\boldsymbol{f}(\hat{\boldsymbol{x}}_k)-\boldsymbol{K}_k\bar{\boldsymbol{\theta}}\boldsymbol{Y} & \boldsymbol{D}\boldsymbol{U}_g\boldsymbol{L}_{k-\tau_1}\end{bmatrix}$$

$$\hat{\boldsymbol{\Phi}}_{2,k}=\begin{bmatrix}\boldsymbol{E}\boldsymbol{L} & \bar{\boldsymbol{A}}_L-\boldsymbol{K}_k\tilde{\boldsymbol{L}} & \boldsymbol{B} & \boldsymbol{D}\end{bmatrix},\quad \hat{\boldsymbol{\Phi}}_{3,k}=\begin{bmatrix}\boldsymbol{H}_\omega & -\boldsymbol{K}_k\bar{\boldsymbol{H}} & -\boldsymbol{K}_k\tilde{\boldsymbol{\theta}}\end{bmatrix}$$

$$\hat{\boldsymbol{\Phi}}_{4,k}=\begin{bmatrix}-\boldsymbol{K}_k\tilde{\boldsymbol{\theta}} & -\boldsymbol{K}_k\tilde{\boldsymbol{\theta}} & -\boldsymbol{K}_k\tilde{\boldsymbol{\theta}}\end{bmatrix},\quad \bar{\boldsymbol{C}}=\begin{bmatrix}\boldsymbol{\theta}_1\boldsymbol{\theta}_1^{\mathrm{T}}\boldsymbol{C} & \boldsymbol{\theta}_2\boldsymbol{\theta}_2^{\mathrm{T}}\boldsymbol{C} & \cdots & \boldsymbol{\theta}_m\boldsymbol{\theta}_m^{\mathrm{T}}\boldsymbol{C}\end{bmatrix}$$

$$\hat{\boldsymbol{x}}_{m,k}=\begin{bmatrix}\hat{\boldsymbol{x}}_{an_y+1}^{\mathrm{T}} & \hat{\boldsymbol{x}}_{an_y+2}^{\mathrm{T}} & \cdots & \hat{\boldsymbol{x}}_k^{\mathrm{T}}\end{bmatrix}^{\mathrm{T}},\quad \bar{\boldsymbol{\theta}}=\begin{bmatrix}\boldsymbol{\theta}_{m+1}\boldsymbol{\theta}_{m+1}^{\mathrm{T}} & \boldsymbol{\theta}_{m+2}\boldsymbol{\theta}_{m+2}^{\mathrm{T}} & \cdots & \boldsymbol{\theta}_{n_y}\boldsymbol{\theta}_{n_y}^{\mathrm{T}}\end{bmatrix}$$

$$\tilde{\boldsymbol{\theta}}=\begin{bmatrix}\boldsymbol{\theta}_1\boldsymbol{\theta}_1^{\mathrm{T}} & \boldsymbol{\theta}_2\boldsymbol{\theta}_2^{\mathrm{T}} & \cdots & \boldsymbol{\theta}_m\boldsymbol{\theta}_m^{\mathrm{T}}\end{bmatrix},\quad \boldsymbol{Y}=\begin{bmatrix}\bar{\boldsymbol{y}}_{an_y}^{\mathrm{T}} & \bar{\boldsymbol{y}}_{an_y}^{\mathrm{T}} & \cdots & \bar{\boldsymbol{y}}_{an_y}^{\mathrm{T}}\end{bmatrix}^{\mathrm{T}}$$

$$\boldsymbol{L}=\begin{bmatrix}\mu_1\boldsymbol{L}_{k-1} & \mu_2\boldsymbol{L}_{k-2} & \cdots & \mu_{\tau_2}\boldsymbol{L}_{k-\tau_2}\end{bmatrix}$$

$$\bar{\boldsymbol{A}}_L=[\boldsymbol{0} \quad \boldsymbol{0} \quad \cdots \quad \boldsymbol{A}\boldsymbol{L}_k],\quad \Delta\bar{\boldsymbol{A}}_{2,k}=[\boldsymbol{0} \quad \boldsymbol{0} \quad \cdots \quad \Delta\boldsymbol{A}_k\boldsymbol{L}_k]$$

$$\bar{\boldsymbol{H}}=\begin{bmatrix}\boldsymbol{\theta}_1\boldsymbol{\theta}_1^{\mathrm{T}}\boldsymbol{H}_\upsilon & \boldsymbol{\theta}_2\boldsymbol{\theta}_2^{\mathrm{T}}\boldsymbol{H}_\upsilon & \cdots & \boldsymbol{\theta}_m\boldsymbol{\theta}_m^{\mathrm{T}}\boldsymbol{H}_\upsilon\end{bmatrix}$$

$$\tilde{\boldsymbol{L}}=\begin{bmatrix}\boldsymbol{\theta}_1\boldsymbol{\theta}_1^{\mathrm{T}}\boldsymbol{C}\boldsymbol{L}_{an_y+1} & \boldsymbol{\theta}_2\boldsymbol{\theta}_2^{\mathrm{T}}\boldsymbol{C}\boldsymbol{L}_{an_y+2} & \cdots & \boldsymbol{\theta}_m\boldsymbol{\theta}_m^{\mathrm{T}}\boldsymbol{C}\boldsymbol{L}_k\end{bmatrix}$$

$$\boldsymbol{\Theta}_k=\mathrm{diag}\left\{\Theta_{1,k},-\varepsilon_1\boldsymbol{I},-\varepsilon_2\boldsymbol{I},-\varepsilon_3\boldsymbol{I},\boldsymbol{0},\boldsymbol{0},-\varepsilon_6\boldsymbol{R}_{\omega,k}^{-1},-\varepsilon_7\bar{\boldsymbol{R}}_{\upsilon,k}^{-1},\boldsymbol{0},\boldsymbol{0},\boldsymbol{0},-\varepsilon_{11}\bar{\boldsymbol{R}}_{\xi,k}^{-1}\right\}-\boldsymbol{\Theta}_{2k}$$

$$\Theta_{1,k}=-1+\varepsilon_1+\tau_2\varepsilon_2+m\varepsilon_3+\varepsilon_6+m\varepsilon_7+m\varepsilon_{11}$$

$$\boldsymbol{\Theta}_{2,k}=\varepsilon_4\tilde{\boldsymbol{U}}_{1f}+\varepsilon_5\tilde{\boldsymbol{U}}_{1g}+\varepsilon_8\boldsymbol{U}_{\vec{C}_1}+\varepsilon_9\boldsymbol{U}_{\vec{C}_2}+\varepsilon_{10}\boldsymbol{U}_{\tilde{H}}$$

$$\bar{\boldsymbol{R}}_{\upsilon,k}=\mathrm{diag}\left\{\boldsymbol{R}_{\upsilon,an_y+1},\boldsymbol{R}_{\upsilon,an_y+2},\dots,\boldsymbol{R}_{\upsilon,k}\right\},\quad \bar{\boldsymbol{R}}_{\xi,k}=\mathrm{diag}\left\{\boldsymbol{R}_{\xi,an_y+1},\boldsymbol{R}_{\xi,an_y+2},\dots,\boldsymbol{R}_{\xi,k}\right\}$$

$$\tilde{\boldsymbol{U}}_{1f}=\begin{bmatrix}\bar{\boldsymbol{U}}_{1f} & \boldsymbol{0} \\ \boldsymbol{0} & \boldsymbol{0}\end{bmatrix},\quad \tilde{\boldsymbol{U}}_{1g}=\begin{bmatrix}\bar{\boldsymbol{U}}_{1g} & \boldsymbol{0} \\ \boldsymbol{0} & \boldsymbol{0}\end{bmatrix}$$

$$\bar{\boldsymbol{U}}_{1f}=\begin{bmatrix}-\hat{\boldsymbol{x}}_{m,k}^{\mathrm{T}}\boldsymbol{U}_{\hat{x}}^{\mathrm{T}}\boldsymbol{U}_{\hat{x}}\hat{\boldsymbol{x}}_{m,k} & \boldsymbol{0} & \boldsymbol{0} & -\hat{\boldsymbol{x}}_{m,k}^{\mathrm{T}}\boldsymbol{U}_{\hat{x}}^{\mathrm{T}}\boldsymbol{U}_z & \boldsymbol{0} \\ * & \boldsymbol{0} & \boldsymbol{0} & \boldsymbol{0} & \boldsymbol{0} \\ * & * & \boldsymbol{0} & \boldsymbol{0} & \boldsymbol{0} \\ * & * & * & -\boldsymbol{U}_z^{\mathrm{T}}\boldsymbol{U}_z & \boldsymbol{0} \\ * & * & * & * & \boldsymbol{I}\end{bmatrix}$$

$$\boldsymbol{U}_{\hat{x}}=\mathrm{diag}\{\boldsymbol{0},\boldsymbol{0},\dots,\boldsymbol{U}_f\},\quad \boldsymbol{U}_z=\mathrm{diag}\{\boldsymbol{0},\boldsymbol{0},\dots,\boldsymbol{U}_f\boldsymbol{L}_k\}$$

$$\bar{\boldsymbol{U}}_{1g}=\mathrm{diag}\left\{0,-u_g^2\boldsymbol{L}_{k-\tau_1}^{\mathrm{T}}\boldsymbol{L}_{k-\tau_1},\boldsymbol{0},\boldsymbol{0},\boldsymbol{0},\boldsymbol{I}\right\}$$

$$\boldsymbol{U}_{\vec{C}_1}=\begin{bmatrix}\vec{\boldsymbol{C}}_1 & \boldsymbol{0} \\ \boldsymbol{0} & \boldsymbol{0}\end{bmatrix},\quad \boldsymbol{U}_{\vec{C}_2}=\begin{bmatrix}\boldsymbol{0} & \boldsymbol{0} & \boldsymbol{0} \\ \boldsymbol{0} & \vec{\boldsymbol{C}}_2 & \boldsymbol{0} \\ \boldsymbol{0} & \boldsymbol{0} & \boldsymbol{0}\end{bmatrix}$$

$$\vec{\boldsymbol{C}}_1=\begin{bmatrix}-\hat{\boldsymbol{x}}_{m,k}^{\mathrm{T}}\tilde{\boldsymbol{C}}_2\hat{\boldsymbol{x}}_{m,k} & \boldsymbol{0} & \cdots & \boldsymbol{0} & \hat{\boldsymbol{x}}_{m,k}^{\mathrm{T}}\tilde{\boldsymbol{C}}_1^{\mathrm{T}} \\ * & \boldsymbol{0} & \cdots & \boldsymbol{0} & \boldsymbol{0} \\ \vdots & \vdots & & \vdots & \vdots \\ * & * & \cdots & \boldsymbol{0} & \boldsymbol{0} \\ * & * & \cdots & * & \boldsymbol{I}\end{bmatrix}$$

$$\vec{C}_2=\begin{bmatrix}-\tilde{C}_4 & 0 & \cdots & 0 & \tilde{C}_3^{\mathrm{T}} \\ * & 0 & \cdots & 0 & 0 \\ \vdots & \vdots & & \vdots & \vdots \\ * & * & \cdots & 0 & 0 \\ * & * & \cdots & * & I\end{bmatrix}$$

$$\tilde{C}_1=\frac{C_1-C_2}{2},\quad \tilde{C}_2=\frac{C_1^{\mathrm{T}}C_2+C_2^{\mathrm{T}}C_1}{2},\quad \tilde{C}_3=\frac{C_3-C_4}{2},\quad \tilde{C}_4=\frac{C_3^{\mathrm{T}}C_4+C_4^{\mathrm{T}}C_3}{2}$$

$$C_1=\mathrm{diag}\left\{\left(u_Q+1\right)C,\left(u_Q+1\right)C,\ldots,\left(u_Q+1\right)C\right\}$$

$$C_2=\mathrm{diag}\left\{\left(u_Q-1\right)C,\left(u_Q-1\right)C,\ldots,\left(u_Q-1\right)C\right\}$$

$$C_3=\mathrm{diag}\left\{\left(u_Q+1\right)CL_{an_y+1},\left(u_Q+1\right)CL_{an_y+2},\ldots,\left(u_Q+1\right)CL_k\right\}$$

$$C_4=\mathrm{diag}\left\{\left(u_Q-1\right)CL_{an_y+1},\left(u_Q-1\right)CL_{an_y+2},\ldots,\left(u_Q-1\right)CL_k\right\}$$

$$U_{\tilde{H}}=\begin{bmatrix}0 & 0 & 0 \\ 0 & \tilde{H} & 0 \\ 0 & 0 & 0\end{bmatrix},\quad \tilde{H}=\begin{bmatrix}-\tilde{H}_2 & 0 & 0 & \tilde{H}_1^{\mathrm{T}} \\ * & 0 & 0 & 0 \\ * & * & 0 & 0 \\ * & * & * & I\end{bmatrix}$$

$$\tilde{H}_1=\frac{H_1-H_2}{2},\quad \tilde{H}_2=\frac{H_1^{\mathrm{T}}H_2+H_2^{\mathrm{T}}H_1}{2}$$

$$H_1=\mathrm{diag}\left\{\left(u_Q+1\right)H_\upsilon,\left(u_Q+1\right)H_\upsilon,\ldots,\left(u_Q+1\right)H_\upsilon\right\}$$

$$H_2=\mathrm{diag}\left\{\left(u_Q-1\right)H_\upsilon,\left(u_Q-1\right)H_\upsilon,\ldots,\left(u_Q-1\right)H_\upsilon\right\}$$

$$\tilde{M}_1=\left[\tilde{M}_{11}^{\mathrm{T}}\quad 0\right]^{\mathrm{T}},\quad \tilde{N}_1=\left[0\quad \tilde{N}_{11}\right]$$

$$\tilde{M}_{11}=\left[M\quad M\quad M\quad M\quad \hat{M}\right],\quad \tilde{N}_{11}=\left[\vec{N}_{11}\quad \vec{N}_{12}\right]$$

$$\vec{N}_{11}=\begin{bmatrix}\bar{N}_1\hat{x}_{m,k} & 0 & 0 & \bar{N}_2 & 0 & 0 \\ 0 & 0 & 0 & 0 & N_2 & 0 \\ N_3 g\left(\hat{x}_{k-\tau_1}\right) & N_3U_gL_{k-\tau_1} & 0 & 0 & 0 & N_3 \\ N_4\sum_{i=1}^{\tau_2}\mu_i\hat{x}_{k-i} & 0 & N_4L & 0 & 0 & 0 \\ -\hat{N}\left(\bar{C}\hat{x}_{m,k}+\bar{\theta}Y\right) & 0 & 0 & -\hat{N}\tilde{L} & 0 & 0\end{bmatrix}$$

$$\vec{N}_{12}=\begin{bmatrix}0 & 0 & 0 & 0 & 0 & 0 \\ 0 & 0 & 0 & 0 & 0 & 0 \\ 0 & 0 & 0 & 0 & 0 & 0 \\ 0 & 0 & 0 & 0 & 0 & 0 \\ 0 & -\hat{N}\bar{H} & -\hat{N}\tilde{\theta} & -\hat{N}\tilde{\theta} & -\hat{N}\tilde{\theta} & -\hat{N}\tilde{\theta}\end{bmatrix}$$

$$\bar{N}_1=\left[0\quad 0\quad \cdots\quad N_1\right],\quad \bar{N}_2=\left[0\quad 0\quad \cdots\quad N_1L_k\right]$$

这里，$\boldsymbol{L}_k$ 是 $\boldsymbol{P}_k = \boldsymbol{L}_k\boldsymbol{L}_k^{\mathrm{T}}$ 的 Cholesky 因式分解，那么一步预测状态 $\boldsymbol{x}_{k+1}$ 存在于椭球集 $\boldsymbol{\mathcal{E}}_{k+1}$ 中。

证　基于式（9-29）（9-38）（9-41）和（9-42），一步预测估计误差 $\boldsymbol{e}_{k+1}$ 可以写为

$$
\begin{aligned}
\boldsymbol{e}_{k+1} &= \boldsymbol{x}_{k+1} - \hat{\boldsymbol{x}}_{k+1} \\
&= \boldsymbol{A}(\boldsymbol{x}_k)\boldsymbol{x}_k + \boldsymbol{E}(\boldsymbol{x}_k)\sum_{i=1}^{\tau_2}\mu_i\boldsymbol{x}_{k-i} - (\boldsymbol{K}_k + \Delta\boldsymbol{K}_k)\sum_{i=1}^{m}\boldsymbol{\theta}_i\boldsymbol{\theta}_i^{\mathrm{T}}\boldsymbol{C}\boldsymbol{x}_{an_y+i} \\
&\quad - (\boldsymbol{K}_k + \Delta\boldsymbol{K}_k)\sum_{i=1}^{m}\boldsymbol{\theta}_i\boldsymbol{\theta}_i^{\mathrm{T}}\bar{\boldsymbol{Q}}\boldsymbol{C}\boldsymbol{x}_{an_y+i} - \boldsymbol{A}\hat{\boldsymbol{x}}_k - \boldsymbol{E}\sum_{i=1}^{\tau_2}\mu_i\hat{\boldsymbol{x}}_{k-i} \\
&\quad + \boldsymbol{B}(\boldsymbol{x}_k)\boldsymbol{f}(\boldsymbol{x}_k) + \boldsymbol{D}(\boldsymbol{x}_k)\boldsymbol{g}(\boldsymbol{x}_{k-\tau_1}) - \boldsymbol{B}\boldsymbol{f}(\hat{\boldsymbol{x}}_k) - \boldsymbol{D}\boldsymbol{g}(\hat{\boldsymbol{x}}_{k-\tau_1}) \\
&\quad - (\boldsymbol{K}_k + \Delta\boldsymbol{K}_k)\sum_{i=1}^{m}\boldsymbol{\theta}_i\boldsymbol{\theta}_i^{\mathrm{T}}\boldsymbol{H}_{\upsilon}\boldsymbol{\upsilon}_{an_y+i} - (\boldsymbol{K}_k + \Delta\boldsymbol{K}_k)\sum_{i=1}^{m}\boldsymbol{\theta}_i\boldsymbol{\theta}_i^{\mathrm{T}}\bar{\boldsymbol{Q}}\boldsymbol{H}_{\upsilon}\boldsymbol{\upsilon}_{an_y+i} \\
&\quad - (\boldsymbol{K}_k + \Delta\boldsymbol{K}_k)\sum_{i=1}^{m}\boldsymbol{\theta}_i\boldsymbol{\theta}_i^{\mathrm{T}}\boldsymbol{\xi}_{an_y+i} + \boldsymbol{H}_{\omega}\boldsymbol{\omega}_k - (\boldsymbol{K}_k + \Delta\boldsymbol{K}_k)\sum_{i=m+1}^{n_y}\boldsymbol{\theta}_i\boldsymbol{\theta}_i^{\mathrm{T}}\bar{\boldsymbol{y}}_{an_y}
\end{aligned}
\tag{9-47}
$$

由 $(\boldsymbol{x}_k - \hat{\boldsymbol{x}}_k)^{\mathrm{T}}\boldsymbol{P}_k^{-1}(\boldsymbol{x}_k - \hat{\boldsymbol{x}}_k) \le 1$ 可知，存在向量 $\boldsymbol{z}_k$ 且 $\|\boldsymbol{z}_k\| \le 1$ 使得

$$
\boldsymbol{x}_k = \hat{\boldsymbol{x}}_k + \boldsymbol{L}_k\boldsymbol{z}_k \tag{9-48}
$$

其中，$\boldsymbol{L}_k$ 是 $\boldsymbol{P}_k = \boldsymbol{L}_k\boldsymbol{L}_k^{\mathrm{T}}$ 的 Cholesky 因式分解。进一步地，式（9-47）可改写为

$$
\begin{aligned}
\boldsymbol{e}_{k+1} &= \Delta\boldsymbol{A}_k\hat{\boldsymbol{x}}_k + \Delta\boldsymbol{E}_k\sum_{i=1}^{\tau_2}\mu_i\hat{\boldsymbol{x}}_{k-i} - (\boldsymbol{K}_k + \Delta\boldsymbol{K}_k)\sum_{i=1}^{m}\boldsymbol{\theta}_i\boldsymbol{\theta}_i^{\mathrm{T}}\boldsymbol{C}\hat{\boldsymbol{x}}_{an_y+i} \\
&\quad - (\boldsymbol{K}_k + \Delta\boldsymbol{K}_k)\sum_{i=1}^{m}\boldsymbol{\theta}_i\boldsymbol{\theta}_i^{\mathrm{T}}\bar{\boldsymbol{Q}}\boldsymbol{C}\hat{\boldsymbol{x}}_{an_y+i} + \boldsymbol{A}(\boldsymbol{x}_k)\boldsymbol{L}_k\boldsymbol{z}_k + \boldsymbol{D}(\boldsymbol{x}_k)\boldsymbol{U}_g\boldsymbol{L}_{k-\tau_1}\boldsymbol{z}_{k-\tau_1} \\
&\quad + \boldsymbol{E}(\boldsymbol{x}_k)\sum_{i=1}^{\tau_2}\mu_i\boldsymbol{L}_{k-i}\boldsymbol{z}_{k-i} - (\boldsymbol{K}_k + \Delta\boldsymbol{K}_k)\sum_{i=1}^{m}\boldsymbol{\theta}_i\boldsymbol{\theta}_i^{\mathrm{T}}\boldsymbol{C}\boldsymbol{L}_{an_y+i}\boldsymbol{z}_{an_y+i} \\
&\quad - (\boldsymbol{K}_k + \Delta\boldsymbol{K}_k)\sum_{i=1}^{m}\boldsymbol{\theta}_i\boldsymbol{\theta}_i^{\mathrm{T}}\bar{\boldsymbol{Q}}\boldsymbol{C}\boldsymbol{L}_{an_y+i}\boldsymbol{z}_{an_y+i} + \boldsymbol{B}(\boldsymbol{x}_k)\boldsymbol{f}(\boldsymbol{x}_k) \\
&\quad + \boldsymbol{D}(\boldsymbol{x}_k)\boldsymbol{G}_{k-\tau_1} - \boldsymbol{B}\boldsymbol{f}(\hat{\boldsymbol{x}}_k) + \Delta\boldsymbol{D}_k\boldsymbol{g}(\hat{\boldsymbol{x}}_{k-\tau_1}) + \boldsymbol{H}_{\omega}\boldsymbol{\omega}_k \\
&\quad - (\boldsymbol{K}_k + \Delta\boldsymbol{K}_k)\sum_{i=1}^{m}\boldsymbol{\theta}_i\boldsymbol{\theta}_i^{\mathrm{T}}\boldsymbol{H}_{\upsilon}\boldsymbol{\upsilon}_{an_y+i} - (\boldsymbol{K}_k + \Delta\boldsymbol{K}_k)\sum_{i=1}^{m}\boldsymbol{\theta}_i\boldsymbol{\theta}_i^{\mathrm{T}}\bar{\boldsymbol{Q}}\boldsymbol{H}_{\upsilon}\boldsymbol{\upsilon}_{an_y+i} \\
&\quad - (\boldsymbol{K}_k + \Delta\boldsymbol{K}_k)\sum_{i=1}^{m}\boldsymbol{\theta}_i\boldsymbol{\theta}_i^{\mathrm{T}}\boldsymbol{\xi}_{an_y+i} - (\boldsymbol{K}_k + \Delta\boldsymbol{K}_k)\sum_{i=m+1}^{n_y}\boldsymbol{\theta}_i\boldsymbol{\theta}_i^{\mathrm{T}}\bar{\boldsymbol{y}}_{an_y}
\end{aligned}
\tag{9-49}
$$

其中，$\boldsymbol{G}_{k-\tau_1} = \boldsymbol{g}(\boldsymbol{x}_{k-\tau_1}) - \boldsymbol{g}(\hat{\boldsymbol{x}}_{k-\tau_1}) - \boldsymbol{U}_g(\boldsymbol{x}_{k-\tau_1} - \hat{\boldsymbol{x}}_{k-\tau_1})$。

为简便起见，定义

$$
\boldsymbol{z}_{\tau,k} = \begin{bmatrix}\boldsymbol{z}_{k-1}^{\mathrm{T}} & \boldsymbol{z}_{k-2}^{\mathrm{T}} & \cdots & \boldsymbol{z}_{k-\tau_2}^{\mathrm{T}}\end{bmatrix}^{\mathrm{T}},\quad \boldsymbol{z}_{m,k} = \begin{bmatrix}\boldsymbol{z}_{an_y+1}^{\mathrm{T}} & \boldsymbol{z}_{an_y+2}^{\mathrm{T}} & \cdots & \boldsymbol{z}_{k}^{\mathrm{T}}\end{bmatrix}^{\mathrm{T}}
$$

$$
\boldsymbol{\upsilon}_{m,k} = \begin{bmatrix}\boldsymbol{\upsilon}_{an_y+1}^{\mathrm{T}} & \boldsymbol{\upsilon}_{an_y+2}^{\mathrm{T}} & \cdots & \boldsymbol{\upsilon}_{k}^{\mathrm{T}}\end{bmatrix}^{\mathrm{T}},\quad \boldsymbol{\xi}_{m,k} = \begin{bmatrix}\boldsymbol{\xi}_{an_y+1}^{\mathrm{T}} & \boldsymbol{\xi}_{an_y+2}^{\mathrm{T}} & \cdots & \boldsymbol{\xi}_{k}^{\mathrm{T}}\end{bmatrix}^{\mathrm{T}}
$$

$$
\boldsymbol{\pi}_{m,k} = \begin{bmatrix}\boldsymbol{\pi}_1^{\mathrm{T}} & \boldsymbol{\pi}_2^{\mathrm{T}} & \cdots & \boldsymbol{\pi}_m^{\mathrm{T}}\end{bmatrix}^{\mathrm{T}},\quad \boldsymbol{\varpi}_{m,k} = \begin{bmatrix}\boldsymbol{\varpi}_1^{\mathrm{T}} & \boldsymbol{\varpi}_2^{\mathrm{T}} & \cdots & \boldsymbol{\varpi}_m^{\mathrm{T}}\end{bmatrix}^{\mathrm{T}}
$$

$$
\boldsymbol{o}_{m,k} = \begin{bmatrix}\boldsymbol{o}_1^{\mathrm{T}} & \boldsymbol{o}_2^{\mathrm{T}} & \cdots & \boldsymbol{o}_m^{\mathrm{T}}\end{bmatrix}^{\mathrm{T}}
$$

其中，$\boldsymbol{\pi}_i=\bar{\boldsymbol{Q}}\boldsymbol{C}\hat{\boldsymbol{x}}_{an_y+i}$，$\boldsymbol{\varpi}_i=\bar{\boldsymbol{Q}}\boldsymbol{C}\boldsymbol{L}_{an_y+i}\boldsymbol{z}_{an_y+i}$ 和 $\boldsymbol{o}_i=\bar{\boldsymbol{Q}}\boldsymbol{H}_{\upsilon}\boldsymbol{\upsilon}_{an_y+i}$，则上式可改写为

$$\begin{aligned}\boldsymbol{e}_{k+1}=&\left[\Delta\bar{\boldsymbol{A}}_{1,k}-\left(\boldsymbol{K}_k+\Delta\boldsymbol{K}_k\right)\bar{\boldsymbol{C}}\right]\hat{\boldsymbol{x}}_{m,k}+\Delta\boldsymbol{E}_k\sum_{i=1}^{\tau_2}\mu_i\hat{\boldsymbol{x}}_{k-i}+\boldsymbol{E}\left(\boldsymbol{x}_k\right)\boldsymbol{L}\boldsymbol{z}_{\tau k}\\&+\boldsymbol{D}\left(\boldsymbol{x}_k\right)\boldsymbol{U}_g\boldsymbol{L}_{k-\tau_1}\boldsymbol{z}_{k-\tau_1}+\left[\boldsymbol{A}_L-\left(\boldsymbol{K}_k+\Delta\boldsymbol{K}_k\right)\tilde{\boldsymbol{L}}\right]\boldsymbol{z}_{m,k}+\boldsymbol{H}_{\omega}\boldsymbol{\omega}_k\\&+\boldsymbol{B}\left(\boldsymbol{x}_k\right)\boldsymbol{f}\left(\boldsymbol{x}_k\right)+\boldsymbol{D}\left(\boldsymbol{x}_k\right)\boldsymbol{G}_{k-\tau_1}-\boldsymbol{B}\boldsymbol{f}\left(\hat{\boldsymbol{x}}_k\right)+\Delta\boldsymbol{D}_k\boldsymbol{g}\left(\hat{\boldsymbol{x}}_{k-\tau_1}\right)\\&-\left(\boldsymbol{K}_k+\Delta\boldsymbol{K}_k\right)\bar{\boldsymbol{H}}\boldsymbol{\upsilon}_{m,k}-\left(\boldsymbol{K}_k+\Delta\boldsymbol{K}_k\right)\tilde{\boldsymbol{\theta}}\boldsymbol{\xi}_{m,k}-\left(\boldsymbol{K}_k+\Delta\boldsymbol{K}_k\right)\tilde{\boldsymbol{\theta}}\boldsymbol{\pi}_{m,k}\\&-\left(\boldsymbol{K}_k+\Delta\boldsymbol{K}_k\right)\tilde{\boldsymbol{\theta}}\boldsymbol{\varpi}_{m,k}-\left(\boldsymbol{K}_k+\Delta\boldsymbol{K}_k\right)\tilde{\boldsymbol{\theta}}\boldsymbol{o}_{m,k}-\left(\boldsymbol{K}_k+\Delta\boldsymbol{K}_k\right)\bar{\boldsymbol{\theta}}\boldsymbol{Y}\end{aligned}\tag{9-50}$$

其中，$\Delta\bar{\boldsymbol{A}}_{1,k}=\begin{bmatrix}\boldsymbol{0}&\boldsymbol{0}&\cdots&\Delta\boldsymbol{A}_k\end{bmatrix}$，$\boldsymbol{A}_L=\begin{bmatrix}\boldsymbol{0}&\boldsymbol{0}&\cdots&\boldsymbol{A}\left(\boldsymbol{x}_k\right)\boldsymbol{L}_k\end{bmatrix}$，并且 $\bar{\boldsymbol{C}}$，$\hat{\boldsymbol{x}}_{m,k}$，$\bar{\boldsymbol{\theta}}$，$\boldsymbol{Y}$，$\boldsymbol{L}$，$\tilde{\boldsymbol{L}}$，$\bar{\boldsymbol{H}}$ 和 $\tilde{\boldsymbol{\theta}}$ 的定义在定理 9.3 中给出。紧接着，定义

$$\boldsymbol{\zeta}_k=\begin{bmatrix}1&\boldsymbol{z}_{k-\tau_1}^{\mathrm{T}}&\boldsymbol{z}_{\tau,k}^{\mathrm{T}}&\boldsymbol{z}_{m,k}^{\mathrm{T}}&\boldsymbol{f}^{\mathrm{T}}\left(\boldsymbol{x}_k\right)&\boldsymbol{G}_{k-\tau_1}^{\mathrm{T}}&\boldsymbol{\omega}_k^{\mathrm{T}}&\boldsymbol{\upsilon}_{m,k}^{\mathrm{T}}&\boldsymbol{\pi}_{m,k}^{\mathrm{T}}&\boldsymbol{\varpi}_{m,k}^{\mathrm{T}}&\boldsymbol{o}_{m,k}^{\mathrm{T}}&\boldsymbol{\xi}_{m,k}^{\mathrm{T}}\end{bmatrix}^{\mathrm{T}}$$

则式（9-50）可简写为

$$\boldsymbol{e}_{k+1}=\boldsymbol{\Phi}_k\boldsymbol{\zeta}_k\tag{9-51}$$

其中

$$\boldsymbol{\Phi}_k=\begin{bmatrix}\boldsymbol{\Phi}_{1,k}&\boldsymbol{\Phi}_{2,k}&\boldsymbol{\Phi}_{3,k}&\boldsymbol{\Phi}_{4,k}\end{bmatrix},\quad\boldsymbol{\Phi}_{1,k}=\begin{bmatrix}\boldsymbol{\Phi}_{11,k}&\boldsymbol{D}\left(\boldsymbol{x}_k\right)\boldsymbol{U}_g\boldsymbol{L}_{k-\tau_1}&\boldsymbol{E}\left(\boldsymbol{x}_k\right)\boldsymbol{L}\end{bmatrix}$$

$$\boldsymbol{\Phi}_{11,k}=\boldsymbol{\Phi}_{11,k}^1+\boldsymbol{\Phi}_{11,k}^2,\quad\boldsymbol{\Phi}_{11,k}^1=\left[\Delta\bar{\boldsymbol{A}}_{1,k}-\left(\boldsymbol{K}_k+\Delta\boldsymbol{K}_k\right)\bar{\boldsymbol{C}}\right]\hat{\boldsymbol{x}}_{m,k}-\boldsymbol{B}\boldsymbol{f}\left(\hat{\boldsymbol{x}}_k\right)$$

$$\boldsymbol{\Phi}_{11,k}^2=\Delta\boldsymbol{D}_k\boldsymbol{g}\left(\hat{\boldsymbol{x}}_{k-\tau_1}\right)+\Delta\boldsymbol{E}_k\sum_{i=1}^{\tau_2}\mu_i\hat{\boldsymbol{x}}_{k-i}-\left(\boldsymbol{K}_k+\Delta\boldsymbol{K}_k\right)\bar{\boldsymbol{\theta}}\boldsymbol{Y}$$

$$\boldsymbol{\Phi}_{2,k}=\begin{bmatrix}\boldsymbol{A}_L-\left(\boldsymbol{K}_k+\Delta\boldsymbol{K}_k\right)\tilde{\boldsymbol{L}}&\boldsymbol{B}\left(\boldsymbol{x}_k\right)&\boldsymbol{D}\left(\boldsymbol{x}_k\right)\end{bmatrix}$$

$$\boldsymbol{\Phi}_{3,k}=\begin{bmatrix}\boldsymbol{H}_{\omega}&-\left(\boldsymbol{K}_k+\Delta\boldsymbol{K}_k\right)\bar{\boldsymbol{H}}&-\left(\boldsymbol{K}_k+\Delta\boldsymbol{K}_k\right)\tilde{\boldsymbol{\theta}}\end{bmatrix}$$

$$\boldsymbol{\Phi}_{4,k}=\begin{bmatrix}-\left(\boldsymbol{K}_k+\Delta\boldsymbol{K}_k\right)\tilde{\boldsymbol{\theta}}&-\left(\boldsymbol{K}_k+\Delta\boldsymbol{K}_k\right)\tilde{\boldsymbol{\theta}}&-\left(\boldsymbol{K}_k+\Delta\boldsymbol{K}_k\right)\tilde{\boldsymbol{\theta}}\end{bmatrix}$$

因此，$\left(\boldsymbol{x}_k-\hat{\boldsymbol{x}}_k\right)^{\mathrm{T}}\boldsymbol{P}_k^{-1}\left(\boldsymbol{x}_k-\hat{\boldsymbol{x}}_k\right)\le 1$ 可写为

$$\boldsymbol{\zeta}_k^{\mathrm{T}}\left(\boldsymbol{\Phi}_k^{\mathrm{T}}\boldsymbol{P}_{k+1}^{-1}\boldsymbol{\Phi}_k-\mathrm{diag}\{1,\boldsymbol{0},\boldsymbol{0},\boldsymbol{0},\boldsymbol{0},\boldsymbol{0},\boldsymbol{0},\boldsymbol{0},\boldsymbol{0},\boldsymbol{0},\boldsymbol{0},\boldsymbol{0}\}\right)\boldsymbol{\zeta}_k\le 0\tag{9-52}$$

接下来，从式（9-30）（9-31）（9-32）和（9-36）可知

$$\begin{cases}\boldsymbol{f}^{\mathrm{T}}\left(\boldsymbol{x}_k\right)\boldsymbol{f}\left(\boldsymbol{x}_k\right)\le\boldsymbol{x}_k^{\mathrm{T}}\boldsymbol{U}_f^{\mathrm{T}}\boldsymbol{U}_f\boldsymbol{x}_k\\\boldsymbol{G}_{k-\tau_1}^{\mathrm{T}}\boldsymbol{G}_{k-\tau_1}-u_g^2\left(\boldsymbol{x}_{k-\tau_1}-\hat{\boldsymbol{x}}_{k-\tau_1}\right)^{\mathrm{T}}\left(\boldsymbol{x}_{k-\tau_1}-\hat{\boldsymbol{x}}_{k-\tau_1}\right)\le 0\\\boldsymbol{\omega}_k^{\mathrm{T}}\boldsymbol{R}_{\omega,k}^{-1}\boldsymbol{\omega}_k\le 1\\\boldsymbol{\upsilon}_{m,k}^{\mathrm{T}}\bar{\boldsymbol{R}}_{\upsilon,k}^{-1}\boldsymbol{\upsilon}_{m,k}\le m\\\boldsymbol{\xi}_{m,k}^{\mathrm{T}}\bar{\boldsymbol{R}}_{\xi,k}^{-1}\boldsymbol{\xi}_{m,k}\le m\end{cases}\tag{9-53}$$

其中，$\bar{\boldsymbol{R}}_{\upsilon,k}$ 和 $\bar{\boldsymbol{R}}_{\xi,k}$ 已在定理 9.3 中定义。然后，式（9-53）可改写为

$$\begin{cases}\boldsymbol{\zeta}_k^{\mathrm{T}}\tilde{\boldsymbol{U}}_{1f}\boldsymbol{\zeta}_k\le 0\\\boldsymbol{\zeta}_k^{\mathrm{T}}\tilde{\boldsymbol{U}}_{1g}\boldsymbol{\zeta}_k\le 0\\\boldsymbol{\zeta}_k^{\mathrm{T}}\mathrm{diag}\{-1,\boldsymbol{0},\boldsymbol{0},\boldsymbol{0},\boldsymbol{0},\boldsymbol{0},\boldsymbol{R}_{\omega,k}^{-1},\boldsymbol{0},\boldsymbol{0},\boldsymbol{0},\boldsymbol{0},\boldsymbol{0}\}\boldsymbol{\zeta}_k\le 0\\\boldsymbol{\zeta}_k^{\mathrm{T}}\mathrm{diag}\{-m,\boldsymbol{0},\boldsymbol{0},\boldsymbol{0},\boldsymbol{0},\boldsymbol{0},\boldsymbol{0},\bar{\boldsymbol{R}}_{\upsilon,k}^{-1},\boldsymbol{0},\boldsymbol{0},\boldsymbol{0},\boldsymbol{0}\}\boldsymbol{\zeta}_k\le 0\\\boldsymbol{\zeta}_k^{\mathrm{T}}\mathrm{diag}\{-m,\boldsymbol{0},\boldsymbol{0},\boldsymbol{0},\boldsymbol{0},\boldsymbol{0},\boldsymbol{0},\boldsymbol{0},\boldsymbol{0},\boldsymbol{0},\boldsymbol{0},\bar{\boldsymbol{R}}_{\xi,k}^{-1}\}\boldsymbol{\zeta}_k\le 0\end{cases}\tag{9-54}$$

其中，$\tilde{\boldsymbol{U}}_{1f}$ 和 $\tilde{\boldsymbol{U}}_{1g}$ 已在定理 9.3 中定义。根据式（9-48）易知

$$\begin{cases}\left\|\boldsymbol{z}_{k-\tau_1}\right\|^2\le 1\\ \left\|\boldsymbol{z}_{\tau,k}\right\|^2\le \tau_2\\ \left\|\boldsymbol{z}_{m,k}\right\|^2\le m\end{cases}\tag{9-55}$$

式（9-55）可表示为

$$\begin{cases}\boldsymbol{\zeta}_k^{\mathrm{T}}\mathrm{diag}\{-1,\boldsymbol{I},\boldsymbol{0},\boldsymbol{0},\boldsymbol{0},\boldsymbol{0},\boldsymbol{0},\boldsymbol{0},\boldsymbol{0},\boldsymbol{0},\boldsymbol{0},\boldsymbol{0}\}\boldsymbol{\zeta}_k\le 0\\ \boldsymbol{\zeta}_k^{\mathrm{T}}\mathrm{diag}\{-\tau_2,\boldsymbol{0},\boldsymbol{I},\boldsymbol{0},\boldsymbol{0},\boldsymbol{0},\boldsymbol{0},\boldsymbol{0},\boldsymbol{0},\boldsymbol{0},\boldsymbol{0},\boldsymbol{0}\}\boldsymbol{\zeta}_k\le 0\\ \boldsymbol{\zeta}_k^{\mathrm{T}}\mathrm{diag}\{-m,\boldsymbol{0},\boldsymbol{0},\boldsymbol{I},\boldsymbol{0},\boldsymbol{0},\boldsymbol{0},\boldsymbol{0},\boldsymbol{0},\boldsymbol{0},\boldsymbol{0},\boldsymbol{0}\}\boldsymbol{\zeta}_k\le 0\end{cases}\tag{9-56}$$

此外，由式（9-39）可得

$$\begin{cases}\left[\boldsymbol{\pi}_i+\left(u_Q+1\right)\boldsymbol{C}\hat{\boldsymbol{x}}_{an_y+i}\right]^{\mathrm{T}}\left[\boldsymbol{\pi}_i-\left(u_Q-1\right)\boldsymbol{C}\hat{\boldsymbol{x}}_{an_y+i}\right]\le 0\\ \left[\boldsymbol{\varpi}_i+\left(u_Q+1\right)\boldsymbol{C}\boldsymbol{L}_{an_y+i}\boldsymbol{z}_{an_y+i}\right]^{\mathrm{T}}\left[\boldsymbol{\pi}_i-\left(u_Q-1\right)\boldsymbol{C}\boldsymbol{L}_{an_y+i}\boldsymbol{z}_{an_y+i}\right]\le 0\\ \left[\boldsymbol{o}_i+\left(u_Q+1\right)\boldsymbol{H}_{\upsilon}\boldsymbol{\upsilon}_{an_y+i}\right]^{\mathrm{T}}\left[\boldsymbol{\pi}_i-\left(u_Q-1\right)\boldsymbol{H}_{\upsilon}\boldsymbol{\upsilon}_{an_y+i}\right]\le 0\end{cases}\tag{9-57}$$

其中，$i=1,2,\ldots,m$。同时，式（9-57）可等价于下式

$$\begin{cases}\boldsymbol{\zeta}_k^{\mathrm{T}}\boldsymbol{U}_{\tilde{C}_1}\boldsymbol{\zeta}_k\le 0\\ \boldsymbol{\zeta}_k^{\mathrm{T}}\boldsymbol{U}_{\tilde{C}_2}\boldsymbol{\zeta}_k\le 0\\ \boldsymbol{\zeta}_k^{\mathrm{T}}\boldsymbol{U}_{\tilde{H}}\boldsymbol{\zeta}_k\le 0\end{cases}\tag{9-58}$$

其中，$\boldsymbol{U}_{\tilde{C}_1}$，$\boldsymbol{U}_{\tilde{C}_2}$ 和 $\boldsymbol{U}_{\tilde{H}}$ 已在定理 9.3 中定义。

应用引理 9.1，如果存在正数 $\varepsilon_i\left(i=1,2,\ldots,11\right)$ 满足下式

$$\begin{aligned}&\boldsymbol{\Phi}_k^{\mathrm{T}}\boldsymbol{P}_{k+1}^{-1}\boldsymbol{\Phi}_k-\mathrm{diag}\{1,\boldsymbol{0},\boldsymbol{0},\boldsymbol{0},\boldsymbol{0},\boldsymbol{0},\boldsymbol{0},\boldsymbol{0},\boldsymbol{0},\boldsymbol{0},\boldsymbol{0},\boldsymbol{0}\}\\ &-\varepsilon_4\tilde{\boldsymbol{U}}_{1f}-\varepsilon_1\mathrm{diag}\{-1,\boldsymbol{I},\boldsymbol{0},\boldsymbol{0},\boldsymbol{0},\boldsymbol{0},\boldsymbol{0},\boldsymbol{0},\boldsymbol{0},\boldsymbol{0},\boldsymbol{0},\boldsymbol{0}\}\\ &-\varepsilon_5\tilde{\boldsymbol{U}}_{1g}-\varepsilon_2\mathrm{diag}\{-\tau_2,\boldsymbol{0},\boldsymbol{I},\boldsymbol{0},\boldsymbol{0},\boldsymbol{0},\boldsymbol{0},\boldsymbol{0},\boldsymbol{0},\boldsymbol{0},\boldsymbol{0},\boldsymbol{0}\}\\ &-\varepsilon_8\boldsymbol{U}_{\tilde{C}_1}-\varepsilon_3\mathrm{diag}\{-m,\boldsymbol{0},\boldsymbol{0},\boldsymbol{I},\boldsymbol{0},\boldsymbol{0},\boldsymbol{0},\boldsymbol{0},\boldsymbol{0},\boldsymbol{0},\boldsymbol{0},\boldsymbol{0}\}\\ &-\varepsilon_9\boldsymbol{U}_{\tilde{C}_2}-\varepsilon_6\mathrm{diag}\{-1,\boldsymbol{0},\boldsymbol{0},\boldsymbol{0},\boldsymbol{0},\boldsymbol{0},\boldsymbol{R}_{\omega,k}^{-1},\boldsymbol{0},\boldsymbol{0},\boldsymbol{0},\boldsymbol{0},\boldsymbol{0}\}\\ &-\varepsilon_{10}\boldsymbol{U}_{\tilde{H}}-\varepsilon_7\mathrm{diag}\{-m,\boldsymbol{0},\boldsymbol{0},\boldsymbol{0},\boldsymbol{0},\boldsymbol{0},\boldsymbol{0},\bar{\boldsymbol{R}}_{\upsilon,k}^{-1},\boldsymbol{0},\boldsymbol{0},\boldsymbol{0},\boldsymbol{0}\}\\ &-\varepsilon_{11}\mathrm{diag}\{-m,\boldsymbol{0},\boldsymbol{0},\boldsymbol{0},\boldsymbol{0},\boldsymbol{0},\boldsymbol{0},\boldsymbol{0},\boldsymbol{0},\boldsymbol{0},\boldsymbol{0},\bar{\boldsymbol{R}}_{\xi,k}^{-1}\}\le\boldsymbol{0}\end{aligned}\tag{9-59}$$

那么式（9-52）成立。将式（9-59）简写为

$$\boldsymbol{\Phi}_k^{\mathrm{T}}\boldsymbol{P}_{k+1}^{-1}\boldsymbol{\Phi}_k+\boldsymbol{\Theta}_k\le\boldsymbol{0}\tag{9-60}$$

其中，$\boldsymbol{\Theta}_k$ 已在定理 9.3 中定义。基于引理 2.4，式（9-60）等价于下式

$$\begin{bmatrix}-\boldsymbol{P}_{k+1} & \boldsymbol{\Phi}_k\\ * & \boldsymbol{\Theta}_k\end{bmatrix}\le\boldsymbol{0}\tag{9-61}$$

显然，式（9-61）中含有参数不确定性，所以将其分解为以下形式

$$\boldsymbol{\Upsilon}+\begin{bmatrix}\mathbf{0} & \breve{\boldsymbol{\Phi}}_k\\ * & \mathbf{0}\end{bmatrix}\le\mathbf{0} \tag{9-62}$$

其中

$$\breve{\boldsymbol{\Phi}}_k=\begin{bmatrix}\breve{\boldsymbol{\Phi}}_{1,k} & \breve{\boldsymbol{\Phi}}_{2,k} & \breve{\boldsymbol{\Phi}}_{3,k} & \breve{\boldsymbol{\Phi}}_{4,k}\end{bmatrix}$$
$$\breve{\boldsymbol{\Phi}}_{1,k}=\begin{bmatrix}\breve{\boldsymbol{\Phi}}_{11,k} & \Delta\boldsymbol{D}_k\boldsymbol{U}_g\boldsymbol{L}_{k-\tau_1} & \Delta\boldsymbol{E}_k\boldsymbol{L}\end{bmatrix}$$
$$\breve{\boldsymbol{\Phi}}_{2,k}=\begin{bmatrix}\Delta\bar{\boldsymbol{A}}_{2,k}-\Delta\boldsymbol{K}_k\tilde{\boldsymbol{L}} & \Delta\boldsymbol{B}_k & \Delta\boldsymbol{D}_k\end{bmatrix}$$
$$\breve{\boldsymbol{\Phi}}_{3,k}=\begin{bmatrix}\mathbf{0} & -\Delta\boldsymbol{K}_k\bar{\boldsymbol{H}} & -\Delta\boldsymbol{K}_k\tilde{\boldsymbol{\theta}}\end{bmatrix}$$
$$\breve{\boldsymbol{\Phi}}_{4,k}=\begin{bmatrix}-\Delta\boldsymbol{K}_k\tilde{\boldsymbol{\theta}} & -\Delta\boldsymbol{K}_k\tilde{\boldsymbol{\theta}} & -\Delta\boldsymbol{K}_k\tilde{\boldsymbol{\theta}}\end{bmatrix}$$
$$\breve{\boldsymbol{\Phi}}_{11,k}=\Delta\bar{\boldsymbol{A}}_{1,k}\hat{\boldsymbol{x}}_{m,k}-\Delta\boldsymbol{K}_k\bar{\boldsymbol{C}}\hat{\boldsymbol{x}}_{m,k}+\Delta\boldsymbol{D}_k\boldsymbol{g}\left(\hat{\boldsymbol{x}}_{k-\tau_1}\right)+\Delta\boldsymbol{E}_k\sum_{i=1}^{\tau_2}\mu_i\hat{\boldsymbol{x}}_{k-i}-\Delta\boldsymbol{K}_k\bar{\boldsymbol{\theta}}\boldsymbol{Y}$$

并且$\boldsymbol{\Upsilon}$和$\Delta\bar{\boldsymbol{A}}_{2,k}$已在定理 9.3 中定义。根据式（9-34），未知参数$\Delta\bar{\boldsymbol{A}}_{1,k}$和$\Delta\bar{\boldsymbol{A}}_{2,k}$可写为

$$\begin{aligned}\Delta\bar{\boldsymbol{A}}_{1,k}&=\boldsymbol{M}\boldsymbol{F}_{1,k}\bar{\boldsymbol{N}}_1\\ \Delta\bar{\boldsymbol{A}}_{2,k}&=\boldsymbol{M}\boldsymbol{F}_{1,k}\bar{\boldsymbol{N}}_2\end{aligned} \tag{9-63}$$

其中，$\bar{\boldsymbol{N}}_1$和$\bar{\boldsymbol{N}}_2$已在定理 9.3 中定义。接下来，通过式（9-34）（9-43）和（9-63），式（9-62）可以等价地写为

$$\boldsymbol{\Upsilon}+\tilde{\boldsymbol{M}}_1\tilde{\boldsymbol{F}}_k\tilde{\boldsymbol{N}}_1+\tilde{\boldsymbol{N}}_1^{\mathrm{T}}\tilde{\boldsymbol{F}}_k^{\mathrm{T}}\tilde{\boldsymbol{M}}_1^{\mathrm{T}}\le\mathbf{0} \tag{9-64}$$

其中，$\tilde{\boldsymbol{F}}_k=\mathrm{diag}\left\{\boldsymbol{F}_{1,k},\boldsymbol{F}_{2,k},\boldsymbol{F}_{3,k},\boldsymbol{F}_{4,k},\hat{\boldsymbol{F}}_k\right\}$，并且$\tilde{\boldsymbol{M}}_1$和$\tilde{\boldsymbol{N}}_1$已在定理 9.3 中定义。

应用引理 2.3，如果存在$\varrho>0$使得

$$\boldsymbol{\Upsilon}+\varrho^{-1}\tilde{\boldsymbol{M}}_1\tilde{\boldsymbol{M}}_1^{\mathrm{T}}+\varrho\tilde{\boldsymbol{N}}_1^{\mathrm{T}}\tilde{\boldsymbol{N}}_1\le\mathbf{0} \tag{9-65}$$

那么式（9-64）成立。依据引理 2.4 可知式（9-65）等价于式（9-46）。至此，定理 9.3 证毕。

通过最小化矩阵$\boldsymbol{P}_{k+1}$的迹能够进一步获得最小椭球集和最优的估计器增益矩阵。因此，求解以下凸优化问题

$$\begin{gathered}\min_{\boldsymbol{P}_{k+1}>\mathbf{0},\,\boldsymbol{K}_k,\,\varepsilon_i>0\ (i=1,2,\cdots,11),\,\varrho>0}\mathrm{tr}\left(\boldsymbol{P}_{k+1}\right)\\ \text{满足式}(9\text{-}46)\end{gathered} \tag{9-66}$$

此时所获得的椭球集达到最小，得到增益矩阵$\boldsymbol{K}_k$最优。

定理 9.4　在情形 9.2.1.2 下，考虑离散时滞忆阻神经网络（9-29），假设状态$\boldsymbol{x}_k$属于估计椭球集$\bar{\boldsymbol{\mathcal{E}}}_k=\left\{\boldsymbol{x}_k\in\mathbb{R}^{n_x}:\left(\boldsymbol{x}_k-\hat{\boldsymbol{x}}_k\right)^{\mathrm{T}}\bar{\boldsymbol{P}}_k^{-1}\left(\boldsymbol{x}_k-\hat{\boldsymbol{x}}_k\right)\le 1\right\}$，如果存在$\bar{\boldsymbol{P}}_{k+1}>\mathbf{0}$，$\boldsymbol{K}_k$，$\bar{\varepsilon}_i>0\ (i=1,2,\ldots,9)$和$\bar{\varrho}>0$使得以下线性矩阵不等式成立

$$\begin{bmatrix}\bar{\boldsymbol{\Upsilon}} & \tilde{\boldsymbol{M}}_2 & \bar{\varrho}\tilde{\boldsymbol{N}}_2^{\mathrm{T}}\\ * & -\bar{\varrho}\boldsymbol{I} & \mathbf{0}\\ * & * & -\bar{\varrho}\boldsymbol{I}\end{bmatrix}\le\mathbf{0} \tag{9-67}$$

其中

$$\bar{\Upsilon}=\begin{bmatrix}-\bar{P}_{k+1} & \bar{\bar{\Phi}}_k\\ * & \bar{\Theta}_k\end{bmatrix}$$

$$\bar{\bar{\Phi}}_k=\begin{bmatrix}\bar{\bar{\Phi}}_{1,k} & \bar{\bar{\Phi}}_{2,k} & \bar{\bar{\Phi}}_{3,k}\end{bmatrix},\quad \bar{\bar{\Phi}}_{1,k}=-Bf\left(\hat{x}_k\right)-K_k\bar{\theta}Y$$

$$\bar{\bar{\Phi}}_{2,k}=\begin{bmatrix}DU_g\bar{L}_{k-\tau_1} & E\bar{L} & \bar{A}_{\bar{L}} & B & D\end{bmatrix},\quad \bar{\bar{\Phi}}_{3,k}=\begin{bmatrix}H_\omega & 0 & -K_k\tilde{\theta} & -K_k\tilde{\theta}\end{bmatrix}$$

$$\bar{A}_{\bar{L}}=\begin{bmatrix}0 & 0 & \cdots & A\bar{L}_k\end{bmatrix},\quad \bar{L}=\begin{bmatrix}\mu_1\bar{L}_{k-1} & \mu_2\bar{L}_{k-2} & \cdots & \mu_{\tau_2}\bar{L}_{k-\tau_2}\end{bmatrix}$$

$$\bar{\Theta}_k=\operatorname{diag}\left\{\bar{\Theta}_{1,k},-\bar{\varepsilon}_1I,-\bar{\varepsilon}_2I,-\bar{\varepsilon}_3I,0,0,-\bar{\varepsilon}_6R_{\omega,k}^{-1},-\bar{\varepsilon}_7\bar{R}_{\upsilon,k}^{-1},0,-\bar{\varepsilon}_9\bar{R}_{\xi,k}^{-1}\right\}-\bar{\Theta}_{2,k}$$

$$\bar{\Theta}_{1,k}=-1+\bar{\varepsilon}_1+\tau_2\bar{\varepsilon}_2+m\bar{\varepsilon}_3+\bar{\varepsilon}_6+m\bar{\varepsilon}_7+m\bar{\varepsilon}_9,\quad \bar{\Theta}_{2,k}=\bar{\varepsilon}_4\tilde{U}_{2f}+\bar{\varepsilon}_5\tilde{U}_{2g}+\bar{\varepsilon}_8\vec{U}$$

$$\tilde{U}_{2f}=\begin{bmatrix}\bar{U}_{2f} & 0\\ 0 & 0\end{bmatrix},\quad \tilde{U}_{2g}=\begin{bmatrix}\bar{U}_{2g} & 0\\ 0 & 0\end{bmatrix}$$

$$\bar{U}_{2f}=\begin{bmatrix}-\hat{x}_{m,k}^{\mathrm{T}}U_{\hat{x}}^{\mathrm{T}}U_{\hat{x}}\hat{x}_{m,k} & 0 & 0 & -\hat{x}_{m,k}^{\mathrm{T}}U_{\hat{x}}^{\mathrm{T}}U_{\bar{z}} & 0\\ * & 0 & 0 & 0 & 0\\ * & * & 0 & 0 & 0\\ * & * & * & -U_{\bar{z}}^{\mathrm{T}}U_{\bar{z}} & 0\\ * & * & * & * & I\end{bmatrix}$$

$$U_{\bar{z}}=\operatorname{diag}\left\{0,0,\ldots,U_f\bar{L}_k\right\},\quad \bar{U}_{2g}=\operatorname{diag}\left\{0,-u_g^2\bar{L}_{k-\tau_1}^{\mathrm{T}}\bar{L}_{k-\tau_1},0,0,0,I\right\}$$

$$\vec{U}=\begin{bmatrix}\vec{U}_1 & 0 & \vec{U}_2 & 0\\ * & 0 & 0 & 0\\ * & * & \vec{U}_3 & 0\\ * & * & * & 0\end{bmatrix},\quad \vec{U}_1=\begin{bmatrix}\hat{x}_{m,k}^{\mathrm{T}}\vec{U}_{\chi_2}\hat{x}_{m,k} & 0 & 0 & \hat{x}_{m,k}^{\mathrm{T}}\vec{U}_{\chi\bar{L}}\\ * & 0 & 0 & 0\\ * & * & 0 & 0\\ * & * & * & \vec{U}_{\bar{L}_2}\end{bmatrix}$$

$$\vec{U}_2=\begin{bmatrix}\hat{x}_{m,k}^{\mathrm{T}}\vec{U}_{\chi H} & -\hat{x}_{m,k}^{\mathrm{T}}\vec{U}_{\chi_1}^{\mathrm{T}}\\ 0 & 0\\ 0 & 0\\ \vec{U}_{\bar{L}H} & -\vec{U}_{\bar{L}_1}^{\mathrm{T}}\end{bmatrix},\quad \vec{U}_3=\begin{bmatrix}\tilde{H}_4 & -\tilde{H}_3^{\mathrm{T}}\\ * & I\end{bmatrix}$$

$$\vec{U}_{\chi_1}=\frac{\tilde{U}_{\chi_1}+\tilde{U}_{\chi_2}}{2},\quad \vec{U}_{\chi_2}=\frac{\tilde{U}_{\chi_1}^{\mathrm{T}}\tilde{U}_{\chi_2}+\tilde{U}_{\chi_2}^{\mathrm{T}}\tilde{U}_{\chi_1}}{2}$$

$$\vec{U}_{\bar{L}_1}=\frac{\tilde{U}_{\bar{L}_1}+\tilde{U}_{\bar{L}_2}}{2},\quad \vec{U}_{\bar{L}_2}=\frac{\tilde{U}_{\bar{L}_1}^{\mathrm{T}}\tilde{U}_{\bar{L}_2}+\tilde{U}_{\bar{L}_2}^{\mathrm{T}}\tilde{U}_{\bar{L}_1}}{2}$$

$$\vec{U}_{\chi\bar{L}}=\frac{\tilde{U}_{\chi_1}^{\mathrm{T}}\tilde{U}_{\bar{L}_2}+\tilde{U}_{\chi_2}^{\mathrm{T}}\tilde{U}_{\bar{L}_1}}{2},\quad \vec{U}_{\chi H}=\frac{\tilde{U}_{\chi_1}^{\mathrm{T}}H_4+\tilde{U}_{\chi_2}^{\mathrm{T}}H_3}{2}$$

$$\tilde{H}_3=\frac{H_3+H_4}{2},\quad \tilde{H}_4=\frac{H_3^{\mathrm{T}}H_4+H_4^{\mathrm{T}}H_3}{2},\quad \vec{U}_{\bar{L}H}=\frac{\tilde{U}_{\bar{L}_1}^{\mathrm{T}}H_4+\tilde{U}_{\bar{L}_2}^{\mathrm{T}}H_3}{2}$$

$$\tilde{U}_{\chi_1}=\operatorname{diag}\left\{U_{\chi_1}C,U_{\chi_1}C,\ldots,U_{\chi_1}C\right\},\quad \tilde{U}_{\chi_2}=\operatorname{diag}\left\{U_{\chi_2}C,U_{\chi_2}C,\ldots,U_{\chi_2}C\right\}$$

$$\tilde{U}_{\bar{L}_1}=\operatorname{diag}\left\{U_{\chi_1}C\bar{L}_{an_y+1},U_{\chi_1}C\bar{L}_{an_y+2},\ldots,U_{\chi_1}C\bar{L}_k\right\}$$

$$\tilde{U}_{\bar{L}_2}=\operatorname{diag}\left\{U_{\chi_2}C\bar{L}_{an_y+1},U_{\chi_2}C\bar{L}_{an_y+2},\ldots,U_{\chi_2}C\bar{L}_k\right\}$$

$$\boldsymbol{H}_3=\mathrm{diag}\left\{\boldsymbol{U}_{\chi_1}\boldsymbol{H}_\upsilon,\boldsymbol{U}_{\chi_1}\boldsymbol{H}_\upsilon,\ldots,\boldsymbol{U}_{\chi_1}\boldsymbol{H}_\upsilon\right\},\quad \boldsymbol{H}_4=\mathrm{diag}\left\{\boldsymbol{U}_{\chi_2}\boldsymbol{H}_\upsilon,\boldsymbol{U}_{\chi_2}\boldsymbol{H}_\upsilon,\ldots,\boldsymbol{U}_{\chi_2}\boldsymbol{H}_\upsilon\right\}$$

$$\tilde{\boldsymbol{M}}_2=\begin{bmatrix}\tilde{\boldsymbol{M}}_{11}^{\mathrm{T}} & \boldsymbol{0}\end{bmatrix}^{\mathrm{T}},\quad \tilde{\boldsymbol{N}}_2=\begin{bmatrix}\boldsymbol{0} & \tilde{\boldsymbol{N}}_{22}\end{bmatrix},\quad \tilde{\boldsymbol{N}}_{22}=\begin{bmatrix}\vec{\boldsymbol{N}}_{21} & \vec{\boldsymbol{N}}_{22}\end{bmatrix}$$

$$\tilde{\boldsymbol{M}}_{11}=\begin{bmatrix}\boldsymbol{M} & \boldsymbol{M} & \boldsymbol{M} & \boldsymbol{M} & \hat{\boldsymbol{M}}\end{bmatrix},\quad \bar{\boldsymbol{N}}_3=\begin{bmatrix}\boldsymbol{0} & \boldsymbol{0} & \cdots & \boldsymbol{N}_1\bar{\boldsymbol{L}}_k\end{bmatrix}$$

$$\vec{\boldsymbol{N}}_{21}=\begin{bmatrix}\bar{\boldsymbol{N}}_1\hat{\boldsymbol{x}}_{m,k} & \boldsymbol{0} & \boldsymbol{0} & \bar{\boldsymbol{N}}_3 & \boldsymbol{0}\\ \boldsymbol{0} & \boldsymbol{0} & \boldsymbol{0} & \boldsymbol{0} & \boldsymbol{N}_2\\ \boldsymbol{N}_3\boldsymbol{g}\left(\hat{\boldsymbol{x}}_{k-\tau_1}\right) & \boldsymbol{N}_3\boldsymbol{U}_g\bar{\boldsymbol{L}}_{k-\tau_1} & \boldsymbol{0} & \boldsymbol{0} & \boldsymbol{0}\\ \boldsymbol{N}_4\sum_{i=1}^{\tau_2}\mu_i\hat{\boldsymbol{x}}_{k-i} & \boldsymbol{0} & \boldsymbol{N}_4\bar{\boldsymbol{L}} & \boldsymbol{0} & \boldsymbol{0}\\ -\hat{\boldsymbol{N}}\bar{\boldsymbol{\theta}}\boldsymbol{Y} & \boldsymbol{0} & \boldsymbol{0} & \boldsymbol{0} & \boldsymbol{0}\end{bmatrix}$$

$$\vec{\boldsymbol{N}}_{22}=\begin{bmatrix}\boldsymbol{0} & \boldsymbol{0} & \boldsymbol{0} & \boldsymbol{0} & \boldsymbol{0}\\ \boldsymbol{0} & \boldsymbol{0} & \boldsymbol{0} & \boldsymbol{0} & \boldsymbol{0}\\ \boldsymbol{0} & \boldsymbol{0} & \boldsymbol{0} & \boldsymbol{0} & \boldsymbol{0}\\ \boldsymbol{N}_3 & \boldsymbol{0} & \boldsymbol{0} & \boldsymbol{0} & \boldsymbol{0}\\ \boldsymbol{0} & \boldsymbol{0} & \boldsymbol{0} & -\hat{\boldsymbol{N}}\tilde{\boldsymbol{\theta}} & -\hat{\boldsymbol{N}}\tilde{\boldsymbol{\theta}}\end{bmatrix}$$

这里，$\bar{\boldsymbol{L}}_k$ 是 $\bar{\boldsymbol{P}}_k=\bar{\boldsymbol{L}}_k\bar{\boldsymbol{L}}_k^{\mathrm{T}}$ 的 Cholesky 因式分解，那么一步预测状态 $\boldsymbol{x}_{k+1}$ 在椭球集 $\bar{\boldsymbol{\mathcal{E}}}_{k+1}$ 中。

证 基于式（9-29）（9-35）（9-41）和（9-42），一步预测估计误差 $\bar{\boldsymbol{e}}_{k+1}$ 可写为

$$\begin{aligned}\bar{\boldsymbol{e}}_{k+1}&=\boldsymbol{x}_{k+1}-\hat{\boldsymbol{x}}_{k+1}\\&=\boldsymbol{A}\left(\boldsymbol{x}_k\right)\boldsymbol{x}_k+\boldsymbol{E}\left(\boldsymbol{x}_k\right)\sum_{i=1}^{\tau_2}\mu_i\boldsymbol{x}_{k-i}-\boldsymbol{A}\hat{\boldsymbol{x}}_k-\boldsymbol{E}\sum_{i=1}^{\tau_2}\mu_i\hat{\boldsymbol{x}}_{k-i}-\boldsymbol{B}\boldsymbol{f}\left(\hat{\boldsymbol{x}}_k\right)-\boldsymbol{D}\boldsymbol{g}\left(\hat{\boldsymbol{x}}_{k-\tau_1}\right)\\&\quad+\boldsymbol{B}\left(\boldsymbol{x}_k\right)\boldsymbol{f}\left(\boldsymbol{x}_k\right)+\boldsymbol{D}\left(\boldsymbol{x}_k\right)\boldsymbol{g}\left(\boldsymbol{x}_{k-\tau_1}\right)-\left(\boldsymbol{K}_k+\Delta\boldsymbol{K}_k\right)\sum_{i=1}^{m}\boldsymbol{\theta}_i\boldsymbol{\theta}_i^{\mathrm{T}}\boldsymbol{\chi}\left(\boldsymbol{y}_{an_y+i}\right)\\&\quad-\left(\boldsymbol{K}_k+\Delta\boldsymbol{K}_k\right)\sum_{i=1}^{m}\boldsymbol{\theta}_i\boldsymbol{\theta}_i^{\mathrm{T}}\boldsymbol{\xi}_{an_y+i}-\left(\boldsymbol{K}_k+\Delta\boldsymbol{K}_k\right)\sum_{i=m+1}^{n_y}\boldsymbol{\theta}_i\boldsymbol{\theta}_i^{\mathrm{T}}\bar{\boldsymbol{y}}_{an_y}+\boldsymbol{H}_\omega\boldsymbol{\omega}_k\end{aligned}\tag{9-68}$$

由 $\left(\boldsymbol{x}_k-\hat{\boldsymbol{x}}_k\right)^{\mathrm{T}}\bar{\boldsymbol{P}}_k^{-1}\left(\boldsymbol{x}_k-\hat{\boldsymbol{x}}_k\right)\le 1$ 可知，如果存在向量 $\overline{z}_k$ 且 $\left\|\overline{z}_k\right\|\le 1$ 使得

$$\boldsymbol{x}_k=\hat{\boldsymbol{x}}_k+\bar{\boldsymbol{L}}_k\overline{\boldsymbol{z}}_k\tag{9-69}$$

其中，$\bar{\boldsymbol{L}}_k$ 是 $\bar{\boldsymbol{P}}_k=\bar{\boldsymbol{L}}_k\bar{\boldsymbol{L}}_k^{\mathrm{T}}$ 的 Cholesky 因式分解。因此，式（9-68）可改写为

$$\begin{aligned}\bar{\boldsymbol{e}}_{k+1}&=\Delta\boldsymbol{A}_k\hat{\boldsymbol{x}}_k+\Delta\boldsymbol{E}_k\sum_{i=1}^{\tau_2}\mu_i\hat{\boldsymbol{x}}_{k-i}+\boldsymbol{A}\left(\boldsymbol{x}_k\right)\bar{\boldsymbol{L}}_k\overline{\boldsymbol{z}}_k+\boldsymbol{D}\left(\boldsymbol{x}_k\right)\boldsymbol{U}_g\bar{\boldsymbol{L}}_{k-\tau_1}\overline{\boldsymbol{z}}_{k-\tau_1}\\&\quad+\boldsymbol{E}\left(\boldsymbol{x}_k\right)\sum_{i=1}^{\tau_2}\mu_i\bar{\boldsymbol{L}}_{k-i}\overline{\boldsymbol{z}}_{k-i}-\boldsymbol{B}\boldsymbol{f}\left(\hat{\boldsymbol{x}}_k\right)+\Delta\boldsymbol{D}_k\boldsymbol{g}\left(\hat{\boldsymbol{x}}_{k-\tau_1}\right)+\boldsymbol{B}\left(\boldsymbol{x}_k\right)\boldsymbol{f}\left(\boldsymbol{x}_k\right)\\&\quad+\boldsymbol{D}\left(\boldsymbol{x}_k\right)\boldsymbol{G}_{k-\tau_1}+\boldsymbol{H}_\omega\boldsymbol{\omega}_k-\left(\boldsymbol{K}_k+\Delta\boldsymbol{K}_k\right)\sum_{i=1}^{m}\boldsymbol{\theta}_i\boldsymbol{\theta}_i^{\mathrm{T}}\boldsymbol{\chi}\left(\boldsymbol{y}_{an_y+i}\right)\\&\quad-\left(\boldsymbol{K}_k+\Delta\boldsymbol{K}_k\right)\sum_{i=m+1}^{n_y}\boldsymbol{\theta}_i\boldsymbol{\theta}_i^{\mathrm{T}}\bar{\boldsymbol{y}}_{an_y}-\left(\boldsymbol{K}_k+\Delta\boldsymbol{K}_k\right)\sum_{i=1}^{m}\boldsymbol{\theta}_i\boldsymbol{\theta}_i^{\mathrm{T}}\boldsymbol{\xi}_{an_y+i}\end{aligned}\tag{9-70}$$

其中，$\boldsymbol{G}_{k-\tau_1}=\boldsymbol{g}\left(\boldsymbol{x}_{k-\tau_1}\right)-\boldsymbol{g}\left(\hat{\boldsymbol{x}}_{k-\tau_1}\right)-\boldsymbol{U}_g\left(\boldsymbol{x}_{k-\tau_1}-\hat{\boldsymbol{x}}_{k-\tau_1}\right)$。

为了简便，定义

$$\bar{z}_{\tau,k}=\begin{bmatrix}\bar{z}_{k-1}^{\mathrm{T}} & \bar{z}_{k-2}^{\mathrm{T}} & \cdots & \bar{z}_{k-\tau_2}^{\mathrm{T}}\end{bmatrix}^{\mathrm{T}},\quad \bar{z}_{m,k}=\begin{bmatrix}\bar{z}_{an_y+1}^{\mathrm{T}} & \bar{z}_{an_y+2}^{\mathrm{T}} & \cdots & \bar{z}_{k}^{\mathrm{T}}\end{bmatrix}^{\mathrm{T}}$$

$$\boldsymbol{\chi}_{m,k}=\begin{bmatrix}\boldsymbol{\chi}^{\mathrm{T}}\left(\boldsymbol{y}_{an_y+1}\right) & \boldsymbol{\chi}^{\mathrm{T}}\left(\boldsymbol{y}_{an_y+2}\right) & \cdots & \boldsymbol{\chi}^{\mathrm{T}}\left(\boldsymbol{y}_{k}\right)\end{bmatrix}^{\mathrm{T}}$$

进一步地，式（9-70）可改写为

$$\begin{aligned}\boldsymbol{e}_{k+1}=&\Delta\bar{\boldsymbol{A}}_{1k}\hat{\boldsymbol{x}}_{m,k}+\Delta\boldsymbol{E}_k\sum_{i=1}^{\tau_2}\mu_i\hat{\boldsymbol{x}}_{k-i}+\boldsymbol{E}\left(\boldsymbol{x}_k\right)\bar{\boldsymbol{L}}\bar{\boldsymbol{z}}_{\tau,k}+\boldsymbol{D}\left(\boldsymbol{x}_k\right)\boldsymbol{U}_g\bar{\boldsymbol{L}}_{k-\tau_1}\bar{\boldsymbol{z}}_{k-\tau_1}\\&+\boldsymbol{A}_{\bar{L}}\bar{\boldsymbol{z}}_{m,k}-\boldsymbol{B}\boldsymbol{f}\left(\hat{\boldsymbol{x}}_k\right)+\Delta\boldsymbol{D}_k\boldsymbol{g}\left(\hat{\boldsymbol{x}}_{k-\tau_1}\right)+\boldsymbol{B}\left(\boldsymbol{x}_k\right)\boldsymbol{f}\left(\boldsymbol{x}_k\right)+\boldsymbol{D}\left(\boldsymbol{x}_k\right)\boldsymbol{G}_{k-\tau_1}\\&-\left(\boldsymbol{K}_k+\Delta\boldsymbol{K}_k\right)\tilde{\boldsymbol{\theta}}\boldsymbol{\chi}_{m,k}-\left(\boldsymbol{K}_k+\Delta\boldsymbol{K}_k\right)\tilde{\boldsymbol{\theta}}\boldsymbol{\xi}_{m,k}+\boldsymbol{H}_{\omega}\boldsymbol{\omega}_k-\left(\boldsymbol{K}_k+\Delta\boldsymbol{K}_k\right)\bar{\boldsymbol{\theta}}\boldsymbol{Y}\end{aligned}\tag{9-71}$$

其中，$\boldsymbol{A}_{\bar{L}}=\begin{bmatrix}\boldsymbol{0} & \boldsymbol{0} & \cdots & \boldsymbol{A}\left(\boldsymbol{x}_k\right)\bar{\boldsymbol{L}}_k\end{bmatrix}$。定义

$$\boldsymbol{\zeta}_k=\begin{bmatrix}1 & \bar{\boldsymbol{z}}_{k-\tau_1}^{\mathrm{T}} & \bar{\boldsymbol{z}}_{\tau,k}^{\mathrm{T}} & \bar{\boldsymbol{z}}_{m,k}^{\mathrm{T}} & \boldsymbol{f}^{\mathrm{T}}\left(\boldsymbol{x}_k\right) & \boldsymbol{G}_{k-\tau_1}^{\mathrm{T}} & \boldsymbol{\omega}_k^{\mathrm{T}} & \boldsymbol{\upsilon}_{m,k}^{\mathrm{T}} & \boldsymbol{\chi}_{m,k}^{\mathrm{T}} & \boldsymbol{\xi}_{m,k}^{\mathrm{T}}\end{bmatrix}^{\mathrm{T}}$$

则式（9-71）可简写为

$$\bar{\boldsymbol{e}}_{k+1}=\bar{\boldsymbol{\Phi}}_k\boldsymbol{\zeta}_k\tag{9-72}$$

其中

$$\bar{\boldsymbol{\Phi}}_k=\begin{bmatrix}\bar{\boldsymbol{\Phi}}_{1,k} & \bar{\boldsymbol{\Phi}}_{2,k} & \boldsymbol{E}\left(\boldsymbol{x}_k\right)\bar{\boldsymbol{L}} & \boldsymbol{A}_{\bar{L}} & \boldsymbol{B}\left(\boldsymbol{x}_k\right) & \boldsymbol{D}\left(\boldsymbol{x}_k\right) & \boldsymbol{H}_{\omega} & \boldsymbol{0} & \boldsymbol{\Phi}_{4,k} & \boldsymbol{\Phi}_{4,k}\end{bmatrix}$$

$$\bar{\boldsymbol{\Phi}}_{1,k}=\Delta\bar{\boldsymbol{A}}_{1,k}\hat{\boldsymbol{x}}_{m,k}-\boldsymbol{B}\boldsymbol{f}\left(\hat{\boldsymbol{x}}_k\right)+\Delta\boldsymbol{D}_k\boldsymbol{g}\left(\hat{\boldsymbol{x}}_{k-\tau_1}\right)+\Delta\boldsymbol{E}_k\sum_{i=1}^{\tau_2}\mu_i\hat{\boldsymbol{x}}_{k-i}-\left(\boldsymbol{K}_k+\Delta\boldsymbol{K}_k\right)\bar{\boldsymbol{\theta}}\boldsymbol{Y}$$

$$\bar{\boldsymbol{\Phi}}_{2,k}=\boldsymbol{D}\left(\boldsymbol{x}_k\right)\boldsymbol{U}_g\bar{\boldsymbol{L}}_{k-\tau_1},\quad \boldsymbol{\Phi}_{4,k}=-\left(\boldsymbol{K}_k+\Delta\boldsymbol{K}_k\right)\tilde{\boldsymbol{\theta}}$$

因此，$\left(\boldsymbol{x}_k-\hat{\boldsymbol{x}}_k\right)^{\mathrm{T}}\bar{\boldsymbol{P}}_k^{-1}\left(\boldsymbol{x}_k-\hat{\boldsymbol{x}}_k\right)\le 1$ 可写为

$$\bar{\boldsymbol{\zeta}}_k^{\mathrm{T}}\left(\bar{\boldsymbol{\Phi}}_k^{\mathrm{T}}\bar{\boldsymbol{P}}_{k+1}^{-1}\bar{\boldsymbol{\Phi}}_k-\mathrm{diag}\{1,0,0,0,0,0,0,0,0,0\}\right)\bar{\boldsymbol{\zeta}}_k\le 0\tag{9-73}$$

式（9-53）可改写为

$$\begin{cases}\bar{\boldsymbol{\zeta}}_k^{\mathrm{T}}\tilde{\boldsymbol{U}}_{2f}\bar{\boldsymbol{\zeta}}_k\le 0\\ \bar{\boldsymbol{\zeta}}_k^{\mathrm{T}}\tilde{\boldsymbol{U}}_{2g}\bar{\boldsymbol{\zeta}}_k\le 0\\ \bar{\boldsymbol{\zeta}}_k^{\mathrm{T}}\mathrm{diag}\left\{-1,0,0,0,0,0,\boldsymbol{R}_{\omega,k}^{-1},0,0,0\right\}\bar{\boldsymbol{\zeta}}_k\le 0\\ \bar{\boldsymbol{\zeta}}_k^{\mathrm{T}}\mathrm{diag}\left\{-m,0,0,0,0,0,0,\bar{\boldsymbol{R}}_{\upsilon,k}^{-1},0,0\right\}\bar{\boldsymbol{\zeta}}_k\le 0\\ \bar{\boldsymbol{\zeta}}_k^{\mathrm{T}}\mathrm{diag}\left\{-m,0,0,0,0,0,0,0,0,\bar{\boldsymbol{R}}_{\xi,k}^{-1}\right\}\bar{\boldsymbol{\zeta}}_k\le 0\end{cases}\tag{9-74}$$

其中，$\tilde{\boldsymbol{U}}_{2f}$ 和 $\tilde{\boldsymbol{U}}_{2g}$ 已在定理 9.4 中定义。根据式（9-69）易知

$$\begin{cases}\left\|\bar{\boldsymbol{z}}_{k-\tau_1}\right\|^2\le 1\\ \left\|\bar{\boldsymbol{z}}_{\tau,k}\right\|^2\le \tau_2\\ \left\|\bar{\boldsymbol{z}}_{m,k}\right\|^2\le m\end{cases}\tag{9-75}$$

式（9-75）可表示为

$$\begin{cases}\bar{\zeta}_k^{\mathrm{T}}\operatorname{diag}\{-1,\boldsymbol{I},\boldsymbol{0},\boldsymbol{0},\boldsymbol{0},\boldsymbol{0},\boldsymbol{0},\boldsymbol{0},\boldsymbol{0},\boldsymbol{0},\boldsymbol{0}\}\bar{\zeta}_k\le 0\\ \bar{\zeta}_k^{\mathrm{T}}\operatorname{diag}\{-\tau_2,\boldsymbol{0},\boldsymbol{I},\boldsymbol{0},\boldsymbol{0},\boldsymbol{0},\boldsymbol{0},\boldsymbol{0},\boldsymbol{0},\boldsymbol{0},\boldsymbol{0}\}\bar{\zeta}_k\le 0\\ \bar{\zeta}_k^{\mathrm{T}}\operatorname{diag}\{-m,\boldsymbol{0},\boldsymbol{0},\boldsymbol{I},\boldsymbol{0},\boldsymbol{0},\boldsymbol{0},\boldsymbol{0},\boldsymbol{0},\boldsymbol{0},\boldsymbol{0}\}\bar{\zeta}_k\le 0\end{cases}\tag{9-76}$$

此外，由式（9-40）可得

$$\left(\boldsymbol{\chi}_i-\boldsymbol{U}_{\chi_1}\boldsymbol{y}_{an_y+i}\right)^{\mathrm{T}}\left(\boldsymbol{\chi}_i-\boldsymbol{U}_{\chi_2}\boldsymbol{y}_{an_y+i}\right)\le 0\quad(i=1,2,\ldots,m)\tag{9-77}$$

同时，式（9-77）等价于

$$\bar{\zeta}_k^{\mathrm{T}}\vec{\boldsymbol{U}}\bar{\zeta}_k\le 0\tag{9-78}$$

其中，$\vec{\boldsymbol{U}}$ 已在定理 9.4 中定义。

应用引理 9.1，如果存在正数 $\bar{\varepsilon}_i\,(i=1,2,\ldots,9)$ 满足下式

$$\begin{aligned}&\bar{\boldsymbol{\Phi}}_k^{\mathrm{T}}\bar{\boldsymbol{P}}_{k+1}^{-1}\bar{\boldsymbol{\Phi}}_k-\operatorname{diag}\{1,\boldsymbol{0},\boldsymbol{0},\boldsymbol{0},\boldsymbol{0},\boldsymbol{0},\boldsymbol{0},\boldsymbol{0},\boldsymbol{0},\boldsymbol{0},\boldsymbol{0}\}\\&-\bar{\varepsilon}_4\tilde{\boldsymbol{U}}_{2f}-\bar{\varepsilon}_1\operatorname{diag}\{-1,\boldsymbol{I},\boldsymbol{0},\boldsymbol{0},\boldsymbol{0},\boldsymbol{0},\boldsymbol{0},\boldsymbol{0},\boldsymbol{0},\boldsymbol{0},\boldsymbol{0}\}\\&-\bar{\varepsilon}_5\tilde{\boldsymbol{U}}_{2g}-\bar{\varepsilon}_2\operatorname{diag}\{-\tau_2,\boldsymbol{0},\boldsymbol{I},\boldsymbol{0},\boldsymbol{0},\boldsymbol{0},\boldsymbol{0},\boldsymbol{0},\boldsymbol{0},\boldsymbol{0},\boldsymbol{0}\}\\&-\bar{\varepsilon}_8\vec{\boldsymbol{U}}-\bar{\varepsilon}_3\operatorname{diag}\{-m,\boldsymbol{0},\boldsymbol{0},\boldsymbol{I},\boldsymbol{0},\boldsymbol{0},\boldsymbol{0},\boldsymbol{0},\boldsymbol{0},\boldsymbol{0},\boldsymbol{0}\}\\&-\bar{\varepsilon}_6\operatorname{diag}\{-1,\boldsymbol{0},\boldsymbol{0},\boldsymbol{0},\boldsymbol{0},\boldsymbol{0},\boldsymbol{R}_{\omega,k}^{-1},\boldsymbol{0},\boldsymbol{0},\boldsymbol{0}\}\\&-\bar{\varepsilon}_7\operatorname{diag}\{-m,\boldsymbol{0},\boldsymbol{0},\boldsymbol{0},\boldsymbol{0},\boldsymbol{0},\boldsymbol{0},\boldsymbol{0},\bar{\boldsymbol{R}}_{\upsilon,k}^{-1},\boldsymbol{0},\boldsymbol{0}\}\\&-\bar{\varepsilon}_9\operatorname{diag}\{-m,\boldsymbol{0},\boldsymbol{0},\boldsymbol{0},\boldsymbol{0},\boldsymbol{0},\boldsymbol{0},\boldsymbol{0},\boldsymbol{0},\boldsymbol{0},\bar{\boldsymbol{R}}_{\xi,k}^{-1}\}\le\boldsymbol{0}\end{aligned}\tag{9-79}$$

那么式（9-73）成立。然后，式（9-79）可简写为下式

$$\bar{\boldsymbol{\Phi}}_k^{\mathrm{T}}\bar{\boldsymbol{P}}_{k+1}^{-1}\bar{\boldsymbol{\Phi}}_k+\bar{\boldsymbol{\Theta}}_k\le\boldsymbol{0}\tag{9-80}$$

其中，$\bar{\boldsymbol{\Theta}}_k$ 已在定理 9.4 中定义。通过使用引理 2.4，式（9-80）等价于下式

$$\begin{bmatrix}-\bar{\boldsymbol{P}}_{k+1}&\bar{\boldsymbol{\Phi}}_k\\ *&\bar{\boldsymbol{\Theta}}_k\end{bmatrix}\le\boldsymbol{0}\tag{9-81}$$

注意到式（9-81）中含有参数不确定性的矩阵，所以将其分解为以下形式

$$\bar{\boldsymbol{\Upsilon}}+\begin{bmatrix}\boldsymbol{0}&\breve{\bar{\boldsymbol{\Phi}}}_k\\ *&\boldsymbol{0}\end{bmatrix}\le\boldsymbol{0}\tag{9-82}$$

其中

$$\breve{\bar{\boldsymbol{\Phi}}}_k=\begin{bmatrix}\breve{\bar{\boldsymbol{\Phi}}}_{1,k}&\breve{\bar{\boldsymbol{\Phi}}}_{2,k}&\breve{\bar{\boldsymbol{\Phi}}}_{3,k}&\breve{\bar{\boldsymbol{\Phi}}}_{4,k}\end{bmatrix}$$

$$\breve{\bar{\boldsymbol{\Phi}}}_{1,k}=\Delta\bar{\boldsymbol{A}}_{1,k}\hat{\boldsymbol{x}}_{m,k}+\Delta\boldsymbol{D}_k\boldsymbol{g}\left(\hat{\boldsymbol{x}}_{k-\tau_1}\right)+\Delta\boldsymbol{E}_k\sum_{i=1}^{\tau_2}\mu_i\hat{\boldsymbol{x}}_{k-i}-\Delta\boldsymbol{K}_k\bar{\boldsymbol{\theta}}\boldsymbol{Y}$$

$$\breve{\bar{\boldsymbol{\Phi}}}_{2,k}=\begin{bmatrix}\Delta\boldsymbol{D}_k\boldsymbol{U}_g\bar{\boldsymbol{L}}_{k-\tau_1}&\Delta\boldsymbol{E}_k\bar{\boldsymbol{L}}&\Delta\bar{\boldsymbol{A}}_{3,k}\end{bmatrix}$$

$$\breve{\bar{\boldsymbol{\Phi}}}_{3,k}=\begin{bmatrix}\Delta\boldsymbol{B}_k&\Delta\boldsymbol{D}_k&\boldsymbol{0}&\boldsymbol{0}\end{bmatrix},\quad\breve{\bar{\boldsymbol{\Phi}}}_{4,k}=\begin{bmatrix}-\Delta\boldsymbol{K}_k\tilde{\boldsymbol{\theta}}&-\Delta\boldsymbol{K}_k\tilde{\boldsymbol{\theta}}\end{bmatrix}$$

$$\Delta\bar{\boldsymbol{A}}_{3,k}=\operatorname{diag}\{\boldsymbol{0},\boldsymbol{0},\ldots,\Delta\boldsymbol{A}_k\bar{\boldsymbol{L}}_k\},\quad\Delta\bar{\boldsymbol{A}}_{1,k}=\begin{bmatrix}\boldsymbol{0}&\boldsymbol{0}&\ldots&\Delta\boldsymbol{A}_k\end{bmatrix}$$

并且 $\bar{\boldsymbol{\Upsilon}}$ 已在定理 9.4 中定义。根据式（9-34），未知参数矩阵 $\Delta\bar{\boldsymbol{A}}_{3,k}$ 可写为

$$\Delta\bar{\boldsymbol{A}}_{3,k}=\boldsymbol{M}\boldsymbol{F}_{1,k}\bar{\boldsymbol{N}}_3\tag{9-83}$$

其中，$\bar{\boldsymbol{N}}_3$ 已在定理 9.4 中定义。接下来，通过式（9-34）（9-43）和（9-83），式（9-82）可以等价写为

$$\bar{\boldsymbol{\Upsilon}}+\tilde{\boldsymbol{M}}_2\tilde{\boldsymbol{F}}_k\tilde{\boldsymbol{N}}_2+\tilde{\boldsymbol{N}}_2^{\mathrm{T}}\tilde{\boldsymbol{F}}_k^{\mathrm{T}}\tilde{\boldsymbol{M}}_2^{\mathrm{T}}\leq\boldsymbol{0} \tag{9-84}$$

其中，$\tilde{\boldsymbol{M}}_2$ 和 $\tilde{\boldsymbol{N}}_2$ 已在定理 9.4 中定义。

通过引理 2.3，如果存在 $\bar{\varrho}>0$ 使得

$$\bar{\boldsymbol{\Upsilon}}+\bar{\varrho}^{-1}\tilde{\boldsymbol{M}}_2\tilde{\boldsymbol{M}}_2^{\mathrm{T}}+\bar{\varrho}\tilde{\boldsymbol{N}}_2^{\mathrm{T}}\tilde{\boldsymbol{N}}_2\leq\boldsymbol{0} \tag{9-85}$$

那么式（9-84）成立。依据引理 2.4 可知式（9-85）等价于式（9-67）。至此，定理 9.4 证毕。

通过优化矩阵 $\bar{\boldsymbol{P}}_{k+1}$ 的迹使所获得的椭球集优化至最小，并且得到最优的估计器增益矩阵。相应地，求解以下凸优化问题

$$\min_{\bar{\boldsymbol{P}}_{k+1}>\boldsymbol{0},\ \boldsymbol{K}_k,\ \bar{\varepsilon}_i>0\ (i=1,2,\dots,9),\ \bar{\varrho}>0}\operatorname{tr}\left(\bar{\boldsymbol{P}}_{k+1}\right) \tag{9-86}$$
$$\text{满足式}(9\text{-}67)$$

可得到最小的椭球集和最优的 $\boldsymbol{K}_k$。

9.2.3　数值仿真

在本节中，给出两个仿真算例，分别演示在线性攻击和非线性攻击两种情形下所提出的弹性状态估计方案的有效性。

在情形 9.2.1.1 下，考虑具有如下参数的离散时滞忆阻神经网络（9-29）

$$a_1\left(x_{1,k}\right)=\begin{cases}0.6 & \left(\left|x_{1,k}\right|>1\right)\\ -0.2 & \left(\left|x_{1,k}\right|\leq1\right)\end{cases},\quad a_2\left(x_{2,k}\right)=\begin{cases}-0.5 & \left(\left|x_{2,k}\right|>1\right)\\ 0.8 & \left(\left|x_{2,k}\right|\leq1\right)\end{cases}$$

$$b_{11}\left(x_{1,k}\right)=\begin{cases}0.1 & \left(\left|x_{1,k}\right|>1\right)\\ 0.3 & \left(\left|x_{1,k}\right|\leq1\right)\end{cases},\quad b_{12}\left(x_{1,k}\right)=\begin{cases}0.4 & \left(\left|x_{1,k}\right|>1\right)\\ 0.2 & \left(\left|x_{1,k}\right|\leq1\right)\end{cases}$$

$$b_{21}\left(x_{2,k}\right)=\begin{cases}0.3 & \left(\left|x_{2,k}\right|>1\right)\\ 0.4 & \left(\left|x_{2,k}\right|\leq1\right)\end{cases},\quad b_{22}\left(x_{2,k}\right)=\begin{cases}0.3 & \left(\left|x_{2,k}\right|>1\right)\\ 0.5 & \left(\left|x_{2,k}\right|\leq1\right)\end{cases}$$

$$d_{11}\left(x_{1,k}\right)=\begin{cases}0.6 & \left(\left|x_{1,k}\right|>1\right)\\ -0.2 & \left(\left|x_{1,k}\right|\leq1\right)\end{cases},\quad d_{12}\left(x_{1,k}\right)=\begin{cases}-0.8 & \left(\left|x_{1,k}\right|>1\right)\\ 0.2 & \left(\left|x_{1,k}\right|\leq1\right)\end{cases}$$

$$d_{21}\left(x_{2,k}\right)=\begin{cases}-0.4 & \left(\left|x_{2,k}\right|>1\right)\\ 0.1 & \left(\left|x_{2,k}\right|\leq1\right)\end{cases},\quad d_{22}\left(x_{2,k}\right)=\begin{cases}0.2 & \left(\left|x_{2,k}\right|>1\right)\\ 0.4 & \left(\left|x_{2,k}\right|\leq1\right)\end{cases}$$

$$e_{11}\left(x_{1,k}\right)=\begin{cases}-0.1 & \left(\left|x_{1,k}\right|>1\right)\\ 0.7 & \left(\left|x_{1,k}\right|\leq1\right)\end{cases},\quad e_{12}\left(x_{1,k}\right)=\begin{cases}-0.5 & \left(\left|x_{1,k}\right|>1\right)\\ 0.7 & \left(\left|x_{1,k}\right|\leq1\right)\end{cases}$$

$$e_{21}\left(x_{2,k}\right)=\begin{cases}0.3 & \left(\left|x_{2,k}\right|>1\right)\\ -0.7 & \left(\left|x_{2,k}\right|\leq1\right)\end{cases},\quad e_{22}\left(x_{2,k}\right)=\begin{cases}0.2 & \left(\left|x_{2,k}\right|>1\right)\\ 0.1 & \left(\left|x_{2,k}\right|\leq1\right)\end{cases}$$

$$\boldsymbol{C}=\begin{bmatrix}0.1 & -0.2\\ 0 & -0.1\end{bmatrix},\quad \boldsymbol{H}_{\omega}=\begin{bmatrix}0.3\\ 0.25\end{bmatrix},\quad \boldsymbol{H}_{\upsilon}=\begin{bmatrix}0.2\\ 0.15\end{bmatrix}$$

$$\tau_1=1,\ \tau_2=2,\ \mu_1=0.05,\ \mu_2=0.15,\ u_Q=0.35$$

$$\hat{\boldsymbol{M}}=\begin{bmatrix}0.05\\ -0.01\end{bmatrix},\quad \hat{\boldsymbol{F}}_k=\cos(0.7k),\quad \hat{\boldsymbol{N}}=\begin{bmatrix}0.01 & 0.01\end{bmatrix}$$

$$\boldsymbol{U}_g=\begin{bmatrix}0.65+0.05\sin(k) & -0.3\\ 0.1 & 0.26\end{bmatrix},\quad \boldsymbol{Q}=\begin{bmatrix}0.1+0.1\sin(k) & 0\\ 0 & 0.1+0.01\cos(k)\end{bmatrix}$$

$$\boldsymbol{M}=\begin{bmatrix}1 & 1 & 0 & 0\\ 0 & 0 & 1 & 1\end{bmatrix},\quad \boldsymbol{N}_1=\begin{bmatrix}0.4 & 0\\ 0 & 1\\ 1 & 0\\ 0 & 0.65\end{bmatrix},\quad \boldsymbol{N}_2=\begin{bmatrix}0.1 & 0\\ 0 & 0.3\\ 0.05 & 0\\ 0 & 0.1\end{bmatrix}$$

$$\boldsymbol{N}_3=\begin{bmatrix}0.4 & 0\\ 0 & 0.5\\ 0.25 & 0\\ 0 & 0.1\end{bmatrix},\quad \boldsymbol{N}_4=\begin{bmatrix}0.4 & 0\\ 0 & 0.6\\ 0.5 & 0\\ 0 & 0.05\end{bmatrix}$$

非线性神经激励函数 $\boldsymbol{f}(\boldsymbol{x}_k)$ 和 $\boldsymbol{g}(\boldsymbol{x}_{k-\tau_1})$ 分别具有如下形式

$$\boldsymbol{f}(\boldsymbol{x}_k)=\begin{bmatrix}\tanh(0.1x_{1,k})\\ \tanh(0.5x_{2,k})\end{bmatrix},\quad \boldsymbol{g}(\boldsymbol{x}_{k-\tau_1})=\begin{bmatrix}\tanh(0.3x_{1,k-\tau_1})\\ \tanh(0.5x_{2,k-\tau_1})\end{bmatrix}$$

进而可以计算得到 $\boldsymbol{U}_f=\mathrm{diag}\{10,2\}$ 和 $u_g=0.1$。过程噪声和测量噪声分别为 $\boldsymbol{\omega}_k=7\sin(k)$ 和 $\boldsymbol{\upsilon}_k=5\sin(k)$，矩阵 $\boldsymbol{R}_{\omega,k}$ 和 $\boldsymbol{R}_{\upsilon,k}$ 分别为 $\boldsymbol{R}_{\omega,k}=49$ 和 $\boldsymbol{R}_{\upsilon,k}=25$。选取 $\boldsymbol{\phi}_i=\begin{bmatrix}2 & 2\end{bmatrix}^{\mathrm{T}}$ 和 $\boldsymbol{P}_i=\mathrm{diag}\{4,4\}(i=-2,-1,0)$。此外，攻击噪声 $\boldsymbol{\xi}_k=0.1\sin(k)/k$，矩阵 $\boldsymbol{R}_{\xi,k}=\mathrm{diag}\{100,100\}$。

基于定理 9.3，实现提出的集员状态估计方案并且使用 Matlab 软件，可以得到估计器增益矩阵和相应的仿真结果。具体而言，表 9-2 列出了估计器增益的部分参数值。图 9-5 和 9-6 分别是状态 $x_{i,k}$，估计状态 $\hat{x}_{i,k}(i=1,2)$ 以及它们上下界的轨迹图，图 9-7 是 RR 协议下每个传输时刻所选择的节点图，图 9-8 比较了在有 RR 协议影响和没有 RR 协议影响下忆阻神经网络每个节点传输的数据量的详细情况。

表 9-2 估计器增益矩阵 $\boldsymbol{K}_k$

k	$\boldsymbol{K}_k$	k	$\boldsymbol{K}_k$
5	$\begin{bmatrix}4.6311\times10^{-4} & 0\\ 5.1350\times10^{-5} & 0\end{bmatrix}$	6	$\begin{bmatrix}0 & -0.0399\\ 0 & -0.0620\end{bmatrix}$
7	$\begin{bmatrix}0.0460 & -10.2787\\ 0.2233 & 175.4524\end{bmatrix}$	8	$\begin{bmatrix}-1.1627\times10^{-8} & 0.0026\\ 2.4634\times10^{-9} & 0.0064\end{bmatrix}$
…	…	50	$\begin{bmatrix}-7.9610\times10^{-12} & -0.0016\\ -5.5523\times10^{-12} & 5.5685\times10^{-4}\end{bmatrix}$

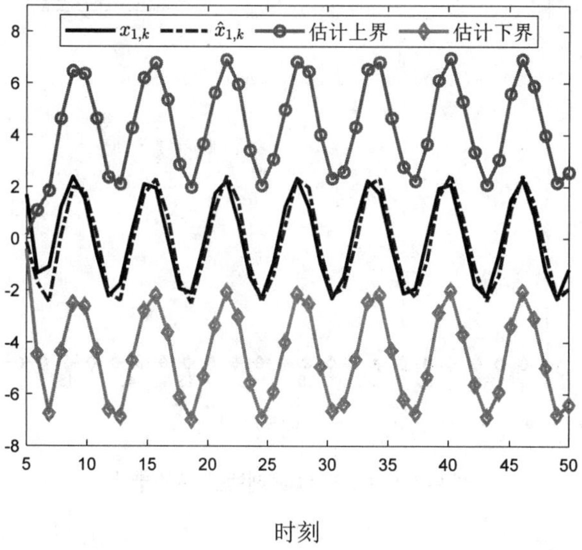

图 9-5 状态 $x_{1,k}$，估计状态 $\hat{x}_{1,k}$ 及其上下界的轨迹

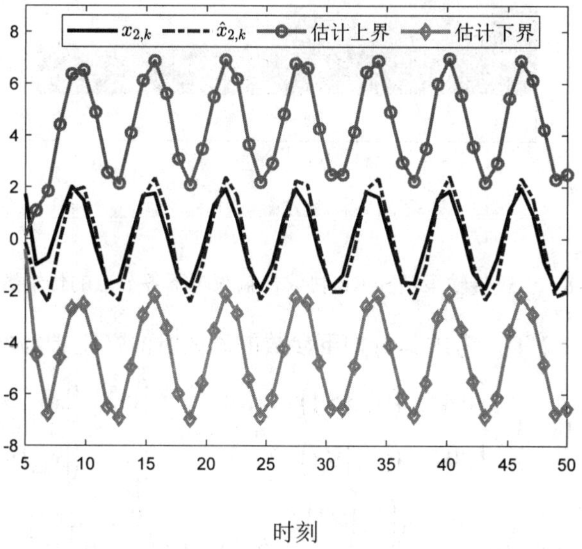

图 9-6 状态 $x_{2,k}$，估计状态 $\hat{x}_{2,k}$ 及其上下界的轨迹

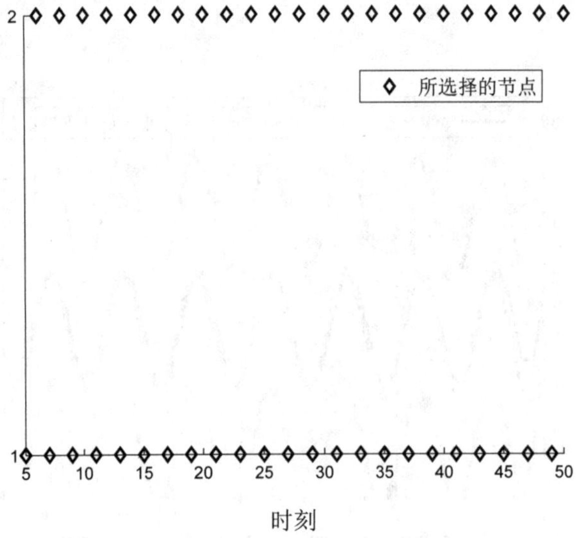

图 9-7　每个传输时刻所选择的节点

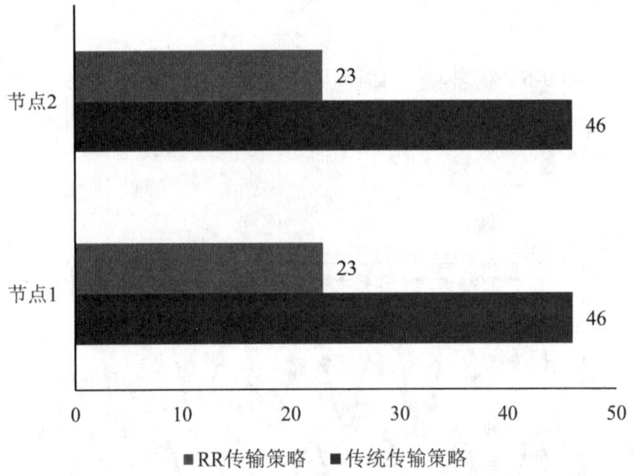

图 9-8　一般传输策略和 RR 协议传输策略下各节点的传输数据量

在情形 9.2.1.2 下，考虑具有如下参数的离散时滞忆阻神经网络（9-29）

$$a_1(x_{1,k})=\begin{cases}0.4 & (|x_{1,k}|>1)\\ -0.2 & (|x_{1,k}|\le 1)\end{cases},\quad a_2(x_{2,k})=\begin{cases}0.2 & (|x_{2,k}|>1)\\ 0.4 & (|x_{2,k}|\le 1)\end{cases}$$

$$b_{11}(x_{1,k})=\begin{cases}0.1 & (|x_{1,k}|>1)\\ 0.3 & (|x_{1,k}|\le 1)\end{cases},\quad b_{12}(x_{1,k})=\begin{cases}0.4 & (|x_{1,k}|>1)\\ 0.2 & (|x_{1,k}|\le 1)\end{cases}$$

$$b_{21}(x_{2,k})=\begin{cases}0.35 & (|x_{2,k}|>1)\\ 0.55 & (|x_{2,k}|\le 1)\end{cases},\quad b_{22}(x_{2,k})=\begin{cases}0.1 & (|x_{2,k}|>1)\\ 0.5 & (|x_{2,k}|\le 1)\end{cases}$$

$$d_{11}\left(x_{1,k}\right)=\begin{cases}0.6 & \left(\left|x_{1,k}\right|>1\right)\\ -0.2 & \left(\left|x_{1,k}\right|\le 1\right)\end{cases},\quad d_{12}\left(x_{1,k}\right)=\begin{cases}-0.8 & \left(\left|x_{1,k}\right|>1\right)\\ 0.2 & \left(\left|x_{1,k}\right|\le 1\right)\end{cases}$$

$$d_{21}\left(x_{2,k}\right)=\begin{cases}-0.4 & \left(\left|x_{2,k}\right|>1\right)\\ 0.1 & \left(\left|x_{2,k}\right|\le 1\right)\end{cases},\quad d_{22}\left(x_{2,k}\right)=\begin{cases}0.2 & \left(\left|x_{2,k}\right|>1\right)\\ 0.4 & \left(\left|x_{2,k}\right|\le 1\right)\end{cases}$$

$$e_{11}\left(x_{1,k}\right)=\begin{cases}-0.1 & \left(\left|x_{1,k}\right|>1\right)\\ 0.7 & \left(\left|x_{1,k}\right|\le 1\right)\end{cases},\quad e_{12}\left(x_{1,k}\right)=\begin{cases}-0.5 & \left(\left|x_{1,k}\right|>1\right)\\ 0.7 & \left(\left|x_{1,k}\right|\le 1\right)\end{cases}$$

$$e_{21}\left(x_{2,k}\right)=\begin{cases}0.3 & \left(\left|x_{2,k}\right|>1\right)\\ -0.7 & \left(\left|x_{2,k}\right|\le 1\right)\end{cases},\quad e_{22}\left(x_{2,k}\right)=\begin{cases}0.2 & \left(\left|x_{2,k}\right|>1\right)\\ 0.1 & \left(\left|x_{2,k}\right|\le 1\right)\end{cases}$$

$$\boldsymbol{C}=\begin{bmatrix}0.1 & -0.2\\ 0 & -0.1\end{bmatrix},\quad \boldsymbol{H}_{\omega}=\begin{bmatrix}0.35\\ 0.4\end{bmatrix},\quad \boldsymbol{H}_{\upsilon}=\begin{bmatrix}0\\ 0.2\end{bmatrix}$$

$$\boldsymbol{U}_g=\begin{bmatrix}0.65+0.05\sin(k) & -0.3\\ 0.1 & 0.26\end{bmatrix},\quad \hat{\boldsymbol{M}}=\begin{bmatrix}0.05\\ -0.01\end{bmatrix}$$

$$\hat{\boldsymbol{F}}_k=\cos(0.7k),\quad \hat{\boldsymbol{N}}=\begin{bmatrix}0.01 & 0.01\end{bmatrix}$$

$$\tau_1=1,\quad \tau_2=2,\quad \mu_1=0.1,\quad \mu_2=0.4$$

$$\boldsymbol{M}=\begin{bmatrix}1 & 1 & 0 & 0\\ 0 & 0 & 1 & 1\end{bmatrix}$$

$$\boldsymbol{N}_1=\begin{bmatrix}0.3 & 0\\ 0 & 1\\ 1 & 0\\ 0 & 0.3\end{bmatrix},\quad \boldsymbol{N}_2=\begin{bmatrix}0.2 & 0\\ 0 & 0.3\\ 0.45 & 0\\ 0 & 0.3\end{bmatrix}$$

$$\boldsymbol{N}_3=\begin{bmatrix}0.4 & 0\\ 0 & 0.5\\ 0.25 & 0\\ 0 & 0.1\end{bmatrix},\quad \boldsymbol{N}_4=\begin{bmatrix}0.4 & 0\\ 0 & 0.6\\ 0.5 & 0\\ 0 & 0.05\end{bmatrix}$$

非线性神经激励函数 $\boldsymbol{f}\left(\boldsymbol{x}_k\right)$ 和 $\boldsymbol{g}\left(\boldsymbol{x}_{k-\tau_1}\right)$ 分别具有如下形式

$$\boldsymbol{f}\left(\boldsymbol{x}_k\right)=\begin{bmatrix}\tanh\left(0.1x_{1,k}\right)\\ \tanh\left(0.5x_{2,k}\right)\end{bmatrix},\quad \boldsymbol{g}\left(\boldsymbol{x}_{k-\tau_1}\right)=\begin{bmatrix}\tanh\left(0.3x_{1,k-\tau_1}\right)\\ \tanh\left(0.5x_{2,k-\tau_1}\right)\end{bmatrix}$$

进而可以计算得到 $\boldsymbol{U}_f=\operatorname{diag}\{0.1,0.5\}$ 和 $u_g=0.1$。

非线性攻击函数满足

$$\boldsymbol{\chi}\left(\boldsymbol{y}_k\right)=\frac{1}{2}\left[\left(\boldsymbol{U}_{\chi_1}+\boldsymbol{U}_{\chi_2}\right)\boldsymbol{y}_k+\left(\boldsymbol{U}_{\chi_2}-\boldsymbol{U}_{\chi_1}\right)\sin(k)\boldsymbol{y}_k\right]$$

其中，$U_{\chi_1}=\mathrm{diag}\{1.1,1.1\}$ 和 $U_{\chi_2}=\mathrm{diag}\{1,1\}$，且非线性网络攻击函数属于扇形 $\left[U_{\chi_1},U_{\chi_2}\right]$。过程噪声和测量噪声分别为 $\boldsymbol{\omega}_k=4\sin(k)$ 和 $\boldsymbol{\upsilon}_k=\sin(k)$，矩阵 $\boldsymbol{R}_{\omega,k}$ 和 $\boldsymbol{R}_{\upsilon,k}$ 分别为 $\boldsymbol{R}_{\omega,k}=16$ 和 $\boldsymbol{R}_{\upsilon,k}=1$。此外，攻击者注入网络中的噪声 $\boldsymbol{\xi}_k$ 为 $\boldsymbol{\xi}_k=0.1\sin(k)/k$，矩阵 $\boldsymbol{R}_{\xi,k}$ 为 $\boldsymbol{R}_{\xi,k}=\mathrm{diag}\{100,100\}$。选取初始状态 $\boldsymbol{\phi}_i=\begin{bmatrix}2 & 2\end{bmatrix}^{\mathrm{T}}$ 和初始正定矩阵 $\boldsymbol{P}_i=\mathrm{diag}\{1,1\}(i=-2,-1,0)$。

基于定理 9.4，实现提出的状态估计方案并且使用 Matlab 软件，可以得到估计器增益矩阵和相应的仿真结果。具体而言，表 9-3 列出了估计器增益的部分参数值。图 9-9 和 9-10 分别是状态 $x_{i,k}$，估计状态 $\hat{x}_{i,k}(i=1,2)$ 以及它们上下界的轨迹图，图 9-11 是 RR 协议下每个传输时刻所选择的节点图，图 9-12 比较了在有 RR 协议影响和没有 RR 协议影响下忆阻神经网络每个节点传输的数据量的详细情况。

表 9-3　估计器增益矩阵 $\boldsymbol{K}_k$

k	$\boldsymbol{K}_k$	k	$\boldsymbol{K}_k$
5	$\begin{bmatrix}0.1112 & 0\\ 0 & -0.1\end{bmatrix}$	6	$\begin{bmatrix}1.5435\times10^{-6} & -0.0404\\ -2.7275\times10^{-6} & -2.7684\end{bmatrix}$
7	$\begin{bmatrix}-0.2062 & -164.8099\\ -1.7373 & 186.7273\end{bmatrix}$	8	$\begin{bmatrix}1.3204\times10^{-4} & -0.0060\\ 3.1920\times10^{-5} & -2.8701\end{bmatrix}$
…	…	50	$\begin{bmatrix}3.3832\times10^{-7} & 0.1592\\ -1.8073\times10^{-7} & -2.8518\end{bmatrix}$

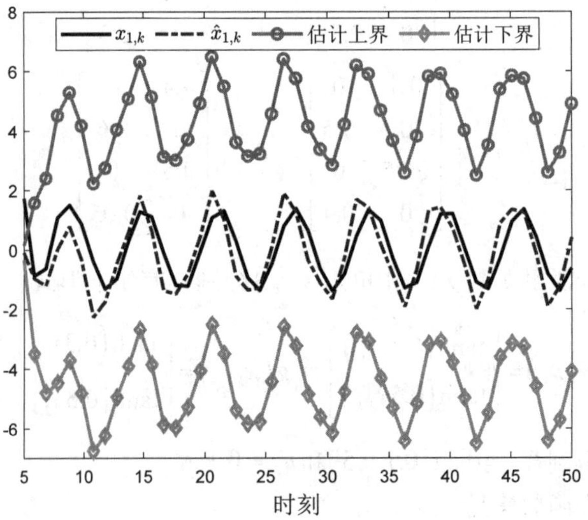

图 9-9　状态 $x_{1,k}$，估计状态 $\hat{x}_{1,k}$ 及其上下界的轨迹

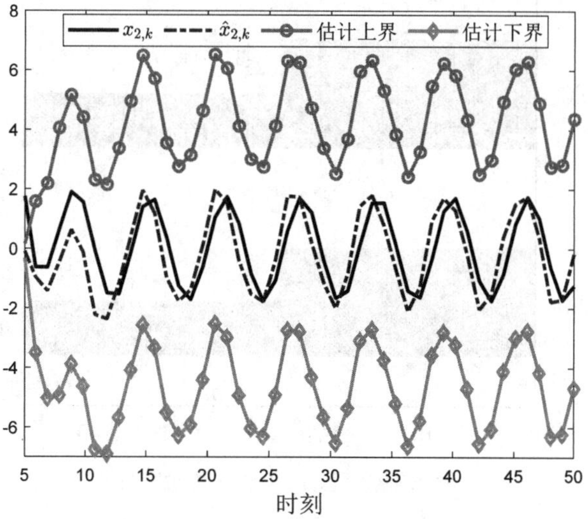

图 9-10　状态 $x_{2,k}$，估计状态 $\hat{x}_{2,k}$ 及其上下界的轨迹

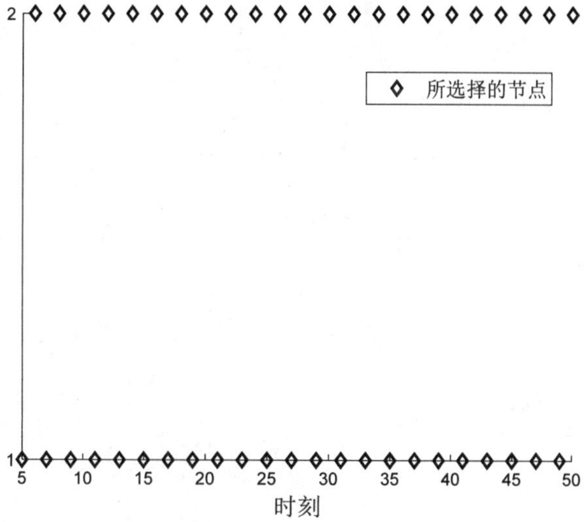

图 9-11　每个传输时刻所选择的节点

9.3　本章小结

本章针对定常时滞忆阻神经网络和混合时滞忆阻神经网络，分别提出了基于 RR 协议的弹性集员状态估计算法。为了避免通信信道阻塞现象的发生，引入了 RR 协议调度策略调整数据的传输方式。充分分析了测量丢失和网络攻击等现象对集员状态估计算法设计带来的影响。基于线性矩阵不等式方法和最优化理论，给出了充分准则以确保一步预测误差存在于最优椭球集中。通过数值算例演示了所提出的弹性集员估计策略的可行性。

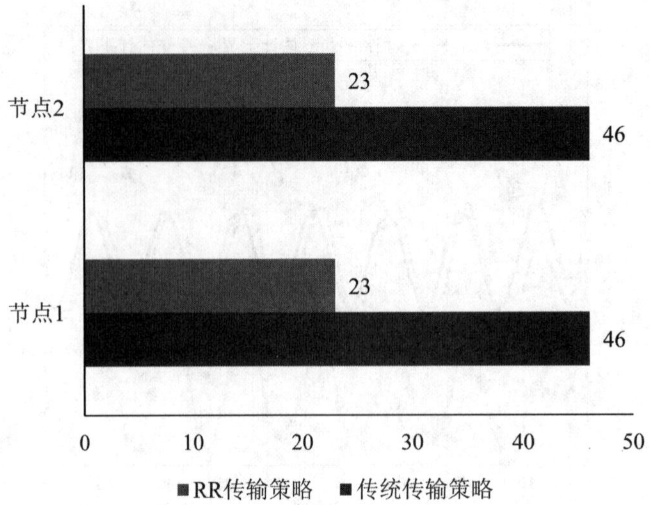

图 9-12　一般传输策略和 RR 协议传输策略下各节点的传输数据量

第 10 章　MEF 协议下时滞忆阻神经网络的弹性量化集员状态估计

第 9 章考虑了静态 RR 协议，分别针对具有定常时滞和混合时滞的忆阻神经网络集员状态估计问题展开了研究。本章将在动态 MEF 协议下研究一类具有混合时滞和对数量化的忆阻神经网络的弹性集员状态估计问题，致力于揭示混合时滞，对数量化和 MEF 协议对状态估计算法设计带来的影响。具体地，非线性神经激励函数满足扇形有界条件。对数量化误差被转化为范数有界不确定性。为了节约网络资源，引入 MEF 协议来合理分配网络信道。基于可获得的测量信息，设计新型的弹性状态估计方法以保证真实的神经状态存在于椭球集中，利用凸优化理论得到最优椭球集存在的充分条件。利用仿真算例演示所提出的状态估计策略的有效性。

10.1　问题描述

在真实的网络环境中，有必要充分考虑网络带宽资源有限问题。因此，本章引入动态 MEF 协议，考虑协议下的量化集员状态估计问题，其示意图如图 10-1 所示。

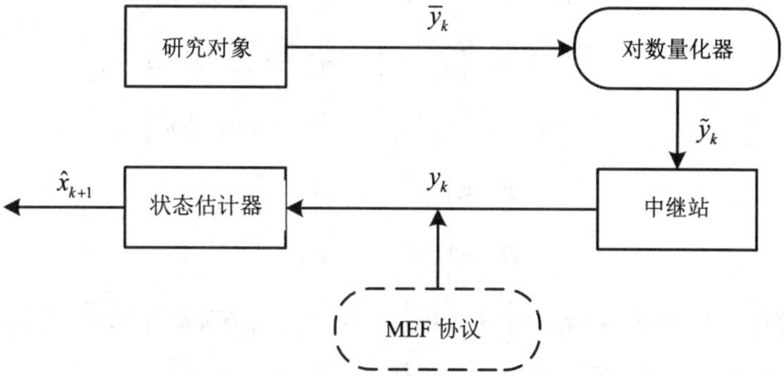

图 10-1　MEF 协议下的量化集员状态估计

研究如下一类具有混合时滞的离散忆阻神经网络

$$\begin{cases} \bar{\boldsymbol{x}}_{k+1} = \bar{\boldsymbol{A}}(\bar{\boldsymbol{x}}_k)\bar{\boldsymbol{x}}_k + \bar{\boldsymbol{B}}(\bar{\boldsymbol{x}}_k)\boldsymbol{g}(\bar{\boldsymbol{x}}_{k-\tau_1}) + \bar{\boldsymbol{D}}(\bar{\boldsymbol{x}}_k)\sum_{i=1}^{\tau_2}\mu_i\bar{\boldsymbol{x}}_{k-i} + \bar{\boldsymbol{H}}_1\boldsymbol{\omega}_{1,k} \\ \bar{\boldsymbol{y}}_k = \bar{\boldsymbol{C}}\bar{\boldsymbol{x}}_k + \bar{\boldsymbol{H}}_2\boldsymbol{\omega}_{2,k} \\ \bar{\boldsymbol{x}}_k = \boldsymbol{\phi}_k, k = -\tau, -\tau+1, \ldots, 0 \end{cases} \tag{10-1}$$

其中，$\bar{\boldsymbol{x}}_k = \begin{bmatrix} \bar{x}_{1,k} & \bar{x}_{2,k} & \cdots & \bar{x}_{n,k} \end{bmatrix}^{\mathrm{T}} \in \mathbb{R}^n$ 是神经状态向量，其初值为 $\boldsymbol{\phi}_k$，$\bar{\boldsymbol{y}}_k = \begin{bmatrix} \bar{y}_{1,k} & \bar{y}_{2,k} & \cdots & \bar{y}_{m,k} \end{bmatrix}^{\mathrm{T}} \in \mathbb{R}^m$ 是测量输出。$\bar{\boldsymbol{A}}(\bar{\boldsymbol{x}}_k) = \mathrm{diag}_n\{a_i(\bar{x}_{i,k})\}$ 为自反馈矩阵，$\bar{\boldsymbol{B}}(\bar{\boldsymbol{x}}_k) = \left[b_{ij}(\bar{x}_{i,k})\right]_{n\times n}$ 和 $\bar{\boldsymbol{D}}(\bar{\boldsymbol{x}}_k) = \left[d_{ij}(\bar{x}_{i,k})\right]_{n\times n}$ 为时滞连接权矩阵，$\bar{\boldsymbol{C}}$，$\bar{\boldsymbol{H}}_1$ 和 $\bar{\boldsymbol{H}}_2$

是具有适当维数的已知矩阵。参数τ_1，τ_2和$\mu_i\left(i=1,2,\ldots,\tau_2\right)$为已知正数，并且$\tau=\max\left\{\tau_1,\tau_2\right\}$。

对于$\boldsymbol{\alpha},\boldsymbol{\beta}\in\mathbb{R}^n$且$\boldsymbol{\alpha}\neq\boldsymbol{\beta}$，非线性神经激励函数$\boldsymbol{g}\left(\overline{\boldsymbol{x}}_{k-\tau_1}\right)$满足$\boldsymbol{g}(\mathbf{0})=\mathbf{0}$及扇形有界条件

$$\left[\boldsymbol{g}(\boldsymbol{\alpha})-\boldsymbol{g}(\boldsymbol{\beta})-\boldsymbol{U}_1(\boldsymbol{\alpha}-\boldsymbol{\beta})\right]^{\mathrm{T}}\left[\boldsymbol{g}(\boldsymbol{\alpha})-\boldsymbol{g}(\boldsymbol{\beta})-\boldsymbol{U}_2(\boldsymbol{\alpha}-\boldsymbol{\beta})\right]\leq 0 \tag{10-2}$$

其中，$\boldsymbol{U}_1$和$\boldsymbol{U}_2$是具有适当维数的实矩阵，且$\boldsymbol{U}_2-\boldsymbol{U}_1$是正定的。

过程噪声$\boldsymbol{\omega}_{1,k}\in\mathbb{R}^q$和测量噪声$\boldsymbol{\omega}_{2,k}\in\mathbb{R}^r$在如下椭球集中

$$\begin{aligned}\mathcal{W}_{1,k}&=\left\{\boldsymbol{\omega}_{1,k}\in\mathbb{R}^q:\boldsymbol{\omega}_{1,k}^{\mathrm{T}}\boldsymbol{Q}_k^{-1}\boldsymbol{\omega}_{1,k}\leq 1\right\}\\ \mathcal{W}_{2,k}&=\left\{\boldsymbol{\omega}_{2,k}\in\mathbb{R}^r:\boldsymbol{\omega}_{2,k}^{\mathrm{T}}\boldsymbol{R}_k^{-1}\boldsymbol{\omega}_{2,k}\leq 1\right\}\end{aligned} \tag{10-3}$$

其中，$\boldsymbol{Q}_k$和$\boldsymbol{R}_k$是具有适当维数的已知正定时变矩阵。

状态依赖矩阵参数$a_i\left(\overline{x}_{i,k}\right)$，$b_{ij}\left(\overline{x}_{i,k}\right)$和$d_{ij}\left(\overline{x}_{i,k}\right)$满足

$$a_i\left(\overline{x}_{i,k}\right)=\begin{cases}\widehat{a}_i & \left(\left|\overline{x}_{i,k}\right|>\varGamma_i\right)\\ \breve{a}_i & \left(\left|\overline{x}_{i,k}\right|\leq\varGamma_i\right)\end{cases},\quad b_{ij}\left(\overline{x}_{i,k}\right)=\begin{cases}\widehat{b}_{ij} & \left(\left|\overline{x}_{i,k}\right|>\varGamma_i\right)\\ \breve{b}_{ij} & \left(\left|\overline{x}_{i,k}\right|\leq\varGamma_i\right)\end{cases},\quad d_{ij}\left(\overline{x}_{i,k}\right)=\begin{cases}\widehat{d}_{ij} & \left(\left|\overline{x}_{i,k}\right|>\varGamma_i\right)\\ \breve{d}_{ij} & \left(\left|\overline{x}_{i,k}\right|\leq\varGamma_i\right)\end{cases}$$

其中，$\varGamma_i>0$，$\left|\widehat{a}_i\right|<1$，$\left|\breve{a}_i\right|<1$，$\widehat{b}_{ij}$，$\breve{b}_{ij}$，$\widehat{d}_{ij}$和$\breve{d}_{ij}$均已知。

定义

$$a_i^-=\min\left\{\widehat{a}_i,\breve{a}_i\right\},\quad a_i^+=\max\left\{\widehat{a}_i,\breve{a}_i\right\}$$

$$b_{ij}^-=\min\left\{\widehat{b}_{ij},\breve{b}_{ij}\right\},\quad b_{ij}^+=\max\left\{\widehat{b}_{ij},\breve{b}_{ij}\right\}$$

$$d_{ij}^-=\min\left\{\widehat{d}_{ij},\breve{d}_{ij}\right\},\quad d_{ij}^+=\max\left\{\widehat{d}_{ij},\breve{d}_{ij}\right\}$$

$$\boldsymbol{A}^-=\mathrm{diag}_n\left\{a_i^-\right\},\quad \boldsymbol{A}^+=\mathrm{diag}_n\left\{a_i^+\right\}$$

$$\boldsymbol{B}^-=\left\{b_{ij}^-\right\}_{n\times n},\quad \boldsymbol{B}^+=\left\{b_{ij}^+\right\}_{n\times n}$$

$$\boldsymbol{D}^-=\left\{d_{ij}^-\right\}_{n\times n},\quad \boldsymbol{D}^+=\left\{d_{ij}^+\right\}_{n\times n}$$

易知，状态依赖矩阵$\overline{\boldsymbol{A}}(\overline{\boldsymbol{x}}_k)\in\left[\boldsymbol{A}^-,\boldsymbol{A}^+\right]$，$\overline{\boldsymbol{B}}(\overline{\boldsymbol{x}}_k)\in\left[\boldsymbol{B}^-,\boldsymbol{B}^+\right]$和$\overline{\boldsymbol{D}}(\overline{\boldsymbol{x}}_k)\in\left[\boldsymbol{D}^-,\boldsymbol{D}^+\right]$。令$\overline{\boldsymbol{A}}=\dfrac{\boldsymbol{A}^++\boldsymbol{A}^-}{2}$，$\overline{\boldsymbol{B}}=\dfrac{\boldsymbol{B}^++\boldsymbol{B}^-}{2}$和$\overline{\boldsymbol{D}}=\dfrac{\boldsymbol{D}^++\boldsymbol{D}^-}{2}$，则有

$$\begin{aligned}\overline{\boldsymbol{A}}(\overline{\boldsymbol{x}}_k)&=\overline{\boldsymbol{A}}+\Delta\overline{\boldsymbol{A}}_k\\ \overline{\boldsymbol{B}}(\overline{\boldsymbol{x}}_k)&=\overline{\boldsymbol{B}}+\Delta\overline{\boldsymbol{B}}_k\\ \overline{\boldsymbol{D}}(\overline{\boldsymbol{x}}_k)&=\overline{\boldsymbol{D}}+\Delta\overline{\boldsymbol{D}}_k\end{aligned} \tag{10-4}$$

其中，$\Delta\overline{\boldsymbol{A}}_k=\sum_{i=1}^{n}\boldsymbol{e}_iu_{i,k}\boldsymbol{e}_i^{\mathrm{T}}$，$\Delta\overline{\boldsymbol{B}}_k=\sum_{i,j=1}^{n}\boldsymbol{e}_iv_{ij,k}\boldsymbol{e}_j^{\mathrm{T}}$和$\Delta\overline{\boldsymbol{D}}_k=\sum_{i,j=1}^{n}\boldsymbol{e}_iw_{ij,k}\boldsymbol{e}_j^{\mathrm{T}}$。这里，列向量$\boldsymbol{e}_i\in\mathbb{R}^n$的第$i$个元素为1，其他元素都为0。未知数$u_{i,k}$，$v_{ij,k}$和$w_{ij,k}$满足$\left|u_{i,k}\right|\leq\tilde{a}_i$，$\left|v_{ij,k}\right|\leq\tilde{b}_{ij}$和$\left|w_{ij,k}\right|\leq\tilde{d}_{ij}$，其中，$\tilde{a}_i=\dfrac{a_i^+-a_i^-}{2}$，$\tilde{b}_{ij}=\dfrac{b_{ij}^+-b_{ij}^-}{2}$和$\tilde{d}_{ij}=\dfrac{d_{ij}^+-d_{ij}^-}{2}$，则未知参数矩阵$\Delta\overline{\boldsymbol{A}}_k$，$\Delta\overline{\boldsymbol{B}}_k$和$\Delta\overline{\boldsymbol{D}}_k$满足范数有界不确定性

$$\begin{aligned}\Delta\bar{\boldsymbol{A}}_k &= \bar{\boldsymbol{M}}\bar{\boldsymbol{F}}_{1,k}\bar{\boldsymbol{N}}_1\\ \Delta\bar{\boldsymbol{B}}_k &= \bar{\boldsymbol{M}}\bar{\boldsymbol{F}}_{2,k}\bar{\boldsymbol{N}}_2\\ \Delta\bar{\boldsymbol{D}}_k &= \bar{\boldsymbol{M}}\bar{\boldsymbol{F}}_{3,k}\bar{\boldsymbol{N}}_3\end{aligned} \tag{10-5}$$

其中

$$\bar{\boldsymbol{M}} = \begin{bmatrix}\bar{\boldsymbol{M}}_1 & \bar{\boldsymbol{M}}_2 & \cdots & \bar{\boldsymbol{M}}_n\end{bmatrix},\quad \bar{\boldsymbol{N}}_l = \begin{bmatrix}\bar{\boldsymbol{N}}_{l1}^{\mathrm{T}} & \bar{\boldsymbol{N}}_{l2}^{\mathrm{T}} & \cdots & \bar{\boldsymbol{N}}_{ln}^{\mathrm{T}}\end{bmatrix}^{\mathrm{T}}$$

$$\bar{\boldsymbol{M}}_i = \Big[\underbrace{\boldsymbol{e}_i \quad \boldsymbol{e}_i \quad \cdots \quad \boldsymbol{e}_i}_{n\text{个}}\Big],\quad \bar{\boldsymbol{N}}_{1i} = \begin{bmatrix}\boldsymbol{e}_1 & \cdots & \boldsymbol{e}_{i-1} & \tilde{a}_i\boldsymbol{e}_i & \boldsymbol{e}_{i+1} & \cdots & \boldsymbol{e}_n\end{bmatrix}$$

$$\bar{\boldsymbol{N}}_{2i} = \begin{bmatrix}\tilde{b}_{i1}\boldsymbol{e}_1 & \tilde{b}_{i2}\boldsymbol{e}_2 & \cdots & \tilde{b}_{in}\boldsymbol{e}_n\end{bmatrix},\quad \bar{\boldsymbol{N}}_{3i} = \begin{bmatrix}\tilde{d}_{i1}\boldsymbol{e}_1 & \tilde{d}_{i2}\boldsymbol{e}_2 & \cdots & \tilde{d}_{in}\boldsymbol{e}_n\end{bmatrix}$$

$$\bar{\boldsymbol{F}}_{l,k} = \mathrm{diag}\left\{\bar{\boldsymbol{F}}_{l1,k}, \bar{\boldsymbol{F}}_{l2,k}, \ldots, \bar{\boldsymbol{F}}_{ln,k}\right\},\quad \bar{\boldsymbol{F}}_{1i,k} = \mathrm{diag}\left\{0,\ldots,0,u_{i,k}\tilde{a}_i^{-1},0,\ldots,0\right\}$$

$$\bar{\boldsymbol{F}}_{2i,k} = \mathrm{diag}\left\{v_{i1,k}\tilde{b}_{i1}^{-1}, v_{i2,k}\tilde{b}_{i2}^{-1}, \ldots, v_{in,k}\tilde{b}_{in}^{-1}\right\}$$

$$\bar{\boldsymbol{F}}_{3i,k} = \mathrm{diag}\left\{w_{i1,k}\tilde{d}_{i1}^{-1}, w_{i2,k}\tilde{d}_{i2}^{-1}, \ldots, w_{in,k}\tilde{d}_{in}^{-1}\right\}$$

并且易得知 $\bar{\boldsymbol{F}}_{l,k}\,(l=1,2,3)$ 满足 $\bar{\boldsymbol{F}}_{l,k}^{\mathrm{T}}\bar{\boldsymbol{F}}_{l,k} \le \boldsymbol{I}$ 。

本章考虑一种对数量化器，对任意的 $q_j(\cdot)\ (j=1,2,\ldots,m)$，量化水平集可描述为

$$\mathcal{U}_j = \left\{\pm u_i^{(j)}, u_i^{(j)} = \rho_j^i u_0^{(j)}, i=0,\pm1,\pm2,\ldots\right\}\cup\{0\} \quad \left(0<\rho_j<1,\ u_0^{(j)}>0\right)$$

其中，$\rho_j\,(j=1,2,\ldots,m)$ 表示量化密度。因此，对数量化器可表示为

$$q_j(\vartheta_j) = \begin{cases} u_i^{(j)} & \left(\dfrac{1}{1+\kappa_j}u_i^{(j)} < \vartheta_j \le \dfrac{1}{1-\kappa_j}u_i^{(j)}\right) \\ 0 & (\vartheta_j = 0) \\ -q_j(-\vartheta_j) & (\vartheta_j < 0)\end{cases}$$

其中，$\kappa_j = (1-\rho_j)/(1+\rho_j)$。故而，可以得到 $q_j(\vartheta_j) = (1+\Delta_k^j)\vartheta_j$，且 $|\varDelta_k^j| \le \kappa_j$ 。

定义 $\boldsymbol{\varDelta}_k = \mathrm{diag}\left\{\varDelta_k^1, \varDelta_k^2, \ldots, \varDelta_k^m\right\}$，则量化后的测量输出 $\tilde{\boldsymbol{y}}_k$ 为

$$\tilde{\boldsymbol{y}}_k = (\boldsymbol{I} + \boldsymbol{\varDelta}_k)\bar{\boldsymbol{y}}_k \tag{10-6}$$

令

$$\mathcal{K} = \mathrm{diag}\left\{\kappa_1, \kappa_2, \ldots, \kappa_m\right\},\quad \tilde{\boldsymbol{F}}_k = \boldsymbol{\varDelta}_k\mathcal{K}^{-1} \tag{10-7}$$

则易知 $\tilde{\boldsymbol{F}}_k$ 满足 $\tilde{\boldsymbol{F}}_k^{\mathrm{T}}\tilde{\boldsymbol{F}}_k \le \boldsymbol{I}$ 。

在 MEF 协议约束下，定义 k 时刻第 i 个节点的绝对误差 $\overline{e}_{i,k}$ 为

$$\overline{e}_{i,k} = \overline{y}_{i,k} - y_{i,k-1} \quad (i=1,2,\ldots,m) \tag{10-8}$$

其中，$y_{i,k-1}$ 表示 k 时刻前第 i 个估计器节点接收到的最新传输信号。那么，在 k 时刻获得网络访问权的节点 l_k 为

$$l_k = \min\left\{\arg\max_{1\le i\le m}|\overline{e}_{i,k}|\right\}$$

其中，$l_k \in \{1,2,\ldots,m\}$，“arg”表示选取误差最大时的节点数，若多个节点具有相

同误差时，选择下标数最小的节点进行传输数据。令 $\boldsymbol{y}_k=\begin{bmatrix}y_{1,k} & y_{2,k} & \cdots & y_{m,k}\end{bmatrix}^{\mathrm{T}}$，值得注意的是 $\boldsymbol{y}_k\neq\tilde{\boldsymbol{y}}_k$，基于 MEF 协议每一时刻仅 $\boldsymbol{y}_k$ 的一个分量更新数据。所以，$y_{i,k}$ 与 $\tilde{y}_{i,k}$ 之间的关系为

$$y_{i,k}=\begin{cases}\tilde{y}_{i,k} & (i=l_k)\\ y_{i,k-1} & (\text{其他})\end{cases}$$

定义更新函数 $\boldsymbol{\Xi}_{l_k}=\mathrm{diag}\left\{\delta_{1-l_k},\delta_{2-l_k},\ldots,\delta_{m-l_k}\right\}$，其中，$\delta_{i-l_k}$ 是 Kronecker 函数。则 y_k 可进一步写为

$$\boldsymbol{y}_k=\boldsymbol{\Xi}_{l_k}\tilde{\boldsymbol{y}}_k+\left(\boldsymbol{I}-\boldsymbol{\Xi}_{l_k}\right)\boldsymbol{y}_{k-1} \tag{10-9}$$

令 $\boldsymbol{x}_k=\begin{bmatrix}\bar{\boldsymbol{x}}_k^{\mathrm{T}} & \boldsymbol{y}_{k-1}^{\mathrm{T}}\end{bmatrix}^{\mathrm{T}}$，得到如下增广系统

$$\begin{cases}\boldsymbol{x}_{k+1}=\boldsymbol{A}(\boldsymbol{x}_k)\boldsymbol{x}_k+\boldsymbol{B}(\boldsymbol{x}_k)\boldsymbol{G}(\boldsymbol{x}_{k-\tau_1})+\boldsymbol{D}(\boldsymbol{x}_k)\sum\limits_{i=1}^{\tau_2}\mu_i\boldsymbol{x}_{k-i}+\boldsymbol{H}_{1,k}\boldsymbol{\omega}_k\\ \boldsymbol{y}_k=\boldsymbol{C}_k\boldsymbol{x}_k+\boldsymbol{H}_{2,k}\boldsymbol{\omega}_k\\ \boldsymbol{x}_k=\boldsymbol{\psi}_k,k=-\tau,-\tau+1,\ldots,0\end{cases} \tag{10-10}$$

其中

$$\boldsymbol{A}(\boldsymbol{x}_k)=\begin{bmatrix}\bar{\boldsymbol{A}}(\bar{\boldsymbol{x}}_k) & \boldsymbol{0}\\ \boldsymbol{\Xi}_{l_k}(\boldsymbol{I}+\boldsymbol{\Delta}_k)\bar{\boldsymbol{C}} & \boldsymbol{I}-\boldsymbol{\Xi}_{l_k}\end{bmatrix},\quad \boldsymbol{B}(\boldsymbol{x}_k)=\begin{bmatrix}\bar{\boldsymbol{B}}(\bar{\boldsymbol{x}}_k) & \boldsymbol{0}\\ \boldsymbol{0} & \boldsymbol{0}\end{bmatrix}$$

$$\boldsymbol{G}(\boldsymbol{x}_{k-\tau_1})=\begin{bmatrix}\boldsymbol{g}(\bar{\boldsymbol{x}}_{k-\tau_1})\\ \boldsymbol{0}\end{bmatrix},\quad \boldsymbol{D}(\boldsymbol{x}_k)=\begin{bmatrix}\bar{\boldsymbol{D}}(\bar{\boldsymbol{x}}_k) & \boldsymbol{0}\\ \boldsymbol{0} & \boldsymbol{0}\end{bmatrix}$$

$$\boldsymbol{H}_{1,k}=\begin{bmatrix}\bar{\boldsymbol{H}}_1 & \boldsymbol{0}\\ \boldsymbol{0} & \boldsymbol{\Xi}_{l_k}(\boldsymbol{I}+\boldsymbol{\Delta}_k)\bar{\boldsymbol{H}}_2\end{bmatrix},\quad \boldsymbol{\omega}_k=\begin{bmatrix}\boldsymbol{\omega}_{1,k}\\ \boldsymbol{\omega}_{2,k}\end{bmatrix}$$

$$\boldsymbol{C}_k=\begin{bmatrix}\boldsymbol{\Xi}_{l_k}(\boldsymbol{I}+\boldsymbol{\Delta}_k)\bar{\boldsymbol{C}} & \boldsymbol{I}-\boldsymbol{\Xi}_{l_k}\end{bmatrix}$$

$$\boldsymbol{H}_{2,k}=\begin{bmatrix}\boldsymbol{0} & \boldsymbol{\Xi}_{l_k}(\boldsymbol{I}+\boldsymbol{\Delta}_k)\bar{\boldsymbol{H}}_2\end{bmatrix}$$

接下来分离未知矩阵 $\Delta\bar{\boldsymbol{A}}_k$，$\Delta\bar{\boldsymbol{B}}_k$，$\Delta\bar{\boldsymbol{D}}_k$ 和 $\boldsymbol{\Delta}_k$，可以得到

$$\begin{aligned}\boldsymbol{A}(\boldsymbol{x}_k)&=\boldsymbol{A}+\Delta\boldsymbol{A}_k\\ \boldsymbol{B}(\boldsymbol{x}_k)&=\boldsymbol{B}+\Delta\boldsymbol{B}_k\\ \boldsymbol{D}(\boldsymbol{x}_k)&=\boldsymbol{D}+\Delta\boldsymbol{D}_k\\ \boldsymbol{C}_k&=\boldsymbol{C}+\Delta\boldsymbol{C}_k\\ \boldsymbol{H}_{1,k}&=\boldsymbol{H}_1+\Delta\boldsymbol{H}_{1,k}\\ \boldsymbol{H}_{2,k}&=\boldsymbol{H}_2+\Delta\boldsymbol{H}_{2,k}\end{aligned} \tag{10-11}$$

其中

$$\boldsymbol{A}=\begin{bmatrix}\bar{\boldsymbol{A}} & \boldsymbol{0}\\ \boldsymbol{\Xi}_{l_k}\bar{\boldsymbol{C}} & \boldsymbol{I}-\boldsymbol{\Xi}_{l_k}\end{bmatrix},\quad \Delta\boldsymbol{A}_k=\begin{bmatrix}\Delta\bar{\boldsymbol{A}}_k & \boldsymbol{0}\\ \boldsymbol{\Xi}_{l_k}\boldsymbol{\Delta}_k\bar{\boldsymbol{C}} & \boldsymbol{0}\end{bmatrix},\quad \boldsymbol{B}=\begin{bmatrix}\bar{\boldsymbol{B}} & \boldsymbol{0}\\ \boldsymbol{0} & \boldsymbol{0}\end{bmatrix}$$

$$\Delta\boldsymbol{B}_k=\begin{bmatrix}\Delta\bar{\boldsymbol{B}}_k & \boldsymbol{0}\\ \boldsymbol{0} & \boldsymbol{0}\end{bmatrix},\quad \boldsymbol{D}=\begin{bmatrix}\bar{\boldsymbol{D}} & \boldsymbol{0}\\ \boldsymbol{0} & \boldsymbol{0}\end{bmatrix},\quad \Delta\boldsymbol{D}_k=\begin{bmatrix}\Delta\bar{\boldsymbol{D}}_k & \boldsymbol{0}\\ \boldsymbol{0} & \boldsymbol{0}\end{bmatrix}$$

$$C=\begin{bmatrix}\Xi_{l_k}\bar{C} & I-\Xi_{l_k}\end{bmatrix},\quad \Delta C_k=\begin{bmatrix}\Xi_{l_k}\varDelta_k\bar{C} & 0\end{bmatrix}$$

$$H_1=\begin{bmatrix}\bar{H}_1 & 0\\ 0 & \Xi_{l_k}\bar{H}_2\end{bmatrix},\quad \Delta H_{1,k}=\begin{bmatrix}0 & 0\\ 0 & \Xi_{l_k}\varDelta_k\bar{H}_2\end{bmatrix}$$

$$H_2=\begin{bmatrix}0 & \Xi_{l_k}\bar{H}_2\end{bmatrix},\quad \Delta H_{2,k}=\begin{bmatrix}0 & \Xi_{l_k}\varDelta_k\bar{H}_2\end{bmatrix}$$

然后，通过式（10-5）和（10-7），未知参数矩阵又可写为

$$\begin{aligned}\Delta A_k&=M_1F_kN_1\\ \Delta B_k&=M_2\bar{F}_{2,k}N_2\\ \Delta D_k&=M_2\bar{F}_{3,k}N_3\\ \Delta C_k&=\Xi_{l_k}\tilde{F}_kN_4\\ \Delta H_{1,k}&=M_3\tilde{F}_kN_5\\ \Delta H_{2,k}&=\Xi_{l_k}\tilde{F}_kN_5\end{aligned}\tag{10-12}$$

其中

$$M_1=\begin{bmatrix}\bar{M} & 0\\ 0 & \Xi_{l_k}\end{bmatrix},\quad M_2=\begin{bmatrix}\bar{M}\\ 0\end{bmatrix},\quad M_3=\begin{bmatrix}0\\ \Xi_{l_k}\end{bmatrix}$$

$$F_k=\begin{bmatrix}\bar{F}_{1,k} & 0\\ 0 & \tilde{F}_k\end{bmatrix},\quad N_1=\begin{bmatrix}\bar{N}_1 & 0\\ \mathcal{K}\bar{C} & 0\end{bmatrix},\quad N_2=\begin{bmatrix}\bar{N}_2 & 0\end{bmatrix}$$

$$N_3=\begin{bmatrix}\bar{N}_3 & 0\end{bmatrix},\quad N_4=\begin{bmatrix}\mathcal{K}\bar{C} & 0\end{bmatrix},\quad N_5=\begin{bmatrix}0 & \mathcal{K}\bar{H}_2\end{bmatrix}$$

并且 F_k 满足 $F_k^{\mathrm{T}}F_k\le I$。

基于可获得的测量信息，设计如下弹性状态估计器

$$\begin{cases}\hat{x}_{k+1}=A\hat{x}_k+BG\left(\hat{x}_{k-\tau_1}\right)+D\sum\limits_{i=1}^{\tau_2}\mu_i\hat{x}_{k-i}+\left(K_k+\Delta K_k\right)\left(y_k-C\hat{x}_k\right)\\ \hat{x}_k=0,\ (k=-\tau,-\tau+1,\ldots,0)\end{cases}\tag{10-13}$$

其中，$\hat{x}_k\in\mathbb{R}^{n+m}$ 是 x_k 的估计值，K_k 是待确定的估计器增益矩阵，未知增益摄动 ΔK_k 满足范数有界不确定性

$$\Delta K_k=\hat{M}\hat{F}_k\hat{N}\tag{10-14}$$

其中，$\hat{M}$ 和 $\hat{N}$ 均为已知的常数矩阵，未知时变矩阵 $\hat{F}_k$ 满足 $\hat{F}_k^{\mathrm{T}}\hat{F}_k\le I$。

假设初值 $\psi_i\left(i=-\tau,-\tau+1,\ldots,0\right)$ 属于以下给定的椭球集

$$\mathcal{E}_i=\left\{\psi_i\in\mathbb{R}^{n+m}:\psi_i^{\mathrm{T}}P_i^{-1}\psi_i\le 1\right\}\tag{10-15}$$

其中，$P_i\left(i=-\tau,-\tau+1,\ldots,0\right)$ 为已知的正定矩阵。

本章的目标是寻找正定矩阵 P_{k+1} 和 $\hat{x}_{k+1}$ 来确定以下的椭球集

$$\mathcal{E}_{k+1}=\left\{x_{k+1}\in\mathbb{R}^{n+m}:\left(x_{k+1}-\hat{x}_{k+1}\right)^{\mathrm{T}}P_{k+1}^{-1}\left(x_{k+1}-\hat{x}_{k+1}\right)\le 1\right\}\tag{10-16}$$

10.2　MEF 协议下集员状态估计算法设计

在本节中，首先给出包含一步预测状态 x_{k+1} 的椭球集存在的充分条件。其次，

最小化 $\boldsymbol{P}_{k+1}$ 的迹以寻求最优的椭球集。

定理 10.1　考虑增广的离散时滞忆阻神经网络（10-10），假设状态 $\boldsymbol{x}_k$ 属于它的估计椭球集 $\boldsymbol{\mathcal{E}}_k$，若存在矩阵 $\boldsymbol{P}_{k+1}>\boldsymbol{0}$，$\boldsymbol{K}_k$，标量 $\varepsilon_i>0\ (i=1,2,\dots,5)$ 和 $\lambda_j>0\ (j=1,2,\dots,m)$ 使得以下线性矩阵不等式成立

$$\boldsymbol{\Upsilon}=\begin{bmatrix}-\boldsymbol{P}_{k+1} & \boldsymbol{\Phi}_k\\ * & \boldsymbol{\Theta}_k\end{bmatrix}\le\boldsymbol{0} \tag{10-17}$$

其中

$$\boldsymbol{\Phi}_k=\begin{bmatrix}\boldsymbol{\Phi}_{1,k} & \boldsymbol{\Phi}_{2,k} & \boldsymbol{0} & \boldsymbol{D}(\boldsymbol{x}_k)\tilde{\boldsymbol{L}} & \boldsymbol{B}(\boldsymbol{x}_k) & \boldsymbol{\Phi}_{3,k}\end{bmatrix}$$

$$\boldsymbol{\Phi}_{1,k}=\boldsymbol{\Phi}_{11,k}+\boldsymbol{\Phi}_{12,k},\quad \boldsymbol{\Phi}_{11,k}=\left[\Delta\boldsymbol{A}_k-(\boldsymbol{K}_k+\Delta\boldsymbol{K}_k)\Delta\boldsymbol{C}_k\right]\hat{\boldsymbol{x}}_k$$

$$\boldsymbol{\Phi}_{12,k}=\Delta\boldsymbol{D}_k\sum_{i=1}^{\tau_2}\mu_i\hat{\boldsymbol{x}}_{k-i}+\Delta\boldsymbol{B}_k\boldsymbol{G}\left(\hat{\boldsymbol{x}}_{k-\tau_1}\right),\boldsymbol{\Phi}_{2,k}=\left[\boldsymbol{A}(\boldsymbol{x}_k)-(\boldsymbol{K}_k+\Delta\boldsymbol{K}_k)\boldsymbol{C}_k\right]\boldsymbol{L}_k$$

$$\boldsymbol{\Phi}_{3,k}=\boldsymbol{H}_{1,k}-(\boldsymbol{K}_k+\Delta\boldsymbol{K}_k)\boldsymbol{H}_{2,k},\tilde{\boldsymbol{L}}=\begin{bmatrix}\tilde{\boldsymbol{L}}_1 & \tilde{\boldsymbol{L}}_2 & \cdots & \tilde{\boldsymbol{L}}_{\tau_2}\end{bmatrix},\quad \tilde{\boldsymbol{L}}_i=\mu_i\boldsymbol{L}_{k-i}$$

$$\boldsymbol{\Theta}_k=\operatorname{diag}\left\{\tilde{\varepsilon}_k,-\varepsilon_1\boldsymbol{I},-\varepsilon_2\boldsymbol{I},-\varepsilon_3\boldsymbol{I},\boldsymbol{0},-\varepsilon_5\boldsymbol{\Lambda}_k^{-1}\right\}+\boldsymbol{\Theta}_{1,k}$$

$$\tilde{\varepsilon}_k=-1+\varepsilon_1+\varepsilon_2+\tau_2\varepsilon_3+2\varepsilon_5,\quad \boldsymbol{\Lambda}_k=\operatorname{diag}\{\boldsymbol{Q}_k,\boldsymbol{R}_k\}$$

$$\boldsymbol{\Theta}_{1,k}=-\varepsilon_4\boldsymbol{\Omega}_k-\sum_{j=1}^{m}\lambda_j\boldsymbol{\Psi}_k^{\mathrm{T}}\left(\boldsymbol{\Xi}_j-\boldsymbol{\Xi}_{l_k}\right)\boldsymbol{\Psi}_k$$

$$\boldsymbol{\Omega}_k=\begin{bmatrix}\boldsymbol{0} & \boldsymbol{0} & \boldsymbol{0}\\ * & \bar{\boldsymbol{\Omega}}_k & \boldsymbol{0}\\ * & * & \boldsymbol{0}\end{bmatrix},\quad \bar{\boldsymbol{\Omega}}_k=\begin{bmatrix}\boldsymbol{0} & \boldsymbol{0} & \boldsymbol{0} & \boldsymbol{0}\\ * & \bar{\boldsymbol{\Omega}}_{1,k} & \boldsymbol{0} & \bar{\boldsymbol{\Omega}}_{2,k}\\ * & * & \boldsymbol{0} & \boldsymbol{0}\\ * & * & * & \boldsymbol{I}\end{bmatrix}$$

$$\bar{\boldsymbol{\Omega}}_{1,k}=\boldsymbol{L}_{k-\tau_1}^{\mathrm{T}}\tilde{\boldsymbol{U}}_2\boldsymbol{L}_{k-\tau_1},\quad \bar{\boldsymbol{\Omega}}_{2,k}=-\boldsymbol{L}_{k-\tau_1}^{\mathrm{T}}\tilde{\boldsymbol{U}}_1^{\mathrm{T}},\quad \tilde{\boldsymbol{U}}_1=\frac{\bar{\boldsymbol{U}}_1+\bar{\boldsymbol{U}}_2}{2},\quad \tilde{\boldsymbol{U}}_2=\frac{\bar{\boldsymbol{U}}_1^{\mathrm{T}}\bar{\boldsymbol{U}}_2+\bar{\boldsymbol{U}}_2^{\mathrm{T}}\bar{\boldsymbol{U}}_1}{2}$$

$$\bar{\boldsymbol{U}}_1=\begin{bmatrix}\boldsymbol{U}_1 & \boldsymbol{0}\\ \boldsymbol{0} & \boldsymbol{0}\end{bmatrix},\quad \bar{\boldsymbol{U}}_2=\begin{bmatrix}\boldsymbol{U}_2 & \boldsymbol{0}\\ \boldsymbol{0} & \boldsymbol{0}\end{bmatrix},\quad \boldsymbol{\Psi}_k=\begin{bmatrix}\tilde{\boldsymbol{C}}\hat{\boldsymbol{x}}_k & \tilde{\boldsymbol{C}}\boldsymbol{L}_k & \boldsymbol{0} & \boldsymbol{0} & \boldsymbol{0} & \boldsymbol{H}\end{bmatrix}$$

$$\tilde{\boldsymbol{C}}=\begin{bmatrix}\bar{\boldsymbol{C}} & -\boldsymbol{I}\end{bmatrix},\quad \boldsymbol{H}=\begin{bmatrix}\boldsymbol{0} & \bar{\boldsymbol{H}}_2\end{bmatrix}$$

这里，$\boldsymbol{L}_k$ 是 $\boldsymbol{P}_k=\boldsymbol{L}_k\boldsymbol{L}_k^{\mathrm{T}}$ 的 Cholesky 因式分解，则一步预测状态 $\boldsymbol{x}_{k+1}$ 存在椭球集 $\boldsymbol{\mathcal{E}}_{k+1}$ 中。

证　基于式（10-10）和（10-13），一步预测估计误差 $\boldsymbol{e}_{k+1}$ 可表示为

$$\begin{aligned}\boldsymbol{e}_{k+1}&=\boldsymbol{x}_{k+1}-\hat{\boldsymbol{x}}_{k+1}\\&=\left[\boldsymbol{A}(\boldsymbol{x}_k)-(\boldsymbol{K}_k+\Delta\boldsymbol{K}_k)\boldsymbol{C}_k\right]\boldsymbol{x}_k+\left[(\boldsymbol{K}_k+\Delta\boldsymbol{K}_k)\boldsymbol{C}-\boldsymbol{A}\right]\hat{\boldsymbol{x}}_k\\&\quad+\boldsymbol{D}(\boldsymbol{x}_k)\sum_{i=1}^{\tau_2}\mu_i\boldsymbol{x}_{k-i}-\boldsymbol{D}\sum_{i=1}^{\tau_2}\mu_i\hat{\boldsymbol{x}}_{k-i}+\boldsymbol{B}(\boldsymbol{x}_k)\boldsymbol{G}\left(\boldsymbol{x}_{k-\tau_1}\right)\\&\quad-\boldsymbol{B}\boldsymbol{G}\left(\hat{\boldsymbol{x}}_{k-\tau_1}\right)\left[\boldsymbol{H}_{1,k}-(\boldsymbol{K}_k+\Delta\boldsymbol{K}_k)\boldsymbol{H}_{2,k}\right]\boldsymbol{\omega}_k\end{aligned} \tag{10-18}$$

由 $(\boldsymbol{x}_k-\hat{\boldsymbol{x}}_k)^{\mathrm{T}}\boldsymbol{P}_k^{-1}(\boldsymbol{x}_k-\hat{\boldsymbol{x}}_k)\le1$ 可知

$$\boldsymbol{x}_k=\hat{\boldsymbol{x}}_k+\boldsymbol{L}_k\boldsymbol{z}_k \tag{10-19}$$

其中，$\boldsymbol{L}_k$ 是 $\boldsymbol{P}_k=\boldsymbol{L}_k\boldsymbol{L}_k^{\mathrm{T}}$ 的 Cholesky 因式分解，并且 $\|\boldsymbol{z}_k\|\le1$。

结合式（10-19）和（10-18）可以得到

$$
\begin{aligned}
\boldsymbol{e}_{k+1}=&\left[\Delta\boldsymbol{A}_k-\left(\boldsymbol{K}_k+\Delta\boldsymbol{K}_k\right)\Delta\boldsymbol{C}_k\right]\hat{\boldsymbol{x}}_k+\Delta\boldsymbol{D}_k\sum_{i=1}^{\tau_2}\mu_i\hat{\boldsymbol{x}}_{k-i}+\Delta\boldsymbol{B}_k\boldsymbol{G}\left(\hat{\boldsymbol{x}}_{k-\tau_1}\right)\\
&+\left[\boldsymbol{A}\left(\boldsymbol{x}_k\right)-\left(\boldsymbol{K}_k+\Delta\boldsymbol{K}_k\right)\boldsymbol{C}_k\right]\boldsymbol{L}_k\boldsymbol{z}_k+\boldsymbol{D}\left(\boldsymbol{x}_k\right)\sum_{i=1}^{\tau_2}\mu_i\boldsymbol{L}_{k-i}\boldsymbol{z}_{k-i}\\
&+\boldsymbol{B}\left(\boldsymbol{x}_k\right)\boldsymbol{G}\left(\boldsymbol{e}_{k-\tau_1}\right)+\left[\boldsymbol{H}_{1,k}-\left(\boldsymbol{K}_k+\Delta\boldsymbol{K}_k\right)\boldsymbol{H}_{2,k}\right]\boldsymbol{\omega}_k
\end{aligned}
\tag{10-20}
$$

其中，$\boldsymbol{G}\left(\boldsymbol{e}_{k-\tau_1}\right)=\boldsymbol{G}\left(\boldsymbol{x}_{k-\tau_1}\right)-\boldsymbol{G}\left(\hat{\boldsymbol{x}}_{k-\tau_1}\right)$。

定义

$$
\begin{aligned}
\boldsymbol{z}_{\tau,k}&=\begin{bmatrix}\boldsymbol{z}_{k-1}^{\mathrm{T}} & \boldsymbol{z}_{k-2}^{\mathrm{T}} & \cdots & \boldsymbol{z}_{k-\tau_2}^{\mathrm{T}}\end{bmatrix}^{\mathrm{T}}\\
\boldsymbol{\eta}_k&=\begin{bmatrix}1 & \boldsymbol{z}_k^{\mathrm{T}} & \boldsymbol{z}_{k-\tau_1}^{\mathrm{T}} & \boldsymbol{z}_{\tau,k}^{\mathrm{T}} & \boldsymbol{G}^{\mathrm{T}}\left(\boldsymbol{e}_{k-\tau_1}\right) & \boldsymbol{\omega}_k^{\mathrm{T}}\end{bmatrix}^{\mathrm{T}}
\end{aligned}
\tag{10-21}
$$

则式（10-20）可简写为

$$
\boldsymbol{e}_{k+1}=\boldsymbol{\Phi}_k\boldsymbol{\eta}_k \tag{10-22}
$$

其中，$\boldsymbol{\Phi}_k$ 已在定理 10.1 中定义。因此，$\left(\boldsymbol{x}_{k+1}-\hat{\boldsymbol{x}}_{k+1}\right)^{\mathrm{T}}\boldsymbol{P}_{k+1}^{-1}\left(\boldsymbol{x}_{k+1}-\hat{\boldsymbol{x}}_{k+1}\right)\leq 1$ 可写为下式

$$
\boldsymbol{\eta}_k^{\mathrm{T}}\left(\boldsymbol{\Phi}_k^{\mathrm{T}}\boldsymbol{P}_{k+1}^{-1}\boldsymbol{\Phi}_k-\mathrm{diag}\left\{1,\boldsymbol{0},\boldsymbol{0},\boldsymbol{0},\boldsymbol{0},\boldsymbol{0}\right\}\right)\boldsymbol{\eta}_k\leq 0 \tag{10-23}
$$

接下来，由式（10-3）可以得到

$$
\boldsymbol{\omega}_k^{\mathrm{T}}\boldsymbol{\Lambda}_k^{-1}\boldsymbol{\omega}_k\leq 2 \tag{10-24}
$$

其中，$\boldsymbol{\Lambda}_k$ 已在定理 10.1 中定义。进一步，式（10-24）可改写为

$$
\boldsymbol{\eta}_k^{\mathrm{T}}\mathrm{diag}\left\{-2,\boldsymbol{0},\boldsymbol{0},\boldsymbol{0},\boldsymbol{0},\boldsymbol{\Lambda}_k^{-1}\right\}\boldsymbol{\eta}_k\leq 0 \tag{10-25}
$$

由式（10-19）易知

$$
\begin{cases}
\left\|\boldsymbol{z}_k\right\|^2\leq 1\\
\left\|\boldsymbol{z}_{k-\tau_1}\right\|^2\leq 1\\
\left\|\boldsymbol{z}_{\tau,k}\right\|^2\leq \tau_2
\end{cases}
\tag{10-26}
$$

将式（10-26）改写为

$$
\begin{cases}
\boldsymbol{\eta}_k^{\mathrm{T}}\mathrm{diag}\left\{-1,\boldsymbol{I},\boldsymbol{0},\boldsymbol{0},\boldsymbol{0},\boldsymbol{0}\right\}\boldsymbol{\eta}_k\leq 0\\
\boldsymbol{\eta}_k^{\mathrm{T}}\mathrm{diag}\left\{-1,\boldsymbol{0},\boldsymbol{I},\boldsymbol{0},\boldsymbol{0},\boldsymbol{0}\right\}\boldsymbol{\eta}_k\leq 0\\
\boldsymbol{\eta}_k^{\mathrm{T}}\mathrm{diag}\left\{-\tau_2,\boldsymbol{0},\boldsymbol{0},\boldsymbol{I},\boldsymbol{0},\boldsymbol{0}\right\}\boldsymbol{\eta}_k\leq 0
\end{cases}
\tag{10-27}
$$

此外，由式（10-2）可得

$$
\boldsymbol{G}^{\mathrm{T}}\left(\boldsymbol{e}_{k-\tau_1}\right)\boldsymbol{G}\left(\boldsymbol{e}_{k-\tau_1}\right)-\boldsymbol{e}_{k-\tau_1}^{\mathrm{T}}\tilde{\boldsymbol{U}}_1^{\mathrm{T}}\boldsymbol{G}\left(\boldsymbol{e}_{k-\tau_1}\right)-\boldsymbol{G}^{\mathrm{T}}\left(\boldsymbol{e}_{k-\tau_1}\right)\tilde{\boldsymbol{U}}_1\boldsymbol{e}_{k-\tau_1}+\boldsymbol{e}_{k-\tau_1}^{\mathrm{T}}\tilde{\boldsymbol{U}}_2\boldsymbol{e}_{k-\tau_1}\leq 0 \tag{10-28}
$$

其中，$\tilde{\boldsymbol{U}}_1$ 和 $\tilde{\boldsymbol{U}}_2$ 已在定理 10.1 中定义。同时，式（10-28）等价于以下条件

$$
\boldsymbol{\eta}_k^{\mathrm{T}}\boldsymbol{\Omega}_k\boldsymbol{\eta}_k\leq 0 \tag{10-29}
$$

其中，$\boldsymbol{\Omega}_k$ 已在定理 10.1 中定义。从式（10-8）可以看出

$$
\left(\bar{\boldsymbol{y}}_k-\boldsymbol{y}_{k-1}\right)^{\mathrm{T}}\left(\boldsymbol{\Xi}_j-\boldsymbol{\Xi}_{l_k}\right)\left(\bar{\boldsymbol{y}}_k-\boldsymbol{y}_{k-1}\right)\leq 0 \tag{10-30}
$$

进一步，式（10-30）可表示为

$$\boldsymbol{\eta}_k^{\mathrm{T}}\boldsymbol{\Psi}_k^{\mathrm{T}}\left(\boldsymbol{\Xi}_j-\boldsymbol{\Xi}_{l_k}\right)\boldsymbol{\Psi}_k\boldsymbol{\eta}_k\le 0 \quad \left(j=1,2,\ldots,m\right) \tag{10-31}$$

其中，$\boldsymbol{\Psi}_k$ 已在定理 10.1 中定义。

对于式（10-23）（10-25）（10-27）（10-29）和（10-31），使用引理 9.1 可知，如果存在正数 ε_i $\left(i=1,2,\ldots,5\right)$ 和 λ_j $\left(j=1,2,\ldots,m\right)$ 满足下式

$$\begin{aligned}&\boldsymbol{\Phi}_k^{\mathrm{T}}\boldsymbol{P}_{k+1}^{-1}\boldsymbol{\Phi}_k-\mathrm{diag}\left\{1,\boldsymbol{0},\boldsymbol{0},\boldsymbol{0},\boldsymbol{0},\boldsymbol{0}\right\}-\varepsilon_1\mathrm{diag}\left\{-1,\boldsymbol{I},\boldsymbol{0},\boldsymbol{0},\boldsymbol{0},\boldsymbol{0}\right\}\\&-\varepsilon_2\mathrm{diag}\left\{-1,\boldsymbol{0},\boldsymbol{I},\boldsymbol{0},\boldsymbol{0},\boldsymbol{0}\right\}-\varepsilon_3\mathrm{diag}\left\{-\tau_2,\boldsymbol{0},\boldsymbol{0},\boldsymbol{I},\boldsymbol{0},\boldsymbol{0}\right\}\\&-\varepsilon_4\boldsymbol{\Omega}_k-\varepsilon_5\mathrm{diag}\left\{-2,\boldsymbol{0},\boldsymbol{0},\boldsymbol{0},\boldsymbol{0},\boldsymbol{\Lambda}_k^{-1}\right\}\\&-\sum_{j=1}^{m}\lambda_j\boldsymbol{\Psi}_k^{\mathrm{T}}\left(\boldsymbol{\Xi}_{l_k}-\boldsymbol{\Xi}_j\right)\boldsymbol{\Psi}_k\le\boldsymbol{0}\end{aligned} \tag{10-32}$$

那么式（10-23）成立。将式（10-32）简写为

$$\boldsymbol{\Phi}_k^{\mathrm{T}}\boldsymbol{P}_{k+1}^{-1}\boldsymbol{\Phi}_k+\boldsymbol{\Theta}_k\le\boldsymbol{0} \tag{10-33}$$

其中，$\boldsymbol{\Theta}_k$ 在定理 10.1 中定义。随后，应用引理 2.4 易证式（10-33）等价于式（10-17）。至此，定理 10.1 证毕。

为了处理式（10-23）中的不确定性，下面给出定理 10.2。

定理 10.2　考虑增广的离散时滞忆阻神经网络（10-10），若存在矩阵 $\boldsymbol{P}_{k+1}>\boldsymbol{0}$，$\boldsymbol{K}_k$，标量 $\varepsilon_i>0\left(i=1,2,\ldots,5\right)$，$\lambda_j>0\left(j=1,2,\ldots,m\right)$，$\varrho>0$ 和 $\varrho_1>0$ 使得以下线性矩阵不等式成立

$$\begin{bmatrix}\tilde{\boldsymbol{\Upsilon}} & \boldsymbol{\mathcal{M}} & \varrho\boldsymbol{\mathcal{N}}^{\mathrm{T}}\\ * & -\varrho\boldsymbol{I} & \boldsymbol{0}\\ * & * & -\varrho\boldsymbol{I}\end{bmatrix}\le\boldsymbol{0} \tag{10-34}$$

其中

$$\tilde{\boldsymbol{\Upsilon}}=\begin{bmatrix}\hat{\boldsymbol{\Upsilon}} & \boldsymbol{\mathcal{M}}_1 & \varrho_1\hat{\boldsymbol{\mathcal{N}}}_1^{\mathrm{T}}\\ * & -\varrho_1\boldsymbol{I} & \boldsymbol{0}\\ * & * & -\varrho_1\boldsymbol{I}\end{bmatrix},\quad \hat{\boldsymbol{\Upsilon}}=\begin{bmatrix}-\boldsymbol{P}_{k+1} & \hat{\boldsymbol{\Phi}}_k\\ * & \boldsymbol{\Theta}_k\end{bmatrix}$$

$$\hat{\boldsymbol{\mathcal{N}}}_1=\begin{bmatrix}\boldsymbol{0} & \boldsymbol{N}_1\hat{\boldsymbol{x}}_k & \boldsymbol{N}_1\boldsymbol{L}_k & \boldsymbol{0} & \boldsymbol{0} & \boldsymbol{0} & \boldsymbol{0}\\ \boldsymbol{0} & \boldsymbol{N}_2\boldsymbol{G}\left(\hat{\boldsymbol{x}}_{k-\tau_1}\right) & \boldsymbol{0} & \boldsymbol{0} & \boldsymbol{0} & \boldsymbol{N}_2 & \boldsymbol{0}\\ \boldsymbol{0} & \boldsymbol{N}_3\sum_{i=1}^{\tau_2}\mu_i\hat{\boldsymbol{x}}_{k-i} & \boldsymbol{0} & \boldsymbol{0} & \boldsymbol{N}_3\tilde{\boldsymbol{L}} & \boldsymbol{0} & \boldsymbol{0}\\ \boldsymbol{0} & \boldsymbol{0} & \boldsymbol{0} & \boldsymbol{0} & \boldsymbol{0} & \boldsymbol{0} & \boldsymbol{N}_5\\ \boldsymbol{0} & \boldsymbol{0} & -\hat{\boldsymbol{N}}\boldsymbol{C}\boldsymbol{L}_k & \boldsymbol{0} & \boldsymbol{0} & \boldsymbol{0} & -\hat{\boldsymbol{N}}\boldsymbol{H}_2\\ \boldsymbol{0} & -\boldsymbol{N}_4\hat{\boldsymbol{x}}_k & -\boldsymbol{N}_4\boldsymbol{L}_k & \boldsymbol{0} & \boldsymbol{0} & \boldsymbol{0} & -\boldsymbol{N}_5\end{bmatrix}$$

$$\hat{\boldsymbol{\Phi}}_k=\begin{bmatrix}\boldsymbol{0} & \left(\boldsymbol{A}-\boldsymbol{K}_k\boldsymbol{C}\right)\boldsymbol{L}_k & \boldsymbol{0} & \boldsymbol{D}\tilde{\boldsymbol{L}} & \boldsymbol{B} & \boldsymbol{H}_1-\boldsymbol{K}_k\boldsymbol{H}_2\end{bmatrix}$$

$$\boldsymbol{\mathcal{M}}_1=\begin{bmatrix}\bar{\boldsymbol{\mathcal{M}}}^{\mathrm{T}} & \boldsymbol{0} & \boldsymbol{0} & \boldsymbol{0} & \boldsymbol{0} & \boldsymbol{0} & \boldsymbol{0}\end{bmatrix}^{\mathrm{T}},\quad \bar{\boldsymbol{\mathcal{M}}}=\begin{bmatrix}\boldsymbol{M}_1 & \boldsymbol{M}_2 & \boldsymbol{M}_2 & \boldsymbol{M}_3 & \hat{\boldsymbol{M}} & \boldsymbol{K}_k\boldsymbol{\Xi}_{l_k}\end{bmatrix}$$

$$\boldsymbol{\mathcal{M}}=\begin{bmatrix}\boldsymbol{0} & \boldsymbol{0} & \varrho_1\tilde{\boldsymbol{\mathcal{M}}}^{\mathrm{T}}\end{bmatrix}^{\mathrm{T}},\quad \boldsymbol{\mathcal{N}}=\begin{bmatrix}\tilde{\boldsymbol{\mathcal{N}}} & \boldsymbol{0} & \boldsymbol{0}\end{bmatrix},\quad \tilde{\boldsymbol{\mathcal{M}}}=\begin{bmatrix}\boldsymbol{0} & \boldsymbol{0} & \boldsymbol{0} & \boldsymbol{0} & \boldsymbol{\Xi}_{l_k}^{\mathrm{T}}\hat{\boldsymbol{N}}^{\mathrm{T}} & \boldsymbol{0}\end{bmatrix}^{\mathrm{T}}$$

$$\tilde{\mathcal{N}} = \begin{bmatrix} 0 & -N_4\hat{x}_k & -N_4L_k & 0 & 0 & 0 & -N_5 \end{bmatrix}$$

则一步预测状态 x_{k+1} 在椭球集 $\mathcal{E}_{k+1}$ 中。

证　将式（10-17）重写为下式

$$\Upsilon = \hat{\Upsilon} + \begin{bmatrix} 0 & \bar{\Phi}_k \\ * & 0 \end{bmatrix} \le 0 \tag{10-35}$$

其中

$$\bar{\Phi}_k = \begin{bmatrix} \bar{\Phi}_{1,k} & \bar{\Phi}_{2,k} & 0 & \Delta D_k\tilde{L} & \Delta B_k & \bar{\Phi}_{3,k} \end{bmatrix},\quad \bar{\Phi}_{1,k} = \bar{\Phi}_{11,k} + \bar{\Phi}_{12,k}$$

$$\bar{\Phi}_{11,k} = \left[\Delta A_k - (K_k + \Delta K_k)\Delta C_k\right]\hat{x}_k,\quad \bar{\Phi}_{12,k} = \Delta D_k\sum_{i=1}^{\tau_2}\mu_i\hat{x}_{k-i} + \Delta B_k G\left(\hat{x}_{k-\tau_1}\right)$$

$$\bar{\Phi}_{2,k} = \left[\Delta A_k - (K_k + \Delta K_k)\Delta C_k - \Delta K_k C\right]L_k,\quad \bar{\Phi}_{3,k} = \Delta H_{1,k} - (K_k + \Delta K_k)\Delta H_{2,k} - \Delta K_k H_2$$

并且 $\hat{\Upsilon}$ 已在定理 10.2 中定义。结合式（10-12）和（10-14），式（10-35）中的 Υ 可写为以下形式

$$\hat{\Upsilon} + \mathcal{M}_1\mathcal{F}_k\mathcal{N}_1 + \mathcal{N}_1^{\mathrm{T}}\mathcal{F}_k^{\mathrm{T}}\mathcal{M}_1^{\mathrm{T}} \le 0 \tag{10-36}$$

其中

$$\mathcal{F}_k = \mathrm{diag}\left\{F_k, \bar{F}_{2,k}, \bar{F}_{3,k}, \tilde{F}_k, \hat{F}_k, \tilde{F}_k\right\},\quad \mathcal{N}_1 = \begin{bmatrix} 0 & \bar{\mathcal{N}} \end{bmatrix}$$

$$\bar{\mathcal{N}} = \begin{bmatrix} N_1\hat{x}_k & N_1L_k & 0 & 0 & 0 & 0 \\ N_2G\left(\hat{x}_{k-\tau_1}\right) & 0 & 0 & 0 & N_2 & 0 \\ N_3\sum_{i=1}^{\tau_2}\mu_i\hat{x}_{k-i} & 0 & 0 & N_3\tilde{L} & 0 & 0 \\ 0 & 0 & 0 & 0 & 0 & N_5 \\ -\hat{N}\Xi_{l_k}\tilde{F}_kN_4\hat{x}_k & \bar{\mathcal{N}}_1 & 0 & 0 & 0 & \bar{\mathcal{N}}_2 \\ -N_4\hat{x}_k & -N_4L_k & 0 & 0 & 0 & -N_5 \end{bmatrix}$$

$$\bar{\mathcal{N}}_1 = -\hat{N}\left(CL_k + \Xi_{l_k}\tilde{F}_kN_4L_k\right),\quad \bar{\mathcal{N}}_2 = -\hat{N}\left(H_2 + \Xi_{l_k}\tilde{F}_kN_5\right)$$

并且 $\mathcal{M}_1$ 已在定理 10.2 中定义。

应用引理 2.3，如果存在 $\varrho_1 > 0$ 使得

$$\hat{\Upsilon} + \varrho_1^{-1}\mathcal{M}_1\mathcal{M}_1^{\mathrm{T}} + \varrho_1\mathcal{N}_1^{\mathrm{T}}\mathcal{N}_1 \le 0 \tag{10-37}$$

那么式（10-36）成立。通过引理 2.4，式（10-37）等价于下式

$$\begin{bmatrix} \hat{\Upsilon} & \mathcal{M}_1 & \varrho_1\mathcal{N}_1^{\mathrm{T}} \\ * & -\varrho_1 I & 0 \\ * & * & -\varrho_1 I \end{bmatrix} \le 0 \tag{10-38}$$

接下来，将 $\mathcal{N}_1$ 分解为下式

$$\mathcal{N}_1 = \hat{\mathcal{N}}_1 + \tilde{\mathcal{M}}\tilde{F}_k\tilde{\mathcal{N}} \tag{10-39}$$

其中，$\hat{\mathcal{N}}_1$，$\tilde{\mathcal{M}}$ 和 $\tilde{\mathcal{N}}$ 已在定理 10.2 中定义。因此，式（10-38）可写为

$$\tilde{\Upsilon} + \mathcal{M}\tilde{\mathcal{F}}_k\mathcal{N} + \mathcal{N}^{\mathrm{T}}\tilde{\mathcal{F}}_k^{\mathrm{T}}\mathcal{M}^{\mathrm{T}} \le 0 \tag{10-40}$$

其中，$\tilde{\Upsilon}$，$\mathcal{M}$ 和 $\mathcal{N}$ 已在定理 10.2 中定义。对式（10-40）使用引理 2.3，如果存在 $\varrho > 0$ 使得

$$\tilde{\Upsilon}+\varrho^{-1}\mathcal{M}\mathcal{M}^{\mathrm{T}}+\varrho\mathcal{N}^{\mathrm{T}}\mathcal{N}\le 0 \tag{10-41}$$

那么式（10-40）成立。然后，对式（10-41）使用引理 2.4，得到式（10-41）等价于式（10-34）。至此，定理 10.2 证毕。

定理 10.1 保证了包含所有状态 $\boldsymbol{x}_{k+1}$ 的椭球集存在，定理 10.2 应用引理 2.3 和引理 2.4 处理了定理 10.1 中的参数不确定性。通过求解以下凸优化问题

$$\min_{\boldsymbol{P}_{k+1}>\mathbf{0},\ \boldsymbol{K}_k,\ \varepsilon_i>0\ (i=1,2,\ldots,5),\ \lambda_j>0\ (j=1,2,\ldots,m),\ \varrho>0,\ \varrho_1>0} \operatorname{tr}\left(\boldsymbol{P}_{k+1}\right) \tag{10-42}$$
$$\text{满足式}(10\text{-}34)$$

可得到最小的椭球集和最优的估计器增益矩阵 $\boldsymbol{K}_k$。

基于定理 10.2，将弹性集员状态估计算法设计步骤总结如表 10-1 所示。

表 10-1　弹性集员状态估计算法

步骤 1	$k=0$，输入初始状态 $\boldsymbol{\Psi}_i$ 和正定矩阵 $\boldsymbol{P}_i>\mathbf{0}\ (i=-\tau,-\tau+1,\ldots,0)$，使其满足式（10-15）。
步骤 2	针对正定矩阵 $\boldsymbol{P}_i\ (i=k-\tau,k-\tau+1,\ldots,k)$ 进行 Cholesky 因式分解，计算得出下三角矩阵 $\boldsymbol{L}_i$。
步骤 3	通过求解凸优化问题，得到最优的 $\boldsymbol{P}_{k+1}$ 和 $\boldsymbol{K}_k$。
步骤 4	令 $k=k+1$，返回步骤 2

10.3　数值仿真

在本节中，我们给出一个仿真例子来演示所提出的弹性集员状态估计方案的有效性。考虑具有混合时滞和对数量化的离散忆阻神经网络（10-1），其相关参数如下

$$a_1\left(\bar{x}_{1,k}\right)=\begin{cases}0.6 & \left(\left|\bar{x}_{1,k}\right|>1\right)\\ -0.2, & \left(\left|\bar{x}_{1,k}\right|\le 1\right)\end{cases},\quad a_2\left(\bar{x}_{2,k}\right)=\begin{cases}0.4 & \left(\left|\bar{x}_{2,k}\right|>1\right)\\ 0.6 & \left(\left|\bar{x}_{2,k}\right|\le 1\right)\end{cases}$$

$$b_{11}\left(\bar{x}_{1,k}\right)=\begin{cases}0.7 & \left(\left|\bar{x}_{1,k}\right|>1\right)\\ 0.3 & \left(\left|\bar{x}_{1,k}\right|\le 1\right)\end{cases},\quad b_{12}\left(\bar{x}_{1,k}\right)=\begin{cases}0.5 & \left(\left|\bar{x}_{1,k}\right|>1\right)\\ 0.7 & \left(\left|\bar{x}_{1,k}\right|\le 1\right)\end{cases}$$

$$b_{21}\left(\bar{x}_{2,k}\right)=\begin{cases}-0.8 & \left(\left|\bar{x}_{2,k}\right|>1\right)\\ 0.2 & \left(\left|\bar{x}_{2,k}\right|\le 1\right)\end{cases},\quad b_{22}\left(\bar{x}_{2,k}\right)=\begin{cases}0.5 & \left(\left|\bar{x}_{2,k}\right|>1\right)\\ 0.7 & \left(\left|\bar{x}_{2,k}\right|\le 1\right)\end{cases}$$

$$d_{11}\left(\bar{x}_{1,k}\right)=\begin{cases}0.1 & \left(\left|\bar{x}_{1,k}\right|>1\right)\\ 0.6 & \left(\left|\bar{x}_{1,k}\right|\le 1\right)\end{cases},\quad d_{12}\left(\bar{x}_{1,k}\right)=\begin{cases}-0.3 & \left(\left|\bar{x}_{1,k}\right|>1\right)\\ 0.5 & \left(\left|\bar{x}_{1,k}\right|\le 1\right)\end{cases}$$

$$d_{21}\left(\bar{x}_{2,k}\right)=\begin{cases}0.3 & \left(\left|\bar{x}_{2,k}\right|>1\right)\\ -0.15 & \left(\left|\bar{x}_{2,k}\right|\le 1\right)\end{cases},\quad d_{22}\left(\bar{x}_{2,k}\right)=\begin{cases}0.5 & \left(\left|\bar{x}_{2,k}\right|>1\right)\\ -0.2 & \left(\left|\bar{x}_{2,k}\right|\le 1\right)\end{cases}$$

$$\bar{C}=\begin{bmatrix}0.53 & 0.2\\ 0.5 & 0.47\end{bmatrix},\quad \bar{H}_1=\begin{bmatrix}0.18\\ 0.3\end{bmatrix},\quad \bar{H}_2=\begin{bmatrix}0.9\\ 0.8\end{bmatrix},\quad \bar{M}=\begin{bmatrix}1 & 1 & 0 & 0\\ 0 & 0 & 1 & 1\end{bmatrix}$$

$$\hat{M}=\begin{bmatrix}0.15 & -0.1 & 0 & 0.15\end{bmatrix}^{\mathrm{T}}$$

$$\tau_1=1,\quad \tau_2=2$$

$$\hat{F}_k=\cos(0.7k),\quad \hat{N}=\begin{bmatrix}0.1 & 0.1\end{bmatrix}$$

$$\mu_1=0.4,\quad \mu_2=0.5$$

$$\bar{N}_1=\begin{bmatrix}0.4 & 0\\ 0 & 1\\ 1 & 0\\ 0 & 0.1\end{bmatrix},\quad \bar{N}_2=\begin{bmatrix}0.2 & 0\\ 0 & 0.1\\ 0.5 & 0\\ 0 & 0.1\end{bmatrix},\quad \bar{N}_3=\begin{bmatrix}0.25 & 0\\ 0 & 0.4\\ 0.225 & 0\\ 0 & 0.35\end{bmatrix}$$

非线性神经激励函数 $g\left(\bar{x}_{k-\tau_1}\right)$ 具有如下形式

$$g\left(\bar{x}_{k-\tau_1}\right)=\begin{bmatrix}\tanh\left(0.2\bar{x}_{1,k-\tau_1}\right)\\ \tanh\left(0.1\bar{x}_{2,k-\tau_1}\right)\end{bmatrix}$$

进而可以计算得到 $U_1=\mathrm{diag}\{0,0\}$ 和 $U_2=\mathrm{diag}\{0.2,0.1\}$。

在后续仿真实验中，过程噪声和测量噪声分别为 $\omega_{1,k}=5\sin(0.9k)$ 和 $\omega_{2,k}=4\cos(0.9k)$，矩阵 Q_k 和 R_k 分别为 $Q_k=25$ 和 $R_k=16$。选取初始状态 $\psi_i=\begin{bmatrix}1.8 & 2 & 0.5 & -1\end{bmatrix}^{\mathrm{T}}$ 和初始正定矩阵 $P_i=\mathrm{diag}\{4,4,1,1\}$ $(i=-2,-1,0)$。此外，量化密度 $\rho_1=0.8$ 和 $\rho_2=0.7$。

基于小节 10.2 中的主要结果，使用 Matlab 软件实现所提出的弹性集员状态估计方法，可以得到估计器增益矩阵和相应的仿真结果。具体而言，表 10-2 列出了估计器增益的部分参数值。

表 10-2　估计器增益矩阵 K_k

k	K_k	k	K_k
5	$\begin{bmatrix}0.0406 & -4.1215\times10^{-5}\\ 0.0564 & 0.0215\\ 0.9962 & 0.0223\\ -1.9730\times10^{-7} & 1\end{bmatrix}$	6	$\begin{bmatrix}0.0038 & 0.2001\\ 1.5471\times10^{-5} & 0.4174\\ 1 & 1.8033\times10^{-15}\\ 0.0118 & 0.9936\end{bmatrix}$
7	$\begin{bmatrix}0.0072 & 0.2203\\ -0.0039 & 0.4689\\ 1 & -9.0987\times10^{-20}\\ 0.0143 & 0.9915\end{bmatrix}$	8	$\begin{bmatrix}0.2974 & 0.0029\\ 0.4904 & 0.0392\\ 0.9833 & 0.0230\\ 8.9374\times10^{-6} & 1\end{bmatrix}$
…	…	50	$\begin{bmatrix}0.3138 & 5.3432\times10^{-4}\\ 0.3845 & 0.0797\\ 0.9850 & 0.0333\\ 9.5613\times10^{-6} & 1\end{bmatrix}$

图 10-2 和 10-3 分别是状态 $x_{i,k}$，估计状态 $\hat{x}_{i,k}\left(i=1,2\right)$ 以及它们上下界的轨迹图，图 10-4 是 MEF 协议下每个传输时刻所选择的节点图，图 10-5 比较了在传统传输策略（没有 MEF 协议）和 MEF 协议传输策略影响下忆阻神经网络每个节点传输的数据量的详细情况。

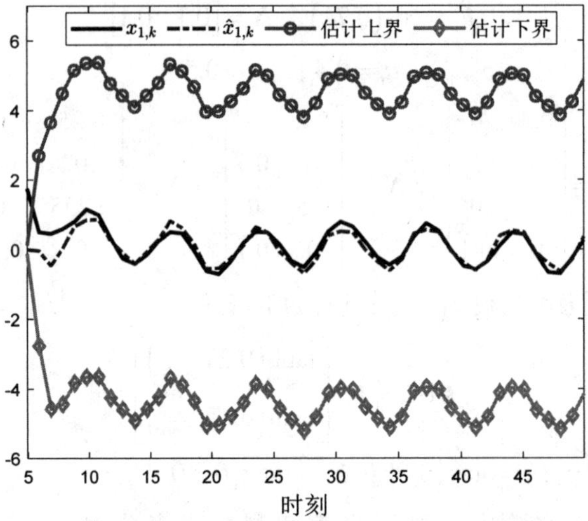

图 10-2　状态 $x_{1,k}$，估计状态 $\hat{x}_{1,k}$ 及其上下界的轨迹

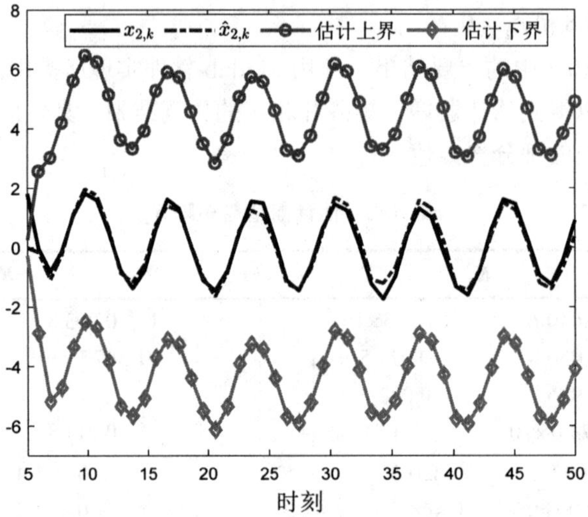

图 10-3　状态 $x_{2,k}$，估计状态 $\hat{x}_{2,k}$ 其及上下界的轨迹

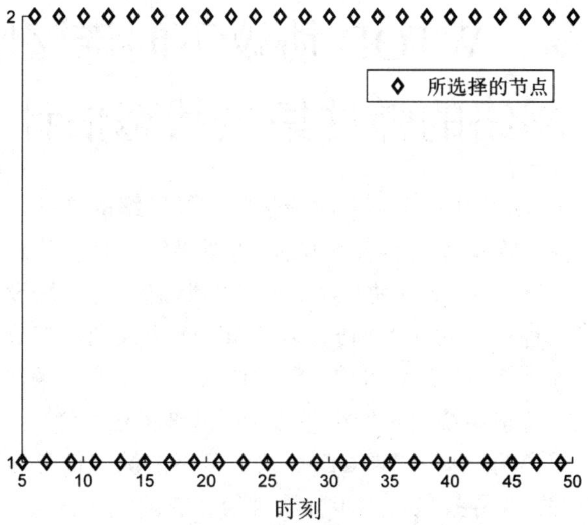

图 10-4　每个传输时刻所选择的节点

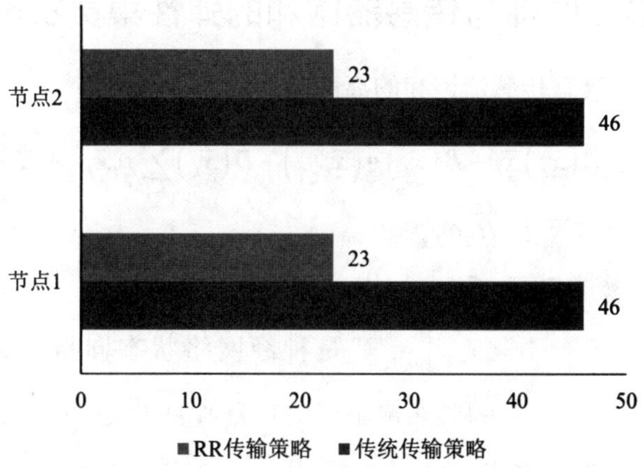

图 10-5　传统传输策略和 MEF 协议传输策略下各节点传输的数据量

10.4　本章小结

在本章中，研究了一类具有混合时滞和对数量化的离散忆阻神经网络在 MEF 协议约束下的弹性集员状态估计问题。为了处理对数量化产生的误差，将其转化为范数有界不确定形式。设计了一种具有调节能力的弹性状态估计器，并提出了新的弹性集员估计算法，保证了一步预测误差存在于椭球集中。然后，通过求解凸优化问题找到了局部最优的椭球集和估计器增益矩阵。通过数值仿真说明了所提出的弹性集员状态估计方法的可行性。

第 11 章　WTOD 协议下时滞忆阻神经网络的弹性集员状态估计

前一章考虑了 MEF 协议下离散时滞忆阻神经网络的弹性集员状态估计问题，并给出了基于线性矩阵不等式的求解方法。本章将针对具有传感器饱和的离散时滞忆阻神经网络，探讨 WTOD 协议下弹性集员状态估计算法设计问题。相较于 MEF 协议[225-235]（也称之为 TOD 协议），WTOD 协议把网络节点的权重系数充分地考虑在内，适用范围更广。目前，该类协议得到了广泛关注，学者们给出了该类协议影响下的动态系统控制、状态估计或滤波方法[236-245]。本章深入分析了传感器饱和与时滞影响，基于 WTOD 协议调度下的测量信息，提出一个新型的弹性状态估计方法，并寻找包含一步预测神经状态的最优椭球集。最后，利用数值仿真演示所提出的弹性状态估计策略的可行性。

11.1　具有混合时滞与传感器饱和的弹性集员状态估计

研究如下一类具有传感器饱和的离散时滞忆阻神经网络

$$\begin{cases}\bar{\boldsymbol{x}}_{k+1}=\bar{\boldsymbol{A}}\left(\bar{\boldsymbol{x}}_k\right)\bar{\boldsymbol{x}}_k+\bar{\boldsymbol{B}}\left(\bar{\boldsymbol{x}}_k\right)\boldsymbol{g}\left(\bar{\boldsymbol{x}}_{k-\tau_1}\right)+\bar{\boldsymbol{D}}\left(\bar{\boldsymbol{x}}_k\right)\sum_{i=1}^{\tau_2}\mu_i\bar{\boldsymbol{x}}_{k-i}+\bar{\boldsymbol{H}}_1\boldsymbol{\omega}_{1,k}\\ \bar{\boldsymbol{y}}_k=\boldsymbol{\sigma}\left(\bar{\boldsymbol{C}}\bar{\boldsymbol{x}}_k\right)+\bar{\boldsymbol{H}}_2\boldsymbol{\omega}_{2,k}\\ \bar{\boldsymbol{x}}_k=\bar{\boldsymbol{\phi}}_k,k=-\tau,-\tau+1,\ldots,0\end{cases} \tag{11-1}$$

其中，$\bar{\boldsymbol{x}}_k=\begin{bmatrix}\bar{x}_{1,k} & \bar{x}_{2,k} & \ldots & \bar{x}_{n,k}\end{bmatrix}^{\mathrm{T}}\in\mathbb{R}^n$ 是神经网络状态向量，其初值为 $\bar{\boldsymbol{\phi}}_k$，$\bar{\boldsymbol{y}}_k=\begin{bmatrix}\bar{y}_{1,k} & \bar{y}_{2,k} & \ldots & \bar{y}_{m,k}\end{bmatrix}^{\mathrm{T}}\in\mathbb{R}^m$ 是测量输出。$\bar{\boldsymbol{A}}\left(\bar{\boldsymbol{x}}_k\right)=\mathrm{diag}_n\left\{a_i\left(\bar{x}_{i,k}\right)\right\}$ 为自反馈矩阵，$\bar{\boldsymbol{B}}\left(\bar{\boldsymbol{x}}_k\right)=\left[b_{ij}\left(\bar{x}_{i,k}\right)\right]_{n\times n}$ 和 $\bar{\boldsymbol{D}}\left(\bar{\boldsymbol{x}}_k\right)=\left[d_{ij}\left(\bar{x}_{i,k}\right)\right]_{n\times n}$ 为时滞连接权矩阵，$\bar{\boldsymbol{C}}$，$\bar{\boldsymbol{H}}_1$ 和 $\bar{\boldsymbol{H}}_2$ 是具有适当维数的已知矩阵。参数 τ_1，τ_2 和 $\mu_i\left(i=1,2,\ldots,\tau_2\right)$ 为已知正数，并且 $\tau=\max\left\{\tau_1,\tau_2\right\}$。

过程噪声 $\boldsymbol{\omega}_{1,k}\in\mathbb{R}^{r_1}$ 和测量噪声 $\boldsymbol{\omega}_{2,k}\in\mathbb{R}^{r_2}$ 在如下椭球集中

$$\begin{aligned}\mathcal{W}_{1,k}&=\left\{\boldsymbol{\omega}_{1,k}\in\mathbb{R}^{r_1}:\boldsymbol{\omega}_{1,k}^{\mathrm{T}}\boldsymbol{R}_{1,k}^{-1}\boldsymbol{\omega}_{1,k}\leq 1\right\}\\ \mathcal{W}_{2,k}&=\left\{\boldsymbol{\omega}_{2,k}\in\mathbb{R}^{r_2}:\boldsymbol{\omega}_{2,k}^{\mathrm{T}}\boldsymbol{R}_{2,k}^{-1}\boldsymbol{\omega}_{2,k}\leq 1\right\}\end{aligned} \tag{11-2}$$

其中，$\boldsymbol{R}_{1,k}$ 和 $\boldsymbol{R}_{2,k}$ 是具有适当维数的已知正定时变矩阵。

饱和函数 $\boldsymbol{\sigma}(\cdot):\mathbb{R}^m\mapsto\mathbb{R}^m$ 定义为

$$\boldsymbol{\sigma}(\boldsymbol{\upsilon})=\begin{bmatrix}\sigma_1\left(\upsilon_1\right) & \sigma_2\left(\upsilon_2\right) & \ldots & \sigma_m\left(\upsilon_m\right)\end{bmatrix}^{\mathrm{T}}$$

其中，$\sigma_i\left(\upsilon_i\right)=\mathrm{sign}\left(\upsilon_i\right)\min\left\{\upsilon_{i,\max},\left|\upsilon_i\right|\right\}$，$\upsilon_{i,\max}$ 表示饱和水平 $\boldsymbol{\upsilon}_{\max}$ 的第 i 个分量。

定义 11.1[160]　对 $\forall\boldsymbol{\vartheta}\in\mathbb{R}^m$，若非线性函数 $\boldsymbol{\psi}:\mathbb{R}^m\mapsto\mathbb{R}^m$ 使得下式成立

$$\left[\boldsymbol{\psi}(\boldsymbol{\vartheta})-\boldsymbol{V}_1\boldsymbol{\vartheta}\right]^{\mathrm{T}}\left[\boldsymbol{\psi}(\boldsymbol{\vartheta})-\boldsymbol{V}_2\boldsymbol{\vartheta}\right]\le 0$$

其中，$\boldsymbol{V}_1,\boldsymbol{V}_2\in\mathbb{R}^{m\times m}$是实矩阵，且$\boldsymbol{V}_2-\boldsymbol{V}_1$是正定对称阵，则称非线性函数$\boldsymbol{\Psi}$满足扇形有界条件，即非线性函数$\boldsymbol{\Psi}$属于扇形$\left[\boldsymbol{V}_1,\boldsymbol{V}_2\right]$。

假设存在对称矩阵$\bar{\boldsymbol{U}}_{\psi_1}$和$\bar{\boldsymbol{U}}_{\psi_2}$满足$\boldsymbol{0}\le\bar{\boldsymbol{U}}_{\psi_1}<\boldsymbol{I}\le\bar{\boldsymbol{U}}_{\psi_2}$，则饱和函数$\boldsymbol{\sigma}\left(\bar{\boldsymbol{C}}\boldsymbol{x}_k\right)$可分解成线性和非线性两部分

$$\boldsymbol{\sigma}\left(\bar{\boldsymbol{C}}\boldsymbol{x}_k\right)=\bar{\boldsymbol{U}}_{\psi_1}\bar{\boldsymbol{C}}\boldsymbol{x}_k+\boldsymbol{\psi}\left(\bar{\boldsymbol{C}}\boldsymbol{x}_k\right)\tag{11-3}$$

其中，$\boldsymbol{\psi}\left(\bar{\boldsymbol{C}}\boldsymbol{x}_k\right)$是满足扇形条件$\boldsymbol{V}_1=\boldsymbol{0}$和$\boldsymbol{V}_2=\bar{\boldsymbol{U}}_{\psi}$的非线性函数，且$\bar{\boldsymbol{U}}_{\psi}=\bar{\boldsymbol{U}}_{\psi_2}-\bar{\boldsymbol{U}}_{\psi_1}$，则$\boldsymbol{\psi}\left(\bar{\boldsymbol{C}}\boldsymbol{x}_k\right)$满足如下不等式

$$\boldsymbol{\psi}^{\mathrm{T}}\left(\bar{\boldsymbol{C}}\boldsymbol{x}_k\right)\left[\boldsymbol{\psi}\left(\bar{\boldsymbol{C}}\boldsymbol{x}_k\right)-\bar{\boldsymbol{U}}_{\psi}\bar{\boldsymbol{C}}\boldsymbol{x}_k\right]\le 0\tag{11-4}$$

非线性神经激励函数$\boldsymbol{g}\left(\bar{\boldsymbol{x}}_{k-\tau_1}\right)$属于扇形$\left[\bar{\boldsymbol{U}}_{g_1},\bar{\boldsymbol{U}}_{g_2}\right]$，即

$$\left[\boldsymbol{g}\left(\bar{\boldsymbol{x}}_{k-\tau_1}\right)-\bar{\boldsymbol{U}}_{g_1}\bar{\boldsymbol{x}}_{k-\tau_1}\right]^{\mathrm{T}}\left[\boldsymbol{g}\left(\bar{\boldsymbol{x}}_{k-\tau_1}\right)-\bar{\boldsymbol{U}}_{g_2}\bar{\boldsymbol{x}}_{k-\tau_1}\right]\le 0\tag{11-5}$$

其中，$\bar{\boldsymbol{U}}_{g_1}$和$\bar{\boldsymbol{U}}_{g_2}$是具有适当维数的实矩阵，且$\bar{\boldsymbol{U}}_{g_2}-\bar{\boldsymbol{U}}_{g_1}$是正定的。

同样地，状态依赖矩阵参数$a_i\left(\bar{x}_{i,k}\right)$，$b_{ij}\left(\bar{x}_{i,k}\right)$和$d_{ij}\left(\bar{x}_{i,k}\right)$满足

$$a_i\left(\bar{x}_{i,k}\right)=\begin{cases}\hat{a}_i & \left(\left|\bar{x}_{i,k}\right|>\Gamma_i\right)\\ \breve{a}_i & \left(\left|\bar{x}_{i,k}\right|\le\Gamma_i\right)\end{cases}$$

$$b_{ij}\left(\bar{x}_{i,k}\right)=\begin{cases}\hat{b}_{ij} & \left(\left|\bar{x}_{i,k}\right|>\Gamma_i\right)\\ \breve{b}_{ij} & \left(\left|\bar{x}_{i,k}\right|\le\Gamma_i\right)\end{cases}$$

$$d_{ij}\left(\bar{x}_{i,k}\right)=\begin{cases}\hat{d}_{ij} & \left(\left|\bar{x}_{i,k}\right|>\Gamma_i\right)\\ \breve{d}_{ij} & \left(\left|\bar{x}_{i,k}\right|\le\Gamma_i\right)\end{cases}$$

其中，$\Gamma_i>0$，$\left|\hat{a}_i\right|<1$，$\left|\breve{a}_i\right|<1$，$\hat{b}_{ij}$，$\breve{b}_{ij}$，$\hat{d}_{ij}$和$\breve{d}_{ij}$均已知。定义

$$a_i^-=\min\left\{\hat{a}_i,\breve{a}_i\right\},\quad a_i^+=\max\left\{\hat{a}_i,\breve{a}_i\right\}$$

$$b_{ij}^-=\min\left\{\hat{b}_{ij},\breve{b}_{ij}\right\},\quad b_{ij}^+=\max\left\{\hat{b}_{ij},\breve{b}_{ij}\right\}$$

$$d_{ij}^-=\min\left\{\hat{d}_{ij},\breve{d}_{ij}\right\},\quad d_{ij}^+=\max\left\{\hat{d}_{ij},\breve{d}_{ij}\right\}$$

$$\boldsymbol{A}^-=\mathrm{diag}_n\left\{a_i^-\right\},\quad \boldsymbol{A}^+=\mathrm{diag}_n\left\{a_i^+\right\}$$

$$\boldsymbol{B}^-=\left\{b_{ij}^-\right\}_{n\times n},\quad \boldsymbol{B}^+=\left\{b_{ij}^+\right\}_{n\times n}$$

$$\boldsymbol{D}^-=\left\{d_{ij}^-\right\}_{n\times n},\quad \boldsymbol{D}^+=\left\{d_{ij}^+\right\}_{n\times n}$$

易知，状态依赖矩阵$\bar{\boldsymbol{A}}\left(\bar{\boldsymbol{x}}_k\right)\in\left[\boldsymbol{A}^-,\boldsymbol{A}^+\right]$，$\bar{\boldsymbol{B}}\left(\bar{\boldsymbol{x}}_k\right)\in\left[\boldsymbol{B}^-,\boldsymbol{B}^+\right]$和$\bar{\boldsymbol{D}}\left(\bar{\boldsymbol{x}}_k\right)\in\left[\boldsymbol{D}^-,\boldsymbol{D}^+\right]$。令$\bar{\boldsymbol{A}}=\dfrac{\boldsymbol{A}^++\boldsymbol{A}^-}{2}$，$\bar{\boldsymbol{B}}=\dfrac{\boldsymbol{B}^++\boldsymbol{B}^-}{2}$和$\bar{\boldsymbol{D}}=\dfrac{\boldsymbol{D}^++\boldsymbol{D}^-}{2}$，则有

$$\bar{A}(\bar{x}_k)=\bar{A}+\Delta\bar{A}_k$$
$$\bar{B}(\bar{x}_k)=\bar{B}+\Delta\bar{B}_k \tag{11-6}$$
$$\bar{D}(\bar{x}_k)=\bar{D}+\Delta\bar{D}_k$$

其中，未知参数矩阵 $\Delta\bar{A}_k\in\left[-\dfrac{A^+-A^-}{2},\dfrac{A^+-A^-}{2}\right]$，$\Delta\bar{B}_k\in\left[-\dfrac{B^+-B^-}{2},\dfrac{B^+-B^-}{2}\right]$和 $\Delta\bar{D}_k\in\left[-\dfrac{D^+-D^-}{2},\dfrac{D^+-D^-}{2}\right]$满足范数有界不确定性

$$\Delta\bar{A}_k=\bar{M}F_{1,k}\bar{N}_1$$
$$\Delta\bar{B}_k=\bar{M}F_{2,k}\bar{N}_2 \tag{11-7}$$
$$\Delta\bar{D}_k=\bar{M}F_{3,k}\bar{N}_3$$

其中，$\bar{M}$和$\bar{N}_i\,(i=1,2,3)$均为已知实矩阵，未知矩阵$F_{i,k}\,(i=1,2,3)$满足$F_{i,k}^{\mathrm{T}}F_{i,k}\le I$。

在传输过程中，为了避免忆阻神经网络的数据碰撞，假设每个传输时刻仅允许一个节点访问网络，记k时刻所选的传输节点为$l_k\in\{1,2,\ldots,m\}$。依据 WTOD 协议调配网络资源的原则，l_k的选择标准为

$$l_k\triangleq\arg\max_{1\le i\le m}\left(\bar{y}_{i,k}-y_{i,k-1}\right)^{\mathrm{T}}Q_i\left(\bar{y}_{i,k}-y_{i,k-1}\right) \tag{11-8}$$

其中，“arg”表示选取误差最大时的节点值，$y_{i,k-1}$表示k时刻前第i个传感器节点最新传输的信号，第i个节点的权重矩阵$Q_i>0$。

定义$y_k=\left[y_{1,k}\quad y_{2,k}\quad\cdots\quad y_{m,k}\right]^{\mathrm{T}}$，则$y_{i,k}$的更新规则为

$$y_{i,k}=\begin{cases}\bar{y}_{i,k} & (i=l_k)\\ y_{i,k-1} & (\text{其他})\end{cases}$$

令$\varDelta_{l_k}=\mathrm{diag}\left\{\delta_{1-l_k},\delta_{2-l_k},\ldots,\delta_{m-l_k}\right\}$，其中，$\delta_{i-l_k}\in\{0,1\}$是 Kronecker 函数，则$y_k$可进一步写为

$$y_k=\varDelta_{l_k}\bar{y}_k+\left(I-\varDelta_{l_k}\right)y_{k-1} \tag{11-9}$$

令$x_k=\left[\bar{x}_k^{\mathrm{T}}\quad y_{k-1}^{\mathrm{T}}\right]^{\mathrm{T}}$，得到如下增广系统

$$\begin{cases}x_{k+1}=A(x_k)x_k+B(x_k)G\left(x_{k-\tau_1}\right)+H_1\omega_k+\tilde{\varDelta}_{l_k}\psi(C_1x_k)+D(x_k)\sum\limits_{i=1}^{\tau_2}\mu_i x_{k-i}\\ y_k=C_2x_k+H_2\omega_k+\varDelta_{l_k}\psi(C_1x_k)\\ x_k=\phi_k,\ (k=-\tau,-\tau+1,\ldots,0)\end{cases} \tag{11-10}$$

其中

$$A(x_k)=\begin{bmatrix}\bar{A}(\bar{x}_k) & 0\\ \varDelta_{l_k}\bar{U}_{\psi_1}\bar{C} & I-\varDelta_{l_k}\end{bmatrix},\quad B(x_k)=\begin{bmatrix}\bar{B}(\bar{x}_k) & 0\\ 0 & 0\end{bmatrix},\quad G\left(x_{k-\tau_1}\right)=\begin{bmatrix}g\left(\bar{x}_{k-\tau_1}\right)\\ 0\end{bmatrix}$$

$$D(x_k)=\begin{bmatrix}\bar{D}(\bar{x}_k) & 0\\ 0 & 0\end{bmatrix},\quad H_1=\begin{bmatrix}\bar{H}_1 & 0\\ 0 & \varDelta_{l_k}\bar{H}_2\end{bmatrix},\quad \omega_k=\begin{bmatrix}\omega_{1,k}\\ \omega_{2,k}\end{bmatrix},\quad \tilde{\varDelta}_{l_k}=\begin{bmatrix}0\\ \varDelta_{l_k}\end{bmatrix}$$

$$\boldsymbol{C}_1=\begin{bmatrix}\bar{\boldsymbol{C}} & \boldsymbol{0}\end{bmatrix},\ \boldsymbol{C}_2=\begin{bmatrix}\boldsymbol{\Delta}_{l_k}\bar{\boldsymbol{U}}_{\psi_1}\bar{\boldsymbol{C}} & \boldsymbol{I}-\boldsymbol{\Delta}_{l_k}\end{bmatrix},\ \boldsymbol{H}_2=\begin{bmatrix}\boldsymbol{0} & \boldsymbol{\Delta}_{l_k}\bar{\boldsymbol{H}}_2\end{bmatrix}$$

接下来，分离未知矩阵$\Delta\bar{\boldsymbol{A}}_k$，$\Delta\bar{\boldsymbol{B}}_k$和$\Delta\bar{\boldsymbol{D}}_k$，可以得到

$$\begin{aligned}\boldsymbol{A}(\boldsymbol{x}_k)&=\boldsymbol{A}+\Delta\boldsymbol{A}_k\\ \boldsymbol{B}(\boldsymbol{x}_k)&=\boldsymbol{B}+\Delta\boldsymbol{B}_k\\ \boldsymbol{D}(\boldsymbol{x}_k)&=\boldsymbol{D}+\Delta\boldsymbol{D}_k\end{aligned}\tag{11-11}$$

其中

$$\boldsymbol{A}=\begin{bmatrix}\bar{\boldsymbol{A}} & \boldsymbol{0}\\ \boldsymbol{\Delta}_{l_k}\bar{\boldsymbol{U}}_{\psi_1}\bar{\boldsymbol{C}} & \boldsymbol{I}-\boldsymbol{\Delta}_{l_k}\end{bmatrix},\ \Delta\boldsymbol{A}_k=\begin{bmatrix}\Delta\bar{\boldsymbol{A}}_k & \boldsymbol{0}\\ \boldsymbol{0} & \boldsymbol{0}\end{bmatrix},\ \boldsymbol{B}=\begin{bmatrix}\bar{\boldsymbol{B}} & \boldsymbol{0}\\ \boldsymbol{0} & \boldsymbol{0}\end{bmatrix}$$

$$\Delta\boldsymbol{B}_k=\begin{bmatrix}\Delta\bar{\boldsymbol{B}}_k & \boldsymbol{0}\\ \boldsymbol{0} & \boldsymbol{0}\end{bmatrix},\ \boldsymbol{D}=\begin{bmatrix}\bar{\boldsymbol{D}} & \boldsymbol{0}\\ \boldsymbol{0} & \boldsymbol{0}\end{bmatrix},\ \Delta\boldsymbol{D}_k=\begin{bmatrix}\Delta\bar{\boldsymbol{D}}_k & \boldsymbol{0}\\ \boldsymbol{0} & \boldsymbol{0}\end{bmatrix}$$

未知参数矩阵又可写为

$$\begin{aligned}\Delta\boldsymbol{A}_k&=\boldsymbol{M}\boldsymbol{F}_{1,k}\boldsymbol{N}_1\\ \Delta\boldsymbol{B}_k&=\boldsymbol{M}\boldsymbol{F}_{2,k}\boldsymbol{N}_2\\ \Delta\boldsymbol{D}_k&=\boldsymbol{M}\boldsymbol{F}_{3,k}\boldsymbol{N}_3\end{aligned}\tag{11-12}$$

其中

$$\boldsymbol{M}=\begin{bmatrix}\bar{\boldsymbol{M}}^{\mathrm{T}} & \boldsymbol{0}\end{bmatrix}^{\mathrm{T}},\ \boldsymbol{N}_1=\begin{bmatrix}\bar{\boldsymbol{N}}_1 & \boldsymbol{0}\end{bmatrix}$$
$$\boldsymbol{N}_2=\begin{bmatrix}\bar{\boldsymbol{N}}_2 & \boldsymbol{0}\end{bmatrix},\ \boldsymbol{N}_3=\begin{bmatrix}\bar{\boldsymbol{N}}_3 & \boldsymbol{0}\end{bmatrix}$$

基于可用的测量信息，设计如下弹性状态估计器

$$\begin{cases}\hat{\boldsymbol{x}}_{k+1}=\boldsymbol{A}\hat{\boldsymbol{x}}_k+\boldsymbol{B}\boldsymbol{G}\left(\hat{\boldsymbol{x}}_{k-\tau_1}\right)+\boldsymbol{D}\sum\limits_{i=1}^{\tau_2}\mu_i\hat{\boldsymbol{x}}_{k-i}+\left(\boldsymbol{K}_k+\Delta\boldsymbol{K}_k\right)\left(\boldsymbol{y}_k-\boldsymbol{C}_2\hat{\boldsymbol{x}}_k\right)\\ \hat{\boldsymbol{x}}_k=\boldsymbol{0},k=-\tau,-\tau+1,\ldots,0\end{cases}\tag{11-13}$$

其中，$\hat{\boldsymbol{x}}_k\in\mathbb{R}^{n+m}$是$\boldsymbol{x}_k$的估计值，$\boldsymbol{K}_k$是待确定的估计器增益矩阵，未知增益摄动$\Delta\boldsymbol{K}_k$满足范数有界不确定性

$$\Delta\boldsymbol{K}_k=\hat{\boldsymbol{M}}\hat{\boldsymbol{F}}_k\hat{\boldsymbol{N}}\tag{11-14}$$

其中，$\hat{\boldsymbol{M}}$和$\hat{\boldsymbol{N}}$均为已知的常数矩阵，未知时变矩阵$\hat{\boldsymbol{F}}_k$满足$\hat{\boldsymbol{F}}_k^{\mathrm{T}}\hat{\boldsymbol{F}}_k\le\boldsymbol{I}$。

假设初值$\boldsymbol{\phi}_i\left(i=-\tau,-\tau+1,\ldots,0\right)$属于以下给定的椭球集

$$\mathcal{E}_i=\left\{\boldsymbol{\phi}_i\in\mathbb{R}^{n+m}:\boldsymbol{\phi}_i^{\mathrm{T}}\boldsymbol{P}_i^{-1}\boldsymbol{\phi}_i\le 1\right\}\tag{11-15}$$

其中，$\boldsymbol{P}_i\left(i=-\tau,-\tau+1,\ldots,0\right)$为已知的正定矩阵。

本章的主要目的是找到正定矩阵$\boldsymbol{P}_{k+1}$和$\hat{\boldsymbol{x}}_{k+1}$来确定以下椭球集

$$\mathcal{E}_{k+1}=\left\{\boldsymbol{x}_{k+1}\in\mathbb{R}^{n+m}:\left(\boldsymbol{x}_{k+1}-\hat{\boldsymbol{x}}_{k+1}\right)^{\mathrm{T}}\boldsymbol{P}_{k+1}^{-1}\left(\boldsymbol{x}_{k+1}-\hat{\boldsymbol{x}}_{k+1}\right)\le 1\right\}\tag{11-16}$$

11.2 WTOD 协议下弹性状态估计方法设计

在本节中，首先给出包含一步预测状态$\boldsymbol{x}_{k+1}$的椭球集存在的充分条件。其次，通过求解一个凸优化问题，最小化$\boldsymbol{P}_{k+1}$的迹以寻求局部最优的椭球集。

定理 11.1 考虑离散时滞忆阻神经网络（11-10），假设状态 $\boldsymbol{x}_k$ 属于它的估计椭球集 $\boldsymbol{\mathcal{E}}_k$，如果存在 $\boldsymbol{P}_{k+1}>\boldsymbol{0}$，$\boldsymbol{K}_k$，$\epsilon_i>0\ (i=1,2,\dots,6)$，$\xi_j>0\ (j=1,2,\dots,m)$ 和 $\varrho>0$ 使得以下线性矩阵不等式成立

$$\boldsymbol{\Upsilon}=\begin{bmatrix}\tilde{\boldsymbol{\Upsilon}} & \tilde{\boldsymbol{M}} & \varrho\tilde{\boldsymbol{N}}^{\mathrm{T}}\\ * & -\varrho\boldsymbol{I} & 0\\ * & * & -\varrho\boldsymbol{I}\end{bmatrix}\le\boldsymbol{0} \tag{11-17}$$

其中

$$\tilde{\boldsymbol{\Upsilon}}=\begin{bmatrix}-\boldsymbol{P}_{k+1} & \hat{\boldsymbol{\Phi}}_k\\ * & \boldsymbol{\Theta}_k\end{bmatrix},\quad \hat{\boldsymbol{\Phi}}_k=\begin{bmatrix}\hat{\boldsymbol{\Phi}}_{1,k} & \hat{\boldsymbol{\Phi}}_{2,k} & \boldsymbol{0} & \boldsymbol{D}\tilde{\boldsymbol{L}} & \boldsymbol{B} & \hat{\boldsymbol{\Phi}}_{3,k} & \hat{\boldsymbol{\Phi}}_{4,k}\end{bmatrix}$$

$$\hat{\boldsymbol{\Phi}}_{1,k}=-\boldsymbol{B}\boldsymbol{G}\left(\hat{\boldsymbol{x}}_{k-\tau_1}\right),\quad \hat{\boldsymbol{\Phi}}_{2,k}=\boldsymbol{A}\boldsymbol{L}_k-\boldsymbol{K}_k\boldsymbol{C}_2\boldsymbol{L}_k,\quad \hat{\boldsymbol{\Phi}}_{3,k}=\tilde{\boldsymbol{\Delta}}_{l_k}-\boldsymbol{K}_k\boldsymbol{\Delta}_{l_k}$$

$$\hat{\boldsymbol{\Phi}}_{4,k}=\boldsymbol{H}_1-\boldsymbol{K}_k\boldsymbol{H}_2,\quad \tilde{\boldsymbol{L}}=\begin{bmatrix}\tilde{\boldsymbol{L}}_1 & \tilde{\boldsymbol{L}}_2 & \cdots & \tilde{\boldsymbol{L}}_{\tau_2}\end{bmatrix},\quad \tilde{\boldsymbol{L}}_i=\mu_i\boldsymbol{L}_{k-i}$$

$$\boldsymbol{\Theta}_k=\mathrm{diag}\left\{\tilde{\epsilon}_k,-\epsilon_1\boldsymbol{I},-\epsilon_2\boldsymbol{I},-\epsilon_3\boldsymbol{I},\boldsymbol{0},\boldsymbol{0},-\epsilon_6\boldsymbol{R}_k^{-1}\right\}+\boldsymbol{\Theta}_{1,k},\quad \tilde{\epsilon}_k=-1+\epsilon_1+\epsilon_2+\tau_2\epsilon_3+2\epsilon_6$$

$$\boldsymbol{R}_k=\mathrm{diag}\left\{\boldsymbol{R}_{1,k},\boldsymbol{R}_{2,k}\right\},\quad \boldsymbol{\Theta}_{1,k}=-\epsilon_4\boldsymbol{\Omega}_k-\epsilon_5\boldsymbol{\Pi}_k-\sum_{j=1}^{m}\xi_j\boldsymbol{\Lambda}_k^{\mathrm{T}}\tilde{\boldsymbol{Q}}\left(\boldsymbol{\Delta}_j-\boldsymbol{\Delta}_{l_k}\right)\boldsymbol{\Lambda}_k$$

$$\tilde{\boldsymbol{U}}_1=\frac{\boldsymbol{U}_{g_1}+\boldsymbol{U}_{g_2}}{2},\quad \tilde{\boldsymbol{U}}_2=\frac{\boldsymbol{U}_{g_1}^{\mathrm{T}}\boldsymbol{U}_{g_2}+\boldsymbol{U}_{g_2}^{\mathrm{T}}\boldsymbol{U}_{g_1}}{2},\quad \boldsymbol{U}_{g_1}=\begin{bmatrix}\bar{\boldsymbol{U}}_{g_1} & \boldsymbol{0}\\ \boldsymbol{0} & \boldsymbol{0}\end{bmatrix},\quad \boldsymbol{U}_{g_2}=\begin{bmatrix}\bar{\boldsymbol{U}}_{g_2} & \boldsymbol{0}\\ \boldsymbol{0} & \boldsymbol{0}\end{bmatrix}$$

$$\boldsymbol{\Omega}_k=\begin{bmatrix}\bar{\boldsymbol{\Omega}}_{1,k} & \bar{\boldsymbol{\Omega}}_{2,k}\\ * & \bar{\boldsymbol{\Omega}}_{3,k}\end{bmatrix},\quad \bar{\boldsymbol{\Omega}}_{1,k}=\begin{bmatrix}\hat{\boldsymbol{x}}_{k-\tau_1}^{\mathrm{T}}\tilde{\boldsymbol{U}}_2\hat{\boldsymbol{x}}_{k-\tau_1} & \boldsymbol{0} & \hat{\boldsymbol{x}}_{k-\tau_1}^{\mathrm{T}}\tilde{\boldsymbol{U}}_2\boldsymbol{L}_{k-\tau_1}\\ * & \boldsymbol{0} & \boldsymbol{0}\\ * & * & \boldsymbol{L}_{k-\tau_1}^{\mathrm{T}}\tilde{\boldsymbol{U}}_2\boldsymbol{L}_{k-\tau_1}\end{bmatrix}$$

$$\bar{\boldsymbol{\Omega}}_{2,k}=\begin{bmatrix}\boldsymbol{0} & -\hat{\boldsymbol{x}}_{k-\tau_1}^{\mathrm{T}}\tilde{\boldsymbol{U}}_1^{\mathrm{T}} & \boldsymbol{0} & \boldsymbol{0}\\ \boldsymbol{0} & \boldsymbol{0} & \boldsymbol{0} & \boldsymbol{0}\\ \boldsymbol{0} & -\boldsymbol{L}_{k-\tau_1}^{\mathrm{T}}\tilde{\boldsymbol{U}}_1^{\mathrm{T}} & \boldsymbol{0} & \boldsymbol{0}\end{bmatrix},\quad \bar{\boldsymbol{\Omega}}_{3,k}=\begin{bmatrix}\boldsymbol{0} & \boldsymbol{0} & \boldsymbol{0} & \boldsymbol{0}\\ * & \boldsymbol{I} & \boldsymbol{0} & \boldsymbol{0}\\ * & * & \boldsymbol{0} & \boldsymbol{0}\\ * & * & * & \boldsymbol{0}\end{bmatrix}$$

$$\tilde{\boldsymbol{U}}_1=\frac{\boldsymbol{U}_{g_1}+\boldsymbol{U}_{g_2}}{2},\quad \tilde{\boldsymbol{U}}_2=\frac{\boldsymbol{U}_{g_1}^{\mathrm{T}}\boldsymbol{U}_{g_2}+\boldsymbol{U}_{g_2}^{\mathrm{T}}\boldsymbol{U}_{g_1}}{2},\quad \boldsymbol{U}_{g_1}=\begin{bmatrix}\bar{\boldsymbol{U}}_{g_1} & \boldsymbol{0}\\ \boldsymbol{0} & \boldsymbol{0}\end{bmatrix},\quad \boldsymbol{U}_{g_2}=\begin{bmatrix}\bar{\boldsymbol{U}}_{g_2} & \boldsymbol{0}\\ \boldsymbol{0} & \boldsymbol{0}\end{bmatrix}$$

$$\boldsymbol{\Pi}_k=\begin{bmatrix}\boldsymbol{0} & \boldsymbol{0} & \boldsymbol{0} & \boldsymbol{0} & \boldsymbol{0} & -\frac{1}{2}\hat{\boldsymbol{x}}_k^{\mathrm{T}}\boldsymbol{U}_\psi^{\mathrm{T}} & \boldsymbol{0}\\ * & \boldsymbol{0} & \boldsymbol{0} & \boldsymbol{0} & \boldsymbol{0} & -\frac{1}{2}\boldsymbol{L}_k^{\mathrm{T}}\boldsymbol{U}_\psi^{\mathrm{T}} & \boldsymbol{0}\\ * & * & \boldsymbol{0} & \boldsymbol{0} & \boldsymbol{0} & \boldsymbol{0} & \boldsymbol{0}\\ * & * & * & \boldsymbol{0} & \boldsymbol{0} & \boldsymbol{0} & \boldsymbol{0}\\ * & * & * & * & \boldsymbol{0} & \boldsymbol{0} & \boldsymbol{0}\\ * & * & * & * & * & \boldsymbol{I} & \boldsymbol{0}\\ * & * & * & * & * & * & \boldsymbol{0}\end{bmatrix},\quad \boldsymbol{U}_\psi=\begin{bmatrix}\bar{\boldsymbol{U}}_\psi\bar{\boldsymbol{C}} & \boldsymbol{0}\end{bmatrix},\quad \tilde{\boldsymbol{C}}=\begin{bmatrix}\bar{\boldsymbol{U}}_\psi\bar{\boldsymbol{C}} & -\boldsymbol{I}\end{bmatrix}$$

$$\tilde{H}=\begin{bmatrix}0 & \bar{H}_2\end{bmatrix},\ \varLambda_k=\begin{bmatrix}\tilde{C}\hat{x}_k & \tilde{C}L_k & 0 & 0 & 0 & I & \tilde{H}\end{bmatrix},\ \tilde{Q}=\mathrm{diag}\{Q_1,Q_2,\dots,Q_m\}$$

$$\tilde{M}_1=\begin{bmatrix}M & M & M & \hat{M}\end{bmatrix},\ \tilde{M}=\begin{bmatrix}\tilde{M}_1^{\mathrm{T}} & 0 & 0 & 0 & 0 & 0 & 0 & 0\end{bmatrix}^{\mathrm{T}}$$

$$\tilde{N}=\begin{bmatrix}0 & \tilde{\mathcal{N}}_1\end{bmatrix},\ \tilde{\mathcal{N}}_1=\begin{bmatrix}\tilde{\mathcal{N}}_{11}^{\mathrm{T}} & \tilde{\mathcal{N}}_{12}^{\mathrm{T}}\end{bmatrix}^{\mathrm{T}}$$

$$\tilde{\mathcal{N}}_{11}=\begin{bmatrix}N_1\hat{x}_k & N_1L_k & 0 & 0 & 0 & 0 & 0\\ 0 & 0 & 0 & 0 & N_2 & 0 & 0\end{bmatrix}$$

$$\tilde{\mathcal{N}}_{12}=\begin{bmatrix}N_3\sum_{i=1}^{\tau_2}\mu_i\hat{x}_{k-i} & 0 & 0 & N_3\tilde{L} & 0 & 0 & 0\\ 0 & -\hat{N}C_2L_k & 0 & 0 & 0 & -\hat{N}\varDelta_{l_k} & -\hat{N}H_2\end{bmatrix}$$

这里，L_k 是 $P_k=L_kL_k^{\mathrm{T}}$ 的 Cholesky 因式分解，那么一步预测状态 x_{k+1} 存在于椭球集 $\mathcal{E}_{k+1}$ 中。

证　基于式（11-10）和（11-13），一步预测估计误差 e_{k+1} 可写为

$$\begin{aligned}e_{k+1}&=x_{k+1}-\hat{x}_{k+1}\\&=\left[A(x_k)-(K_k+\Delta K_k)C_2\right]x_k+\left[(K_k+\Delta K_k)C_2-A\right]\hat{x}_k\\&\quad+D(x_k)\sum_{i=1}^{\tau_2}\mu_ix_{k-i}-D\sum_{i=1}^{\tau_2}\mu_i\hat{x}_{k-i}+B(x_k)G(x_{k-\tau_1})-BG(\hat{x}_{k-\tau_1})\\&\quad+\left[\tilde{\varDelta}_{l_k}-(K_k+\Delta K_k)\varDelta_{l_k}\right]\psi(C_1x_k)+\left[H_1-(K_k+\Delta K_k)H_2\right]\omega_k\end{aligned}\tag{11-18}$$

由 $(x_k-\hat{x}_k)^{\mathrm{T}}P_k^{-1}(x_k-\hat{x}_k)\le 1$ 可知，存在 $\|z_k\|$ 且 $\|z_k\|\le 1$ 使得

$$x_k=\hat{x}_k+L_kz_k\tag{11-19}$$

其中，L_k 是 $P_k=L_kL_k^{\mathrm{T}}$ 的 Cholesky 因式分解。进一步地，式（11-18）可改写为

$$\begin{aligned}e_{k+1}&=\Delta A_k\hat{x}_k+\Delta D_k\sum_{i=1}^{\tau_2}\mu_i\hat{x}_{k-i}+A(x_k)L_kz_k-(K_k+\Delta K_k)C_2L_kz_k\\&\quad+D(x_k)\sum_{i=1}^{\tau_2}\mu_iL_{k-i}z_{k-i}-BG(\hat{x}_{k-\tau_1})+B(x_k)G(x_{k-\tau_1})\\&\quad+\left[\tilde{\varDelta}_{l_k}-(K_k+\Delta K_k)\varDelta_{l_k}\right]\psi(C_1x_k)+\left[H_1-(K_k+\Delta K_k)H_2\right]\omega_k\end{aligned}\tag{11-20}$$

为了简便，定义

$$\begin{aligned}z_{\tau,k}&=\begin{bmatrix}z_{k-1}^{\mathrm{T}} & z_{k-2}^{\mathrm{T}} & \cdots & z_{k-\tau_2}^{\mathrm{T}}\end{bmatrix}^{\mathrm{T}}\\ \zeta_k&=\begin{bmatrix}1 & z_k^{\mathrm{T}} & z_{k-\tau_1}^{\mathrm{T}} & z_{\tau,k}^{\mathrm{T}} & G^{\mathrm{T}}(x_{k-\tau_1}) & \psi^{\mathrm{T}}(C_1x_k) & \omega_k^{\mathrm{T}}\end{bmatrix}^{\mathrm{T}}\end{aligned}\tag{11-21}$$

则式（11-20）可写为

$$e_{k+1}=\varPhi_k\zeta_k\tag{11-22}$$

其中

$$\varPhi_k=\begin{bmatrix}\varPhi_{1,k} & \varPhi_{2,k} & 0 & D(x_k)\tilde{L} & B(x_k) & \varPhi_{3,k} & \varPhi_{4,k}\end{bmatrix}$$

$$\boldsymbol{\Phi}_{1,k} = \Delta \boldsymbol{A}_k \hat{\boldsymbol{x}}_k + \Delta \boldsymbol{D}_k \sum_{i=1}^{\tau_2} \mu_i \hat{\boldsymbol{x}}_{k-i} - \boldsymbol{B}_k \boldsymbol{G}\left(\hat{\boldsymbol{x}}_{k-\tau_1}\right)$$

$$\boldsymbol{\Phi}_{2,k} = \left[\boldsymbol{A}\left(\boldsymbol{x}_k\right) - \left(\boldsymbol{K}_k + \Delta \boldsymbol{K}_k\right)\boldsymbol{C}_2\right]\boldsymbol{L}_k$$

$$\boldsymbol{\Phi}_{3,k} = \tilde{\boldsymbol{\Delta}}_{l_k} - \left(\boldsymbol{K}_k + \Delta \boldsymbol{K}_k\right)\boldsymbol{\Delta}_{l_k}, \quad \boldsymbol{\Phi}_{4,k} = \boldsymbol{H}_1 - \left(\boldsymbol{K}_k + \Delta \boldsymbol{K}_k\right)\boldsymbol{H}_2$$

因此，$\left(\boldsymbol{x}_{k+1} - \hat{\boldsymbol{x}}_{k+1}\right)^{\mathrm{T}} \boldsymbol{P}_{k+1}^{-1}\left(\boldsymbol{x}_{k+1} - \hat{\boldsymbol{x}}_{k+1}\right) \leq 1$ 可写为

$$\boldsymbol{\zeta}_k^{\mathrm{T}}\left(\boldsymbol{\Phi}_k^{\mathrm{T}} \boldsymbol{P}_{k+1}^{-1} \boldsymbol{\Phi}_k - \operatorname{diag}\{1,\boldsymbol{0},\boldsymbol{0},\boldsymbol{0},\boldsymbol{0},\boldsymbol{0},\boldsymbol{0}\}\right)\boldsymbol{\zeta}_k \leq 0 \tag{11-23}$$

通过式（11-19）易知

$$\begin{cases} \left\|\boldsymbol{z}_k\right\|^2 \leq 1 \\ \left\|\boldsymbol{z}_{k-\tau_1}\right\|^2 \leq 1 \\ \left\|\boldsymbol{z}_{\tau,k}\right\|^2 \leq \tau_2 \end{cases} \tag{11-24}$$

式（11-24）可改写为

$$\begin{cases} \boldsymbol{\zeta}_k^{\mathrm{T}} \operatorname{diag}\{-1,\boldsymbol{I},\boldsymbol{0},\boldsymbol{0},\boldsymbol{0},\boldsymbol{0},\boldsymbol{0}\}\boldsymbol{\zeta}_k \leq 0 \\ \boldsymbol{\zeta}_k^{\mathrm{T}} \operatorname{diag}\{-1,\boldsymbol{0},\boldsymbol{I},\boldsymbol{0},\boldsymbol{0},\boldsymbol{0},\boldsymbol{0}\}\boldsymbol{\zeta}_k \leq 0 \\ \boldsymbol{\zeta}_k^{\mathrm{T}} \operatorname{diag}\{-\tau_2,\boldsymbol{0},\boldsymbol{0},\boldsymbol{I},\boldsymbol{0},\boldsymbol{0},\boldsymbol{0}\}\boldsymbol{\zeta}_k \leq 0 \end{cases} \tag{11-25}$$

再由式（11-4）和（11-5）可得

$$\begin{cases} \left[\boldsymbol{G}\left(\boldsymbol{x}_{k-\tau_1}\right) - \boldsymbol{U}_{g_1}\boldsymbol{x}_{k-\tau_1}\right]^{\mathrm{T}}\left[\boldsymbol{G}\left(\boldsymbol{x}_{k-\tau_1}\right) - \boldsymbol{U}_{g_2}\boldsymbol{x}_{k-\tau_1}\right] \leq 0 \\ \boldsymbol{\psi}^{\mathrm{T}}\left(\boldsymbol{C}_1\boldsymbol{x}_k\right)\left[\boldsymbol{\psi}\left(\boldsymbol{C}_1\boldsymbol{x}_k\right) - \boldsymbol{U}_{\psi}\boldsymbol{x}_k\right] \leq 0 \end{cases} \tag{11-26}$$

其中，$\boldsymbol{U}_{g_1}$，$\boldsymbol{U}_{g_2}$ 和 $\boldsymbol{U}_{\psi}$ 已在定理 11.1 中定义。进一步地，式（11-26）等价于以下条件

$$\begin{cases} \boldsymbol{\zeta}_k^{\mathrm{T}} \boldsymbol{\Omega}_k \boldsymbol{\zeta}_k \leq 0 \\ \boldsymbol{\zeta}_k^{\mathrm{T}} \boldsymbol{\Pi}_k \boldsymbol{\zeta}_k \leq 0 \end{cases} \tag{11-27}$$

其中，$\boldsymbol{\Omega}_k$ 和 $\boldsymbol{\Pi}_k$ 在定理 11.1 中定义。

从式（11-8）可以看出

$$\left(\overline{\boldsymbol{y}}_k - \boldsymbol{y}_{k-1}\right)^{\mathrm{T}} \tilde{\boldsymbol{Q}}\left(\boldsymbol{\Delta}_j - \boldsymbol{\Delta}_{l_k}\right)\left(\overline{\boldsymbol{y}}_k - \boldsymbol{y}_{k-1}\right) \leq 0 \tag{11-28}$$

进一步，式（11-28）可表示为

$$\boldsymbol{\zeta}_k^{\mathrm{T}} \boldsymbol{\Lambda}_k^{\mathrm{T}} \tilde{\boldsymbol{Q}}\left(\boldsymbol{\Delta}_j - \boldsymbol{\Delta}_{l_k}\right)\boldsymbol{\Lambda}_k \boldsymbol{\zeta}_k \leq 0 \quad (j = 1,2,\ldots,m) \tag{11-29}$$

其中，$\boldsymbol{\Lambda}_k$ 在定理 11.1 中定义。此外，由式（11-2）可以得到

$$\boldsymbol{\omega}_k^{\mathrm{T}} \boldsymbol{R}_k^{-1} \boldsymbol{\omega}_k \leq 2 \tag{11-30}$$

其中，$\boldsymbol{R}_k$ 在定理 11.1 中定义。随后，式（11-30）可改写为

$$\boldsymbol{\zeta}_k^{\mathrm{T}} \operatorname{diag}\{-2,\boldsymbol{0},\boldsymbol{0},\boldsymbol{0},\boldsymbol{0},\boldsymbol{0},\boldsymbol{R}_k^{-1}\}\boldsymbol{\zeta}_k \leq 0 \tag{11-31}$$

对于式（11-23）（11-25）（11-27）（11-29）和（11-31），使用引理 9.1 可知，如果存在正数 ϵ_i $(i = 1,2,\ldots,6)$ 和 ξ_j $(j = 1,2,\ldots,m)$ 满足下式

$$\begin{aligned}&\boldsymbol{\Phi}_k^{\mathrm{T}}\boldsymbol{P}_{k+1}^{-1}\boldsymbol{\Phi}_k-\mathrm{diag}\left\{1,\boldsymbol{0},\boldsymbol{0},\boldsymbol{0},\boldsymbol{0},\boldsymbol{0},\boldsymbol{0}\right\}-\epsilon_1\mathrm{diag}\left\{-1,\boldsymbol{I},\boldsymbol{0},\boldsymbol{0},\boldsymbol{0},\boldsymbol{0},\boldsymbol{0}\right\}\\&-\epsilon_2\mathrm{diag}\left\{-1,\boldsymbol{0},\boldsymbol{I},\boldsymbol{0},\boldsymbol{0},\boldsymbol{0},\boldsymbol{0}\right\}-\epsilon_3\mathrm{diag}\left\{-\tau_2,\boldsymbol{0},\boldsymbol{0},\boldsymbol{I},\boldsymbol{0},\boldsymbol{0},\boldsymbol{0}\right\}\\&-\epsilon_4\boldsymbol{\Omega}_k-\epsilon_5\boldsymbol{\Pi}_k-\epsilon_6\mathrm{diag}\left\{-2,\boldsymbol{0},\boldsymbol{0},\boldsymbol{0},\boldsymbol{0},\boldsymbol{0},\boldsymbol{R}_k^{-1}\right\}\\&-\sum_{j=1}^{m}\xi_j\boldsymbol{\Lambda}_k^{\mathrm{T}}\tilde{\boldsymbol{Q}}\left(\boldsymbol{\Delta}_{l_k}-\boldsymbol{\Delta}_j\right)\boldsymbol{\Lambda}_k\le\boldsymbol{0}\end{aligned}\tag{11-32}$$

那么式（11-23）成立。

将式（11-32）简写为

$$\boldsymbol{\Phi}_k^{\mathrm{T}}\boldsymbol{P}_{k+1}^{-1}\boldsymbol{\Phi}_k+\boldsymbol{\Theta}_k\le\boldsymbol{0}\tag{11-33}$$

其中，$\boldsymbol{\Theta}_k$ 在定理 11.1 中定义。基于引理 2.4，式（11-33）等价于下式

$$\begin{bmatrix}-\boldsymbol{P}_{k+1} & \boldsymbol{\Phi}_k\\ * & \boldsymbol{\Phi}_k\end{bmatrix}\le\boldsymbol{0}\tag{11-34}$$

接下来，将式（11-34）重写为

$$\tilde{\boldsymbol{\Upsilon}}+\begin{bmatrix}\boldsymbol{0} & \bar{\boldsymbol{\Phi}}_k\\ * & \boldsymbol{0}\end{bmatrix}\le\boldsymbol{0}\tag{11-35}$$

其中

$$\bar{\boldsymbol{\Phi}}_k=\begin{bmatrix}\bar{\boldsymbol{\Phi}}_{1,k} & \bar{\boldsymbol{\Phi}}_{2,k} & \boldsymbol{0} & \Delta\boldsymbol{D}_k\tilde{\boldsymbol{L}} & \Delta\boldsymbol{B}_k & -\Delta\boldsymbol{K}_k\boldsymbol{\Delta}_{l_k} & -\Delta\boldsymbol{K}_k\boldsymbol{H}_2\end{bmatrix}$$

$$\bar{\boldsymbol{\Phi}}_{1,k}=\Delta\boldsymbol{A}_k\hat{\boldsymbol{x}}_k+\Delta\boldsymbol{D}_k\sum_{i=1}^{\tau_2}\mu_i\hat{\boldsymbol{x}}_{k-i},\ \bar{\boldsymbol{\Phi}}_{2,k}=\left(\Delta\boldsymbol{A}_k-\Delta\boldsymbol{K}_k\boldsymbol{C}_2\right)\boldsymbol{L}_k$$

并且 $\tilde{\boldsymbol{\Upsilon}}$ 已在定理 11.1 中定义。结合式（11-12）和式（11-14）可得

$$\tilde{\boldsymbol{\Upsilon}}+\tilde{\boldsymbol{M}}\tilde{\boldsymbol{F}}_k\tilde{\boldsymbol{N}}+\tilde{\boldsymbol{N}}^{\mathrm{T}}\tilde{\boldsymbol{F}}_k^{\mathrm{T}}\tilde{\boldsymbol{M}}^{\mathrm{T}}\le\boldsymbol{0}\tag{11-36}$$

其中，$\tilde{\boldsymbol{F}}_k=\mathrm{diag}\left\{\boldsymbol{F}_{1,k},\boldsymbol{F}_{2,k},\boldsymbol{F}_{3,k},\hat{\boldsymbol{F}}_k\right\}$，并且 $\tilde{\boldsymbol{M}}$ 和 $\tilde{\boldsymbol{N}}$ 已在定理 11.1 中定义。

基于引理 2.3，如果存在 $\varrho>0$ 使得

$$\tilde{\boldsymbol{\Upsilon}}+\varrho^{-1}\tilde{\boldsymbol{M}}\tilde{\boldsymbol{M}}^{\mathrm{T}}+\varrho\tilde{\boldsymbol{N}}^{\mathrm{T}}\tilde{\boldsymbol{N}}\le\boldsymbol{0}\tag{11-37}$$

那么式（11-36）成立。应用引理 2.4 可知式（11-37）等价于式（11-17）。至此，定理 11.1 证毕。

通过优化矩阵 $\boldsymbol{P}_{k+1}$ 的迹容易找到局部最优的椭球集和估计器增益矩阵，即求解以下凸优化问题

$$\begin{aligned}&\min_{\boldsymbol{P}_{k+1}>\boldsymbol{0},\ \boldsymbol{K}_k,\ \varepsilon_i>0\ (i=1,2,\ldots,6),\ \lambda_j>0\ (j=1,2,\ldots,m),\ \varrho>0}\mathrm{tr}\left(\boldsymbol{P}_{k+1}\right)\\&\text{满足式}(11\text{-}17)\end{aligned}\tag{11-38}$$

可得到最小的椭球集和最优估计器增益矩阵 $\boldsymbol{K}_k$。

11.3　数值仿真

在本节中，我们给出一个仿真例子来演示所提出的弹性集员状态估计方案的有效性。

考虑离散时滞忆阻神经网络（11-1），其相关参数如下

$$a_1\left(\bar{x}_{1,k}\right)=\begin{cases}0.84 & \left(\left|\bar{x}_{1,k}\right|>1\right)\\ 0.2 & \left(\left|\bar{x}_{1,k}\right|\le 1\right)\end{cases},\quad a_2\left(\bar{x}_{2,k}\right)=\begin{cases}0.35 & \left(\left|\bar{x}_{2,k}\right|>1\right)\\ 0.65 & \left(\left|\bar{x}_{2,k}\right|\le 1\right)\end{cases}$$

$$b_{11}\left(\bar{x}_{1,k}\right)=\begin{cases}0.8 & \left(\left|\bar{x}_{1,k}\right|>1\right)\\ -0.2 & \left(\left|\bar{x}_{1,k}\right|\le 1\right)\end{cases},\quad b_{12}\left(\bar{x}_{1,k}\right)=\begin{cases}0.5 & \left(\left|\bar{x}_{1,k}\right|>1\right)\\ 0.7 & \left(\left|\bar{x}_{1,k}\right|\le 1\right)\end{cases}$$

$$b_{21}\left(\bar{x}_{2,k}\right)=\begin{cases}-0.85 & \left(\left|\bar{x}_{2,k}\right|>1\right)\\ 0.05 & \left(\left|\bar{x}_{2,k}\right|\le 1\right)\end{cases},\quad b_{22}\left(\bar{x}_{2,k}\right)=\begin{cases}0.6 & \left(\left|\bar{x}_{2,k}\right|>1\right)\\ 0.8 & \left(\left|\bar{x}_{2,k}\right|\le 1\right)\end{cases}$$

$$d_{11}\left(\bar{x}_{1,k}\right)=\begin{cases}0.2 & \left(\left|\bar{x}_{1,k}\right|>1\right)\\ 0.1 & \left(\left|\bar{x}_{1,k}\right|\le 1\right)\end{cases},\quad d_{12}\left(\bar{x}_{1,k}\right)=\begin{cases}-0.3 & \left(\left|\bar{x}_{1,k}\right|>1\right)\\ 0.12 & \left(\left|\bar{x}_{1,k}\right|\le 1\right)\end{cases}$$

$$d_{21}\left(\bar{x}_{2,k}\right)=\begin{cases}0.5 & \left(\left|\bar{x}_{2,k}\right|>1\right)\\ -0.35 & \left(\left|\bar{x}_{2,k}\right|\le 1\right)\end{cases},\quad d_{22}\left(\bar{x}_{2,k}\right)=\begin{cases}0.1 & \left(\left|\bar{x}_{2,k}\right|>1\right)\\ 0.06 & \left(\left|\bar{x}_{2,k}\right|\le 1\right)\end{cases}$$

$$\bar{\boldsymbol{C}}=\begin{bmatrix}1.5 & 0.8\\ 1.5 & 0.9\end{bmatrix},\quad \bar{\boldsymbol{H}}_1=\begin{bmatrix}0.36\\ 0.21\end{bmatrix},\quad \bar{\boldsymbol{H}}_2=\begin{bmatrix}1.8\\ 1.5\end{bmatrix}$$

$$\hat{\boldsymbol{M}}=\begin{bmatrix}0.05 & -0.1 & 0 & 0.05\end{bmatrix}^{\mathrm{T}},\quad \hat{\boldsymbol{F}}_k=\cos(0.7k)$$

$$\hat{\boldsymbol{N}}=\begin{bmatrix}0.05\\ 0.06\end{bmatrix}^{\mathrm{T}},\quad \bar{\boldsymbol{U}}_{\psi_1}=\begin{bmatrix}0.7 & 0\\ 0 & 0.7\end{bmatrix},\quad \bar{\boldsymbol{U}}_{\psi}=\begin{bmatrix}0.3 & 0\\ 0 & 0.3\end{bmatrix}$$

$$\tau_1=1,\quad \tau_2=4,\quad \boldsymbol{Q}_1=0.2,\quad \boldsymbol{Q}_2=0.4,\quad \mu_1=0.4$$

$$\mu_2=0.5,\quad \mu_3=0.2,\quad \mu_4=0.3$$

$$\boldsymbol{M}=\begin{bmatrix}1 & 1 & 0 & 0\\ 0 & 0 & 1 & 1\end{bmatrix},\quad \boldsymbol{N}_1=\begin{bmatrix}0.32 & 0\\ 0 & 1\\ 1 & 0\\ 0 & 0.15\end{bmatrix},\quad \boldsymbol{N}_2=\begin{bmatrix}0.5 & 0\\ 0 & 0.1\\ 0.45 & 0\\ 0 & 0.1\end{bmatrix}$$

$$\boldsymbol{N}_3=\begin{bmatrix}0.05 & 0\\ 0 & 0.21\\ 0.425 & 0\\ 0 & 0.02\end{bmatrix}$$

非线性神经激励函数$\boldsymbol{g}\left(\bar{\boldsymbol{x}}_{k-\tau_1}\right)$具有如下形式

$$\boldsymbol{g}\left(\bar{\boldsymbol{x}}_{k-\tau_1}\right)=\begin{bmatrix}0.1\bar{x}_{1,k-\tau_1}-\tanh\left(0.4\bar{x}_{1,k-\tau_1}\right)\\ 0.02\bar{x}_{2,k-\tau_1}+0.06\tanh\left(\bar{x}_{2,k-\tau_1}\right)\end{bmatrix}$$

进而可以计算得到

$$\bar{\boldsymbol{U}}_{g_1}=\operatorname{diag}\{-0.3,0.02\},\quad \bar{\boldsymbol{U}}_{g_2}=\operatorname{diag}\{0.1,0.08\}$$

过程噪声和测量噪声为$\boldsymbol{\omega}_{1,k}=\boldsymbol{\omega}_{2,k}=7\sin(k)$，矩阵$\boldsymbol{R}_{1,k}=\boldsymbol{R}_{2,k}=49$。选取初始状态

$$\boldsymbol{\psi}_i=\begin{bmatrix}2 & 2 & 1 & -1\end{bmatrix}^{\mathrm{T}}$$

和初始正定矩阵

$$P_i = \text{diag}\{4,4,1,1\} \quad (i=-4,-3,-2,-1,0)$$

基于小节 11.2 中的主要结果，使用 Matlab 软件来实现提出的弹性集员状态估计方法，可以得到估计器增益矩阵和相应的仿真结果。具体而言，当饱和水平为$\upsilon_{1,\max}=\upsilon_{2,\max}=0.18$时，表 11-1 列出了估计器增益的部分参数值，图 11-1 和 11-2 分别是状态 $x_{i,k}$，估计状态 $\hat{x}_{i,k}\left(i=1,2\right)$ 以及它们上下界的轨迹图，图 11-3 是 WTOD 协议下每个传输时刻所选择的节点图，图 11-4 比较了在传统传输策略（没有 WTOD 协议影响）和 WTOD 传输策略影响下忆阻神经网络每个节点传输的数据量的详细情况。

表 11-1　当 $\upsilon_{i,\max}=0.18$ 时估计器增益矩阵 $\boldsymbol{K}_k$

k	$\boldsymbol{K}_k$	k	$\boldsymbol{K}_k$
6	$\begin{bmatrix} -0.0633 & 0.6284 \\ -0.0408 & 0.3462 \\ 1 & 2.1744\times10^{-14} \\ -1.0990\times10^{-8} & 1 \end{bmatrix}$	7	$\begin{bmatrix} 0.1659 & 0.0392 \\ 0.0803 & 0.0246 \\ 1 & -5.3507\times10^{-15} \\ -1.1465\times10^{-9} & 1 \end{bmatrix}$
8	$\begin{bmatrix} 0.0316 & 0.1794 \\ 0.0128 & 0.1018 \\ 1 & -1.5321\times10^{-16} \\ 2.2460\times10^{-7} & 1 \end{bmatrix}$	9	$\begin{bmatrix} 0.0542 & 0.1843 \\ 0.0214 & 0.1130 \\ 1 & 6.6941\times10^{-16} \\ 1.6498\times10^{-6} & 1 \end{bmatrix}$
•••	•••	50	$\begin{bmatrix} 0.1890 & 0.0486 \\ 0.0955 & 0.0388 \\ 1 & -1.3541\times10^{-14} \\ -3.8261\times10^{-7} & 1 \end{bmatrix}$

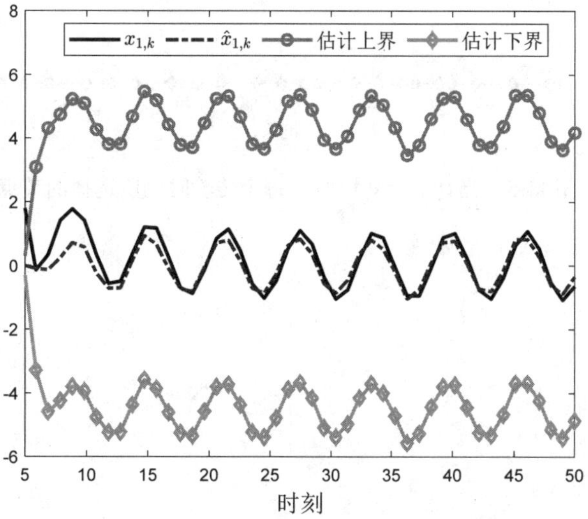

图 11-1　当$\upsilon_{i,\max}=0.18$时，状态$x_{1,k}$，估计状态$\hat{x}_{1,k}$及其上下界的轨迹

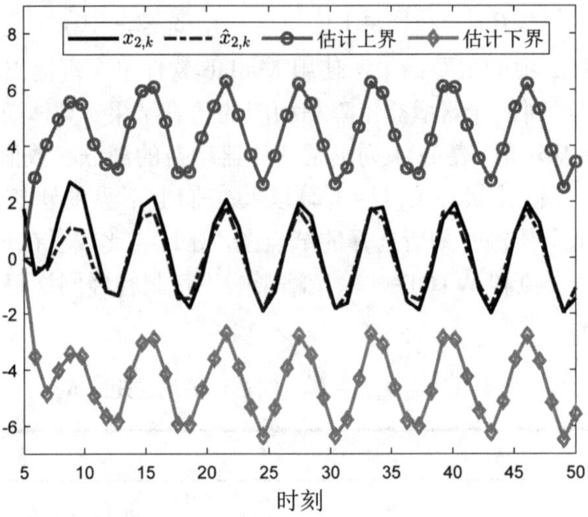

图 11-2　当$\upsilon_{i,\max}=0.18$时，状态$x_{2,k}$，估计状态$\hat{x}_{2,k}$及其上下界的轨迹

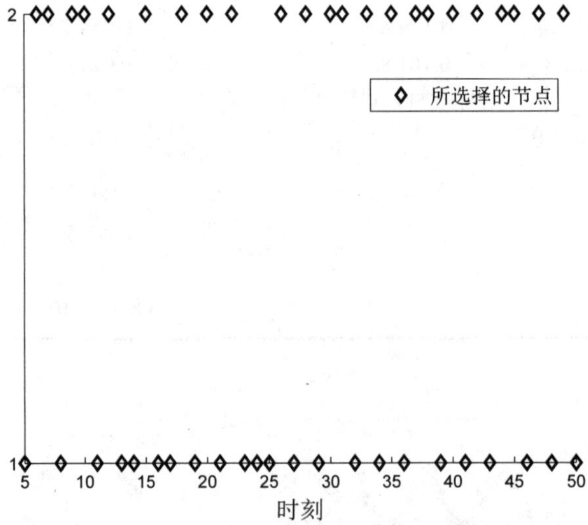

图 11-3　当$\upsilon_{i,\max}=0.18$时，每个传输时刻所选择的节点

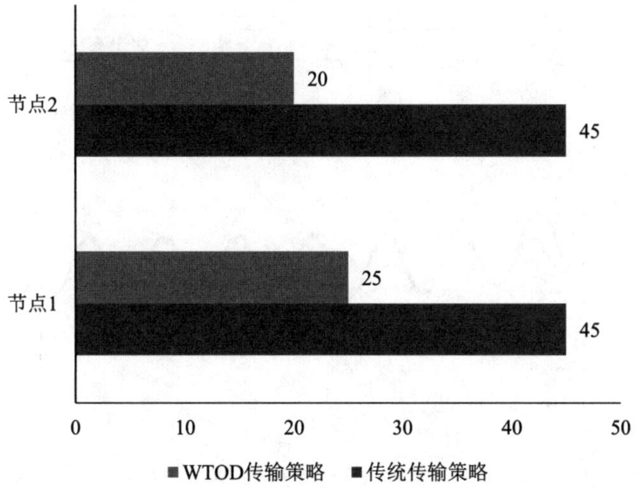

图 11-4　当 $\upsilon_{i,\max}=0.18$ 时，传统传输策略和 WTOD 传输策略下各节点传输的数据量

当饱和水平为 $\upsilon_{1,\max}=\upsilon_{2,\max}=1.8$ 时，表 11-2 列出了估计器增益的部分参数值，图 11-5 和 11-6 分别是状态 $x_{i,k}$，估计状态 $\hat{x}_{i,k}\ (i=1,2)$ 以及它们上下界的轨迹图，图 11-7 是 WTOD 协议下每个传输时刻所选择的节点图，图 11-8 比较了传统传输策略（没有 WTOD 协议影响）和 WTOD 传输策略影响下忆阻神经网络每个节点传输的数据量的详细情况。通过比较不同饱和水平的仿真结果可以看出，在饱和水平为 $\upsilon_{1,\max}=\upsilon_{2,\max}=1.8$ 时，所提出的弹性集员状态估计算法的性能较好。

表 11-2　当 $\upsilon_{i,\max}=1.8$ 时，估计器增益矩阵 $\boldsymbol{K}_k$

k	$\boldsymbol{K}_k$	k	$\boldsymbol{K}_k$
6	$\begin{bmatrix} -0.0633 & 0.6284 \\ -0.0408 & 0.3462 \\ 1 & 2.1744\times10^{-14} \\ -1.0990\times10^{-8} & 1 \end{bmatrix}$	7	$\begin{bmatrix} 0.1726 & 0.0377 \\ 0.0838 & 0.0233 \\ 1 & 2.3036\times10^{-16} \\ -8.2158\times10^{-10} & 1 \end{bmatrix}$
8	$\begin{bmatrix} 0.0490 & 0.1707 \\ 0.0207 & 0.0986 \\ 1 & -6.8648\times10^{-16} \\ 1.4006\times10^{-7} & 1 \end{bmatrix}$	9	$\begin{bmatrix} 0.0293 & 0.2007 \\ 0.0127 & 0.1222 \\ 1 & -5.4658\times10^{-17} \\ -1.1832\times10^{-7} & 1 \end{bmatrix}$
…	…	50	$\begin{bmatrix} 0.2236 & 0.0355 \\ 0.1050 & 0.0293 \\ 1 & -9.1143\times10^{-16} \\ -1.4438\times10^{-7} & 1 \end{bmatrix}$

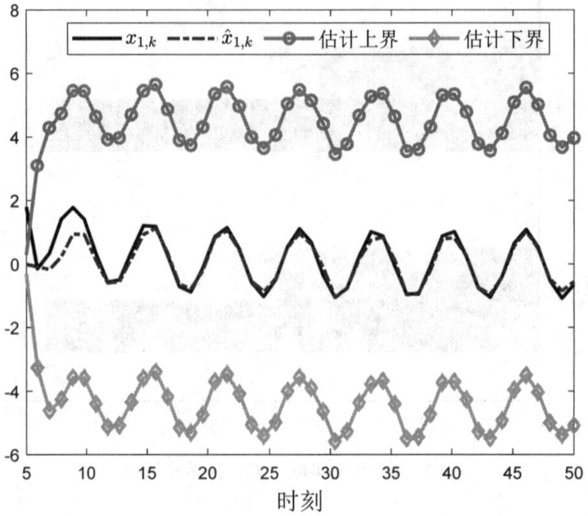

图 11-5 当 $\upsilon_{i,\max}=1.8$ 时，状态 $x_{1,k}$，估计状态 $\hat{x}_{1,k}$ 及其上下界的轨迹

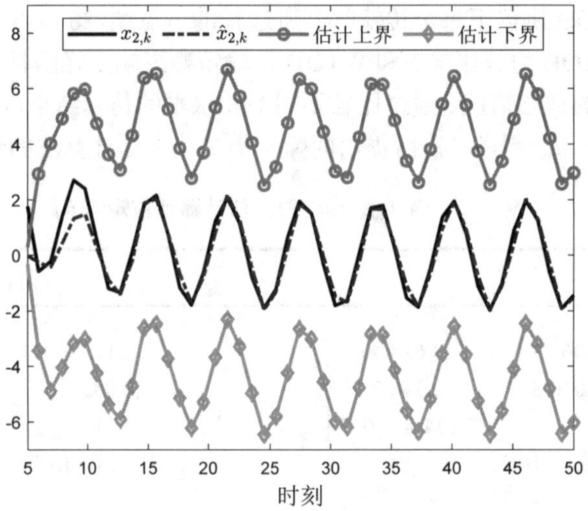

图 11-6 当 $\upsilon_{i,\max}=1.8$ 时，状态 $x_{2,k}$，估计状态 $\hat{x}_{2,k}$ 及其上下界的轨迹

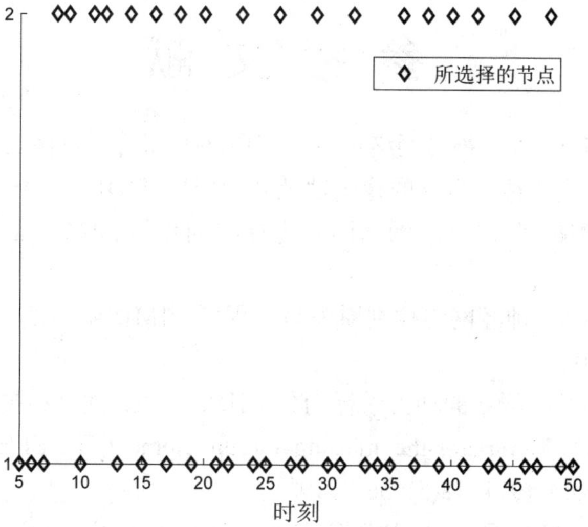

图 11-7　当 $\upsilon_{i,\max}=1.8$ 时，每个传输时刻所选择的节点

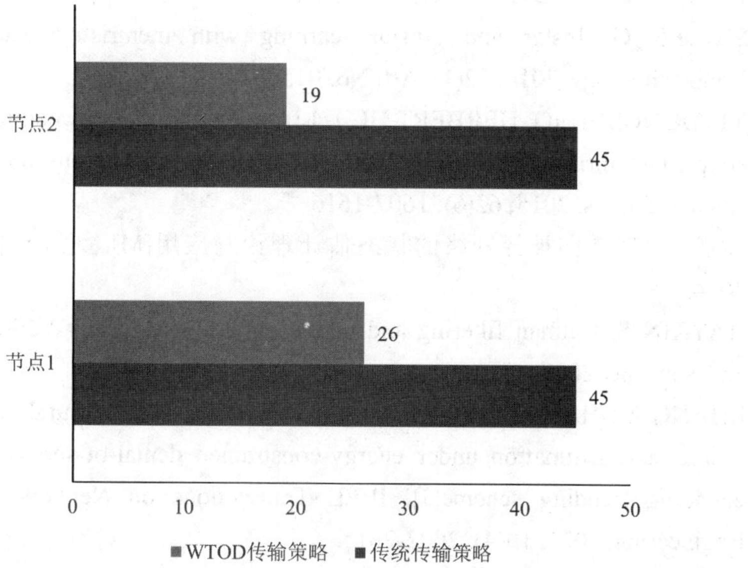

图 11-8　当 $\upsilon_{i,\max}=1.8$ 时，传统传输策略和 WTOD 协议传输策略下各节点传输的数据量

11.4　本章小结

本章探讨了 WTOD 协议下一类具有传感器饱和的离散时滞忆阻神经网络的弹性集员状态估计问题。为了方便处理饱和函数，将其分成线性和非线性两部分。首先，在未知但有界的干扰噪声和扇形有界的条件下，设计了弹性状态估计方案，使得每一时刻的神经元状态均被包含在椭球集内。其次，通过求解包含线性矩阵不等式约束的凸优化问题，给出了局部最优椭球集和估计器增益矩阵。最后，通过仿真算例演示了所提出的弹性集员状态估计策略的有效性和可行性。

参 考 文 献

[1] 韩力群, 施彦. 人工神经网络理论及应用[M]. 北京: 机械工业出版社, 2017.

[2] 张锐. 几类递归神经网络的稳定性及其应用研究[D]. 沈阳: 东北大学, 2009.

[3] 甘勤涛, 徐瑞. 时滞神经网络的稳定性与同步控制[M]. 北京: 科学出版社, 2016.

[4] 张吉礼. 模糊－神经网络控制原理与工程应用[M]. 哈尔滨: 哈尔滨工业大学出版社, 2004.

[5] 王芬. 递归神经网络的动力学行为分析[D]. 武汉: 武汉科技大学, 2011.

[6] CHUA L O. Memristor-the missing circuit element[J]. IEEE Transactions on Circuit Theory, 1971, 18(5): 507-519.

[7] HO Y P, HUANG G M, LI PENG. Dynamical properties and design analysis for nonvolatile memristor memories[J]. IEEE Transactions on Circuits and Systems I: Regular Papers, 2011, 58(4): 724-736.

[8] SNIDER G. Instar and outstar learning with memristive nanodevices[J]. Nanotechnology, 2010, 22(1), Art. No: 015201.

[9] YU DONGSHENG, HERBERT HC I, LIANG YAN, et al. Dynamic behavior of coupled memristor circuits[J]. IEEE Transactions on Circuits and Systems I: Regular Papers, 2015, 62(6): 1607-1616.

[10] 黄鹤. 时滞递归神经网络的状态估计理论与应用[M]. 北京: 科学出版社, 2014.

[11] HAYKIN S. Kalman filtering and neural networks[M]. New York: John Wiley and Sons lnc, 2001.

[12] ZHANG YUHAN, WANG ZIDONG, ZOU LEI, et al. Neural-network-based secure state estimation under energy-constrained denial-of-service attacks: An encoding-decoding scheme[J]. IEEE Transactions on Network Science and Engineering, 2023, 10(4): 2002-2015.

[13] CAI SONGFU, LAU VINCENT K N. Remote state estimation of nonlinear systems over fading channels via recurrent neural networks[J]. IEEE Transactions on Neural Networks and Learning Systems, 2022, 33(8): 3908-3922.

[14] WANG JING, HU XIAOHUI, CAO JINDE, et al. H_∞ state estimation for switched inertial neural networks with time-varying delays: A persistent dwell-time scheme[J]. IEEE Transactions on Systems, Man, and Cybernetics: Systems, 2022, 52(5): 2994-3004.

[15] SANG HONG, ZHAO JUN. Energy-to-peak state estimation for switched neutral-type neural networks with sector condition via sampled-data

information[J]. IEEE Transactions on Neural Networks and Learning Systems, 2021, 32(3): 1339-1350.

[16] LIU HONGJIAN, WANG ZIDONG, FEI WEIYIN, et al. On state estimation for discrete time-delayed memristive neural networks under the WTOD protocol: A resilient set-membership approach[J]. IEEE Transactions on Systems, Man, and Cybernetics: Systems, 2022, 52(4): 2145-2155.

[17] LIN WEN-JUAN, HE YONG, ZHANG CHUAN-KE, et al. Stochastic finite-time H_∞ state estimation for discrete-time semi-Markovian jump neural networks with time-varying delays[J]. IEEE Transactions on Neural Networks and Learning Systems, 2020, 31(12): 5456-5467.

[18] ALSAADI F E, WANG ZIDONG, LUO YUQIANG, et al. H_∞ state estimation for BAM neural networks with binary mode switching and distributed leakage delays under periodic scheduling protocol[J]. IEEE Transactions on Neural Networks and Learning Systems, 2022, 33(9): 4160-4172.

[19] ZHU SONG, GAO YU, HOU YUXIN, et al. Reachable set estimation for memristive complex-valued neural networks with disturbances[J]. IEEE Transactions on Neural Networks and Learning Systems, 2023, 34(12): 11029-11034.

[20] 高岩. 具有方差约束的离散时变递归神经网络 H_∞ 状态估计[D]. 哈尔滨: 哈尔滨理工大学, 2020.

[21] ALI M S. Stability of Markovian jumping recurrent neural networks with discrete and distributed time-varying delays[J]. Neurocomputing, 2015, 149: 1280-1285.

[22] BALASUBRAMANIAM P, LAKSHMANAN S, THEESAR S J S. State estimation for Markovian jumping recurrent neural networks with interval time-varying delays[J]. Nonlinear Dynamics, 2010, 60(4): 661-675.

[23] ZHAO YU, GAO HUIJUN, LAM J, et al. Stability analysis of discrete-time recurrent neural networks with stochastic delay[J]. IEEE Transactions on Neural Networks, 2009, 20(8): 1330-1339.

[24] LIU YURONG, WANG ZIDONG, LIANG JINLING, et al. Stability and synchronization of discrete-time Markovian jumping neural networks with mixed mode-dependent time delays[J]. IEEE Transactions on Neural Networks, 2009, 20(7): 1102-1116.

[25] LIU YURONG, WANG ZIDONG, SERRANO A, et al. Discrete-time recurrent neural networks with time-varying delays: Exponential stability analysis[J]. Physics Letters A, 2007, 362(5-6): 480-488.

[26] ZHANG HUAGUANG, WANG ZHANSHAN, LIU DERONG. Global asymptotic stability of recurrent neural networks with multiple time-varying delays[J]. IEEE Transactions on Neural Networks, 2008, 19(5): 855-873.

[27] LIU YURONG, WANG ZIDONG, LIU XIAOHUI. Asymptotic stability for neural networks with mixed time-delays: The discrete-time case[J]. Neural Networks, 2009, 22(1): 67-74.

[28] LIU YURONG, WANG ZIDONG, LIU XIAOHUI. Design of exponential state estimators for neural networks with mixed time delays[J]. Physics Letters A, 2007, 364(5): 401-412.

[29] ZHANG GUOBAO, WANG TING, LI TAO, et al. Delay-derivative-dependent stability criterion for neural networks with probabilistic time-varying delay[J]. International Journal of Systems Science, 2013, 44(11): 2140-2151.

[30] WANG XIN, LI CHUANDONG, HUANG TINGWEN, et al. Global exponential stability of a class of memristive neural networks with time-varying delays[J]. Neural Computing and Applications, 2014, 24(7-8): 1707-1715.

[31] WU AILONG, WEN SHIPING, ZENG ZHIGANG. Synchronization control of a class of memristor-based recurrent neural networks[J]. Information Sciences, 2012, 183(1): 106-116.

[32] LIU HONGJIAN, WANG ZIDONG, SHEN BO, et al. H_∞ State estimation for discrete-time memristive recurrent neural networks with stochastic time-delays[J]. International Journal of General Systems, 2016, 45(5): 633-647.

[33] CHENG JUN, LIANG LIDAN, PARK J H, et al. A dynamic event-triggered approach to state estimation for switched memristive neural networks with nonhomogeneous sojourn probabilities[J]. IEEE Transactions on Circuits and Systems I: Regular Papers, 2021, 68(12): 4924-4934.

[34] 马磊, 张莹, 杨春雨, 等. 测量值异常下多时间尺度系统 H_∞ 滤波[J]. 系统科学与数学, 2022, 42(7): 1648-1659.

[35] 周红艳, 张钊, 陈雪波, 等. 短时延广义网络控制系统的最优指数 H_∞ 控制[J]. 控制理论与应用, 2023, 40(4): 673-682.

[36] 王冠正, 赵峰, 陈向勇, 等. 一类随机非线性系统的有限时间 H_∞ 控制[J]. 控制理论与应用, 2023, 40(2): 291-296.

[37] 刘毅, 梅玉鹏, 李国燕, 等. 基于 T-S 模糊模型的多时滞非线性网络切换控制系统非脆弱 H_∞ 控制[J]. 控制与决策, 2021, 36(5): 1087-1094.

[38] XIAO XIAOQING, ZHOU LEI, LU GUOPING. Event-triggered H_∞ filtering of continuous-time switched linear systems[J]. Signal Processing, 2017, 141: 343-349.

[39] LYU MING, BO YUMING. Variance-constrained resilient H_∞ filtering for time varying nonlinear networked systems subject to quantization effects[J]. Neurocomputing, 2017, 267: 283-294.

[40] ZHANG JIE, WANG ZIDONG, DING DERUI, et al. H_∞ state estimation for discrete-time delayed neural networks with randomly occurring quantizations and

missing measurements[J]. Neurocomputing, 2015, 148: 388-396.

[41] 宋越. 具有测量丢失和信号量化的离散时滞递归神经网络的状态估计[D]. 哈尔滨: 哈尔滨理工大学, 2018.

[42] SHI PENG, ZHANG YINGQI, AGARWAL R K. Stochastic finite-time state estimation for discrete time-delay neural networks with Markovian jumps[J]. Neurocomputing, 2015, 151: 168-174.

[43] CAI ZUOWEI, HUANG LIHONG. Finite-time stabilization of delayed memristive neural networks: Discontinuous state-feedback and adaptive control approach[J]. IEEE Transactions on Neural Networks and Learning Systems, 2018, 29(4): 856-868.

[44] LIANG LI. Finite-time boundedness for a class of delayed Markovian jumping neural networks with partly unknown transition probabilities[J]. Abstract and Applied Analysis, 2014, Art. No: 597298.

[45] LIU SHUAI, XU TIANLIN, TIAN ENGANG. Event-based pinning synchronization control for time-delayed complex dynamical networks: The finite-time boundedness[J]. IEEE Transactions on Signal and Information Processing over Networks, 2021, 7: 730-739.

[46] ZHONG QISHUI, CHENG JUN, ZHAO YUQING. Delay-dependent finite time boundedness of a class of Markovian switching neural networks with time-varying delays[J]. ISA Transactions, 2015, 57: 43-50.

[47] CHENG JUN, ZHONG SHOUMING, ZHONG QISHUI, et al. Finite-time boundedness of state estimation for neural networks with time-varying delays[J]. Neurocomputing, 2014, 129: 257-264.

[48] ZHAO HUI, LI LIXIANG, PENG HAIPENG, et al. Finite-time boundedness analysis of memristive neural network with time-varying delay[J]. Neural Processing Letters, 2016, 44(3): 665-679.

[49] KEEL L H, BHATTACHARYYA S P. Robust, fragile, or optimal?[J]. IEEE Transactions on Automatic Control, 1997, 42(8): 1098-1105.

[50] 杨飞生, 汪璟, 潘泉, 等. 网络攻击下信息物理融合电力系统的弹性事件触发控制[J]. 自动化学报, 2019, 45(1): 110-119.

[51] 贺宁, 马凯, 沈超, 等. 欺骗攻击下弹性自触发模型预测控制[J]. 控制理论与应用, 2023, 40(5): 865-873.

[52] 陈峰, 孙子文. 工业信息物理系统数据注入攻击的事件触发弹性控制[J]. 控制理论与应用, 2020, 37(10): 2134-2146.

[53] 杨帆, 董宏丽, 李佳慧, 等. 神经网络的非脆弱状态估计[J]. 指挥与控制学报, 2016, 2(3): 213-222.

[54] MA YUECHAO, CHEN MENGHUA. Non-fragile H_∞ state feedback control for singular Markovian jump fuzzy systems with interval time-delay[J]. International

Journal of Machine Learning and Cybernetics, 2017, 8(4), 1223-1233.
[55] ZHANG DAN, CAI WENJIAN, WANG QINGGUO. Robust non-fragile filtering for networked systems with distributed variable delays[J]. Journal of the Franklin Institute, 2014, 351(7): 4009-4022.
[56] HU JUN, LIANG JINLING, CHEN DONGYAN, et al. A recursive approach to non-fragile filtering for networked systems with stochastic uncertainties and incomplete measurements[J]. Journal of the Franklin Institute, 2015, 352(5): 1946-1962.
[57] HOU NAN, DONG HONGLI, WANG ZIDONG, et al. Non-fragile state estimation for discrete Markovian jumping neural networks[J]. Neurocomputing, 2016, 179: 238-245.
[58] YU YAJING, DONG HONGLI, WANG ZIDONG, et al. Design of non-fragile state estimators for discrete time-delayed neural networks with parameter uncertainties[J]. Neurocomputing, 2016, 182: 18-24.
[59] AIL M S, SARAVANAN S, ZHU QUANXIN. Non-fragile finite-time H_∞ state estimation of neural networks with distributed time-varying delay[J]. Journal of the Franklin Institute, 2017, 354(16): 7566-7584.
[60] ZHA LIJUAN, FANG JIANAN, LIU JINLIANG, et al. Event-triggered non-fragile state estimation for delayed neural networks with randomly occurring sensor nonlinearity[J]. Neurocomputing, 2018, 273: 1-8.
[61] 孙宝艳. 离散不确定神经网络的方差约束鲁棒 H_∞ 状态估计研究[D]. 哈尔滨: 哈尔滨理工大学, 2022.
[62] WANG LICHENG, WANG ZIDONG, HAN QINGLONG, et al. Event-based variance-constrained H_∞ filtering for stochastic parameter systems over sensor networks with successive missing measurements[J]. IEEE Transactions on Cybernetics, 2018, 48(3): 1007-1017.
[63] DONG HONGLI, WANG ZIDONG, HO DANIEL W C, et al. Variance-constrained H_∞ filtering for a class of nonlinear time-varying systems with multiple missing measurements: The finite-horizon case[J]. IEEE Transactions on Signal Processing, 2010, 58(5): 2534-2543.
[64] 杨昱. 基于通信协议的忆阻神经网络非脆弱集员状态估计[D]. 哈尔滨: 哈尔滨理工大学, 2020.
[65] YANG FUWEN, LI YONGMIN. Set-membership filtering for systems with sensor saturation[J]. Automatica, 2009, 45(8): 1896-1902.
[66] MA LIFENG, WANG ZIDONG, LAM H K, et al. Distributed event-basedset-membership filtering for a class of nonlinear systems with sensor saturations over sensor networks[J]. IEEE Transactions on Cybernetics, 2017, 47(11): 3772-3783.

[67] YOU FUQIANG, ZHANG HUALU, WANG FULI. A new set-membership estimation method based on zonotopes and ellipsoids[J]. Transactions of the Institute of Measurement and Control, 2018, 40(7): 2091-2099.

[68] HU JUN, WANG ZIDONG, GAO HUIJUN. Nonlinear stochastic systems with network-induced phenomena[M]. London: Springer, 2015.

[69] HU JUN, GAO YAN, CHEN CAI, et al. Partial-neurons-based H_∞ state estimation for time-varying neural networks subject to randomly occurring time delays under variance constraint[J]. Neural Processing Letters, 2023, DOI: 10.1007/s11063-023-11312-2.

[70] SHI PENG, ZHANG YINGQI, CHADLI MOHAMMED, et al. Mixed H_∞ and passive filtering for discrete fuzzy neural networks with stochastic jumps and time delays[J]. IEEE Transactions on Neural Networks and Learning Systems, 2016, 27(4): 903-909.

[71] GAO PANQING, ZHANG HAI, YE RENYU, et al. Quasi-uniform synchronization of fractional fuzzy discrete-time delayed neural networks via delayed feedback control design[J]. Communications in Nonlinear Science and Numerical Simulation, 2023, 126, Art. No: 107507.

[72] ZHAO MINGFANG, LI HONGLI, ZHANG LONG, et al. Quasi-synchronization of discrete-time fractional-order quaternion-valued memristive neural networks with time delays and uncertain parameters[J]. Applied Mathematics and Computation, 2023, 453, Art. No: 128095.

[73] ZHANG XIAOLI, LI HONGLI, YU YONGGUANG, et al. Quasi-synchronization and stabilization of discrete-time fractional-order memristive neural networks with time delays[J]. Information Sciences, 2023, 647, Art. No: 119461.

[74] SOUNDARARAJAN G, NAGAMANI G. Non-fragile output-feedback synchronization for delayed discrete-time complex-valued neural networks with randomly occurring uncertainties[J]. Neural Networks, 2023, 159: 70-83.

[75] HUONG D C. Discrete-time dynamic event-triggered H_∞ control of uncertain neural networks subject to time delays and disturbances[J]. Optimal Control Applications and Methods, 2023, 44(4): 1651-1670.

[76] ADHIRA B, NAGAMANI G, DAFIK D. Non-fragile extended dissipative synchronization control of delayed uncertain discrete-time neural networks[J]. Communications in Nonlinear Science and Numerical Simulation, 2023, 116, Art. No: 106820.

[77] ZHANG XIAOLI, LI HONGLI, KAO YONGGUI, et al. Global Mittag-Leffler synchronization of discrete-time fractional-order neural networks with time delays[J]. Applied Mathematics and Computation, 2022, 433, Art. No: 127417.

[78] SANG HONG, ZHAO JUN. Finite-time H_∞ estimator design for switched discrete-time delayed neural networks with event-triggered strategy[J]. IEEE Transactions on Cybernetics, 2022, 52(3): 1713-1725.

[79] LIU YUFEI, SHEN BO, ZHANG PING. Synchronization and state estimation for discrete-time coupled delayed complex-valued neural networks with random system parameters[J]. Neural Networks, 2022, 150: 181-193.

[80] LUO YUQIANG, WANG, ZIDONG, SHENG WEIGUO, et al. State estimation for discrete time-delayed impulsive neural networks under communication constraints: A delay-range-dependent approach[J]. IEEE Transactions on Neural Networks and Learning Systems, 2023, 34(3): 1489-1501.

[81] 赵国荣, 韩旭, 王康. 具有传感器增益退化、传输时延和丢包的离线状态估计器[J]. 自动化学报, 2020, 46(3): 540-548.

[82] 于强, 胡军, 陈东彦. 具有衰减测量和概率通讯延迟的随机非线性系统的事件触发分布式一致滤波[J]. 系统科学与数学, 2022, 42(9): 2279-2296.

[83] 乔栋, 张潇潇, 王友清. 具有积分测量和时延的离散线性变参数系统故障与状态估计[J]. 控制理论与应用, 2021, 38(5): 587-594.

[84] 滕达, 徐雍, 鲍鸿, 等. 基于时滞测量的复杂网络分布式状态估计研究[J]. 自动化学报, 2020, 46(13): 1-11.

[85] 王申全. 基于网络的时滞系统分布式滤波与故障检测[M]. 北京: 科学出版社, 2011.

[86] GUO ZHENYUAN, GONG SHUQING, WEN SHIPING, et al. Event-based synchronization control for memristive neural networks with time-varying delay[J]. IEEE Transactions on Cybernetics, 2019, 49(9): 3268-3277.

[87] 王宇. 不确定离散分布式时滞随机系统的鲁棒控制与滤波[D]. 哈尔滨: 哈尔滨工业大学, 2011.

[88] WANG LEIMIN, ZENG ZHIGANG, ZONG XIAOFENG, et al. Finite-time stabilization of memristor-based inertial neural networks with discontinuous activations and distributed delays[J]. Journal of the Franklin Institute, 2019, 356(6): 3628-3643.

[89] WANG LEIMIN, HE HAIBO, ZENG ZHIGANG. Global synchronization of fuzzy memristive neural networks with discrete and distributed delays[J]. IEEE Transactions on Fuzzy Systems, 2020, 28(9): 2022-2034.

[90] YAN HUAICHENG, ZHANG HAO, YANG FUWEN, et al. Event-triggered asynchronous guaranteed cost control for Markov jump discrete-time neural networks with distributed delay and channel fading[J]. IEEE Transactions on Neural Networks and Learning Systems, 2018, 29(8): 3588-3598.

[91] LIANG SONG, WU RANCHAO, CHEN LIPING. Comparison principles and stability of nonlinear fractional-order cellular neural networks with multiple time

delays[J]. Neurocomputing, 2015, 168: 618-625.
[92] ALI M S, GUNASEKARAN N, JOO Y H. Sampled-data state estimation of neutral type neural networks with mixed time-varying delays[J]. Neural Processing Letters, 2019, 50(1): 357-378.
[93] 刘丽缤，游星星，高小平. 具有混合时滞的四元数神经网络全局同步性控制[J]. 控制理论与应用, 2019, 36(8): 1360-1368.
[94] LIU YUFEI, SHEN BO, SUN JIE. Stubborn state estimation for complex-valued neural networks with mixed time delays: The discrete time case[J]. Neural Computing and Applications, 2022, 34(7): 5449-5464.
[95] ARUNKUMAR A, SAKTHIVEL R, MATHIYALAGAN K. Robust reliable H_∞ control for stochastic neural networks with randomly occurring delays[J]. Neurocomputing, 2015, 149: 1524-1534.
[96] HU XIAOHUI, XIA JIANWEI, WEI YUNLIANG, et al. Passivity-based state synchronization for semi-Markov jump coupled chaotic neural networks with randomly occurring time delays[J]. Applied Mathematics and Computation, 2019, 361: 32-41.
[97] 徐龙. 具有时滞和测量丢失的离散随机系统最优滤波[D]. 哈尔滨：哈尔滨理工大学, 2015.
[98] WANG SHENGBO, CAN YANYI, HUANG TINGWEN, et al. Passivity and passification of memristive neural networks with leakage term and time-varying delays[J]. Applied Mathematics and Computation, 2019, 361: 294-310.
[99] GONG WEIQIANG, LIANG JINLING, ZHANG CONGJUN. Multistability of complex-valued neural networks with distributed delays[J]. Neural Computing and Applications, 2017, 28(1): 1-14.
[100] XUE HUANBIN, XU XIAOHUI, ZHANG JIYE, et al. Robust stability of impulsive switched neural networks with multiple time delays[J]. Applied Mathematics and Computation, 2019, 359: 456-475.
[101] ZHANG XIAOWEI, LI RUOXIA, HAN CHAO, et al. Robust stability analysis of uncertain genetic regulatory networks with mixed time delays[J]. International Journal of Machine Learning and Cybernetics, 2016, 7(6): 1005-1022.
[102] JIA CHAOQING, HU JUN, CHEN DONGYAN, et al. Adaptive event-triggered state estimation for a class of stochastic complex networks subject to coding-decoding schemes and missing measurements[J]. Neurocomputing, 2022, 494: 297-307.
[103] HU JUN, WANG ZIDONG, LIU GUOPING, et al. Event-triggered recursive state estimation for dynamical networks under randomly switching topologies and multiple missing measurements[J]. Automatica, 2020, 115, Art. No: 108908.
[104] HU JUN, WANG ZIDONG, LIU S, et al. A variance-constrained approach to

recursive state estimation for time-varying complex networks with missing measurements[J]. Automatica, 2016, 64: 155-162.

[105] HU JUN, LI JIAXING, KAO YONGGUI, et al. Optimal distributed filtering for nonlinear saturated systems with random access protocol and missing measurements: The uncertain probabilities case[J]. Applied Mathematics and Computation, 2022, 418, Art. No: 126844.

[106] ZHANG HONGXU, HU JUN, LIU HONGJIAN, et al. Recursive state estimation for time-varying complex networks subject to missing measurements and stochastic inner coupling under random access protocol[J]. Neurocomputing, 2019, 346: 48-57.

[107] WEN CHUANBO, WANG ZIDONG, HU JUN, et al. Recursive filtering for state-saturated systems with randomly occurring nonlinearities and missing measurements[J]. International Journal of Robust and Nonlinear Control, 2018, 28(5): 1715-1727.

[108] HU JUN, WANG ZIDONG, LIU GUOPING, et al. A prediction-based approach to distributed filtering with missing measurements and communication delays through sensor networks[J]. IEEE Transactions on Systems, Man, and Cybernetics: Systems, 2021, 51(11): 7063-7074.

[109] GAO YAN, HU JUN, CHEN DONGYAN, et al. Variance-constrained resilient H_∞ state estimation for time-varying neural networks with randomly varying nonlinearities and missing measurements[J]. Advances in Difference Equations, 2019, 2019(1), Art. No: 380.

[110] SONG YUE, HU JUN, CHEN DONGYAN, et al. A resilience approach to state estimation for discrete neural networks subject to multiple missing measurements and mixed time-delays[J]. Neurocomputing, 2018, 272: 74-83.

[111] SONG YUE, HU JUN, CHEN DONGYAN, et al. Recursive approach to networked fault estimation with packet dropouts and randomly occurring uncertainties[J]. Neurocomputing, 2016, 214: 340-349.

[112] 魏瑶, 孙书利. 带多随机滞后和丢包网络化多传感器系统分布式递推融合估计[J]. 系统科学与数学, 2022, 42(2): 224-239.

[113] 史腾飞, 孙书利. 带未知衰减观测率多传感器系统的自校正加权观测融合估计[J]. 系统科学与数学, 2018, 38(10): 1110-1116.

[114] 赵国荣, 韩旭, 万兵, 等. 具有传感器增益退化、随机时延和丢包的分布式融合估计器[J]. 自动化学报, 2016, 42(7): 1053-1064.

[115] 李娜, 孙书利, 马静. 具有丢失观测和网络传输滞后多通道系统的最优线性滤波[J]. 系统科学与数学, 2014, 34(10): 1252-1267.

[116] 王雪梅, 刘文强, 邓自立. 带丢失观测和不确定噪声方差系统改进的鲁棒协方差交叉融合稳态 Kalman 滤波器[J]. 控制理论与应用, 2016, 33(7): 973-979.

[117] JIA CHAOQING, HU JUN, YI XIAOJIAN, et al. Recursive state estimation for a class of quantized coupled complex networks subject to missing measurements and amplify-and-forward relay[J]. Information Sciences, 2023, 630: 53-73.

[118] ZHENG XIUJUAN, FANG HUAJING. Recursive state estimation for discrete time nonlinear systems with event-triggered data transmission, norm bounded uncertainties and multiple missing measurements[J]. International Journal of Robust and Nonlinear Control, 2016, 26(17): 3673-3695.

[119] LIU MEIQIN, CHEN HAIYANG. H_∞ state estimation for discrete-time delayed systems of the neural network type with multiple missing measurements[J]. IEEE Transactions on Neural Networks and Learning Systems, 2015, 26(12): 2987-2998.

[120] SHI PENG, MAHMOUD M, NGUANG S K, et al. Robust filtering for jumping systems with mode-dependent delays[J]. Signal Processing, 2006, 86(1): 140-152.

[121] WEI GUOLIANG, WANG ZIDONG, SHU HUISHENG. Robust filtering with stochastic nonlinearities and multiple missing measurements[J]. Automatica, 2009, 45(3): 836-841.

[122] LIU SHUAI, WANG ZIDONG, HU JUN, et al. Protocol-based extended Kalman filtering with quantization effects: The round-robin case[J]. International Journal of Robust and Nonlinear Control, 2020, 30(18): 7927-7946.

[123] LI QI, WANG ZIDONG, HU JUN, et al. Distributed state and fault estimation over sensor networks with probabilistic quantizations: The dynamic event-triggered case[J]. Automatica, 131, Art. No: 109784.

[124] WANG YUANG, SHEN BO, ZOU LEI. Recursive fault estimation with energy harvesting sensors and uniform quantization effects[J]. IEEE/CAA Journal of Automatica Sinica, 2022, 9(5): 926-929.

[125] ZOU LEI, WANG ZIDONG, HU JUN, et al. Moving horizon estimation with unknown inputs under dynamic quantization effects[J]. IEEE Transactions on Automatic Control, 2020, 65(12): 5368-5375.

[126] WANG SHAOYING, WANG ZIDONG, DONG HONGLI, et al. Distributed state estimation under random parameters and dynamic quantizations over sensor networks: A dynamic event-based approach[J]. IEEE Transactions on Signal and Information Processing over Networks, 2020, 6: 732-743.

[127] WANG SHAOYING, TIAN XUEGANG, FANG HUAJING, et al. Event-based state and fault estimation for nonlinear systems with logarithmic quantization and missing measurements[J]. Journal of the Franklin Institute, 2019, 356(7): 4076-4096.

[128] ZHA LIJUAN, FANG JIANAN, LIU JINLIANG, et al. Event-based finite-time

state estimation for Markovian jump systems with quantizations and randomly occurring nonlinear perturbations[J]. ISA Transactions, 2017, 66: 77-85.

[129] GAO YAN, HU JUN, YU HUI, et al. Robust resilient H_∞ state estimation for time-varying recurrent neural networks subject to probabilistic quantization under variance constraint[J]. International Journal of Control Automation and Systems, 2023, 21(2): 684-695.

[130] SUN BAOYAN, HU JUN, GAO YAN, et al. Variance-constrained robust H_∞ state estimation for discrete time-varying uncertain neural networks with uniform quantization[J]. AIMS Mathematics, 2022, 7(8): 14227-14248.

[131] 周颖, 郑颖, 肖敏. 基于量化和攻击下的网络控制系统状态估计控制[J]. 系统科学与数学, 2022, 42(7): 1633-1647.

[132] NIU YICHUN, SHENG LI. Uniform quantized synchronization for chaotic neural networks with successive packet dropouts[J]. Asian Journal of Control, 2019, 21(1): 639-646.

[133] DING DERUI, WANG ZIDONG, HO D W C, et al. Distributed recursive filtering for stochastic systems under uniform quantizations and deception attacks through sensor networks[J]. Automatica, 2017, 78: 231-240.

[134] HU JUN, WANG ZIDONG, SHEN BO, et al. Quantised recursive filtering for a class of nonlinear systems with multiplicative noises and missing measurements[J]. International Journal of Control, 2013, 86(4): 650-663.

[135] LI FANGWEN, SHI PENG, WANG XINGCHENG, et al. Fault detection for networked control systems with quantization and Markovian packet dropouts[J]. Signal Processing, 2015, 111: 106-112.

[136] ZHENG JUANHUI, CUI BAOTONG. State estimation of chaotic Lurie system with logarithmic quantization[J]. Chaos, Solitons and Fractals, 2018, 112: 141-148.

[137] ZHANG WANLI, YANG SHIJU, LI CHUANDONG, et al. Stochastic exponential synchronization of memristive neural networks with time-varying delays via quantized control[J]. Neural Networks, 2018, 104: 93-103.

[138] GENG HANG, WANG ZIDONG, ZOU LEI, et al. Protocol-based Tobit Kalman filter under integral measurements and probabilistic sensor failures[J]. IEEE Transactions on Signal Processing, 2021, 69: 546-559.

[139] CHEN LIHENG, ZHAO YUXIN, FU SHASHA, et al. Fault estimation observer design for descriptor switched systems with actuator and sensor failures[J]. IEEE Transactions on Circuits and Systems I: Regular Papers, 2019, 66(2): 810-819.

[140] CHEN LIHENG, ZHU YANZHENG, WU FEN, et al. Fault estimation observer design for Markovian jump systems with nondifferentiable actuator and sensor failures[J]. IEEE Transactions on Cybernetics, 2023, 53(6): 3844-3858.

[141] SUN CHEN, LIN YAN. Adaptive output feedback compensation for a class of nonlinear systems with actuator and sensor failures[J]. IEEE Transactions on Systems, Man, and Cybernetics: Systems, 2022, 52(8): 4762-4771.

[142] LI QI, WANG ZIDONG, LI NAN, et al. A dynamic event-triggered approach to recursive filtering for complex networks with switching topologies subject to random sensor failures[J]. IEEE Transactions on Neural Networks and Learning Systems, 2020, 31(10): 4381-4388.

[143] WANG FAN, WANG ZIDONG, LIANG JINLING, et al. Recursive locally minimum-variance filtering for two-dimensional systems: When dynamic quantization effect meets random sensor failure[J]. Automatica, 2023, 148, Art. No: 110762.

[144] ZHAI DING, AN LIWEI, DONG JIUXIANG, et al. Output feedback adaptive sensor failure compensation for a class of parametric strict feedback systems[J]. Automatica, 2018, 97: 48-57.

[145] LI JIANNING, LI ZHUJIAN, XU YUFEI, et al. Event-triggered non-fragile state estimation for discrete nonlinear Markov jump neural networks with sensor failures[J]. International Journal of Control Automation and Systems, 2019, 17(5): 1131-1140.

[146] ZHUANG GUANGMING, WANG YANQIAN. Random sensor failure design of H_∞ filter for uncertain Markovian jump time-delay neural networks[J]. IMA Journal of Mathematical Control and Information, 2015, 32(4): 737-760.

[147] LI JIANNING, XU YUFEI, BAO WENDONG, et al. Finite-time non-fragile state estimation for discrete neural networks with sensor failures, time-varying delays and randomly occurring sensor nonlinearity[J]. Journal of the Franklin Institute, 2019, 356(3): 1566-1589.

[148] ZHANG BIN, RAO HONGXIA, DENG YUNSONG, et al. Finite horizon state estimation for time-varying neural networks with sensor failure and energy constraint[J]. Neurocomputing, 2020, 372: 1-7.

[149] LI MEIYU, LIANG JINLING, WANG FAN. Robust set-membership filtering for two-dimensional systems with sensor saturation under the round-robin protocol[J]. International Journal of Systems Science, 2022, 53(13): 2773-2785.

[150] HOU NAN, DONG HONGLI, WANG ZIDONG, et al. A partial-node-based approach to state estimation for complex networks with sensor saturations under random access protocol[J]. IEEE Transactions on Neural Networks and Learning Systems, 2021, 32(11): 5167-5178.

[151] MA LIFENG, WANG ZIDONG, CAI CHENXIAO, et al. A dynamic event-triggered approach to H_∞ control for discrete-time singularly perturbed systems with time-delays and sensor saturations[J]. IEEE Transactions on

Systems, Man, and Cybernetics: Systems, 2021, 51(11): 6614-6625.

[152] QU BOGANG, WANG ZIDONG, SHEN BO, et al. Distributed state estimation for renewable energy microgrids with sensor saturations[J]. Automatica, 2021, 131, Art. No: 109730.

[153] SUO JINGHUI, LI NAN, LI QI. Event-triggered H_∞ state estimation for discrete-time delayed switched stochastic neural networks with persistent dwell-time switching regularities and sensor saturations[J]. Neurocomputing, 2021, 455: 297-307.

[154] LI YUEYANG, LIU SHUAI, LI YIBIN, et al. Fault estimation for discrete time-variant systems subject to actuator and sensor saturations[J]. International Journal of Robust and Nonlinear Control, 2021, 31(3): 988-1004.

[155] GAO YAN, HU JUN, YU HUI, et al. Variance-constrained resilient H_∞ state estimation for time-varying neural networks with random saturation observation under uncertain occurrence probability[J]. Neural Processing Letters, 2023, 55(4): 5031-5054.

[156] 李秀英, 尹帅, 孙书利. 传感器饱和的非线性网络化系统模糊H_∞滤波[J]. 自动化学报, 2021, 47(5): 1149-1158.

[157] SONG WEIHAO, WANG ZIDONG, WANG JIANAN, et al. Particle filtering for nonlinear/non-Gaussian systems with energy harvesting sensors subject to randomly occurring sensor saturations[J]. IEEE Transactions on Signal Processing, 2021, 69: 15-27.

[158] ZENG YI, LAM H K, XIAO BO, et al. Reduced-order extended dissipative filtering for nonlinear systems with sensor saturation via interval type-2 fuzzy model[J]. IEEE Transactions on Fuzzy Systems, 2022, 30(11): 5058-5064.

[159] MA LIFENG, WANG ZIDONG, LAM H K. Event-triggered mean-square consensus control for time-varying stochastic multi-agent system with sensor saturations[J]. IEEE Transactions on Automatic Control, 2017, 62(7): 3524-3531.

[160] YAN LE, ZHANG SUNJIE, WEI GUOLIANG, et al. Event-triggered set-membership filtering for discrete-time memristive neural networks subject to measurement saturation and fadings[J]. Neurocomputing, 2019, 346: 20-29.

[161] WANG JINLING, JIANG HAIJUN, MA TIANLONG, et al. H_∞ control of memristive neural networks with aperiodic sampling and actuator saturation[J]. International Journal of Robust and Nonlinear Control, 2018, 28(8): 3092-3111.

[162] WANG JINLING, JIANG HAIJUN, MA TIANLONG, et al. Exponential dissipativity analysis of discrete-time switched memristive neural networks with actuator saturation via quasi-time-dependent control[J]. International Journal of Robust and Nonlinear Control, 2019, 29(1): 67-84.

[163] ZHANG HONGXU, HU JUN, LIU GUOPING, et al. Event-triggered secure

control of discrete systems under cyber-attacks using an observer-based sliding mode strategy[J]. Information Sciences, 2022, 587: 587-606.

[164] CHEN WEILU, HU JUN, WU ZHIHUI, et al. Finite-time memory fault detection filter design for nonlinear discrete systems with deception attacks[J]. International Journal of Systems Science, 2020, 51(8): 1464-1481.

[165] LI YIGANG, YANG GUANGHONG. Optimal innovation-based deception attacks with side information against remote state estimation in cyber-physical systems[J]. Neurocomputing, 2022, 500: 461-470.

[166] WU TONG, HU JUN, CHEN DONGYAN. Non-fragile consensus control for nonlinear multi-agent systems with uniform quantizations and deception attacks via output feedback approach[J]. Nonlinear Dynamics, 2019, 96(1): 243-255.

[167] HU JUN, LIU S, JI DONGHAI, et al. On co-design of filter and fault estimator against randomly occurring nonlinearities and randomly occurring deception attacks[J]. International Journal of General Systems, 2016, 45(5): 619-632.

[168] GAO YAN, HU JUN, YU HUI, et al. Outlier-resistant variance-constrained H_∞ state estimation for time-varying recurrent neural networks with randomly occurring deception attacks[J]. Neural Computing and Applications, 2023, 35(18): 13261-13273.

[169] 李雪，李雯婷，杜大军，等. 拒绝服务攻击下基于 UKF 的智能电网动态状态估计研究[J]. 自动化学报, 2019, 45(1): 120-131.

[170] 翁品迪，陈博，俞立. 虚假数据注入攻击信号的融合估计[J]. 自动化学报, 2021, 47(9): 2292-2300.

[171] 周雪，张皓，王祝萍. 扩展卡尔曼滤波在受到恶意攻击系统中的状态估计[J]. 自动化学报, 2020, 46(1): 38-46.

[172] XIAO SUHUNYUAN, HAN QINGLONG, GE XIAOHUA, et al. Secure distributed finite-time filtering for positive systems over sensor networks under deception attacks[J]. IEEE Transactions on Cybernetics, 2020, 50(3): 1220-1229.

[173] WANG XUELI, DING DERUI, GE XIAOHU, et al. Neural-network-based control for discrete-time nonlinear systems with denial-of-service attack: The adaptive event-triggered case[J]. International Journal of Robust and Nonlinear Control, 2022, 32(5): 2760-2779.

[174] GONG CHENG, ZHU GUOPU, SHI PENG, et al. Asynchronous distributed finite-time H_∞ filtering in sensor networks with hidden Markovian switching and two-channel stochastic attack[J]. IEEE Transactions on Cybernetics, 2022, 52(3): 1502-1514.

[175] CHEN XIAOLI, YUAN PING. Event-triggered generalized dissipative filtering for delayed neural networks under aperiodic DoS jamming attacks[J]. Neurocomputing, 2020, 400: 467-479.

[176] 杨光红, 芦安洋, 安立伟. 网络攻击下的信息物理系统安全状态估计研究综述[J]. 控制与决策, 2023, 38(8): 2093-2105.
[177] DING DERUI, WANG ZIDONG, HAN QINGLONG, et al. Security control for discrete-time stochastic nonlinear systems subject to deception attacks[J]. IEEE Transactions on Systems, Man, and Cybernetics: Systems, 2018, 48(5): 779-789.
[178] SONG HAIYU, SHI PENG, LIM C C, et al. Set-membership estimation for complex networks subject to linear and nonlinear bounded attacks[J]. IEEE Transactions on Neural Networks and Learning Systems, 2020, 31(1): 163-173.
[179] DING DERUI, LIU HUANYI, DONG HONGLI, et al. Resilient filtering of nonlinear complex dynamical networks under randomly occurring faults and hybrid cyber-attacks[J]. IEEE Transactions on Network Science and Engineering, 2022, 9(4): 2341-2352.
[180] LIU JINLIANG, WANG YUDA, CAO JINDE, et al. Secure adaptive-event-triggered filter design with input constraint and hybrid cyber attack[J]. IEEE Transactions on Cybernetics, 2021, 51(8): 4000-4010.
[181] LIU JINLIANG, XIA JILEI, CAO JIE, et al. Quantized state estimation for neural networks with cyber attacks and hybrid triggered communication scheme[J]. Neurocomputing, 2018, 291: 35-49.
[182] SHEN BO, WANG ZIDONG, WANG DONG, et al. State-saturated recursive filter design for stochastic time-varying nonlinear complex networks under deception attacks[J]. IEEE Transactions on Neural Networks and Learning Systems, 2020, 31(10): 3788-3800.
[183] CHEN YUN, MENG XUEYANG, WANG ZIDONG, et al. Event-triggered recursive state estimation for stochastic complex dynamical networks under hybrid attacks[J]. IEEE Transactions on Neural Networks and Learning Systems, 2023, 34(3): 1465-1477.
[184] CHENG YALING, HUA MINGANG, CHENG PEI, et al. H_∞ filter design for delayed static neural networks with Markovian switching and randomly occurred nonlinearity[J]. International Journal of Machine Learning and Cybernetics, 2018, 9(6): 903-915.
[185] 严怀成, 张皓, 李郅辰, 等. 网络化系统智能控制与滤波[M]. 北京: 化学工业出版社, 2023.
[186] HU JUN, JIA CHAOQING, YU HUI, et al. Dynamic event-triggered state estimation for nonlinear coupled output complex networks subject to innovation constraints[J]. IEEE/CAA Journal of Automatica Sinica, 2022, 9(5): 941-944.
[187] CHEN WEILU, HU JUN, YU XIAOYANG, et al. Annulus-event-based fault detection for state-saturated nonlinear systems with time-varying delays[J]. Journal of the Franklin Institute, 2021, 358(15): 8061-8084.

[188] WANG LICHENG, WANG ZIDONG, ZHAO DI, et al. Event-based state estimation under constrained bit rate: An encoding-decoding approach[J]. Automatica, 2022, 143, Art. No: 110421.

[189] GAO MING, HU JUN, CHEN DONGYAN, et al. Resilient state estimation for time-varying uncertain dynamical networks with data packet dropouts and switching topology: An event-triggered method[J]. IET Control Theory & Applications, 2020, 14(3): 367-377.

[190] JIA CHAOQING, HU JUN, CHEN DONGYAN, et al. Event-triggered resilient filtering with stochastic uncertainties and successive packet dropouts via variance-constrained approach[J]. International Journal of General Systems, 2018, 47(5): 438-453.

[191] LI HUIYUAN, FANG JIANAN, LI XIAOFAN, et al. Event-triggered synchronization of multiple discrete-time Markovian jump memristor-based neural networks with mixed mode-dependent delays[J]. IEEE Transactions on Circuits and Systems I: Regular Papers, 2022, 69(5): 2095-2107.

[192] RONG NANNAN, WANG ZHANSHAN, XIE XIANGPENG, et al. Event-triggered synchronization for discrete-time neural networks with unknown delays[J]. IEEE Transactions on Circuits and Systems II: Express Briefs, 2021, 68(10): 3296-3300.

[193] 谭玉顺, 刘金良, 张媛媛. 基于事件触发的复杂网络系统的状态估计[J]. 系统科学与数学, 2015, 35(8): 891-903.

[194] 张玲玲, 张亚. 传感器网络分布式事件触发多目标估计[J]. 控制理论与应用, 2020, 37(5): 1135-1144.

[195] 相赟, 林崇, 陈兵. 自适应事件触发网络化非线性系统滤波器设计[J]. 控制理论与应用, 2021, 38(01): 1-12.

[196] WANG LICHENG, WANG ZIDONG, WEI GUOLIANG, et al. Finite-time state estimation for recurrent delayed neural networks with component-based event-triggering protocol[J]. IEEE Transactions on Neural Networks and Learning Systems, 2018, 29(4): 1046-1057.

[197] JIA CHAOQING, HU JUN, LI BING, et al. Recursive state estimation for nonlinear coupling complex networks with time-varying topology and round-robin protocol[J]. Journal of the Franklin Institute, 2022, 359(11): 5575-5595.

[198] ZOU CONG, LI BING, DU SHISHI, et al. H_∞ state estimation for round-robin protocol-based Markovian jumping neural networks with mixed time delays[J]. Neural Processing Letters, 2021, 53(6), 4313-4330.

[199] GAO MING, ZHANG WENHUA, SHENG LI, et al. Distributed fault estimation for delayed complex networks with round-robin protocol based on unknown

input observer[J]. Journal of the Franklin Institute, 2020, 357(13): 8678-8702.
[200] 朱凤增, 彭力. 轮询通信协议下信息物理系统分布式状态估计[J]. 控制理论与应用, 2022, 39(10): 1925-1936.
[201] SHEN BO, WANG ZIDONG, WANG DONG, et al. Distributed state-saturated recursive filtering over sensor networks under round-robin protocol[J]. IEEE Transactions on Cybernetics, 2020, 50(8): 3605-3615.
[202] LUO YUQIANG, WANG ZIDONG, WEI GUOLIANG, et al. State estimation for a class of artificial neural networks with stochastically corrupted measurements under round-robin protocol[J]. Neural Networks, 2016, 77: 70-79.
[203] WAN XIONGBO, WANG ZIDONG, WU MIN, et al. State estimation for discrete time-delayed genetic regulatory networks with stochastic noises under the round-robin protocols[J]. IEEE Transactions on Nanobioscience, 2018, 17(2): 145-154.
[204] LI JIAJIA, WEI GUOLIANG, DING DERUI, et al. Set-membership filtering for discrete time-varying nonlinear systems with censored measurements under round-robin protocol[J]. Neurocomputing, 2018, 281: 20-26.
[205] SHENG LI, NIU YICHUN, ZOU LEI, et al. Finite-horizon state estimation for time-varying complex networks with random coupling strengths under round-robin protocol[J]. Journal of the Franklin Institute, 2018, 355(15): 7417-7442.
[206] YANG YU, HU JUN, CHEN DONGYAN, et al. Non-fragile suboptimal set-membership estimation for delayed memristive neural networks with quantization via maximum-error-first protocol[J]. International Journal of Control Automation and Systems, 2020, 18(7): 1904-1914.
[207] WALSH G C, HONG YE, BUSHNELL L G. Stability analysis of networked control systems[J]. IEEE Transactions on Control Systems Technology, 2002, 10(3): 438-446.
[208] LIU SHUAI, WEI GUOLIANG, SONG YAN, et al. Set-membership state estimation subject to uniform quantization effects and communication constraints[J]. Journal of the Franklin Institute, 2017, 354(15): 7012-7027.
[209] WANG JING, YANG CHENGYU, XIA JIANWEI, et al. Observer-based sliding mode control for networked fuzzy singularly perturbed systems under weighted try-once-discard protocol[J]. IEEE Transactions on Fuzzy Systems, 2022, 30(6): 1889-1899.
[210] SHEN HAO, RU TINGTING, XIA JIANWEI, et al. Finite-time energy-to-peak quantized filtering for Markov jump networked systems under weighted try-once-discard protocol[J]. International Journal of Robust and Nonlinear Control, 2021, 31(10): 4951-4964.

[211] HU JUN, YANG YU, LIU HONGJIAN, et al. Non-fragile set-membership estimation for sensor-saturated memristive neural networks via weighted try-once-discard protocol[J]. IET Control Theory & Applications, 2020, 14(13): 1671-1680.

[212] JU YAMEI, WEI GUOLIANG, DING DERUI, et al. A novel fault detection method under weighted try-once-discard scheduling over sensor networks[J]. IEEE Transactions on Control of Network Systems, 2020, 7(3): 1489-1499.

[213] XU JIANCHENG, NIU YUGANG, LV XINYU, et al. Sliding mode consensus control for multi-agent systems under component-based weighted try-once-discard protocol[J]. International Journal of Systems Science, 2023, 54(12): 2566-2578.

[214] HU YUE, CAI CHENXIAO, LEE SEUNGHOON, et al. New results on H_∞ control for interval type-2 fuzzy singularly perturbed systems with fading channel: The weighted try-once-discard protocol case[J]. Applied Mathematics and Computation, 2023, 448, Art. No: 127939.

[215] WANG FAN, LIANG JINLING, LAM J, et al. Robust filtering for 2-D systems with uncertain-variance noises and weighted try-once-discard protocols[J]. IEEE Transactions on Systems Man Cybernetics: Systems, 2023, 53(5): 2914-2924.

[216] SHEN YUXUAN, WANG ZIDONG, SHEN BO, et al. Outlier-resistant recursive filtering for multisensor multirate networked systems under weighted try-once-discard protocol[J]. IEEE Transactions on Cybernetics, 2021, 51(10): 4897-4908.

[217] LIU CHANG, LI JIE, LIN MING, et al. Finite-time synchronisation for periodic delayed master-slave neural networks with weighted try-once-discard protocol[J]. International Journal of Systems Science, 2022, 53(4): 675-688.

[218] ZOU LEI, WANG ZIDONG, GAO HUIJUN. Set-membership filtering for time-varying systems with mixed time-delays under round-robin and weighted try-once-discard protocols[J]. Automatica, 2016, 74: 341-348.

[219] WANG DONG, WANG ZIDONG, SHEN BO, et al. H_∞ finite-horizon filtering for complex networks with state saturations: The weighted try-once-discard protocol[J]. International Journal of Robust and Nonlinear Control, 2019, 29(7): 2096-2111.

[220] LI XUERONG, DONG HONGLI, WANG ZIDONG, et al. Set-membership filtering for state-saturated systems with mixed time-delays under weighted try-once-discard protocol[J]. IEEE Transactions on Circuits and Systems II: Express Briefs, 2019, 66(2): 312-316.

[221] LIU YURONG, WANG ZIDONG, LIU XIAOHUI. Global exponential stability of generalized recurrent neural networks with discrete and distributed delays[J].

Neural Networks, 2006, 19(5): 667-675.
[222] ZHANG YINGQI, LIU CAIXIA, SUN HUIXIA. Robust finite-time H_∞ control for uncertain discrete jump systems with time delays[J]. Applied Mathematics and Computation, 2012, 219(5): 2465-2477.
[223] BOYD S, EL GHAOUI L, FERON E, et al. Linear matrix inequalities in system and control theory[M]. Philadelphia: Society for Industrial and Applied Mathematics, 1994.
[224] AMATO F, ARIOLA M. Finite-time control of discrete-time linear systems[J]. IEEE Transactions on Automatic Control, 2005, 50(5): 724-729.
[225] GENG HANG, WANG ZIDONG, MA LIFENG, et al. Distributed filter design over sensor networks under try-once-discard protocol: Dealing with sensor-bias-corrupted measurement censoring[J]. IEEE Transactions on Systems, Man, and Cybernetics: Systems, 2024, DOI: 10.1109/TSMC.2024.3354883.
[226] NIU YIN, SONG YAN, ZHANG BIN, et al. Dynamic output feedback model predictive control for asynchronous Markovian jump systems under try-once-discard protocol[J]. International Journal of Robust and Nonlinear Control, 2023, 33(17): 10798-10823.
[227] YANG HONGCHENYU, PENG CHEN, CAO ZHIRU. Attack-model-independent stabilization of networked control systems under a jump-like TOD scheduling protocol[J]. Automatica, 2023, 152, Art. No: 110982.
[228] ZHOU XIA, CHEN LULU, CAO JINDE, et al. Asynchronous filtering of MSRSNSs with the event-triggered try-once-discard protocol and deception attacks[J]. ISA Transactions, 2022, 131: 210-221.
[229] ZHAO ZHONGYI, WANG ZIDONG, ZOU LEI, et al. Zonotopic multi-sensor fusion estimation with mixed delays under try-once-discard protocol: A set-membership framework[J]. Information Fusion, 2023, 91: 681-693.
[230] LIU QINYUAN, WANG ZIDONG, HE XIAO, et al. An approximate minimum mean-square error estimator for linear discrete time-varying systems: Handling Try-Once-Discard protocol[J]. Automatica, 2023, 147, Art. No: 110656.
[231] XU LONGYU, CHEN YONG, LI MENG. Sliding mode resilient control for TOD-based servo system under DoS attack[J]. International Journal of Control, Automation and Systems, 2022, 20(2): 526-535.
[232] GENG HANG, WANG ZIDONG, MOUSAVI A, et al. Outlier-resistant filtering with dead-zone-like censoring under try-once-discard protocol[J]. IEEE Transactions on Signal Processing, 2022, 70: 714-728.
[233] ZHANG JIN, FRIDMAN E. Dynamic event-triggered control of networked stochastic systems with scheduling protocols[J]. IEEE Transactions on Automatic Control, 2021, 66(12): 6139-6147.

[234] CHENG JUN, PARK J H, WU ZHENGGUANG. Observer-based asynchronous control of nonlinear systems with dynamic event-based try-once-discard protocol[J]. IEEE Transactions on Cybernetics, 2022, 52(12): 12638-12648.

[235] ZHU DI, WEI GUOLIANG, LI JIAJIA, et al. Protocol-based collaborative design for discrete-time switched systems with sojourn probabilities[J]. International Journal of Robust and Nonlinear Control, 2020, 30(18): 8044-8059.

[236] HU JUN, LUO RUONAN, CHEN CAI, et al. Fusion filtering for rectangular descriptor systems with stochastic bias and random observation delays under weighted try-once-discard protocol[J]. Communications in Nonlinear Science and Numerical Simulation, 2024, 128, Art. No: 107604.

[237] LIU JINLIANG, GONG ENYU, ZHA LIJUAN, et al. Observer-based security fuzzy control for nonlinear networked systems under weighted try-once-discard protocol[J]. IEEE Transactions on Fuzzy Systems, 2023, 31(11): 3853-3865.

[238] LI MEIYU, LIANG JINLING, QIU JIANLONG, Set-membership filtering for 2-D systems under uniform quantization and weighted try-once-discard protocol[J]. IEEE Transactions on Circuits and Systems II: Express Briefs, 2023, 70(9): 3474-3478.

[239] ZHANG ZHINA, NIU YUGANG, LAM HAK-KEUNG. Sliding-mode control of T-S fuzzy systems under weighted try-once-discard protocol[J]. IEEE Transactions on Cybernetics, 2020, 50(12): 4972-4982.

[240] SONG JUN, WANG ZIDONG, NIU YUGANG, et al. Observer-based sliding mode control for state-saturated systems under weighted try-once-discard protocol[J]. International Journal of Robust and Nonlinear Control, 2020, 30(18): 7991-8006.

[241] SHEN YUXUAN, WANG ZIDONG, SHEN BO, et al. Fusion estimation for multi-rate linear repetitive processes under weighted try-once-discard protocol[J]. Information Fusion, 2020, 55: 281-291.

[242] CAO ZHIRU, NIU YUGANG, KARIMI H R. Sliding mode control of automotive electronic valve system under weighted try-once-discard protocol[J]. Information Sciences, 2020, 515: 324-340.

[243] XU JIANCHENG, NIU YUGANG, LV XINYU, et al. Sliding-mode control for multi-agent systems under the event-triggering WTOD protocol[J]. International Journal of Control, 2024, DOI: 10.1080/00207179.2024.2309192.

[244] YANG HAO, YAN HUAICHENG, ZHOU JING, et al. Neural-network-based set-membership filtering under WTOD protocols via a novel event-triggered compensation mechanism[J]. IEEE Transactions on Systems, Man, and

Cybernetics: Systems, 2024, DOI: 10.1109/TSMC.2023.3348290.
[245] YANG YEKAI, NIU YUGANG, LAM H K. Sliding-mode control for interval type-2 fuzzy systems: Event-triggering WTOD scheme[J]. IEEE Transactions on Cybernetics, 2023, 53(6): 3771-3781.